海洋生物资源开发利用高技术丛书

海洋天然产物与药物研究开发

于广利　谭仁祥　主编

科学出版社

北京

内 容 简 介

为适应海洋药学学科发展，在科技部 863 计划海洋生物资源开发利用技术主题专家组的倡导下，我们组织国内本领域的专家编写了本书。全书共分为九章，第一章为海洋动物来源天然产物研究开发；第二章为海洋植物来源天然产物研究开发；第三章为海洋微生物来源天然产物研究开发；第四章是海洋活性化合物合成及结构优化研究；第五章是海洋天然产物组合生物合成研究；第六章是海洋糖类化合物研究开发；第七章是海洋生物毒素研究开发；第八章是海洋中药研究开发；第九章是临床应用和临床研究中海洋药物介绍。

本书收集整理参编人员多年的研究成果，吸纳汇编本领域国内外大量文献、专利及相关书籍报道的重要突破性研究技术，不仅可作为海洋科技工作者的参考书，也可以作为药学相关专业本科生以及研究生的参考资料。

图书在版编目（CIP）数据

海洋天然产物与药物研究开发/于广利，谭仁祥主编. —北京：科学出版社，2016.5

（海洋生物资源开发利用高技术丛书）

ISBN 978-7-03-048081-1

Ⅰ. ①海…　Ⅱ. ①于…　②谭…　Ⅲ. ①海洋生物–研究②海洋药物–研究　Ⅳ. ①Q178.53②R282.77

中国版本图书馆 CIP 数据核字（2016）第 085576 号

责任编辑：陈　露　高　微 / 责任校对：杜子昂
责任印制：谭宏宇 / 封面设计：殷　靓

科学出版社出版
北京东黄城根北街 16 号
邮政编码：100717
http://www.sciencep.com
广东虎彩云印刷有限公司印刷
科学出版社发行　各地新华书店经销
*
2016 年 5 月第　一　版　开本：787×1092　1/16
2023 年 2 月第五次印刷　印张：26 1/4
字数：604 000

定价：185.00 元

（如有印装质量问题，我社负责调换）

《海洋天然产物与药物研究开发》编委会

主　编

于广利　谭仁祥

编　委（按姓氏笔画排序）

Preface 丛 书 序

海洋是生物资源的巨大宝库，据估计，地球上约 80%的物种生活在海洋，种类超过 1 亿种。种类多样的海洋生物除提供人类优质蛋白质以外，其独特的环境孕育了特有的生命现象。海洋生物在高渗、低温或低氧生境下生存并进化使得它们拥有与陆地生物不同的基因组和代谢规律，合成产生了一系列结构和性能独特、具有巨大应用潜力的功能天然产物，是开发海洋药物、生物制品、食品和其他功能产品的重要资源。

海洋生物技术是现代生物技术与海洋生命科学交叉的产物。现代海洋生物高技术的内涵包括海洋生物基因工程、细胞工程、蛋白质工程和发酵（代谢）工程等。当前，快速发展的海洋生物高技术，极大地推动了海洋生物资源的高效保护与利用以及海洋生物战略性新兴产业的形成与壮大，并已成为世界海洋大国和强国竞争最激烈的领域之一。

自 20 世纪 80 年代以来，美、日、俄等国以及欧盟分别推出了“海洋生物技术计划”、“海洋蓝宝石计划”、“极端环境生命计划”、“生物催化 2021 计划”等，投入巨资加大对海洋生物高技术的研究与应用力度。自 2004 年以来，国际上就接连批准了 6 个海洋药物，产值达到百亿美元；海洋生物制品已成为新兴朝阳产业，一批高性能海洋生物酶、功能材料、绿色农用制剂、健康食品等实现产业化，产值达到千亿美元。我国海洋生物资源丰富，在海洋生物资源开发利用方面具有较好的基础。近年来在国家 863 计划、国家科技支撑计划等的支持下，分别在海洋药物、海洋生物制品、海洋功能基因产品、海洋微生物技术与产品、海水产品加工与高值化利用、海洋渔业资源可持续利用等方面取得了明显的成绩，缩短了与发达国家的差距，为我国海洋生物技术的快速发展奠定了良好的技术、人才和产品基础。随着“建设海洋强国”战略的实施和面向海洋战略性新兴产业发展的国家需求，发展海洋生物高技术创新体系，建设高技术密集型海洋生物新兴产业，实施海洋生物资源高值化开发战略，是我国海洋生物高技术发展的必然之路。

《海洋生物资源开发利用高技术丛书》是在国家 863 计划海洋技术领域办公室、中国 21 世纪议程管理中心的领导下组织编写的。在唐启升、管华诗、戚正武、陈冀胜、徐洵、张偲等院士的指导下，丛书组成了强大的编写队伍，分别由“十二五”863 计划海洋生物资源开发利用技术主题专家组成员和国内著名海洋生物科技专家担纲各分册主编。丛书共分 6 个分册，分别为《生物技术在海洋生物资源开发中的应用》、《海洋生物资源评价与保护》、《海洋天然产物与药物研究开发》、《海洋生物制品开发与利用》、《海洋生物功能基因开发与利用》和《海洋水产品加工与食品安全》。我们希冀本丛书的问世，为进一步推动我国海洋生物高技术的发展和海洋生物战略性新产业的壮大作出一定的贡献。

本丛书吸纳了国家海洋领域技术预测和国家“十三五”海洋科技创新专项规划战略研究部分成果。编委会对参与技术预测和规划战略研究专家所贡献的智慧一并表示诚挚的谢意！

863 计划海洋生物资源开发利用技术主题专家组

2016 年 3 月

Preface 序 言

海洋是一个具有巨大时空尺度的由物理、化学、生物、地质过程耦合在一起的复杂开放系统，占地球面积约 71%。不同的温度、盐度和深度，使海洋形成了不同的生境板块，纬度梯度、深度梯度、水平梯度对海洋生物生存、繁育的时空分布有重要的影响。海洋生物生存环境特殊，使得它们拥有与陆地生物不同的基因组及代谢规律，可产生结构与活性独特的天然产物，是先导化合物发现以及创新药物开发潜力最大的资源。虽然海洋中生活着 500 万～5000 万种海洋生物和 10 亿多种微生物，但有记载的海洋生物只有 140 万种，已经鉴定和命名的有 25 万种，而进行过系统研究的只有 6000 余种，研究的数量不到记载量的 0.5%，这提示我们海洋具有更大的研究开发空间。

国际上海洋药物的研究始于 20 世纪 40 年代，兴起于 60 年代末和 70 年代初，80 年代以后得到了学术界高度重视，90 年代中后期形成了热潮。在美国“海洋生物技术计划”、欧盟“MAST”计划、日本“海洋蓝宝石计划”、英国“海洋生物开发计划”等推动下，海洋药物的研究发展迅猛，已经成为 21 世纪国际上一个生机勃勃的研究领域。迄今，科学家已从海洋生物中发现了近 3 万种化合物，开发上市了 13 种药物（抗结核药利福霉素，抗生素药物头孢菌素 C，抗癌药物阿糖胞苷，抗病毒药物阿糖腺苷，镇痛药齐考诺肽，降脂药 Lavoza，抗癌药 ET-743，抗难治性乳腺癌药甲磺酸艾日布林，抗霍奇金淋巴瘤药 SGN-35，降脂药伐赛帕，降三酰甘油药 Epanova，抗病毒鼻喷剂ι-卡拉胶以及抗多发性骨髓瘤孤儿药 NPI-0052），有 40 余个化合物处于临床及系统临床前研究，有 1400 余种化合物正在进行成药性评价。

我国自 1978 年“向海洋要药”的提案被国家采纳后，经过 30 多年的发展，在海洋生物医药研发方面取得了丰硕的成果，发现药用海洋生物 1000 余种，分离得到活性海洋小分子天然产物 3000 余种，海洋多糖（寡糖）及其衍生物 500 余种，自主研发上市的海洋药物有藻酸双酯钠 PSS、甘糖酯、海力特、甘露醇烟酸酯、多烯康、角鲨烯、海昆肾喜等；处于临床研究中的药物有“911”、“916”、“971”、D-聚甘酯、K-001、海参多糖、河豚毒素等，有 20 余种化合物处于临床前研究，表现出巨大的开发潜力。未来 10～20 年，国内外将有一大批海洋新药上市，海洋药物产业化进程会大大加快，海洋生物医药将迎来快速发展的“黄金时代”。虽然近十年来我国海洋天然产物及药物的研究进入了一个快速发展期，在基础和应用研究方面取得了长足进步，逐步缩小了与发达国家的差距，但研究队伍还不够大，人才培养任务艰巨，尤其反映国内外海洋药物研发新技术进展的相关著作还较少，不利于本领域知识的普及和技术的推广。鉴于此，由国家“十二五”863计划海洋生物资源开发利用技术主题专家组织国内本领域相关专家共同编写《海洋天然产物与药物研究开发》专著显得十分必要。

《海洋天然产物与药物研究开发》分为九章，即海洋动物来源天然产物研究开发、海洋植物来源天然产物研究开发、海洋微生物来源天然产物研究开发、海洋活性化合物合成及结构优化研究、海洋天然产物组合生物合成研究、海洋糖类化合物研究、海洋生物毒素研究开发、海洋中药研究开发，以及临床应用和临床研究中海洋药物介绍。该书收集并整理了我国海洋天然产物及药物研发领域取得的最新科研成果，编著人员均为我国长期从事海洋天然产物及海洋药物研究的科研和教学工作者，书籍内容丰富，涉及面广，采用的技术前瞻性强，学术价值高，适宜用作教学及科研参考书。期待该书的出版，相信它的出版一定会对我国海洋天然产物和药物研发水平的提高，对海洋药物学科发展、教育、教学等工作起到积极的促进作用。

中国工程院院士 管华诗

2016年1月于青岛

Foreword 前 言

海洋占地球表层面积的71%，水体占生物圈的95%，是地球上最大且生态环境最复杂的系统，蕴藏的生物总量占地球的87%；在动物界33个门类中，海洋生境有32个，其中15个为海洋特有。此外，海洋中还有10亿多种海洋微生物，资源极其丰富。由于各种海洋生物常年生活在含盐、寡营养、低温、低光照的海洋环境中，长期的环境适应性使多种海洋生物进化获得了不同于陆生生物的生存策略和代谢机制，能够产生结构多样且活性独特的海洋天然产物，从而为先导化合物的发现和结构优化、海洋创新药物及海洋中药的研究和开发等提供了丰富而独特的化合物资源，海洋生物被认为是最具新药开发潜力的资源。

国际海洋药物的研发始于20世纪40年代，兴起于60年代末和70年代初，80年代进入快速发展期，90年代中后期形成高潮，至今已经成为国际新药研发的热点领域。自Halstead出版了《世界有毒及有毒腺的海洋生物》一书后，Baslow和Scheuer等也先后出版了《海洋药物学》和《海洋天然产物化学》。我国学者也相继出版了《中华海洋本草》以及《现代海洋药物学》、《海洋药物导论》、《海洋药物学》等专著。为了适应海洋药学学科发展，我们对近年来国内外海洋天然产物及药物研究开发成果进行了整理，编写了《海洋天然产物与药物研究开发》一书。本书共分为九章，第一章为海洋动物来源天然产物研究开发，主要包括海绵、珊瑚、棘皮动物及软体生物来源的海洋天然产物研究及相关新药研究实例；第二章为海洋植物来源天然产物研究开发，主要包括红藻、褐藻、绿藻、微藻、红树林来源的海洋天然产物研究以及相关新药研究实例；第三章为海洋微生物来源天然产物研究开发，主要包括海洋微生物提取分离纯化技术，海洋真菌、放线菌来源的天然产物研究，海洋微生物活性产物规模化发酵技术和海洋微生物来源新药研究实例；第四章是海洋活性化合物合成及结构优化研究，主要包括海洋活性萜类、活性生物碱类、活性多肽类及活性糖苷类以及活性酚类化合物的合成与结构优化研究；第五章是海洋天然产物组合生物合成研究，主要包括海洋天然产物组合生物合成研究进展，聚酮类、聚肽和酮肽杂合类，生物碱类、核苷类和萜类天然产物的组合生物合成研究；第六章是海洋糖类化合物研究开发，包括海洋糖类化合物的提取与分离纯化技术；海洋糖类化合物结构分析技术，海藻来源、海洋动物来源、海洋微生物来源活性糖类化合物研究，以及海洋糖芯片研究技术；第七章是海洋生物毒素研究开发，包括海洋肽类毒素研究概况，海洋肽类与蛋白类毒素、海洋胍胺类和聚醚类毒素的快速侦检及检定规程，有毒海洋生物致伤防护方法；第八章是海洋中药研究开发，主要包括海洋中药资源调查、海洋中药鉴别与炮制、海洋中药质量标准研究、几种重要海洋中药品种介绍及海洋中药研究实例；第九章是临床应用和临床研究中海洋药物介绍，包括糖苷类、多糖与寡糖类、肽类、生物碱类、萜类和聚醚类海洋药物。

在本书的编写过程中，得到了科技部领导、海洋领域相关专家和参编人员所在实验室多名研究生的大力帮助，在此深表感谢。由于时间仓促，本书难免有不足之处，恳请广大读者批评、指正。

于广利　谭仁祥

2016年2月6日

Contents | 目　录

第一章

海洋动物来源天然产物研究开发

几千年来，天然产物一直是人类用来研究开发各种药物的重要源泉。科学家对陆地植物天然产物的研究最早可追溯到两百多年前法国药师 Pelltier 和 Caventou 从金鸡纳树皮中提取得到的奎宁和辛克宁，而人们对海洋生物资源的认识和研究相对较晚。在天然药物资源中，海洋生物资源是保留最完整、最具新药开发潜力的领域。对海洋天然产物的研究最早可追溯到 1945 年产生头孢菌素 C 的海洋真菌 *Cephalasporium arcremorium* 的发现，以及 Bergmam 从海绵 *Crytotethya crypta* 中分离得到了抗病毒、抗肿瘤的海绵胸腺嘧啶、海绵尿嘧啶及核苷等。海洋生态环境的特殊性如高盐、高压、缺氧、缺光等使得海洋生物产生的次生代谢产物的生物合成途径与陆地生物相比有着巨大的差异，导致海洋生物（如海绵、珊瑚、海鞘以及海藻等）往往能够产生一些化学结构奇特、新颖、生物活性多样的化合物，海洋生物可将这些代谢产物应用于竞争生存空间和自我防卫，而这些极为珍贵的海洋活性化合物为新药的研究与开发提供了大量的模式结构和药物前体。经过近几十年的研究发现，海洋生物是未来新药来源的宝库已成为一种共识。

近 30 年，科学家已从海洋植物、无脊椎动物及海洋微生物等不同海洋生物中发现 2 万多种海洋天然产物。其中结构新颖，具有多方面显著生物活性和重要应用前景的海洋生物分子有数百种，而多数新颖结构的海洋化合物具有多方面的生物活性。迄今，有关海洋天然产物的研究论文有一万多篇，并且这个数目还在不断地增加。尽管如此，人们对海洋生物的化学和生物多样性的了解也只是一点皮毛。1969 年，Weinherimer 等从软珊瑚 *Plexaura humomalla* 中发现了高含量的、当时在陆地上极难得的前列腺素类化合物——15-epi-PGA2 及其乙酰化和甲基化产物，从而推动了海洋药物研究的第一次高潮。此后，各国也纷纷成立了海洋研究机构，并对海洋天然产物的研究投入大量科研资金。美国是世界上最早开展海洋药物研究的国家，美国国立卫生研究院（National Insitutes of Health，NIH）癌症研究所（National Cancer Insitute，NCI）每年投于海洋药物研究的科研经费占全部天然药物研究经费的一半以上，他们的巨大投入已获得丰厚的回报。近几年在 NCI 进行临床疗效评价的海洋抗癌药物就至少有 7 个。此外，还有一些很有前景的候选海洋药物正在进行临床前研究。海洋生物活性物质不仅对治疗癌症，而且在治疗其他多种疾病方面具有巨大的潜力和应用前景。例如，加勒比海鞘 *Pseudopterogorgia elisabethae* 中发现的活性成分 pseudopterosins，具有很强的抗炎活性而被用于皮肤过敏性疾病的治疗。

目前，上市或临床研究中的海洋药物大多来源于海洋天然产物，可见海洋动物的化学成分研究对现代创新药物的开发具有重大的意义。为此，本章内容将对海洋动物（海绵、珊瑚、棘皮动物及软体动物）来源的海洋天然产物的化学成分及生物活性进展归纳和总结，并列举在抗肿瘤、抗菌等方面具有较高临床应用前景的海洋动物来源的先导化合物研究实例。

第一节　海绵来源海洋天然产物研究

一、海绵的生物学及生态学特征

海绵为多孔动物门（Porifera）生物的统称，可以说是地球上最原始、最低等的多细胞动物，最早出现在距今600万年前的寒武纪时代。它代表了现存动物进化历史最长的门类，成为研究动物在新元古代演化水平的最好证据，被称为“活化石”。

1. 海绵的数量、种类、分布及进化地位

海绵种类繁多，总数约15 000种，其中已知名称的海绵有8000多种，是海洋中除了珊瑚以外的主要底栖生物。生物学家根据海绵的形态结构和骨骼的特点将它们大致分为三个纲：钙质海绵纲（Calcispongea）、六放海绵纲（Hexactinellida）及寻常海绵纲（Demospongiae）。其中寻常海绵的种类最为丰富，约有7000种以上，分布最广，绝大多数生活在从潮间带到9000m的深海中，也有约150种淡水海绵生活在淡水湖泊、河流以及沼泽中。钙质海绵多产于浅海，种类很多。六放海绵又称玻璃海绵，大多数生活在200～8500m的海底。海绵成体全部营固着生活，附着于水中的岩石、贝壳和水生植物或其他物体上。部分海绵还生长在洞穴中，甚至利用自身的骨针把自己锚定在被水淹没的砂子和淤泥中。

海绵具有很高的生物多样性，广泛分布在温带、热带及极地地区。海绵物种在包括南、北半球的热带地区都极为丰富，在温带海域有所减少，而在极地海域物种又有明显的增加。例如，位于爱尔兰岛的Lough Hyne，是被公认的海绵多样性中心，与从温带、热带和极地同等大小的区域收集到的海绵种类比较，拥有第二大的海绵多样性（$H=3.626$）和物种数（77种）。在南极洲发现了352种寻常海绵纲物种，与北极的海绵物种丰度近似，但是明显多于相邻的温带地区。我国南海是海绵物种分布的主要海域之一，海绵物种估计5000余种，占世界海绵的近50%。在生物多样性贫瘠的深海海底，迄今至少已发现了700余种深海海绵：90种食肉性海绵，分属枝根海绵科的*Cladorhiza*，*Asbestopluma*和*Chondrocladia*三个属；600多种六放海绵；50多种钙质海绵。我国的载人深潜器“蛟龙号”也发现了至少15种深海海绵。

海绵的生殖分为无性生殖和有性生殖，有性生殖的中胚胎发育与其他多细胞动物有显著不同（海绵有逆转现象），一般认为海绵为多细胞动物进化中的一个侧枝。这就造成海绵在结构和生活方式等方面和其他的动物有明显的不同。

2. 海绵的共生现象

微生物几乎存在于世界任何地方，对于整个生态环境起着相当重要的作用。海绵中也存在着微生物，并且对海绵有重要影响。海绵是已知生物中最复杂的生物共生体。共生现象普遍存在于低等海洋生物中，是低等海洋生物的生存策略，长期生物进化的结果使得微生物与海绵宿主间形成了互惠互利的共生关系，成为相互依存的共生体。微生物可作为海绵食物和养分的主要来源，并在海绵结构、化学防御、排出废物和进化方面起重要作用。在海洋的透光带，微生物在海绵体内的分布遵照统一的模式，光合微生物聚居在海绵的光暴露层，复杂的异养混合群体在内部中质层，而大部分微生物位于细胞外中质层基质中。一般将这种寻常海绵纲的种类称为高微生物丰度（HMA）种，其与多种微生物有着密切的关系。在HMA种中，细菌群落的密度可达到每克海绵湿重108～1010个细菌，多于同等海水重量微生物密度的2～4个数量级。还有一种称为低微生物丰度（LMA）海绵，其中质层缺乏共生微生物，有与HMA海绵不同的形态结构特征。相对于LMA海绵，HMA海绵的中质层密度较大，拥有更长、更窄的水管组成的较复杂的输水系统。通过对佛罗里达礁岛群多种HMA和LMA海绵的形态和生理差异的研究，发现LMA海绵通过它们的多孔组织从大量的海水中滤食小颗粒有机物，而HMA海绵则拥有一种蓄水系统，能增加海水和以小颗粒有机物为食的海绵共生体的接触时间。

迄今，已在海绵中检测到35个门的细菌、3个门的古菌、3个门的真菌以及多样的藻类等；富含微生物的海绵，其共生微生物可以达到海绵体积的40%以上。海绵共生细菌具有海绵种属差异。Schmitt（2012）等采用焦磷酸测序技术对全球8个地区32种海绵的16S rRNA基因进行测序和分析，发现只有极少数的细菌（1个属于阿尔法变形菌门和2个属于绿曲挠菌门）属于共有的微生物类群（存在于70%的海绵中），其余的类群绝大多数属于海绵种特异性的微生物类群或部分特异类群。因此，海绵种属水平上存在特异性微生物已经得到广泛认可，但是海绵特异性微生物形成的机制不清楚。

21世纪开始，海绵微生物多样性与功能研究进入组学时代。2007年，澳大利亚Thomas课题组第一次采用元基因组技术揭示出海绵 *Cymbastela concentrica* 共生细菌多样性、代谢以及宿主-微生物互作进化的多样性。通过对比7种海绵的元基因组发现，不同的海绵虽然由不同的微生物组成，但是其功能是相似的，进而提出海绵共生微生物存在功能进化的趋同性的观点，即海绵宿主可能通过功能选择其共生微生物类群。相对于海绵原核微生物，我们对海绵真核微生物知之甚少。目前对海绵中共生真菌多样性的了解主要来自分离培养技术，主要是曲霉、青霉等。2008年，夏威夷大学汪光义课题组首次采用不依赖分离培养的技术揭示了多种夏威夷海域海绵真菌的多样性。2014年，上海交通大学李志勇课题组在国际上首次采用454深度测序技术揭示了11种南海海绵中共生真菌、藻类的多样性。

3. 展望

随着科学技术的发展和分子生物技术手段的广泛应用，虽然海绵生物多样性的研究已经取得了一些成果，但总体来看，无论是在技术层面还是在知识层面，对海绵多样性的定性、定量，以及影响海绵生物多样性的相关研究，都显得不够成熟和深入。尤其在海绵微生物群落研究方面，有相当多的问题有待解决，如海绵共生细菌的多样性、细菌在海绵代谢途径中所起的作用、细菌的生理机能以及海绵共生体生态系统的基本原则等。因此，海绵及其共生体的生物多样性的研究可以成为一个很好的典型生物多样性的模式生物来研究。同时，对开展宿主与共生微生物的功能性选择及互作机制研究提供一个很好的切入点。

二、海绵来源的活性天然产物

在半个世纪的广泛探索中，人们从种类繁多的海绵中发现了萜类、含氮化合物（生物碱、氨基酸、核苷类、神经酰胺、环肽等）、聚醚类、大环内酯、过氧化合物、多烯类、多炔类以及甾醇等一系列化合物。这些化合物多具有广谱或特异性的抗肿瘤、抗病毒、抗微生物以及抗污浊等生物活性作用，海绵体内的毒素可以用来治疗心血管和呼吸系统等疾病，其中不少化合物具有临床应用前景。

1. 含氮化合物

（1）生物碱化合物

海绵中分离得到的生物碱类化合物大多具有较强的抗肿瘤细胞毒活性。例如，2012年，从海绵 *Monanchora pulchra* 中分离得到的 monanchomycalins A 和 B（**1**，**2**）对人白血病细胞 HL-60 的 IC_{50} 值分别为 120nmol/L 和 140nmol/L。从采自 Urup 岛附近的海绵 *Monanchora pulchra* 中分离得到的 monanchocidin A～E（**3**～**7**），具有对 HL-60 细胞毒活性，其 IC_{50} 值范围为 110～830nmol/L。

海绵中的某些生物碱类化合物还表现出抗疟原虫活性。例如，2013 年从澳大利亚海洋的海绵 *Plakortis lita* 中分离得到的噻嗪生物碱 thiaplakortones（**8**～**11**）显示对不同来源的恶性疟原虫虫株 3D7、Dd2 的生长抑制，抑制活性在 nmol/L 范围。2012 年从采集至澳大利亚大堡礁海绵 *Petrosid Ng*5 sp.中分离得到的 22(*S*)-hydroxyingamine A（**12**）对氯喹敏感（D6）和氯喹拮抗（W2）的恶性疟原虫菌株活性（IC_{50}）分别为 78ng/mL 和 57ng/mL。

值得注意的是，近年来不少海绵的生物碱类化合物还表现出靶向性生物活性。例如，从印度尼西亚弗洛雷斯的海绵 *Corticium simplex* 中分离得到的 cortistatin A（**13**）对人脐静脉内皮细胞抗增殖活性的 IC_{50} 为 1.8nmol/L。

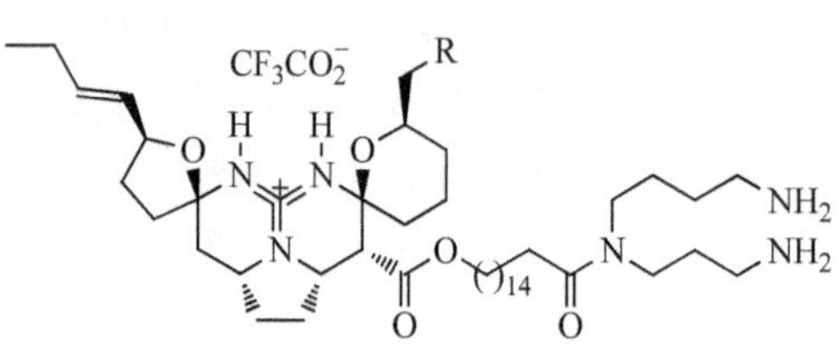

1 monanchomycalins A : R = CH_2CH_3
2 monanchomycalins B : R = H

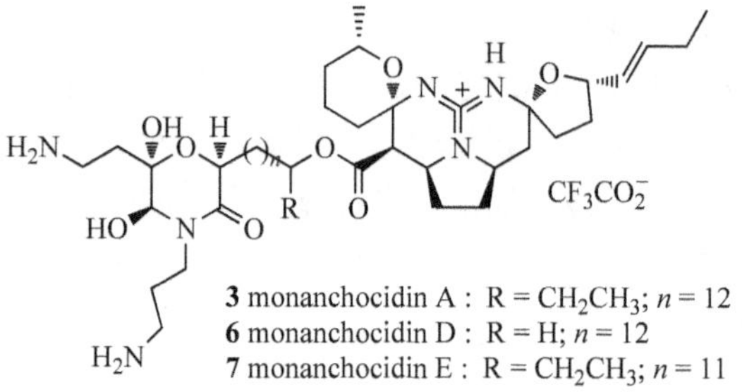

3 monanchocidin A : R = CH_2CH_3; *n* = 12
6 monanchocidin D : R = H; *n* = 12
7 monanchocidin E : R = CH_2CH_3; *n* = 11

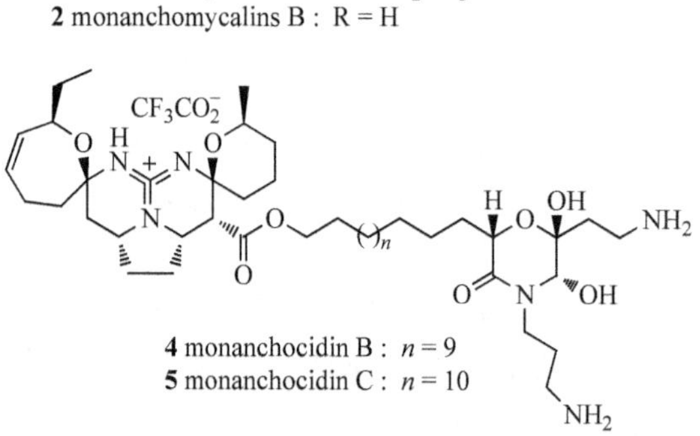

4 monanchocidin B : *n* = 9
5 monanchocidin C : *n* = 10

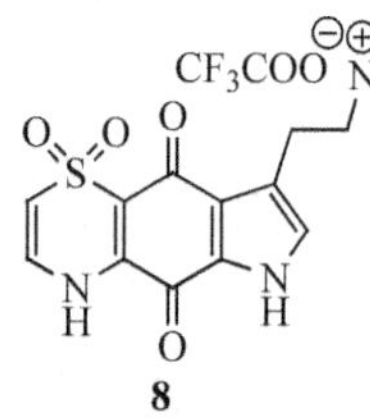

8

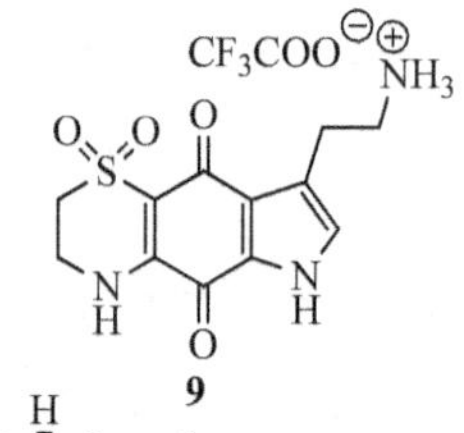

9

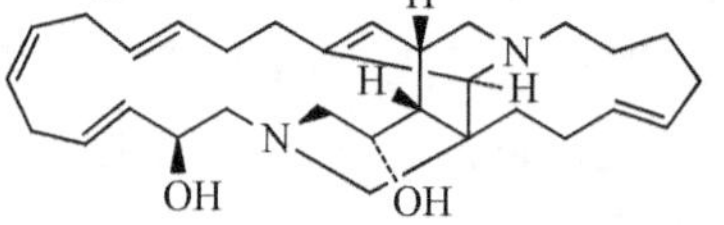

12 22(*S*)-hydroxyingamine A (Ⅱ)

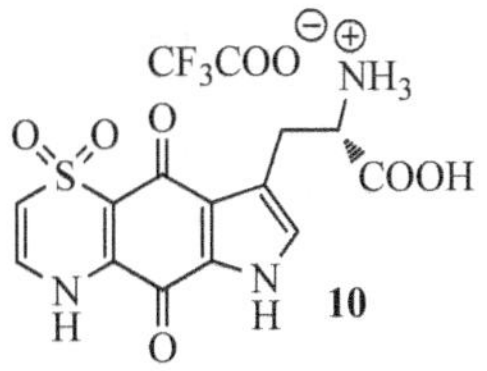

10 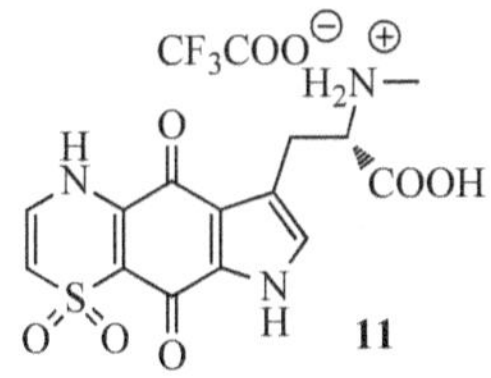　　11 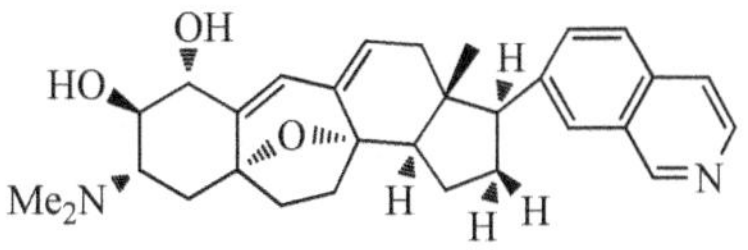　　13 cortistatin A

（2）肽类化合物

从海绵中发现的肽类化合物大多具有强细胞毒活性。例如，从采集至印度尼西亚加里曼丹的海绵 *Jaspis splendens* 中分离得到了化合物 jaspamides Q、R，其体外抑制小鼠的 L5178Y 淋巴瘤细胞的 IC_{50} 值均小于 0.1μg/mL。

海绵环肽在抗 HIV-1 活性的研究中，也表现显著的活性。2012 年，从采自托雷斯海峡的海绵 *Stelletta clavosa* 中分离得到 mirabamides E～H 对 HIV-1 的 IC_{50} 值分别为 121nmol/L、62nmol/L、68nmol/L 和 41 nmol/L。

2. 聚酮类化合物

聚酮类化合物也具有明显的细胞毒和抗真菌活性。从海绵 *Petrosia alfiani* 中分离得到了化合物 14-hydroxymethylxestoquinone，15-hydroxymethylxestoquinone，14, 15-dihydroxestoquinone。其中，化合物 14-hydroxymethylxestoquinone 对 T47D 和 MDA-MB-231 的细胞毒活性（IC_{50}）分别为 3.6μmol/L 和 6.5μmol/L，15-hydroxymethylxestoquinone 对 T47D 和 MDA-MB-231 的细胞毒活性（IC_{50}）分别为 4.3μmol/L 和 6.3μmol/L，14, 15-dihydroxestoquinone 抑制由铁螯合剂（化学低氧）诱发的低氧诱导因子 HIF-1 的活性（IC_{50}）为 4.2μmol/L。

从采自中国南海的海绵 *Plakortis simplex* 中分离得到的化合物 woodylides A、C 对真菌新型隐球菌有抗菌活性，IC_{50} 值分别为 3.67μg/mL 和 10.85μg/mL。woodylides A 对 HeLa 细胞的 IC_{50} 值为 11.2μg/mL，woodylides C 对 HCT-116 人结肠癌细胞株和 PTP1B 的抑制活性的 IC_{50} 值分别为 9.4μg/mL 和 4.7μg/mL。

3. 萜类化合物

（1）倍半萜类化合物

2013 年，从海绵 *Halichondria* sp.中分离得到的化合物(–)-axisonitrile-3（**14**）对 HepG2 细胞株的 IC_{50} 值为 1.3μmol/L。

2006 年，从采自海南的海绵 *Dysidea* sp.中分离得到的倍半萜 *O*-menakafuran-8 lactone（**15**）对人蛋白酪氨酸磷酸酶 1B PTP1B 有抑制活性，IC_{50} 值为 1.58μmol/L。2006 年，从采集至海南省的海绵 *Acanthella* sp.中分离得到的化合物 3-oxo-axisonitrile-3（**16**）具有抑制 COX-2 的活性。

（2）二萜及杂萜类化合物

2011 年，从采自澳大利亚南部的海绵 *Fasciospongia* sp.中分离得到的具有选择性抗菌活性的化合物 fascioquinol A 和 E（**17，18**），对金黄色葡萄球菌的活性分别为 IC_{50}=0.9μmol/L、2.5μmol/L；对枯草芽孢杆菌的活性分别为 IC_{50} = 0.3μmol/L、7.0μmol/L。

2014 年，从采自中国南海的海绵 *Dysidea avara* 中分离得到了化合物 dysideanones B（**19**）表现对 HeLa 和 HepG2 细胞株具有较强的细胞毒活性，IC_{50} 值分别为 7.1μmol/L 和 9.4μmol/L。从采自中国南海的海绵 *Dysidea avara* 中分离得到的化合物 dysidavarones A

（**20**）和 D（**21**）对 HeLa、A549、MDA231 和 QGY7703 细胞株显示了较强的细胞毒活性，并具有 PTP1B 抑制活性。2009 年，从采自海南岛亚龙湾的海绵 *Acanthella* sp.中分离得到的化合物 10-epi-kalihinol X（**22**）对 A549 细胞抑制活性 IC_{50} 值为 9.30μg/mL。

（3）二倍半萜类化合物

2011 年，从采自中国南海的海绵 *Hippospongia lachne* 中分离得到的 hippolides A（**23**）对 A549、HeLa 和 HCT-116 细胞株显示了较强的细胞毒活性。

2010 年，从采自帕劳海岸的海绵 *Hyrtios communis* 中分离得到的 thorectidaeolide A（**24**）及其乙酰化产物 4-acetoxythorectidaeolide A（**25**）在 T47D 细胞中有抗 HIF-1 活性，同时能抑制缺氧诱导的 HIF-1 激活。从采自加勒比海域的海绵 *Plakortis angulospiculatus* 中分离得到的化合物名称 zyggomphic acid B（**26**）能抑制诱生型一氧化氮合酶和 NF-κB 活性，IC_{50} 值 0.47μmol/L。

（4）三萜类化合物

2012 年，从采自中国南海的海绵 *Rhabdastrella globostellata* 中分离得到的 globostelletins K（**27**）和 L（**28**）具有抑制蛋白激酶 ALK（anaplastic lymphoma kinase，间变性淋巴瘤激酶）、FAK（focal adhesion kinase，黏着斑激酶）、IGF-1R（insulin-like growthfactor receptor-1，胰岛素样生长因子受体-1）的活性。

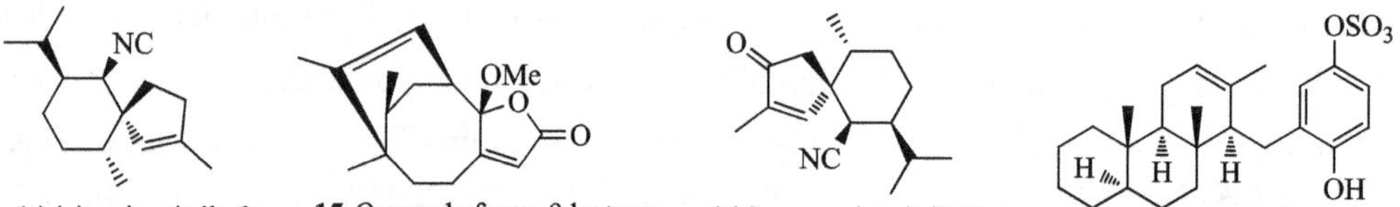

14 (–)-axisonitrile-3　**15** *O*-menakafuran-8 lactone　**16** 3-oxo-axisonitrile-3　**17** fascioquinol A

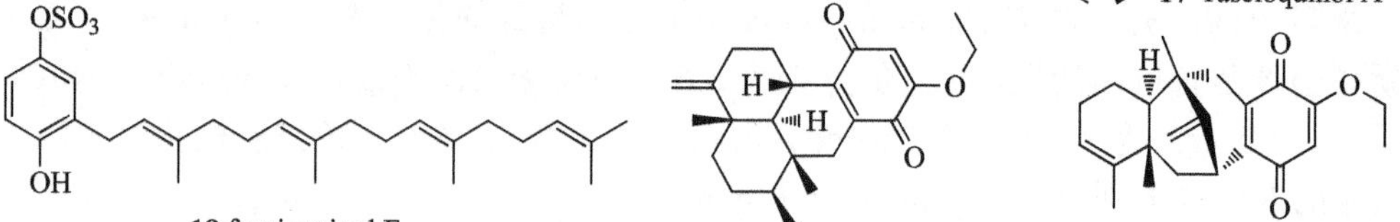

18 fascioquinol E　**19** dysideanones B　**20** dysidavarones A

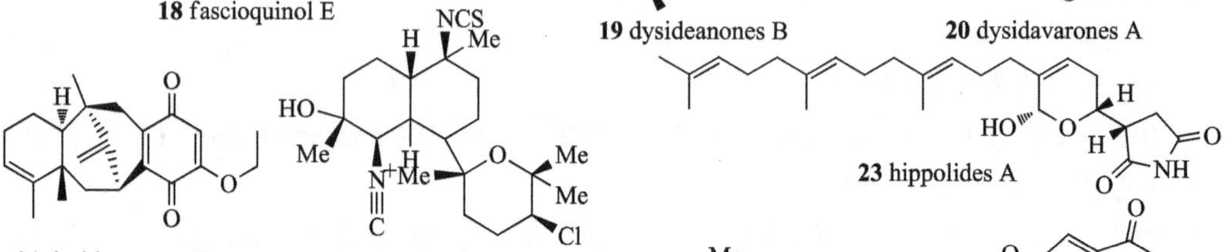

21 dysidavarones D　**22** 10-epi-kalihinol X　**23** hippolides A

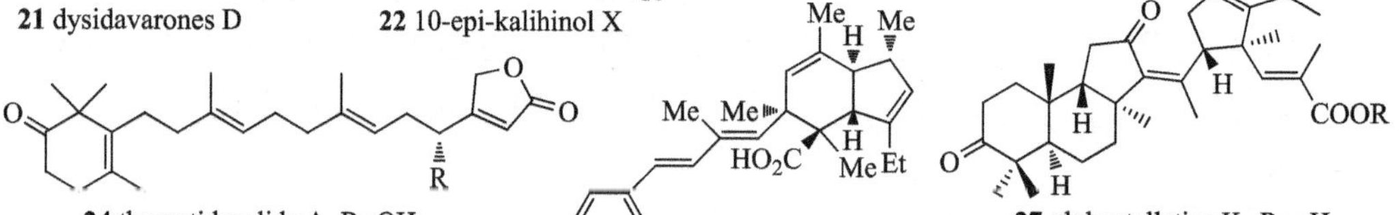

24 thorectidaeolide A, R=OH
25 4-acetoxythorectidaeolide A, R=OAc　**26** zyggomphic acid B　**27** globostelletins K, R = H
28 globostelletins L, R = CH_3

4. 甾体类化合物

目前从海绵中发现的甾体类化合物表现出多种生物学功能。从海绵 *Lissodendryx fibrosa* 中分离得到的 manadosterols A 对 Ubc13-Uev1A 的抑制活性的 IC_{50} 值可达 90nmol/L。从中国南海的海绵 *Theonella swinhoei* 中分离得到的 swinhoeisterols A 具有抑制 (h) p300 乙酰转移酶的活性，IC_{50} 值为 2.9μmol/L。从海绵 *Dysidea* sp.中分离得到的 dysideasterols F～

H，对人表皮样癌的 IC_{50} 分别为 0.23μmol/L、0.3μmol/L、0.2μmol/L。从海绵 *Euryspongia* sp.中分离得到的 eurysterols A 对于人体结肠癌细胞 HCT-116 具有较强的细胞毒性。

5. 大环内酯类化合物

大环内酯类化合物大多具有很强的细胞毒活性。从印度尼西亚的海绵 *Callyspongia* sp.中分离得到的化合物 callyspongiolide 能够抑制小鼠淋巴瘤细胞 L5178Y 的生长，IC_{50} 值为 320nmol/L；从海绵 *Candidaspongia* sp.中分离得到的化合物 candidaspongiolides 2 和 3 对 NBT-T2 细胞表现出很强的细胞毒活性，IC_{50} 值分别为 4.7ng/mL 和 19ng/mL。

从中国海南的海绵 *Dysidea* sp.中分离得到的化合物 *O*-methyl nakafuran-8 lactone 具有抑制 PTP1B 的活性，IC_{50} 值为 1.58μmol/L。

三、海绵来源天然产物的药物开发研究

海绵生物种类的多样性、代谢途径的独特性、生存环境的复杂性以及共生体的不确定性，决定了其次生代谢产物的丰富多样，为新药开发提供了许多结构新颖的先导化合物，人们从种类繁多的海绵中发现了萜类、含氮化合物（生物碱、氨基酸、核苷类、神经酰胺、环肽等）、聚醚类、大环内酯、过氧化合物、多烯多炔以及甾体等一系列化合物。这些化合物中，许多表现出显著的抗肿瘤、抗病毒、抗炎、抗微生物等生理活性，并具有临床应用前景。

海绵中提取分离的抗肿瘤活性成分主要结构为核苷类、多醚类、聚酮类、脂类、肽类、多羟基内酯类、萜类，其抗肿瘤作用机制有细胞毒作用、干扰肿瘤生长的微环境、激活免疫系统等。目前已有海绵活性成分核苷类衍生物阿糖胞苷（Cytarabin，Ara-C）和海绵聚醚大环内酯类软海绵素合成类似物 E7389 批准上市，临床上分别用于急性髓细胞白血病和转移性乳腺癌的治疗，同时 KRN7000、E7974、LAF389、PM060184 等都进入了不同临床试验阶段，还有许多化合物处于临床前研究阶段，均展现出良好的开发前景（表 1-1）。

表 1-1　海绵抗肿瘤活性成分的基本情况

化合物	海绵	分子靶点	目前研究状态
Ara-C	*Cryptotheca crypta*	DNA 聚合酶抑制剂	批准上市，用于抗急性髓细胞白血病
Eribulin mesylate (halichondrin B derivative)	*Halichondria okadai*	微管	批准上市，用于抗转移性乳腺癌三线用药
NVP-LAQ824 (Psammaplin derivative)	*Psammaplysilla sp.*	HDAC/DNMT	终止于临床 I 期
Hemiasterlin derivative (E7974)	*Hemiasterella minor*	微管	临床 I 期
PM060184	*Lithoplocamia lithistoides*	微管	临床 I 期
Discodermolide	*Discodermia dissolute*	微管蛋白	终止于临床 I 期
HTI-286 (Hemiasterlin derivative)	*Cymbastella sp.*	微管蛋白	终止于临床 I 期
LAF-389 (Bengamide B derivative)	*Jaspis digonoxea*	甲硫氨酸氨基肽酶	临床 I 期
KRN-7000 (Agelasphin derivative)	*Agelas mauritianus*	V24＋NKT 细胞激活	终止于临床 I 期
Laulimalide	*Cacospongia mycofijiensis*	微管蛋白	临床前
Sarcodictyin	*Sarcodictyon roseum*	微管蛋白	临床前
Peloruside A	*Mycale hentscheli*	微管蛋白	临床前
Salicylihalamides A and B	*Haliclona* sp.	Vo-ATP 酶	临床前
Ascididemin	*Didemnum* sp.	Caspase-2/线粒体	临床前

续表

化合物	海绵	分子靶点	目前研究状态
Variolins	*Kirkpatrickia variolosa*	CDK	临床前
Dictyodendrins	*Dictyodendrill averongiformis*	端粒酶	临床前
Halichondrin B	*Halichondria okadai*	微管蛋白	临床前
Spongistatin 1	*Spirasterella* sp.	微管蛋白	临床前

资料来源：Shakeri A，Sahebkar A. 2015. Anti-cancer products from marine sponges：Progress and promise. Recent Patents on Drug Delivery & Formulation，9：3.

另外，海洋生物为抗病毒新药的发现提供了广阔的资源。海绵产生的抗病毒活性物质主要是核苷类、萜类、生物碱类等化合物，其中几个已经成功地被批准为用于临床使用的抗病毒剂或已推进到临床试验的后期阶段，大多数这些药物被用于治疗人类免疫缺陷病毒（HIV）、单纯疱疹病毒（HSV）、骨髓灰质炎病毒、冠状病毒、肝炎病毒等。第一个抗病毒海洋药物为阿糖腺苷（Vidabarine，Ara-A）。从海绵 *Dysidea avara* 中分离得到的 avarol 及其衍生物 avarone 具有抗肿瘤、抗病毒、抗菌、免疫调节及醛糖还原酶抑制等多种生物活性，其中最值得关注的是它们能剂量依赖性地抑制 HIV 和 T 淋巴细胞病毒III型（HTLV III）的生长。

Psammaplysins 是从海绵 *Psammaplysilla* 中分离得到的一种新型生物碱，在 0.41μmol/L 浓度具有超过 97%的选择性抗疟活性。Psammaplysin A 是第一个来源于海绵进入抗菌临床前研究的天然产物。Fusetani 小组对 Shikine-jima 海绵 *Stelletta* sp.进行了深入研究，先后从该海绵的甲醇提取物中分离得到了 stellettaxole A、stellettaxole B、stellettaxole C、stellettamide 以及 bistellettadines A 和 B，它们都具有很强的抗菌活性。

从海洋中寻找抗炎药物，已成为抗炎药物研究的热点之一。目前，科学家已经从海绵中分离得到大量具有抗炎活性的化合物，其中一些具有较高活性的化合物已进入临床研究，这些化合物为抗炎活性药物的设计提供了宝贵的分子模型，为海洋抗炎药物的研究开发提供了重要的先导化合物。加拿大研究人员从海绵 *Petrosia contignata* 中提取分离得到 contignasterol，它是一种高度氧化的类固醇类化合物，是第一个从天然产物中分离出的具有 14β-H 结构的类固醇，其侧链的半缩醛官能团在类固醇类化合物中以前也未见报道，药理实验表明，contignasterol 能够剂量依赖性地抑制大鼠肥大细胞受抗免疫球蛋白 E（IgE）刺激释放的组胺，具有较好的平喘和抗炎活性，后经加拿大 Inflazyme 公司开发成平喘药考替特罗。

Manoalide 是 1980 年 Silva 等从帕劳群岛帛球海绵 *Luffariella variabilli* 中分离得到的线形二倍半萜类化合物，药理实验表明 manoalide 对磷脂水解酶 A2（PLA2）具有显著的不可逆抑制作用，具有良好的抗炎作用。Manoalide 对 PLA2 分子水平上的抗炎作用机制研究已取得了较大进展，它与 PLA2 的相互作用主要是通过分子内 γ-羟基丁酸内酯片段开环产生的 C-25 醛基与 PLA2 上的赖氨酸残基 Lys-94 形成席夫碱实现的。Manoalide 曾进入II期临床研究并成为研究抑制 PLA2 的常规工具药。受 manoalide 抗炎作用的启发，人们还发现了许多具有类似结构且同样具有抗炎作用的化合物。Cacosponginolide E 来源于那不勒斯海绵 *Fasciospongia cavernosa* 的丙酮提取物，其对人分泌型磷脂水解酶 sPLA2 的抑制效果优于 manoalide，因此可能比 manoalide 更具有开发潜力。

（邱 进 林厚文）

第二节　珊瑚来源海洋天然产物研究

一、概述

珊瑚属海洋无脊椎动物腔肠动物门珊瑚虫纲，种类繁多，全球共有 6100 多种，约占海洋生物的 22.4%，主要生长在从潮间带到深达 4000m 的海洋中，广泛分布于从亚热带到两极的世界各海域中。珊瑚纲分八放珊瑚亚纲和六放珊瑚亚纲。八放珊瑚亚纲中的软珊瑚目和柳珊瑚目这两类珊瑚在世界上分布最为广泛，并且也是海洋天然产物研究的热点。我国海洋中生活有约 570 种珊瑚，主要分布于广东、海南沿海海域。

柳珊瑚俗称海扇、海鞭、海柳，属于腔肠动物门珊瑚虫纲八放珊瑚亚纲柳珊瑚目。柳珊瑚形式多样，色泽美丽，广泛分布于世界热带、亚热带的各海域中，全球柳珊瑚有 13 科 6100 多种，主要分布于大西洋-加勒比海区和印度-太平洋区；在我国生活的有 6 科 40 余种，主要分布于广东、海南沿海。软珊瑚属于腔肠动物门珊瑚纲八放珊瑚亚纲软珊瑚目，因身体柔软而通称软珊瑚，共 6 个科。石珊瑚属于腔肠动物门珊瑚纲八放珊瑚亚纲石珊瑚目，根据其生态环境和特点，可分为造礁石珊瑚和非造礁石珊瑚，造礁石珊瑚是石珊瑚的主体。我国的造礁石珊瑚有 14 科 54 属 174 种。红珊瑚红艳如火，俗称“火树”，色彩呈粉红，也称粉珊瑚，属于腔肠动物门珊瑚纲八放珊瑚亚纲软珊瑚目硬轴珊瑚亚目红珊瑚科红珊瑚属，是珍贵珊瑚的一种。角珊瑚是一类数量稀少的珊瑚，属于腔肠动物门珊瑚纲六放珊瑚亚纲角珊瑚目黑角珊瑚科，群体的形态大致有树形和鞭形两种，在我国南海发现的角珊瑚分属 2 科 6 属共 18 种。

珊瑚作为药材在我国《本草纲目》中已有详细记载。目前，作为药材利用的珊瑚有软珊瑚、柳珊瑚、石珊瑚和红珊瑚。珊瑚具有排斥海藻生长和防止其他生物栖息的能力，这可能是珊瑚存在毒性物质即化学防御剂的结果。这一现象吸引了众多化学工作者研究珊瑚的次级代谢产物。对珊瑚化学成分的研究起源于美国的 weinheimer 等于 1969 年从百慕大海域柳珊瑚中发现含量丰富的具有独特结构和强烈生理活性的前列腺素前体，这项成果吸引了众多的天然产物化学家把研究对象从陆地生物转向海洋生物，同时使得珊瑚化学成分的研究成为海洋天然产物研究的热门领域之一。近几十年来，不断有新的化合物结构类型从珊瑚中分离出来，且其中大多数化合物均进行了相应的生物活性的筛选实验，为进一步的结构修饰与构效关系的研究以及其潜在的可能性药物的开发提供了依据。

本节重点针对近 20 年来有关珊瑚（柳珊瑚、软珊瑚、石珊瑚）来源的活性化合物的研究情况做概述。

二、柳珊瑚来源的海洋天然活性化合物

至今从全球约 1%（12 科，38 属）的柳珊瑚发现上千种新化合物，化合物类型主要有前列腺素、倍半萜、二萜、生物碱以及被高度氧化的甾醇类化合物，这些化合物有抗肿瘤、抗炎、抗结核、抗疟原虫、抗病毒、抗氧化等生理活性，且对柳珊瑚的生存起重要化学防御作用，如抵抗捕食生物的摄食、与捕食生物共同进化以及抗污损生物附着等。对该类生物的化学与药理研究一直是海洋天然产物研究的热点。

1. 二萜类化合物

萜类成分是柳珊瑚中含量最多、种类最丰富的一大类化合物，许多化合物有强生物活性。因此，萜类化合物的分离鉴定一直是柳珊瑚化学研究的重点和热点。柳珊瑚所含的二萜化合物结构类型非常丰富，主要分以下 11 类：cembrane、asbestinin、briarein、pseudopterosin、pseudopterane、dolabellane、cubitane、dilophol、elemene (fuscol) -type、eunicellin、dolastane。这些化合物显示广泛的生物活性，包括细胞毒、抗真菌、抗疟原虫、抗结核、抗寄生虫、抗炎、抗分枝杆菌、溶血及抗病毒等活性。

（1）briarane 型二萜

自 1977 年 Burks 等从西印度洋柳珊瑚 *Briareum asbestinum* 中发现首个西松烷型二萜（briarein A）以来，约 400 余种西松烷型二萜从柳珊瑚中分离得到，主要来源于 *Junceella* 和 *Briareum* 属。它结构复杂、生物活性多样且显著，引起了大量科研者的关注。其中，细胞毒活性显著化合物如 stecholide L（**1**）、excavatolides C（**2**）等；抗污损活性显著的化合物如 juncins R（**3**）抗藤壶幼虫附着的 EC_{50} 值为 4ng/mL，构效关系研究显示环外氧化的亚甲基 C-16（如—CH_2OH、—CH_2OCH_3）被—CH_2Cl 取代时抗附着活性加强，但当环外氧化的亚甲基 C-16 被酯化（—CH_2OAc）或被氧化成羧基并进一步甲酯化（—COOMe）时，则抗附着活性降低，且侧链 C-1、C-12、C-3、C-14 上酯链的长度也将影响它们的活性，另外，环外 11，20-环氧基团对它们的抗附着活性起重要作用。

（2）cembrane 型二萜

Cembrane 型二萜是 *Leptogorgia*、*Plexaura*、*Pseudoplexaura*，尤其是 *Eunicea* 属和 *Pseudopterogorgia* 属的特征性化学成分，300 余种该类二萜从这 5 个属中分离得到。这些化合物对柳珊瑚起到重要的化学防御作用，且有显著的生理活性，如抗炎、钙拮抗剂、抗寄生虫、细胞毒等活性。它们结构的复杂性和有趣的生物活性，吸引了化学家对其衍生物的合成。

许多 cembrane 型二萜有显著的细胞毒活性，如从 *Leptogorgia peruana* 中分离得到的 isoepoxylophodione（**4**）对肿瘤细胞株 MDA-MB-231、A-549、HT-29 的 GI_{50} 值分别为 2.7μmol/L、2.9μmol/L、4.1μmol/L；从 *Eunicea mammosa* 中分离的 12-*epi*-eunicin（**5**）对人肿瘤细胞株 A549、H116、PSN1、T98G 具有生长抑制活性，而它的衍生物 **6** 活性最强，可选择性抑制 A549、H116、PSN1（IC_{50} 值为 0.5μg/mL）肿瘤细胞，值得注意的是合成的衍生物比母体天然产物活性更强。

另外，一些 cembrane 型二萜显示显著的抗疟原虫和抗结核活性：从 *Pseudopterogorgia bipinnata* 中分离的 caucanolide A（**7**）有显著的抗疟原虫活性，抑制氯喹抗性疟原虫 *Plasmodium falciparum* W2 的 IC_{50} 值为 17μg/mL。Caucanolide A 抑制人肿瘤细胞株 T-47D、CCRF-CEM、NCIH460、MCF-7 生长的 IC_{50} 值分别为 25.8μg/mL、25.5μg/mL、12.5μg/mL、7.6μg/mL；在抑制 *Mycobacterium tuberculosis* H37Rv 生长的抗结核活性测试中，caucanolide A 在浓度 6.25μg/mL 时可抑制 21%的分枝杆菌生长；从 *Pseudopterogorgia bipinnata* 中分离的 bipinnapterolide B（**8**）在浓度 128μg/mL 时能抑制 66% *Mycobacterium tuberculosis* H37Rv 生长。

（3）pseudopterosin 型二萜

Pseudopterosin 型二萜是 *Pseudopterogorgia* 属的特征性化学成分。有上百种 pseudopterosin 型二萜从该属物种中分离得到，其中一些有细胞毒、抗结核、抗炎、抗病毒和抗疟疾活性。

从 *Pseudopterogorigia elisabethae* 中分离得到 elisabethin B（**9**）在浓度 10^{-5}mol/L 时抑制所有肾脏、中枢神经系统和白血病的癌症细胞株的活性显著；另外从该种海绵中分离得到的 elisabethadione（**10**）、pseudopterosin N（**11**）、seco-pseudopterosin E（**12**）、pseudopterosin P（**13**）在小鼠耳抗炎测定中，**10**～**12** 的抑制率分别为 83%、88%和 88%，显示潜在的与 PsA 同等或某种程度上更强的活性，且显著比理论计算的 PsE 活性更强。其中 pseudopterosin P（**13**）抗结核活性最强，浓度 6.25μg/mL 时抑制 *Mycobacterium tuberculosis* H37Rv 生长的抑制率为 76%，且显示抗 HSV-1、抗 HSV-2、抗人巨细胞病毒（HCMV）、抗水痘-带状疱疹病毒活性，EC_{50} 值分别为 2.9μmol/L、2.9μmol/L、2.9μmol/L、2.6μmol/L，展示了 **13** 对每种病毒都毒性很强；**13** 也有明显的抗氯喹耐药菌株 *Plasmodium falciparum* W2 的抗疟活性，IC_{50} 值分别为 12μg/mL。

（4）其他二萜类化合物

从 *Acalycigorgia* 属和 *Corallium* 属中分离到一些 xenicane 型二萜。从 *Acalycigorgia inermis* 中分离的 acalycixeniolides C（**14**）抑制肺癌细胞毒 K-562 生长的 LC_{50} 值为 1.6μg/mL。从 *Acalycigorgia* sp.中分离的 ginamallene（**15**）不仅对 P388 白血病细胞株有显著抑制作用（IC_{50} 值分别为 0.27μg/mL），且抑制海胆 *Hemicentrotus ulcherrrmus* 卵的 IC_{50} 值为 1.0μg/mL。

Eunicea sp.中分离得到 dilophol 型二萜 calyculaglycoside A～B（**16**～**18**），其中 calyculaglycoside B 是一个有效的热带抗炎试剂，比工业标准品吲哚美辛（indomethacin）活性强。Calyculaglycoside B 在剂量 125μg/ear 时减少花生四烯酸（AA）诱导的小鼠耳部炎症的治愈率为 92%，且抑制因巴豆油引起的水肿的活性与吲哚美辛相当（每只耳朵分别注射 125μg 和 60μg 的 calyculaglycoside B 时抑制率分别为 77%和 43%）。Calyculaglycoside B 也能抑制前列腺素 PGE2 和白三烯 LTB4 的合成，说明它是一个 5-脂氧合酶和环氧合酶途径的非选择性抑制剂。浓度 10^{-5}～10^{-4}mol/L 时，calyculaglycoside B 对大多数卵巢癌细胞系和几个肾脏、前列腺和结肠癌细胞系有不同程度的细胞毒活性。

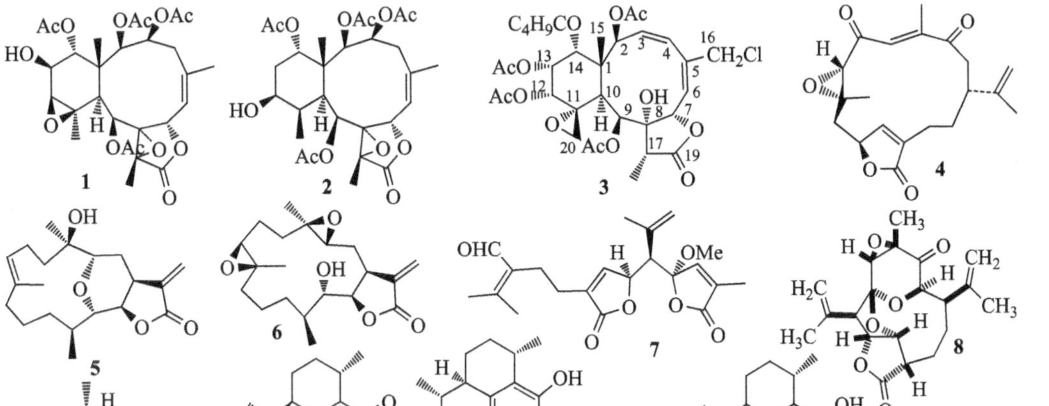

1 2 3 4 5 6 7 8 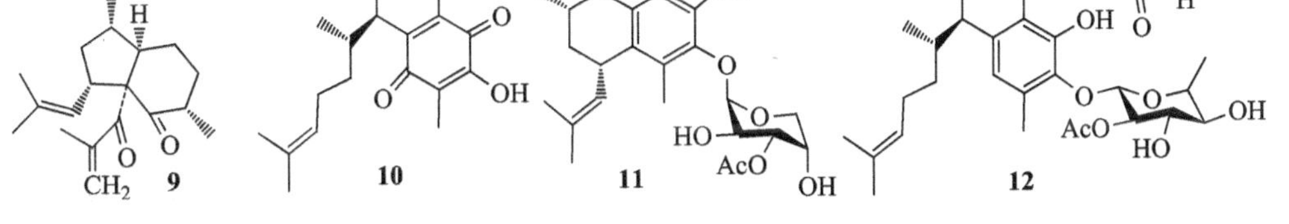 9 10 11 12

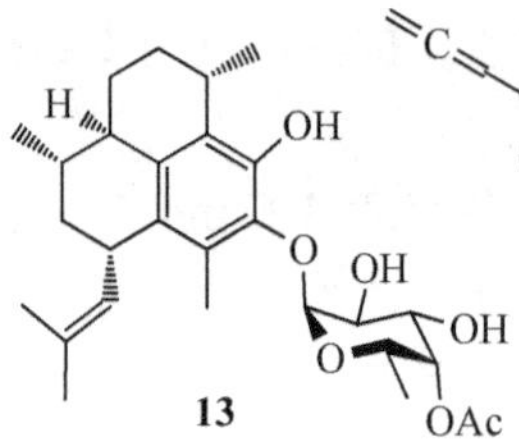

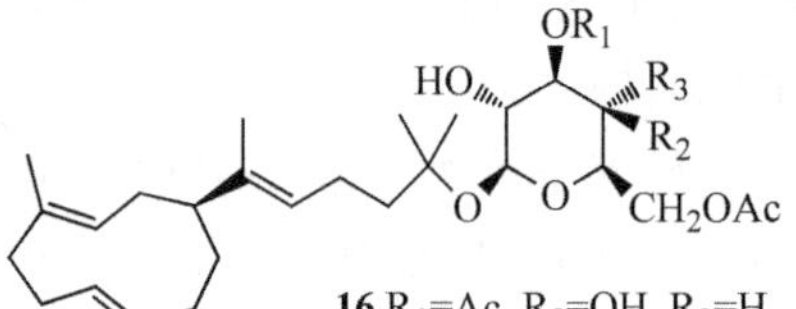

16 R_1=Ac, R_2=OH, R_3=H
17 R_1=R_2=H, R_3=OAc
18 R_1=R_3=H, R_2=OAc

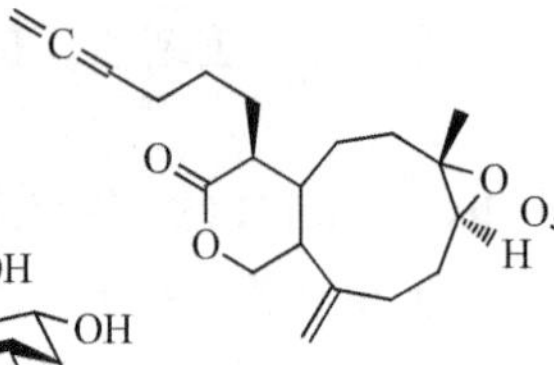

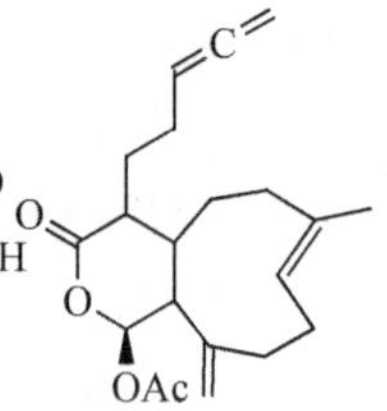

2. 倍半萜

珊瑚的倍半萜类型主要有倍半萜烃、芳香倍半萜、suberosane 型、guaiane-furano 型、caryophyllane 型、无环倍半萜、subergane 型等。这些倍半萜展示许多生物活性，如细胞毒性、抗真菌、抗疟原虫、抗结核、抗寄生虫、抗炎、抗分枝杆菌和抗病毒等。

Suberosane 型倍半萜是 *Isis* 属的特征性化学成分，代表化合物如具有细胞毒活性的 uberosenols A（**19**），它在 5, 6-双键的烯丙基位含有一个 *β*-羟基是 sberosane 型倍半萜细胞毒活性的主要因素，其乙酰化产物比 **19** 细胞毒活性低，说明该取代可能影响它们的细胞毒活性。

从 *Echinogorgia complexa* 中分离的 guaiane-furano 型倍半萜 *iso*-echinofuran（**20**）有中等的抑制牛肉心脏亚线粒体颗粒（SMP）中集成电子传递链（NADH 氧化酶的活性）的活性，IC_{50} 值为（4.3±0.15）μmol/L，而在浓度大约 2μmol/L 时能充分抑制鱼藤酮敏感的 NADH 氧化酶的活性。

自 *Rumphella* 和 *Subergorgia* 属中分离得到十多种 caryophyllane 型倍半萜，其中从 *Subergorgia suberosa* 分离得到的 buddledin C（**21**）对 A549、HT-29 肿瘤细胞株有显著的细胞毒作用，ED_{50} 值分别为 3.8μg/mL 和 3.6μg/mL。另外，分离自 *Pseudopterogorgia rigida* 的芳香倍半萜 rigidone（**22**）被发现是一个巨噬细胞清道夫受体抑制剂，其 IC_{50} 值为 5.6μmol/L。

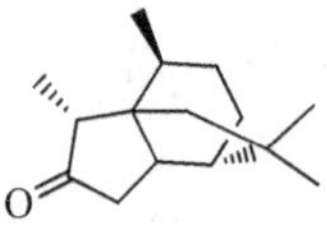

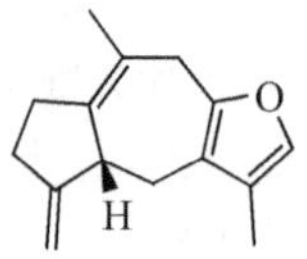

3. 含氮化合物

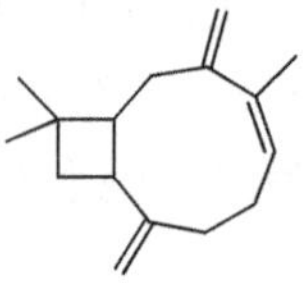

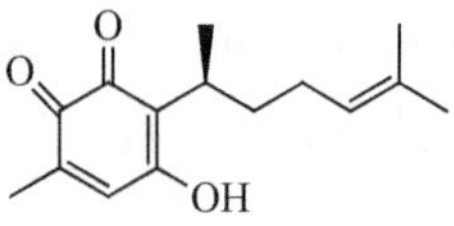

从柳珊瑚中分离的含氮类化合物大约只占 2.2%，其中有生物活性的化合物类型主要有色胺衍生物、嘌呤生物碱、酰胺衍生物。

自 *Eunicella granulate* 分离的 granulatamides A 和 B（**23**，**24**）对 16 种人肿瘤细胞株有细胞毒活性。八元环杂环化合物 hicksoanes A～C（**25**～**27**）分离自 *Subergorgia hicksoni*，在浓度 10μg/mL 时对金鱼有拒食活性。自 *Subergorgia suberosa* 分离的嘌呤生物碱异构体 6-(9′-purine-6′, 8′-diolyl)-2*β*-suberosanone（**28**）对乳腺癌细胞株 MDA-MB-231 有中等抑制作用，IC_{50} 值为 8.87μg/mL。

对分离自 *Muricea austere* 的酪胺类化合物 **29** 和 **30** 以及一系列合成的酪胺类衍生物进行了抗疟原虫活性测试，其中 **29** 和 **30** 对氯喹抗性的 *Plasmodium falciparum* 显示中等的抗疟原虫活性，IC_{50} 值为 11～38μg/mL；构效关系初步探讨显示脂肪酸侧链上碳数量的增加能提高其活性，然而脂肪酸上极性基团的存在将降低其活性，另外，酪胺芳环上溴原子的引入有助于提高其抗疟原虫活性，酰胺键位置的改变有助于提高抗疟活性。

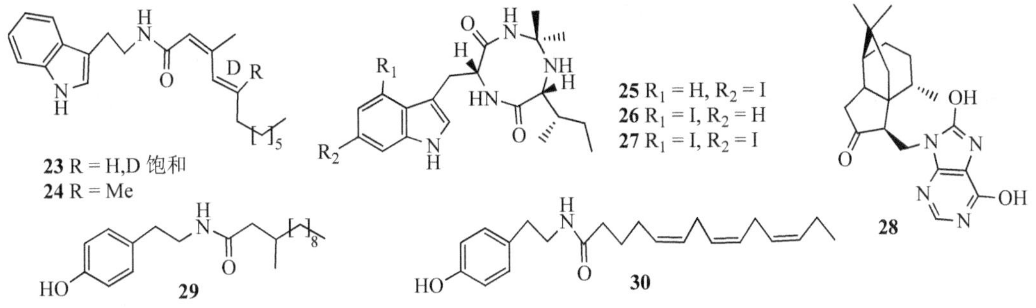

23 R = H,D 饱和
24 R = Me
25 R_1 = H, R_2 = I
26 R_1 = I, R_2 = H
27 R_1 = I, R_2 = I
28
29
30

4. 甾醇类化合物

柳珊瑚中富含结构新颖的多羟基甾醇，其中 *Isis* 属的甾醇尤其独特，具有多羟基和侧链多样性，如 hippurin 或 hippuristanol 型有螺缩酮基团、gorgosterol 型有环丙基、hippuristerone 型有 3-酮基。这些化合物类型在侧链烷基部分也有区别，其中有些甾醇有显著抗肿瘤活性。

Verrucoside（**31**）分离自 *Eunicella verrucosa*，抑制肿瘤细胞株 P-388、A-549 和 HT-29 生长的 IC_{50} 值分别为 5.9μg/mL、7.2μg/mL、6.3μg/mL。分离自 *Muricea* sp.的 muricenones A 和 B（**32，33**）抑制 A-549 细胞株生长的 GI_{50} 值分别为 2.0μg/mL、3.0μg/mL。开环甾体 **34** 和 **35** 分离自 *Pseudopterogorgia americana*，抑制前列腺癌细胞株 LnCap 的 IC_{50} 值分别为 15.49μg/mL、11.0μg/mL，抑制肺癌细胞株 Calu-3 的 IC_{50} 值分别为 18.43μg/mL、12.0μg/mL，说明其中环氧环的存在对它们的活性起一定作用。

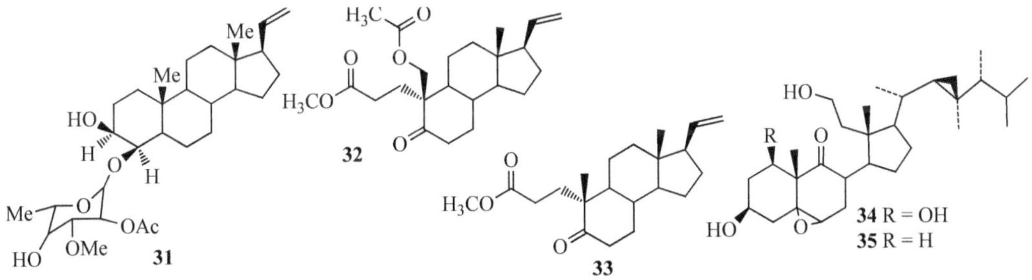

31
32
33
34 R = OH
35 R = H

三、软珊瑚来源的海洋天然活性化合物

软珊瑚肉质柔软而不被海洋中的动物所吞食，这被认为与其次生代谢产物中含有能驱赶其他生物的化学防御物质有关。

1. 萜类化合物

软珊瑚中发现的二萜主要有 cembrane 型、xenicane 型、eumcellane 型、briarane 型及 verticillane 型，大多数有细胞毒活性。其中，cembrane 型二萜主要分为普通型、内酯环型（五环、六环、七环）、降碳型、开环型和二聚型，是 *Sarcophuton*、*Sinularia* 属软珊瑚的特征性化学成分。

许多 cembrane 型二萜有显著的细胞毒活性，如从 *Sarcophyton moll* 中分离的 **36** 在 2.5μg/mL 的浓度下，对艾氏腹水瘤细胞株的抑制率为 70%，对小鼠 S180 肿瘤细胞株的抑制率为 53.9%，这表明 *α*, *β*-不饱和 *γ*-内酯基可能是其活性部位。Xenicane 型二萜是一类降二萜，由九元碳环与六元内酯环骈合而成，被认为是褐藻代谢物的特征。从 *Xenia umbellata* 中分离的 xenibellal（**37**）抑制 P-388 细胞生长的 ED_{50} 值为 3.2μg/mL。从 *Sinularia gyrosa* 中分离的 gyrosanols A（**38**），均有抑制人巨细胞病毒活性和抑制巨噬细胞 COX-2 蛋白表达的活性。

从 *Nephthea erecta* 和 *Nephthea chabrolii* 中分离的倍半萜 paralemnanone（**39**）在 10μmol/L 的浓度下可抑制 iNOS 和 COX-2 的蛋白表达。

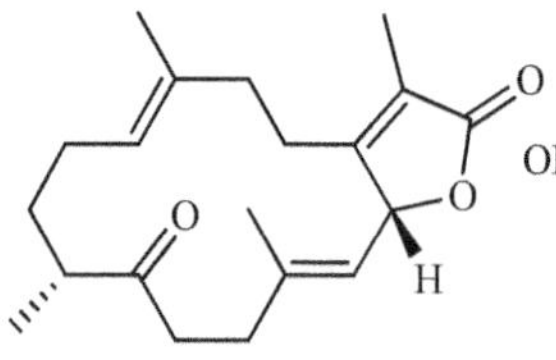

36 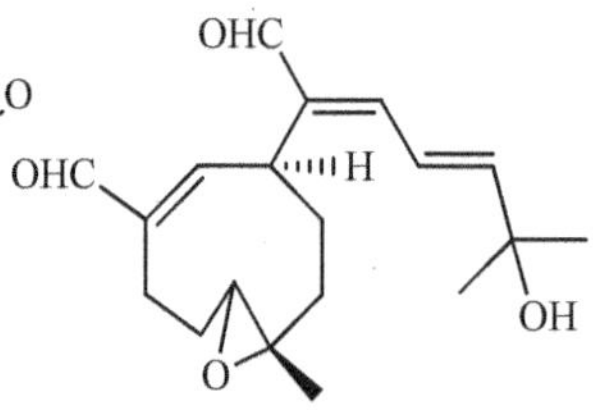 37 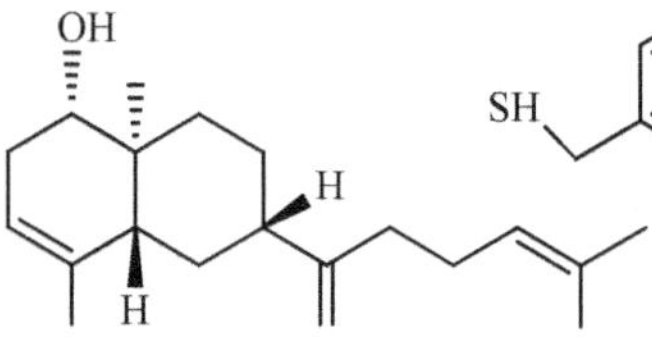 38 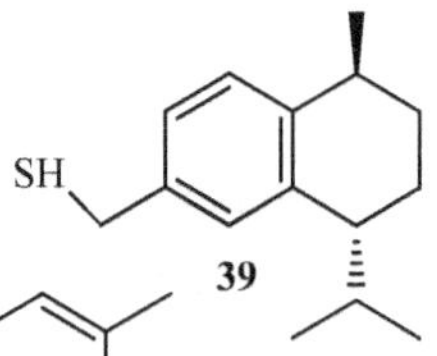 39

2. 甾醇

细胞毒活性：从 *Sinularia gibberosa* 中分离的 gibberoketosterol（**40**）对癌细胞株 Hepa59T/VGH 有中等抑制作用（ED_{50} 10.0μg/mL）。Methyl spongoate（**41**）抑制肿瘤细胞株 BEL-7402 生长的 IC_{50} 值为 0.14μg/mL，抑制 A-549、HT-29 和 P388 生长的 IC_{50} 值均为 5μg/mL。

抗炎和免疫活性：从 *Clavularia viridis* 中分离的 stoloniferones S 和 T（**42**，**43**），对以上化合物进行刺激小鼠巨噬细胞 RAW264.7 产生炎症因子的活性筛选，发现它们在 10μmol/L 的浓度下，与标准物 LPS 相比，可分别将诱导型-氧化氮合酶 iNOS 浓度降低至 42.1%±10.5%、40.2%±11.0%；同样在 10μmol/L 的浓度下，**43** 可将环氧合酶 COX-2 浓度降至 58.4%±12.3%。

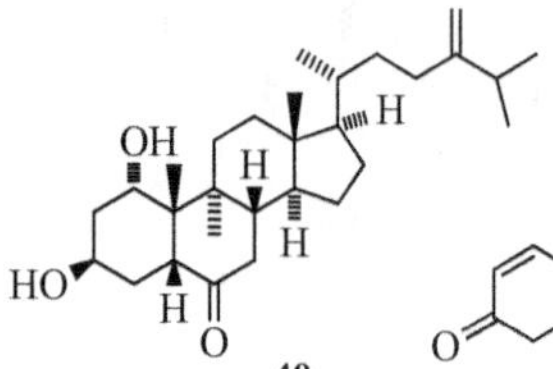

40 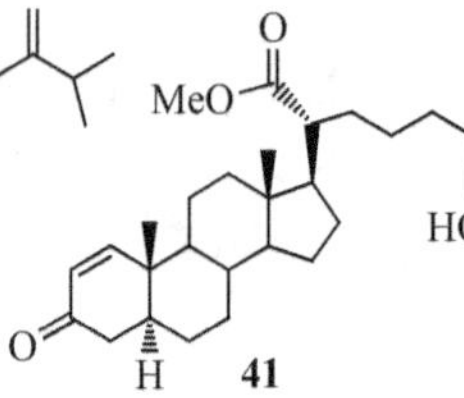 41 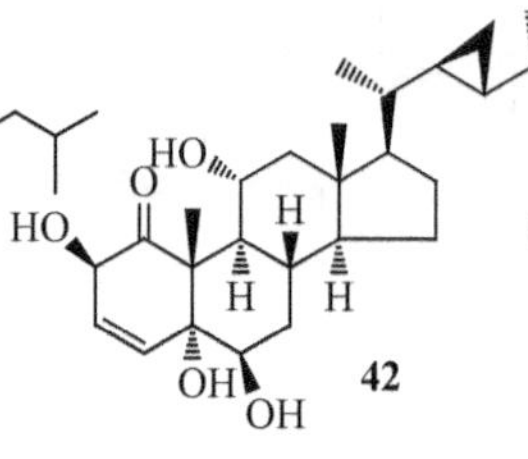 42 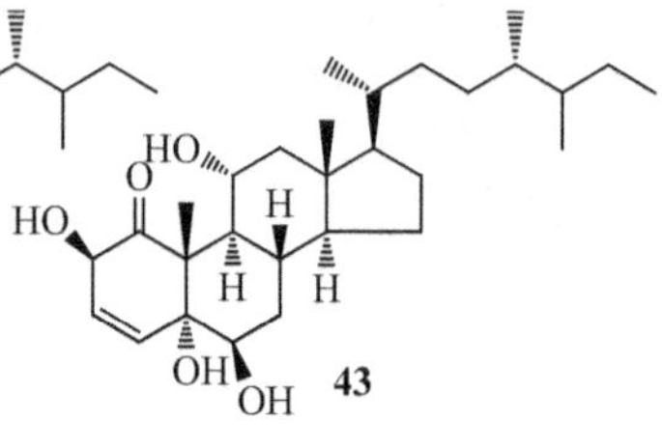 43

3. 生物碱

Eleutherobin 型生物碱：eleutherobin（**44**）是 1997 年从 *Eleutherobia* sp.中分离得到的，该化合物有细胞毒作用，其结构因为类似于具有微管聚集活性的 sarcodictytin A 而备受重视，现在已经进入了临床 I 期研究。因为无法得到足够量的天然化合物，最初的开发受阻，后来尽管已经能够人工合成，但合成步骤复杂，不太适合大规模生产。

二萜类生物碱：从 *Cespitularia taeniata* 分离到 cespitulactams D、G、K（**45**，**46**，**47**）和 cespitulactam A（**48**），其中 **45**、**47**、**48** 对藤黄微球菌和新型隐球菌有强抑制活性（MIC 值为 4.16μg/mL），**46** 对须癣毛癣菌显示了强抑制活性（MIC 值为 2.08μg/mL），**47** 抑制

口腔皮肤癌细胞株 KB 和小鼠白细胞株 L1210 生长的 IC_{50} 值分别是 3.7μg/mL、5.1μg/mL。

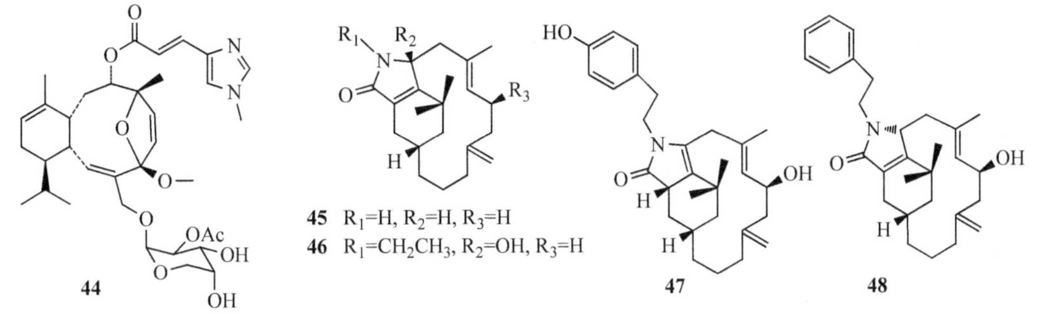

45 R_1=H, R_2=H, R_3=H
46 R_1=CH_2CH_3, R_2=OH, R_3=H

44 47 48

四、石珊瑚来源的海洋天然化合物

由于石珊瑚、角珊瑚（也称黑珊瑚）、红珊瑚和蓝珊瑚这几种珊瑚动物在世界范围内不属于优势种群，与柳珊瑚、软珊瑚被广泛研究相比，有关它们的化学成分研究很少。从中分离的化合物类型主要有丁二炔类、生物碱、萜类等，其中一些化合物结构新颖独特，但采样难、含量低等因素导致有关它们生物活性的报道很少。丁二炔类化合物是石珊瑚中含量丰富、种类较多的一类化合物，大多数具有显著的抗菌和抗肿瘤活性。例如，从 *Montipora* sp.、*Montipora mollis*、*Pectinia lactuca* 中得到的丁二炔类化合物 **49**～**63** 有显著毒鱼活性的，在 1～5ppm 下可有效杀死古比鱼。

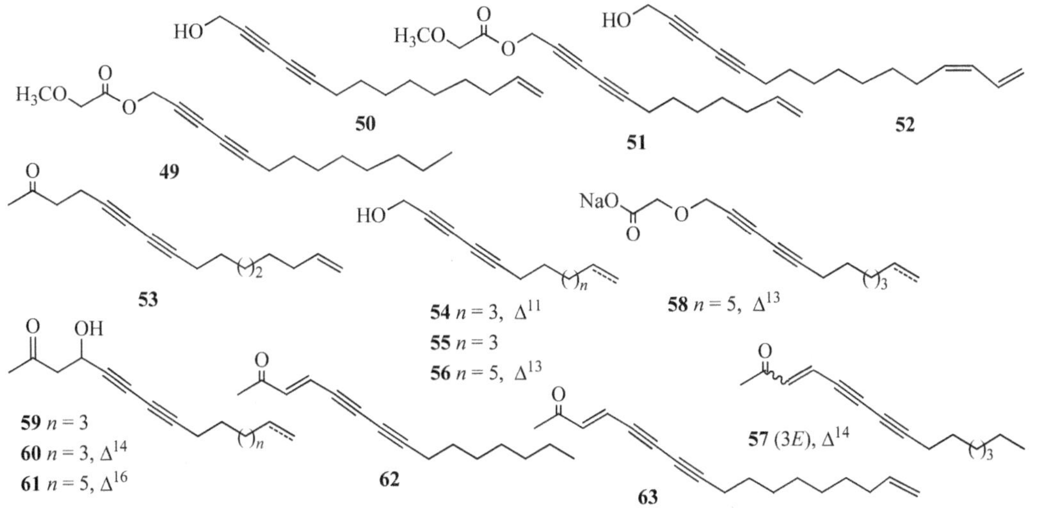

49 50 51 52 53

54 n = 3, Δ^{11}
55 n = 3
56 n = 5, Δ^{13}
58 n = 5, Δ^{13}

59 n = 3
60 n = 3, Δ^{14}
61 n = 5, Δ^{16}
62 63
57 (3E), Δ^{14}

（漆淑华）

第三节 棘皮动物来源海洋天然产物研究

一、概述

棘皮动物门（Echinodermata）是一类海洋所特有的底栖生物，其身体表面都长有许多长短不一的棘状突起，我们常见的海参、海星和海胆都属于其中。该门生物具有如下生物学特征：为后口动物，身体呈五辐对称，具有中胚层形成的内骨骼，有特殊的水管系统，运动、神经和感官系统都发达，没有专门的呼吸、排泄和循环系统，雌雄同体。现存的棘皮动物种类6000多种，我国共记录有1600种，主要分属五个纲：海参纲、海星纲、海胆纲、海蛇尾纲和海百合纲。

棘皮动物来源的天然产物研究最早和最具代表性的是皂苷类化合物，从结构类型上来讲主要包括三萜皂苷和甾体皂苷两大类，其中三萜皂苷主要分布在海参纲动物中，通常称为海参皂苷；而甾体皂苷主要分布在海星纲中，称为海星皂苷。很长时间以来，皂苷被认为是典型的高等植物中的次级代谢产物，自20世纪40～50年代以来，从海洋棘皮动物中陆续发现大量皂苷类成分，打破了皂苷只存在于植物的认识。

海参以海底泥沙中的浮游生物为食，它行动缓慢，却很少受到鱼类捕食，因而很早人们意识到海参中可能含有毒素。某些海参如辐肛参、白尼参等，在遭受刺激或攻击时能将内脏从肛门中射出，自身得以逃脱，称为吐脏现象，吐脏的大部分是海参体内与生殖肛相连的细管状的居维氏器，人们认为其中富含毒素；某些海参如刺参、荡皮参等，则在体壁表皮中含有高浓度的毒素。20世纪40年代中期，Nigrelli和Yamanouchi分别从阿氏辐肛参和荡皮海参的体壁中分离到一种有毒物质，称为海参毒素，其化学结构经历较多的时间才得以确定为三萜皂苷类化合物holotoxin A和B，这是第一种被发现的海参皂苷，迄今已发现并确定结构的海参皂苷有200多种。半个多世纪以来，国内外学者运用现代科学技术对海参进行了广泛而深入的研究，发现海参皂苷是其体内的主要次生代谢产物，作为一种化学防御物质是毒素的主要成分，同时也具有广泛的生理学活性。

同样，对海星的化学研究最早也是从海星皂苷的分离纯化开始的。数百年前人们已经知道海星具有毒性，但直到1960年Hashimoto等才认识到这种毒性是由海星中的皂苷类物质引起的。经过十几年努力，他们于1978年成功分离出第一个海星皂苷thornasteroside A并鉴定了其结构，该皂苷广泛分布于多种海星中，之后又相继从40余种海星中分离获得了90余种海星皂苷。海星皂苷是海星的主要次生代谢产物和化学防御物质，具有细胞毒和抗真菌活性等多种生物活性。

除皂苷外，从海洋棘皮动物中还发现了神经鞘苷、多羟基甾体、溴代蒽醌、烯烃磺酸铵盐等成分。

二、结构类型与生物活性

1. 海参皂苷

海参皂苷是海参所特有的一类三萜皂苷类化合物，目前已发现的海参皂苷有200余种。

（1）基本母核

海参皂苷的苷元为羊毛甾烷的衍生物，为三萜类化合物，绝大部分为海参烷型（holostane），即具有18（20）内酯环结构，其生物合成途径推测为羊毛甾烷的18位角甲基在海参体内被氧化酶氧化成羧基后与20位羟基发生酯化反应；少数为非海参烷型（nonholostane）。

1）海参烷型（holostane）：海参烷含 30 个碳原子，由 5 个环骈合而成，A/B 环、B/C 环、C/D 环均为反式稠合；在 20 位连有 6 个碳原子的侧链；含有 5 个角甲基。例如，从棕环海参（*Holothuria fuscocinerea* Jaegar）中分离的 fuscocineroside A，对 HL-60 人白血病细胞株（$IC_{50}=6.21\mu mol/L$）和 BEL-7402 人肝癌细胞株（$IC_{50}=5.58\mu mol/L$）具有显著的抑制活性（图 1-1）。

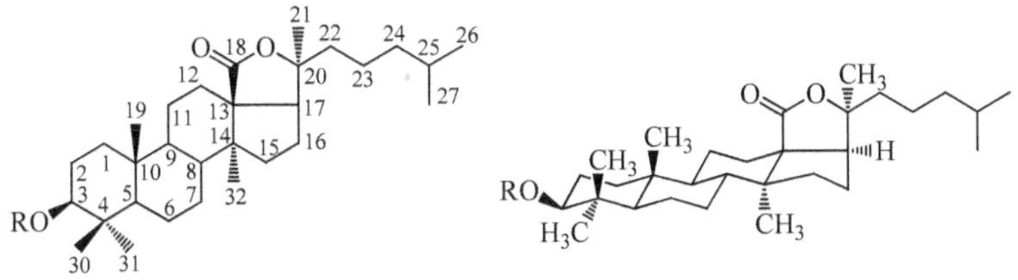

图 1-1 海参烷基本母核结构与立体构型

2）非海参烷型（nonholostane）：指苷元上无 18（20）内酯环结构或内酯环为 18（16）内酯，目前发现的数量极少。例如，来自仿刺参（*Apostichopus japonicus*）中的 holotoxin F 和来自 *Pentamera calcigera* 中的 calcigeroside B、holotoxin F 的苷元可能是海参烷生物合成的中间产物，对白色念珠菌和新生隐球菌具有很强的抑制活性。

（2）取代基

①海参皂苷的糖链均连接在苷元的 3 位上；②苷元 12、16、17 位或侧链上常有羟基、乙酰基、羰基取代，侧链上有时可见环氧结构；③苷元结构上常出现 1 或数个双键。常见有 $\Delta^{7(8)}$、$\Delta^{8(9)}$、$\Delta^{9(11)}$、$\Delta^{24(25)}$和 $\Delta^{25(26)}$等，在侧链上有时可见共轭双键，如 fuscocineroside A、holotoxin F 和 calcigeroside B；④糖链部分常由葡萄糖（D-glucose，Glc）、木糖（D-xylose，Xyl）、喹喏糖（D-quinovose，Qui）、3-甲氧基葡萄糖（3-OMe-Glc）、3-甲氧基木糖（3-OMe-Xyl）等组成，所有糖基几乎均为 D-型糖，以吡喃形式存在，糖基的苷键构型均为 β，单糖数量通常为 2～6 个，常见有硫酸酯基取代。

（3）结构特征与生源分类

根据 Pawson et Fell 分类系统，海参纲主要可分为 6 个目：平足目、楯手目、枝手目、指手目、芋参目和无足目，目前获得的海参皂苷主要来自楯手目和枝手目，芋参目和无足目的海参中至今尚未发现有海参皂苷。通过对分别来自楯手目和枝手目海参中的海参皂苷的结构特点进行归纳分析，可以总结出生源分类与化学结构之间的部分规律。

1）楯手目海参：主要包括海参科和刺参科两个科，我国常见的食用海参，如渤海的仿刺参（*Apostichopus japonicus*）和南方海域的黑乳海参（*Holothuria nobilis*）、梅花参（*Thelenota ananas*）均属于楯手目。海参科和刺参科来源的海参皂苷结构非常类似，但有一些细微特点可以区别。

2）枝手目海参：枝手目海参主要包括瓜参科和沙鸡子科海参，大多为不可食用海参。枝手目海参的苷元主要为海参烷型，少数为非海参烷型。

随着越来越多的海参皂苷被发现，海参皂苷的化学结构与其生物学分类之间的规律逐渐显现，根据化学结构也可以帮助确定生物学上种属难鉴定海参的分类。

（4）生物活性

作为海参的化学防御物质，海参皂苷能够抵御捕食者的进攻，具有十分重要的生态学作用，LC-MS 分析表明，海参皂苷主要分布在海参的体壁和居维氏器中，后者是海参吐脏释放的主要器官。海参皂苷的生物活性主要体现在其能够与生物膜上甾体分子结合形成复合物，在膜上形成单一离子通道（solitary ion channel）和大的水孔（aqueous pores）导致生物膜溶解。此外，复合物的形成，增加了平滑肌细胞膜的 Ca^{2+} 通透性，对平滑肌产生收缩作用，同时对 Na^{+}-K^{+}-ATP 酶的活性产生抑制。因此，大多数海参皂苷具有溶血、抗菌、抗病毒、抗肿瘤、抗凝血等药理活性，已成为研制开发新药的一个来源。现代科学技术的迅速发展使得许多微量的海参皂苷类活性成分得以快速地分离和鉴定，这也就为进一步更好地利用其作为先导化合物研制出高效低毒的新型药物奠定了坚实的基础。

2. 海星皂苷

海星皂苷（asterosaponins）一词原来通称从海星中获得的所有毒性甾体皂苷，用来专指具有 $\Delta^{9(11)}$-3β, 6α-二羟基甾体母核，并在 3 位硫酸酯化、6 位糖基化的一类特定的大分子甾体化合物。这类物质经常是非常微量的，而且作为极其复杂的混合物存在于海星体内。这类化合物既有硫酸化的，也有非硫酸化的，但其糖苷多具有硫酸基。

（1）基本母核

根据多羟基甾体皂苷的结构特点可把它们细分为 4 类：①3β-OH，6α-糖基化皂苷，如 forbeside E2；②3β-OH，侧链糖基化皂苷，如 halityloside 1；③3β-糖基化甾体皂苷，如 aphelasteroside B；④环式甾体皂苷。

环式皂苷是一类结构非常新奇的化合物，分子中不含硫酸基，但含 1 分子葡萄糖醛酸（连接于苷元 3 位），甾体母核为 Δ^{7}-3β, 6β-二羟基结构，寡糖基由 3 个单糖基组成，第 3 个糖基的 6 位羟基与苷元 6 位成苷，组成环状结构，状若环醚。现仅从 *Echinaster* 属 2 种海星中发现过不足 10 个环式皂苷，在化学分类学上被认为是该属的特征物质，如 sepositoside A。

（2）结构特点

①侧链至少有 1 个位置被氧化，如羟基、酮羰基或环氧基团，而甾体母核除 3 位、6 位外一般无含氧基团。唯一的例外为皂苷 tenuispinoside C。②除 3 位硫酸基外，甾体母核、侧链和糖基上均无其他硫酸基团（而从同为棘皮动物的海参中分离的海参皂苷则一般在糖基上硫酸化）。唯一的例外是化合物 forbeside E。③苷元的侧链一般由 8 个碳原子骨架组成，类似于胆甾烷，一些化合物有失碳现象，碳原子可少至 2 个，另有一些在 C-24 位连接额外的 1 或 2 个碳原子。④糖基的个数以 5 或 6 个的情况居多，常见糖的种类为奎诺糖（Qui）、岩藻糖（Fuc）、木糖（Xyl）、半乳糖（Gal）、葡萄糖（Glc），少见的有阿拉伯糖（Ara）、D-6-去氧-木-4-己酮糖（D-DXHU）。所有糖基几乎均以吡喃形式存在。除阿拉伯糖为 α 构型外，其余糖基的苷键均为 β 构型。⑤寡糖链具有相似的连接方式。多具有 1 个分支（从苷元起第 2 个糖基，多为木糖或奎诺糖），在分支糖基的 2 位连接 1 个末端奎诺糖；少数具有 2 个分支或无分支。起始糖基多为奎诺糖或葡萄糖。除个别例外（如 santiagoside），每一位置上糖基的苷化位置基本固定，最常出现的起始 3 个糖基及其连接为

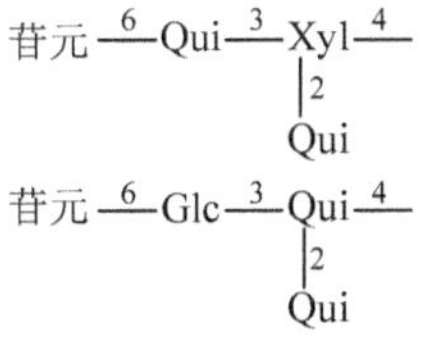

苷元 —6— Qui —3— Xyl —4—
|2
Qui

苷元 —6— Glc —3— Qui —4—
|2
Qui

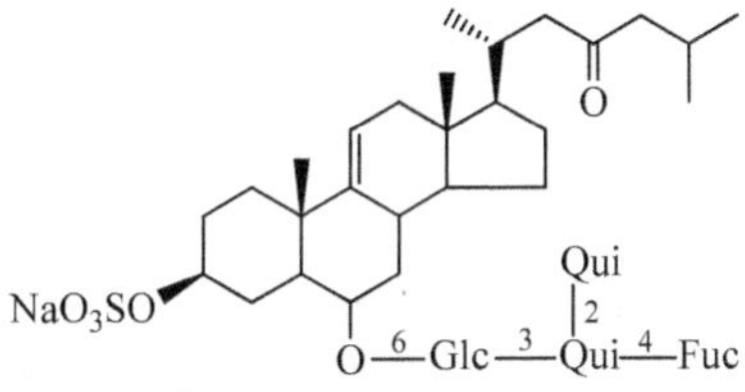

NaO_3SO

O —6— Glc —3— Qui —4— Fuc
|2
Qui

O

18

（3）生物活性

海星皂苷的生理活性在生态学方面引起人们广泛而持久的兴趣。海星皂苷对无脊椎动物及部分脊椎动物具有广泛的毒性，可能作为一种捕食的武器，也可能起防御剂的作用，用以抵抗真菌感染、海洋污损物或贝类附着寄生。有学者发现从海星卵冻中分离出的3 种海星皂苷 Co-ARIS Ⅰ～Ⅲ是其卵发生顶体反应的重要诱导剂。对海星皂苷单体的大量试验表明它们具有多种药理活性：溶血活性、肿瘤细胞毒性、抗病毒作用、抗革兰氏阳性菌活性、阻断哺乳动物神经肌肉传导作用、Na^+/K^+-ATP 酶抑制作用、抗溃疡作用以及抗炎、麻醉和降血压活性等。对部分甾体皂苷已作了初步的构效关系研究，但尚无定论。因此，仍需对各种海星作深入的化学研究以获得大量新的结构并作相应药理及构效研究，从而为海星皂苷类新药研究提供理论基础，并指导其开发。

3. 神经鞘苷

神经鞘苷（glycosphingolipid）也是棘皮动物中广泛分布的一类化合物，它是一类由神经酰胺与寡糖链组成的成分，通常作为细胞膜的组成成分，主要存在于动物的神经系统内。根据糖链的不同，神经鞘苷又可以分为脑苷脂（cerebroside）、神经酰胺寡糖苷（ceramide oligohexoside）、硫苷脂（sulfatide）和神经节苷脂（ganglioside），其中神经节苷脂特指糖链中含有唾液酸的神经鞘苷。由于神经酰胺部分由神经鞘氨醇和长链脂肪酸缩合而成，天然的神经鞘苷多以同系物的混合物形式存在。

日本 Higuchi 课题组对海参和海星来源的神经鞘苷作了大量研究，他们从海参 *Stichopus chloronotus* 中分离获得了 3 个神经节苷脂，SCG-1、SCG-2 和 SCG-3，在神经生长因子存在的条件下对小鼠 PC12 嗜铬细胞瘤细胞具有促生长作用。

三、理化性质及波谱学特征

1. 皂苷的理化性质

海参皂苷和海星皂苷多具有较复杂的化学结构，相对分子质量较大，一般都在 1000 以上，分子中连有多个取代基，所连接的糖的种类和数量均不相同，往往有硫酸酯基的取代，这些都给结构测定工作带来一定的难度。

（1）定性鉴别反应

①Liebermann-Burchard 反应（乙酸酐-浓硫酸反应），海参皂苷显红紫色，海星皂苷显绿色；②Molish 反应（α-萘酚反应），海参皂苷和海星皂苷均显紫色。

（2）脱硫反应

取适量海参皂苷，溶于两倍的吡啶/二氧六环（1∶1）的混合溶剂中，加热回流 3～4h，反应物加水稀释，以正丁醇萃取，萃取液减压回收，残留物经硅胶柱色谱或 ODS 反相色谱分离纯化，即得海参皂苷脱硫衍生物。通过比较脱硫前后分子中碳原子的化学位移的改变，确定硫酸酯基的数目和连接位置。

（3）糖链的化学反应

1）水解反应：取适量皂苷溶解于 2mol/L 盐酸或三氟乙酸中，封管后于 100～120℃加热 1～2h，反应产生的苷元用二氯甲烷萃取。水层回收至干。溶于适量的吡啶中，加入适量的盐酸羟胺，100℃反应 1h，得糖醇衍生物，加入适量的乙酸酐，100℃继续反应 1h，得糖腈乙酰酯衍生物，进行气相色谱-质谱（GC-MS）分析，与标准糖的糖腈乙酰酯衍生物对照，比较保留时间确定皂苷中所含糖的种类，根据峰面积，推测单糖的比例。

2）甲基化反应：将皂苷溶解于适量的无水二甲基亚砜（DMSO）中，与 NaOH 反应 20min 后，加入碘甲烷进行甲基化反应。生成的甲基化皂苷用氯仿萃取，再进行酸水解和乙酰化，得到的甲基化糖醇乙酰酯衍生物进行 GC-MS 分析。根据乙酰化的位置，推测皂苷中各个单糖之间的连接位置。

3）乙酰化反应：将皂苷溶于吡啶/乙酸酐（2∶1）的混合溶剂中，室温放置数小时或加热回流 10min，反应物倒入冰水中搅拌，析出沉淀物，过滤得到乙酰化皂苷衍生物。必要时可通过硅胶柱色谱纯化。将乙酰化皂苷衍生物进行 ESI-MS 测定，分析裂解碎片离子，推测糖的连接顺序。也可将乙酰化衍生物进行 ^{1}H NMR 测定，通过分析乙酰基信号，推测糖的数目。

2. 皂苷的波谱学特征

皂苷一般相对分子质量较大（M_w1200～1500Da），结构复杂，特别是寡糖基的鉴定存在一定困难，需综合运用到各种波谱学解析和化学方法。早期的结构鉴定应用化学方法较多，而近年的报道中更多依赖于波谱解析，特别是 2D NMR 技术，常可准确推定一些微量成分（如＜1mg）的结构。

（1）紫外光谱

海参皂苷和海星皂苷一般含有 1 或数个孤立的双键，在 210nm 处出现吸收带，但由于皂苷的相对分子质量较大，吸收带往往不显著，少数海参皂苷分子中含有共轭双键，在 230～250nm 处出现吸收带。

（2）红外光谱

一般出现 3500cm^{-1}（羟基）、1640cm^{-1}（双键）、1750cm^{-1}（酯羰基）、1244cm^{-1}（酯键）、1070cm^{-1}（硫酸酯基）、1000cm^{-1}（苷键）等吸收带。

（3）核磁共振氢谱

在 1.0～2.0ppm 出现 5 个强的角甲基单峰信号，H-3 信号出现在 3.2（dd），H-5 信号出现在 1.0ppm（t）左右，H-9 信号出现在 3.4ppm（dd），H-17 信号出现在 2.6ppm 左右，若 16 位有取代，H-17 为 d 峰，若 16 位无取代，H-17 为 dd 峰或 m 峰。16 位如有含氧基取代，H-16 信号出现 5.9ppm 左右，为 ddd 峰或 m 峰。烯氢一般出现在 5.4～5.7ppm，多为宽单峰。糖上的端基质子信号一般出现在 4.6～5.4ppm 范围内，根据 $^3J_{1\text{-H}/2\text{-H}}$ 可推断糖的端基构型。糖的其他质子信号出现在 3.8～4.5ppm 的范围内。

（4）核磁共振碳谱

海参皂苷的 5 个角甲基信号的化学位移出现在 17～33ppm，其中 30 位角甲基处在较高场，32 位甲基处在较低场。18 位羰基碳信号的化学位移为 180ppm 左右，其他位羰基碳出现在 210ppm 左右。C-3 信号的化学位移为 88ppm 左右。烯碳信号由于位置不同，有不同的化学位移，借此可用于确定双键在结构中的位置。

海星皂苷具有 $\Delta^{9(11)}$甾体母核，C-9 的化学位移在 145ppm 左右，C-11 的化学位移在 116ppm 左右；18 位和 19 位的角甲基分别位于 13ppm 和 19ppm 左右。

端基碳的化学位移在 103～106ppm 范围内，不同的糖的端基碳化学位移均有所差异。例如，羟基被糖取代，所连接的碳原子发生苷化位移向低场位移 8～11ppm，如羟基被硫酸酯基取代，则发生酯化位移向低场位移 5～8ppm。

（5）质谱

皂苷由于连接多个糖分子，没有挥发性且高温易分解，不能采用 EI-MS 进行测定，故常采用 FAB-MS 或 ESI-MS 进行测定，除了可以得到分子离子峰外，还能观察一系列逐个糖开裂产生的碎片离子以及脱硫酸酯基离子，可以帮助推测糖的数目、连接顺序及糖的种类。在 ESI-MS 的正离子谱中容易找到$[M+Na]^+$峰，而在负离子谱中，则出现$[M-Na]^-$峰。此外，应用高分辨 ESI-MS 可以得到精确分子质量，从而推测出皂苷的分子式。

四、提取分离方法及研究实例

1. 皂苷的提取分离方法

（1）样品处理

新鲜的样品采集后，洗去泥沙，在运输过程中需加入冰块或进行冰冻，提取前将海参或海星个体切碎或搅碎成肉末状。有时也可将样品剖开，去除内脏、水煮、晒干，然后粉碎成粗粉。

（2）溶剂提取

粗提多采用含水乙醇（50%～80%）或甲醇提取，冷浸或加热回流。提取液蒸去溶剂后得流浸膏。由于海参中含有较多的盐分，盐的存在会引起萃取时的乳化以及色谱分离的效果。因此，在分离纯化之前，须先将所含的盐分除去。较好的除盐方法是采用大孔树脂法，既可以除去提取物中的盐分，又可以富集皂苷类成分。用于脱盐的大孔树脂有 Amberlite XAD-2、Polychrom-1 和国产的 DA101 等。其方法为先将大孔树脂预处理后，装柱，将醇提取的海参流浸膏用适量水溶解，通过大孔树脂柱，用水洗涤除去盐分及糖类等水溶性杂质，至洗涤液无色，接着用 50%乙醇洗涤，或用甲醇、丙酮等溶剂洗涤，洗脱液减压回收溶剂，即可得到粗总皂苷部分。粗总皂苷用水均匀分散，水溶液用二氯甲烷萃取，除去脂溶性成分，接着用水饱和的正丁醇反复萃取，正丁醇萃取液减压回收，即得海参皂苷提取物。

（3）色谱分离

总皂苷提取物中通常含有十几种甚至几十种结构类似的皂苷成分，必须采用多种现代色谱分离方法，才有可能获得纯的单体化合物。常用的色谱方法主要是采用硅胶分配柱色谱，以不同比例的氯仿/甲醇/水或水饱和的正丁醇的混合液作洗脱剂。对于极性较大的皂苷，可适当增大甲醇和水的比例，取其下层溶液作洗脱剂，如氯仿/甲醇/水（6.5∶3.5∶1）下层。有时为了改变洗脱剂的极性，适量加入一定量的乙酸乙酯。采用高效硅胶薄层色谱，以 10%

H_2SO_4 作显色剂检查各流分的色谱效果，收集不同组分。再反复进行硅胶柱色谱或反相硅胶柱色谱，反相硅胶常采用 ODS-C18 作填充剂，用常压或加压柱色谱，常可达到较好的分离效果。对于某些结构非常类似的成分，经上述方法达不到分离，可采用高效液相色谱法，用 C18 反相半微量制备柱进行分离纯化，以不同比例的甲醇/水或乙腈/水作流动相进行洗脱。由于多数皂苷仅有一个双键，紫外吸收不显著。因此，不能用紫外检测计进行检测，可改用示差折光检测计或光散射检测计进行信号的检测。选择适当的流动相是达到皂苷分离的关键因素，往往需要花费较多的时间进行摸索，可参考文献资料，借鉴前人的经验。

2. 研究实例

图纹白尼参中海参皂苷 25, 26-dehydro bivittoside D 的提取分离与结构测定

提取分离：图纹白尼参（*Bohadschia marmorata* Jaeger）属棘皮动物门（Echinodermata）海参纲（Holothuroidea）楯手目（Aspidochirotida）海参科（Holothuriidae）白尼参属（*Bohadschia*）动物，广泛分布于印度洋-西太平洋区域，常见于我国海南岛和西沙群岛。易杨华等以采自我国海南岛海域的样本为材料，应用正、反相硅胶和葡聚糖凝胶等多种现代色谱分离技术，对其中的三萜皂苷类成分进行了系统的分离纯化，从中分离鉴定了 12 种新的海参皂苷化合物，应用现代光谱技术技术和化学沟通确定了其化学结构和立体构型。这些化合物对白色念珠菌等多种真菌有很强的抑制活性，MIC_{80} 值均≤4μg/mL；对 A549 人肺癌细胞株也有强效的细胞毒活性。现以 25, 26-dehydro bivittoside D（**1**）为例将其提取分离与结构测定介绍如下。

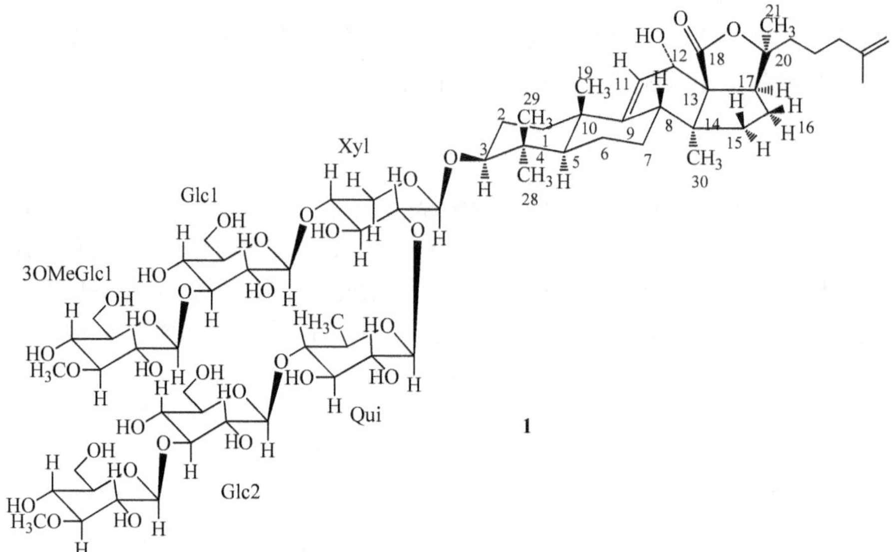

将图纹白尼参（4.2kg）烘干粉碎，用 60%的乙醇加热回流提取四次，浓缩溶剂蒸干，得流浸膏。将流浸膏均匀分散水中，用水饱和正丁醇萃取四次，浓缩回收溶剂蒸干，得正丁醇部分。将正丁醇部分经各种色谱分离技术进行分离和纯化，得单体化合物 **1**，具体流程如下：

结构测定：化合物 **1**，25, 26-dehydro bivittoside D（$C_{67}H_{108}O_{32}$），无色结晶性粉末，熔点 209～211℃，$[\alpha]_D^{20}$ 为−1.7°（*c* 0.34，吡啶），Liebermann-Burchard 反应和 Molish 反应

均呈阳性。由电喷雾质谱正离子模式（ESI-MS$^+$）提供的准分子离子峰 *m/z* 1447 [M+Na]$^+$ 和负离子模式（ESI-MS$^-$）提供的准分子离子峰 *m/z* 1423 [M−H]$^-$，推断其相对分子质量为 1424。由高分辨质谱（HRESI-MS）中准分子离子峰 *m/z* 1447.6730 [M+Na]$^+$，（Calcd. for $C_{67}H_{108}O_{32}Na^+$，1447.6721）给出化合物的分子式 $C_{67}H_{108}O_{32}$。IR（KBr）：3421cm^{-1}（羟基），1734cm^{-1}（γ-内酯羰基），1652cm^{-1}（双键）。根据 ^{1}H NMR、^{13}C NMR 和 HMQC 谱，对化合物的各个碳及其连接氢质子的化学位移进行归属，借助 ^{1}H-^{1}H COSY 和 TOCSY 谱确定各个碳原子的连接顺序，结果如下：

在核磁共振谱上：信号 δ_C 153.1ppm（C-9）和 δ_C 116.1ppm（C-11）/δ_H 5.71ppm（1H，br.s，H-11）显示有 9（11）双键，在 HMBC 谱上，H-11（δ_H 5.71ppm）与 C-8（δ_C 40.1ppm）、C-10（δ_C 39.6ppm）、C-12（δ_C 68.2ppm）和 C-13（δ_C 64.1ppm）存在远程相关。二重峰信号 δ_H 4.55ppm（δ_C 68.2ppm）为连接有羟基的次甲基氢信号，在 HMBC 谱上，该次甲基氢与 C-18（δ_C 177.2ppm）、C-9（δ_C 153.1ppm）、C-11（δ_C 116.1ppm）、C-13（δ_C 64.1ppm）、C-14（δ_C 46.6ppm）和 C-17（δ_C 47.0ppm）存在远程相关，确定为 H-12。这说明苷元为含有 9(11)-烯-12-醇结构的海参烷型三萜骨架。在 NOESY 谱上，H-12（δ_H 4.55ppm）与 H-21（δ_H 1.57ppm）存在空间相关，并且 H-12 与 H-11 的偶合常数为 4.4 Hz，根据文献判定 H-12 为 β 构型，同时 H-17（δ_H 3.19ppm）与 H-21（δ_H 1.57ppm）存在 NOESY 相关，说明 H-17 为 α 构型。

化合物 **1** 的苷元部分与 bivittoside D 的差别在于存在 25，26-双键，证据是在 ^{13}C NMR 谱上，C-25 和 C-26 分别向低场位移到 δ_C 145.4ppm 和 δ_C 110.8ppm，并且在 HMBC 谱上，甲基氢（δ_H 1.69ppm，s，27-CH_3）与 C-24（δ_C 37.2ppm）、C-25（δ_C 145.4ppm）和 C-26（δ_C 110.8ppm）存在远程相关。结合分析 HMQC、HMBC、COSY 和 TOCSY 对苷元部分进行归属。这样其苷元部分确定为海参烷-9(11)，25(26)-二烯-3β, 12α-二醇。将化合物 **1** 用三氟乙酸水解后，衍生得到糖腈乙酸酯衍生物，采用 GC-MS 分析，经与标准糖的糖腈乙酸酯衍生物对照，结果显示其中存在 D-木糖、D-奎诺糖、D-葡萄糖、3-*O*-甲基-D-葡萄糖（比例为 1∶1∶2∶2）。在 MS-MS 谱中，可以看到依次裂糖的碎片：1423 [M−H]$^-$；1247 [M−H−176]$^-$；1085 [M−H−176−162]$^-$；909 [M−H−176−162−176]$^-$；747 [M−H−176−162−176−162]$^-$；601 [M−H−176−162−176−162−146]$^-$；469 [M−H−176−162−176−162−146−132]$^-$。^{1}H NMR、^{13}C NMR 和 HMQC 也证实了六个糖残基的存在：六个糖端基碳信号（δ_C 102.8ppm，δ_C 104.9ppm，δ_C 105.2ppm，δ_C 105.5ppm，δ_C 105.6ppm 和 δ_C 105.6ppm）及六个端基氢信号[δ_H 4.94ppm（d，J = 7.2 Hz），δ_H 4.92ppm（d，J = 7.2 Hz），δ_H 4.67ppm（d，J = 7.2 Hz），δ_H 5.08ppm（d，J = 7.8 Hz），δ_H 5.22ppm（d，J = 7.8 Hz）和 δ_H 5.24ppm（d，J = 7.8 Hz）]，且所有糖苷键均为 β 构型。通过 HMQC 可以确定所有氢信号和与之对应的碳信号；通过 COSY 可以从易于分别的氢信号（如端基氢）出发确定每一个糖环偶合系统的信号归属。与相应的甲基糖苷比较，可以发现木糖的 2 位、4 位，葡萄糖 1 的 3 位，奎诺糖的 4 位和葡萄糖 2 的 3 位均向低场有很大的位移。在 HMBC 谱上，木糖的端基氢与苷元的 3 位存在远程相关，说明木糖连接在苷元的 3 位上，糖之间的连接位点用同样方法可以确定。通过分析 HMBC、COSY 和 NOESY，确定了化合物 **1** 的糖链结构，与 bivittoside D 的糖链结构一致。

综上所述，确定化合物 **1** 的结构为 3-*O*-{(3-*O*-甲基-*β*-D-吡喃葡萄糖-(1→3)-*β*-D-吡喃葡萄糖-(1→4)-*β*-D-吡喃奎诺糖-(1→2)-[(3-*O*-甲基-*β*-D-吡喃葡萄糖)-(1→3)-*β*-D-吡喃葡萄糖-(1→4)]-*β*-D-吡喃木糖}-海参烷-9(11), 25(26)-二烯-3*β*, 12*α*-二醇，命名为 25, 26-dehydro bivittoside D。

（孙　鹏）

第四节　软体生物来源海洋天然产物研究

软体动物（Mollusca）现存种类约 130 000 种，是动物界中仅次于节肢动物的第二大门类。本门动物分布广泛，海水、淡水和陆地均有分布。其中在海洋里约有 52 000 种，是海洋生物中最大的门类。软体动物形态各异、习性有别，但都具有相似的基本特征，身体柔软大多不分节，可分为头、足和内脏团三部分，体外有外套膜，常常分泌有被壳，部分物种的外壳隐藏至体内或退化。软体动物一般分成 7 个纲：无板纲（Aplacophora）、单板纲（Monoplacophora）、多板纲（Polyplacophora）、腹足纲（Gastropoda）、掘足纲（Scaphopoda）、双壳纲（Bivalvia）和头足纲（Cephalopoda）。其中，腹足纲和双壳纲包含了软体动物约 98%的种类，软体动物海洋天然产物研究最多的是腹足纲的后鳃亚纲（Opisthobranchia）动物。有些软体动物体表被壳消失或退化，其生存主要通过化学防御机制：大多数通过选择适当的食物，并将其中有用的代谢物质经过进一步生物转化或积累到身体的特定部位作为化学防御性物质；少数动物能够生物合成自身所需要的化学物质；也有研究报道，有的动物体内的化学防御物质来自其共生菌。软体动物通过这些化学防御机制能产生各种结构新颖、活性显著的次生代谢产物，为新药研究提供了丰富的先导化合物。从软体动物中得到的化合物类型以肽类为代表，此外，还有大环内酯、聚丙酸酯类、萜类、甾体、生物碱和脂肪酸衍生物等其他类型化合物。大多数化合物表现出显著的镇痛、抗肿瘤、抗衰老、抗菌和免疫调节等生物活性。软体动物是生物活性海洋天然产物丰富而重要的来源。

一、肽类

软体动物富含肽类物质，除了大量的多肽毒素外，还含有大量环状或链状缩酚肽类化合物。此类物质大多具有较强的药理活性，如神经毒性和细胞毒性等。其中对芋螺毒素和海兔毒素的研究最为深入。

1. 芋螺毒素

芋螺毒素（conotoxin，CTX）是芋螺捕食时用于攻击或防御而释放的神经活性多肽类物质。芋螺属（*conus*）是腹足纲（Gastropoda）、前鳃亚纲（Prosobranchia）、芋螺科（Conoidea）软体动物，约有 700 种，广泛分布在世界各海域。自 20 世纪 70 年代以来，CTX 被作为药理活性成分研究一直是海洋药物研究的热点。芋螺中，研究比较多的是地纹芋螺（*C.geographus*）、织锦芋螺（*C.textile*）和桶形芋螺（*C.betulinus*）等。Olivera 研究小组对芋螺毒素研究较为深入，确定了大量芋螺毒素的序列。芋螺毒素一般含有 10～71 个氨基酸，但是约 80%

的芋螺毒素的氨基酸数量在 12～33 之间。实际上，芋螺毒素是芋螺利用体内的组合库平衡策略，在毒管里产生的新颖活性成分。目前已发现有 2000 多种芋螺毒素肽类序列，并收录在网络数据库 ConoSever（http://research1t.imb.uq.edu.au/conoserver/）。该类毒素受体作用范围广，作用靶标分为三类：配体门控离子通道、电压门控离子通道和 G-蛋白受体。鉴于其作用特异性强，结构稳定，易通过基因工程生产，所以极具药物开发的潜力。2004 年，ω-芋螺毒素 MVIIA 作为治疗慢性疼痛的药物（齐考诺肽，Prialt）在美国上市，成为第一个上市的海洋药物。其他毒素如 CVID（AM336）、χ-芋螺毒素衍生物 MrIA（Xen2174）和 α-芋螺毒素 Vc1.1 正处在临床研究阶段。

2. 海兔毒素

海兔毒素（dolastatins）肽类化合物是从海兔 *Dolabella auricularia* 中分离得到的一系列肽类物质。*Dolabella* 属是腹足纲（Gastropoda）、后鳃亚纲（Opisthobranchia）、无盾目（Anaspidea）、海兔科（Aplysiidae）软体动物。从 1974 开始，Pettit 小组对采自印度洋、太平洋等海域的海兔 *Dolabella auricularia* 进行了系统的研究，已经从中分离出 18 种肽类化合物 dolastatin 1～18，大多具有显著抑制肿瘤细胞生长的活性。其中于 1987 年分离得到的 dolastatin 10 最为著名，以其作为先导化合物开发的新药 Brentuximab vedotin 于 2011 年在美国上市。该药物用于治疗何杰金氏淋巴瘤恶化和退行性大细胞淋巴瘤，是一种 CD30 特异性抗体药物结合物（ADC），它由三部分组成：以 dolastatin 10 作为模板结构修饰得到的 MMAE，可裂解的蛋白酶连接桥，CD30 抗体 mAb。其抗肿瘤机制主要是通过与 β-微管蛋白的氨基酸残基结合，抑制微管的形成和聚合，阻碍细胞有丝分裂，使细胞停滞在细胞 M 期，从而抑制细胞生长。其他 dolastatin 化合物也有显著的生物活性，多种正作为先导化合物进行研究，如 dolastatin 15，对该化合物作用机制的研究证实其可选择性抑制环氧合酶-2 的活性，从而起到抗肿瘤的药理作用，可作为抗结肠癌的先导化合物来研究。最近，从蓝藻 *Lyngbya* sp.分离出一种新的 dolastatin 13 类似物 kurahamide，它表现出强烈的弹性硬蛋白酶和糜蛋白酶抑制体外活性，以及中等的肿瘤细胞抑制活性。

3. 其他肽类化合物

从肺螺亚纲（Pubnonata）软体动物 *Onchidium* sp.分离得到环肽类化合物 Onchidin 和 Onchidin B，其结构成环对称，具有细胞毒活性。*Onchidium* sp.是软体动物中唯一报道含有环对称缩酚肽的属。

Scheuer 等从后鳃亚纲头楯目（Cephalaspidae）软体动物 *Philinopsis speciosa* 分离得到具细胞毒活性的缩酚肽 kulolide，其对白血病细胞 L-1210 和 P388 的 IC_{50} 值分别为 0.7μg/mL 和 2.1μg/mL，引起鼠 3Y1 纤维母细胞形态学改变的浓度是 50μmol/L。2002 年和 2004 年先后从同种动物得到的 kulokekahilide-1 和 kulokekahilide-2，均具有细胞毒活性。其中 kulokekahilide-2 活性强烈，对细胞 P388、SK-OV-3、MDA-MB-435 和 A-10 的 IC_{50} 值分别为 4.2nmol/L、7.5nmol/L、14.6nmol/L 和 59.1nmol/L。

二、大环内酯类

从裸鳃目（Nudibranchia）软体动物 *Hexabranchus sanguineus* 首次分离得到三噁唑大

环内酯，该结构中大环内酯部分连接3个噁唑环，还有一个*N*-甲基-甲酸乙烯酯侧链。后来从其他海洋无脊椎动物中也发现该类化合物，如海绵*Mycale* sp.和*Halichondria* sp.，这说明软体动物中的该类物质是食物来源的。在陆地上目前还没有发现该类大环内酯。现已报道的三噁唑大环内酯约有35个。1986年，Roesner和Scheuer从*H. sanguineus*的卵中首次分离得到三噁唑大环内酯ulapualide A、B。同年，Matsunaga等从日本川平湾石垣岛的同属动物卵中发现了kabiramide C，1989年又报道了化合物kabiramide A、kabiramide B、kabiramide D的发现。同年，Fusetani从海绵*Mycale* sp.分离到该类化合物mycalolide A～C。该类化合物具有显著的细胞毒活性和抗真菌活性。作用靶标是肌动蛋白，可作为抗肿瘤药物先导化合物来研究。

从无盾目软体动物海兔*Aplysia kurodai*发现3种内酯类化合物aplyronine A～C，三种化合物的区别在于三甲基丝氨酸端基，具有细胞毒活性，aplyronine A细胞毒性比aplyronine C强4000倍。该类化合物能够抑制G-肌动蛋白向F-肌动蛋白转化，并且促进F-肌动蛋白的解聚。从另一种海兔*Aplysia depilans*分离得到的aplyolide A～E，多为长链不饱和脂肪酸内酯，作为动物本身的化学防御物质，该类化合物具有强毒鱼活性。2004年，Pettit小组从加利福尼亚海湾海兔*Dolabella auricularia*中分离得到一种十四元大环内酯dolastatin 19，其产率仅为8.33×10^{-8}%。它对人乳癌细胞MCF-7和结肠癌细胞KM20L2有显著抑制作用，其半数致敏浓度（GI_{50}）分别为0.76μg/mL和0.72μg/mL。

三、聚丙酸酯类

聚丙酸酯及聚酮类化合物在软体动物中分布广泛，如肺螺亚纲（Pulmonata）*Siphonaria* sp.和*Onchidium* sp.；后鳃亚纲囊舌目（Sacoglossa）*Tridachia* sp.、*Cyerce* sp.、*Plakobranchidae* sp.和*Ercolania* sp.等，无盾目（Anaspidea）*Dolabrifera dolabrifera*，头楯目（Cephalaspidea）*Haminoea fusari*等软体动物。它们具有细胞毒、抗菌、鱼毒等活性，一般作为动物的化学防御物质。

1. 囊舌目（Sacoglossa）

很多囊舌目软体动物可以同化海藻中的叶绿体，使其在体内组织保持数日，并利用它们进行光合作用，为生存提供有用物质，并合成包括一些化学防御性物质在内的次生代谢产物。聚丙酸酯类是其中一类化学防御物质，它们在软体动物体内可能起到“防晒霜”的作用，保护生物体免受紫外线的伤害。该属中此类物质大多活性比较弱或没有活性，故关于该类成分的活性研究较少，而对其来源和生物合成研究较多。

对软体动物聚丙酸酯类化合物的研究始于1978年，Faulkner等从囊舌目软体动物*Tridachiella diomedea*分离得到tridachione。之后从*Tridachiella* sp.、*Placobranchus* sp.、*Elysia* sp.等软体动物分离出一系列聚丙酸酯类化合物。根据结构大体可分四类，1, 3-环己烯衍生物：tridachione和9, 10-deoxytridachione；二环[3.1.0]己烯结构：crispatone、crispatene、photodeoxytridachione和phototridachiapyrone J；二环[4.2.0]己烷结构：ocellapyrone A和B、elysiapyrone A；不常见的结构tridachiahydropyrone、tridachiahydropyrone B和tridachiahydropyrone C。这些化合物的*γ*-吡喃酮都连接一个多烯或多烯衍生的侧链，而化合物的

多烯基团则是基本母核的组成部分，C-12 甲基经过重排转移到 C-13 位。

从囊舌目软体动物还分离得到其他结构特点的聚丙酸酯类化合物，如从 *Cyerce cristallina* 中分离得到的 cyercene 既有 γ-吡喃酮结构如 cyercene A 和 cyercene B，又有 α-吡喃酮结构如 cyercene 1～5，该类型聚丙酸酯类化合物的吡喃环上大多有甲氧基取代。同样的类似物从 *Placida dendritica* 和 *Ercolania funereal* 中也有发现。

2. 无盾目（Anaspidea）

1996 年，从无盾目 Dolabriferidae 科软体动物 *Dolabrifera dolabrifera* 中分离得到 dolabriferol。2012 年，从波多黎各岛 *Dolabrifera dolabrifera* 分离到 dolabriferol B 和 dolabriferol C。这些化合物与其他属软体动物产生的聚丙酸酯类化合物不同，因其结构中均没有共轭基团。

3. 肺螺亚纲（Pulmonata）

肺鳃亚纲软体动物大多生活在淡水或陆地，也有在海洋生活的。化学成分研究大多集中在 *Siphonaria* sp.、*Onchidium* sp.和 *Trimusculus* sp.等种属。聚丙酸酯类化合物是其中一类代表化合物。

Siphonaria sp.被认为是最原始的肺螺亚纲软体动物，代表了腹足纲软体动物从海生到陆生的进化。该类动物最不易被捕食，由于它们遇到捕食者会分泌出含有聚丙酸酯的白色黏液用作防御。*Siphonaria* sp.含有大量聚丙酸酯类化合物，根据结构和手性中心可分为两类：Ⅰ型代谢产物的每个手性中心都有相同的构型；Ⅱ型代谢产物只有一部分手性中心有相同构型。同一类型的聚丙酸酯类采用相似的生物合成途径。

1983 年，Faulkner 等首次从澳大利亚该属软体动物 *S. diemenensis* 分离出Ⅰ型聚丙酸酯类化合物 diemenensins A 和 diemenensins B，均具有抗菌活性。随后从该属中发现大量Ⅰ型聚丙酸酯类，约占该属中代谢产物的一半。Ⅰ型结构一般比较单一，最多的变化就是侧链的长度。而Ⅱ型结构变化多样。

从澳大利亚 *S. denticulata* 中发现Ⅱ型聚丙酸酯类化合物 denticulatins A 和 denticulatins B，具有毒鱼活性，但没有抗菌活性。从澳大利亚软体动物 *S. zelandica* 中发现的 siphonarin A 是第一个从该属分离得到的二元螺环缩酮化合物，后来其生物合成被报道。随后又从斐济群岛的 *S. normalis* 得到第一个天然来源的 2, 4, 6-三氧杂金刚烷结构的化合物 muamvatin。

郭跃伟研究小组对中国南海的肺螺亚纲软体动物 *Onchidium* sp.进行了深入研究，从中发现一系列聚丙酸酯类化合物。2009 年和 2012 年分别从采自南海的 *Onchidium* sp.中分离得到 (–) -onchidione 及其 2 种醇化物 (–) -onchidiol 和 (+) -4-*epi*-onchidiol，并确定了其立体构型。2013 年，该小组又从 *Onchidium* sp. 2 个不同的种分离出 10 种新的聚丙酸酯类化合物：4 种 onchidione 类似物，6 种 ilikonapyrone 酯化衍生物。

四、萜类

软体动物中也富含萜类化合物，主要有倍半萜、二萜和二倍半萜，也有少量单萜和三萜化合物。这些化合物大多是食物来源的，具有毒鱼、抗菌、防污、杀虫和细胞毒等活性，大多是软体动物的化学防御物质，在海洋化学生态学研究中起到了关键作用。

1. 无盾目（Anaspidea）

从无盾目海兔 *Aplysia* 属及其食物红藻 *Laurencia* sp.中分离出一系列活性卤代倍半萜和二萜类化合物。

（1）倍半萜

1977 年，从采自南太平洋的海兔 *Aplysia angasi* 分离得到溴代倍半萜化合物 aplysistatin，具有细胞毒活性。后来从同科海兔 *Aplysia dactylomela* 分离得到倍半萜化合物 lankalapuol A 和 lankalapuol B。从该种海兔中还分离得到一系列自然界少见的花柏烯型倍半萜化合物。

（2）二萜

从采自波多黎各的海兔 *Aplysia dactylcmela* 中分离得到 5 个溴代二萜类化合物，属于海松烷型二萜修饰后的新骨架。其中的 3 个化合物 parguerol、parguerol 16-acetate 和 deoxyparguerol 在海松烷骨架 3 位和 4 位连有桥环丙烷。另两个化合物 isoparguerol 和 isoparguerol 16-acetate 在 3 位和 4 位连有桥环丁烷。这些化合物都有细胞毒活性。从采自西班牙岛屿的同种海兔中分离得到一个 dolabellane 骨架二萜，该类型化合物还从海兔 *Dolabella californica* 及褐藻 *Glossophora galapagensis*、*Dictyota dichotoma* 中发现，这说明软体动物可能以这些藻类为食。

从采自日本的海兔 *Aplysia kurodai* 也分离到一系列二萜化合物，如 aplykurodins A、B、aplysiadiol 及其醚化衍生物。同类型化合物从海藻和软珊瑚都被发现过。

最近，从海兔 *Aplysia punctate* 和红藻 *Laurencia glandulifera* 中都发现溴代二萜 glandulaurencianol A～C，可能是通过食物红藻 *Laurencia glandulifera* 获得的。

2. 囊舌目（Sacoglossa）

囊舌目软体动物的二萜化合物报道较少。最近，首次对采自澳大利亚的 *Thuridilla splendens* 进行了化学成分研究，分离得到 3 个新的二萜衍生物 thuridillin D～F 和一个已知的化合物 thuridillin A。软体动物通过食物绿藻获得萜类前体化合物，在体内经过生物转化，生成有效的化学防御物质。对 *T. splendens* 的化学成分研究，为进一步阐明绿藻在囊舌目软体动物中的生物作用提供了信息基础。

3. 裸鳃目（Nudibranchia）

（1）Charcotiidae 科软体动物

从采自特兰斯凯（Teanskei）沿海的 *Leminda millecra* 中分离得到化合物 millecrone A、B 及 millecrol A、B，与柳珊瑚有高度的同源性。从采自阿尔格湾分离得到 13 个化合物，其中 4 个已知化合物中，典型的柳珊瑚代谢产物 millecrone A、B 是第二次从该动物中分离得到的。(+) -8-hydroxycalamenene 最初发现于苔藓植物 *Bazzania trilobata*，从海洋生物中得到的几个同系物都来自柳珊瑚。Isofuranodiend 最初是由 *Xeniidae* 科软珊瑚中发现，其双键异构类似物后来从 *Pseudoptergorgia* 柳珊瑚中分离得到。

（2）枝背海牛科（Dendrodorididae）软体动物

从中国南海 Dendronotina 亚目软体动物 *Tritoniopsis elegans* 及其食物软珊瑚 *Cladiella krempfi* 同时分离得到 4 个新型二萜化合物：tritoniopsins A～D，这些化合物在 cladiellane 骨架上罕见地存在吡喃环结构。Tritoniopsins A 和 tritoniopsins B 在软珊瑚中的相对含量后者多于前者，而在软体动物中前者多于后者。这是由于软体动物可以从食物中选择性蓄积保护自身的化合物。

（3）海牛科（Dorididae）软体动物

海牛科的 *Anisodories*、*Archidoris*、*Austrodoris* 和 *Doris* 属动物多含萜类甘油酯化合物，这些化合物分布于动物体表，具有毒鱼和拒食作用，是动物化学防御系统的重要组成部分。

从阿根廷巴塔哥尼亚（Patagonia）的 *Anisodoris fontaini* 的表皮提取物中得到 5 个新化合物，命名为 anisodorins 1～5。实验证明，*Archidoris* sp.中的 isocopalane 二萜甘油酯是由软体动物自身生物合成产生的，因此，推测 *Anisodoris fontaini* 中的二萜甘油酯类似物 anisodorins 1～4 也是由生物合成所得；而其二萜母核的双乙酰酯 anisodorins 5 则极有可能是由食物中的代谢产物衍生而来。

（4）舌尾海牛科（Chromodorididae）软体动物

舌尾海牛科软体动物的一个重要特点是它能够从捕食的海绵中吸取化学驱避物质，并用作自身的化学防御性物质。该科动物对食物有高度的选择性，并能蓄积其中特定的次生代谢产物。

从夏威夷 *H. infucata* 中得到 nakafuran 8 和 nakafuran 9，二者的重量比与其摄食的海绵 *Dysidea fragilis* 中的比例完全一致。这充分说明了两种动物间的食物链关系。

Glossodoris 属软体动物喜食含有 scalarane 型化合物的海绵。Scalarane 型二倍半萜具有抗菌、抗炎、抗肿瘤等一系列生物活性，并具有毒鱼和动物拒食作用，因而被认为是软体动物中重要的化学防御物质。

从采自日本冲绳群岛的软体动物 *Chromodoris willani* 中分离得到 manoalide 型二倍半萜 deoxymanoalide 和 deoxysecomanoalide，该动物以能产生 manoalide 和 secomanoalide 的海绵 *Luffariella variabilis* 为食。Deoxymanoalide 可能通过生物转化生成 deoxysecomanoalide。两者显示出中等抗菌强度，能抑制蛇毒磷脂酶活性，IC_{50} 值分别为 0.5μmol/L 和 0.2μmol/L。

（5）叶海牛科（Phyllidiidae）软体动物

叶海牛科软体动物的次生代谢产物的特点：脂溶性提取物中含有异腈、异硫腈取代的倍半萜，这些倍半萜具有强烈的细胞毒活性。对该科软体动物及其所捕食的海绵的化学成分进行研究，发现软体动物中的这些化合物应当来自其摄食的海绵中。对于 *Phyllidiella pustulosa* 及海绵 *Acanthella cavernosa* 的生物合成研究清楚表明，前者中的次生代谢产物是由后者转移而来。当软体动物受到攻击时，其体表腺体会分泌产生大量含有这些倍半萜的黏液，说明这些分子是软体动物防御体系的重要组成部分。近年来，对该科三种软体动物及其摄食的海绵的化学成分研究，进一步证实了上述论断。

五、甾体

1992 年，Cimino 等报道了从那不勒斯的海兔 *Aplysia fasciata* 分离得到具有毒鱼活性的降胆甾醇 **1**～**5**。化合物 **1** 和 **2** 可能是由母体甾醇中 A 环的 5、6 和 9、10 位氧化开环得到的。化合物 **5** 肿瘤细胞 P-388、A-549、HT-29、MEL-28 都表现出中等强度的细胞毒活性，ED_{50} 值都为 2.5μg/mL。

从肺螺亚纲软体动物 *Trimusculus peruvianus* 得到新甾醇化合物 **6**，C-21 有羟基取代，其 3, 5, 6-三羟基母核结构在海洋生物中比较罕见，表现出中等强度的细胞毒活性。

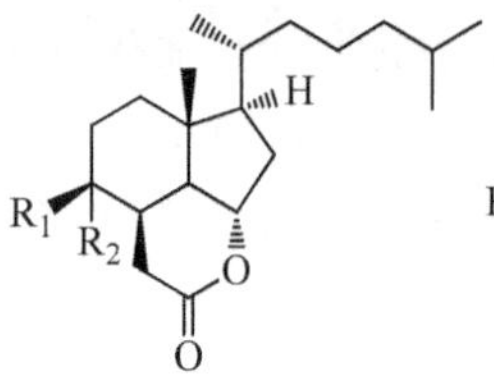

1 R_1 = OAc, R_2 = H
2 R_1 = R_2 = =O
3 R_1 = OH, R_2 = H
4 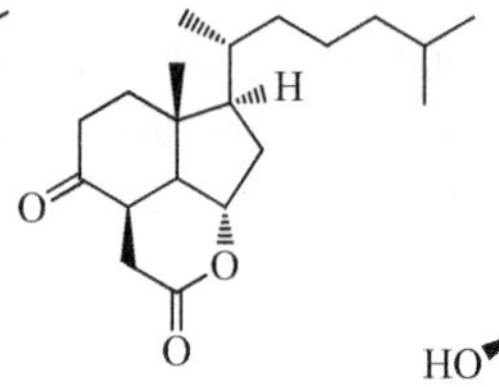 **5** 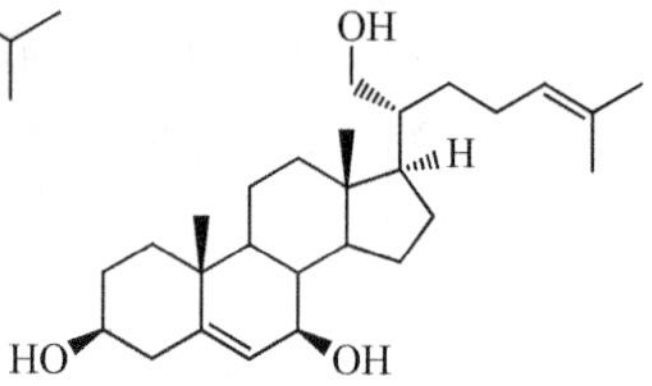 **6** 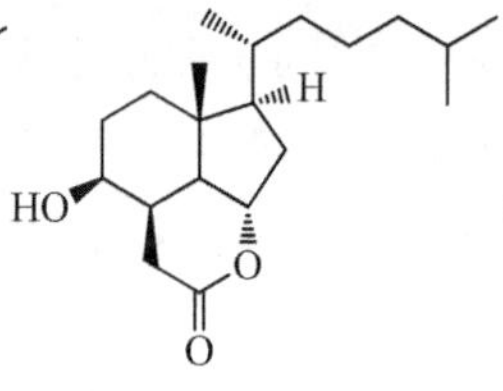

六、生物碱

从日本海兔 *Aplysia kurodai* 中分离得到生物碱 aplaminone、neoaplaminone 和 neoaplaminone sulfate，结构由溴取代多巴胺和倍半萜部分组成。该类化合物具有细胞毒活性，对 HeLa 细胞 IC_{50} 值分别为 0.28μg/mL、1.6×10^{-7}μg/mL 和 0.51μg/mL。

从中国南海后鳃亚纲软体动物 *Phidiana militaris* 分离得到 2 个吲哚生物碱 phidianidines A 和 B，其吲哚环结构与罕见的 1, 2, 4-噁二唑环连接。对肿瘤细胞和正常细胞均显示出较强的细胞毒活性。两者对 C6 细胞的 IC_{50} 值分别为（0.642±0.2）μmol/L、（0.98±0.3）μmol/L，对 HeLa 细胞的 IC_{50} 值分别为（1.52±0.3）μmol/L、（0.417±0.4）μmol/L。

从 *Nembrotha* 属软体动物中得到的生物碱 tetrapyrrole 是海鞘的典型代谢产物。相关的生态学研究也证明了 *Nembrotha* 属软体动物与 *Atapozoa* 属海鞘间的食物链关系。从采自密克罗尼西亚波纳佩岛（Pohnpei）的 *Nembrotha kubaryana* 中同样得到了 tetrapyrrole，这一蓝色生物碱从 *N. kubaryan* 中的再次发现，进一步证实了该软体动物与海鞘间捕食和被捕食的关系；由于 tetrapyrrole 在 *Nembrotha* sp.中的浓度远远大于它在海鞘中的浓度，所以 *Nembrotha* sp.可能具有生物蓄集食物中化学物质的能力。

从印度海域的裸鳃目软体动物 *Jorunna funebris* 中分离得到的二聚异喹啉生物碱（jorumycin）具有极强的抗菌和抗肿瘤活性，这种化合物大多存在于细菌、海绵和海鞘中。Jorumycin 显著的抗菌（对革兰氏阳性菌 *Bacillus subtilis* 及 *Staphylococcus aureus* 的抑制浓度均低于 50ng/mL）和抗肿瘤活性（对 NIH3T3 细胞株的 100%抑制率浓度为 50ng/mL），说明它在动物体的化学防御体系中可能发挥重要作用。

七、其他类型

海兔中除了含有肽类、萜类等化合物，从中还发现一些环醚类等其他类型化合物。最近，从中国南海海兔 *Aplysia dactylomela* 中分离得到新化合物（**7**～**9**），它们属 C15-番茄枝内酯类，是曾经从红藻 *Laurencia* sp.中分离得到的化合物的对映异构体。从南海同种海兔中还分离得到新三萜聚醚类化合物（**10**～**15**），其中 aplysiols A 和 B（**14**，**15**）是新化合物。其他已知化合物曾经都在红藻 *Laurencia* sp.中发现。这些都说明了海兔与海藻 *Laurencia* sp.存在食物链关系。这些物质都具有毒鱼活性，是软体动物的化学防御物质。

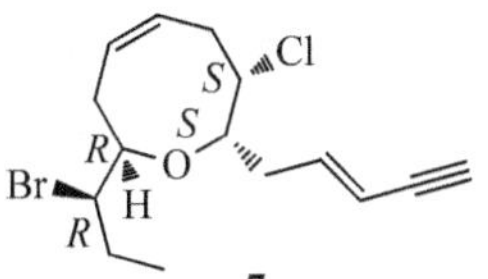

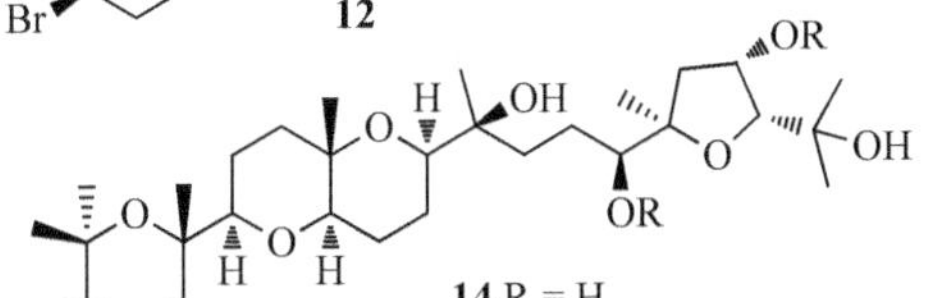

14 R = H
15 R = Ac

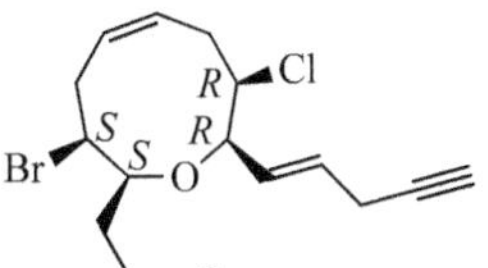

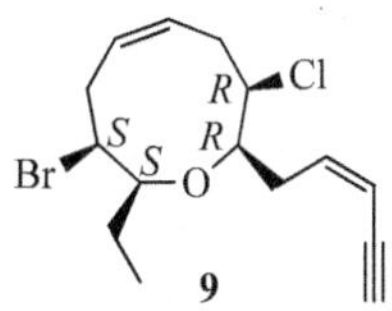

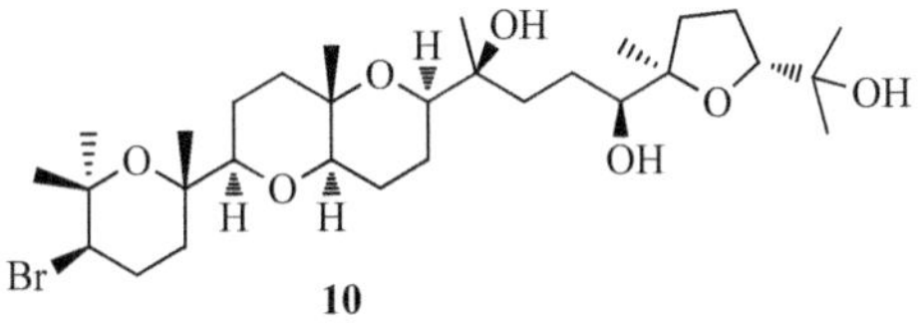

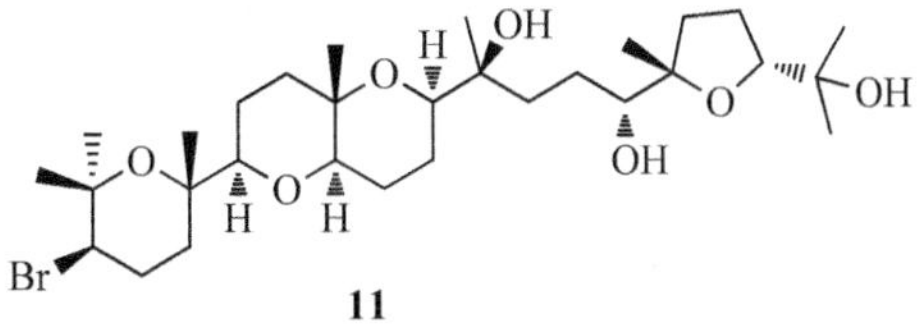

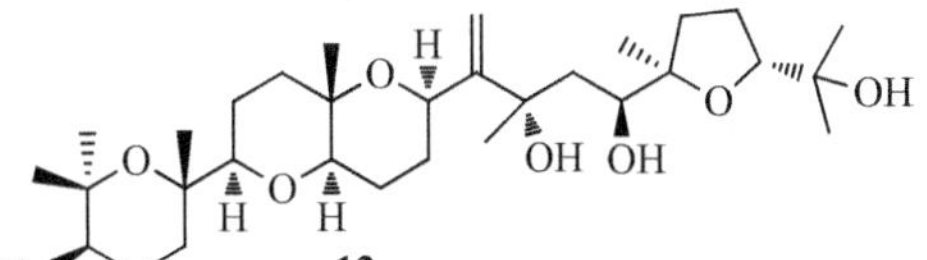

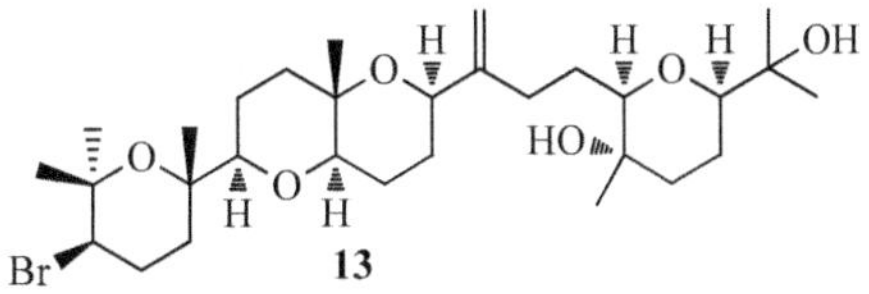

由于软体动物种类繁多，大多数体内具有独特的化学防御机制，所以能产生多种多样的次生代谢产物。这些化合物大多结构新颖、生物活性显著。有的已经被开发成为上市药物（如齐考诺肽、brentuximab vedotin 等），有的正处在临床研究阶段（如 ES-285、Kahalalide F 等），有的则作为药物先导化合物正在研究中，这些激动人心的发现正鼓舞着人们对软体动物的化学成分继续进行深入探究。实际上，目前已进行化学成分研究的软体动物种类还只是动物总量的极少数，研究主要集中在腹足纲的无壳保护的物种，对其他纲的物种很少或没有进行化学成分研究，还有众多软体动物有待人们去研究，如有壳的软体动物（该类动物未必不能产生生物活性物质）、传统用药软体动物等。总之，虽然软体动物由于难以捕获等加剧了其化学成分研究的困难，但是其作为海洋天然药物的潜在价值已被人们所认识，这必将进一步推动对这一宝贵资源的深入研究。

（李 娇 张 文）

第五节 海洋动物来源先导化合物发现研究实例

目前在天然药物研究中，海洋生物资源是来源最丰富且最具有新药开发潜力的领域，海洋生物的次级代谢产物是一个巨大的药物来源宝库，这已经成为一种共识。文献报道表明，目前世界各国已经从各种海洋生物，尤其是海洋动物（如海绵、珊瑚等）中分离和鉴定出上万种新型化合物，并且每年都有接近 600 个结构新颖的次生代谢产物从各种不同的海洋生物中被分离、鉴定出来。这些化合物不仅具有新颖的结构，而且具有广泛的药理活性，包括抗肿瘤、抗菌、抗病毒、镇痛、抗炎和抗心血管疾病等方面。

多数海洋次级代谢产物的结构极为复杂，不仅包括陆地上生物次级代谢产物中更常见的化合物类型，还包括许多结构非常独特的、在陆地生物资源中尚未发现的化合物类型。化合物的结构多样性必然带来了生物活性的多样性。海洋生物含有高活性的、丰富的次级代谢产物，但是结构及活性独特的次级代谢产物在各种海洋生物中分布是不均匀的。已获得的新化合物的统计表明海洋动物，尤其是海绵是最好的次级代谢产物的生物来源。

在海洋天然产物研究发展的初期，海洋天然产物化学家的注意力主要集中在新结构的发现和具有独特结构的海洋天然产物的合成上，却往往忽略药理活性的研究。直到1951年，Bergmam 和 Feeney 从海绵 *Crytotethya crypta* 中分离得到抗病毒、抗肿瘤的海绵胸腺嘧啶、海绵尿嘧啶、核苷和海绵核苷等，使得“从海洋要药”的观念被人们逐渐所接受。1969年，Weinheimer 从软珊瑚 *Plexaura homomalla* 中发现了高含量的、当时陆地上极难得到的前列腺素类化合物，这更激起了人们向海洋要药的热情，各国也纷纷成立了研究海洋的机构，一个全球性、系统性的研究海洋的潮流形成。近几年在 NCI 进行临床疗效评价的海洋抗癌药物至少有6个，包括已上市的 Ecteinascidin 743 和 Halichondrin B。此外，目前还有20多个候选药物处于临床研究阶段，同时还有大量的海洋来源的药物先导化合物处于临床前研究阶段。

一、抗肿瘤先导化合物

1. 片螺素 lamellarin

Lamellarin 是一类从海洋无脊椎动物中分离得到的具有抗肿瘤活性的二羟基苯丙氨酸吡咯生物碱，目前该类化合物被认为是最有临床应用前景的抗肿瘤候选药物之一。1985年，Faulkner 等首次从前鳃虫软体动物 *Lamellaria* sp. 中分离得到 lamellarin A～D（**1**～**4**），之后天然产物学家从 *Didemnum* 属海鞘和不同海域的海绵中被分离得到，因此该类化合物也被认为可能来源于微生物的次级代谢产物。目前，被报道的 lamellarin 类化合物有50多个，其结构骨架中的吡咯环被认为是一个核心部分，苯环上含酚羟、甲氧基、硫酸基和乙酰氧基等。基于中心位置的吡咯环是否与相邻的苯环骈合，lamellarins 被分为两类 Group Ⅰ（骈合）和 Group Ⅱ（非骈合），其中依据 C5/C6 是否含双键 Group Ⅰ又被细分为两类化合物（图1-2）。

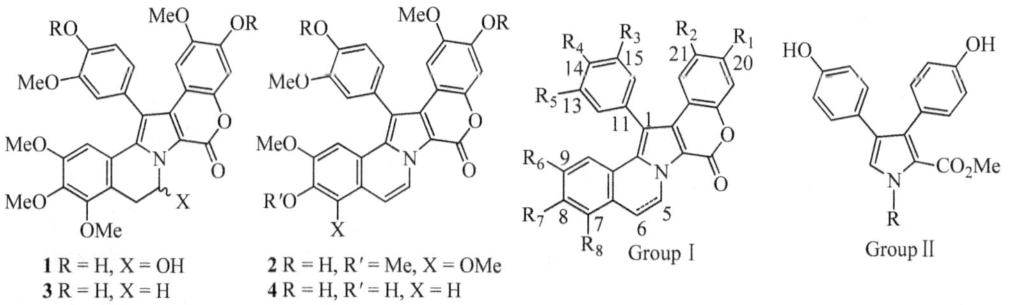

1 R = H, X = OH
3 R = H, X = H
2 R = H, R′ = Me, X = OMe
4 R = H, R′ = H, X = H
Group Ⅰ
Group Ⅱ

图1-2 lamellarin A～D 及基本母核结构

（1）lamellarin A～D 的分离提取

Lamellarin A～D 的分离流程如图 1-3 所示。

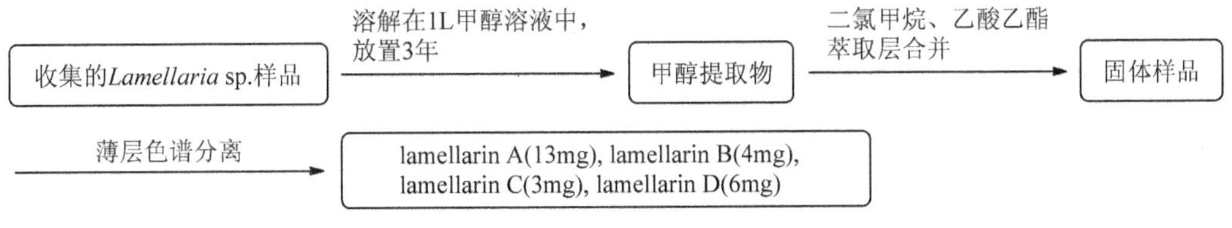

图 1-3 lamellarin A～D 的提取分离流程图

（2）lamellarin A（**1**）的结构测定

淡黄色晶体（甲醇），熔点 168～172℃。由高分辨率质谱 HR-MS（*m/z*）561.1669 推测该分子的化学式为 $C_{30}H_{27}NO_{10}$。IR（KBr）：3430cm^{-1}，3005cm^{-1}，2940cm^{-1}，2830cm^{-1}，1705cm^{-1}，1510cm^{-1}，1415cm^{-1}，1270cm^{-1}，1205cm^{-1}，1145cm^{-1}，1030cm^{-1}。UV 波谱[(MeOH)326nm(ε25 000)，309nm(ε28 000)，275nm(ε33 000)，215nm(ε41 000)]以及氢谱芳香区域的众多质子信号表明该化合物是一个多芳香环化合物。分析氢谱表明该化合物至少有 48 个质子，并且以 1∶1 的几何异构体形式存在。即使对该化合物进行乙酰化，乙酰化产物也很难被分离。最终该化合物的结构通过 X 射线单晶衍射的方法得到确定。

（3）抗肿瘤活性研究

目前人们已经发现 50 多个 lamellarin 类化合物，它们对肿瘤细胞增殖具有很强的抑制作用，IC_{50} 或 LD_{50} 值在纳摩尔和微摩尔范围内，其中 lamellarin D（**4**）具有最强的活性，而 lamellarin N（**7**）被认为是比较好的抗肿瘤药物先导化合物。

药理学家对 lamellarin 类化合物的抗肿瘤活性及其作用机制进行了深入研究，结果表明拓扑异构酶 I 和线粒体是其主要的作用靶点。2003 年，Urban 等发现 lamellarin D（**4**）是继喜树碱之后的一种新的拓扑异构酶 I 抑制剂，它能够嵌入 DNA 的碱基对从而与 DNA 结合。另外，化合物 **4** 也可以作用于肿瘤细胞内的其他靶点。例如，lamellarin D 诱导的细胞凋亡研究表明它能够导致早期线粒体功能缺陷，包括线粒体膜电位的下降以及细胞色素 C 和细胞凋亡诱导因子从线粒体向细胞液的释放。Lamellarin M（**6**）具有与 lamellarin D（**4**）十分相似的作用机制。与 lamellarin D（**4**）相比，lamellarin N（**7**）对肿瘤细胞具有更有效的细胞毒活性，对正常的细胞 MRC-5 的毒性相对更低一些，而且活性比目前临床上使用的抗肿瘤药物依托泊苷更高。一些 lamellarin 类化合物被发现也可以作为多耐药（multi-drug resistance，MDR）逆转药物，如 lamellarins N（**7**）对多耐药性 H69AR 细胞株有一定的作用，通过对药源性 DNA 的损伤和 MDR 相关蛋白的过表达起到抑制肿瘤细胞株的作用。

Ruchirawat 等对 lamellarin 类化合物的构效关系进行了总结，认为 lamellarin 具有较强的生物活性必须具备以下四个因素，即 C(5)═C(6)之间的双键，C(7)、C(8)和 C(20) 上的羟基。在 lamellarin D（**4**）结构中，C(8)和 C(20)上的羟基是其细胞毒活性所必需的，而 C(14)的羟基和 C(13)、C(21)的两个甲氧基并非活性所必需的药效团。然而，在随后的研究中，人们发现 lamellarin D(**4**)中的 C(8)、C(14)和 C(20)羟基都对维持其拓扑异构酶 I 抑制活性和细胞毒活性起到了重要的作用。此外，这些基团被阳性电荷的氨基酸衍生物取代后，活性并不消失。Bailly 等通过对 lamellarin D(**4**)的构效关系验证了 C(5)═C(6)为双键的 lamellarin 较 C(5)—C(6)为饱和键的细胞毒性高，同时还解释了 lamellarin N（**7**）的六环生色团的平面结构完全适合于 DNA 相互作用，还原 5, 6-双键后的 lamellarin L（**5**）会给主要生色团引入一个大位阻基团，从而破坏分子的平面性，这种改变可能降低了 **5** 嵌入两个碱基对的能力。若还原 5, 6-双键，其与活性中心氮原子的共轭体系被破坏，共轭效应减弱，从而影响 **5** 与 DNA 的相互作用。

No.	lamellarine		R_1	R_2	R_3	R_4	R_5	R_6	R_7
4	D	C(5)═C(6)	OH	OMe	OH	OMe	OMe	OH	H
5	L	C(5)—C(6)	OH	OMe	OMe	OH	OMe	OH	H
6	M	C(5)═C(6)	OH	OMe	OH	OMe	OMe	OMe	OH
7	N	C(5)═C(6)	OH	OMe	OMe	OH	OMe	OH	H

2. 吡啶并吖啶

吡啶并吖啶（pyridoacridine）是一类具有平面结构的特殊氮杂稠环化合物，因其强细胞毒性著称，广泛地分布在海绵、海鞘及珊瑚等无脊椎海洋动物中。首个海洋来源的 pyridoacridine 类化合物 amphimedine（**8**）于 1983 从海绵中分离得到，之后 100 多个该类化合物被分离或合成得到，其中大多数天然化合物是从海鞘中分离得到的（图 1-4）。

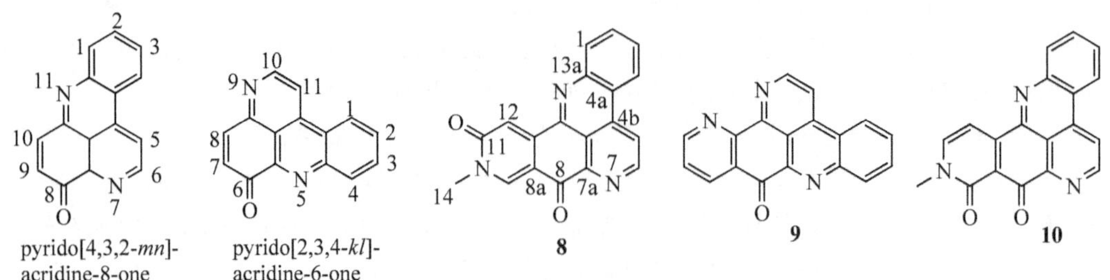

图 1-4 Pyridoacridine 生物碱的基本母核结构及化合物 **8**～**10**

（1）amphimedine（**8**）的分离及结构鉴定

Amphimedine（**8**）是一个可溶性黄色固体，从关岛海绵 *Amphimedon* sp.中分离得到。冰冻海绵的萃取液流浸膏经硅胶及氧化铝色谱连续分离得到纯化后的 **8**。高分辨率质谱（*m/z*）313.0854 表明该分子的化学式为 $C_{19}H_{11}N_3O_2$，另外从质谱中仅看到失去 CH_3、CO、CHO 和 HCN 的几个离子碎片，表明该化合物的结构非常稳定。化合物 **8** 与还原剂硼氢化钠反应后，其紫外吸收[无水乙醇，λ_{max} 235nm（12 879），280nm（9090），233nm（39 393），281nm（9099），341nm（6060）]会发生很大的变化，表明该化合物结构中存在一个共轭的羰基。红外吸收峰 1690cm^{-1} 和 1640cm^{-1} 被归属于一个 α,β-不饱和羰基和酰胺基信号，在红外谱图中并没有观察到 OH 和 NH 的吸收信号。质子同核去耦确定芳香碳 C-1 到 C-4 的连接顺序，NOE 实验表明 H-4 和 H-5 相关，H-9 和 *N*-甲基上的质子相关；部分碳谱数据表明存在一个酰胺羰基（C-11，δ165.9ppm）和一个交叉共轭羰基（C-11，δ165.9ppm）。最终该化合物的结构通过 ^1H-^1H

COSY、HMBC 和二维同核碳碳多量子谱 INADEQATE，实验得到确定。

（2）pyridoacridine 类生物碱细胞毒活性

从海鞘 *Didemunm* sp.中分离得到的 ascididemin（**9**）对拓扑异构酶 I 和 II 具有抑制作用，IC_{50} 值分别达到 75μmol/L 和 140μmol/L，此外它与 DNA 嵌插作用时，它的紫外吸收能够被猝灭，其最大吸收波长也进行了偏移；另外，化合物 **7** 在有氧条件下和还原剂二硫苏糖醇存在的条件下能够产生活性氧化物促使 DNA 断裂。化合物 **7** 的异构体 neoamphimedine（**10**）是从海绵 *Petrosia* sp. 中分离得到的，两者只是羰基位置不一样。化合物 **7** 具有微弱的细胞毒性，而化合物 **10** 却是一个很强的选择性拓扑异构酶 II 抑制剂（IC_{50} = 75μmol/L），对拓扑异构酶 I 无活性。

Pyridoacridine 类生物碱具有很强的体内、体外细胞毒活性，是一类很好的海洋抗肿瘤药物先导化合物。该类化合物抗肿瘤的作用机制主要有三种方式：①作为 NDA 嵌入剂通过平面刚性稠环插入 DNA 碱基对促使 DNA 构象发生变化，从而抑制 DNA 正常代谢过程和破坏生理功能；②分子中杂原子（氮、氧、硫）通过与金属离子受体的相互键合作用调节拓扑异构酶 II 催化 DNA 的断裂与结合方式，有些表现为细胞毒作用；③在有氧气或者还原剂的存在下，通过参与细胞内氧化还原过程产生活性氧来破坏 DNA 结构，进一步增强它们的细胞毒性，从而达到抗肿瘤效果。

3. 溴酪氨酸类硫醚化合物

含有二硫及多硫键的海洋次级代谢产物由一大类结构特殊的天然产物组成，它们往往具有很强的抗肿瘤活性。其中，二硫及多硫键一般被认为是主要的药效基团和发挥生物活性的主要部位。溴酪氨酸类硫醚化合物是从海绵中分离得到的一类重要的、含有二硫键的活性次级代谢产物。

目前已有大约 30 个溴酪氨酸类硫醚化合物被分离得到，其中有许多化合物具有较好的抗肿瘤活性，如来自海绵 *Thorectopsamma xana* 的 psammaplin A（**11**）对多个肿瘤细胞株如 Sk-OV-3、SK-MEL-2、XF495 和 HCT15 等均具有细胞毒性（图 1-5）。

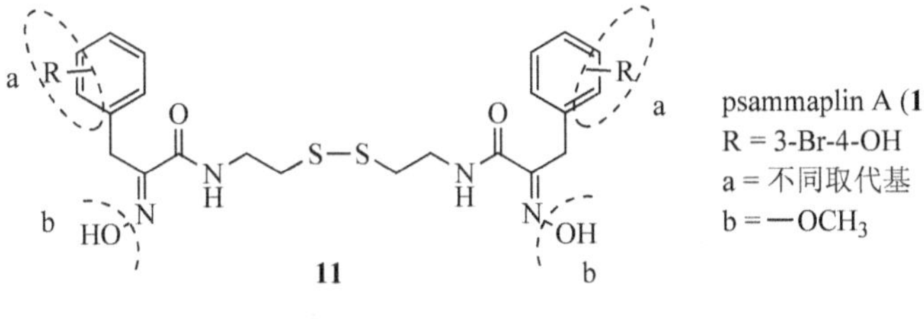

psammaplin A (**11**)
R = 3-Br-4-OH
a = 不同取代基
b = —OCH_3

图 1-5　psammaplin A（**11**）及其结构修饰物结构

（1）psammaplin A（**11**）的分离及结构鉴定

解冻的海绵 *Thorectopsamma xana* 样品（1.06kg）浸泡于乙醇中（2L），之后将乙醇溶液浓缩。浓缩物悬浮于水中，依次用已烷、氯仿及正丁醇萃取。萃取液浓缩，其中正丁醇流浸膏悬浮于乙酸乙酯溶液中得到 psammaplin A（**11**）和及其二聚体。混合物经凝胶柱（CH_2Cl_2∶MeOH = 1∶1）及 HPLC（CH_2Cl_2∶MeOH = 96∶4）分离后得到纯的化合物 **11**。

化合物 **11** 为无色半晶质固体，是海绵 *T. xana* 的主要化学组成成分。熔点 67～75℃；

无光学活性；紫外最大吸收在 217nm（64 600）和 291nm（64 600）；IR（KBr）：3500～3200cm^{-1}（宽吸收峰），1670cm^{-1}，1550cm^{-1}，1500cm^{-1}，1430cm^{-1}，1200cm^{-1}和 980cm^{-1}。^{1}H NMR 和 ^{13}C NMR 数据表明该化合物结构含有 8 个 sp^2 和 3 个 sp^3 杂化碳原子、3 个芳香质子、2 个相邻亚甲基（3.41，2.79ppm）和一个孤立亚甲基（3.67ppm）。质谱中仅得到几个碎片峰，但可以推断出该化合物含有溴原子。HR-EI 表明 **11** 的甲基环产物的分子式为 $C_{26}H_{32}Br_2N_4O_6S_2$（*m/z* 718.0129；计算值 718.0129），进而推断出化合物 **11** 的分子式应为 $C_{22}H_{24}Br_2N_4O_6S_2$。上述数据表明，化合物 **11** 是一个对称的溴酪氨酸衍生物。另外，化合物 **11** 中的孤立亚甲基的化学位移值为 3.67ppm，这与已知化合物 bastadins 肟基旁边的亚甲基位移值十分接近（δ3.76ppm，3.65ppm，DMSO-d_6），因此该孤立亚甲基被放置在苯环和肟的中间；而其他两个相连的亚甲基根据它们的化学位移值被放置在氮、硫原子之间，最后整个分子结构解析也得到了 CSCM 和 INEPT 实验的确证。

（2）抗肿瘤活性研究

目前，针对溴酪氨酸类硫醚类化合物的研究主要集中在 psammaplin A（**11**）。该化合物对组蛋白去乙酰化酶（HDAC，IC_{50}＝4.2nmol/L）和 DNA 甲基转移酶（DNMT，IC_{50}＝18.6nmol/L）有抑制活性，对人肺癌 A549 细胞的增殖抑制 IC_{50} 值为 1.35μmol/L，对乳腺癌 MDA-MB-435 的 IC_{50} 值为 1.15μmol/L，表现出较强的抑制活性。初步构效关系研究表明，羟基亚胺片段是保持抗肿瘤活性的关键基团。药理研究表明，psammaplin A（**11**）可有效降低人结肠癌 LS174-T 的存活率，并呈剂量依赖型，进一步证明了其抑癌作用且其抑癌的分子机制可能是由于 psammaplin A（**11**）上调表达了 PTEN，进而影响胃癌细胞中 p-AKt 的量降低，进一步抑制了 AKt 引起胃癌细胞的增殖、运动、侵袭和转移。

Zhao 等以 psammaplin A（**11**）为先导化合物，进行了结构类似物的合成和构效关系研究，主要包括：保持其对称的结构骨架，在苯环上引入不同的取代基，考察取代基对其活性的影响；将羟亚胺基醚化，考察羟基亚胺片段是否为活性保持的必需药效团。初步结构表明，绝大多数化合物具有明显的抗增殖活性；部分结构衍生物的 HDAC 抑制活性较伏立诺他和 psammaplin A 有所提高；羟基亚胺片段是保持抗肿瘤活性的关键基团。

二、抗菌先导化合物

1. spongistatin 1

Spongistatin 1 是由 Pettit 等从东印度洋海绵 *Hyrtios erecta* 中分离得到的一类结构独特的双螺环类大环内酯聚醚化合物。该化合物结构非常复杂，结构解析非常困难。Pettit 等通过在不同氘代溶剂下测定该化合物的核磁数据，包括 APT、^{1}H-^{1}H COSY、^{1}H-^{13}C COSY、HMBC 和 NOE 等最终确定了该化合物的平面结构。Paterson 和他的研究小组通过合成的方法对该化合物的立体化学问题进行了大量的研究，1997 年 Evans 等首次完成了 spongistatin 1 的全合成，从而确定了其绝对构型。

（1）抗菌活性研究

Pettit 等发现化合物 spongistatin 1 对 74 种菌株及对氟康唑、氟胞嘧啶、酮康唑耐性临床菌株均具有杀菌活性。实验表明在 pH 降低或在人血清中，该化合物仍具有抗菌活性。

该化合物在降低模型小鼠的肾脏扩散性念珠菌感染和减轻模型小鼠肺部隐球菌感染方面比两性霉素（amphotericin B）更有效。

（2）作用机制研究

Oakley 等用 spongistatin 1 对丝状真菌构巢曲霉（*Aspergillus nidulans*）抑制作用来研究其抗菌作用机制。他们发现在 25mg/mL 浓度下，该化合物能够引起真菌染色体和纺锤体有丝分裂指数增大 2 倍多，但有丝分裂纺锤体体积较阳性对照的小。研究表明，该化合物具有抗微管活性。此外，Pettit 等发现 spongistatin 1 能够破坏细胞质、隐球菌微管和纺锤体微管，其作用效果呈时间-计量依赖关系。在该化合物的作用下，出芽细胞的细胞核会出现异常分布、细胞分裂被抑制，从而产生抗菌活性。

2. plakortide F acid

Plakortide F acid 是由 Kashman 等从牙买加海绵 *Plakortis halicbondrioides* 中分离得到的具有环过氧官能团的化合物，并通过分析其质谱及核磁数据等确定了其平面和相对构型。

（1）抗菌活性研究

抗菌活性研究表明 plakortide F acid 对两株假丝酵母菌 *Candida albicans*、新型隐球菌 *Cryptococcus neoformans*、烟曲霉菌 *Aspergillus fumigatus* 和酿酒酵母 *Saccharomyces cerevisiae* 具有很强的抑制作用。例如，它对 *Candida albicans* 的 MIC 值为 0.08μg/mL，其抗菌强度是 amphotericin B 的 4 倍。另外，该化合物对 *Candida albicans* 的抑菌活性被认为比以往从海绵中分离得到的环过氧酸的活性都要强。

（2）作用机制研究

为研究 plakortide F acid 的抑菌活性作用机制，Agarwal 等利用酿酒酵母 *Saccharomyces cerevisiae* 细胞模型对该化合物进行了研究。他们发现 plakortide F acid 能够通过一个涉及钙稳态扰动的独特机制来调节其抗菌活性，即它能够引起钙离子失衡和转录响应。缺乏钙调磷酸酶和钙离子转运泵（PMR1 和 PMC1）及钙离子通道（CCH1 和 MID1）的突变体对 plakortide F acid 表现出高度敏感。钙调磷酸酶抑制剂环孢素和他克莫司显著升高 plakortide F acid 对野生型细胞的活性。此外，它能够诱导由依靠磷酸酶响应元素激活的 *lacZ* 报告基因的转录，并导致细胞内钙离子含量的升高。值得一提的是，扰乱钙离子的平衡是目前研发抗菌药物的一条很有希望的靶点途径。

三、抗炎先导化合物

1. halipeptin A

意大利学者 Luigi 等对采自瓦努阿图岛海域的海绵 *Haliclona* sp.进行了提取分离，从中分离出两个新的 17 元环缩肽类化合物 halipeptin A 和 B。Halipeptin 由两个 L-丙氨酸和 1, 2-氧氮杂环丁烷-4-甲基-4-羧酸，*N*-甲基-*δ*-羟基异亮氨酸和多取代的癸酸五个片段组成。2002 年，他们又从同一个海绵中分离出另一个类似物，并命名为 halipeptin C。在确定 halipeptin C 的结构时，他们认真地分析了 ESI-HRMS、^{1}H NMR 和 ^{13}C NMR 数据后，他们发现 halipeptins 中的 1, 2-氧氮杂环丁烷的指认是不正确的，应由噻唑啉环代替，因此他们确定了 halipeptin C 的结构并修正了 halipeptin A 和 halipeptin B 的结构，修正后的 halipeptin A

仍是由五个片段组成的 17 元的大环酯肽。Ma 等首次对 halipeptin A 的全合成进行了报道。

Halipeptin A 具较强的抗炎活性。目前该化合物具体的抗炎作用机制尚不明确，但它对于小鼠手爪水肿抑制作用显示了良好的剂量依赖性，以较低的体内吸收剂量 300μg/kg 注射，halipeptin A 对小鼠水肿有 60%的抑制作用，显示了显著的抗炎作用。在相同的试验条件下，使用标准的抗炎药物吲哚美辛和萘普生（ED_{50} 分别为 12mg/kg 和 40mg/kg）进行对照，halipeptin A 的抗炎活性分别是吲哚美辛和萘普生的 40 倍和 150 倍。另外，halipeptin A 在体内也具有非常好的抗炎作用。

2. hymenialdisine

Hymenialdisine 是由 Cimino 等从海绵 *Axinella verrucosa* 和 *Acanthella aurantica* 中分离得到的溴吡咯生物碱，其结构通过 X 射线单晶衍射得到确认。

Pomerantz 等报道了 hymenialdisine 去溴产物在大鼠佐剂性关节炎模型中表现出一定的生物活性，因此 Breton 等对 hymenialdisine 的 NF-κB（nuclear factor-kappa B）抑制活性进行了研究，并发现该化合物能够抑制 NF-κB。NF-κB 是 Rel 家族的二聚转录因子，参与多种疾病的病理生理过程，在调节机体的免疫和炎症反应及凋亡调控等方面发挥重要作用。炎性反应的激活是导致关节滑膜增生、骨和软骨破坏的主要因素，而 NF-κB 可激活炎症反应，因此通过不同途径抑制 NF-κB 活性从而抑制炎症的发生。Breton 等通过体外 NF-κB-driven 荧光素酶报告基因和电泳迁移率变动实验对 hymenialdisine 与 NF-κB 之间的相互作用进行了研究。他们发现 hymenialdisine 能够以计量依赖关系诱导荧光素酶的产生，同时能够高选择性地作用于 NF-κB。电泳迁移率变动实验表明，它能够直接作用于 NF-κB，并抑制 NF-κB 与寡核苷酸的结合。之后他们进行了大量的对照实验，并且发现 hymenialdisine 对 IκB 激酶及 IκB 下游通路无作用，因此他们认为该化合物可能作用于 IκB 上游通路。功能研究表明，hymenialdisine 能够降低 U973 细胞中的 IL-8 的产生及 IL-8 mRNA，这都与 NF-κB 抑制过程相关。此外，Badger 及其同事通过测试 hymenialdisine 对牛关节软骨和软骨衍射的软骨细胞的作用，发现该化合物能够抑制 IL-1 诱导的蛋白聚糖的降解、蛋白多糖的合成、一氧化氮的产生和对 iNOS 基因的表达。

四、抗病毒先导化合物

1. avarol 和 avarone

1974 年，Minale 等从贪婪倔海绵 *Dysidea avara* 中分离得到了 avarol（**12**）及其衍生物 avarone（**13**）。该两个化合物为倍半萜氢醌类化合物，是混合生源的天然产物。Ting 等对 avarol 及 avarone 的全合成研究进行了报道。此外，Muller 等利用细胞培养技术，从体外培养的海洋 *Dysidea avara* 细胞的乙酸乙酯提取物中成功得到了 avarol 及 avarone，为活性海洋天然产物来源问题的解决提供了一条新思路。

药理研究表明，avarol（**12**）及 avarone（**13**）具有抗肿瘤、抗病毒、抗菌、免疫调节及醛糖还原酶抑制等多种生物活性，其中最值得关注的是它们对 HIV 的抑制作用。avarol 及 avarone 对 HIV 的抑制作用是通过以下三条途径实现的：①对 HIV 逆转录酶的抑制作用，Scarin 的研究工作表明，在未感染 HIV 的 H_9 细胞中测不到逆转录酶的活性，当感染

HIV 时，可测得此酶的活性为 4.1×10^3cpm/mL 培养基，当 avarol 给药 0.1μg/mL 时，它对此酶的活性抑制率为 63%，采用 avarone 相同浓度下抑制率为 86%；②对 HIV *gag* 基因产物 P^{17}、P^{24} 的抑制作用，在未感染 HIV 的 H_9 细胞中无 P^{17}、P^{24}gag 蛋白的表达，而当 H_9 细胞暴露于 HIV（500～1000 病毒颗粒/细胞）时，35%的靶细胞有 P^{17} 的表达，40%的细胞有 P^{24} 的表达，加入 avarol 时，抑制 P^{17}、P^{24} 表达的程度分别为 63%～89%和 72%～86%，最有效浓度为 1μg/mL；③免疫调节作用，Muller 的研究证实，avarol 在小鼠体内有增强体液免疫的作用，Voth 等也发现 avarol 可诱导人外周血淋巴细胞生成 r-INF，且在测试浓度为 0.75μg/mL 时作用效果最强。Shoshana 等发现体外 avarol 及 avarone 在 0.1μg/mL 时能够抑制 HIV 的复制，且对正常细胞无细胞毒作用。

2. papuamides A～D

Papuamides A～D（**14**～**17**）是由 Boyd 等从巴布亚新几内亚海绵 *Theonella mirabili* 和 *T. swinhoei* 中分离得到的缩肽类化合物，其结构通过波谱分析、化学降解及其衍生物研究得到确认。值得一提的是，papuamides A～D 是首次被发现含有 3-羟基亮氨酸和 D-哌啶酸残基的海洋来源的肽类化合物，最近 Ma 等首次对 papuamides B（**15**）的全合成进行了报道。

在体外抗 HIV 活性筛选中，Boyd 等发现 papuamides A（**14**）和 B（**15**）能够抑制 HIV-1_{RF} 病毒对人 T 淋巴细胞的感染，其 EC_{50} 约为 4ng/mL，而 papuamides C（**16**）和 D（**17**）的抗 HIV 活性相对较弱。此外，papuamides A（**14**）对一系列人肿瘤细胞具有强细胞毒活性，IC_{50} 约为 75ng/mL。Barrow 等对 papuamides A 抗 HIV 作用机制进行了研究。目前 FDA 批准抗 HIV 抑制剂大多作用于与病毒侵入相关的靶蛋白，如 CD4、gp120、chemoline co-recetprs 和 gp41，而 papuamides A 具有独特的抗肿瘤作用机制，它能够抑制病毒对细胞的侵入且这种抑制作用并不依赖于上述靶蛋白。研究表明，papuamides A 的抗 HIV 作用可能涉及一种膜定位机制。此外，papuamides B（**15**）在测试浓度为 710nmol/L 浓度下也能够抑制 HIV 对细胞的侵入，可能通过作用于病毒膜上的磷脂从而起到抗 HIV 作用。

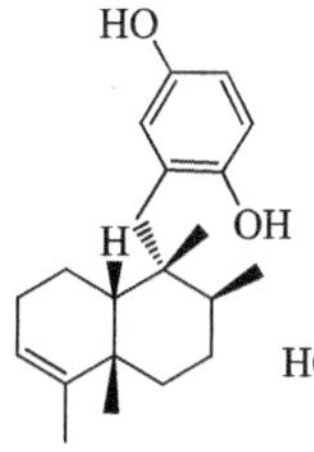

12

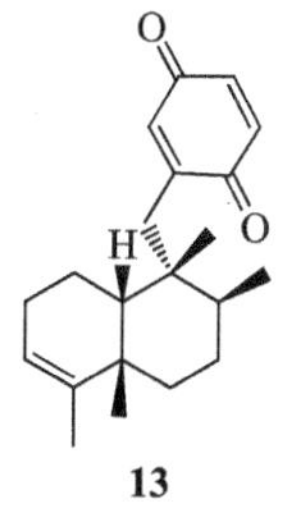

13

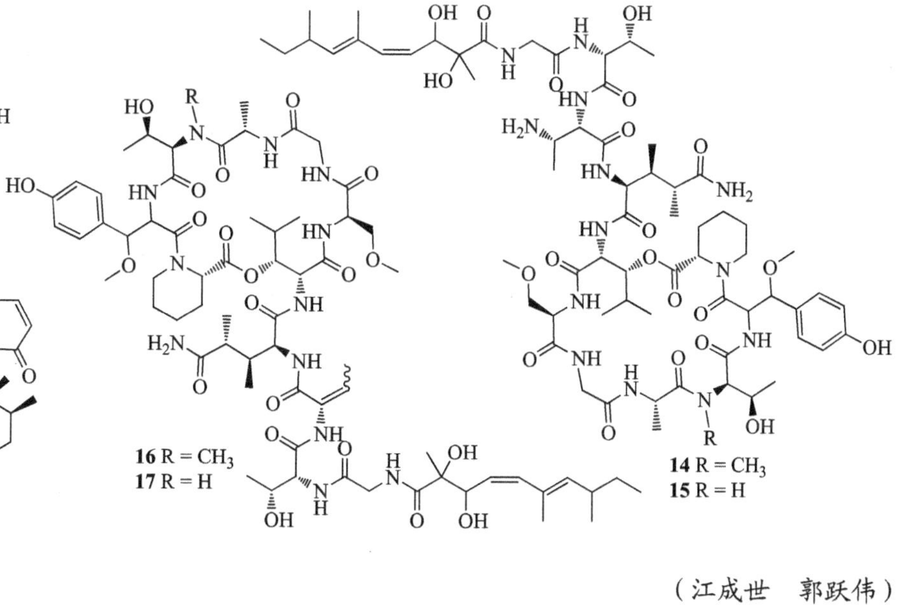

16 R = CH_3
17 R = H

14 R = CH_3
15 R = H

（江成世　郭跃伟）

参考文献

戈惠明，谭仁祥. 2009. 共生菌——新活性天然产物的重要来源. 化学进展，21（1）：30-46.

黄孝春，郭跃伟. 1995. 海绵药物的研究进展：化学和生物活性. 中国天然产物，3（1）：1-9.

黄孝春，郭跃伟. 2005. 海绵药物的研究进展：化学和生物活性. 中国天然药物，13（1）：5-13.

黄宗国. 1994. 中国海洋生物种类与分布. 北京：海洋出版社：170.

李青选. 1993. 海洋天然产物. 中国海洋药物，4：22-26.

廖玉麟. 1997. 中国动物志：棘皮动物门（海参纲）. 北京：科学出版社.

孙鹏，易扬华，李玲，等. 2007. 海参皂苷的生源分类和化学结构特征（楯手目）. 中国天然药物，5（6）：463-469.

汤海峰，易扬华，张淑瑜，等. 2004. 海星皂苷的研究进展. 中国海洋药物，23（6）：48-57.

易杨华，焦炳华. 2006. 现代海洋药物学. 北京：科学出版社.

张文，郭跃伟. 2003. 海洋生物柳珊瑚的化学成分及生物活性研究进展. 中国天然药物，2：69-75.

张文，郭跃伟. 2007. 后鳃亚纲软体动物化学防御物质研究进展. 生态学报，3：1192-1205.

周鹏，顾谦群，王长云. 2000. 海星皂甙及其活性成分研究概况. 海洋科学，24（2）：35.

邹仁林，陈映霞. 1989. 珊瑚及其药用. 北京：科学出版社：17.

Andersen R J，Faulkner D J，He C H，et al. 1985. Metabolites of the marine prosobranch mollusk *Lamellaria* sp. J Am Chem Soc，107（19）：5492-5495.

Avilov S A，Antonov A S，Drozdova O A，et al. 2000. Triterpene glycosides from the far eastern sea cucumber pentamera calcigera Ⅱ：Disulfated glycosides. J Nat Prod，63：1349-1355.

Bai R L，Pettit G R，Hamel E. 1990. Binding of dolastation 10 to tubulin at a distinct site for peptide antimitotic agents near the exchangeable nucleotide and vinca alkaloid sites. J Biol Chem，265（28）：17141-17149.

Bailly C. 2004. Lamellarins，from A to Z：A family of anticancer marine pyrrole alkaloids. Curr Med Chem Anti-Cancer Agents，4（4）：363-378.

Blunt J W，Copp B R，Munro M H，et al. 2010. Marine natural products. Nat Prod Rep，27：165-237.

Carbone M，Gavagnin M，Mattia C，et al. 2009. Structure of onchidione，a bis-γ-pyrone polypropionate from a marine pulmonate mollusk. Tetrahedron，65（22）：4404-4409.

Cimino G，Gavagnin M. 2006. Progress in molecular and subcellular biology（Molluscs）. Berlin：Springer-Verlag Berlin Heidelberg：1-23.

Coil J C. 1992. The chemistry and chemical ecology of octocorals（Coelenterata，Anthozoa，Octocorallia）. Chem Rev，92：613-631.

Evans D A，Trotter B W，Cote B，et al. 1997. Enantioselective synthesis of altohyrtin C（spongistatin 2）：Synthesis of the EF-bis（pyran）subunit. Angew Chem Int Ed Engl，36（24）：2741-2744.

Fontana A，Cavaliere P，Wahidulla S，et al. 2000. A new antitumor isoquinoline alkaloid from the marine nudibranch *Jorunna funebris*. Tetrahedron，56（37）：7305-7308.

Ford P W，Gustafson K R，Mckee T C，et al. 1999. Papuamides A-D，HIV-inhibitory and cytotoxic depsipeptides from the sponges *Theonella mirabilis* and *Theonella swinhoei* collected in Papua New Guinea. J Am Chem Soc，121（25）：5899-5909.

Fu X，Hong E P，Schmitz F J. 2000. New polypropionate pyrones from the Philippine sacoglossan mollusc *Placobranchus ocellatus*. Tetrahedron，56（46）：8989-8993.

Fusetani N，Kato Y，Hashimoto K，et al. 1984. Biological activities of acterosaponins with special reference to structure-activity relationship. J Nat Prod，47（6）：997-911.

Gavagnin M，Ciavatta M L，Cimino G. 1996. Dolabriferol：A new polypropionate from the skin of the anaspidean mollusc *Dolabrifera dolabrifera*. Tetrahedron，52（39）：12831-12838.

Gavagnin M，de Napoli A，Cimino G，et al. 1999. Absolute configuration of diterpenoid diacylglycerols from the Antarctic nudibranch *Austrodoris kerguelenensis*. Tetrahedron- Asymmetry，10（14）：2647-2650.

Gong J，Sun P，Jiang N，et al. 2014. New steroids with a rearranged skeleton as (h) P300 inhibitors from the sponge *Theonella swinhoei*. Org Lett，16（8）：2224-2227.

Hamann M T，Gao J T，Caballero-George C，et al. 2009. 5-OHKF and NorKA，depsipeptides from a hawaiian collection of *Bryopsis pennata*：Binding properties for NorKA to the human neuropeptide YY1 receptor. J Nat Prod，72（12）：2172-2176.

Hamann M T，Scheuer P J. 1993. Kahalalide F：A bioactive depsipeptide from the sacoglossaa mollusk *Elysia rufescens* and the green alga *Bryopsis* sp. J Am Chem Soc，115（13）：5825-5826.

Hochlowski J E，Faulkner D J. 1983. Antibiotics from the marine pulmonate *siphonaria diemenensis*. Tetrahedron Lett，24（18）：1917-1920.

Iorizzi M，Minale L，Riccio R. 1991. Starfish saponins，part 46. Steroidal glycosides and polyhydroxysteroids from the starfish *Culcita novaeguineae*. J Nat Prod，54（5）：1254.

Ireland C，Faulkner D J，Finer J S，et al. 1979. Crispatone，a metabolite of the opisthobranch mollusc *Tridachia crispate*. J Am Chem Soc，101（5）：1275-1276.

Ireland C，Faulkner D J，Solheim B A. 1978. Tridachione，a propionate-derived metabolite of the opisthobranch mollusc *Tridachiella diomedea*. J Am Chem Soc，100（3）：1002-1003.

Jiang C S，Muller W E，Echroder H C，et al. 2012. Disulfide- and multisulfide-containing metabolites from marine organisms. Chem Rev，112（4）：2179-2207.

Jiao W H，Huang X J，Yang J S，et al. 2012. Dysidavarones A-D，new sesquiterpene quinones from the marine sponge *Dysidea avara*. Org Lett，14（1）：202-205.

Kalinin V，Aminin D L，Avilov S A，et al. 2008. Triterpene glycosides from sea cucucmbers（Holothurioidea，Echinodermata）. Biological activities and functions. Stud Nat Prod Chem，35：135-196.

Karuso P，Scheuer P J. 2002. Natural products from three nudibranchs：*Nembrotha kubaryana*，*Hypselodoris infucata* and *Chromodoris petechialis*. Molecules，7（1）：1-6.

Kimura J，Takada Y，Inayoshi T，et al. 2002. Kulokekahilide-1，a Cytotoxic Depsipeptide from the Cephalaspidean Mollusk *Philinopsis speciosa*. J Org Chem，67（6）：1760-1767.

Lan W J，Li H J. 2007. New sesterterpenoids from the marine sponge *Phyllospongia papyracea*. Helv Chim Acta，90（6）：1218-1222.

Ling T，Poupon E，Rueden E J，et al. 2002. Unified synthesis of quinine sesquiterpenes based on a radical decarboxylation and quinine addition reaction. J Am Chem Soc，124（41）：12261-12267.

Liu X F，Song Y L，Zhang H J，Pet al. 2011. Simplextones A and B，unusual polyketides from the marine sponge *Plakortis simplex*. Org Lett，13（12）：3154-3157.

Lu Z，van Wagoner R M，Harper M K，et al. 2011. Mirabamides E-H，HIV-inhibitory depsipeptides from the sponge *Stelletta clavosa*. J Nat Prod，74（2）：185-193.

Makarieva T N，Tabakmaher K M，Guzii A G，et al. 2012. Monanchomycalins A and B，unusual guanidine alkaloids from the sponge *Monanchora pulchra*. Tetrahedron Lett，53（32）：4228-4231.

Manzo E，Ciavatta M L，Gavagnin M，et al. 2004. Isocyanide terpene metabolites of *Phyllidiella pustulosa*，a nudibranch from the South China Sea. J Nat Prod，67（10）：1701-1704.

Maria L C，Emiliano M，Ernesto M，et al. 2011. Tritoniopsins A-D，Cladiellane-based diterpenes from the South China Sea nudibranch *tritoniopsis elegans* and its prey *Cladiella krempfi*. J Nat Prod，74（9）：1902-1907.

Martin M J，Coello L，Fernandez R，et al. 2013. Isolation and first total synthesis of PM050489 and PM060184，two new marine anticancer compounds. J Am Chem Soc，135（27）：10164-10171.

Mckee T C，Cardellina J H，Riccio R，et al. 1994. HIV-inhibitory natural products. 11. Comparative studies of sulfated sterols from marine invertebrates. J Med Chem，37（6）：793.

McPhail K L，Davies-Coleman M T，Starmer J. 2001. Sequestered chemistry of the arminacean nudibranch *Leminda millecra* in Algoa Bay，South Africa. J Nat Prod，64（9）：1183-1190.

Muller W E，Bohm M，Batel R，et al. 2000. Application of cell culture of the production of bioactive compounds from sponges：

Synthesis of avarol by primmorphs from *Dysidea avara*. J Nat Prod，63（8）：1077-1081.

Nakamu H，Wu H，Ohizumi Y，et al. 1984. Agelasine-A，-B，-C and -D，novel bicyclic diterpenoids with a 9-methyladeninium unit possessing inhibitory effects on Na，K-atpase from the okinawa sea sponge *Agelas* sp. Tetrahedron Lett，25（28）：2989-2992.

Ortega M J，Zubia E，Salva J. 1997. 3-epi-Aplykurodinone B，a new degraded sterol from *Aplysia fasciata*. J Nat Prod，60（5）：488-489.

Ovechkina Y Y，Pettit R K，Cichacz Z A，et al. 1999. Unusual antimicrotubule activity of the antifungal agent spongistatin 1. Antimicrob Agents Ch，43（8）：1993-1999.

Park Y，Liu Y H，Hong J K，et al. 2003. New bromotyrosine derivatives from an association of two sponges，*Jaspis wondoensis* and *Poecillastra wondoensis*. J Nat Prod，66（11）：1495-1498.

Pettit G R，Chicacz Z A，Gao F，et al. 1993. Antineoplastic agents. 275. Isolation and structure of spongistatin 1. J Org Chem，58（6）：1302-1304.

Pettit G R，Kamano Y，Herald C L，et al. 1987. The isolation and structure of a remarkable marine animal antineoplastic constituent：Dolastatin 10. J Am Chem Soc，109（22）：6883-6885.

Pham C D，Hartmann R，Bohler P，et al. 2014. Callyspongiolide，a cytotoxic macrolide from the marine sponge *Callyspongia* sp. Org Lett，16（1）：266-269.

Pham C D，Hartmann R，Muller W E，et al. 2013. Aaptamine Derivatives from the Indonesian Sponge *Aaptos suberitoides*. J Nat Prod，76（1）：103-106.

Piao S J，Song Y L，Jiao W H，et al. 2013. Hippolachnin A，a new antifungal polyketide from the South China Sea sponge *Hippospongia lachne*. Org Lett，15（14）：3526-3529.

Piao S J，Zhang H J，Lu H Y，et al. 2011. Hippolides A-H，acyclic manoalide derivatives from the marine sponge *Hippospongia lachne*. J Nat Prod，74（5）：1248-1254.

Ploypradith P，Mahidol C，Shakitpichan P，et al. 2004. A highly effiecient synthesis of lamellarins K and L by the Michael addition/ring-closure reaction of benzyldihydroisoquinoline derivatives with ethoxycarbonyl-beta-nitrostyrenes. Angew Chem Int Ed Engl，43（7）：866-868.

Randazzo A，Bifulco G，Giannini C，et al. 2001. Halipeptins A and B：Two novel potent anti-inflammatory cyclic depsipeptides from the Vanuatu marine sponge *Haliclona* species. J Am Chem Soc，123（44）：10870-10876.

Regalado E L，Tasdemir D，Kaiser M，et al，2010. Antiprotozoal Steroidal Saponins from the Marine Sponge *Pandaros acanthifolium*. J Nat Prod，73（8）：1404-1410.

Roesner J A，Scheuer P J. 1986. Ulapualide A and B，extraordinary antitumor macrolides from nudibranch eggmasses. J Am Chem Soc，108（4）：846-847.

Santhakumari G，Sephen J. 1988. Antimitotic effects of holothuria. Cytologia，53：163-168.

Schmidt E W，Lin Z J，Torres J P，et al. 2013. A bacterial source for mollusk pyrone polyketides. Chem Biol（Oxford，United Kingdom），20（1）：73-81.

Schmitz F J，Agarwal S K，Gunasekera S P，et al. 1983. Amphimedine，new aromatic alkaloid from a pacific sponge，*amphimedon* sp. carbon connectivity determination from natural abundance carbon-13-carbon-13 coupling constants. J Am Chem Soc，105（14）：4835-4836.

Schmitz F J，Michaud D P，Schmidt P G. 1982. Marine natural products：Parguerol，deoxyparguerol，and isoparguerol. New brominated diterpenes with modified pimarane skeletons from the sea hare *Aplysia dactylomela*. J Am Chem Soc，104（23）：6415-6423.

Schmitt S，Tsai P，Bell J，et al. 2012. Assessing the complex sponge microbiota：Core，variable and species-specific bacterial communities in marine sponges. ISME J，6（3）：564-576.

Shin J，Lee H S，Seo Y，et al. 2000. New bromotyrosine metabolites from the sponge *Aplysinella rhax*. Tetrahedron，56（46）：9071-9077.

Somerville M J，Katavic P L，Lambert L K，et al. 2012. Isolation of Thuridillins D-F，diterpene metabolites from the Australian sacoglossan mollusk *Thuridilla splendens*；Relative configuration of the epoxylactone ring. J Nat Prod，75（9）：1618-1624.

Sun P，Liu B S，Yi Y H，et al. 2007. A New Cytotoxic Lanostane-Type Triterpene Glycoside from the Sea Cucumber Holothuria impatiens. Chem Biodivers，4：450-455.

Tan R X，Chen J H. 2003. The cerebrosides. Nat Prod Rep，20：509-534.

Tang H F，Yi Y H，Sun P，et al. 2005. Bioactive Asterosaponins from the Starfish *Culeita novaeguineae*. J Nat Prod，68：337-341

Wang Z，Zhang H，Yuan W，et al. 2012，Antifungal nortriterpene and triterpene glycosides from the sea cucumber *Apostichopus japonicus* Selenka. Food Chem，132：295-300.

Xu M，Andrews K T，Birrell G W，et al. 2011. Psammaplysin H，a new antimalarial bromotyrosine alkaloid from a marine sponge of the *genus Pseudoceratina*. Bioorg Med Chem Lett，21（2）：846-848.

Yu S，Pan X，Lin X，et al. 2004. Total synthesis of halipeptin A：A potent anti-inflammatory cyclic depsipeptide. Angew Chem Int Ed Engl，44（1）：135-138.

Zhang H，Khalil Z G，Capon R J. 2011. Fascioquinols A-F：Bioactive meroterpenes from a deep-water southern Australian marine sponge *Fasciospongia* sp. Tetrahedron，67（14）：2591-2595.

Zhang H，Khalil Z G，Capon R J，et al. 2012. New dictyodendrins as BACE inhibitors from a southern Australian marine sponge，*Ianthella* sp. RSC Adv，2（10）：4209-4214.

Zhang S L，Li L，Yi Y H，et al. 2006. Philinopsides E and F，two new sulfated triterpene glycosides from the sea cucumber Pentacta quadrangularis. Nat Prod Res，20（4）：399-344.

Zhang S Y，Yi Y H，Tang H F. 2006. Bioactive Triterpene Glycosides from the Sea Cucumber *Holothuria fuscocinerea*. J Nat Prod，69：1492-1496.

Zou Z R，Yi Y L，Wu H M，et al. 2003. Intercedensides A-C，Three New Cytotoxic Triterpene Glycosides from the Sea Cucumber *Mensamaria intercedens* Lampert. J Nat Prod，66：1055-1060.

第二章

海洋植物来源天然产物研究开发

第一节 红藻来源海洋天然产物研究

一、红藻天然产物研究概况

红藻门（Rhodophyta）藻类植物是大型海洋藻类中种类最多的类群，世界范围内有500多个属，包含4000余种，主要为营底栖生活，生长于潮间带和浅海的基岩或珊瑚礁等区域。中国沿海报道的红藻有607种及变种，隶属于15目40科169属，分布于浙江、福建、广东、台湾、海南和南海诸岛沿岸的红藻均超过50属和100种，分布于黄渤海沿岸的红藻也有50余属和近百种，由于受温度等因素的影响，从北到南各海域分布的红藻属种存在一定的差异性（丁兰平等，2011；张水浸，1996）。海洋红藻不仅为沿海居民提供了食物来源（如为人们所熟知的紫菜、石花菜和龙须菜等），而且部分红藻具有重要的药用价值，调查发现中国有药用价值的红藻34种，分属于12科18属，包括蜈蚣藻、凹顶藻、软骨藻、多管藻、鸭毛藻、角叉菜、鹧鸪菜、麒麟菜、鸡毛菜、鸡冠菜、紫菜、海头红、海人草、江蓠和海萝等（方玉春等，2010）。丰富的海洋红藻植物为海洋天然产物的研究和海洋药物的开发提供了重要的资源保障。

海洋红藻不仅是种类最多的藻类植物，同时也是海藻天然产物研究和报道最多的类群，研究的热点主要集中在凹顶藻属、软骨藻属、多管藻属、松节藻属、鸭毛藻属、海头红属、软粒藻（松香藻）属、海门冬属、柏桉藻属、栉齿藻属、江蓠属、珊瑚藻属、沙菜属和蜈蚣藻属等。随着色谱纯化和波谱鉴定技术的发展，特别是20世纪60年代以来，从海洋红藻中分离鉴定的大量的天然化学成分（约2000个），主要是通过次生代谢产生的单萜、倍半萜、二萜、三萜、多聚乙酰和酚类等，骨架新颖，种类多样，特别是富含大量的卤代化合物（图 2-1）。到目前为止，海洋红藻中报道的卤代成分总计 1000余个，仅松节藻科红藻中报道的卤代成分就有700余个，其中500余个来源于凹顶藻属，占凹顶藻次生代谢总产物的70%左右。根据对近20年来的研究总体统计分析，海洋红藻来源的新化合物中卤代结构也占到了70%（表 2-1），可见高比例的卤代产物形成了海洋红藻次生代谢的一大特色。此外，红藻部分次生代谢产物表现出较好的抗肿瘤、抗细菌、抗真菌、抗病毒、酶抑制和自由基清除等生物活性，以及拒食、杀虫、克生和抗污损等生态功能，为新型医药和农药的研究与开发提供了重要的分子基础（Blunt et al.，2014；Wang et al.，2013）。

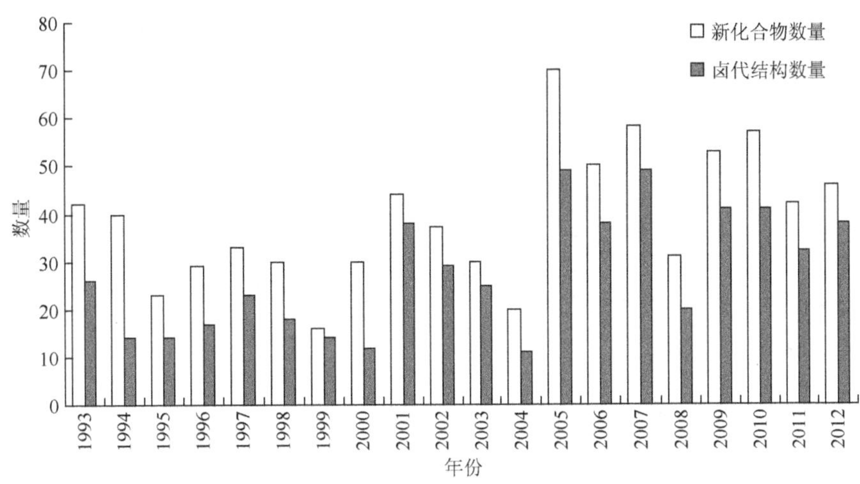

图 2-1　1993～2012 年报道的红藻新化合物及卤代结构数量

表 2-1　1993～2012 年报道的红藻新化合物及其中卤代结构数量

结构类型	单萜	倍半萜	二萜	三萜	多聚乙酰	酚类	其他	合计
新化合物数量	76	186	74	58	91	111	185	781
卤代结构数量	76	146	53	35	77	104	58	549

二、红藻化学成分及其生物活性

1. 单萜类化合物

到目前为止，从海洋红藻中总计分离鉴定的新单萜约 200 个，绝大多数为卤代结构，单个化合物中氯和溴原子总数量最多可达 6 个，碳骨架包括无环和六元环两类，有些还含五元或六元氧环，大部分为含有双键的不饱和结构。红藻单萜主要来源于海头红属，比例占一半以上，其他的来源于浪花藻属、软粒藻属、盾果藻属和 *Pantoneura* 属等，此外，部分从海洋无脊椎动物海兔的消化腺中分离得到的单萜及其他结构类型的化合物也可能在生源上是由红藻代谢产生，或是其进一步转化的产物（Blunt et al.，2014）。近年来，虽然分离纯化和结构鉴定技术逐步提高，但每年从海洋红藻中获取单萜的数量却呈现下降趋势。

卤代单萜的细胞毒活性是相关研究关注的焦点。Fuller 等（1994）从采集于菲律宾的美羽软粒藻（*Portieria hornemunnii*）中分离鉴定了 9 个多卤代单萜（**1**～**9**），并从夏威夷海域的同种海藻中分离鉴定了 3 个仅含 1 个溴和 1 个氯原子的单萜，链状单萜 **2**～**5** 具有显著的细胞毒活性，对美国国家癌症研究所（NCI）的人肿瘤细胞株具有强抑制作用，构效关系分析表明 C-2 和 C-6 位卤代对活性具有重要的贡献，而 C-7 位卤代对活性影响较小，其中化合物 **2**（halomon）活性相对较好。Knott 等和 Mann 等（2007）从采集于南非的 *Plocamium corallorhiza* 中分离鉴定了 11 个多卤代单萜（**13**～**23**），其中化合物 **15**～**20** 对食道癌细胞株 WHCO1 具有中等或强的抑制作用，IC_{50} 值为 7.5～34.8μmol/L，且化合物 **15** 和 **20** 的活性强于顺铂，之前 König 等报道化合物 **17** 还具有 KB 肿瘤细胞毒活性。Antunes 等（2011）从采集于南非的 *Plocamium suhrii* 中分离鉴定了 7 个多卤代单萜（**24**～**30**），

其中化合物 **24**～**29** 对食道癌细胞株 WHCO1 也具有强的抑制作用，IC_{50} 值为 6.6～9.9μmol/L。相关研究表明，卤代单萜是一类具有抗肿瘤潜力的化合物，但仍有大量的结构未进行肿瘤细胞毒活性筛选。

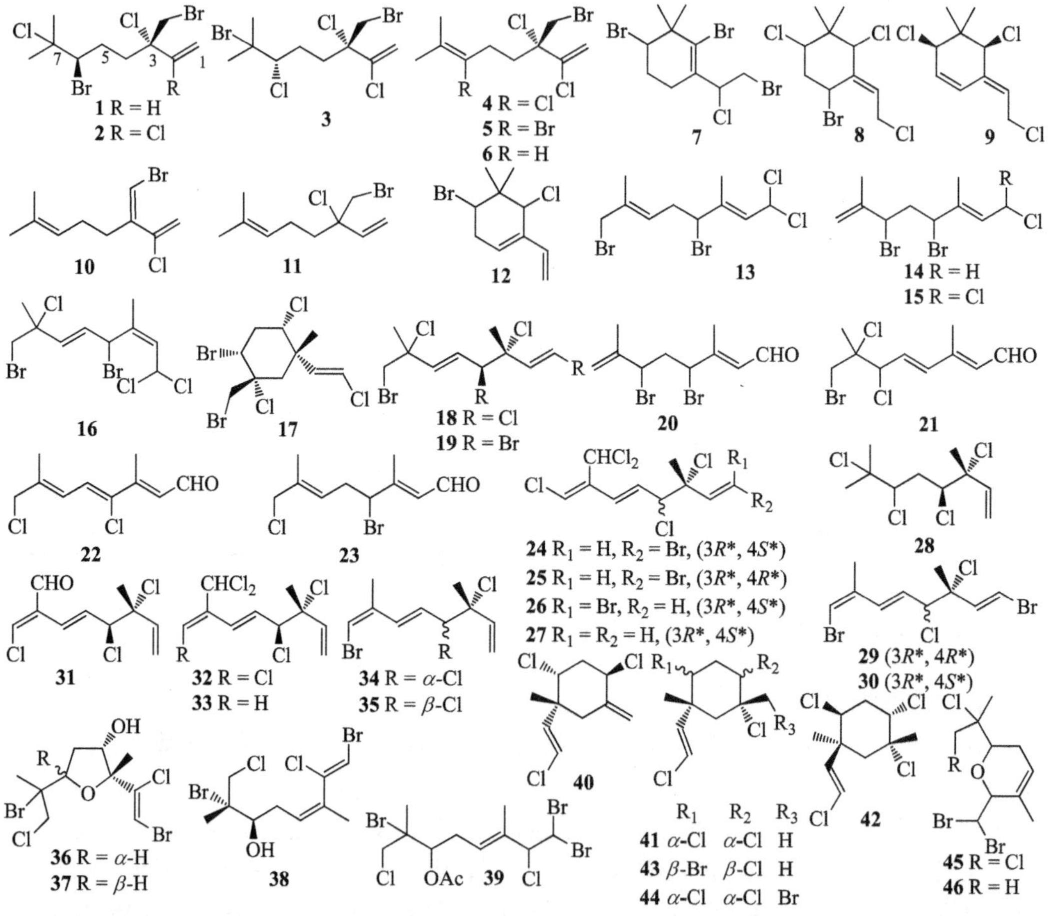

部分卤代单萜还表现出一定的抗虫作用。Afolayan 等（2009）从采集于南非的 *Plocamium cornutum* 中分离鉴定了 5 个多卤代单萜（**31**～**35**），其中化合物 **31**～**33** 具有较好的抗疟原虫（*Plasmodium falciparum*）活性，构效关系分析表明 C-7 位的二氯代甲基可能导致了 **32** 和 **33** 高的活性。Argandoña 等（2002）对 *Plocamium cartilagineum* 中的卤代单萜类化合物（**17**、**36**～**45**）进行了拒食活性筛选，结果表明化合物 **17**、**36** 及其乙酰衍生物、**37**、**40**、**41**、**42** 和 **45** 对马铃薯甲虫（*Leptinotarsa decemlineata*）具有拒食作用，化合物 **17**、**27** 和 **44** 对蚜虫（*Myzus persicae* 和 *Ropalosiphum padi*）具有强拒食作用，同时，化合物 **27** 和 **44** 对马铃薯甲虫（*L. decemlineata*）和昆虫细胞 Sf9 具有毒性。此外，南极的 *Pantoneura plocamioides* 代谢产生的化合物 **46** 对马铃薯甲虫（*L. decemlineata*）也具有拒食作用。

2. 倍半萜类化合物

海洋红藻中分离鉴定的倍半萜类结构绝大多数来源于凹顶藻属，新化合物总量在 400 个左右，约3/4为卤代结构，多为溴代和氯代，极少数为碘代，且卤原子数量一般不超过3个。骨架类型40余种，主要包括恰米烷、月桂烷、花侧柏烷、没药烷、synderane烷、brasilane烷、perforane烷和桉烷等，其中恰米烷类倍半萜数量超过100个，月桂烷和花侧柏烷类及其简单重排结构的数量也在80个左右，synderane烷和没药烷倍半萜的数量也分别在40个和30个左右（Wang et al.，2013；Blunt et al.，2014）。根据研究发展趋势分析，21世纪以来，每年从海洋红藻中获取的新倍半萜数量明显增多。

倍半萜不仅是海洋红藻中种类和数量最多的结构类型，生物活性也涉及肿瘤细胞毒、抗细菌、抗真菌、抗病毒、拒食、杀虫、驱虫、抗污损和克生等多个方面，其中化合物elatol研究报道相对较多，其最初是从澳大利亚的*Laurencia elata*中分离得到的，并对通过X射线衍射鉴定了其绝对构型，以后又从略大凹顶藻（*L. majuscula*）、钝形凹顶藻（*L. obtusa*）、似瘤凹顶藻（*L. similis*）、俯仰凹顶藻（*L. decumbens*）、马岛凹顶藻（*L. mariannensis*）、*L. microcladia*、*L. rigida*、*L. dendroidea*和*L. cartilaginea*等其他凹顶藻和海兔中多次被发现，并进行了不对称全合成，生物活性筛选表明其对多种肿瘤细胞株、细菌、真菌和污损生物具有抗性，并具有拒食和驱虫活性，部分半合成衍生物也表现出较好的抗肿瘤活性（Wang et al.，2013）。

尽管已有大量的红藻倍半萜被报道，但是新颖的倍半萜类化合物仍旧不断被发现。Liang等从采集于中国威海的冈村凹顶藻（*L. okamurai*）中分离鉴定了3个新的卤代倍半萜（**47**～**49**），具有中等或弱的卤虫毒性。Li等（2012）从采集于中国荣成的冈村凹顶藻中分离鉴定了7个新的卤代倍半萜（**50**～**56**），其中化合物**50**和**53**具有较强的卤虫毒性，化合物**53**还具有较好的抗细菌活性。Li等（2013）又从采集于中国平潭岛的复生凹顶藻（*L. composita*）中分离鉴定了6个新的卤代倍半萜（**57**～**62**），部分化合物表现出一定的卤虫毒性、抗微藻、抗细菌和抗真菌活性。da Silva Machado等（2014）从采集于巴西的*L. dendroidea*中分离鉴定了2个新的卤代倍半萜（**63**和**64**），其中化合物**64**具有中等的抗分枝杆菌活性。这些倍半萜类化合物中包含了一系列特征的取代类型，如C-9位卤代、C-8位氯代、C-5位平伏键羟基和C-2位直立键溴代的恰米烷倍半萜等。

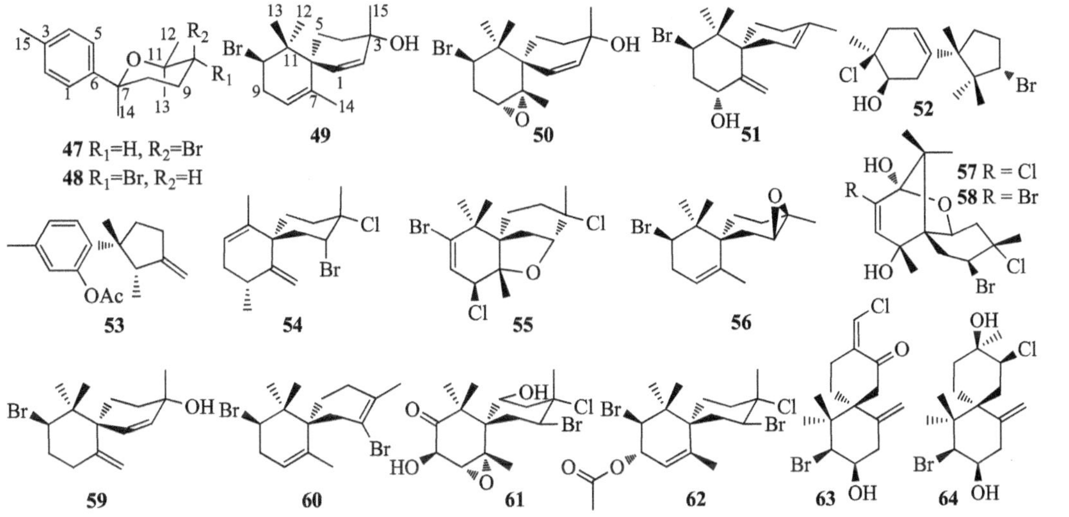

3. 二萜类化合物

目前，从海洋红藻中分离鉴定的新二萜约 150 个，卤代结构比例较倍半萜高，约占 80%，基本均含有溴原子，极少数还含氯原子。骨架类型超过 20 种，包括半日花烷、ireane 烷、parguerane 烷、dactylomelane 烷和 sphaerococcane 烷等，特别是包含一些其他生物中罕见的特异结构骨架类型（Wang et al.，2013；Blunt et al.，2014）。红藻二萜主要来源于凹顶藻属和 *Sphaerococcus* 属，并且每年获取数量呈现整体上升趋势。

凹顶藻属是红藻二萜类结构的主要来源，但来源种类分布相对较窄。Kurata 等（1998）从采集于日本的齐腾凹顶藻（*Laurencia saitoi*）中分离鉴定了 17 个 parguerane 二萜衍生物，其中化合物 **65～67** 对皱纹盘鲍（*Haliotis discus hannai*）幼体具有较好的拒食活性，同时化合物 **65** 和 **66** 对光棘球海胆（*Strongylocentrotus nudus*）和中间球海胆（*S. intermedius*）幼体具有很好的拒食活性。Iliopoulou 等（2003）从采集于希腊的钝形凹顶藻（*L. obtusa*）中分离鉴定了 4 个对乳腺癌（MCF7）、前列腺癌（PC3）、宫颈癌（Hela）、皮肤癌（A431）和骨髓癌（K562）细胞株具有不同程度抑制活性的溴代二萜（**68～71**）。Neorogioltriol（**72**）分离于希腊的腺叶凹顶藻（*L. glandulifera*），具有镇痛作用（Chatter et al.，2009）。Laurenditerpenol（**73**）分离于牙买加的错综凹顶藻（*L. intricata*），对 T47D 乳腺癌细胞中低氧激活的 HIF-1 和低氧诱导的 VEGF 因子具有抑制作用（Mohammed et al.，2004）。Kahukuane 二萜 **74** 分离于中国海南和涠洲岛的马岛凹顶藻（*L. mariannensis*），ireane 二萜 **75** 分离于马来西亚的未定种凹顶藻，新骨架二萜 **76** 分离于日本的 *L. yonaguniensis*，这 3 个结构均具有抗细菌活性，化合物 **76** 还具有卤虫毒性（Wang et al.，2013）。

65 R_1 = OAc, R_2 = Ac
66 R_1 = H, R_2 = H
67
68 R_1 = α-OH, R_2 = β-OH
69 R_1 = α-OH, R_2 = α-OH
70
71 **72** **73** **74**
75 **76** **77** **78** **79**

	R_1	R_2	R_3
80	MeO	H	H
81	H	OH	H
82	H	H	OH
83	H	H	Br

84 **85** **86**

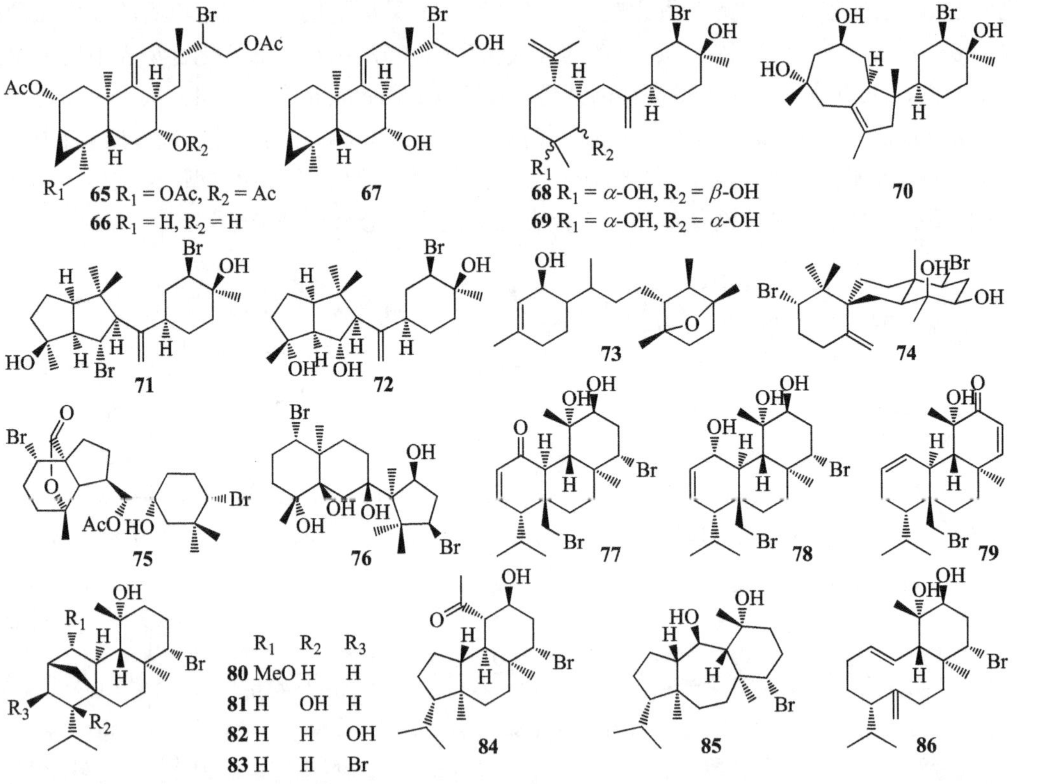

红藻 *Sphaerococcus coronopifolius* 是卤代二萜类化合物的另一个重要来源，其结构骨架与凹顶藻来源的二萜存在一定的差异性。Etahiri 等（2001）从采集于摩洛哥 *S. coronopifolius* 中分离鉴定了 4 个溴代二萜，其中化合物 **77** 和 **78** 具有抗细菌（*Staphylococcus aureus*）活性，化合物 **79** 具有抗疟（*Plasmodium falsciparum*）活性。Smyrniotopoulos 等（2010b）从采集于希腊的 *S. coronopifolius* 中分离鉴定了 4 个溴代二萜（**80～83**），其对耐药细菌具有不同程度的抑制作用，最小抑制浓度（MIC）为 16～128mg/mL。此外，Smyrniotopoulos 等（2010a）又从同一样品中分离鉴定了 3 个新的具有抗肿瘤活性的溴代二萜（**84～86**）。

4. 三萜类化合物

与单萜、倍半萜和二萜相比较，海洋红藻中三萜类化合物的数量相对较少，已报道的约有 70 个，主要是由角鲨烯氧化而形成的聚醚三萜（54 个），其中卤代结构比例大于 80%，溴代为主，极少数为氯代。聚醚三萜主要来源于凹顶藻属和软骨藻属，来源种类相对较少，集中在 *Laurencia obtusa*、*L. viridis* 和 *Chondria armata* 等（Wang et al.，2013）。此外，部分海洋红藻还可以代谢产生环阿屯烷和羊毛甾烷型三萜（如果胞藻属、沙菜属和乳节藻属）（Blunt et al.，2014），但这些三萜均不含卤素取代。

红藻聚醚三萜类代谢产物的生物活性研究主要聚焦在肿瘤细胞毒活性，涉及 P-388、A-549、HT-29、MEL-28、Jurkat、MM-144、Hela 和 CADO-ES1 等肿瘤细胞株（Wang et al.，2013）。Thyrsiferol 为第一个获得的海洋聚醚三萜类化合物，其末端羟基乙酰化衍生物具有较好的 P-388 肿瘤细胞毒活性，IC_{50} 值为 0.000 47μmol/L。化合物 **87** 具有较好的 A-549、HT-29 和 MEL-28 肿瘤细胞毒活性，IC_{50} 值均为 1.99μmol/L。化合物 **88** 具有较好的 Jurkat 和 Hela 肿瘤细胞毒活性，IC_{50} 值分别约为 2.0μmol/L 和 2.9μmol/L（Cen-Pacheco et al.，2011a）。化合物 **89** 具有较好的 MM-144 肿瘤细胞毒活性，IC_{50} 值约为 7.30μmol/L（Cen-Pacheco et al.，2011b）。化合物 **90** 具有较好的 CADO-ES1 肿瘤细胞毒活性，IC_{50} 值约为 3.10μmol/L（Cen-Pacheco et al.，2011b）。

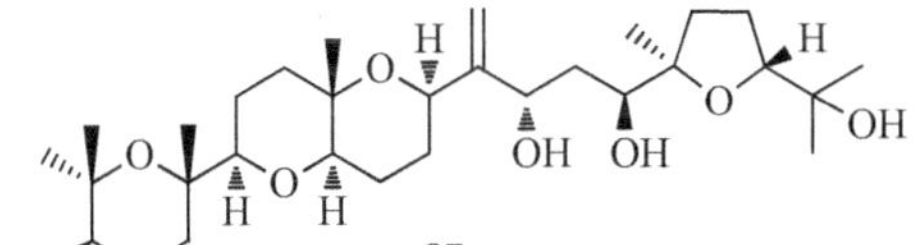

87 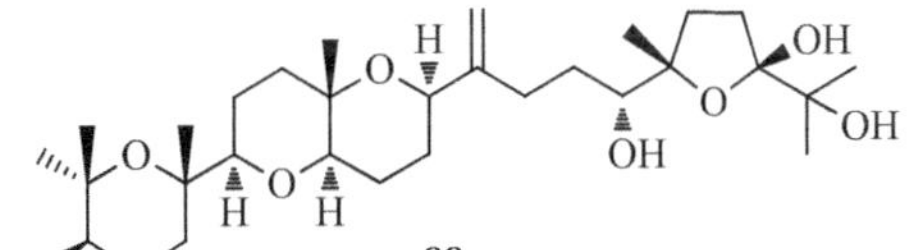 **88** 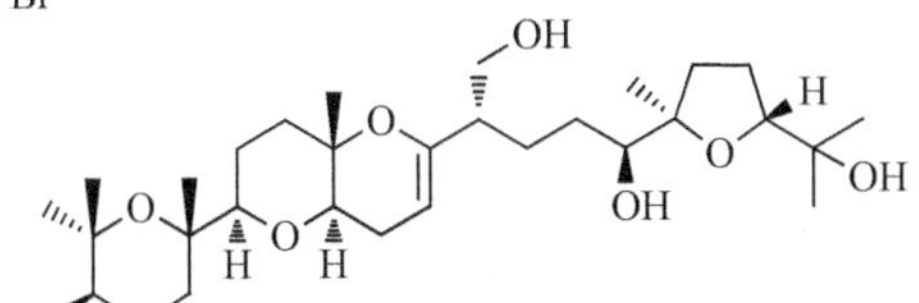 **89** 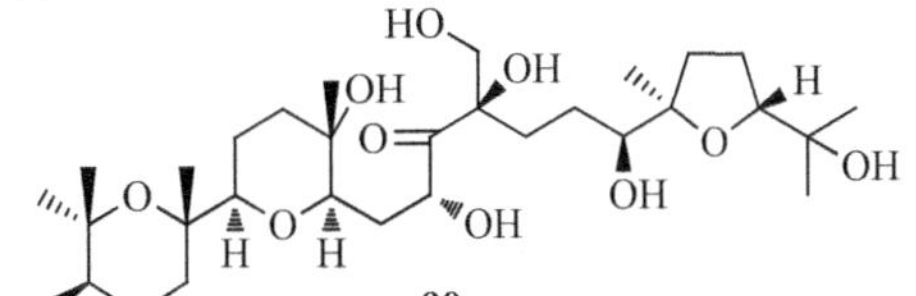 **90**

5. 多聚乙酰类化合物

这里的多聚乙酰类化合物主要是指 C_{15} 多聚乙酰及其衍生物，海洋红藻中分离鉴定的多聚乙酰类化合物均来源于凹顶藻属，总量超过 210 个，其中约 85%为卤代成分，溴代和溴氯混合取代为主，单纯含氯的化合物仅 20 余个。结构按端基主要分为烯炔和溴代丙二烯两类，多为含 15 个碳的链状骨架，少数呈分枝状，也有少量含三、五或六元碳环，分子中多存在含氧环，最大可为十二元环（Wang et al.，2013）。多聚乙酰类为凹顶藻属的特征性结构类型，近几年来的获取数量也呈现增多趋势。

尽管此类红藻代谢产物表现出高的结构特异性，但肿瘤细胞毒活性筛选中却并没有发现活性较好的结构，Abdel-Mageed 等（2010）从采集于菲律宾的未定种的凹顶藻中分离鉴定了 2 个具有中等强度细胞毒活性的多聚乙酰（**91** 和 **92**），但其对各种肿瘤细胞的抑制作用不具有选择性。

部分多聚乙酰类化合物表现出一定的抗细菌活性。Kladi 等（2008）从采集于希腊的腺叶凹顶藻（*L. glandulifera*）中分离鉴定了 4 个具有抗葡萄球菌活性的多聚乙酰（**93**～**96**），其中二乙酰化结构 **94** 活性较好，最小抑菌浓度（MIC）为 8～16μg/mL，而脱乙酰或溴代衍生物活性下降。多聚乙酰 **97** 来源于马来西亚的 *L. pannosa*，对紫色色杆菌（*Chromobacterium violaceum*）具有抑制作用，最小抑菌浓度为 100μg/盘（Suzuki et al.，2001）。多聚乙酰 **98** 及其反式异构体 **99** 分别来源于马来西亚的未定种的凹顶藻和日本冲绳的马岛凹顶藻（*L. mariannensis*），分子中包含六元碳环骨架，对多种海洋细菌具有抑制作用（Vairappan et al.，2001）。三溴代多聚乙酰 **100** 分离于中国海南和涠洲岛的马岛凹顶藻（*L. mariannensis*），对大肠杆菌具有抑制作用（Wang et al.，2013）。

此外，Takahashi 等从采集于日本的 *L. yonaguniensis* 分离鉴定了 1 个氯代的多聚乙酰类化合物（**101**），具有卤虫毒性（Wang et al.，2013）。Iliopoulou 等（2002）从采集于希腊的钝形凹顶藻（*L. obtusa*）中分离鉴定了 5 个卤代多聚乙酰类化合物（**102**～**106**），具有蚂蚁毒性，其中顺式异构体的活性相对较好。

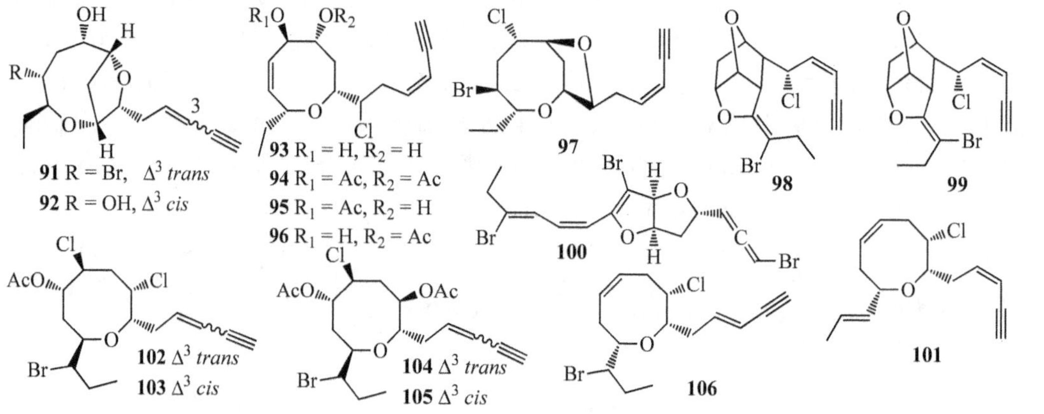

6. 酚类化合物

此处把含有酚羟基及其醚，而又不属于以上 5 种结构类型的化合物归于酚类，与褐藻中大量存在的多酚类结构不同之处在于其分子中往往含有溴取代（溴酚），且苯环数量一般不超过 4 个。目前，已从海洋红藻中鉴定溴酚类化合物 120 余个，主要来源于多管藻属、松节藻属、鸭毛藻属、齿海藻属和旋叶藻属，此外，耳壳藻属和 *Callophycus* 属红藻还可以代谢产生含酚羟基的混源萜类结构（Blunt et al.，2014），相关研究主要集中在 20 世纪 70 年代和最近 10 年。

红藻溴酚类代谢产物在酶抑制和自由基清除方面表现出较显著的活性。Liu 等从采集于中国威海的鸭毛藻（*Symphyocladia latiuscula*）中分离鉴定了 6 个具有酪氨酸磷酸酶 1B（PTP1B）抑制活性的溴酚类化合物，其中化合物 **107** 活性较好，IC_{50} 值约为 3.5μmol/L。

Li 等从采集于中国青岛的多管藻（*Polysiphonia urceolata*）分离鉴定了一系列具有显著DPPH 自由基清除活性的溴酚类化合物，其中化合物 **108** 和 **109** 活性较强，IC_{50} 值分别为 6.1μmol/L 和 6.8μmol/L（Wang et al.，2013）。

此外，生物活性研究还发现红藻酚类代谢产物具有肿瘤细胞毒、抗细菌、抗真菌、拒食和克生等多种生物活性。例如，溴酚 **110** 分离于中国青岛的松节藻（*Rhodomela conferviodes*），具有显著的抗细菌活性，对金黄色葡萄球菌（*Staphylcoccus aureus*）、表皮葡萄球菌（*S. epidermidis*）、大肠杆菌（*Escherichia coli*）和绿脓杆菌（*Pseudomonas aeruginosa*）最小抑菌浓度低于 70μg/mL（Xu et al.，2003）。Oh 等（2008）从齿海藻属的 *Odonthalia corymbifera* 中分离鉴定了 2 个具有显著抗真菌和细菌作用的溴酚类化合物（**111** 和 **112**），孙雪等（2010）从中国青岛的松节藻（*R. conferviodes*）获得了溴酚 **111** 和 **112**，发现其对肿瘤细胞具有选择性抑制作用，对 Hela 肿瘤细胞毒株的 IC_{50} 值分别为 8.71μg/mL 和 9.61μg/mL。

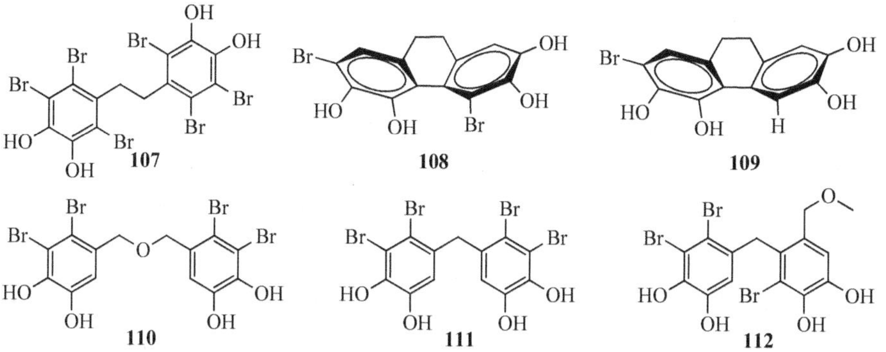

107　**108**　**109**

110　**111**　**112**

7. 其他类化合物

除了萜类、多聚乙酰和酚类化合物以外，海洋红藻还可以代谢产生一些其他结构类型的产物，主要包括脂肪酸及其衍生物类、甾体类、环肽类、氨基酸类、吲哚类（Wang et al.，2013）和混源萜类等，其中卤代结构以溴代为主，主要集中在吲哚类、混源萜类、萜类降解产物及柏桉藻科中的卤代小分子等，而其他结构类型很少报道含卤代成分。研究报道涉及的属包括凹顶藻属、软骨藻属、栉齿藻属、海门冬属、柏桉藻属、江蓠属、沙菜属、耳壳藻属、珊瑚藻属、蜈蚣藻属、叉珊藻属、派膜藻属、裂膜藻属、海膜属、新扩藻属、杉藻属、红皮藻属、旋叶藻属、羽藻属、乳节藻属、石枝藻属、水石藻属、翼枝藻属、束果藻属、果胞藻属、边孢藻属、轮孢藻属、海人草属、海萝属、紫菜属、鸡毛菜属、伴绵藻属、法式藻属、共生甲藻属、宽管藻属、*Callophycus* 属、*Schottera* 属和 *Constantinea* 属等。生物活性研究相对较少，但也发现部分化合物具有肿瘤细胞毒、抗细菌、抗真菌、酶抑制、抗疟、抗炎和克生等活性（Blunt et al.，2014）。

三、红藻天然产物研究展望

如上所述，全世界范围内已有大量的海洋红藻天然产物被研究报道，并发现了一系列结构特异和活性显著的化合物，特别是发现了大量的卤代产物，但目前为止研究涉及的红藻种类甚至不足海洋红藻总数的 10%，还有数量庞大的其他海洋红藻的天然化学成分未被研究。此外，研究较多的种类往往集中在少数几个科属，并且有的种类被不同研究人员多次研究，而其他科属的研究仅涉及较少的种类，甚至目前没有涉及，研究存在一定的不均衡性。因此，就研究未涵盖的红藻种类而言，海洋红藻天然产物还有很大的研究空间，但这需要海藻分类学家的有效配合。

目前，尽管已有大量的海洋红藻天然产物结构被鉴定，但由于研究技术条件和水平层次的限制，特别是前期的一些报道，其结构鉴定较多停留在相对构型的阶段，大量结构的绝对构型至今仍旧未能确定，并且有些结构和构型鉴定结果出现错误。此外，虽然也筛选出一系列活性显著的化合物，但研究过程中应用的活性筛选模型相对比较单一，较全面的活性评价研究报道较少。因此，产物绝对构型的确定与系统的活性筛选是下一步研究中值得关注的问题。

研究表明同一属的海洋红藻天然产物存在较大的结构类型性，但不同种红藻的天然产物往往也存在一定的结构特异性。同一科而不同属的海洋红藻天然产物可能存在一定的结构类似性，但也可能结构迥异。不同科的海洋红藻天然产物结构往往存在较大的差异，但也不排除存在类似结构的可能。以天然产物为基础进行海洋红藻的化学分类学研究，对这些代谢产物及其来源进行综合分析，特别是其中卤代产物结构骨架和取代类型的分析，可能有助于推动海洋红藻分类学和天然产物研究的进一步深入。

另外，研究一再表明不同来源地的同种红藻产物结构存在一定的差异，并且不同采集时间获得的产物结构也不尽相同，充分展现了红藻产物代谢途径的复杂多样性，而目前的大部分研究仍以简单的结构鉴定和活性筛选为主，有关代谢途径和环境因素影响的研究却相对薄弱。此外，红藻中还含有大量的内共生微生物，它们也具有丰富的代谢途径，而其对红藻次生代谢的影响及产物的转化等关系却知之甚少。因此，加强生源合成及其影响因素的研究对于深度挖掘海洋红藻天然产物具有重要的意义。

（季乃云　王斌贵）

第二节　褐藻来源海洋天然产物

一、褐藻天然产物研究概况

褐藻门（Phaeophyta，brown algae），是藻类中比较高级的一大类群，在全世界有 1500 多种，分归 250 个属，我国占 80 个属，已知 250 多种（曾呈奎等，2000）。褐藻具有生长快、藻体大、分布广等特点，潜在的经济价值巨大，是我国三大经济海藻之一。褐藻的分布与海水盐的浓度、温度等因素有关，其中除极少数分布于淡水外，其他均生长于海水中。褐藻一般为冷水性的海藻，多生长在寒带或南北极海中，但也有少数的褐藻，如马尾藻属、喇叭藻属以及网地藻目的一些藻类，生活于热带海洋中，属暖水性的种类。

1844 年，Stenhouse 从褐藻中发现甘露醇；1881 年，Stanford 发现了褐藻中的多糖——褐藻胶，褐藻的研究开发与综合利用也由此开始。传统上，褐藻综合利用产品包括褐藻酸、褐藻酸盐、褐藻胶、甘露醇、褐藻淀粉、碘和氯化钾等。近 30 余年来，随着对褐藻研究与开发的深入，科研工作者发现褐藻中除含有大量褐藻酸、褐藻胶、甘露醇、无机盐等成分外，还蕴含着许多结构新颖和生物活性显著的次级代谢产物。据统计，1984 年至今，褐藻来源的天然产物已经发现 1100 余个，且还在不断的增长之中。本节对近年来有关褐藻的化学成分及其生物活性的研究进行阐述，以期为褐藻的天然产物研究和药物开发提供参考。褐藻来源的天然产物，按照结构类型可以分为四大类：萜类、脂类、酚类和其他类化合物。

二、褐藻化学成分及其生物活性

1. 萜类

萜类化合物是迄今从褐藻中分离得到最多的化合物类型。网地藻是目前褐藻门中发现萜类物质最多的种属，其萜类化合物的含量能达到藻体干重的 5%。

（1）倍半萜

褐藻的网翼藻属蕴含着丰富的倍半萜，类型主要为杜松烷型、芹子烷型、吉马烷型和其他经过重排的碳骨架类型。徐秀丽等（2012）从青岛的褐藻叉开网翼藻中分离得到了 6 个降碳半萜类化合物（**113**～**118**）。季乃云课题组（2009）报道了烟台的叉开网翼藻中的大量倍半萜类化合物，包括 6 个杜松烷型倍半萜（**119**～**124**）、4 个芹子烷型倍半萜（**125**～**128**）、2 个溴取代芹子烷型倍半萜（**129**、**130**）、2 个新的环氧-杜松烷型倍半萜（**131**、**132**）和杜松萘（**133**）。Song 等（2005）从青岛的叉开网翼藻中分离得到了 3 个新的双降倍碳半萜（**134**～**136**）和 1 个降碳倍半萜（**137**），其中化合物（**134**～**136**）由杜松烷型倍半萜经过环收缩衍生而来。

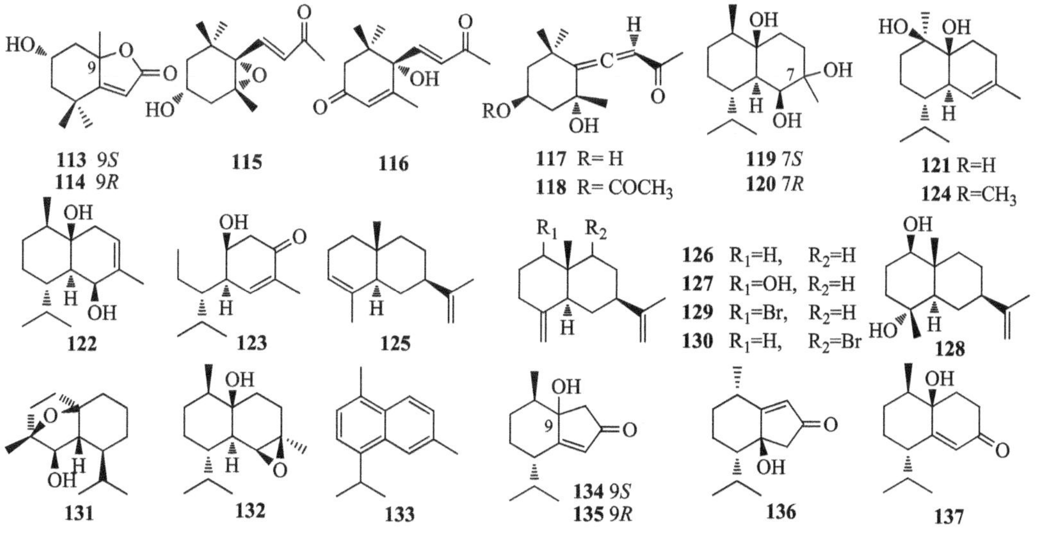

（2）二萜

褐藻中二萜，包括线形二萜、dolabellane 型二萜、dolastane 型二萜等。

2001 年，Piovetti 等从褐藻 *Bifurcaria bifurcate* 分离得到 4 个新颖的线形二萜（**139**～**142**），这些线形二萜是由 (*S*)-12-hydroxygeranylgeraniol（**138**）衍生而来，化合物 **139** 是

其在 C-12 上的脱水产物，其他三个则是其氧化衍生产物。Köck 等（2012）从褐藻 *Bifurcari-abifurcata* 分离到线形二萜类化合物（**143**、**144**）。褐藻的二萜中除少量的线形二萜外，主要为 prenylatedguaiane 型、xenicane 型、dolabellane 型和 dolastane 型二萜，Teixeira 和 Kelecom 对网地藻二萜的生物合成途径提出了假说。

138 R=CH_2OH **140** R=OMe
141 R=H **142** R=CHO
139
143
144

2012 年，Teixeira 报道了网地藻的 5 个 prenylatedguaiane 型二萜（**145**～**149**），这一类型的萜类大多具有抗菌和抗病毒活性。褐藻中 Xenicane 型二萜最常见的结构是 dilophic acid（**151**）及其衍生物。Manzo 等（2009）从摩洛哥的网地藻分离得到该类型的衍生物（**150**～**153**），以及 2 个新的 xenicane 型二萜（**154**、**155**），其中 **154** 有中等强度的抗白假丝酵母菌活性。1991 年，Konig 等报道了类似化合物（**156**）。Roussis 等从 2 种厚缘藻中分离得到 7 个新的 2, 6-cyclo-xenicane 型二萜（**157**～**163**），并确定了相对构型。

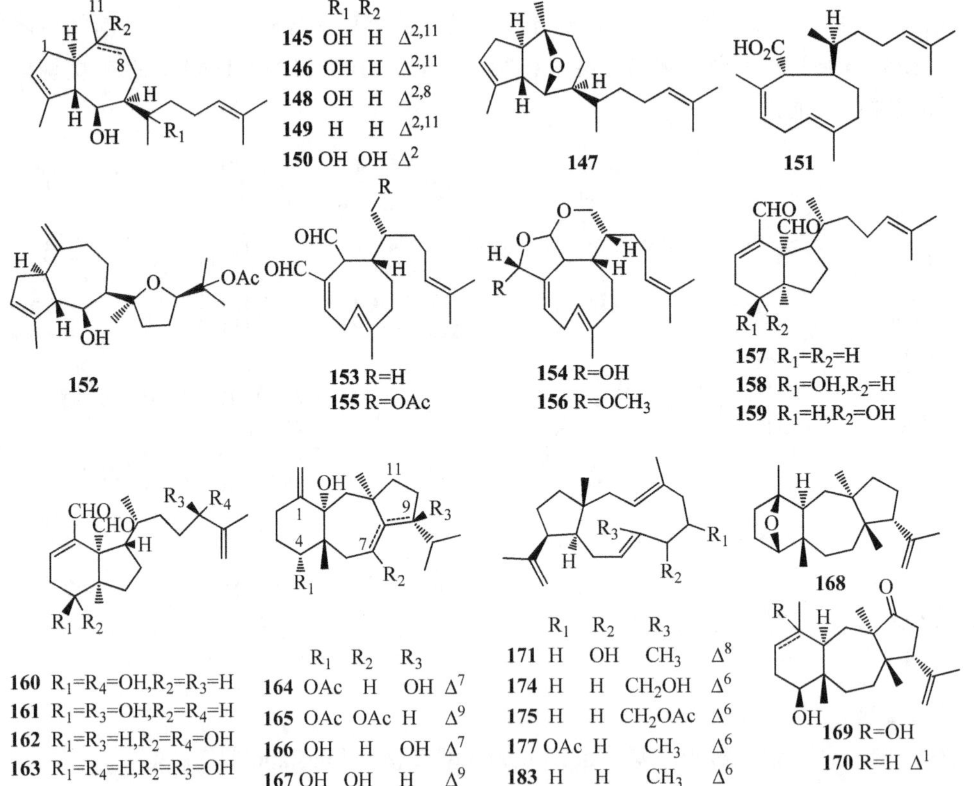

2009 年，Teixeira 等从巴西海岸的网地藻中，分离得到 2 个新的 dolastane 型二萜（**164**、

165），它们是天竺鼠的肾脏和大脑的 Na^+K^+-ATPase 酶抑制剂。2010 年，该课题组报道了该网地藻中的另外两个 dolastane 型二萜（**166**、**167**），它们表现出体外抗 HSV-1 病毒活性，且对正常细胞没有毒性，有望成为新的抗病毒试剂。2013 年，Roussis 等从希腊的厚缘藻中分离得到 16 个新的二萜，其中 3 个 dolastane 型二萜（**168**～**170**），13 个 dolabellane 型二萜（**171**～**183**），其中化合物 **171** 和 **174** 对一种耐甲氧西林菌和两种多重耐药鲍曼不动杆菌表现出强的抗菌活性，MIC 值范围为 2～8μg/mL，是市售抗菌药诺氟沙星的 64 倍。

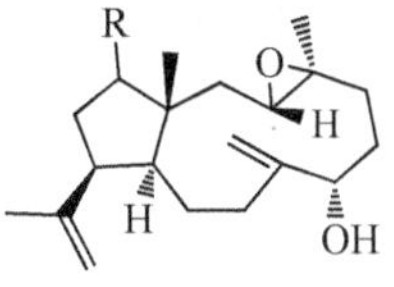

181 R=O
182 R=OAc

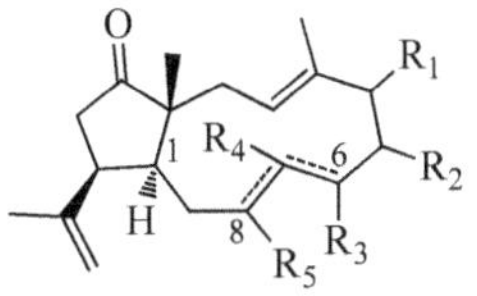

	R_1	R_2	R_3	R_4	R_5	
172	H	H	OH	CH_3	H	Δ^8
173	H	H	H	OAc	H	Δ^6
176	H	H	H	OAc	H	Δ^6
178	OAc	H	H	CH_3	H	Δ^6
179	H	H	OAc	CH_3	H	$\Delta^{6,17}$
180	H	H	OH	CH_3	OH	$\Delta^{6,17}$

（3）混源萜化合物

由萜类和醌醇通过不同的生物合成途径产生的化合物，称为含萜化合物或混合生源萜，简称混源萜，很多类型的海藻均能产生该类型代谢物。2011 年，Tapiolas 等从澳大利亚的毛枪藻属 *S.comosus* 褐藻中分离得到 5 个新化合物，其中 4 个为双半萜/苯酚结构（**184**～**187**），一个为含萜环己烯酮（**188**）。化合物（**184**～**187**）对人类肿瘤均表现出细胞毒性，其中 **185** 活性最强，GI_{50} 值范围为 5～6μmol/L，但没有表现出选择性。

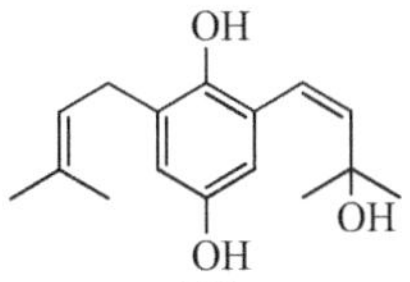

184 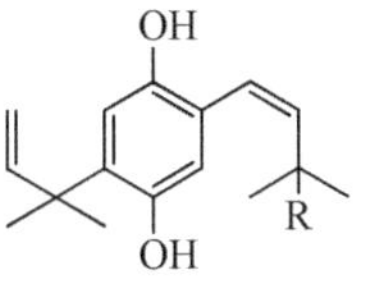　**185** R=OH　**186** R=H　**187** 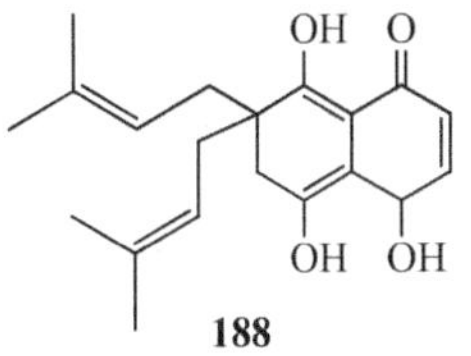　**188**

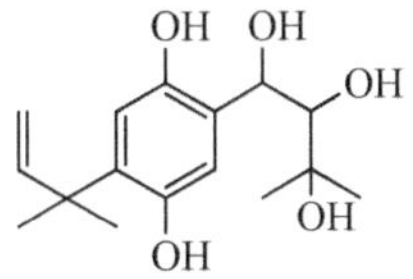

2008 年，Urban 等从澳大利亚南部的马尾藻 *S. fallax* 中分离得到 3 个新的线形混源型二萜（**189**～**191**），其中 **191** 为卤代化合物。2011 年，Yoo 等从韩国的马尾藻 *S.siliquastrum* 分离得到了一个色原烷醇（**192**），化合物 **192** 可以调节人类成骨细胞中骨质疏松基因的表达，具有抗骨质疏松的活性。

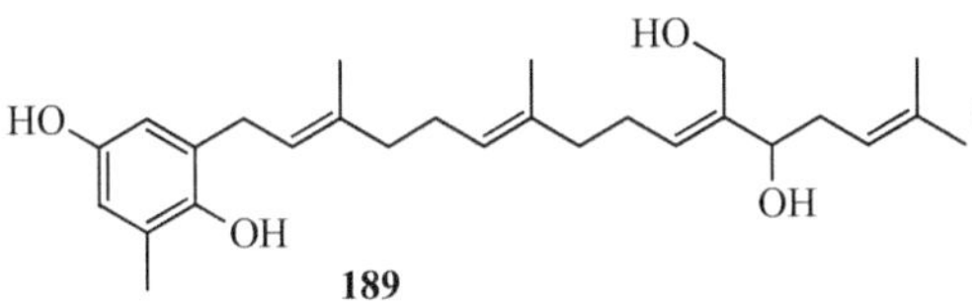

189 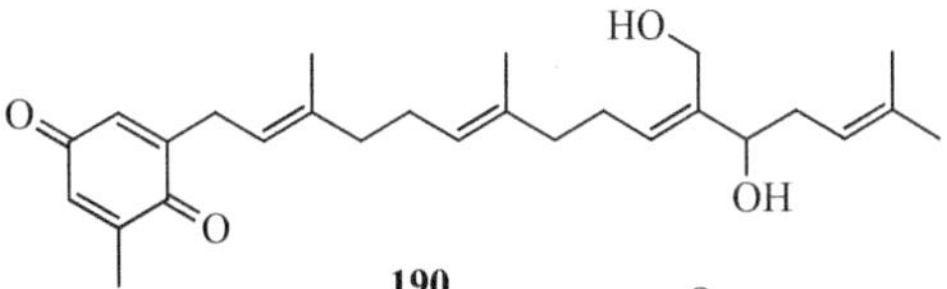　**190** 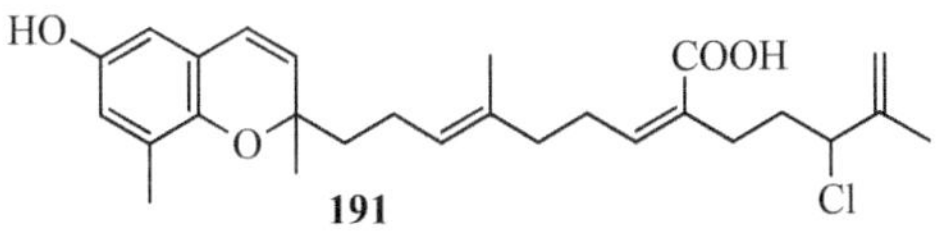　**191** 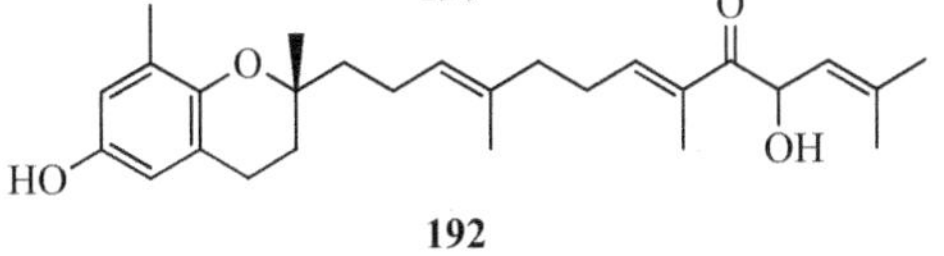　**192**

2012 年，Jégou 等从法国褐藻 *nodicaulis* 中分离得到一个单环混源型二萜（**193**），它被认为是该属一个关键的代谢物，它经由生物合成途径可以得到更多复杂的混源型二萜，如由 **193** 的 C-5 和 C-13 位点之间发生分子内羟醛缩合可得到双环混源型二萜化合物 **194**。

2011 年，Romanos 等从巴西的褐藻中分离得到三个混源型二萜（**195**～**197**），该褐藻的粗提物和混源型二萜均有强的抗人偏肺病毒（HMPV）活性，与抗病毒药利巴韦林相比，这些物质在 LLC-MK2 细胞上表现出相对低的细胞毒性，可以抑制 HMPV 体外复制。

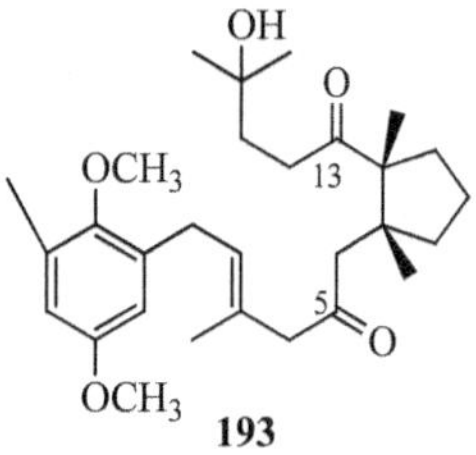

193 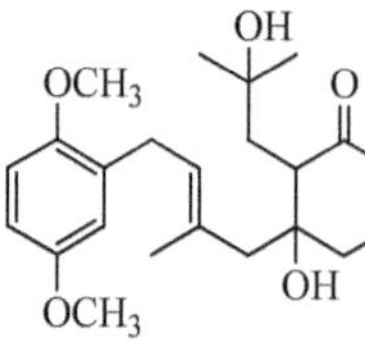　**194** 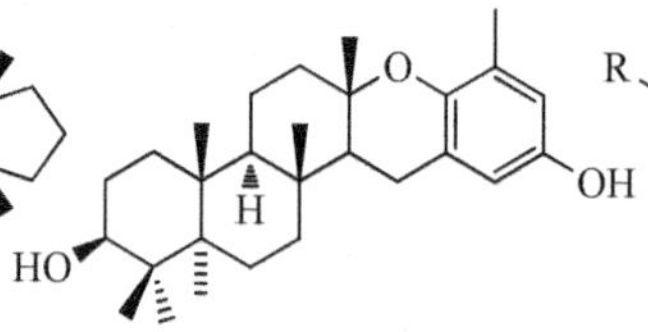　**195**

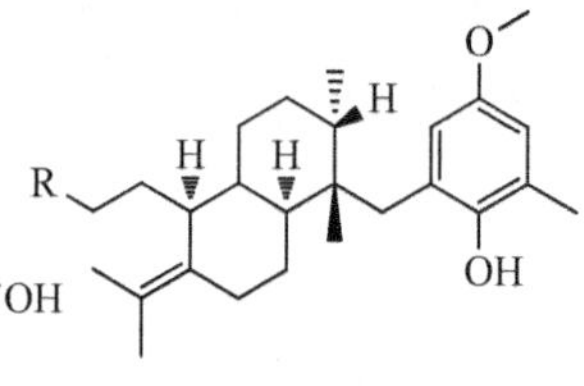

196 R=COOH
197 R=$COOCH_3$

2008 年，San-Martín 等从智利的褐藻 *Stypopodium flabelliforme* 中发现 7 个多环混源型二萜（**198**～**203**），其中包括一个氯代次生代谢物（**200**）。卤代代谢物的主要功能是防御食草动物、污染生物和病原体，同时也在繁殖中发挥重要作用，防止紫外线辐射和他感作用。但从褐藻来源发现的卤代物并不多，Martín 等首次从 *Stypopodium* 属中发现卤代代谢物的存在。

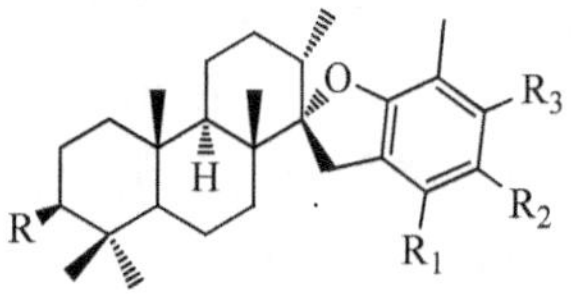

	R	R_1	R_2	R_3
198	OAc	H	OAc	H
199	OAc	OAc	OAc	H
200	OAc	OAc	OAc	Cl
201	=O	OAc	OAc	H

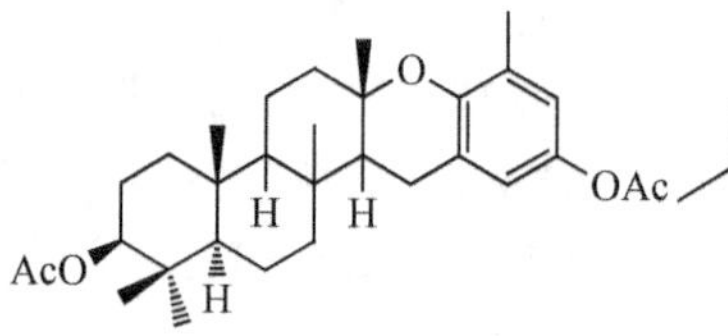

202 8*S* 9*R* 14*S*
203 8*R* 9*S* 14*R*

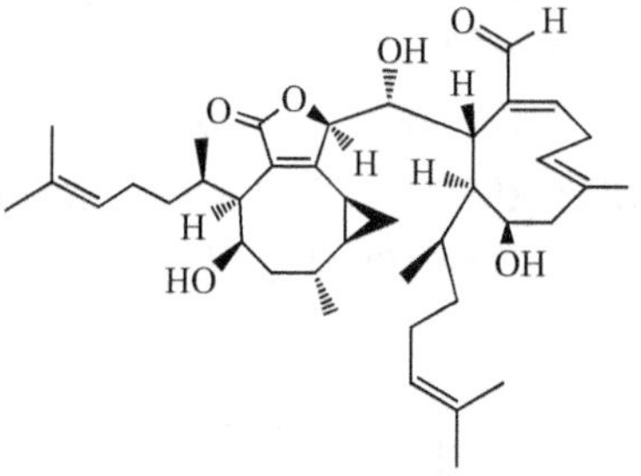

204

2010 年，Culioli 等报道了从地中海的网地藻分离得到的罕见不对称二萜二聚体 dictyotadimer A（**204**），它由两个不同的 xenicane 型二萜单元通过 C—C 键结合而来，二萜二聚体在海洋环境中比较少见。

2. 脂类

褐藻含有丰富多样的脂类次生代谢产物，是其被人们当作功能性食品长期食用的重要原因之一，特别是在日本，褐藻被作为主食的一部分。褐藻的脂类次级代谢物含量大约为藻体干重的 1%～10%，含量高低主要受到物种、地理位置、季节、温度、盐度、光照强度等因素的影响。

褐藻中的脂类化合物主要包括甘油糖脂类、磷脂类（PL）、甾醇类以及一些色素。这类化合物中很多都是优良的抗氧化剂。汤海峰（2001）从褐藻叶托马尾藻分离得到 3 个半乳糖甘油酯，均具有诱导稻瘟霉菌丝变形活性和弱的肿瘤细胞毒性。2009 年，Se-Kwon Kim 等从韩国的铁钉菜中分离鉴定了一种新的葡萄糖甘油二酯 ishigoside（**205**），它是潜在的 DPPH、羟基、烷基、超氧化物自由基清除剂。包斌课题组从中国东海采集的马尾藻 *S.Fulvellum* 中分离到两个葡萄糖甘油二酯 POGG（**206**）、MOGG（**207**），它们均具有纤溶活性，可以用于血栓等疾病的治疗。2010 年，Freile-Pelegrín 等从葡扇藻 *L. variegata* 中分离得到三个硫代异鼠李糖甘油二酯（SQDG）（**208**～**210**），葡扇藻的粗提物和单体组分均可以作为治疗原生动物感染药。

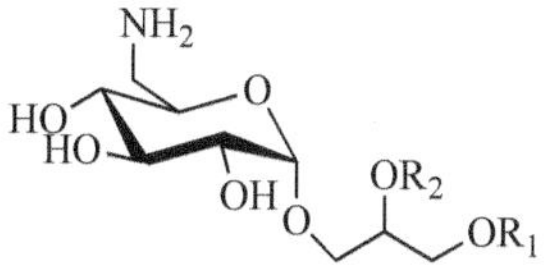

205 R_1=palmitoyl, R_2=myristoyl

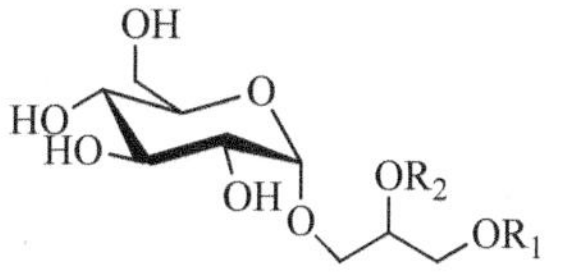

206 R_1=palmitoyl, R_2=oleoyl
207 R_1=myristoyl, R_2=oleoyl

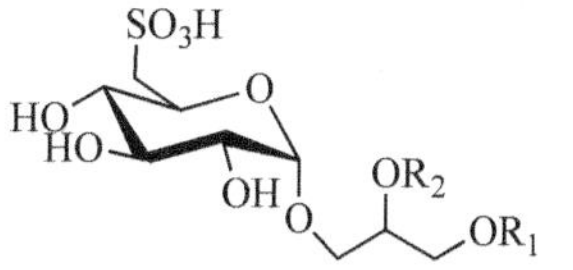

208 R_1=palmitoyl, R_2=myristoyl
209 R_1=palmitoyl, R_2=palmitoyl
210 R_1=palmitoyl, R_2=oleoyl

Kimura（2003）从海带属 *E. bicyclis* 褐藻中得到 9 个新的氧脂素（**211**～**219**）。其中化合物 **212**～**216** 为罕见的卤代氧脂素。Gerwick 等（1986）也报道了类似的化合物。

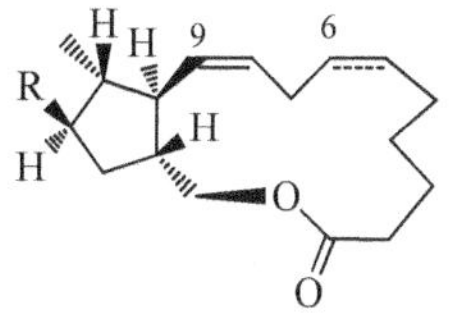

211 R=Cl $\Delta^{6,9}$
212 R=Cl Δ^{9}
213 R=I $\Delta^{6,9}$
214 R=I Δ^{9}

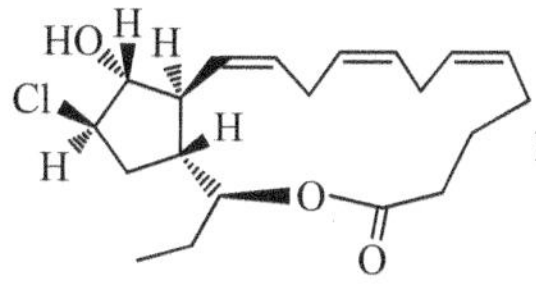

215 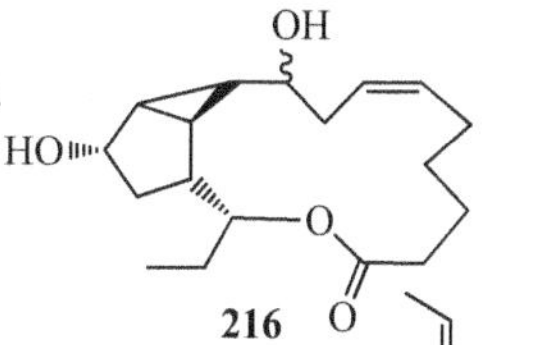 **216** 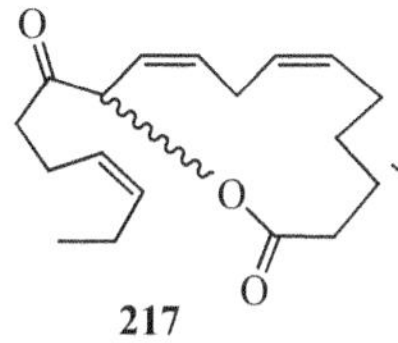 **217** 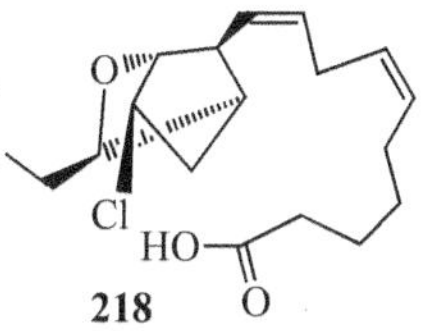 **218** 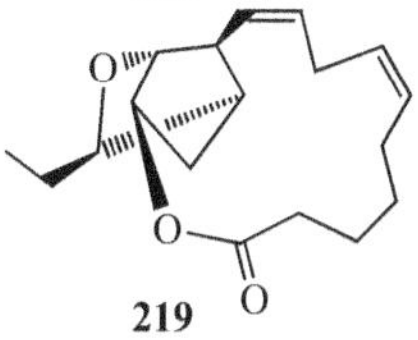 **219** 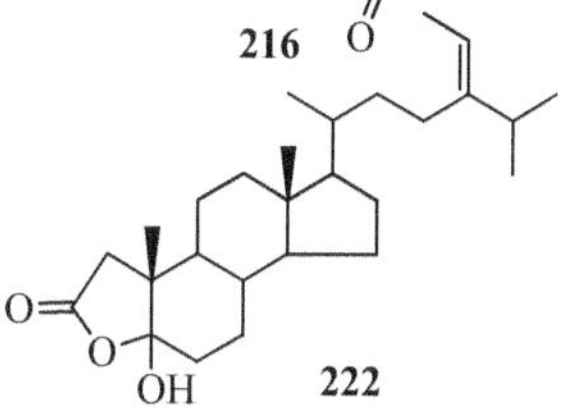 **222**

海藻甾醇化合物以其丰富多样的支链、骨架和生理活性引起海洋化学家和药物学家的研究兴趣，当然褐藻也不例外，其中岩藻甾醇最受瞩目。岩藻甾醇（fucosterol，**220**），又称墨角藻甾醇，是褐藻中分布最广的甾醇类代谢物。因岩藻甾醇具有诸多重要的生物活性，如抗肿瘤、抗氧化等，针对其活性的研究也越来越多。2011 年，季宇彬课题组报道了岩藻甾醇（**220**）对人早幼粒细胞白血病 HL-60 细胞的影响，它能抑制 HL-60 细胞增殖及诱导细胞凋亡。除岩藻甾醇之外，马尾藻甾醇（**221**）在褐藻中分布也非常广，其类型包括胆甾醇、麦角甾醇、谷甾醇，豆甾醇等。2012 年，孙好芬从山东青岛海域采集褐藻海黍子 *S.muticum* 中分离得到较为少见的 A 环降二碳的甾醇（**222**）。2008 年，Gohari 等从阿曼海域采集的褐藻中得到一个过氧化氢甾醇（**223**），它对乳腺癌细胞、肝癌细胞、肺癌细胞、结肠癌细胞均表现出细胞毒性。早在 1999 年，Guey-Horng Wang 从褐藻喇叭藻 *T.conoides* 中分离得到岩藻甾醇及其氧化衍生物（**224**～**230**），其中氧化甾醇（**225**～**230**）对几种常见的肿瘤细胞表现出细胞毒性。

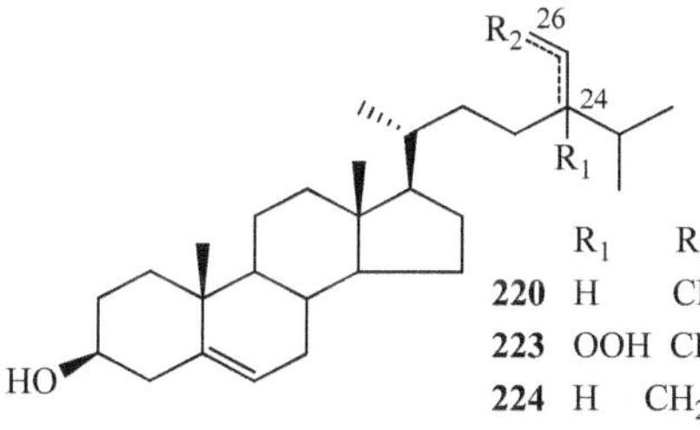

	R_1	R_2	
220	H	CH_3	Δ^{24}
223	OOH	CH_3	Δ^{26}
224	H	CH_2OOH	Δ^{24}

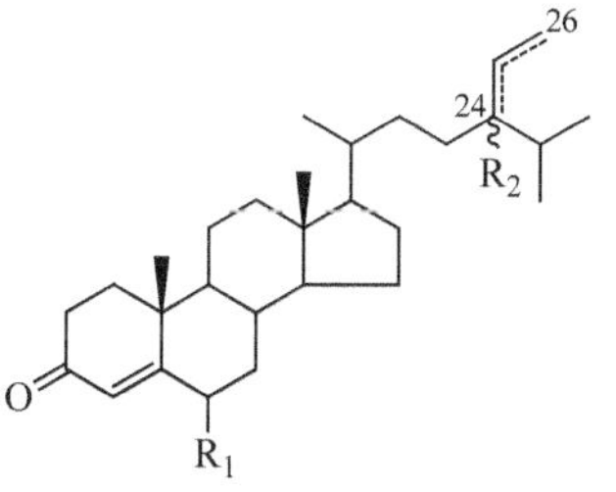

	R_1	R_2	
221	=O	OH	Δ^{26}
225	H	H	Δ^{24}
226	OH	H	Δ^{24}
227	H	OOH	Δ^{26}
228	OH	OOH	Δ^{26}
229	=O	H	Δ^{24}
230	=O	OOH	Δ^{26}

岩藻黄素（**231**）是自然界含量最丰富的类胡萝卜素之一，1914 年在褐藻的网地藻中首次分离得到，且在褐藻中分布很广。国内外大量的研究表明，岩藻黄素在应用于人类健

康方面具有相当大的潜力和前景。岩藻黄素不仅具有抗氧化、抗炎、抗癌、抗肥胖、抗血栓和抗疟等活性，而且对肝脏、大脑血管、骨骼、皮肤、眼睛均具有保护作用（Peng et al.，2011）。岩藻黄素在小鼠体内会被代谢成化合物 **232**～**234**。

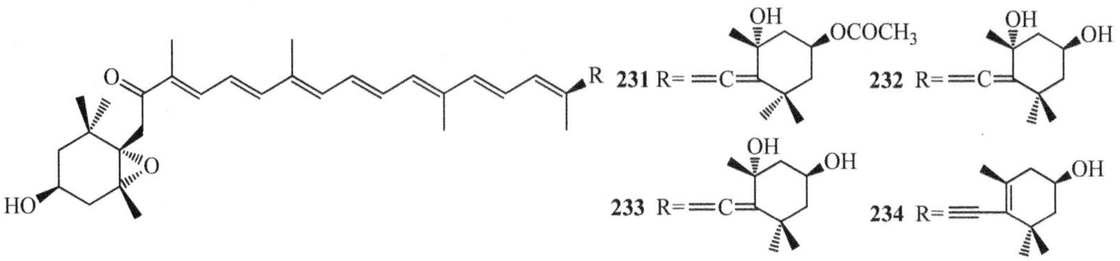

褐藻中的磷脂质代谢物较少。Garcia-Salgados 等（2012）报道了从两种褐藻 Wakame（*Undaria pinnatifida*）和 Hijiki（*Hizikia fusiformis*）分离鉴定了 14 个有机砷磷脂化合物，其中 11 个为新化合物（**235**～**245**）。

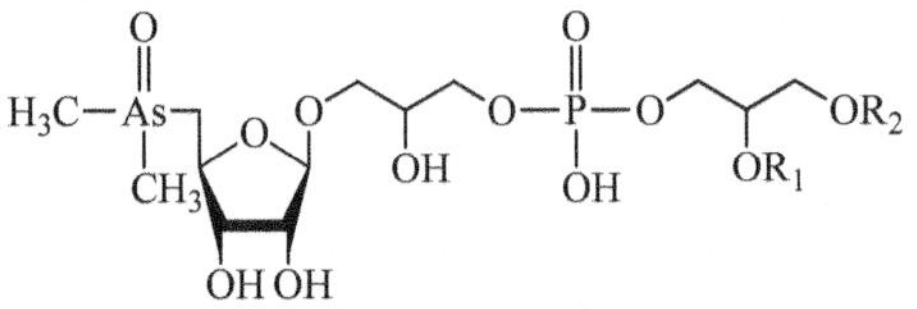

	R_1	R_2
235	$C(O)(CH_2)_{12}CH_3$	$C(O)(CH_2)_{14}CH_3$
236	$C(O)(CH_2)_{12}CH_3$	$C(O)(CH_2)_{15}CH_3$
237	$C(O)(CH_2)_{14}CH_3$	$C(O)(CH_2)_{14}CH_3$
238	$C(O)(CH_2)_{14}CH_3$	$C(O)(CH_2)_{16}CH_3$
239	$C(O)(CH_2)_{16}CH_3$	$C(O)(CH_2)_{16}CH_3$
240	$C(O)(CH_2)_{16}CH_3$	$C(O)(CH_2)_{18}CH_3$
241	$C(O)(CH_2)_{18}CH_3$	$C(O)(CH_2)_{18}CH_3$
242	$C(O)(CH_2)_{12}CH_3$	$C(O)(CH_2)_7CH{=}CH(CH_2)_5CH_3$
243	$C(O)(CH_2)_7CH{=}CH(CH_2)_7CH_3$	$C(O)(CH_2)_{16}CH_3$
244	$C(O)(CH_2)_7CH{=}CH(CH_2)_5CH_3$	$C(O)(CH_2)_{16}CH_3$
245	$C(O)(CH_2)_7CH{=}CH(CH_2)_5CH_3$	$C(O)(CH_2)_7CH{=}CH(CH_2)_5CH_3$

3. 酚类

近年来，褐藻来源的新化合物，除了萜类外，以酚类居多。褐藻中酚类化合物的基本结构单元是间苯三酚，由连接方式不同以及间苯三酚单位的数量变化，而产生数量众多、变化多端的褐藻单宁化合物，被统称褐藻多酚（Phlorotannins）。不同种属藻类的多酚含量不同，甚至同一种属的藻类，多酚的含量也有很大的差异，部分品种甚至不能检出。严小军教授是国内较早研究褐藻多酚的学者，1995 年，他对中国常见褐藻的多酚含量进行测定，发现海黍子中多酚含量达干重的 2.8%，羊栖菜为 2.0%、鼠尾藻为 0.9%、海带为 0.3%。他进一步的研究指出，褐藻多酚在不同的季节含量不一样，海黍子和鼠尾藻褐藻多酚的含量随季节变化范围分别为 1.5%～3.1%和 0.8%～1.8%。因此，应选择合适的季节采集褐藻，从而获得高含量的褐藻多酚。褐藻多酚存在的形式大体可分为六大类型：多羟基联苯型、多羟基苯醚型、混合多羟基联苯多苯醚、多（间、邻）羟基苯醚型、二苯杂二氧和二苯呋喃型和卤代多酚。

多羟基联苯型（**246**～**248**）：间苯三酚分子以环对环 C—C 键相连，主要存在于墨角藻属、网地藻，该类型的化合物以抗氧化活性为主；多羟基苯醚型（**249**、**250**）：间苯三酚单位以醚键连接，主要存在于马尾藻属。Jeon（2012）从韩国济州岛铁钉菜 *I.foliacea* 中分离得到一个新颖的多酚 octaphlorethol A（**251**），它是糖尿病潜在治疗药剂。混合多羟基联苯多苯醚型（**252**～**254**），为多羟基联苯和多羟基苯醚的混合型，多存在于马尾藻。

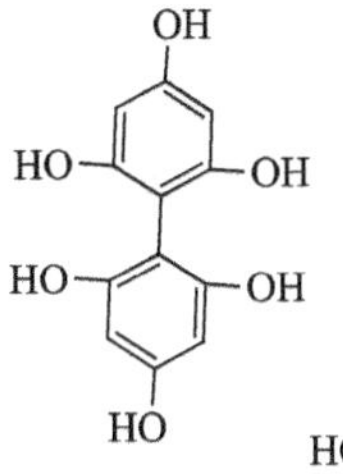

246 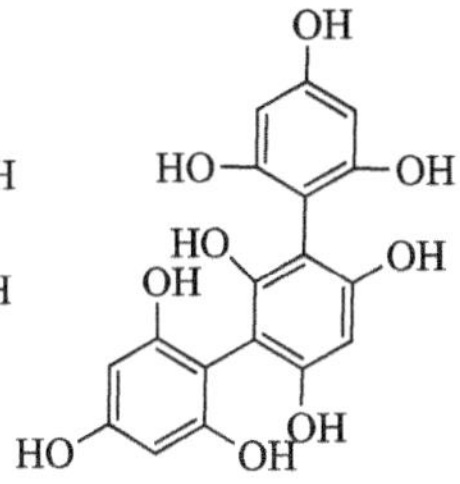 **247** 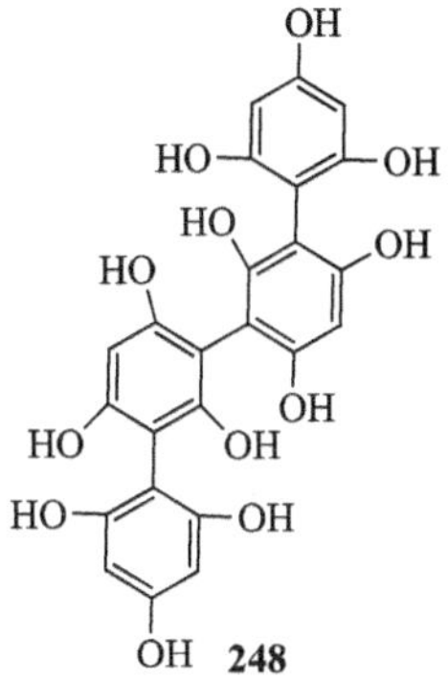 **248** 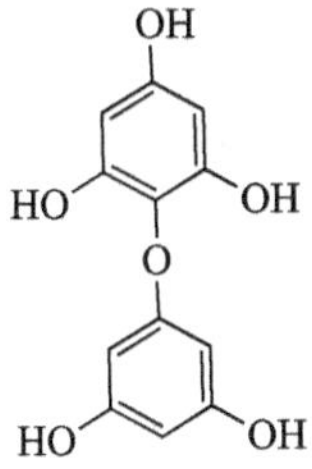 **249** 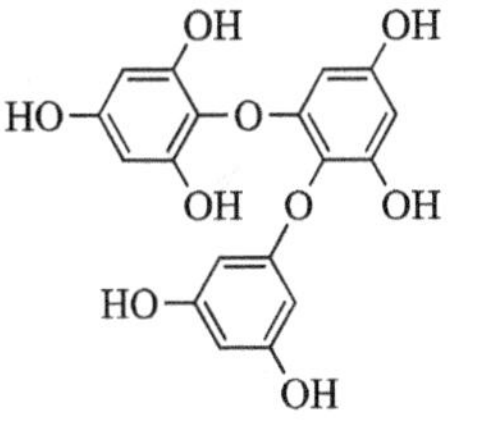 **250**

褐藻多酚多具有化学防御潜力，基于这一点，König 等对墨角藻 *F.vesiculosus* 的酚类化合物进行了研究。他们从乙醇浸提液中分离得到了 3 个混合多羟基联苯多苯醚（**255**～**257**），它们均是强的自由基清除剂且具有过氧化氢自由基清除能力。另外，这三个化合物还是中等强度的环氧化酶-1 抑制剂，表现了抗炎潜力。更值得一提的是，这三个化合物表现出强抑制细胞色素 P450 酶活性，如 CYP1A 酶，该酶参与许多前致癌物和前毒素的代谢活化。

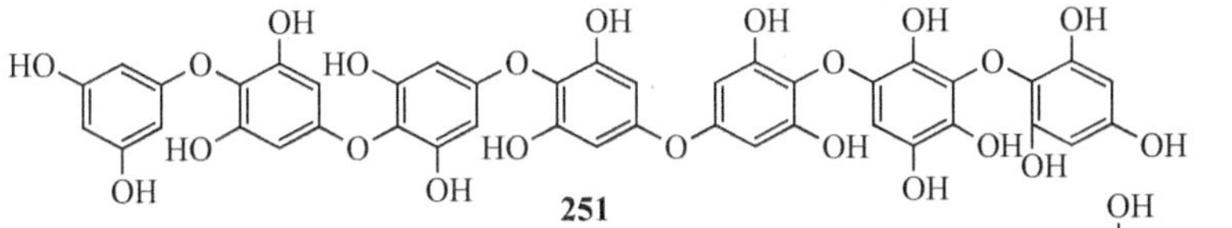

251

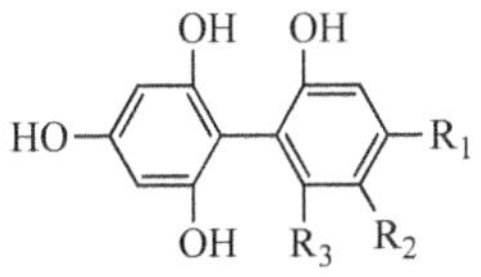

252 R_1=a, R_2=H, R_3=OH
253 R_1=OH, R_2=H, R_3=a
254 R_1=OH, R_2=a, R_3=H

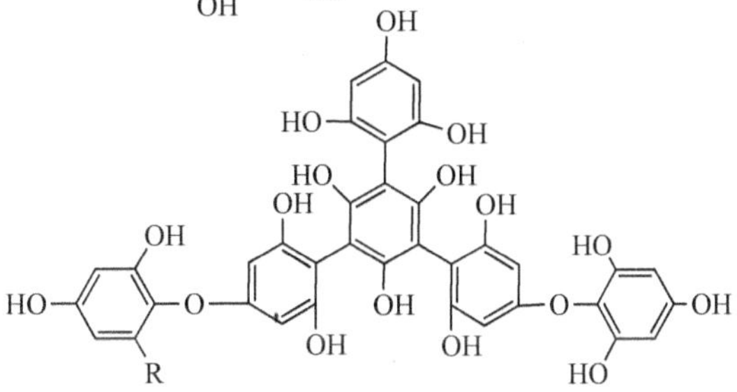

256 R=OH
257 R=a

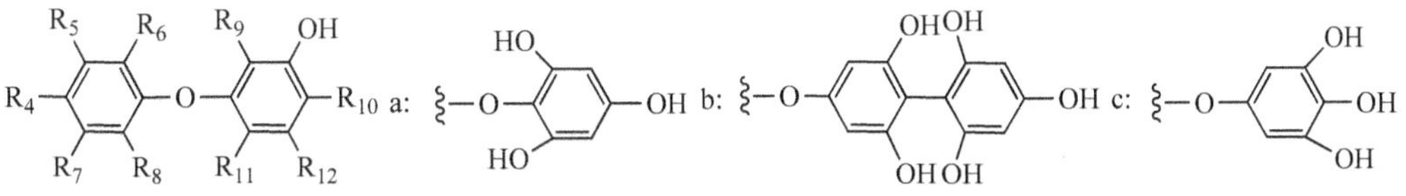

255 R_4=a,R_5=H,R_6=OH,R_7=H,R_8=OH,R_9=H,R_{10}=b,R_{11}=H,R_{12}=OH
258 R_4=OH,R_5=H,R_6=OH,R_7=H,R_8=OH,R_9=H,R_{10}=H,R_{11}=a,R_{12}=OH
259 R_4=a,R_5=OH,R_6=H,R_7=OH,R_8=H,R_9=OH,R_{10}=OH,R_{11}=a,R_{12}=OH

多（间、邻）羟基苯醚型多酚（**258**、**259**），每单位间苯三酚均保证有 3 个相邻位置被氧化，该类型的多酚多存在于马尾藻；二苯杂二氧和二苯呋喃型多酚，以 3 个间苯三酚单元脱水形成的脱水寡聚物存在，主要存在于昆布属中，**263** 是褐藻多酚中的明星分子。1983 年，Fukuyama 等在昆布属褐藻中首次发现二苯杂二氧型骨架的多酚 **260**～**263**。1988 年，Glombitza 等从马尾藻属褐藻中提取分离得到二苯并呋喃型多酚化合物（**264**）。万升标等（2007）对该类褐藻多酚的生物活性做了综述，它们多具有抗心血管疾病、抗糖尿病综合征、抗菌活性、溶藻活性、抗病毒活性、抗氧化活性和保肝作用。Choi 等（2012）从

E.stoloniferais 分离得到 dioxinodehydroeckol（**265**）和 phlorofucofuroeckol A（**266**）。

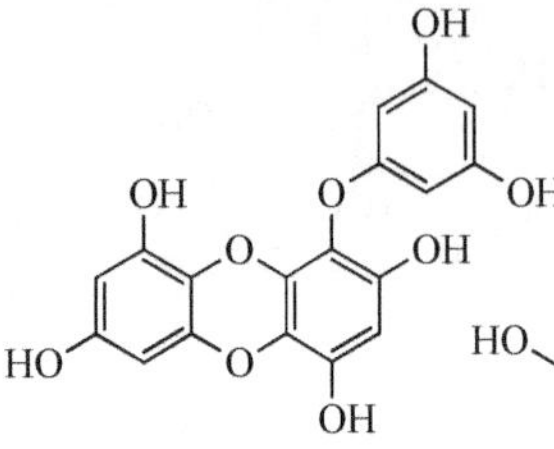

260 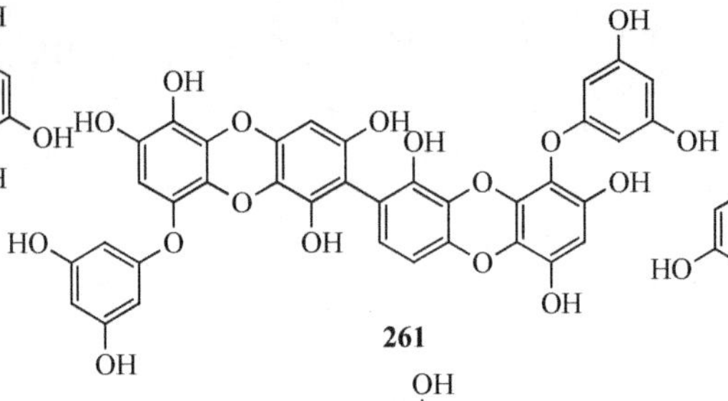 261 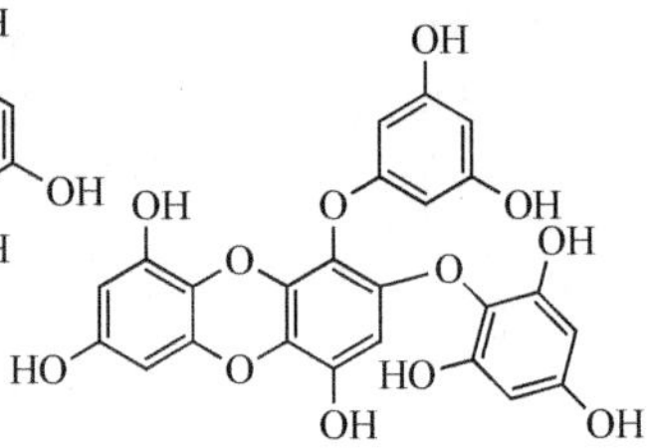 262 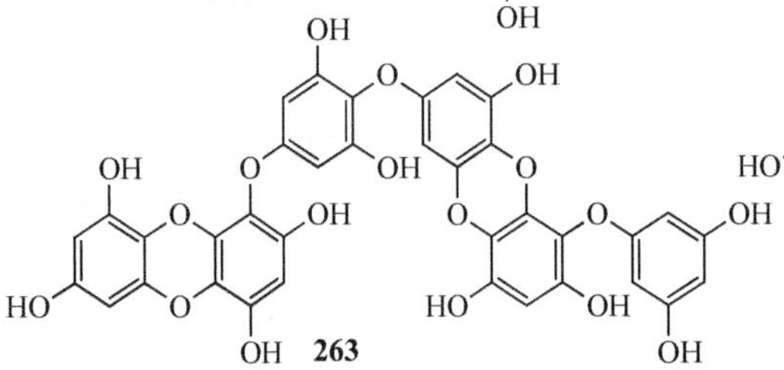 263 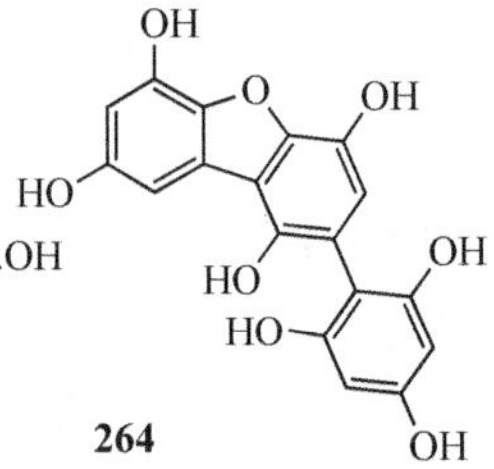 264 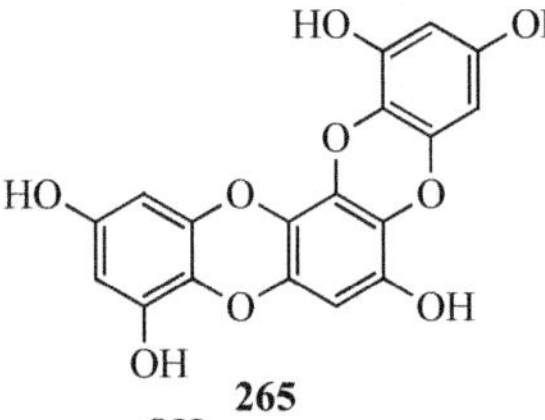 265 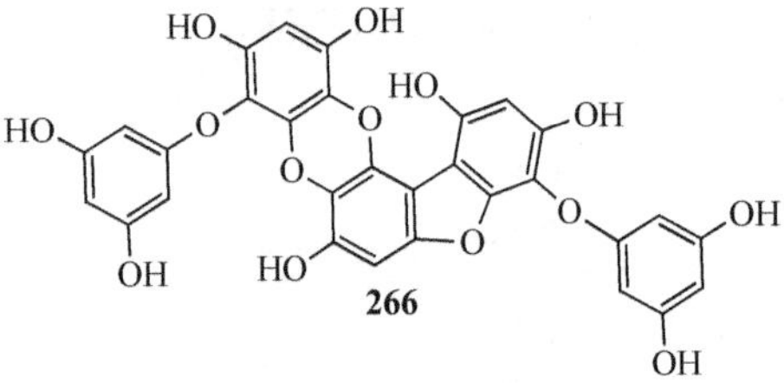 266 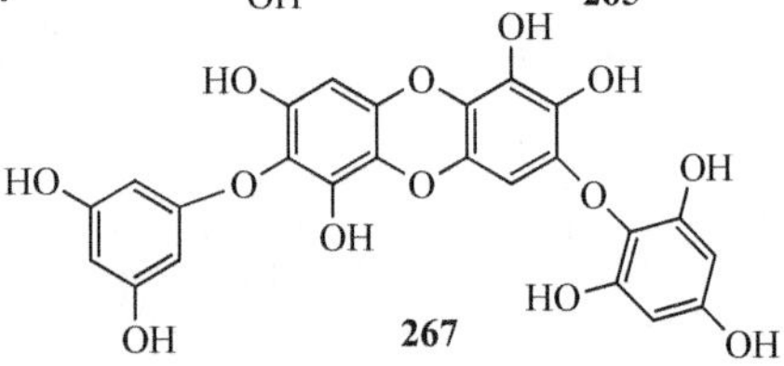 267

2009 年，Han 等从铁钉菜分离得到 diphlorethohydroxycarmalol（DPHC）（**267**），它对糖尿病小鼠和正常小鼠的餐后血糖升高都有强抑制作用，比降糖药阿卡波糖（Acarbose）活性更好。2013 年，Yamashita 等从日本的昆布 *Ecklonia kurome Okamura* 中得到两个相对分子质量为 974 的新颖多酚（**268**、**269**），它们具有清除 DPPH 自由基的能力，这两个多酚结构仅有细微的区别，如图中加粗部分所示。

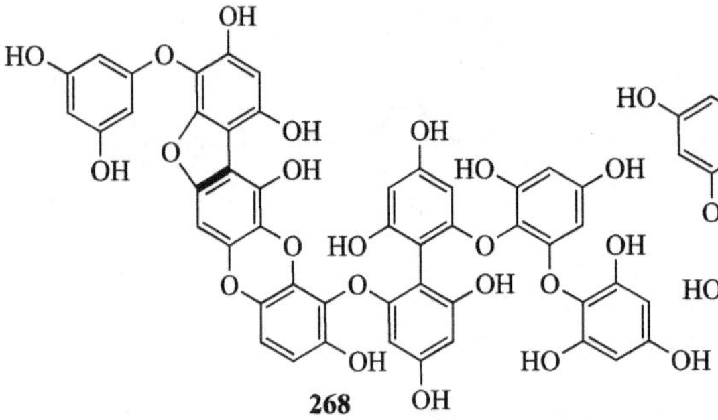

268 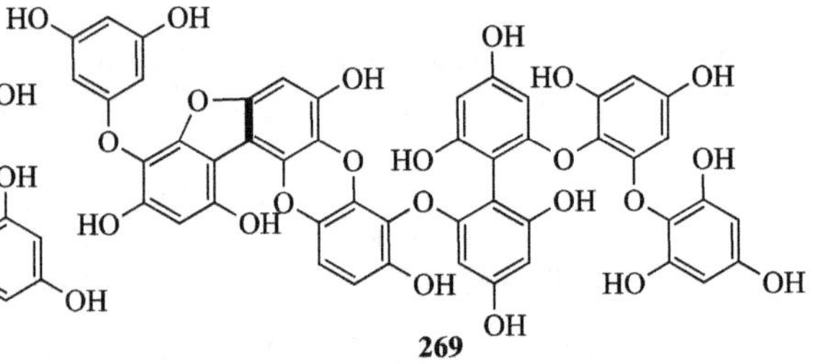 269

1993 年，Green 等从褐藻囊藻 *Colpomenia sinuosa* 中，分离得到有细胞毒性的溴酚化合物（**270**）。2004 年，徐秀丽从褐藻小黏膜藻 *Ledthesianana*（EELN）中分离得到 19 个溴酚化合物，其中包括 8 个新的化合物（**271**～**278**）。在徐秀丽研究的基础上，史大永（2005）对从小黏膜藻分离的六个溴酚化合物进行了药理研究，结果表明 EELN 乙醇提取物和溴酚衍生物可以抑制 c-kit 受体酪氨酸蛋白激酶（PTK）的过度表达，抑制肉瘤细胞的生长，显著地改善体内免疫系统，有望成为新的有效的抗肿瘤药物。

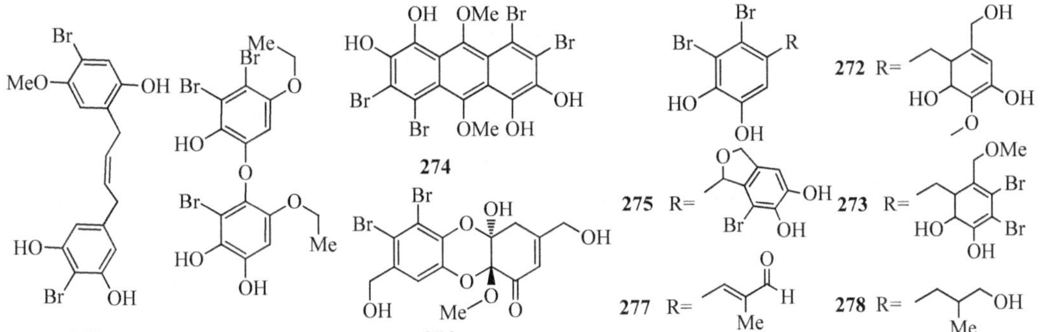

270　271　274　276　275 R=　272 R=　273 R=　277 R=　278 R=

4. 其他化合物

褐藻来源的次级代谢产物以为萜类和酚类为主，或者说绝大部分以萜类和酚类为起源，其他结构类型的化合物非常少。1996 年，Yamano 等在萱藻中发现一种荧光物质（**279**），该物质可能与鞭毛细胞的趋光性有光。1999 年，徐石海等从中国南海的马尾藻 *S.vachellianum* 中分离到一个非常罕见的十一元杂环化合物 vachellin（**280**）。1996 年，Shimoi 等从海带 *L. japonica* 中得到一个新哌啶酮衍生物（**281**），该化合物非常罕见且极其不稳定。2000 年，Edmonds 从马尾藻 *S.lacerifolium* 得到两个含砷的异构体（**282**、**283**）。Khan（2001）从巴基斯坦海岸褐藻得到一个特殊的吲哚衍生物 jolynamine（**284**）。

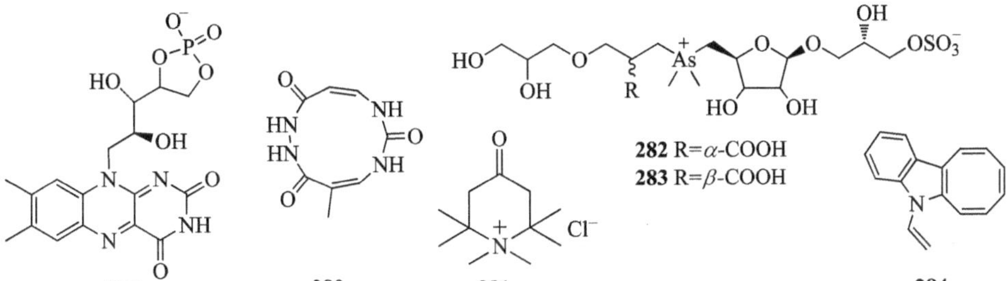

282 R=α-COOH
283 R=β-COOH

279　280　281　284

三、褐藻天然产物研究展望

褐藻资源丰富，在世界各地被当作食物、保健品、药用品，是潜在矿物质、微量元素和某些维生素的良好来源。大量研究证明，海黍子、马尾藻、昆布和羊栖菜等常见褐藻具有抗肿瘤、免疫调节、抗凝血等作用，同时具有软坚散结、利尿、消肿、消热化痰的功效，主治淋巴结核、淋病甲状腺肿大、心绞痛等症，这些褐藻被收藏于《中国海洋药物辞典》。褐藻的药用价值不容小视，为海洋新药的开发提供了珍贵启示。

褐藻生产的多种具有不同生物活性的次生代谢产物中，许多其他生物不能产生，为褐藻所独有。对于褐藻脂类的研究、开发和商业化的聚焦点是藻类油（脂）类产品的生产，藻油可以作为保健食品、鱼油替代物，还可以作为工业化学品的原料，最重要的是它可以替代化石衍生燃料，生产生物燃料，在通过脂质的酯基转移产生特别的生物柴油（唐丽薇等，2014）。褐藻萜类化合物引人瞩目的细胞毒性和拒食活性，以及褐藻多酚类化合物的抗氧化、抗病毒、抗真菌活性，有望从中筛选开发出一批对人类极具价值的新型抗菌、抗病毒、抗肿瘤、抗心血管系统药物。除结构确切化合物的生物活性外，近年来对多种褐藻多糖的提高免疫机能及抗癌作用的研究也极为活跃，也是值得关注的一个研究方向。如何全面有效地对丰富的褐藻资源进行综合开发利用，是各国科研工作者面临的重大课题之一。

随着科学技术的巨大进步，特别是高分辨核磁共振技术、质谱技术、生物工程技术、海洋生物活性筛选技术、化学合成技术等的快速发展，褐藻微量次级代谢化合物的提取、分离和结构测定工作变得相对容易。但目前的研究也存在一些制约因素，如褐藻多酚的成分复杂，作用位点多，对其作用机理、结构鉴定方面的研究还不够全面，影响了对其功效的深入研究。在研究生物活性时，不仅要基于纯组分，也要考虑混合物的协同效应，这样将有利于褐藻研究的进一步开发。

（徐石海　刘　芬）

第三节　绿藻来源海洋天然产物

一、绿藻天然产物研究概况

海藻与人类有着非常密切的关系，它作为重要的药物资源在我国传统中医药中已有悠久的药用历史，随着现代科技水平提高，仪器设备的更新，从海藻中发现越来越多新的活性物质，这些海藻活性物质对于治疗人类新疾病具有重要的潜力和优势。

绿藻是藻类植物的一大家族，约 8600 种。其分布广泛，大多数生长于潮间带的岩石、珊瑚礁及泥沙滩涂的石砾上。绿藻的经济价值相当高，如石莼、礁膜、浒苔等，历来是沿海人民广为采捞的食用海藻。此外，还可以利用藻菌共生系统和活性藻的方法来处理生活污水和工业污水。

近年来，国内外研究者从不同海域的绿藻中分离鉴定的化合物类型主要为萜类、脂类和酚类，同时还有少量其他类化合物。这些新化合物中，结构新颖，活性广谱，如 Kahalalide 系列化合物（Hamann，1993）、Caulerpenyne 系列化合物等。特别是 Kahalalide F（Scheuer et al.，1993）为环多肽化合物，其活性与药理研究已经过临床 II 期，目前在绿藻研究中，是最有潜力的抗癌新药之一。

二、绿藻化学成分及其生物活性

1. 萜类化合物

萜类物质是天然产物中数量最多的一类化合物，广泛存在于自然界，具有较强的生理活性，也是药用植物中主要的活性成分之一。从绿藻中发现大量结构新颖、生物活性较强的萜类化合物。这些萜类的发现种属较为集中，主要位于蕨藻属和石莼属中。

2002 年，Darias 从古巴海岸附近采集到一种聚伞藻属 *barbat* 绿藻，分离得到六个溴代单萜化合物（**285～290**）。从生物合成的角度分析，由于绿藻中含有溴代过氧酶，而这种酶可以在生物体内合成二溴甲烷和三溴甲烷，溴代甲烷可以进一步取代苯酚上的氢，形成生物自身所必需的代谢产物。这可在绿藻的化学成分研究过程中，帮助预测、分离鉴定溴代化合物。

2005 年，裴明湖对采自渤海中的蔄苣属石莼进行化学成分研究，从中分离得到两个新的降倍半萜烯（**291**、**292**）。这两个新化合物只是在 6 位碳原子处有不同的立体构型。

2006 年，郭跃伟等对采自浙江南麂岛蕨藻属绿藻 *taxifolias* 的化学成分进行系统研究，获得两个倍半萜（**293**、**294**）以及一个生物碱化合物 **295**，该生物碱对人类蛋白质酪氨酸磷酸酶的 1B（hPTP1B）具有较强的抑制作用。

285 R_1= OH, R_2= OCH_3, Δ^2=unsaturation
286 Δ^2=unsaturation, R_2= OH, *=O
287 R_1= OH, R_2= OH, *=O

288 R_1= H, R_2= OH, Δ^2=saturation, *=O
289 R_1= H, R_2= OH, Δ^2=unsaturation
290 R_1= OH, Δ^1=unsaturation, Δ^2=unsaturation

291 (6*R*)
292 (6*S*)

293 R_1=H, R_2=Ac
294 R_1=Me, R_2=H

295

2003 年，Commeiras 从希腊地区的 Saronicos 海岸附近采集到一种浒苔绿藻，从中鉴定出 12 个新的倍半萜烯类化合物（**296**～**307**）。

Chakraborty 等（2010）从印度半岛西南部海域采集到一种蔄苣属绿藻，通过系统研究，分离到 7 个新的倍半萜类化合物（**308**～**314**），其中化合物 **309** 是展现出对来自各类海产品中的溶血性弧菌生长具有非常显著的抑制作用，并且化合物 **308** 和 **309** 具有清除自由基的作用，化合物 **311** 具有很好的抗氧化活性，可成为食品行业强效的天然抗氧化剂。

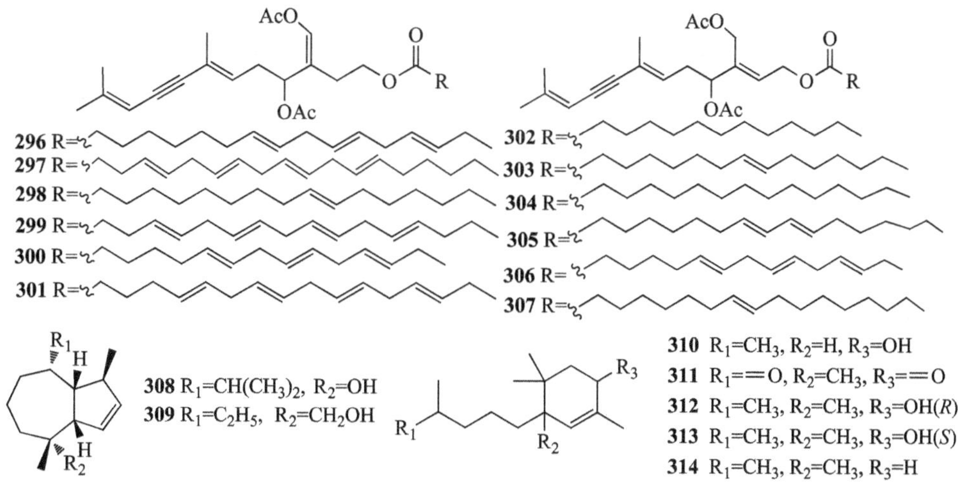

1978 年，Piattelli 从浒苔中分离鉴定出烯炔倍半萜类化合物 Caulerpenyne **315**。Commeiras（2006）还发现 Caulerpenyne 及其合成的对映异构体。两个化合物都能抑制细胞微导管的形成。

Handley 和 Blackman（2000）从采自 Taroona 海滩的蕨藻属 *Trifaria* sp.乙醇萃取液的二氯甲烷相中分离得到四个单环二萜（**316**～**319**）。

通过对采自澳大利亚塔斯马尼亚岛地区蕨藻属海藻 *brownii* 的化学成分进行研究，2005 年，Handley 和 Blackman 从中分离获得五个二萜类化合物（**320**～**324**）。

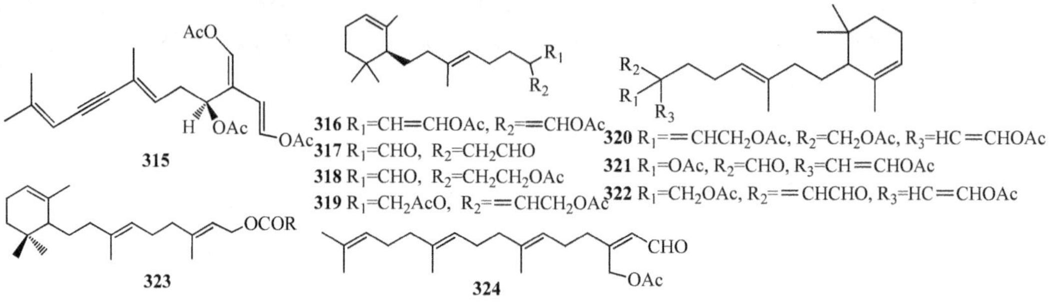

315

316 R_1=CH=CHOAc, R_2==CHOAc
317 R_1=CHO, R_2=CH_2CHO
318 R_1=CHO, R_2=CH_2CH_2OAc
319 R_1=CH_2AcO, R_2==CHCH_2OAc

320 R_1==CHCH_2OAc, R_2=CH_2OAc, R_3=HC=CHOAc
321 R_1=OAc, R_2=CHO, R_3=CH=CHOAc
322 R_1=CH_2OAc, R_2==CHCHO, R_3=HC=CHOAc

323 **324**

2. 脂类化合物

脂肪族和甾体类化合物是有机体的重要基础代谢产物，几乎存在于所有生物体中，但是不同生物体由于其代谢途径不同以及自身需要，会产生一些特殊的脂肪族和甾体衍生物。这些绿藻中的脂类化合物结构变化多样，部分化合物具有不同的生物活性。

Awad（2000）从采自 Abou-Kir 地区 Alexandrian 岛屿附近的石莼萵苣属绿藻中分离得到一个具有多种生物活性的糖苷甾体 **325**。此糖苷甾体具有抗菌、抗炎活性。

2002 年，Ali 和 Saleem 对采自阿拉伯海卡拉奇港的松藻属 *iyengarii* 绿藻进行了研究，分离获得三个甾体 **326**、**327**、**330**。生物活性研究表明，化合物 **332** 具有杀菌活性。日本学者 Yoshii（2002）从长梗蝇子草分离出两个类胡萝卜素化合物（**328**、**329**）。Siddhanta（2002）从印度洋海岸的带石莼绿藻中发现三个含氮甘油糖脂（**331**～**333**），这些化合物对虾夷马粪海胆的生长和蜕皮具有诱导作用。

Fenical 和 Puglisi（2004）从大西洋热带海域岸边采集到绿藻 *Panicillus capitatus*，从中分离得到甾体化合物 **334** 和 **335**，这两个化合物是有机硫酸盐，并且对海藻病菌 *Lindra thallasiae* 具有强的抑制作用。

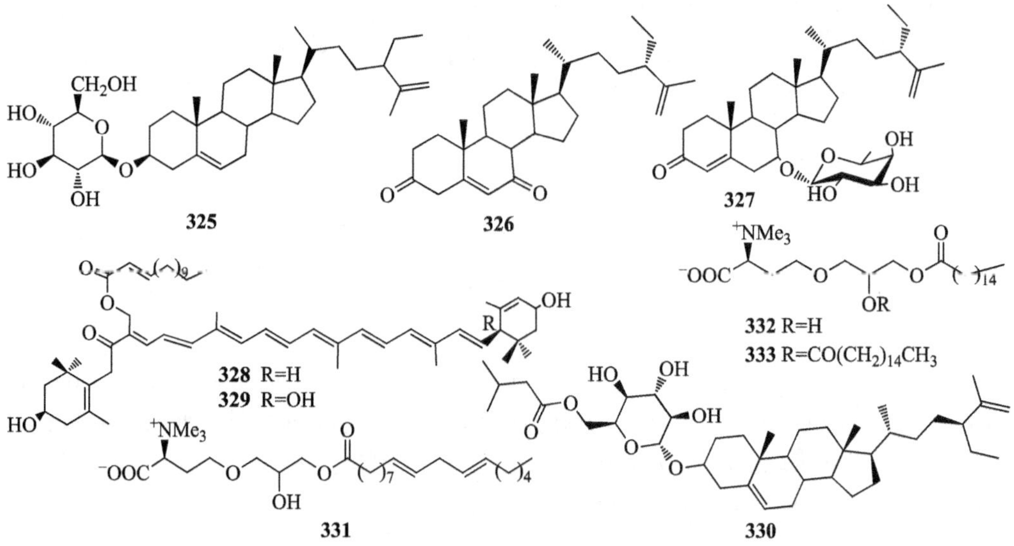

325 **326** **327**

332 R=H
333 R=CO$(CH_2)_{14}CH_3$

328 R=H
329 R=OH

331 **330**

李兴从等（2006）对此种绿藻继续深入研究，发现化合物 **334** 和 **335** 的 8 位氢的立体异构体 **338** 和 **339**。化合物 **338** 和 **339** 不仅能抑制海藻病菌 *Lindra thallasiae*，而且能够显著增强氟康唑在酿酒酵母中的活性。

2005 年，Andersen 和 Scafati 从绒扇藻属绿藻 *nigricans* 中分离得到甘油糖苷 **336**，该化合物含有罕见的 6-脱氧-6-氨基葡糖结构。2005 年，王斌贵等从南麂岛采集获得一种松藻属绿藻裙带菜，得到一个结构新颖的甾体化合物 **337**。

2009 年，Andersen 和 Williams 在拉丁美洲岛屿多米尼加岛上采集到一种绒扇藻属绿藻，从中分离得到结构奇特的不饱和脂肪酸类化合物 **340**、**341**。化合物 **340** 具有抗有丝分裂活性，同时作为药物助剂，可以刺激微管蛋白的聚合和阻碍人乳腺癌细胞和人结肠癌细胞的增殖。

2008 年，江仁望从斐济岛上采集到的倒刺钝属 *expeditionis* 绿藻中分离得到两个具有细胞毒性的两个脂类化合物 **342** 和 **343**。这两个化合物对一系列癌细胞都表现出较弱的抑制活性。2012 年，该课题组再次从中国黄海中采集到该品种，采用同样的研究方法，却只发现一个新的甾体 **344** 和三个已知甾体，没有得到化合物 **342** 和 **343**，由此推测海洋生物次级代谢产物的产生与生长环境及海藻自身的生长需要有关。

2012 年，他们还从倒刺钝属绿藻 *expeditionis* 中分离得到化合物 **345**。

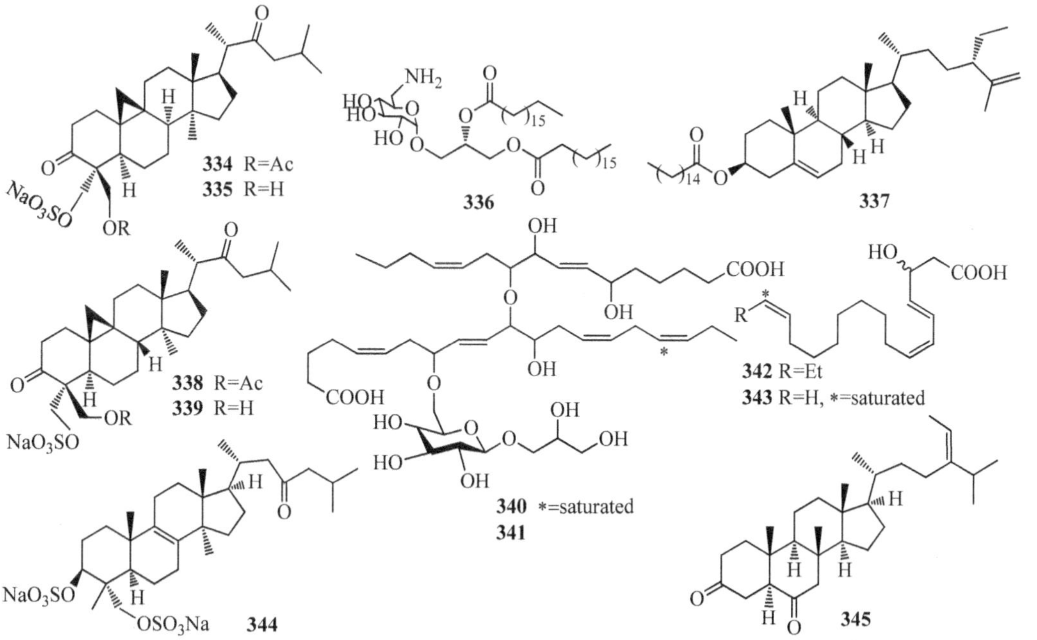

334 R=Ac
335 R=H
336
337
338 R=Ac
339 R=H
342 R=Et
343 R=H, *=saturated
340 *=saturated
341
344
345

Govindan 等（1994）首次运用 GC-MS 检测手段，在生物活性追踪下从倒刺钝属绿藻 *expeditionis* 中分离出一个羊毛甾烷类的硫酸盐新化合物 **348** 和三个已知的环菠萝烷硫酸盐（**346**、**347**、**349**）。化合物（**346**～**348**）具有很弱的细胞毒性（31～36mmol/L），化合物 **348** 具有显著的抗真菌活性。将这些化合物进行水解，水解产物（**349**～**351**）细胞毒性显著增强。

2011 年，Rahman 从埃及阿布吉尔湾采集到一种石莼萬苣绿藻，首次得到长链脂类化

合物 **352**。化合物 **353** 为长链共轭双炔烃，此长链化合物是从湛江硇洲岛的蕨藻属总状蕨藻中分离得到。

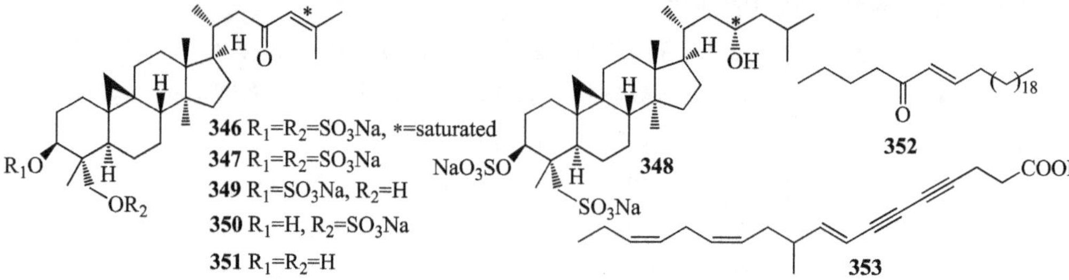

346 R_1=R_2=SO_3Na, *=saturated
347 R_1=R_2=SO_3Na
349 R_1=SO_3Na, R_2=H
350 R_1=H, R_2=SO_3Na
351 R_1=R_2=H
348
352
353

3. 酚类化合物

酚类化合物广泛存在于植物食品中，具有较强的抗氧化活性。研究发现多酚类化合物可以延缓肿瘤的发作，抑制肿瘤的形成，提高认知功能，抑制低密度脂蛋白 LDL 氧化及抑制血小板凝集等功能，而这些功能都与其抗氧化性能有关。

尽管酚类化合物具有较好的生物活性，但是从绿藻中发现的酚类化合物为数不多。为了方便读者，在此略加概述。

Mancini（1998）从地中海的蕨藻属 *taxifolia* 绿藻中分离得到两个新的酚类化合物 **354** 和 **355**，两个化合物的双键构型一致，未见其活性报道。

在绿藻石莼体内由于存在溴代过氧化物酶，含溴酚类化合物常从此种藻属中分离获得，如化合物 **356** 为三溴苯酚，其在石莼体内的生物前体极有可能是 4-羟基苯甲酸。

2007 年，Quinn 从采自澳大利亚的刚毛藻属绿藻 socialis 中发现两个新的酚类化合物 **357** 和 **358**，这两个化合物对蛋白质酪氨酸磷酸酶表现出抑制作用。

2009 年，Gallimore 等从牙买加东北部的一个海滩处采集到一种聚伞藻属绿藻 *barbata*，从中分离得到一个新的单萜酚类化合物 **359**。

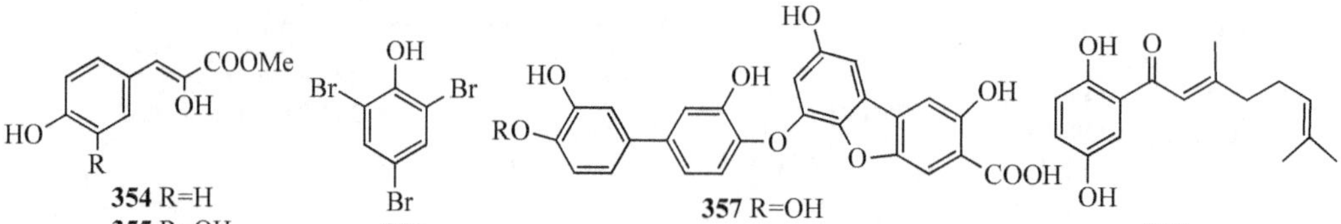

354 R=H
355 R=OH
356
357 R=OH
358 R=SO_3H
359

4. 其他类化合物

从绿藻中发现的化合物除了萜类、脂类、酚类化合物以外，还有一些其他结构的化合物，其中最为重要的一类是多肽类化合物。

Elysia rufescens 是一种以绿藻 *Bryopsis* sp.为食的夏威夷海域草食海洋软体动物，体内含有一系列从 C31 的三肽到 C75 的十三肽的难以分离的缩肽类物质。1991 年，Soheuer 和 Hamann 在加拿大 Black Point 海奥阿胡岛附近采集到海洋软体动物 *Elysia rufescens*，从中分离得到 kahalalide F **360**。

对 *Elysia rufescens* 进行生物学研究，发现其是一种海洋中以绿藻 *Bryopsis* sp.为食的软体动物。紧接着，在对绿藻 *Bryopsis* sp.的化学成分研究过程中也发现了 kahalalide F。

在对 kahalalide F 80 的研究过程中，首先经过 GC-MS 及 Chirasil-Val 手性柱进行分析，然后通过一系列化学反应（包括水解、臭氧分解、埃德曼降解、Marfey 反应）确定 kahalalide F 分子构型。

Bonnard 等（2003）再次对 kahalalide F 的立体结构进行研究，证实 kahalalide F 的 Val-3 为 D-Val，Val-4 为 L-Val。至此，天然的 kahalalide F 构型确定。

Soheue 和 Hamann（1993）对 kahalalide F 生物活性进行了进一步研究，发现 kahalalide F **360** 能选择性地抑制固体肿瘤细胞系，有效地抑制非洲绿猴肾 CV-1 细胞生长，具有非常好的抗病毒活性。并且对曲霉菌属等都有较好的活性。其他的研究还发现 kahalalide F 具有抑制淋巴细胞免疫能力的活性。

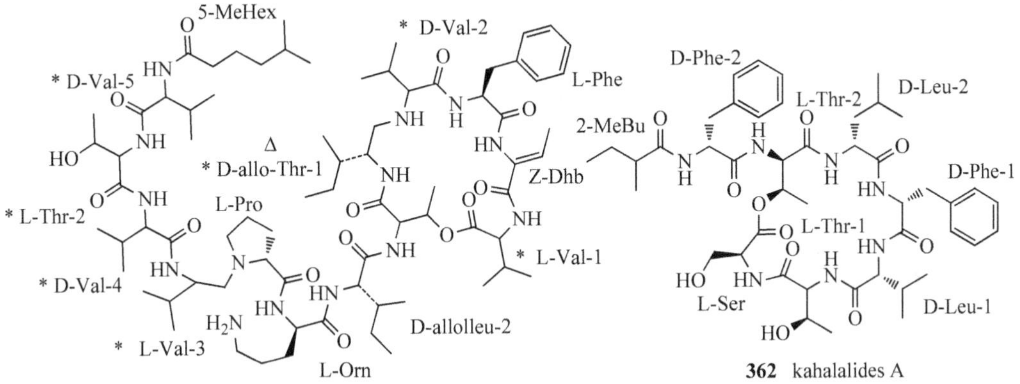

360 kahalalide F Δ= D-allo-Thr-1
361 kahalalide G Δ= D-allolleu-1

362 kahalalides A

Kahalalide F 目前已进入治疗晚期实体瘤临床Ⅱ期阶段。鉴于其高安全性和卓越的临床疗效，很有希望其作为抗肿瘤的单一治疗剂，但由于其抗肿瘤实例方面的缺乏，仍需要进一步的临床试验研究作为基础。

经过研究，学者们发现多个 kahalalide 系列多肽。Soheuer 等（1996）继续对 *Bryopsis* sp.海藻化学成分进行研究，又发现一种多肽 kahalalide G（**361**），同时他们再次从软体动物 *Elysia rufescens* 中发现四个 kahalalide 多肽 kahalalide A～E（**362**～**366**）。

Kahalalide G（**361**）是 kahalalide 系列中唯一的非环多肽化合物，其结构由 kahalalide F 分子的酯键断开形成。但 **361** 没有生物活性，由此推测，酯键是该化合物表现出生物活性的必要基团。Kahalalide A（**362**）分子中丝氨酸和苏氨酸-2 形成酯键。2-甲基丁酸与苯丙氨酸-2 形成酰胺键。Kahalalide B（**363**）由 5-甲基己酸与苏氨酸缩合成为侧链，丝氨酸和甘氨酸缩合形成酯键。Kahalalide D（**364**）是 kahalalide 多肽系列中相对分子质量最小的一个。Kahalalide E（**366**）具有 kahalalide 系列结构中最大的 22 元环。

初步研究表明，kahalalide 系列化合物中，只有 kahalalide F 表现出潜在的成药性。

1999 年，日本学者 Nagai 从 *Bryopsis* sp.海藻中再次分离出一个新 kahalalide K（**367**），该化合物没有表现生物活性。2000 年，Scheuer 又从绿藻 *Bryopsis* sp.中发现一个新化合物 kahalalide O（**368**）。2005 年，Nagai 从 *Bryopsis* sp.中发现 kahalalide P（**369**）和 kahalalide Q（**370**），都没有表现出生物活性。

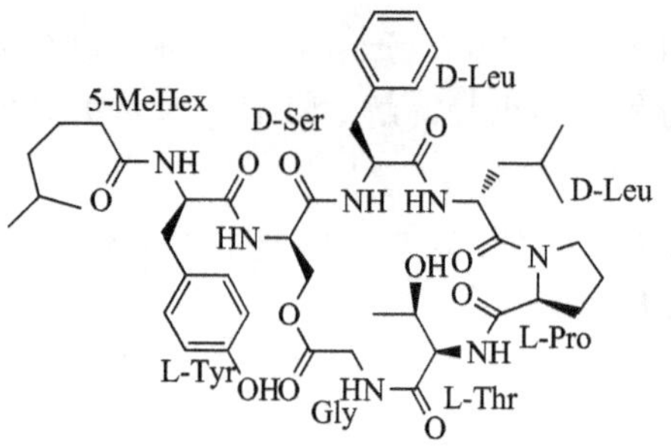

363 kahalalide B

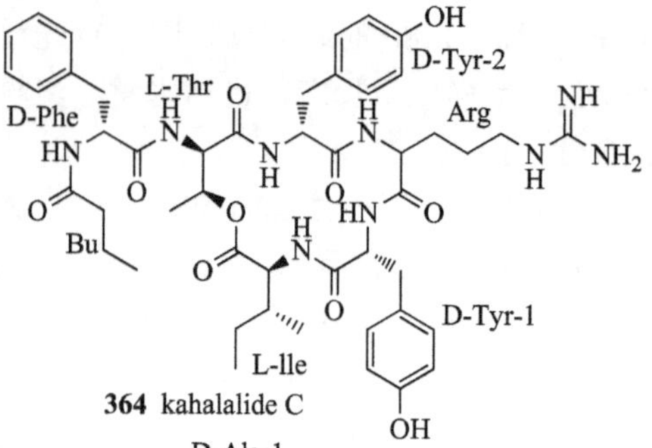

364 kahalalide C

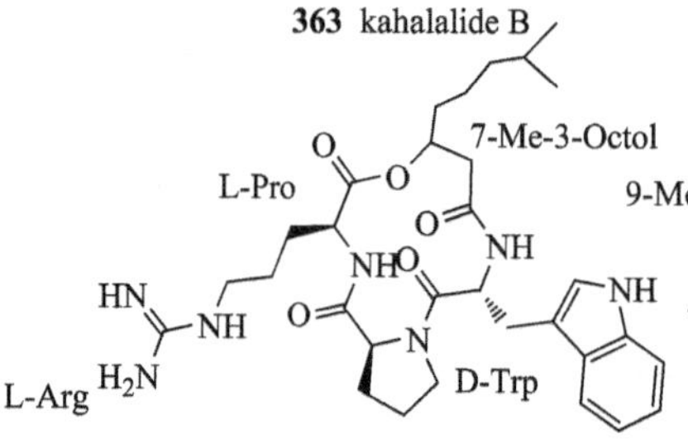

365 kahalalide D

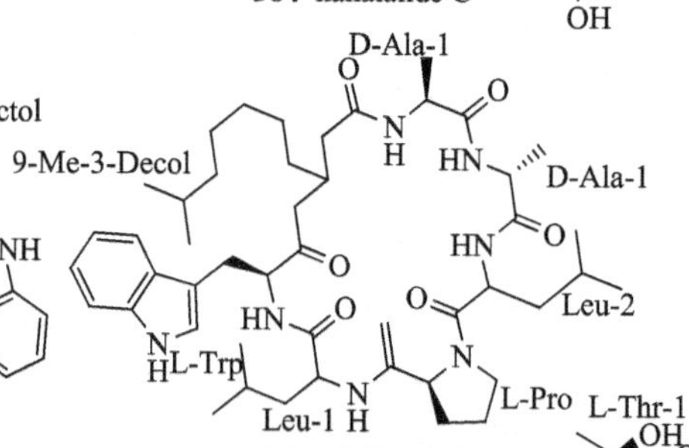

366 kahalalide E

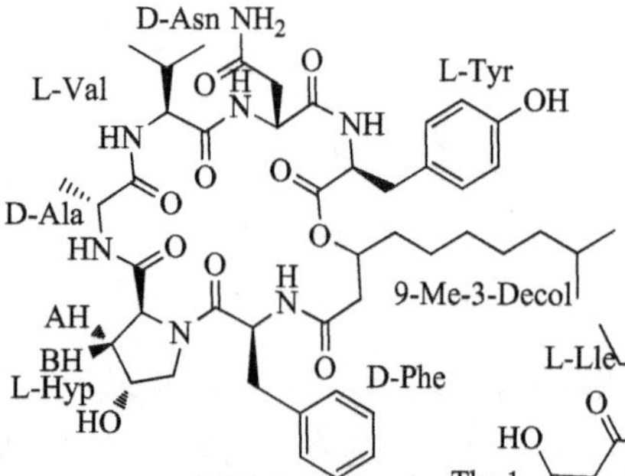

367 kahalalide K

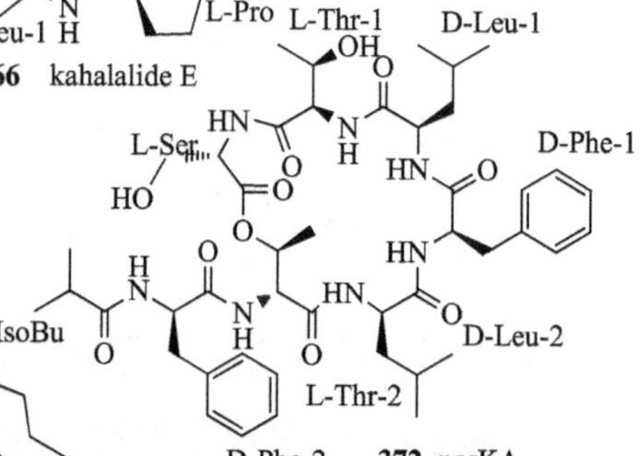

372 norKA

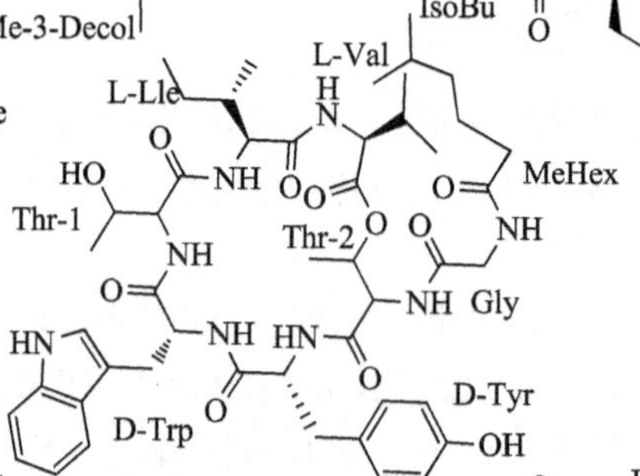

368 kahalalide O

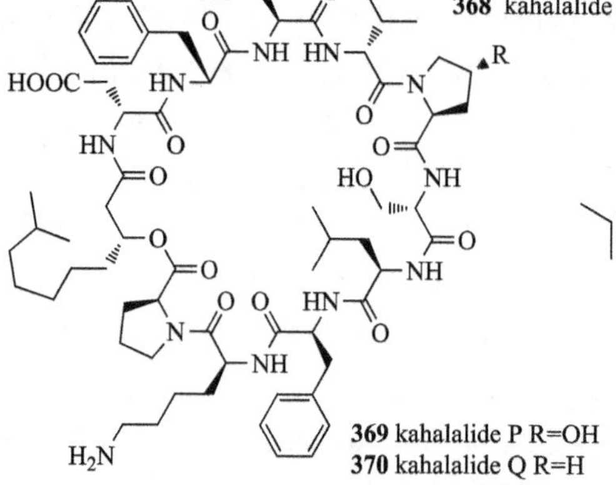

369 kahalalide P R=OH
370 kahalalide Q R=H

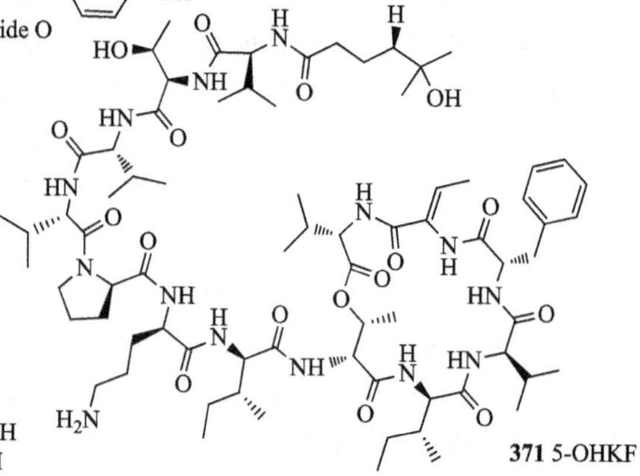

371 5-OHKF

2009 年，Hamann 再次从绿藻 *Bryopsis* sp.中分离出两个新的 kahalalide 系列多肽：kahalalide **371**，kahalalide **372**。Kahalalide 多肽系列虽然数量较多，结构都较为新颖，但

到目前为止，只有 kahalalide F（**360**）有非常好的活性，具有成为抗癌药物的潜力。

除了前述的各类化合物以外，在研究绿藻化学成分的过程中，还有三嗪类化合物 **373** 和双吲哚类化合物 **374** 被分离获得。

卟啉衍生物 **375** 从刚毛藻属绿藻中分离得到。该化合物是肿瘤坏死因子-α 的有效抑制剂，能够诱导细胞核因子-κB（NF-κB）的激活。

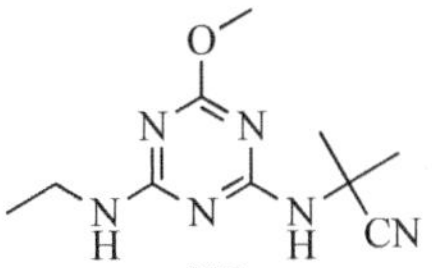

三、绿藻天然产物研究展望

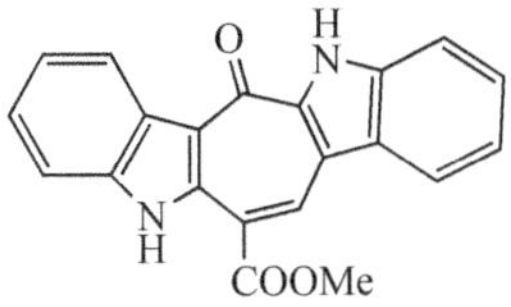

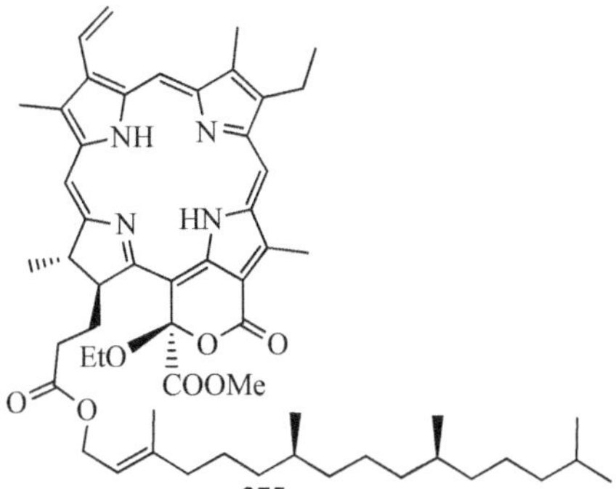

我国海洋生物资源丰富，为寻找海洋新药提供了重要的资源，因此，开发海洋生物资源、发现海洋新药具有广阔而美好的前途，同时随着现代技术进步，海洋药物研究方兴未艾。

海藻在整个海洋生态系统中位于金字塔底层位置，同时，与附生、共生于其中的微生物还存在着复杂的拮抗、共生关系，因此，海藻常能产生某些次级代谢产物成为化学防御物质。众多报道表明很多海藻成分具有良好的抗肿瘤、抗病毒等多种生物活性。最近几年，虽然绿藻的研究趋于起步阶段，甚至停步不前，但是其共附生菌的研究非常兴盛，从中获得了大量结构新颖的化合物。

尽管海藻中发现了众多具有抗肿瘤、抗真菌等生物活性的化学成分，但相当一部分海藻活性化合物在藻体中的含量非常微小，很多野生海藻在自然界中的生物量也是有限的，而这些化合物独特复杂的结构又使得化学合成技术难度大或不经济，这些使得对这些化合物的深入的药理研究及进一步的临床研究步履维艰。为了解决这些问题，现在海藻的人工培植、组织培养、细胞培养、生物工程育种技术快速发展，对海藻的研究与开发起了极大的促进作用，绿藻的研究也将会再次兴盛。

（徐石海　彭　奇）

第四节　微藻来源海洋天然产物研究

一、微藻天然产物研究概况

海洋微藻是一种重要的药用生物资源，它能够产生聚醚、生物碱、聚酮化合物等多种结构类型的化合物。这些次级代谢产物通常具有抗肿瘤、抗病毒、抗炎等多种药理学活性，具有开发成新药的潜力。

1. 抗病毒化合物

许多蓝细菌的次级代谢产物具有显著的抗病毒活性。Ichthyopeptins A（**376**）和 B（**377**）是从 *Microcystis ichthyoblabe* 获得的环肽化合物，对甲型流感病毒具有抗病毒活性（Zainuddin et al.，2007）。

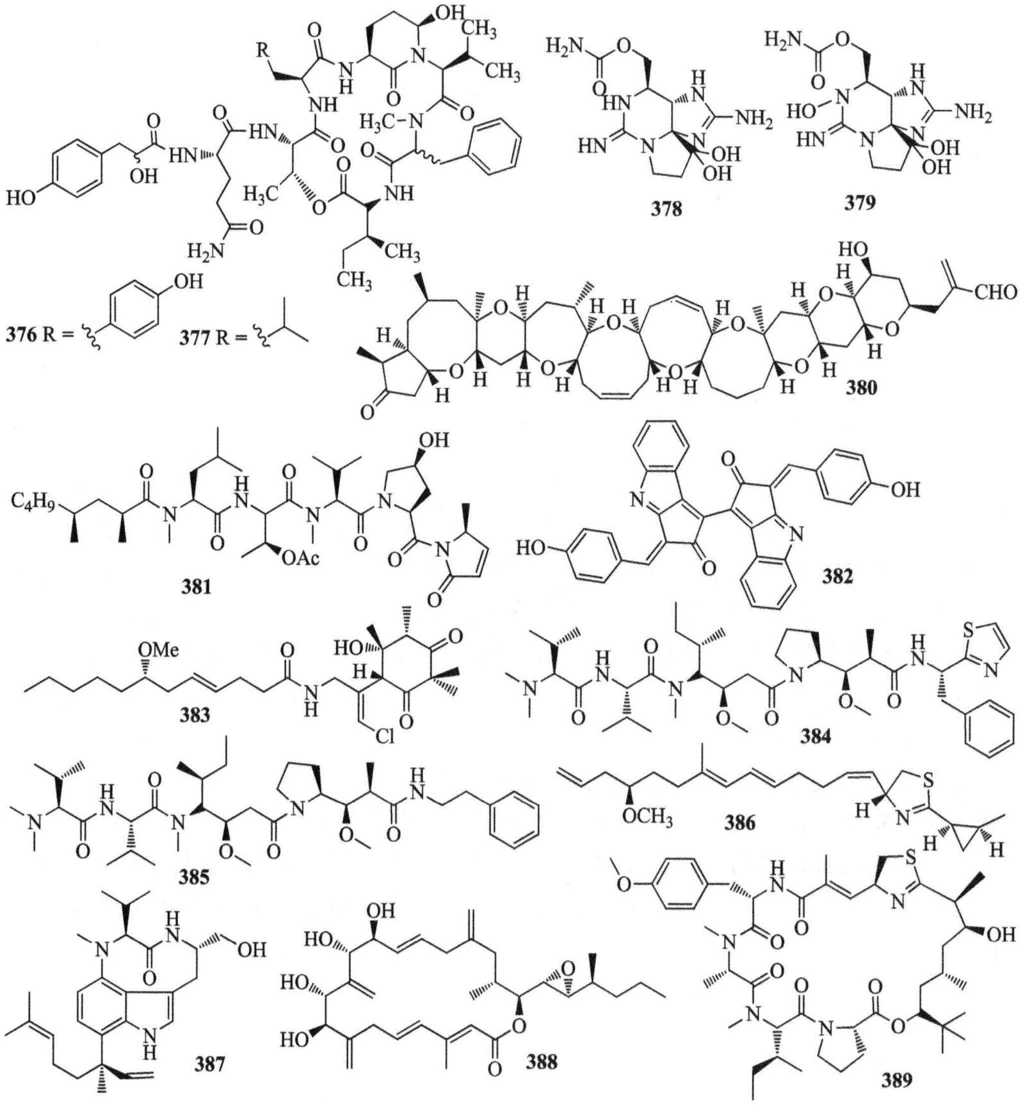

2. 离子通道调节化合物

Alexandrium 产生生物碱类化合物 saxitoxin（**378**）和 neosaxitoxin（**379**），这两个化合物均是高选择性钠通道阻滞剂，可毒害神经并导致 PSP 中毒。目前，neosaxitoxin 在临床试验中已被用作局部麻醉剂（Rodriguez-Navarro et al.，2007）。Brevetoxin（**380**）是由腰鞭毛藻 *Karenia brevis* 产生的一类聚醚化合物，与 saxitoxin 类似，当人们食用后可出现强烈的神经系统症状，从而引起神经性贝毒（NSP）。

3. 免疫调节化合物

Microcolin A（**381**）是从 *Moorea producens* 中获得的一个具有抗炎和免疫抑制活性的脂肽化合物，它能够抑制多种促炎媒介（Zhang et al.，1997）。Scytonemin（**382**）是从同一种蓝细菌中获得的一个色素化合物，它通过抑制能够调节哺乳动物细胞周期的 Polo 样激酶来发挥抗炎和免疫抑制作用（Stevenson et al.，2002）。Malyngamide S（**383**）能够抑制大鼠巨噬细胞中超氧化物的产生（Appleton et al.，2002）。

4. 抗肿瘤化合物

Dolastatin 10（**384**）是从蓝细菌 *Symploca* sp.中分离获得的一个独特且具有抗恶性细胞增生的肽类化合物。半合成类似物 auristatin PE（**385**）能够与抗体结合作用于肿瘤细胞，从而可用于癌症的治疗（Singh et al.，2011）。一些另外具有显著抗肿瘤活性的化合物还包括：抗有丝分裂的 curacin A（**386**），蛋白激酶 C 促进剂 lyngbyatoxin（**387**）和 debromoaplysiatoxin，以及 V-ATPase 抑制剂 iejimalide A 等（Simmons and Gerwick，2008）也都是分离自蓝细菌。此外，amphidinolide A（**388**）和 apratoxin A（**389**）也是从腰鞭毛藻中获得的具有抗肿瘤活性的化合物（Shimizu et al.，1986）。

二、蓝细菌次级代谢产物研究

蓝细菌又称蓝绿藻，能够产生多种结构独特的化合物。目前，从各种丝状蓝细菌，尤其是 *Lyngbya*、*Symploca* 及 *Oscillatoria* 属中共获得 450 多个化合物，这些化合物通常具有抗菌、抗病毒、抗肿瘤、免疫调节以及抑制蛋白酶等多种活性等。

1. 脂肽

蓝细菌来源的脂肽类化合物来源于通过非核糖体肽合成酶催化合成的多肽或脂肪酸。从蓝细菌中发现的高活性化合物中，有一些是典型的脂肽类化合物，其中有的化合物有望发挥生物医学作用。

Dolastatins 是一类由蓝细菌产生的具有显著抗癌活性的线形脂肽（Poncet，1999）。其中，dolastatin 10 和 dolastatin 15 能够干扰微管组装的动力学系统从而发挥细胞毒活性。随后，dolastatins 及其合成类似物，包括 auristatin PE 和 tasidotin，作为抗癌药物进行了广泛的临床测试。此外，三个 dolastatin 10 类似物目前在临床中已作为抗癌药物使用。

2. 多肽

多肽是蓝细菌次级代谢产物中另一类常见化合物，且通常具有多种生物活性。Symplocamide A（**390**）是从采自巴布亚新几内亚的蓝细菌 *Symploca* sp.中发现的一个非核糖体编码的多肽，它是一种强有效的肿瘤细胞毒素（Linington et al.，2008）。此外，它所具有的胰凝乳蛋白酶抑制活性成为该化合物对人肺癌细胞 H-460（IC_{50}=40nmol/L）和神经-2a（IC_{50}=29nmol/L）小鼠神经母肿瘤细胞具有特殊细胞毒活性的基础。

3. 聚酮化合物

目前从蓝细菌中发现的聚酮化合物大部分以聚酮肽的形式存在。海兔毒素 aplysiatoxin（**391**）及其类似物 oscillatoxins、nhatrangins，是从几种不同种属的蓝细菌（*Lyngbya majuscula*、

Schizothrix calcicola 和 *Oscillatoria nigroviridis*）中获得的一类聚酮化合物（Moore et al.，1984）。该类化合物也是一种 PKC 激活剂，具有促炎作用，并能够促进肿瘤细胞的生成。Tanikolide（**392**）及其二聚体 tanikolide dimer（**393**）也是从蓝细菌 *L. majuscule* 中发现的聚酮化合物。在微克浓度下，tanikolide 具有抗菌活性和卤虫致死活性，而 tanikolide dimer 对组蛋白脱乙酰酶具有抑制活性（Singh et al.，1999）。

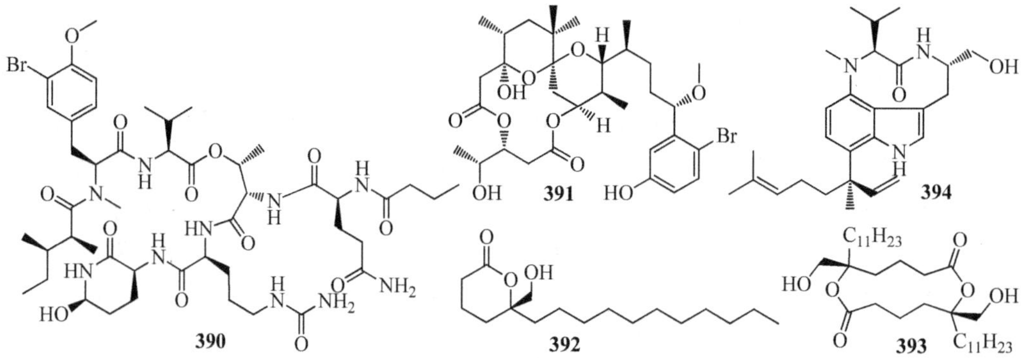

390 **391** **392** **393** **394**

4. 萜类化合物

蓝细菌只能在一定程度上利用萜烯生物合成途径合成类胡萝卜素和类固醇。代表化合物 lyngbyatoxin A（**394**）分离自夏威夷浅水湾中的蓝细菌 *Lyngbya majuscula*（Cardellina et al.，1979）。后来，又从采自同一海域的另一个 *L. majuscule* 样品中获得了两个 lyngbyatoxin A 的氧化类似物，lyngbyatoxins B 和 C。研究表明，lyngbyatoxin A 是一个有效的蛋白激酶 C（PKC）激活剂，具有促炎活性，它通过与 PKC 结合也可作为肿瘤促进剂用于癌症治疗。

5. 脂肪酸

在蓝细菌的次级代谢产物中，脂肪酸通常具有显著的生物活性。典型的化合物是 (−)-*trans*-7(*S*)-methoxytetradec-4-enoic acid，俗名“lyngbic acid”，是一个简单的肉豆蔻酸衍生物。该化合物的抗真菌活性和抗肿瘤活性均不显著，但是它可形成多种其他复杂蓝细菌天然产物，如 malyngamides 类化合物（Cardellina et al.，1978）。Malyngamides 是由 lyngbic acid 及其类似脂肪酸通过酰胺键与不同的氨片段相连而成的一类化合物，该类化合物具有抗癌、抗 HIV 等多种生物活性。Villa 等报道了在体外一氧化氮测试中，malyngamide F 乙酸酯具有很强的抗炎活性（IC_{50}=7.1μmol/L）。此外，从采自巴布亚新几内亚的蓝细菌 *Lyngbya sordida* 中还获得另一个代表性 malyngamides 类化合物——malyngamide 2，对脂多糖诱导的 RAW 巨噬细胞也具有显著的抗炎活性（IC_{50} − 8.0μmol/L）。

三、双鞭毛藻次级代谢产物研究

1. 双鞭毛藻概况

双鞭毛藻是一种主要生存于海洋环境中的单细胞微藻。因其体内有横向和纵向两条鞭毛，故称为双鞭毛藻，又因其大多数细胞的细胞壁由许多小甲板组成，所以也常简称甲藻。双鞭毛藻类的次级代谢产物主要包括：聚醚类、生物碱类以及大环内酯类化合物。这些次级代谢产物通常具有较强的毒性。

2. 聚醚类化合物研究概况

（1）双鞭甲藻神经毒素（brevetoxins，BTX）

双鞭毛藻 *Karenia brevis*（*Gymnodinium breve* 或 *Ptychodiscus brevis*）是赤潮发生的主要原因。当赤潮发生时，人们食用贝类等通常会引发一些神经性中毒现象，导致中毒的物质最初从 *Karenia brevis* 中分离得到，并命名为双鞭甲藻神经毒素（brevetoxins，BTX）。根据骨架不同，BTX 类化合物分为 A 型和 B 型，其中 A 型 BTX-A（**395**）（Shimizu et al.，1986）含有 11 个反式相连的醚环，而 B 型 BTX-B（**396**）（Lin et al.，1981）含有 10 个。BTX 类化合物可被钠通道阻滞剂 TTX 拮抗。该类化合物对鱼类（对虹鳟的致死量为 4ng/mL）和哺乳动物（口服对小鼠的致死量为 520mg/kg）的毒性特别强。

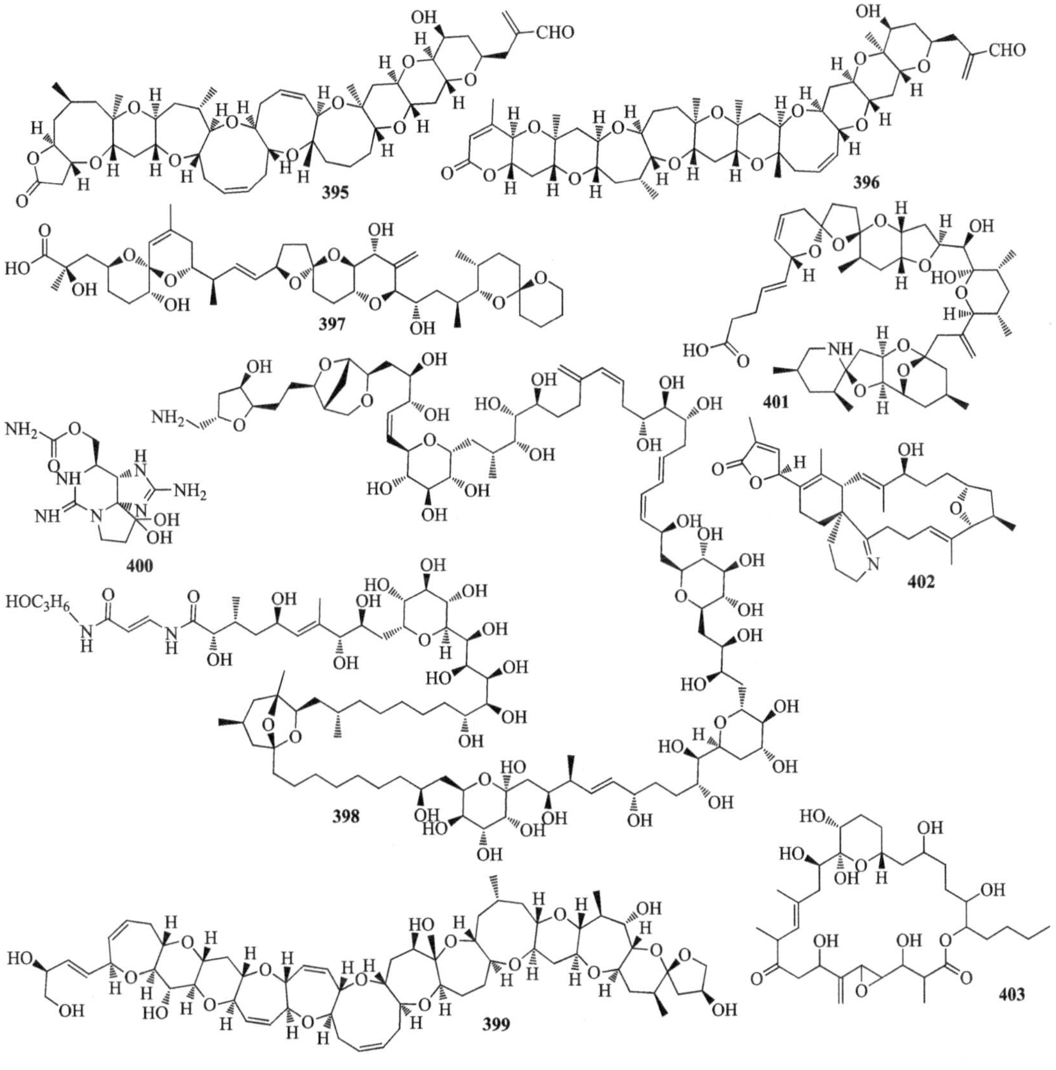

395　396　397　400　401　402　398　399　403

（2）软海绵酸（okadaic acid）

1976 年，日本发生了一起食用紫贻贝而中毒的事件，中毒的典型症状是严重腹泻，因此引起中毒的物质称为腹泻性贝毒（DSP）。此次中毒事件的主要元凶是与贝类共生的双鞭毛藻所产生的一种复杂的聚醚类次级代谢产物：软海绵酸（okadaic acid）（**397**）（Tachibana et al.，1981）。这个化合物有很强的细胞毒活性，其抑制 P388 细胞系生长的 EC_{50} 值为 1.7nmol/L。研究还显示该化合物能促进癌症细胞的形成，这可能是由于它强大的抑制蛋白磷酸酶 2A 的作用。

（3）岩沙海葵毒素（palytoxin，PTX）

1971 年，Scheuer 等首次报道了分离自软珊瑚 *Palythoa toxica* 中的有毒成分——PTX（**398**）（Moore and Scheuer，1971）。这是目前所有已知天然产物中最长的侧链。PTX 是目前发现的毒性最强的非肽类化合物。它的作用靶点被认为是胞外的 Na^+/K^+-ATP 酶，其导致细胞内 Na^+浓度升高和 K^+浓度降低，具有很强的血管收缩和冠脉痉挛作用。

（4）西加毒素（ciguatoxin，CTX）

CXT（**399**）又称雪卡鱼毒素，属于聚醚类神经毒素，CTX 在 1980 年首次发现，Yasumoto 研究组于 1989 年首次解析了它的结构（Murata et al.，1989）。目前，已经有超过 20 个 CTX 类似物从双鞭毛藻 *G. toxicus* 或者浅海鱼中获得。

3. 生物碱类化合物研究概况

（1）石房蛤毒素（saxitoxin，STX）

STX（**400**）为已知毒性最强的海洋生物毒素，属海洋麻痹性贝类毒素。STX 于 1957 年从美国阿拉斯加大石房蛤 *Saxidomus giganteus* 中提纯得到（Schantz et al.，1957）。药理学上，STX 是一类神经肌肉麻痹剂，为 Na^+通道阻断剂，其作用机理与河豚毒素类似。口服 STX 对人和小鼠的 LD_{50} 值分别为 5.7μg/kg 和 3～10μg/kg。

（2）其他类

1995 年在荷兰首次发现中毒事件并最终于 2004 年确定结构（Nicolaou et al.，2004）的 azaspiracid（AZA）（**401**）也是一类常见的聚醚类生物碱毒素。1995 年，从新西兰牡蛎和双鞭毛藻 *Gymnodinium* sp.中发现的环亚胺毒素（gymnodimine，GYM）（**402**）也是一类生物碱毒素（Seki et al.，1995）。

4. 大环内酯类化合物研究概况

共生于海洋扁形虫中的双鞭毛藻 *Amphidinium* sp.是 amphidinolides 类大环内酯化合物的重要来源。其中，amphidinolide N（**403**）是该类化合物中毒性最强的。活性测试结果显示，它对鼠淋巴瘤细胞 L1210 和人表皮癌细胞 KB 的抑制活性 IC_{50} 值分别为 0.05ng/mL 和 0.06ng/mL。

双鞭毛藻 *Symbiodinium* sp.通常能产生大量的长碳链化合物（SCC）。Zooxanthellatoxin A（ZT-A）（**404**）（Nakamura et al.，1995）是目前天然产物领域最大的 62 元大环内酯化合物。活性测试显示，该化合物对小鼠血管显示了很强的收缩活性。Zooxanthellatoxin A 类似物：symbiodinolide（**405**）（Kita et al.，2007）在浓度为 7nmol/L 时，可使电压依赖性的 Ca^{2+}通道开放活性增强，从而使细胞游离 Ca^{2+}浓度增大。而在浓度仅为 2.5μmol/L 时，**405** 就可使宿主扁形虫 *Amphiscolops* sp.的组织表面破裂，这在一定程度上可以避免双鞭毛藻被宿主消化。

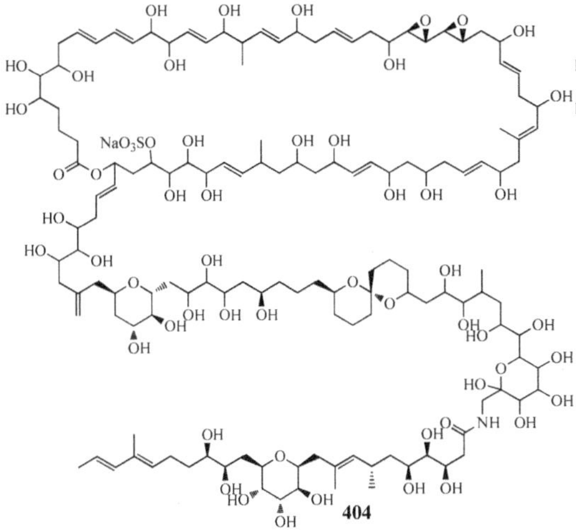

404

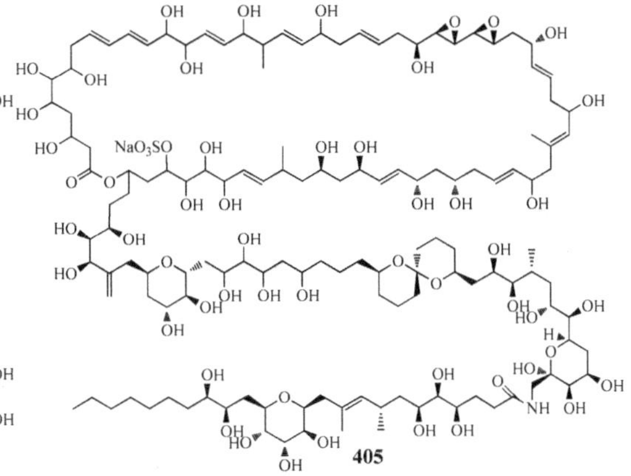

405

四、硅藻次级代谢产物研究进展

1. 硅藻

硅藻又称“黄金藻”，目前对硅藻的天然产物的研究只进行了很小的程度。目前研究主要集中在以下三个方面：最主要的方面是谷氨酸类似物；第二个方面是氧化脂类化合物，它们是多不饱和脂肪酸类化合物通过氧化以及一些后续反应获得的；第三个方面是有特异分支的碳骨架的萜类化合物。

2. 谷氨酸类似物

红藻 *C. armata* 以及 *Digenia simplex* 在日本一直被用来治疗寄生虫感染，从中得到的两个活性化合物软骨藻酸（**406**）和红藻氨酸（**407**），也是海洋天然产物中发现比较早的两个化合物。软骨藻酸和红藻氨酸的结构高度相似，都存在一个谷氨酸片段，区别仅在于软骨藻酸多了一个五元碳侧链。这种结构区别使 DA 的脂溶性大大提高，可能这正是其神经毒性强的主要原因。软骨藻酸可直接活化 KA 受体和 AMPA 受体，致使谷氨酸受体持续激活，引起 Ca^{2+}内流继而产生神经毒性。

3. 氧化脂类化合物

7β-BacillariolideⅠ（**408**）和 7α-bacillariolideⅡ（**409**）（Wang and Shimizu，1990）是从硅藻 *Nitzschia pungens* 中分离得到的氧化酯类化合物。除了醛以外，其余的硅藻也可以通过将二十碳五烯酸或者各种不饱和透明质酸转化为多种形式的氧化脂类化合物，这些化合物通常具有羟基、醛基、酮羰基或者环氧烷等官能团。此外，硅藻中产生的一些三萜类化合物（**410**）也是硅藻次级代谢产物研究的热点。这些三萜结构特异之处在于其分子中异戊二烯片段的不规则排列（Belt，2003）。

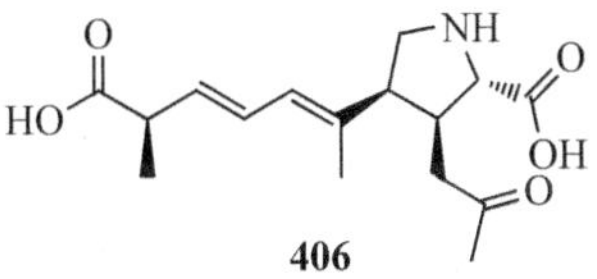

406 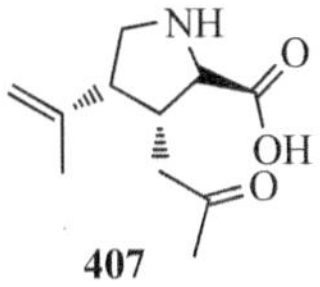　407 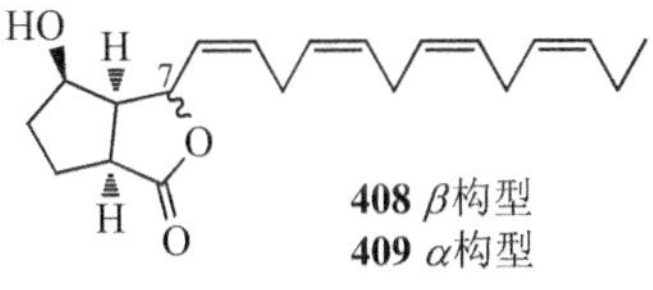　408 β构型　409 α构型　410

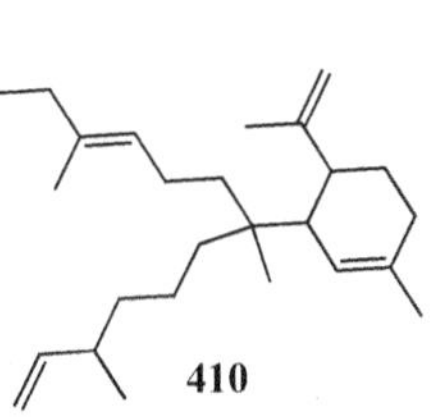

五、金藻类次级代谢产物研究

1. 金藻概况

金藻作为一类普遍存在的微藻，氯代硫酸盐脂质类（chlorosulfolipids）、苯乙烯基色酮类（styrylchromones）和二聚 diarylbutene 大环类，是金藻类的主要次级代谢产物。

2. 氯代硫酸盐脂质类（chlorosulfolipids）化合物

氯代硫酸盐脂质类是一类结构非常独特的天然产物。代表性化合物 malhamensilipin A（**411**）是 Gerwick 研究小组于 1994 年从实验室培养的金藻 *Poterioochromonas malhamensis* 中分离获得的（Chen et al.，1994）。Malhamensilipin A 显示出一定的抗病毒和抗微生物活性，此外还显示出中等程度的酪氨酸激酶抑制活性。

3. 苯乙烯基色酮类（styrylchromones）化合物

乙烯基色酮类化合物是一类结构非常罕见的化合物，到目前为止仅从金藻 *Chrysophaeum taylori* 中发现 2 个该结构类型的天然产物。代表性化合物 hormothamnione（**412**）是 Gerwick 研究小组在 1986 年从采自波罗黎各北海岸的 *C. taylori*（文献中为 *Hormothamnion enteromorphoides*，化合物的命名也是以该种属名为基础）中分离得到的（Gerwick et al.，1986）。Hormothamnione 在体外对细胞株 P388 和 HL-60 显示出显著的细胞毒活性，其 IC_{50} 分别为 11.5nmol/L 和 250pmol/L，其作用机制可能是选择性抑制 RNA 的合成。

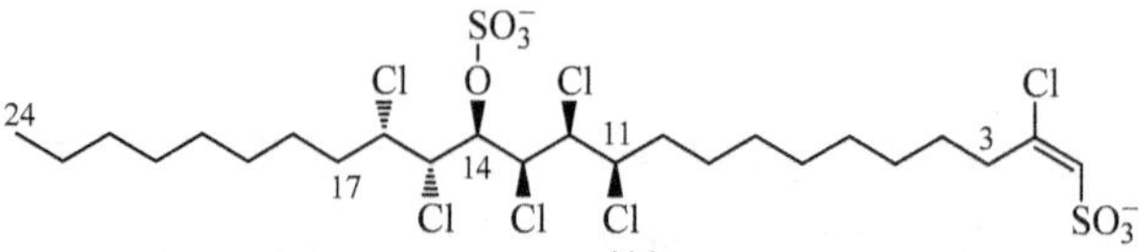

SO_3^- O Cl Cl Cl 24 17 14 11 3 Cl Cl Cl Cl SO_3^-

411

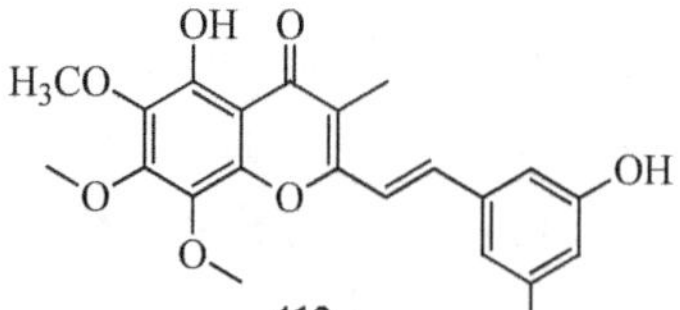

OH O H_3CO O O O OH OH

412

HO OH Cl O OH Cl Cl HO HO O Cl OH

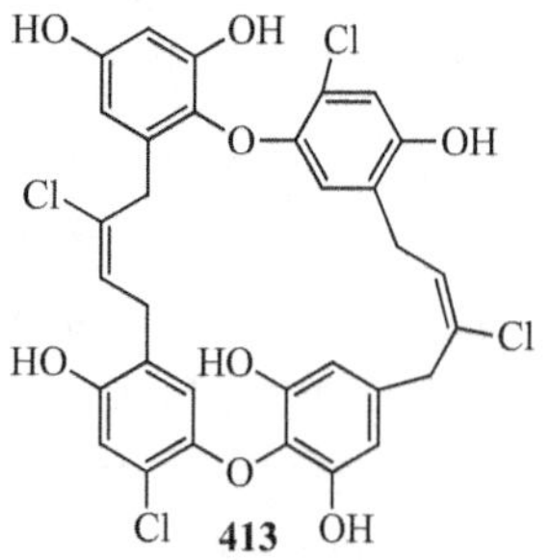

413

4. 二聚 diarylbutene 大环类化合物

二聚 diarylbutene 大环类化合物是一类结构新颖的化合物。代表性化合物 chrysophaentin A（**413**）是 Bewley 研究小组于 2010 年从采自圆湾圣约翰岛屿（美属维尔京岛）的 *Chrysophaeum taylori* 中分离得到的。体外酶测验和透射电子显微镜显示 chrysophaentin A 可抑制细菌细胞支架蛋白 FtsZ 的 GTP 酶活性，其 IC_{50} 值为（6.7±1.7）μg/mL，同时抑制 GTP 诱导的 FtsZ 原纤维的形成，导致 FtsZ 的 Z-环形成受阻，因而影响了细菌的细胞分裂。

六、普林藻类次级代谢产物研究

1. 普林藻概况

过去的一个世纪，在低盐度水域中因赤潮现象导致了大量的鱼类、贝类、软体动物以及水底几乎全部的动物和藻类的死亡，对沿海生态系统带来了毁灭性的影响。在过去的四十多年中，学者们一直致力于研究在普林藻中引起该危害的真正物质 prymnesins。直到 1996 年，学者们才真正发现这种毒素的化学本质主要是一种命名为 prymnesin-2（PRM2）（**414**）的化合物（Igarashi et al.，1996）。

2. Prymnesins 类化合物

Prymnesins 是一类结构非常新颖独特复杂的化合物，代表性化合物 prymnesin-2（PRM2）（**414**）是日本的 Yasumoto 研究小组于 1996 年从 *Prymnesium parvum* 中分离获得的。Prymnesin-2 显示出显著的生物活性，尤其是对用鳃呼吸的生物，包括细胞毒活性、溶血活性、神经毒活性和鱼毒活性等，其中对溶血活性和鱼毒活性研究最多。PRM2 的溶血活性 HC_{50} 约为 3.0nmol/L，比 Merck plant saponin 强 50 000 倍，其鱼毒活性 LC_{50} < 10nmol/L，与 brevetoxin B 相当。

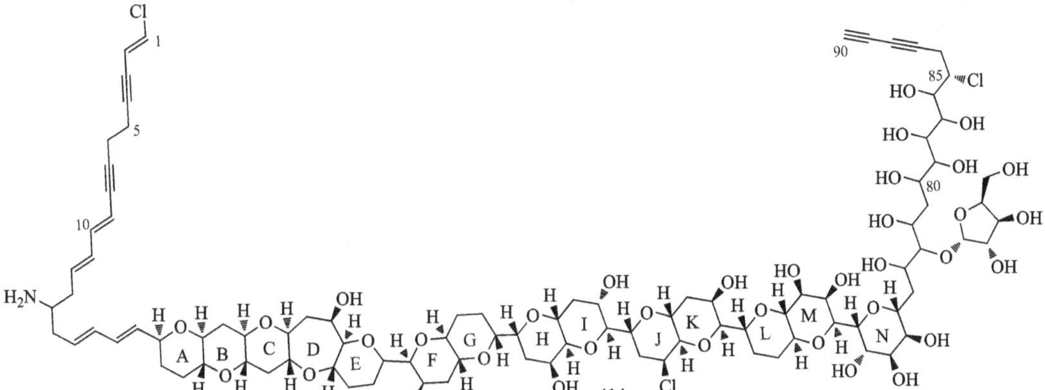

414

七、微藻天然产物研究展望

海洋微藻是海洋生态系统中的最主要初级生产者，具有种类多、数量大、繁殖快等特点，在海洋生态系统的物质循环和能量流动中起着极其重要的作用。Fogg 和 Hellebust 分别于 1966 年和 1974 年研究发现，海洋微藻在生长过程中会不断向周围环境中释放多种代谢产物，如碳水化合物、氨基酸、酶、脂类、维生素、有机磷酸、毒素、挥发性物质以及抑制和促进因子等（林伟和陈騳，1998）。

微藻体内活性次级代谢产物成分复杂，在前面的叙述中，微藻与蓝细菌的天然产物类型丰富，如萜类、脂肪酸、生物碱、缩氨酸、聚酮化合物、多酚类化合物等。许多化合物中含有结构功能独特的官能团，尤其是一些化合物含有共价结合的氯原子、溴原子等卤素原子。化合物化学结构的多样性导致其生物学性质的多样性，包括其固有的功能和潜在的生物学应用两个方面。例如，海洋中生物许多生活在海底并且固着生长，为适应恶劣的生存环境，它们所产生的次级代谢产物中部分化合物具有拒捕食活性，部分化合物对于海洋中的微生物具有防御功能，其他的一些化合物可能会具有种内或者种间信息交流的作用。关于海藻和蓝细菌的天然产物在有机化学方面的研究较多，在其他方面，如化合物在自然界的作用、生物医学作用、生物合成等取得了较大的发展，但是也面临着更多的问题，与此同时，在分子药理学和生态学、海洋生物技术、基因水平的理解、进化、相互间的作用等领域有很多令人兴奋的前沿科学（Choi et al.，2012）。

（邵长伦　曹　飞　王长云　郑娟娟　刘　敏　王超一）

第五节　红树林来源海洋天然产物研究

一、红树林植物天然产物研究概况

红树植物（mangrove plants）是热带、亚热带海区潮间带特有高等植物，为耐盐、常绿乔木或灌木，全球有红树植物约 24 科 30 属 86 种（包括变种），其中 70 种为真红树，16 种为半红树，主要分布于东南亚各国。中国有红树植物 12 科 15 属 26 种和半红树植物 9 科 10 属 11 种。我国红树林自然分布在海南、广东、广西、台湾和福建等省（区）沿海，以及香港和澳门地区。红树植物为生长于潮间带的木本植物，它们在陆地生境不能自然繁殖。半红树植物既能在潮间带生存，也能在陆地生境自然繁殖的两栖性木本植物。红树植物和半红树植物的共同点在于两者都是能生长于潮间带构成红树林组成成分的木本植物。另外，红树林中的附生、藤本和草本植物被称为红树林伴生植物（林鹏等，1995；谢瑞红等，2005）。

红树植物作为药用尤其民间用药已有较长的历史。在东南亚沿海地区，民间积累了丰富的利用红树植物治疗疾病的经验。据统计，在非洲、东南亚、澳大利亚和南美，有 100 多种红树和红树伴生植物具有传统药用功效。其中，民间用途广泛的红树植物包括老鼠簕（*Acanthus ilicifolius*），桐花树属植物 *Aegiceras majus*，海茄苳属 *Avicennia africana*，*A. marina*，*A. officinalis*，角果木属植物 *Ceriops caudolleana*，海漆 *Exocoecaria agallocha*，秋茄树属植物 *Kandelia rhecdi*，水椰 *Nypa fruticans*，红树属植物 *Rhizophora mangle*，*R. mcronata* 和海桑 *Sonneratia caseolaris* 等，用于治疗麻风病、象皮病、结核病、疟疾、痢疾、糖尿病等。东南亚各国和我国海南民间广泛用老鼠簕治疗急慢性肝炎。红茄苳的树皮熬汁口服用于治疗血尿病；木榄胚轴可用来治疗糖尿病；海莲的树叶水煮熬汁口服，可用来治疗疟疾；老鼠簕的根捣碎水煮可用于治疗乙型肝炎；玉蕊在海南民间作为药用植物，其根可退热，果可止咳；黄槿的叶、树皮和花，具有清热解毒、散瘀消肿的功效；海芒果的叶、树皮、乳汁具有催吐泻下的功效；白骨壤的叶，捣烂外敷，可治脓肿，其树皮胶可作为避孕药品外用。《全国中草药汇编》（1978 年）收录有老鼠簕、海芒果和黄槿，具有清热解毒、消肿散结、止咳平喘的功效，其主治淋巴结肿大、急慢性肝炎、哮喘等。然而红树林植物药至今仍不属于正统的中药体系，而且关于这方面的文献报道很少（Govindasamy et al.，2012；Aksornkaew et al.，2003）。

基于红树植物的广泛药用功能，科学家对红树植物的功能分子进行了较系统的化学研究，发现了大量含化学结构多样性和新颖性的红树天然产物，并对部分红树天然产物的药理功效进行了评价，阐明了部分化合物的分子作用机制，为红树植物的创新药物开发提供了大量模式分子及其功能。本章将对近年来国际上对红树植物的化学和药理研究进行初步归纳，为相关研究提供参考。

二、红树林植物化学成分及其生物活性

国内外科学家对 18 科 34 种红树植物进行了化学成分研究。从中分离得到数千种结构各异的红树天然产物，其化合物类型主要有萜类、生物碱类、柠檬苦素类、环硫醚类、木质素类、苯乙醇苷类、环烯醚萜类、苯环衍生物、黄酮类、醌类、甾醇、鞣质等。

1. 单萜类化合物

红树植物的单萜成分主要分布于海榄属（*Avicennia*）中，大多数单萜成分为环烯醚萜及其苷类化合物，其母核有四种，包括京尼平酸（geniposidic acid）、哈巴苷（harpagide）、番木鳖酸（loganic acid）和 mussaenosidic acid。各化合物的结构区别在于环烯醚萜苷元的氧化和取代基。该类化合物分布于海榄属等植物的叶、枝和根部等部位。

此外，环烯醚萜类化合物也存在于瓶花木属（*Scyphiphora*，茜草科），该属仅有瓶花木（*Scyphiphora hydrophyllacea*）一种，分布于印度至加罗林群岛瓶花木，我国为引进物种。从瓶花木中获得环烯醚萜类化合物 hydrophylins A（**415**）、B（**416**）、schyphiphins A1（**417**）、A2（**418**）、B1（**419**）、B2（**420**）、scyphiphorins A（**421**）、B（**422**）和 geniposidic acid（**423**）。

415　**416**

417 R_1=H, R_2=OH　**418** R_1=OH, R_2=H

419 R_1=H, R_2=OH　**420** R_1=OH, R_2=H

421 R= PhCOO⁻　**422** R= (HO–…–COO⁻)　**423** R = OH

2. 二萜类化合物

二萜类化合物是红树植物的主要特征产物之一。该类化合物的结构类别多样，在生物群落中分布广泛。红树植物二萜类化合物的主要结构类型包括贝壳松烷（kaurane）类、海松烷（pimarane）类、dolabrane 型、瑞香烷（daphnane）型酯、惕各烷（tigliane）型酯、劳丹烷（labdane）型、secolabdane 型、beyerane 型和赤霉素（gibberellin）等（Han et al，2004；2005；Zhang et al.，2005；Konishi，1996；Ganguly，1974；Zhang，2005；Evans，1959，Wu，2005）。

印度海榄（*A. officinalis*）中主要二萜化合物的结构类型为 dolabrane 型［rhizophorin-A（**424**）、ent-(13S)-2, 3-seco-14-labden-2, 8-olide-3-oic acid（**425**）、ribenone（**426**）、ent-16-hydroxy-3-oxo-13-epi-manoyl oxide（**427**）、ent-15-hydroxy-labda-8（**428**）、13*E*-dien-3-one（**429**）、ent-3a、15-dihydroxylabda-8（**430**）、13E-diene（**431**）］、excoecarin A 和 beyerane 型 rhizophorin-B。木榄属红树植物富含二萜类化合物，主要结构类型为贝壳松烷（kaurane）类。

角果木属（Ceriops）中的两个种（*C. tagal*，*C. decandra*）均含有丰富的二萜类化合物。迄今，从该属植物的茎叶，根部和果实中获得 24 种二萜类化合物，结构类型包括

dolabrane 型（tagalsin A～H 等），kaurane 型（ceriopsin E、F，steviol 等），beyerane 型（ceriopsins A、B、G，isosteviol）和 pimarane 型（ceriopsins C、D，8, 15*R*-epoxypimaran-16-ol 等）。红树属（*Rhizophora*）约有 7 种，仅对一种（*R. mucronata*）进行了化学研究，共获得 5 种二萜化合物 rhizophorins A～E。此外，瓶花木（*Scyphiphora hydrophyllacea*）中也存在二萜类化合物。

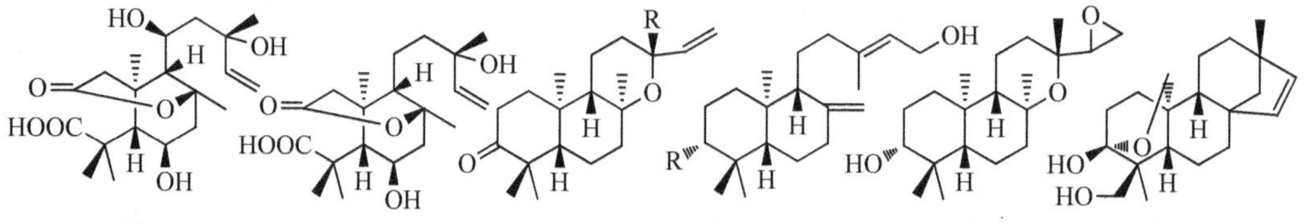

424　**425**　**426** R = Me　**427** R = CH_2OH　**428** R = O　**429** R = OH　**430**　**431**

3. 三萜类化合物

三萜化合物是红树植物的另一大类代谢产物，多数红树物种中含有三萜类化合物。红树植物中已报道的三萜和三萜皂苷类成分主要有四类：蒲公英甾醇型、齐墩果烷型、乌苏烷型和木栓烷型，为经典的三萜类结构母核。从柱果木榄 *B. cylindrica* 的果实中分离得到六个三萜醚类化合物，其均为蒲公英甾醇型三萜的 3-羟基醚；从红树 *R. apiculata* 叶子中也分离得到蒲公英甾醇型三萜 taraxeryl *cis-p*-hydroxycinnamate；木榄属（*Bruguiera*）植物所含的三萜类化合物主要为白桦酯醇（amyrin）和羽扇豆醇类五环三萜化合物。从木榄花中分离得到达玛烷（dammarane）型三萜 bruguierins A～C。红树植物白骨壤（*A.marina*）中含 betulinic acid、taraxerol 和 taraxerone，而同属另两物种 *A. officinalis* 和 *A. tomentosa* 除含白骨壤相同三萜外，还含有三萜*β*-amyrin、betulin、betulinic acid、*α*-amyrin、lupeol、oleanolic acid 和 ursolic acid。从角果木中获得的三萜类化合物除羽扇豆醇类外，还发现有达玛烷型（dammarane）三萜和齐墩果酸。

柠檬苦素是红树植物的化学研究最深入的结构类别，主要来源于红树植物木果楝属的四个物种（*X. gangeticus*，*X. granatum*，*X. minor*，*X. parvifolius*）。迄今，已报道 100 多种结构各异的柠檬苦素，主要结构类别包括 andirobin 型（如 methyl angolensate **432**），obacunol 型（如 7a-Acetoxydihydronomilin **433**），gedunin 型（如 gedunin **434**），mexicanolide 型（如 xylocarpin **435**），phragmalin 型（如 Xyloccensin E **436**）和其他类型。

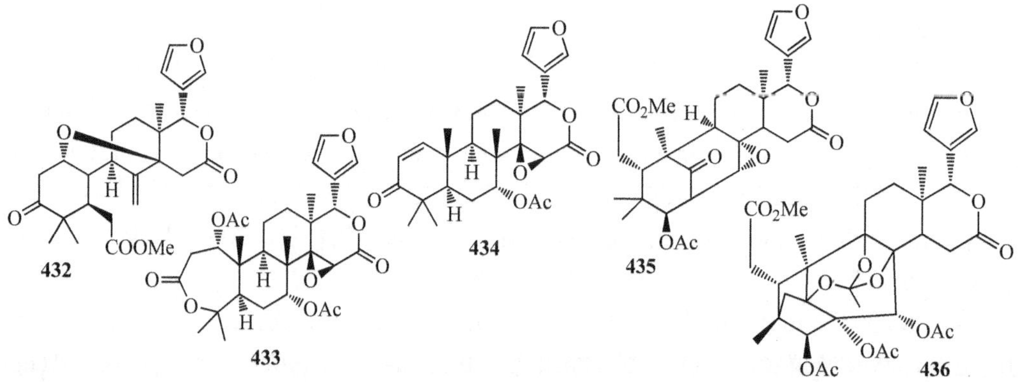

432　**433**　**434**　**435**　**436**

4. 醌类

醌类化合物是红树植物中的常见成分之一，其中，从海榄雌属（*Avicennia*）三个物种 *A. marina*、*A. alba* 和 *A. officinalis* 的树枝中分离得到的萘醌化合物包括 lapachol（**437**）、avicennones A～G（**438**～**445**）、avicequinones A、C（**446**、**447**）、stenocarpoquinone B（**448**）、avicenols A，C（**449**、**450**）。从红树植物桐花树 *Aegiceras corniculatum* 中发现系列含脂链醌类化合物，包括 rapanone（**451**）等 embelin 衍生物（**452**～**460**）。此外，在榄李（*Lamnitzera racemosa*）中分离得到的蒽醌类化合物包括大黄素，在杨叶肖槿（*Thespesia populne*）中分离得到的一类高度氧化的倍半萜醌类化合物包括 mansonone D、mansonone H、thespesone 和 thespone。从半红树植物 *T. populnea* 得到一系列倍半萜醌类化合物，包括 mansononoe D、E、H、M、F、G，thespesone、thespesenone；从 *A. corniculatum* 中得到一系列对苯醌类衍生物（Saha et al.，1991；Kitagawa et al.，1992；Puckhaber et al.，2004）。

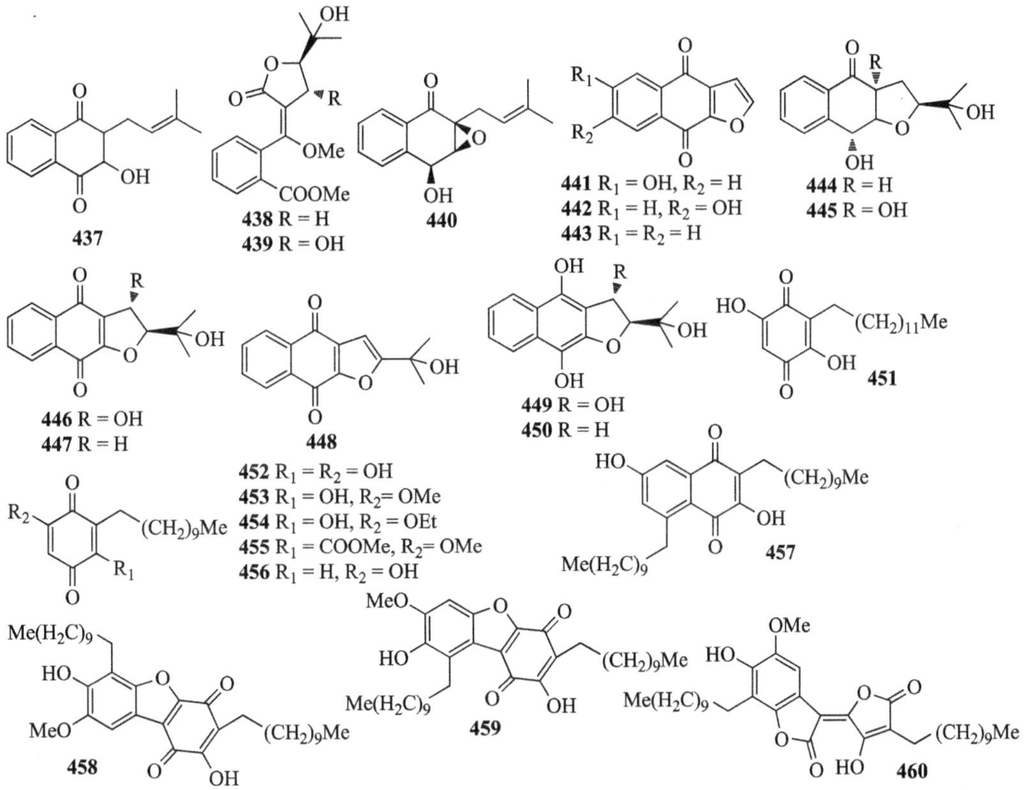

437

438 R = H
439 R = OH

440

441 R_1 = OH, R_2 = H
442 R_1 = H, R_2 = OH
443 R_1 = R_2 = H

444 R = H
445 R = OH

446 R = OH
447 R = H

448

449 R = OH
450 R = H

451

452 R_1 = R_2 = OH
453 R_1 = OH, R_2= OMe
454 R_1 = OH, R_2 = OEt
455 R_1 = COOMe, R_2= OMe
456 R_1 = H, R_2 = OH

457

458

459

460

5. 生物碱类

目前，红树植物中关于生物碱类化合物的报道并不多，从红树植物中得到的生物碱主要类型有：托品类（tropine）生物碱、石蒜碱类（lycorine）生物碱、原小檗碱型生物碱、吡啶生物碱、苯骈噁嗪酮类（benzoxazinoid glucosides）、阿朴啡类（aporphine）生物碱和胡椒碱（piperidine）。例如，从木榄属植物中分离得到的托品类生物碱分别为 tropine acetate（**461**）、tropine propionate（**462**）、tropine butyrate（**463**）、tropine isovalerate（**464**）、tropine benzoate（**465**）和 brugine（**466**）。此外，从 *H. littoralis* 中分离得到新的

石蒜碱类生物碱 littoraline；从 *X. granatum* 中得到原小檗碱型生物碱 dihydrochelerythrine 和 chelerythrine；从 *A. ilicifolius* 中得到吡啶生物碱 acanthicifoline 和 trigonellin，以及苯骈噁嗪酮类化合物；从 *H. Sonora* 中得到新阿朴啡类生物碱 7-formyldehydroovigerine、7-formyl-dehydronornantenine 和 dehydrohernandaline；从 *E. Agallocha* 中得到新的胡椒碱，2′, 4′, 6′, 4-tetramethoxychalcone。从木果楝（*X. granatum*）中分离得到原小檗碱型生物碱 dihydro-chelerythrine、chelerythrine 和柠檬苦素类生物碱 granatoine、xylogranatinin 等。从老鼠簕属植物中已分离出吡啶生物碱类化合物 acanthicifoline 和 trigonellin（Evans et al.，1981；Lin et al.，1995）。

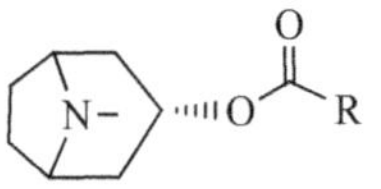

461 R = CH_3
462 R = Et
463 R = $CH_2CH_2CH_3$
464 R = $CH_2CH(CH_3)CH_3$
465 R = phenyl
466 R =

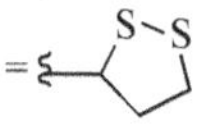

6. 硫代化合物

从海洋红树植物木榄中发现系列罕见的硫醚化合物，包括 gymnorrhizol、3, 4-dihydro-3-hydroxy-7-methoxy-2*H*-1, 5-benzodithiepine-6, 9-dione、brugierol、isobrugierol 和 bruguiesulfurol。该类特殊结构化合物仅发现于木榄中。含硫化合物是红树植物的特色之一，从木榄属植物 *B. sexangula*、*B. cylindrical*、*B. conjugana* 中分离鉴定出二硫醚化合物：gymnorrhizol（**467**）、硫醚醌（**468**）、brugierol（**469**）、isobrugierol（**470**）、bruguiesulfurol（**471**）和 brugine（**472**）（Sun，2004）。

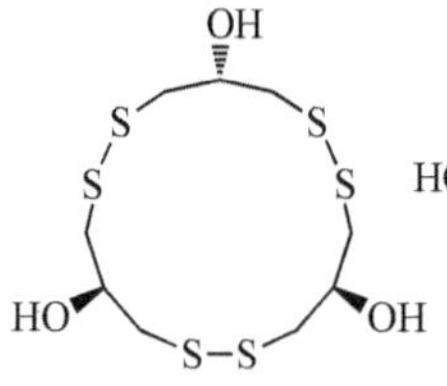

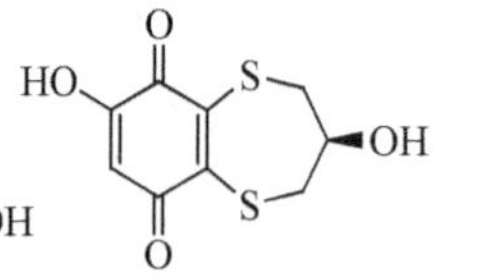

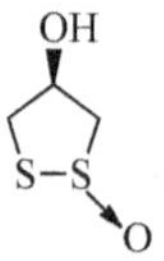

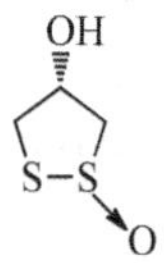

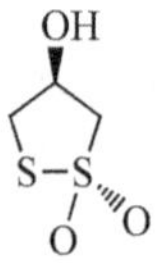

7. 单宁类化合物

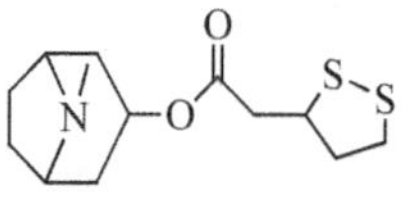

鞣质是红树植物中十分常见的一类成分，由于在长期的自然选择过程中对独特生境的适应性演化，大多数红树植物含有丰富的单宁成分。单宁在结构上主要分为缩合鞣质（proanthocyanidins）和可水解鞣质（hydrolysable tannins）。红树植物中有几个科富含单宁类化合物，如红树科 Rhizophoraceae、海桑科 Soneratiaceae。真红树树皮的鞣质含量通常为 1%～30%，其有开发利用的价值。榄李（*Lamnitzera racemosa*）中含有大量的鞣质，如 corilagin、chebulagic acid 和 castalagin，是丰富的鞣质源。从秋茄（*Kandelia candel*）树皮中不仅发现原天竺葵定（propelargonidin）二聚物、原花青定（procyanidin）三聚物，还发现了新的原花色素二聚物：秋茄素 kandelins A-1、A-2，以及三聚物秋茄素 kandelins B-1、B-2、B-3、B-4（Kanchanapoom，2001）。

8. 木脂素类化合物

从红树植物中分离得到的木质素类化合物主要可分为单四氢呋喃类（Ⅰa，Ⅰb）、双单四氢呋喃类（Ⅱ）、芳基萘（Ⅲ）类。这些类结构均从 *A. ilicifolius* 和 *A. ebracteatus* 中得到，其中从 *A. ilicifolius* 中分离出新木质素苷(+)-lyoniresinol 3a-*O*-α-D-galactopyranosyl-(1→6)-β-D-glucopyranoside 和(+)-lyoniresinol 2a-*O*-α-D-galactopyranosyl-3a-*O*-β-D-glucopyranoside 属于Ⅲ类（Wu et al.，2004）。

9. 其他类别化合物

从红树植物中分离得到的其他类别化合物包括：苯乙醇苷类化合物、苯环类衍生物、黄酮类化合物、甾醇类化合物等。

10. 红树植物的生物活性

随着对红树植物化学研究的进一步完善，现已对多种红树植物进行过药理学研究，其主要药理作用有以下几方面（Abdel-baky et al.，1990；黄欣碧等，2004；Tenji et al.，1998；Takao et al.，2001；Premanathan et al.，1999；Khan et al.，2001）。

（1）抗肿瘤作用

从海漆（*E. agallacha*）中分离出的 17 种二萜类化合物进行了活性筛选，其中 5 种二萜类化合物对 TPA（12-*O*-四癸酰基-佛波-13-乙酸酯）诱导的非洲淋巴细胞瘤病毒（EBV- EA）活化的体外肿瘤模型具有很强的抑制作用，同时在肿瘤催进剂 TPA 和激动剂 DMBA（7,12-二甲基苯并蒽）协同作用的双阶段小鼠肿瘤模型中，有 10 种化合物显示出显著的抗肿瘤活性。对海漆中皮肤刺激性物质（crypitc irritants）进行了药理活性研究，发现此类活性物质主要为瑞香二萜类化合物，如海漆毒素（excoecariatoxin），造成皮肤刺激性的因素为酶的催化反应，此类作用可能导致癌症，因此海漆作为民间药物长期使用的安全性值得进一步研究。玉蕊（*B. racemosa*）种子的 50%甲醇/水提取物具有抗肿瘤作用，以小鼠体内 Dalton's Lymphoma Ascitic（DLA）肿瘤为模型，可以提高小鼠的生存率，而且毒性较低，LD_{50} 为 36mg/kg。

（2）抗病毒作用

海漆（*E. agallacha*）中的佛波醇酯具有抗艾滋病毒的活性，可以在体外抑制 HIV-1 病毒的复制 IC_{50} 为 6nmol/L。正红树（*R. apiculata*）叶中提取的多糖成分对多种细胞中的 HIV-1、HIV-2 和 SIV 病毒均具有抑制作用。红茄苳（*R. mucronata*）树枝的强碱提取物对 MF-4 细胞中艾滋病病毒的复制和艾滋病诱导的细胞致病性有很强的抑制作用，其活性成分是植物中的酸性多糖。

（3）抗菌作用

玉蕊（*B. racemosa*）根的乙醇提取物具有抗菌活性，对多种革兰氏阴性细菌、革兰氏阳性细菌均有抑制作用。红茄苳（*R. mucronata*）树枝和树皮的不同提取物活性不同，氯仿提取物具有最强的抗菌活性，对葡萄球菌最为明显，其次是肺炎杆菌，石油醚、丙酮、甲醇和水提取物也具有活性。白骨壤（*A. marina*）的不同极性提取物对 *E. coli*、*P. aeruginosa*、*B. cereus*，*S. aureus* 四个细菌及 *C. albicans*、*A. flavus* 两个真菌表现了不同程度的抗菌活性。与标准品抗生素对照实验相比，水提取物表现了中等强度的抗菌活性，乙醇提取物的抗菌活性较水提取物要强，正丁醇提取物表现了强的抗菌活性。对正丁醇提取物（2mg/disc）的进一步实验表明其对革兰氏阴性菌和阳性菌都有中等到强的抗菌活性。

（4）抗炎镇痛作用

水黄皮（*P. pinnata*）叶的 70%乙醇提取物，对小鼠急性、亚急性、慢性炎症模型均有抑制作用，显示出非常好的抗炎活性。经口服给药对大鼠多种炎症模型显示出强抗炎作用，并对大鼠胃不产生损害。毒性试验中，口服给药剂量为10.125g/kg仍未见试验动物中毒和致死。试验结果表明，水黄皮醇提取物具有显著的抗炎活性而且不引起胃溃疡，可以用于多种炎症的治疗。在进一步研究水黄皮的抗炎镇痛作用时发现，醇提取物对小鼠热板法和小鼠扭体法疼痛模型有显著的镇痛作用，表明该提取物还可用于抗炎镇痛的治疗。

（5）抗氧化作用

老鼠簕（*A. ilicifolius*）叶的乙醇提取物能够抑制氧源性自由基（ODFR）生成，具有保肝的作用。经体外试验证实，该提取物可以抑制超氧自由基、羟基自由基、一氧化氮自由基、脂质过氧化物自由基的形成。同时经体内试验证实，口服提取物能够对氯仿致肝损伤的小鼠具有保护作用，能抑制血浆中氯仿引起的碱性磷脂酶（ALP）、谷丙转氨酶（GPT）、谷草转氨酶（GOT）的升高。大红树（*R. mangle*）在加勒比地区具有民间用药历史，其树皮提取物对非甾体抗炎药（NSAID）诱导的胃溃疡具有保护作用。经口服给药后溃疡面积明显缩小，同时使体内的前列腺素水平（PEG）恢复正常，并在最大剂量可以激活谷胱甘肽过氧化物酶和超氧化物歧化酶，抑制脂质过氧化物酶的活性。因此推测该植物提取物是通过抗氧化方式和前列腺素依赖途径使溃疡愈合。

（6）抗虫作用

水黄皮（*P. pinnata*）树皮、叶的99%乙醇提取物显示出抗疟原虫（*Plasmodium falciparum*）活性。木果楝（*X. granatum*）叶子的水提取物具有很强的抗丝虫（antifilarial）活性。老鼠簕（*A. illicitfolius*）叶的甲醇提取物具有杀利什曼原虫（leishmanicidal activity）的活性，其中的活性化合物为2-苯骈噁唑啉酮类化合物。红茄苳（*R. mucronata*）不同部位70%乙醇提取物具有不同的杀虫活性。树枝和木髓部分对伊蚊幼虫、海虾幼虫和沙漠蝗虫成虫具有较强的毒性，而树干部分的毒性很小，叶子提取物则没有任何毒性。

三、红树林植物天然产物研究展望

据调查和对民间红树植物的药用考证，我国民间具有长期药用红树植物的历史。例如，正红树为治疗肾结核、尿路结石等的特效药；红茄苳用于治疗血尿病；木榄果治疗糖尿病；老鼠簕根具有抗白血病和抗乙肝活性，海莲树皮提取物具有抑制肉瘤S180和Lewis肺癌活性。在《全国中草药汇编》（1978年）中记载3种红树植物（老鼠簕、海芒果和黄槿）及其药用功效。据统计，我国近一半的红树植物对各疾病具有治疗用途。然而，对红树药用植物的活性成分作用机理研究在国内少见报道。而国际上，特别是东南亚近年在国际杂志相继发表大量与红树植物的化学成分和生物活性的论文，表明国际上对红树植物的化学成分多样性及其生物活性已引起高度重视。

我国红树特殊资源的物种多样性丰富，生态变化较大，而且保护较完整。但一直以来，未引起我国天然产物化学家的重视和研究热情。经对我国南海红树群中的几种红树植物的化学成分研究结果，表明这类特殊植物群中富含次生代谢产物的化学结构多样性和结构的新颖性。初步抗肿瘤药理筛选表明，多数红树植物对广谱人肿瘤瘤株具有不同程度的抑制活性。

因此，深入系统研究我国药用红树植物中对重大疾病如抗肿瘤具有显著活性的药物先导化合物，对进一步研发具有我国自主知识产权的新药，充分利用和扩大栽培红树资源，开拓我国新的药用资源，具有重要的学术意义和社会经济效益。

由于海洋红树植物生长于潮间带的特殊生态环境，其富含适应于海洋环境生存的特殊内源性微生物（特别是内源性真菌和放线菌）。该类内源性微生物共存于宿主红树中，在长期抵御海洋特殊生态（高盐、高温等）中代谢出丰富的特殊化学结构的代谢产物，为新药筛选提供丰富的模式结构化合物，为发现新的药物先导化合物开拓新的研究领域。我国在该领域的研究正在起步，与国际相关领域的研究水平具有较大的差距，开展红树植物中内源性微生物的活性成分研究，对我国的微生物巨大资源药学应用，具有迫切性和必要性。

（林文翰）

第六节 海洋植物来源先导化合物发现实例

一、海洋植物来源先导化合物发现概况

特别是近半个多世纪以来，海洋植物天然产物研究过程中发现了大量结构特异的化合物，但进行初步生物活性评价的化合物甚至不足三分之一，并且大部分活性筛选也仅局限在一个或少数几个模型，绝大多数化合物缺乏较全面的生物活性评价，存在天然产物化学与药理学研究的严重脱节。尽管如此，研究过程中确实也发现了大量的具有不同程度生物活性的天然化学成分，其中也包含了一系列具有显著的抗肿瘤、抗细菌、抗真菌、抗病毒、抗氧化、酶抑制和驱虫等生物活性，以及杀虫、拒食、克生和抗污损等生态功能的活性分子。仅从活性强度单方面分析，部分海洋植物天然产物达到了作为医用和农用药物先导化合物的活性要求，但是这些研究也往往限制在初步的生物活性筛选阶段，而未进行更深入的活性评价研究。虽然部分化合物也进行了简单的构效关系和活性选择性报道，并确定了关键的活性基团，以及对某种病原因子或生物具有选择性抑制作用，而进一步的毒性和成药性等评价却非常罕见。此外，大部分海洋植物的生物量相对较小，导致活性产物的大量获取相对困难，有关海洋植物活性化合物的体内活性及代谢研究更是缺乏。因此，由于以上各种因素的影响或制约，海洋植物天然产物中进入临床前和临床研究阶段的先导化合物相对较少，目前也未见上市销售的药物。

二、松香藻多卤代单萜 halomon 抗肿瘤活性研究

1. 来源植物

多卤代单萜 halomon 是唯一一个进入临床前实验阶段的海藻萜类天然产物（付青姐和李明春，2009），其化学结构参见本章第一节化合物 **2**，最初是从采集于夏威夷 Black Point 的浪花藻属红藻 *Chondrococcus hornemanni* 中发现的（Burreson et al.，1975），当时并未获得纯化合物，而是作为微量成分与另一卤代单萜（本章第一节化合物 **3**）一起被分离鉴

定，但其相对构型和绝对构型均未确定，后来该藻也被重新命名为 *Portieria hornemanni*（软粒藻或松香藻）(Jung and Parker，1997)。Fuller 等（1992）从采集于菲律宾 Chanaryan 的 *P. hornemanni* 再次分离得到此化合物，并利用质谱、核磁共振和 X 射线衍射等现代波谱技术对其相对构型和绝对构型进行了鉴定，从而最终确定了多卤代单萜 halomon 的化学结构。根据 Fuller 等（1992，1994）的两次报道，其主要是通过二氯甲烷/甲醇（1∶1）提取、二氯甲烷或正己烷萃取、凝胶柱色谱和重结晶/高效液相色谱（HPLC）分离得到，两次实验多卤代单萜 halomon 的获取量分别占粗提物总重量的 2.2%和 4.5%，而 Andrianasolo 等（2006）从采集于马达加斯加的 *P. hornemanni* 中获得的 halomon 仅占藻体干重的 0.0025%。此外，研究还发现 halomon 含量虽时间呈现动态变化，并且从菲律宾其他地方和夏威夷采集的 *P. hornemanni* 中未发现此化合物。因此，多卤代单萜 halomon 不仅含量低，而且来源不稳定，并因高度类似结构的存在增加了分离纯化的难度。

2. 化学合成

为了解决来源问题，很多研究者对多卤代单萜 halomon 及其结构类似物的合成方法进行了探索（Jung and Parker，1997；Boyes and Wild，1998），其中法国的 Schlama 等（1998）首次完成了 halomon 的全合成，合成从 2-炔-1,4-丁二醇开始，经过 13 步反应最终得到 halomon 及其手性异构体，总产率为 13%。此后，日本的 Sotokawa 等（2000）从月桂烯出发，经过 3 步反应获得了外消旋的 halomon，极大地缩短了合成步骤，为解决 halomon 的药源问题提供了便利。以上合成获得的产物均需要经过手性分离才能获得纯的 halomon，而截止到目前，有关 halomon 的对映选择性全合成仍未见报道。

3. 生物活性

经美国国家癌症研究所（NCI）的体外细胞毒活性筛选，发现多卤代单萜 halomon 对肿瘤细胞具有选择性抑制作用，其对脑肿瘤、肾肿瘤和克隆肿瘤细胞株具有强的活性，而对白血病和黑色素瘤的抑制作用相对较弱，构效关系研究表明 C-7 位卤代与 C-6 和 C-7 位的杂化方式对活性影响较小，而 C-2 和 C-6 位卤代对活性具有重要的贡献（Fuller et al.，1992，1994）。进一步的药理学研究表明 halomon 在鼠血浆中的浓度随时间呈两阶段线性变化，并仅有极少量随泌尿排出，其在各个组织中均有分布，且主要集中在脂肪中，并具有很好的生物利用度（Egorin et al.，1996）。此外，Egorin 等（1996）还发现 halomon 可以通过鼠和人肝细胞色素 P-450 酶代谢，并且其代谢与组织和尿液中的浓度存在一致性。Andrianasolo 等（2006）再次报道了 halomon 与肿瘤有关的活性，发现其对 DNA 甲基化转移酶具有抑制作用，但截止到目前再无 halomon 抗肿瘤活性的相关报道。

三、羽藻缩肽 kahalalide F 抗肿瘤活性研究

1. 来源植物

缩肽 kahalalide F（**473**）是目前唯一一个进入临床Ⅱ期研究的海藻抗肿瘤天然产物，最初是从采集于夏威夷 O'ahu 岛 Black Point 附近的软体动物海蜗牛 *Elysia rufescens* 及其食物来源的羽藻属绿藻 *Bryopsis* sp.中分离鉴定，含量较低。海蜗牛或羽藻的乙醇粗提取物先经硅胶柱层析，以乙酸乙酯/甲醇（1∶1）洗脱出的组分再经反复的 HPLC 纯

化得 kahalalide F，其从羽藻中分离纯化的量仅为 0.003%，低于海蜗牛中的获取量（0.01%），可见海蜗牛对 kahalalide F 具有一定的富集作用（Hamann and Scheuer，1993）。

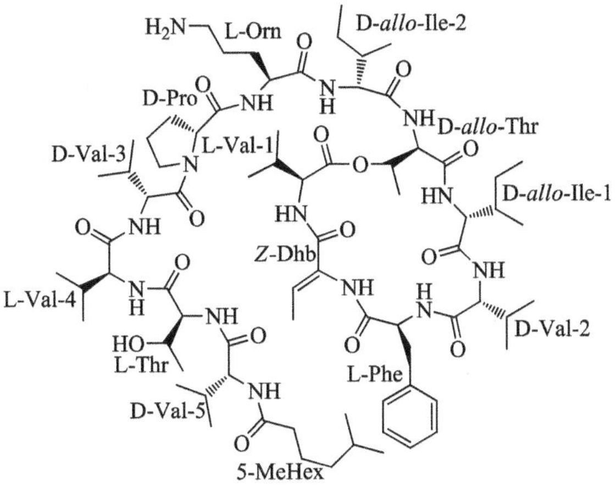

473

2. 化学合成

López-Macià 等（2011）首次完成了 kahalalide F 的化学合成，首先通过固相合成链状的前体，然后将其从树脂解离，再进行环化和脱保护基，最后通过中压色谱分离得到 kahalalide F，总产率为 10%～14%。此外，还通过色谱、波谱和活性数据比较，确定了天然来源的 kahalalide F 的绝对构型。Gracia 等（2006）运用片段缩合的策略对 kahalalide F 的合成方法进行了探索，发现碳端为 D-脯氨酸的片段在缩合形成目标产物的过程中可以避免差向异构化，为 kahalalide F 的合成提供了另一种有效的方法。

3. 生物活性与临床研究

缩肽 kahalalide F 具有多种生物活性，包括抗肿瘤、抗病毒、抗真菌和免疫抑制等，其中最引人注目的是其肿瘤细胞抑制潜力，并且 kahalalide F 对实体瘤细胞具有选择性抑制作用，初期研究表明其对 A-549、HT-29 和 LOVO 肿瘤细胞株的 IC_{50} 值分别为 2.5μg/mL、0.25μg/mL 和＜1.0μg/mL（Hamann and Scheuer，1993）。抗肿瘤作用机制研究表明，kahalalide F 能够改变溶酶体膜的功能，并抑制转化生长因子 TGF-*α* 表达，阻断表皮生长因子 EGF 和 ErbB1 受体家族的细胞内信号路径，诱导非 p53 蛋白调节的凋亡，而且能够选择性诱导肿瘤细胞坏死（Janmaat et al.，2005；Suarez et al.，2003；Gracia et al.，2006）。临床前毒性评估表明致死或最大耐受剂量的分级能够降低药物引起的毒性，适合临床评价研究（Brown et al.，2002）。Kahalalide F 目前正在进行临床研究，临床 I 期用于治疗前列腺癌和实体瘤（Salazar et al.，2013；Pardo et al.，2008；Rademaker-Lakhai et al.，2005），目前已进入临床 II 期阶段，用于治疗恶性黑色素瘤（Martín-Algarra et al.，2009），有关该化合物的临床研究情况可参见文献（时长淮，2013）。

四、微藻环肽化合物 apratoxin A 抗肿瘤活性研究

肽类化合物是海洋药物研究中的重要结构类型之一。目前，处在不同临床研究阶段的 18 个海洋来源的药物先导化合物中，三分之一的化合物含有特异氨基酸残基的肽类结构

（Banaigs et al.，2014）。海洋蓝细菌 *Moorea* 属是产生肽类化合物的重要生物来源，该属的一些物种曾称 *Lyngbya bouillonii*、*L. Majuscula* 和 *L. Sordida*。目前从该属发现的化合物中，以环肽类 apratoxin 化合物最为重要，它们是一类强效的细胞毒素，活性达到纳摩尔级。

1. 来源植物

代表性化合物 apratoxin A（**474**）是 2001 年 Moore 和 Paul 研究小组从采自关岛阿普拉港海域的蓝细菌 *Moorea producens*［当时鉴定为 *Lyngbya majuscule*（Luesch et al.，2001）］中分离获得的。该化合物的整体结构是通过广泛的波谱学尤其是 2D NMR 得以确定的；氨基酸残基的绝对构型的确定是通过水解后手性 HPLC 比对得以确定的；二羟基脂肪酸片段的相对构型通过 JBCA 方法（J-Based Configuration Analysis）得以确定，绝对构型的确定是通过 Mosher 方法解决的。化合物在溶液中的构象是通过分子模拟以及组合的距离几何和约束分子动力学的方法得以确定。在过去的十几年中，已经有 9 个 apratoxin 类化合物被发现。该类化合物的结构特征在于：它是一类氨基酸-聚酮组成的混源环缩醇酸肽类化合物，由 4 个氨基酸残基（Pro、N-Me-Ile、N-Me-Ala 和 O-Me-Tyr）和 1 个聚酮片段组成；噻唑啉环（moCys）两端分别与聚酮部分（Dtena）相连；自然界中罕见的新丁基片段（tert-butyl group）。

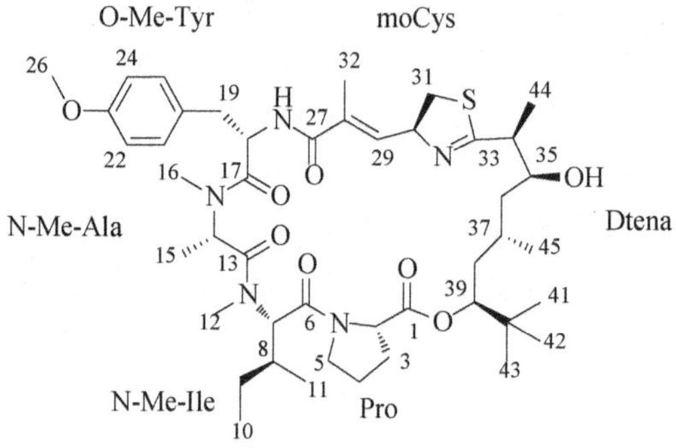

474

2. Apratoxin 类化合物的生物活性

Apratoxin 类化合物是强有力的细胞毒素（Chen et al.，2014），对各种肿瘤细胞株（包括人类结肠癌细胞 HT29 和 HCT-116、人类肺癌细胞 NCI-H460、人类宫颈癌细胞 Hela 和人骨肉瘤细胞 U2OS）均显示出显著的生物活性，其活性达到纳摩尔级别（Tan，2013）。早在 2001 年，Moore 和 Paul 小组就对 apratoxin A 进行了体内、体外细胞毒性测试，发现 apratoxin A 对人类肿瘤细胞系 KB 和 LoVo 具有极强的的体外细胞毒活性，IC_{50} 值在 0.36～0.52nmol/L 之间。该化合物体内对人类结肠肿瘤细胞活性较弱，对人类乳腺肿瘤细胞没有活性，且在体内也表现出不可逆毒性，以及耐受性较差。此外，体外的抗菌活性实验还证明 apratoxin A 具有广谱的活性，但其活性强弱存在差异。

化合物 apratoxin A 因其显著的生物活性和有趣的结构特征，引起了人们的广泛关注，但同样存在的毒副作用是必须解决的关键问题。科学家在最近的十几年里一直对该类化合物进行相关全合成和构效关系研究。另外，近年来也陆续从该蓝细菌中分离得到了其他的 apratoxin 类化合物（apratoxins A～H 和 apratoxin A sulfoxide），这些化合物都显示出一定的细胞毒性。

最近，Luesch 等合成了 apratoxin A/E 的类似物并命名为 apratoxin S4，它具有 apratoxin A 中的 C34～C35 结构和 apratoxin E 中的 C27～C30 结构。对该化合物进行体内移植了结肠肿瘤的老鼠模型活性测试发现，apratoxin S4 表现出比 apratoxin A 更强的药效，且具有更好的体内耐受性。为了使 apratoxin S4 实现大规模合成以用作临床前评估，Luesch 等认为需要改进并更换一些步骤来避免其合成的低效率和改善其操作步骤，这种步骤的改进是以提高化合物的稳定性和降低化合物的复杂程度为目标，主要包括改进化合物分子中 moCys 和 Dtena 两部分的结构。在此基础上，Luesch 等获得了多个结构更加稳定和简单的 apratoxin 类似物（apratoxins S5～S9），它们都显示出比 apratoxin A 更强的细胞毒活性。

研究表明，apratoxin 类化合物是用一种新的作用机制来治疗癌症，且这种作用机制可作为癌症的新治疗策略。药理学研究结果表明，apratoxin A 能干扰特定信号传导途径以及蛋白质的相互作用，从而干扰癌细胞的形成和存在。癌细胞通过建立了有关 apratoxin 防止共翻译移位，从而下调各种受体［包括酪氨酸激酶（RTK）受体］，并抑制分泌分子的扩散（包括受体酪氨酸激酶在内的生长因子）。个别的受体酪氨酸激酶（如表皮生长因子受体）和相应的配体［如血管内皮生长因子 A（VEGF-A）］被认定为药物靶点，研究表明，apratoxin 类化合物可以有效地间接抑制上述两类分子（Chen et al.，2014）。

3. apratoxin 类化合物的构效关系

在过去的十几年里，人们对分离自自然界和化学合成的 apratoxin 类化合物进行了广泛的细胞毒和抗肿瘤活性研究，并得到了一些重要的构效关系。在充分借鉴 Luesch 和 McPhail 等课题组工作基础上（Chen et al.，2014；Thornburg et al.，2013），我们以 apratoxin A 化合物为参照，对该类化合物构效关系进行了总结，如图 2-2 所示。

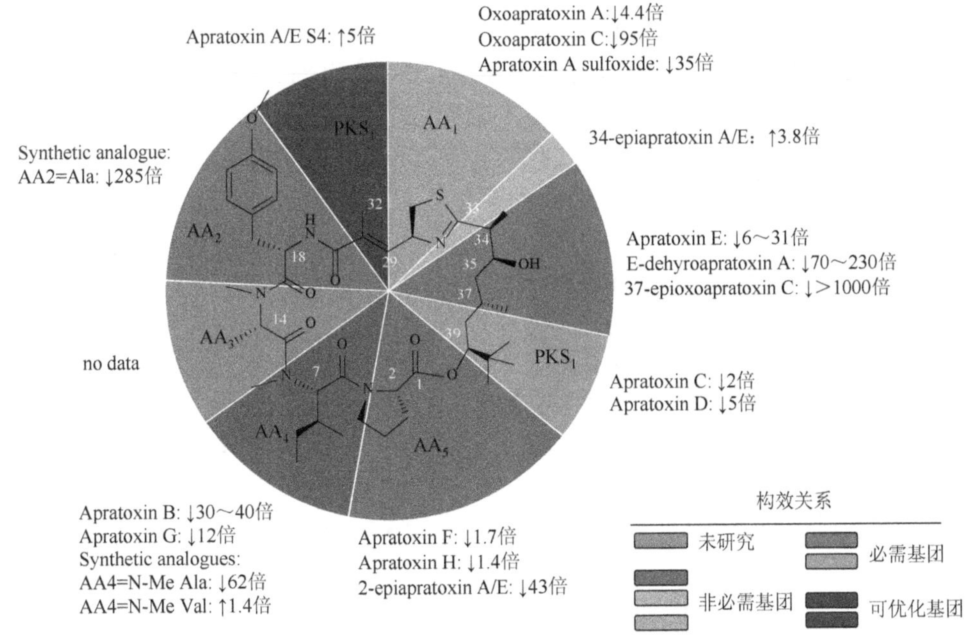

图 2-2 apratoxins 构效关系图（参照 Christopher C. Thornburg 等修改而成，其活性倍数是以 apratoxin A 为参照，以标准的 MTT 法检测同一细胞系得出）

如图 2-2 所示，以不同颜色的扇形将 apratoxin A 化合物分成了 9 个区域，以便更清晰地探讨该化合物的构效关系。在区域 AA2 中，当 *O*-甲基-酪氨酸（O-Me-Tyr）被丙氨酸（Ala）取代时，其细胞毒活性显著降低，下降了 285 倍，可初步认为该区域的结构是保持此化合物活性的必需基团；同样，C-35 叔醇脱水导致了该化合物的活性大大降低，降低了 70～230 倍，对比 apratoxin C，其 C-37 的差向异构体 37-epioxoapratoxin C 活性显著降低，下降值大于 1000 倍，表明该聚酮链状结构区域也是保持 apratoxin A 细胞毒活性的必需基团。在区域 AA5 中，当 apratoxin A 中的脯氨酸（Pro）被 *N*-甲基-丙氨酸（*N*-Me-Ala）取代时（即 apratoxin H），其活性下降了 1.4 倍，这一结构的改变与活性上的细小差别是相对应的，同样该情况也适用于 apratoxin F（Tidgewell et al.，2010），这表明区域 AA5 之间发生变化对该分子的细胞毒活性影响不大，因此可认为该区域是保持化合物 apratoxin A 活性的非必需基团。同样的，区域 PKS1 和 C-34 的差向异构体也可被认为是该化合物活性的非必需基团。此外，在化学诱变研究过程中，apratoxin A 骨架中区域 AA4（Chen et al.，2011）内 *N*-甲基-异亮氨酸（*N*-Me-Ile）被 *N*-甲基-丙氨酸（*N*-Me-Ala）取代使其对人类结肠癌细胞 HCT-116 的活性下降了 62 倍。相比之下，当 *N*-甲基-缬氨酸取代同样部位时并不影响化合物的细胞毒活性，这表明更大的疏水基团（即异亮氨酸或缬氨酸）在 AA4 这个区域中是必须存在的，因此可认为区域 AA4 为可优化基团。在区域 PKS2 中，合成 apratoxin S4，它不含有烯丙基甲基组 C-32 和 C-28 双键，使其对人类结肠癌细胞 HCT-116 的活性提升了 5 倍，也使非特异性和脱靶效用减少。后来通过更大的体内肿瘤选择性和显著减少其毒性进一步证实了这一点，这可能源于 28 位烯烃的还原致使无法与亲核细胞形成缀合物，这表明区域 PKS2 为 apratoxin A 化合物活性的可优化基团。Apratoxin A 的氧化亚砜化合物对人类肺癌细胞 NCI-H460 的细胞毒活性的 IC_{50} 值为 89.9nmol/L（Ma et al.，2006），与 apratoxin A 相比，其活性下降了约 35 倍。而在关于 apratoxin A 合成的噁唑啉模拟实验中，其对人类宫颈癌细胞 HeLa 的活性与 apratoxin A 相比，降低了 4.4 倍。这些结果表明，apratoxin 类化合物的细胞毒活性对 C27-C32 之间 moCys 噻唑啉单元的特定修饰表现出敏感。这可以认为区域 AA1 的结构特点为该化合物细胞毒活性的相对必需基团。

五、海洋植物来源先导化合物研究展望

海洋植物是海洋生物资源的重要组成部分，大部分海洋植物在分类地位上相对低等，其次生代谢途径与陆生植物及其他生物存在较大的差异，能够代谢产生一系列特异性的结构类型，为先导化合物的发现和新型药物的开发提供了重要的参考结构。针对目前的发展情况分析，海洋植物天然产物研究与以先导化合物为基础的药物开发过程中还存在一系列的问题，如采集不到所需要的植物样品、样品采集过程中无法进行初步的分类、样品量较少而只能获取少数的常量组分、活性筛选限制在少数几个模型、苗头化合物未进一步的深入研究、药理学研究因化合物量缺乏而停止等，并且前期研究的不可预见性较大，后期研究又存在很大的风险性。因此，下一步工作中需要注重以下方面的考虑：①加强海洋植物分类学研究，培养具有分类学背景的采样人员；②扩大海洋植物研究的种类，深度挖掘次

生代谢产物；③对产物进行较全面的生物活性筛选，对苗头化合物进行系统的药理学评价；④通过生物技术和化学合成手段解决先导结构的药源问题。至关重要的是上述所有工作的推进需要多个研究组织和多个相关研究团队的紧密协作才能完成。

（季乃云　邵长伦　王斌贵）

参考文献

陈映霞. 1995. 红树林的环境生态效应. 海洋环境科学，14（4）：51-55.

丁兰平，黄冰心，谢艳齐. 2011. 中国大型海藻的研究现状及其存在的问题. 生物多样性，19（6）：798-804.

方玉春，王毓，罗艳，等. 2010. 中国药用红藻资源调查及开发利用建议. 中国海洋药物，29（3）：63-67.

付青姐，李明春. 2009. 海藻萜类化合物及其生物活性研究进展. 中国海洋药物，28（6）：52-58.

黄欣碧，龙盛京. 2004. 半红树植物水黄皮的化学成分和药理作用研究进展. 中草药，35（9）：1073-1076.

林鹏，付勤. 1995. 中国红树林环境生态及经济利用. 北京：高等教育出版社：11-14.

林伟，陈騳. 1998. 微藻与细菌相互关系研究在海水养殖中的重要意义. 海洋科学，22（4）：34-37.

时长淮. 2013. 海洋天然药物 kahalalide F 研究进展. 中国老年保健医学，11（1）：52-53.

史大永. 2005. 海藻基根硬毛藻 *C. basiretorsa*、刺状鱼栖苔 *A. spicifera* 的化学成分及其生物活性研究及松节藻 *R. confervoides* 醇提物体内活性研究. 青岛：中国科学院海洋研究所.

孙雪，徐年军，郭俊明，等. 2010. 2 种海藻溴酚化合物的抗肿瘤作用及其机制研究. 中国中药杂志，35（9）：1173-1176.

汤海峰，易扬华，姚新生. 2001. 褐藻某些化学组分研究新进展. 中国海洋药物，84（6）：34-41.

唐丽薇，尚淑梅，郈宏博，等. 2014. 褐藻生物乙醇的研究进展. 生命科学，26（2）：188-193.

谢瑞红，周兆德. 2005. 红树林生态系统及功能研究综述. 11（4）：48-52.

徐秀丽，印丽媛，宋福行，等. 2012. 海洋褐藻叉开网翼藻中的单萜成分研究. 海洋科学，36（10）：81-84.

曾呈奎，陆保仁. 2000. 中国海藻志. 第三卷. 褐藻门. 第二册. 北京：科学出版社.

张水浸. 1996. 中国沿海海藻的种类与分布. 生物多样性，4（3）：139-144.

张义浩，赵盛龙，吴常文. 2002. 海洋生物：藻类. 杭州：浙江大学出版社：144.

赵萌萌，林鹏. 2000. 红树植物多样性及其研究进展. 生物多样性，8（2）：192-197.

赵亚，郭跃伟. 2004. 真红树植物化学成分及活性研究概况. 中国天然药物，2（3）：136-140.

Abdel-Mageed W M，Ebel R，Valeriote F A，et al. 1990. Pharmacognostical study of *Avicennia officinalis* L. growing in Egypt. Bull Pharm Sci，Assiut Univ，13（1）：59-64.

Abdel-Mageed W M，Ebel R，Valeriote F A，et al. 2010. Laurefurenynes A-F，new cyclic ether acetogenins from a marine red alga，*Laurencia* sp. Tetrahedron，66（15）：2855-2862.

Abou-El-Wafa G S，Shaaban M，Shaaban K A，et al. 2013. Pachydictyols B and C：New diterpenes from Dictyotadichotoma Hudson. Mar Drugs，11（9）：3109-3123.

Afolayan A F，Mann M G A，Lategan C A，et al. 2009. Antiplasmodial halogenated monoterpenes from the marine red alga *Plocamium cornutum*. Phytochemistry，70（5）：597-600.

Albuquerque I R，Cordeiro S L，Gomes D L，et al. 2013. Evaluation of anti-nociceptive and anti-inflammatory activities of a heterofucan from Dictyotamenstrualis. Mar Drugs，11（8）：2722-2740.

Amico V，Oriente G，Piattelli M，et lal. 1978. Caulerpenyne，an unusual sequiterpenoid from the green alga *Caulerpa prolifera.* Tetrahedron，19（38）：3593-3596.

Andrianasolo E H，France D，Cornell-Kennon S，et al. 2006. DNA methyl transferase inhibiting halogenated monoterpenes from the Madagascar red marine alga Portieria hornemannii. J Nat Prod，69（4）：576-579.

Antunes E M，Afolayan A F，Chiwakata M T，et al. 2011. Identification and *in vitro* anti-esophageal cancer activity of a series of halogenated monoterpenes isolated from the South African seaweeds *Plocamium suhrii* and *Plocamium cornutum*.

Phytochemistry，72（8）：769-772.

Appleton D R，Sewell M A，Berridge M V，et al. 2002. A new biologically active malyngamide from a New Zealand collection of the sea hare *Bursatella leachii*. J Nat Prod，65：630-631.

Areche C，San-Martin A，Rovirosa J，et al. 2010. Stereostructure reassignment and absolute configuration of Isoepitaondiol，a Meroditerpenoid. J Nat Prod，2010，73（1）：79-82.

Argandoña V H，Rovirosa J，San-Martín，et al. 2002. Antifeedant effects of marine halogenated monoterpenes. J Agric Food Chem，50（24）：7029-7033.

Audibert L，Fauchon M，Blanc N，et al. 2010. Phenolic compounds in the brown seaweed Ascophyllumnodosum：Distribution and radical-scavenging activities. Phytochem Anal，21（5）：399-405.

Awad N E. 2000. Bioloyically active steroid from the green alga ulva lactuca. Phytother Res，14（8）：641-643.

Banaigs B，et al. 2014. Outstanding marine molecules：Chemistry，biology，analysis. Wiley-VCH Verlag GmbH & Co. KGaA：285.

Belt S T，Massé G，Allard W G，et al. 2003. Novel monocyclic sester- and triterpenoids from the marine diatom，*Rhizosolenia setigera*. Tetrahedron Lett，44：9103-9106.

Blunt J W，Copp B R，Keyzers R A，et al. 2012. Marine natural products. Nat Prod Rep，29（2）：144-222.

Blunt J W，Copp B R，Keyzers R A，et al. 2013. Marine natural products. Nat Prod Rep，30（2）：237-323.

Blunt J W，Copp B R，Keyzers R A，et al. 2014. Marine natural products. Nat Prod Rep，31（2）：160-258.

Blunt J W，Copp B R，Munro M H G，et al. 2011. Marine natural products. Nat Prod Rep，28（2）：196-268.

Bonnard I，Manzanares I，Rinehart K L. 2003. Stereochemistry of kahalalide F. J Nat Prod，66（11）：1466-1470.

Boyes A L，Wild M. 1998. The manganese-mediated regioselective chlorination of allenes in synthesis approaches towards the spongistatins and halomon natural products. Tetrahedron Lett，39（37）：6725-6728.

Brown A P，Morrissey R L，Faircloth G T，et al. 2002. Preclinical toxicity studies of kahalalide F，a new anticancer agent：Single and multiple dosing regimens in the rat. Cancer Chemother Pharmacol，50（4）：333-340.

Bunyapraphatsara N，Justiviboosuk A，Sornlek P，et al. 2003. Pharmacological studies of plants in the mangrove forest. Thai J Phytopharm，10（2）：1-12.

Burreson B J，Woolard F X，Moore R E. 1975. Evidence for the biogenesis of halogenated myrcenes from the red alga Chondrococcus hornemanni. Chem Lett，4（11）：1111-1114.

Cantillo-Ciau Z，Moo-Puc R，Quijano L，et al. 2010. The tropical brown alga Lobophoravariegata：A source of antiprotozoal compounds. Mar Drugs，8（4）：1292-1304.

Cardellina J H，Marner F J，Moore R E. 1979. Seaweed dermatitis：Structure of lyngbyatoxin A. Science，204：193-195.

Cardeuina J H，Dalietos D，Marner F J，et al. 1978.（−）-*trans*-7(*S*)-methoxytetradec-4-enoic acid and related amides from the marine cyanophyte *Lyngbya majuscule*. Phytochemistry，17：2091-2095.

Cen-Pacheco F，Villa-Pulgarin J A，Mollinedo F，et al. 2011a. New polyether triterpenoids from *Laurencia viridis* and their biological evaluation. Mar Drugs，9（11）：2220-2235.

Cen-Pacheco F，Villa-Pulgarin J A，Mollinedo F，et al. 2011b. Cytotoxic oxasqualenoids from the red alga *Laurencia viridis*. Eur J Med Chem，46（8）：3302-3308.

Chakraborty K，Lipton A P，Paulraj R，et al. 2010. Guaianesesquiterpenes from seaweed Ulvafasciata Delile and their antibacterial properties. Eur J Med chem，45（6）：2237-2244.

Chatter R，Kladi M，Tarhouni S，et al. 2009. Neorogioltriol：A brominated diterpene with analgesic activity from *Laurencia glandulifera*. Phytochem Lett，2（1）：25-28.

Chen J L，Proteau P J，Roberts M A，et al. 1994. Structure of malhamensilipin A，an inhibitor of protein tyrosine kinase，from the cultured chrysophyte *Poterioochromonas malhamensis*. J Nat Prod，57（4）：524-527.

Chen Q Y，Liu Y，Cai W，et al. 2014. Improved total synthesis and biological evaluation of potent apratoxin S4 based anticancer agents with differential stability and further enhanced activity. J Med Chem，57：3011-3029.

Chen Q Y，Liu Y，Ltlesch H，2011. Systematic chemical mutagenesis identifies a potent novel apratoxin A/E hybrid with improved *in vivo* antitumor activity. ACS Med Chem Lett，2：861-865.

Choi H，Pereira A R，Gerwick W H. 2012. The Chemistry of Marine Algae and Cyanobacteria. Handbook of Marine Natural Products. New York：Springer：56-151.

da Silva Machado F L，Ventura T L B，de Souza Gestinari，et al. 2014. Sesquiterpenes from the Brazilian red alga *Laurencia dendroidea* J. Agardh Molecules，19（3）：3181-3192.

Dmitrenok A，Iwashita T，Nakajima T，et al. 2006. New cyclic depsipeptides from the green alga *Bryopsis* species：application of a carboxypeptidase hydrolysis reaction to the structure determination. Tetrahedron，62（6）：1301-1308.

D'Orazio N，Gammone M A，Gemello E，et al. 2012. Marine bioactives：Pharmacological properties and potential applications against inflammatory diseases. Mar Drugs，10（4）：812-833.

Egorin M J，Rosen D M，Benjamin S E，et al. 1997. In vitro metabolism by mouse and human liver preparations of halomon，an antitumor halogenated monoterpene. Cancer Chemother Pharmacol，41（1）：9-14.

Egorin M J，Sentz D L，Rosen D M，et al. 1996. Plasma pharmacokinetics，bioavailability，and tissue distribution in CD2F1 mice of halomon，an antitumor halogenated monoterpene isolated from the red algae *Portieria hornemannii*. Cancer Chemother Pharmacol，39（1-2）：51-60.

Etahiri S，Bultel-Poncé V，Caux C，et al. 2001. New bromoditerpenes from the red alga *Sphaerococcus coronopifolius*. J Nat Prod，64（8）：1024-1027.

Evans W C，Ramsey K P A. 1981. Tropane alkaloids from Anthocercis and Anthotioche. Phytochemistry，20：497-499.

Evans W C，Wellendorf M. 1959. The alkaloids of the roots of Datura. J Chem Soc：1406-1409.

Flodin C，Whitfield F B. 1999. 4-Hydroxybenzoic acid：a likely precursor of 2, 4, 6-tribromophenol in Ulvalactuca. Phytochemistry，51（2）：249-255.

Fuller R W，Cardellina II J H，Jurek J，et al. 1994. Isolation and structure/activity features of halomon-related antitumor monoterpenes from the red alga *Portieria hornemunnii*. J Med Chem，37（25）：4407-4411.

Fuller R W，Cardellina II J H，Kato Y，et al. 1992. A pentahalogenated monoterpene from the red alga *Portieria hornemannii* produces a novel cytotoxicity profile against a diverse panel of human tumor cell lines. J Med Chem，35（16）：3007-3011.

Ganguly S N，Sircar S M. 1974. Gibberellins from Mangrove plants. Phytochemisty，13：1911-1913.

Garcia Salgados，Raber G，Rami K，et al. 2012. Arsenosugar Phesplaolipids and arsenic hydrocarbons in two species of brown macroalgae. Environ Chem，9：63-66.

Gerwich W H，Lopez A，van Duyne G D. et al. 1986. Hormothamnione，a novel cytotoxic styrylchromone from the marine cyanophyte Hormothamnion enteromorphoides Grunow. Tetrahedron Lett，27（18）：1979-1982.

Goetz G，Yoshida W Y，Scheuer P J. 1999. The absolute stereochemistry of kahalalide F. Tetrahedron，55（25）：7739-7746.

Govindan M，Abbas S A，Schmitz F J，et al. 1994. New cycloartanol sulfates from the alga Tydemaniaexpeditionis：Inhibitors of the protein tyrosine kinase pp60v-src. J Nat Prod，57（1）：74-78.

Govindasamy C，Kannan R. 2012. Pharmacognosy of mangrove plants in the system of unani medicine. Asian Pacific J Tropical Disease：S38-S41.

Gracia C，Isidro-Llobet A，Cruz L J，et al. 2006. Convergent approaches for the synthesis of the antitumoral peptide，kahalalide F. Study of orthogonal protecting groups. J Org Chem，71（19）：7196-7204.

Güven K C，Percot A，Sezik E. 2010. Alkaloids in marine algae. Mar Drugs，8（2）：269-284.

Hamann M T，Otto C S，Scheuer P J，et al. 1996. Kahalalides：Bioactive peptides from a Marine Mollusk *Elysiarufescens* and its algal diet *Bryopsis* sp. 1. J Org Chem，61（19）：6594-6600.

Hamann M T，Scheuer P J. 1993. Kahalalide F：A bioactive depsipeptide from the Sacoglossaa mollusk Elysia rufescens and the green alga *Bryopsis* sp. J Am Chem Soc，115（13）：5825-5826.

Han L，Huang X，Sattler I，et al. 2004. New Diterpenoids from the Marine Mangrove *Bruguiera gymnorrhiza*. J Nat Prod，67：1620-1623.

Han L，Huang X，Sattler I，et al. 2005. Three new pimaren diterpenoids from marine mangrove plant，*Bruguiera gymnorrhiza*.

Pharmazie，60：705-707.

Handley J T，Blackman A J. 2000. Monocyclic diterpenes from the marine alga Caulerpa trifaria（chlorophyta）. Aust J Chem，53（1）：67-71.

Ibanez E，Cifuentes A. 2013. Benefits of using algae as natural sources of functional ingredients. J Sci Food Agric，93（4）：703-709.

Igarashi T，Satake M，Yasumoto T. 1996. Prymnesin-2：A potent ichthyotoxic and hemolytic glycoside isolated from the red tide alga *Prymnesium parvum*. J Am Chem Soc，118（2）：479-480.

Iliopoulou D，Mihopoulos N，Vagias C，et al. 2003. Novel cytotoxic brominated diterpenes from the red alga *Laurencia obtusa*. J Org Chem，68（20）：7667-7674.

Iliopoulou D，Vagias C，Harvala C，et al. 2002. C15 acetogenins from the red alga *Laurencia obtusa*. Phytochemistry，59（1）：111-116.

Ioannou E，Vagias C，Roussis V. 2013. Isolation and structure elucidation of three new dolastanes from the brown alga Dilophusspiralis. Mar Drugs，11（4）：1104-1112.

Izzo I，Acosta G A，Tulla-puche J，et al. 2010. Solid-phase synthesis of Aza-Kahalalide F analogues：（2*R*, 3*R*）-2-amino-3-azidobutanoic acid as precursor of the Aza-Threonine. Eur J Org Chem，2010（13）：2536-2543.

Janmaat M L，Rodriguez J A，Jimeno J，et al. 2005. Kahalalide F induces necrosis-like cell death that involves depletion of ErbB3 and inhibition of Akt signaling. Mol Pharmacol，68（2）：502-510.

Ji N Y，Wen W，Li X M，et al. 2009. Brominated selinanesesquiterpenes from the marine brown alga Dictyopterisdivaricata. Mar Drugs，7（3）：355-360.

Jung M E，Parker M H. 1997. Synthesis of several naturally occurring polyhalogenated monoterpenes of the halomon class. J Org Chem，62（21）：7094-7095.

Kan Y，Fujita T，Sakamoto B，et al. 1999. Kahalalide K：A new cyclic depsipeptide from the Hawaiian green alga *Bryopsisspecies*. J Nat Prod，62（8）：1169-1172.

Kanchanapoom T，Kamel M S，Ryoji R，et al. 2001. Benzoxazinoid glucosides from *Acanthus ilicifolius*. Phytochemistry，58：637-640.

Kang S M，Heo S J，Kim K N，et al. 2012. Molecular docking studies of a phlorotannin，dieckol isolated from *Ecklonia cava* with tyrosinase inhibitory activity. Bioorg Med Chem，20（1）：311-316.

Khan S，Jabbar A，Hasan C M，et al. 2001. Antibacterial activety of *Barringtonia racemosa*. Fitoterapia，72：162-164.

Kim A R，Shin T S，Lee M S，et al. 2009. Isolation and identification of phlorotannins from Eckloniastolonifera with antioxidant and anti-inflammatory properties. J Agric Food Chem，57（9）：3483-3489.

Kimura J. 2003. Novel oxylipin metabolites from the brown AlgaEiseniabicyclis. J Nat Prod，66（10）：1318-1323.

Kita M，Ohishi N，Konishi K，et al. 2007. Symbiodinolide，a novel polyol macrolide that activates *N*-type Ca^{2+} channel，from the symbiotic marine dinoflagellate *Symbiodinium* sp. Tetrahedron，63：6241-6251.

Kitagawa I，Zhang R，Hori K，et al. 1992. Indonesian medicinal plants Ⅱ. Chemical structures of pongapinones A and B，two new phenylpropanoids from the bark of *Pongamia pinnata*（Papilionaceae）. Chem Pharm Bull，40（8）：2041-2043.

Kladi M，Vagias C，Stavri M，et al. 2008. C15 acetogenins with antistaphylococcal activity from the red alga *Laurencia glandulifera*. Phytochem Lett，1（1）：31-36.

Konishi T，KIyosawa S，Konoshima T，et al. 1996. Chemical structures of Excoecarins A，B and C：Three new labdane- type diterpenes from wood，*Excoecaria agallocha*. Chem Pharm Bull，44（11）：2100-2102.

Konishi T，Takasaki M，Tokuda H，1998. et al. Anti-tumor-Promoting activity of the diterpene of Excoecaria Agallocha. Chem Pharm Bull，21（9）：993-996.

Konoshima T，Konishi T，Takasaki M，et al. 2001. Anti-tumor-promoting activity of the diterpene of Excoecaria Agallocha II. Chem Pharm Bull，24（12）：1440-1442.

Kurata K，Taniguchi K，Agatsuma Y，et al. 1998. Diterpenoid feeding-deterrents from *Laurencia saitoi*. Phytochemistry，47（3）：363-369.

Li X C，Jacob M R，Ding Y，et al. 2006. Capisterones A and B，which enhance fluconazole activity in *Saccharomyces cerevisiae*，from the marine green alga Penicilluscapitatus. J Nat Prod，69（4）：542-546.

Li X D，Miao F P，Li K，et al. 2012. Sesquiterpenes and acetogenins from the marine red alga *Laurencia okamurai*. Fitoterapia，83（3）：518-522.

Li X D，Miao F P，Liang X R，et al. 2013. Two halosesquiterpenes from *Laurencia composita*. RSC Adv，3（6）：1953-1956.

Lin L Z，Hu S F，Chai H B，et al. 1995. Lycorine alkaloids from hymenocallis littoralis. Phytochemistry，40（4）：1295-1298.

Lin Y Y，Risk M，Ray S M，et al. 1981. Isolation and structure of brevetoxin B from the "red tide" dinoflagellate *Ptychodiscus brevis*（*Gymnodinium breve*）. J Am Chem Soc，103：6773-6775.

Linington R G，Edwards D J，Shuman C F，et al. 2008. Symplocamide A，a potent cytotoxin and chymotrypsin inhibitor from the marine cyanobacterium *Symploca* sp. J Nat Prod，71：22-27.

Liu H，Gu L. 2012. Phlorotannins from brown algae（Fucusvesiculosus）inhibited the formation of advanced glycationendproducts by scavenging reactive carbonyls. J Agric Food Chem，60（5）：1326-1334.

Liu Y，Morgan J B，Coothankandaswamy V，et al. 2009. The Caulerpa pigment caulerpin inhibits HIF-1 activation and mitochondrial respiration. J Nat Prod，72（12）：2104-2109.

López-Macià À，Jiménez J C，Royo M，et al. 2011. Synthesis and structure determination of kahalalide F. J Am Chem Soc，123（46）：11398-11401.

Luesch H，Yoshida W Y，Moore R E，et al. 2001. Total structure determination of apratoxin A，a potent novel cytotoxin from the marine cyanobacterium *Lyngbya majuscula*. J Am Chem Soc，123：5418-5423.

Ma D，Zou B，Cai G，et al. 2006. Total synthesis of the cyclodepsipeptide apratoxin A and its analogues and assessment of their biological activities. Chem Eur J，12：7615-7626.

Mancini I，Guella G，Defant A，et al. 1998. Polar Metabolites of the Tropical Green Seaweed Caulerpa taxifolia which is spreading in the Mediterranean Sea：Glycoglycerolipids and Stable Enols（α1=keto Esters）. Helv Chim Acta，81（9）：1681-1691.

Mann M G A，Mkwananzi H B，Antunes E M，et al. 2007. Halogenated monoterpene aldehydes from the south African marine alga *Plocamium corallorhiza*. J Nat Prod，70（4）：596-599.

Manzo E，Ciavatta L，Bakkas S，et al. 2009. Diterpene content of the alga dictyota ciliolata form a moroccan lagoon. Phytochem lett，2（4）：211-215.

Martín-Algarra S，Espinosa E，Rubió J，et al. 2009. Phase II study of weekly kahalalide F in patients with advanced malignant melanoma. Eur J Cancer，45（5）：732-735.

Mohammed K A，Hossain C F，Zhang L，et al. 2004. Laurenditerpenol，a new diterpene from the tropical marine alga Laurencia intricata that potently inhibits HIF-1 mediated hypoxic signaling in breast tumor cells. J Nat Prod，67（12）：2002-2007.

Moore R E，Blackman A J，Cheuk C E，et al. 1984. Absolute stereochemistries of the aplysiatoxins and oscillatoxin A. J Org Chem，49：2484-2489.

Moore R E，Scheuer P J. 1971. Palytoxin-new marine toxin from a coelenterate. Science，172：495-498.

Murata M，Legrand A M，Ishibashi Y，et al. 1989. Structures of ciguatoxin and its congener. J Am Chem Soc，111：8929-8931.

Nakamura H，Asari T，Murai A，et al. 1995. Zooxanthellatoxin-A，a potent vasoconstrictive 62-membered lactone from a symbiotic dinoflagellate. J Am Chem Soc，117：550-551.

Nicolaou K C，Koftis T V，Vyskocil S，et al. 2004. Structural revision and total synthesis of azaspiracid-1，Part 2：Definition of the ABCD domain and total synthesis. Angew Chem Int Ed，43：4318-4324.

Oh K B，Lee J H，Chung S C，et al. 2008. Antimicrobial activities of the bromophenols from the red alga *Odonthalia corymbifera* and some synthetic derivatives. Bioorg Med Chem Lett，18（1）：104-108.

Ovenden S P B，Nielson J L，Liptrot C H，et al. 2011. Comosusols A-D and Comosone A：Cytotoxic compounds from the brown alga Sporochnuscomosus. J Nat Prod，74（4）：739-743.

Pardo B，Paz-Ares L，Tabernero J，et al. 2008. Phase I clinical and pharmacokinetic study of kahalalide F administered weekly as a 1-hour infusion to patients with advanced solid tumors. Clin Cancer Res，14（4）：1116-1123.

Park J Y，Kim J H，Kwon J M，et al. 2013. Dieckol，a SARS-CoV3CL（pro）inhibitor，isolated from the edible brown algae *Ecklonia cava*. Bioorg Med Chem，21（13）：3730-3737.

Peng J，Yuan J P，Wu C F，et al. 2001. Fucoxanthin，a marine carotenoid present in brown seaweeds and diatoms：Metabolism and bioactivities relevant to human health. Mar Drugs，9（10）：1806-1828.

Plaza A，Keffer J L，Bifulco G，et al. 2010. Chryso phaentins A-H，antibacterial bisdiarylbutene macrocycles that inhibit the bacterial cell division protein FtsZ. J Am Chem Soc，132（26）：9069-9077.

Poncet J. 1999. The dolastatins，a family of promising antineoplastic agents. Curr Pharm Des，5：139-162.

Premanathan M，Arakaki R，Izumi H，et al. 1999. Antiviral properties of a mangrove plant，*Rhizophora apiculata* Blume，against human immuneodeficiency virus. Antiviral Res，44：113-122.

Puckhaber L S，Stipanovic R D. 2004. Thespesenone and dehydrooxoperezinone-6-methyl Ether，New Sesquiterpene Quinones frome *Thespesia populnea*. J Nat Prod，67，1571-1573.

Puglisi M P，Tan L T，Jensen P R，2004. Capisterones A and B from the tropical green alga Penicilluscapitatus：Unexpected anti-fungal defenses targeting the marine pathogen Lindrathallasiae . Tetrahedron，60（33）：7035-7039.

Qiao Y Y，Ji N Y，Wen W，et al. 2009. A new epoxy-cadinanesesquiterpene from the marine brown alga Dictyopterisdivaricata. Mar Drugs，7（4）：600-604.

Rademaker-Lakhai J M，Horenblas S，Meinhardt W，et al. 2005. Phase I clinical and pharmacokinetic study of kahalalide F in patients with advanced androgen refractory prostate cancer. Clin Cancer Res，11（5）：1854-1862.

Rodriguez-Navarro A J，Lagos N，Lagos M，et al. 2007. Neosaxitoxin as a local anesthetic：Preliminary observations from a first human trial. Anesthesiology，106：339-345.

Saha M，Mallik A K，et al. 1991. A chromenoflavanone and two caffeic esters from *Pongamia glabra*. Phytochemistry，30（11）：3834-3836.

Salazar R，Cortés-Funes H，Casado E，et al. 2013. Phase I study of weekly kahalalide F as prolonged infusion in patients with advanced solid tumors. Cancer Chemother Pharmacol，72（1）：75-83.

Schantz E J，Mold J D，Stanger D W，et al. 1957. Paralytic shellfish poison. VI. A procedure for the isolation and purification of the poison from toxic clam and mussel tissues. J Am Chem Soc，79：5230-5235.

Schlama T，Baati R，Gouverneur V，et al. 1998. Total synthesis of（±）-halomon by a Johnson-Claisen rearrangement. Angew Chem Int Ed，37（15）：2085-2087.

Seki T，Satake M，Mackonzie L，et al. 1995. Gymnodimine，a new marine toxin of unprecedented structure isolated from New Zealand oysters and the dinoflagellate *Gymnodinium* sp. Tetrahedron Lett，36：7093-7096.

Sheu J H，Wang G H，Sung P J. 1999. New cytotoxic oxygenated fucosterols from the brown alga Turbinariaconoides. J Nat Prod，62（2）：224-227.

Shimizu Y，Chou H N，Bando H，et al. 1986. Structure of brevetoxin A（GB-1 toxin），the most potent toxin in the Florida red tide organism *Gymnodinium breve*（*Ptychodiscus brevis*）. J Am Chem Soc，108：514-515.

Siddhanta A，Goswami A M，Ramavat B K，et al. 2002. Nitrogenous glycerolipids from ulva fasciata（Ulvaceae，Chlorophyta）of west coast of India. J Indian Chem Soc，79（10）：843-845.

Simmons T L，Gerwick W H. 2008. Anticancer drugs of marine origin//Walsh P，Smith S，Fleming L，et al. Oceans and Human Health：Risk and Remedies from the Seas：431-452.

Singh I P，Milligan K E，Gerwick W H. 1999. Tanikolide，a toxic and antifungal lactone from the marine cyanobacterium *Lyngbya majuscula*. J Nat Prod，62：1333-1335.

Singh R K，Tiwari S P，Pai A K，et al. 2011. Cyanobacteria：An emerging source for drug discovery. J Antibiotics，64：401-412.

Smyrniotopoulos V，Vagias C，Bruyère C，et al. 2010a. Structure and *in vitro* antitumor activity evaluation of brominated diterpenes from the red alga *Sphaerococcus coronopifolius*. Bioorg Med Chem，18（3）：1321-1330.

Smyrniotopoulos V，Vagias C，Rahman M M，et al. 2010b. Structure and antibacterial activity of brominated diterpenes from the red alga *Sphaerococcus coronopifolius*. Chem Biodiversity，7（1）：186-195.

Song F，Xu X，Fi S，et al. 2005. Norsesquiterpenes from the Brown Alga Dictyopterisdivaricata. J Nat Prod，68（9）：1309-1310.

Sotokawa T，Noda T，Pi S，et al. 2000. A three-step synthesis of halomon. Angew Chem Int Ed，39（19）：3430-3432.

Stevenson C S，Capper E A，Roshak A K，et al. 2002. Scytonemin-a marine natural product inhibitor of kinases key in hperproliferative inflammatory diseases. Inflamm Res，51：112-114.

Suarez Y，Gonzalez L，Cuadrado A，et al. 2003. Kahalalide F，a new marine-derived compound，induces oncosis in human prostate and breast cancer cells. Mol Cancer Ther，2（9）：863-872.

Sun S M，Chung G H，Shin T S，et al. 2012. Volatile compounds of the green alga，Capsosiphonfulvescens. J Appl Phycol，24（5）：1003-1013.

Sun Y Q，Guo Y W，et al. 2004. Gymnorrhizol，an unusunal macrocyclic polydissulfide from the Chinese mangrove *Bruguiera gymnorrhiza*. Tetrahedron Lett.，45，5533-5535.

Suzuki M，Daitoh M，Vairappan C S，et al. 2001. Novel halogenated metabolites from the Malaysian *Laurencia pannosa*. J Nat Prod，64（5）：597-602.

Tachibana K，Scheuer P J，Tsukitani Y，et al. 1981. Okadaic acid，a cytotoxic polyether from two marine sponges of the genus Halichondria. J Am Chem Soc，103：2469-2471.

Tan L T. 2013. Pharmaceutical agents from filamentous marine cyanobacteria. Drug Discov Today，18：17-18.

Thornburg C C，Cowley E S，Sikorska J，et al. 2013. Apratoxin H and apratoxin A sulfoxide from the Red Sea cyanobacterium *Moorea producens*. J Nat Prod，76：1781-1788.

Tidgewell K，Engene N，Byrum T，et al. 2010. Evolved diversification of a modular natural product pathway：Apratoxins F and G，two cytotoxic cyclic depsipeptides from a Palmyra collection of Lyngbya Bouillonii. ChemBioChem，11：1458-1466.

Vairappan C S，Suzuki M，Abe T，et al. 2001. Halogenated metabolites with antibacterial activity from the Okinawan *Laurencia* species. Phytochemistry，58（3）：517-523.

Wang B G，Gloer J B，Ji N Y，et al. 2013. Halogenated organic molecules of Rhodomelaceae origin：Chemistry and biology. Chem Rev，113（5）：3632-3685.

Wang R，Shimizu Y. 1990. Bacillarolides I and II，a new type of cyclopentane eicosanoids from the diatom *Nitzschia pungens*. J Chem Soc Chem Comm，5：413-414.

Wu J，Xiao Q，Zhang S，et al. 2005. Xyloccensins Q-V，six new 8, 9, 30-phragmalin ortho ester antifeedants from the Chinese mangrove *Xylocarpus granatum*. Tetrahedron，61：8382-8389.

Wu J，Zhang S，Li Q，et al. 2004. Two New Cyclolignan Glycosides from *Acanthus ilicifolius*. Zeitsschrift fuer Naturforschung C，59（3）：341-344.

Wu W，Llasumi K，Peng H，et al. 2009. Fibrinolytic compounds isolated from a brown alga，Sargassumfulvellum. Mar Drugs，7（2）：85-94.

Xu N，Fan X，Yan X，et al. 2003. Antibacterial bromophenols from the marine red alga *Rhodomela confervoides*. Phytochemistry，62（8）：1221-1224.

Xu X. 2004. Dibenzyl bromophenols with diverse dimerization patterns from the brown alga *Leathesia nana*. J Nat Prod，67（10）：1661-1666.

Yamashital M Y，Sawako kondos，Segawa S，et al. 2013. Isolation and structural determination of two novel phlorotannins from the brown alga Ecklonia kurome Okamura，and their radical scavenging activities. Mar Drugs，11（1）：165-183.

Yoshii Y，Takaichi S，Maoka T，et al. 2002. characterization of two unique carotenoid fatty acid esters from pterospermacristatum（prasinophyceae，chlorophyta）1. J phycol，38（2）：297-303.

Zainuddin E N，Mentel R，Wray V，et al. 2007. Cyclic depsipeptides，ichthyopeptins A and B，from Microcystis ichthyoblabe. J Nat Prod，70：1084-1088.

Zhang H J，Mao W J，Fang F，et al. 2008. Chemical characteristics and anticoagulant activities of a sulfated polysaccharide and its fragments from Monostromalatissimum . Carbohydr Polym，71（3）：428-434.

Zhang L，Longley R E，Koehn F E. 1997. Antiproliferative and immunosuppressive properties of microcolin A，a marine-derived lipopeptide. Life Sci，6：751-762.

Zhang Y，Deng Z，Gao T，et al. 2005. Tagalsins A-H，dolabrane-type diterpenes from the mangrove plant，*Ceriops tagal*. Phytochemistry，66：1465-1471.

Zhang Y，Lu Y，Mao L，2005. et al. Tagalsins I and J，Two Novel tetraterpenoids from the mangrove plant，*Ceriops tagal*. Org Lett，7（14）：3037-3040.

第三章

海洋微生物来源天然产物研究开发

第一节　海洋微生物提取分离纯化技术

海洋中蕴藏着种类繁多、数量极为丰富的海洋微生物。据估计，全球海洋微生物有10亿多种，较陆地微生物多10倍以上，正常情况下每毫升海水中约含有10^6个微生物，以弧菌和细菌为主。远洋水体中细菌的浓度略低些，每毫升中有10^2～10^3个。真菌和放线菌喜好附着存在，所以在海水中含量不多，而在海泥中或海洋沉积物上则吸附较多。许多海洋微生物与海洋动植物（如海绵、红树林）存在共生、共栖或附生的关系，其种类和数量都很多，而且很大部分都能产生抗菌、抗肿瘤等活性物质。海洋微生物在与宿主的共同进化中通过基因交流获得功能基因，使其代谢产物化学结构和药理作用机制更具多样性，开发出创新药物的可能性更大，例如Fenical等发现了一类海洋特有的*Salinispora*属放线菌，并从中分离获得了大量的结构新颖、活性显著的化合物，其中salinosporamide A是一种新颖的20S蛋白激酶抑制剂，目前已被FDA批准进入临床Ⅱ期试验（Fenical et al., 2006）。本节将介绍海洋微生物的样品采集、分离纯化、保存、培养以及代谢产物的活性筛选和提取分离过程中的常用方法。

一、海洋微生物的采集

海洋微生物的来源包括海水、海底沉积物、浮木、藻类、海草、红树林植物和海洋生物等，海洋微生物的采集必须采用无菌操作，同时还要避免采样过程中经过其他水层时可能引入的污染。采集的样品最好在航海实验船上立即进行种属鉴定和微生物分离。如果实验条件不具备，样品需要暂存于4～8℃，最好立即放到事先准备好的液氮瓶中或干冰冻结，尽可能保持所采集样品的原始状态，待回到陆地实验室中再进行微生物分离筛选，且不要长时期存放不用。下面简单介绍海水、海泥和共附生海洋生物来源的样品采集。

1. 海水样品采集

海水样品采集常用的装置有两种：一种是击开式采水器，这种采水器参考佐贝尔（ZoBell）采水器设计而成，当采水器下降到预定水深时，投放使锤，通过杠杆等机械作用使瓶口打开，海水进入采水瓶后再封闭瓶口，适用500m以内的海水采样；另一种是Niskin采水器，在采集大量海水样品时较为理想。此外，也可以请潜水员或应用机器人潜水采样。

2. 海泥样品采集

海泥样品多借用采泥器进行采样，如曙光HNM-2采泥器，用柱状采样管或地质取样管从海底获得大块原状底质海泥样品，当采泥器提拉到甲板实验室之后，用无菌铲刀将海泥柱剖开，通过无菌操作获得不同层次海泥中的微生物样品。

3. 海洋生物样品采集

许多海洋生物都含有大量的共附生微生物，这些微生物被认为具有更强的产生抗菌、抗肿瘤等活性物质的能力。对于浅水区域的海洋生物样品，一般采取浮潜或者水肺式潜水等进行采集，这项工作由经过科研培训的潜水员或者经验丰富的渔民来完成。

4. 海洋微藻样品采集

海洋微藻样品可直接采集海水，通过滤膜过滤（孔径0.6μm）富集获得；对于较大的浮游微藻可用浮游生物网采集和富集；水表漂浮的微藻可将海水转入无菌容器中获得；对于生活在生物或固体表面的微藻，可用无菌小刀将微生物的表面膜刮下，也可将琼脂平板压在微生物定居的表面；底栖型微藻可用载玻片收集，将载玻片放于海底一段时间，让附着型微藻定居在上面；沉积物中的微藻可采用将沉积物铺于琼脂平板表面的方法获得。

随着现代科技的发展，深海远程操纵潜水器、水下机器人等设备大量应用，使采集者可以深入超过水下1000m 采集样品，大大加快对深海海洋微生物资源的研究。例如，我国研发的“蛟龙号”载人潜水器设计最大下潜深度为7000m，工作范围可覆盖几乎全球海洋区域，对于深海样本的采集研究有着重大意义。

二、海洋微生物的分离纯化

采集的海洋微生物样品要尽快在无菌条件下进行微生物的分离纯化，以免微生物的数量和种群发生变化。自然界已经分离到的微生物可能不到总量的5%，而这个比例在海洋微生物中更低，如何把更多的微生物分离并培养出来是很多科学家期待解决的问题。在分离培养某一类型的微生物时通常需要添加特定抗生素以抑制或杀死其他微生物，以分离放线菌为例，在分离和处理时要尽量减少真菌和细菌的污染，常用处理方法有：干法加热、氯胺-T处理、1%～5%苯酚浸泡或75%乙醇洗涤等。分离纯化海洋微生物的方法已有很多，但每种方法都有优缺点或局限性（林永成，2003）。

1. 稀释分离法

选用合适的培养基制成平板，将采集到的样品进行一系列梯度稀释，再从各稀释管中取一定量涂布于培养上分离培养。将培养后长出的单个菌落分别挑取接入斜面，培养后涂片染色，用显微镜检查是否为单一微生物，若有其他杂菌混杂，就要再一次进行分离纯化，直至获得纯菌株。

2. 平板划线分离法

用接种环按无菌操作要求从水样或沉积物悬液中取一环，在平板上边连续划线或平行划线，适宜温度下培养2～7天至长出单菌落在显微镜下涂片检查是否为单一微生物。如果不纯，可再划线分离，直至获得纯菌株。

3. 细胞分离法

为了确保菌株由一个细胞发育而来，通常需要进行单细胞分离。将稀释平板分离的悬液经过充分分散并稀释到合适稀度下，再经过脱脂棉过滤，这样在平板上长出的菌落基本上是由单细胞组成的。较为可靠的单细胞分离法有毛细管分离法、小滴分离法和显微镜操作法。

4. 海洋微藻和蓝细菌分离法

一些细胞较大的海洋微藻可用毛细管复洗技术进行分离，但大部分海洋微藻很容易被细菌污染，实现单一微藻的纯培养比较困难，需要利用离心洗涤、抗生素处理、紫外线处理和过滤等技术来进行分离纯化。海洋蓝细菌的分离方法与海洋微藻基本相同。

5. 共附生海洋微生物

共附生海洋微生物可能是一些海洋天然产物的真正来源，对共附生海洋微生物的研究主要依靠生物技术和化学分析，真正的分离培养还很困难，采用流式细胞术、细胞培养技术和化学检测能够进行一些物种的研究，如采用解剖和差速离心对海绵 *Theonella swinhoei* 组织进行细胞分离和化学分析，发现其代谢产物 theopalauamide 分布于丝状菌群，而 swinholide A 由蓝细菌 *Geitlerinema* sp.产生（Piel et al.，2004）。

三、海洋微生物的保存

海洋微生物菌种要按其特性，采取适当的方法妥善加以保存，要求是菌种保存不死亡、不污染、不衰退、不变异，建立海洋微生物的纯种库，为菌株交换和科研利用等服务。

1. 一般低温保存（继代培养）

将已编号的斜面菌种、半固体穿刺培养物或菌悬液，直接放到 1～10℃冰箱或冷库里保藏。为了防止培养基干燥和试管棉塞吸水变湿引起污染，斜面棉塞可以换成无菌的塑料盖或胶皮塞子。一般低温保存的菌株要定期检查，继代移殖后再保存（要求 1～3 个月内换 1 次）。

2. 石蜡油封保存

在斜面菌苔上或半固体刺穿培养物上，加封一层灭菌液状石蜡，防止菌苔和培养基干燥，隔绝氧气，使菌株新陈代谢的能力降低。石蜡油封存的斜面通常放在 4～5℃冰箱中保存。

3. 低温冷冻保存

对海洋真菌、酵母菌或放线菌等，可将已长好的琼脂斜面（能形成孢子的菌株以开始形成孢子时为准；不能形成孢子的菌株以菌丝旺盛生长时为准）严格密封，不使用保护剂，直接放到-20℃冰箱中保存。使用时将培养物取出置于室温下自然解冻。

4. 液氮冷冻保存

把细菌悬浮液或将生长有细菌的琼脂培养基加入分散剂中进行冷冻，然后移至液氮中保藏，这是一种比较理想的保存方法。冷冻时可用 10%甘油或 5%～10%二甲基亚砜等作分散剂，这类分散剂可透入细胞，并能减少胞内冰晶的形成，起细胞保护作用。

5. 冷冻干燥保存

冷冻干燥法是一种综合性保藏方法，它同时利用了各种有利于菌株保存的因素，被认为是目前最可靠的菌种保存方法。应用时需要使用适宜的保护剂，如脱脂牛奶保护剂。

四、海洋微生物的培养

自20世纪40年代佐贝尔（ZoBell）在海洋微生物培养方面的开拓性工作以来，已经形成了很多种培养基和培养条件，但不同海洋微生物所需要的培养条件极不相同，很难采用统一的培养条件。设计培养条件时应掌握培养基配方设计的基本原则，首先要选择适宜的营养物质，综合考虑碳源、氮源、无机盐、微量元素、生长素、水、凝固剂等；其次要确定各种营养物质的比例；再次要调配和控制酸碱度。实际培养中必须考虑海洋微生物的特殊生境条件，给予合适的营养物质、培养温度和通气条件。如分离培养深海中的微生物时，需要考虑压力的影响。对一些生长在深海寒冷区或极区的嗜冷菌，培养时需要低温。对一些海底火山口附近的嗜热菌或高温菌则要在高温条件下培养。一些海洋寡营养性细菌，在海水条件下只需添加1.5%琼脂就可培养，较高的有机营养物反而抑制它们的生长。下面对一些海洋微生物的培养分类进行介绍（孔杰，1997）。

1. 海洋细菌

（1）ZoBell 2261E 培养基

蛋白胨 0.5%、酵母膏 0.1%、磷酸铁 0.01%、琼脂 1.5%、陈海水（或人工海水）100mL，pH 7.6～7.8。

陈海水：将天然海水放置暗处储放 2～4 周，待其所含杂质沉淀后，过滤而成；人工海水：无水氯化钙 0.147%、硼砂 0.0026%、氯化钾 0.068%、无水氯化镁 1.078%、氯化钠 2.35%、EDTA 二钠盐 0.000 03%、碳酸氢钠 0.0196%、硅酸钠 0.003%、硫酸钠 0.4%。蒸馏水 100mL，pH 8.0。

（2）牛肉膏蛋白胨培养基

牛肉膏 0.3%、蛋白胨（鱼粉蛋白胨）0.5%、陈海水（或人工海水）100mL、琼脂 1.8%，pH 7.0～7.2。

（3）葡萄糖-牛肉膏-蛋白胨培养基

葡萄糖 1%、牛肉膏 0.3%、鱼蛋白胨 0.5%、15%陈海水（或人工海水）100mL、琼脂 1.8%，pH 7.0～7.2。

（4）LB1 培养基（改良）

蛋白胨 1%、酵母膏 0.5%、NaCl 3%（或 5%）、琼脂 1.8%，pH 7.0。

（5）海洋弧菌培养基-TCBS 培养基

蛋白胨 1%、溴麝香草酚蓝 0.004%、柠檬酸铁 0.1%、牛胆盐 0.8%、氯化钠 1%、柠檬酸钠 1%、硫代硫酸钠 1%、蔗糖 2%、麝香草酚蓝 0.004%、酵母膏 0.5%、水 100mL、琼脂 1.5%～1.8%，pH 8.6。

2. 海洋真菌

（1）马丁（Martin）培养基（改良）

KH_2PO_4 0.1%、$MgSO_4 \cdot 7H_2O$ 0.05%、葡萄糖 1%、蛋白胨 0.5%、陈海水（或人工海水）100mL、琼脂 2%，pH 6.0～6.5。

此培养基每 1000mL 中加 1%孟加拉红水溶液 3.3mL。临用时，培养基融化后倒平板前加 1%链霉素液 0.5mL（50ppm），以抑制细菌生长。

（2）察氏（Czapek）培养基（改良）

蔗糖 3%、$NaNO_3$ 0.2%、K_2HPO_4 0.1%、KCl 0.05%、$MgSO_4 \cdot 7H_2O$ 0.05%、$FeSO_4 \cdot 7H_2O$ 0.001%、琼脂 2%、陈海水（或人工海水）100mL，pH 6.5。

（3）马铃薯-蔗糖琼脂培养基（改良 PDA）

20%马铃薯浸出液 100mL、蔗糖 2%、NaCl 2%、琼脂 2%，pH 6.5～7.0。

（4）葡萄糖-麦麸-昆布糖海带粉琼脂培养基

葡萄糖 2%、麦麸 3%、KH_2PO_4 0.05%、$MgSO_4 \cdot 7H_2O$ 0.1%、10%昆布糖海带浸出液①10mL、琼脂 2%、陈海水（或人工海水）90mL，pH 6.5～6.8。

3. 海洋放线菌

（1）改良高氏 1 号培养基

KNO_3 0.1%、K_2HPO_4 0.05%、$MgSO_4 \cdot 7H_2O$ 0.05%、NaCl 2.0%、$FeSO_4 \cdot 7H_2O$ 0.001%、可溶性淀粉 2%、琼脂 1.8%、水 100mL，pH 7.0～7.2。临用时在已融化的培养基中加入重铬酸钾（100ppm）以抑制细菌和霉菌的生长。

（2）改良伊莫松（Emerson）培养基

葡萄糖 1%、酵母膏 1%、牛肉膏 0.4%、蛋白胨 0.4%、氯化钠 2.5%、琼脂 1.8%、水 100mL，pH 7.0～7.2。重铬酸钾加入方法同上。

（3）葡萄糖天门冬素琼脂培养基

葡萄糖 1%、天门冬素 0.05%、K_2HPO_4 0.05%、琼脂 1.8%、陈海水（或人工海水）100mL，pH 7.2～7.4。

（4）高氏-天冬素琼脂培养基

可溶性淀粉 2%、L-天冬素 0.05%、KNO_3 0.1%、$K_2HPO_4 \cdot 3H_2O$ 0.05%、NaCl 0.05%、$MgSO_4 \cdot 7H_2O$ 0.05%、$CaCO_3$ 0.1%、琼脂 1.8%、自来水（或新鲜海水）100mL，pH 7.5。

（5）甘油-酵母膏琼脂培养基

甘油 2%、酵母膏 0.2%、$CaCO_3$ 0.3%、琼脂 1.8%、自来水（或新鲜海水）100mL，pH 7.5。

4. 海洋微藻和蓝细菌培养

海洋微藻培养需要考虑的因素较多，需要用有机缓冲物来维持海水的 pH，用螯合剂保存溶液中重要的微量元素，还需要加入必需维生素，加入琼脂做成半固体（1%～1.2%）促使微藻形成群体。此外，培养容器需要透明，培养过程保持恒温，通常采用 12h 光照/12h 黑暗和 14h 光照/14h 黑暗的光照周期。采用摇床模拟微藻在生长环境的水流影响。常用的培养基配方如下：生物素 0.05，无水氯化钙 0.2，氯化铁 72.6，磷酸氢二钾 1.05，氯化锰 2.3，EDTA 二钠盐 300，钼酸钠 2.5，硝酸钠 2.5，维生素 B_1 0.1，维生素 B_{12} 0.5，用陈海水配制，60℃，4 h 灭菌（浓度以 μg/L 计算）。海洋蓝细菌的分离培养方法与海洋微藻大致相同。

5. 新培养方法研究

新培养方法是获得海洋微生物新菌种的重要途径，一些研究者采用新的培养方法获得

① 称取昆布糖海带 10g，加水 100mL，煮沸 30min，过滤，并补足到原有水量。

了以前从未发现过的新菌种，如 Kaeberlein 等设计了模拟自然环境的“扩散箱”，从潮间带海泥中分离到许多以前不可培养的微生物（Kaeberlein et al.，2002）。一些微生物需要在其他微生物存在的情况下才能形成菌落，因此共培养也是一种有效的策略。Connon 等（2002）采用高通量寡营养方法成功地获得了许多海洋浮游菌株，培养率较传统的平板培养法高出 1～120 倍。另外，许多共附生的海洋微生物在现有实验条件下无法培养，可以采用宏基因组（Metagenome）途径进行研究，从环境或共生体中克隆出存在的所有基因组 DNA，然后筛选感兴趣的目的基因，克隆和异源表达相应的基因簇，从而得到活性天然产物。Freeman 等（2012）采用这种方法证实海绵 *Theonella swinhoei* 的代谢产物 polytheonamides 是由共附生微生物产生的。

五、活性筛选技术

早期的微生物新药发现源于对自然现象的观察，如青霉素等。现代药物研究更多是在疾病认识基础上建立的活性筛选方法，新筛选模型的不断建立为新药研发增添活力。海洋微生物种类繁多、数量巨大，因此活性筛选至关重要。在分离纯化过程中也要尽量采用活性跟踪的原则，才会有满意的结果。

传统的动物筛选模型能够从整体上反映筛选样品的药效、毒性和不良反应，但样品需求量大、周期长，不适合作为海洋微生物的快速筛选方法，更多用于成药性评价和临床前研究。细胞或分子水平的药物筛选方法具有样品需求量少、靶点明确、可实现大规模等优点，成为目前药物筛选的主要方法。细胞水平的常用筛选方法包括抗菌、抗真菌、抗病毒和细胞毒活性筛选；分子水平的筛选方法包括靶酶抑制剂或激动剂的筛选，如抗肿瘤活性的 DNA 拓扑异构酶、蛋白激酶，抗病毒活性的蛋白酶、逆转录酶，抗糖尿病活性的醛糖还原酶，抗神经退化疾病的乙酰胆碱酯酶和降血脂活性的鲨烯合成酶等。这些筛选方法的大量应用使活性筛选转变为自动化大规模的筛选体系，逐渐形成了高通量筛选（high throughput screening，HTS）和高内涵筛选（high content screening，HCS），这已经成为目前欧美发达国家及大型制药公司发现先导化合物的主要手段，每年可完成 100 万个以上样品的活性筛选（易杨华等，2006）。

六、代谢产物的分离纯化

传统的天然产物分离方法均适用于海洋微生物的研究，略有不同的是，海洋微生物天然产物研究更关注目标化合物的分离纯化，而不是试图分离所有成分。目标化合物可以是具有特定生物活性的物质，也可以是特定结构或理化性质的成分，选择合适的筛选方法确定目标化合物是分离纯化的首要任务。另外，排除重复、微量成分和不稳定成分的分离也是海洋微生物天然产物研究中的常见问题。

1. 目标化合物筛选

目标化合物的确认常用有三种方式：活性筛选、化学筛选和基因筛选。活性筛选即直接对发酵液或提取物进行活性测试，确定活性化合物，并进行活性跟踪分离。这种方法的最大问题是需要注意假阳性和假阴性。提取物中的非活性成分能够非特异性与筛选模型的分子靶点结合，或者干扰筛选模型的检测方法。也有一些化合物在体内具有活性，但是在体外筛选模型中表现为无活性。化学筛选是利用化学和光谱学方法，如 TLC 显色，HPLC 与 UV、MS 或 NMR 等检测器联用检测，筛选获得次级代谢产物的结构信息。基因筛选是以特定的骨架结构为出发点，根据生物合成过程中基因的保守序列设计引物进行筛选。基因筛选是生物信息学发展的必然产物，往往能够快速获得含预期结构的化合物。Hornung 等针对负责苯环卤化的黄素腺嘌呤二核苷酸依赖的卤化酶设计引物，筛选到 103 个新的卤化酶，并进一步通过 HPLC-MS 对 6 个阳性菌株发酵产物进行了验证（Hornung et al.，2007）。

2. 排除重复

海洋微生物研究过程中经常会重复获得已知化合物，造成了时间和资源的巨大浪费，因此，排除重复是一个重要步骤，它快速排除已知化合物，确保后期分离、结构鉴定和药理活性研究的对象为新化合物，实现这一目的需要综合利用种属鉴定、活性筛选、色谱光谱特征以及数据库检索。排除重复主要依靠色谱质谱联用技术，如 HPLC-DAD、HPLC-MS 和 HPLC-NMR 联用，通过在线采集化合物的 UV 吸收光谱、相对分子质量、分子式和碎片离子信息来推断化合物的结构信息，而 HPLC-NMR 联用能够更准确地提供化合物结构信息。数据库检索是排除重复的重要依赖，过去二三十年建立了许多天然产物数据库，如 MarinLit、Chemical Abstracts（CAS）和 Chapman & Hall’s Dictionary of Natural Products 等，为排除重复提供了可靠依据。

3. 微量成分

微量成分的分离纯化需要根据目标化合物的结构和性质选择合适方法，首先要建立一种检测方法，以指导后续的分离纯化步骤。分离微量成分经常需要处理大体积的提取物，可考虑采用离心过滤、膜分离和大孔吸附树脂等方法。分离纯化需要很多步的色谱操作，每一步都会影响最终纯度和得率，尤其是早期的处理步骤，应当尽可能选择一些对样品损耗少的色谱方法，如选择性吸附树脂、离子交换色谱和制备型 HPLC。也可以尝试优化微生物的发酵条件，或采用诱导突变或遗传调控等方法提高目标化合物的产量。

4. 不稳定化合物

不稳定化合物的分离纯化应当尽量采取温和的条件，避免可能引起结构变化的可能。如当减压浓缩有机溶剂时温度不要超过 35℃，以避免化合物降解，水溶液最好采用吸附或离心法浓缩。当分离对空气和水敏感的化合物时，使用干燥、无氧、充氩气的试管，并添加叔丁基羟基苯硫醚作为抗氧剂。当提取物中含有无机盐或酸时，最好采用冷冻干燥法进行浓缩，以避免引发催化反应。有时我们获得的化合物并不是真正的天然产物，而是在分离纯化过程中发生变化了的人工产物。另外，掌握一些不稳定化合物的变化规律，为应对实际操作中遇到的不稳定化合物提供参考。例如，从海洋放线菌 *Salinispora tropica* 中分离得到的 salinosporamide A（**1**）具有特殊的 γ-内酰胺-β-内酯结构，它在 1∶1 的二氯甲烷-甲醇溶液中发生甲醇解使 β-内酯开环（**2**），另外在弱碱性条件下能发生 β-内酯开环和脱羧反应（**3**），所以在分离过程中需要避免使用甲醇和碱性条件（Philip et al.，2005）。氯仿中含有的微量稀酸、柱色谱的硅胶均可能引起**4**发生脱水反应。Hak等从海洋放线菌分离得到了一种多烯大环内酯类化合物 marinomycin A（**6**），在光照条件下发生异构化，形成*E*-和*Z*-混合物，因此在分离过程中需要避光（Hak et al.，2006）。从南海海兔的共附生真菌 *Torula herbarum* 中获得的 *ent*-astropaquinone C（**7**）可能是半缩醛 *ent*-astropaquinone B（**8**）在甲醇溶液中的衍生产物。来自海洋甲藻的 zooxanthellamide C（**9**）是自然界最大的大环内酯之一，尽管它们能够被 HPLC 分离纯化，但在 D_2O 和 CD_3OD 中均不稳定，生成羧酸（**10**）和甲酯（**11**）（Geng et al.，2012）。

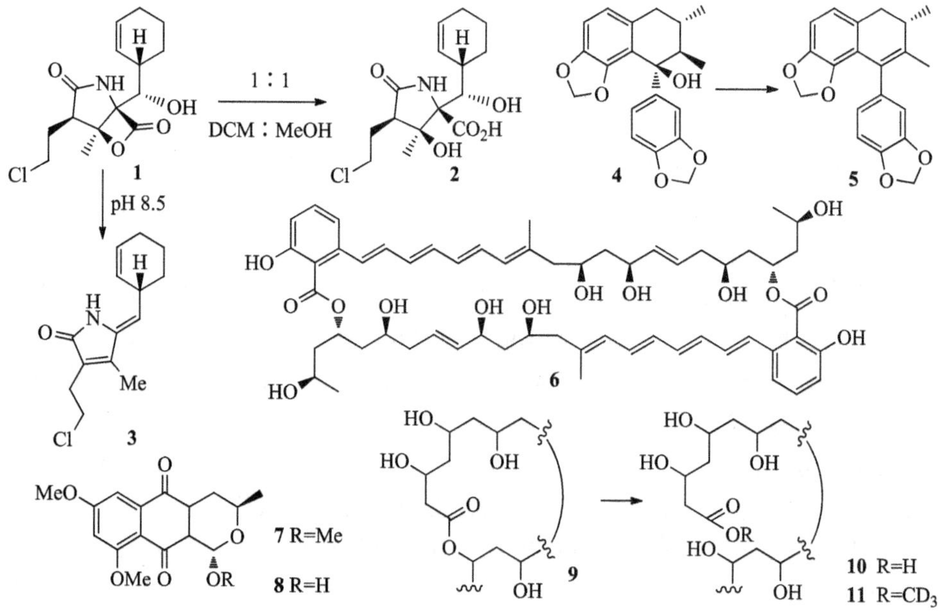

1：1
DCM：MeOH
pH 8.5
7 R=Me
8 R=H
10 R=H
11 R=CD_3

（孙　鹏）

第二节　海洋真菌来源海洋天然产物研究

近年来，海洋微生物已成为海洋天然产物的三大来源之一。越来越多的研究表明，从海绵、珊瑚、海藻等海洋动植物中获得的天然活性物质可能是由其微生物产生的，或来自海洋微生物与其海洋宿主之间的互相作用。海洋环境的特殊性造就了海洋微生物种类及其次生代谢产物的多样性。海洋真菌作为海洋微生物的重要组成部分，遗传背景复杂，其次生代谢产物具有化学多样性丰富、产量高等特点，在药物先导化合物的发现、石油降解及海洋环境的修复等方面发挥着重要作用。

海洋真菌是指能在海水中繁殖和完成生活史，又能在海水培养基上良好生长的真菌类群，包括专性海洋真菌和兼性海洋真菌。专性海洋真菌是海洋中的土著，其生长及生成孢子只能在海洋环境中完成；兼性海洋真菌是指在陆地土壤、淡水和海洋环境中都能生长的真菌（Bugni et al.，2004）。据估计，海洋真菌至少有1500种（Hyde et al.，1998）。但直到2000年，被描述过的海洋真菌仅有444种，不到陆地真菌总数（约5万种）的1%。

2009 年，Jones 统计了 321 属 530 种海洋丝状真菌，其中 424 种（251 属）为子囊菌门，94 种（61 属）为半知菌，12 种（9 属）为担子菌门（Jones et al.，2009）。这些数据仅限于那些能被传统方法分离培养并被分类的海洋真菌，但很少的海洋真菌（不到 1%）可被分离培养，实际存在的海洋真菌的种类和数量要远大于已报道的海洋真菌数量。随着研究的深入，新的种属将不断被发现。

海洋真菌天然产物的研究始于 1945 年，Abraham 等从撒丁岛污水排出口附近海水样品中分离得到一株具有抗菌活性的真菌 *Cephalosporium acremonium*，并于 1953 年分离鉴定了抗菌化合物 cephalosporin N，两年后，又分离鉴定了抗菌化合物 cephalosporin C，以 cephalosporin C 为模板发展起来的头孢菌素类化合物已成为继青霉素之后的著名抗生素（Newton et al.，1955）。但随后的几十年间人们更多关注海洋放线菌的天然产物，海洋真菌的天然产物鲜有报道。直到 1976 年从丝状真菌 *Tolypocladium inflatum* 的发酵产物中分离得到环孢素（cyclosporin A）（Dreyfuss et al.，1976），并于 1983 年被 FDA 批准作为免疫抑制剂药物应用于临床，海洋真菌天然产物的研究才又重新兴起。1990 年开始，海洋真菌天然产物研究进入了一个新的发展期，到 1998 年和 2002 年，已分别从海洋真菌的发酵产物中分离鉴定了 173 和 273 个新天然产物（朱伟明等，2011）；2000～2005 年期间，发现了 103 个海洋真菌新天然产物；2007 年以后，海洋真菌中天然产物的发现速度明显加快。据不完全统计，截止到 2014 年 8 月，已从海洋真菌的发酵产物中发现了 2019 个新天然产物，其活性包括抗肿瘤、抗菌、抗病毒等，其类型涉及生物碱、多肽、聚酮、萜、甾和大环内酯等多种结构类型及其卤代衍生物，但以含氮类化合物和聚酮类化合物为主，并产生特征性的卤代化合物。

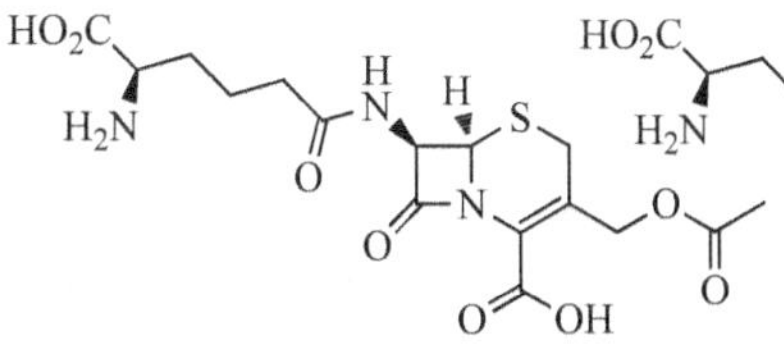

cephalosporin C 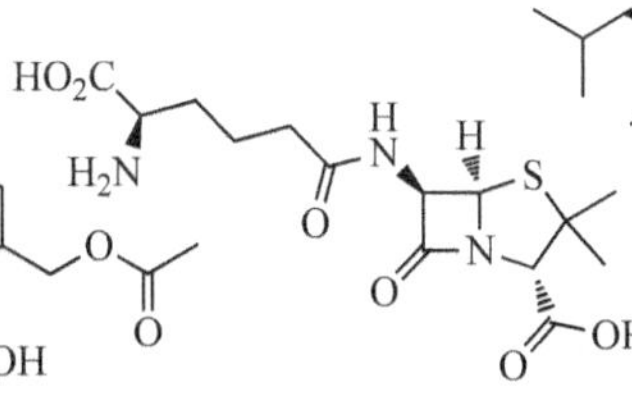　　cephalosporin N 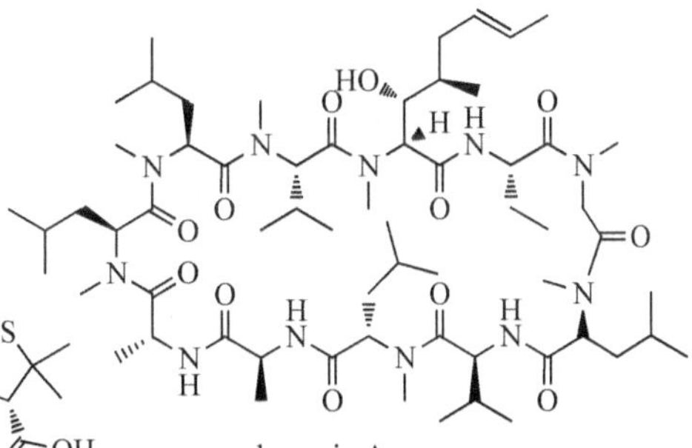　　cyclosporin A

一、海洋曲霉菌产生的活性化合物

据我们对 2010～2013 年海洋微生物源新天然产物统计，曲霉（*Aspergillus*）是海洋真菌新天然产物的主要来源（占 31%）（赵成英等，2013）。1992 年，Shinggu 等首次报道海洋曲霉菌新天然产物 fumiquinazolines A～C（**12**～**14**），该曲霉菌来自海鱼 *Pseudolabrus japonicus* 的胃肠道（Numata et al.，1992）；至今已发现 506 个海洋曲霉菌新天然产物，其中 halimide（**15**）（Fenical，1999）的衍生物 plinabulin（NPI-2358）已进入临床 II 期研究，用于治疗非小细胞肺癌（Yamazaki et al.，2012）。

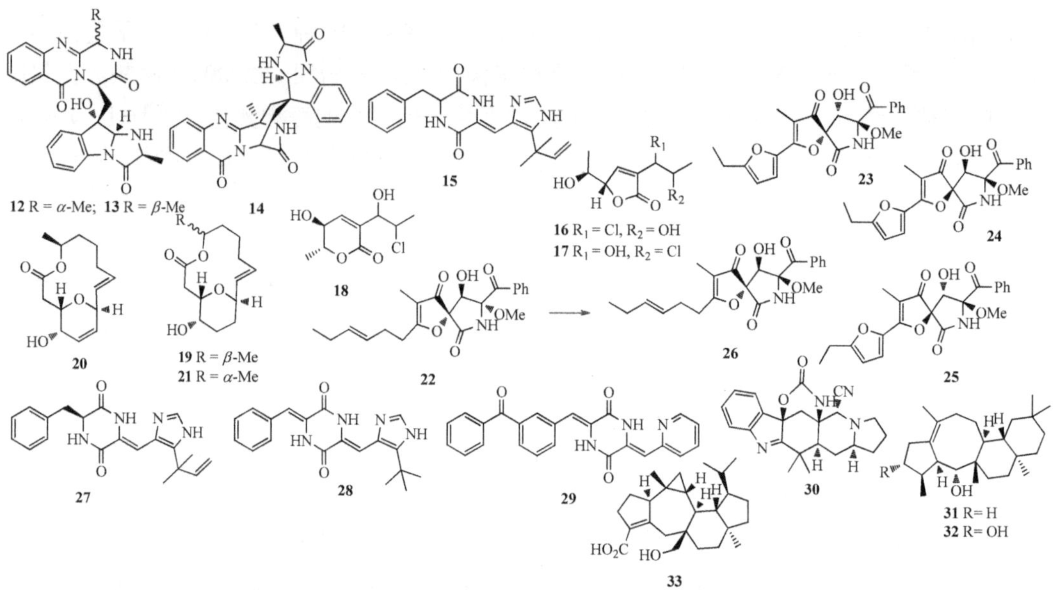

孔曲霉 *A. ostianus* TUF 01F313 来自一种未鉴定海绵，其代谢产生了 3 个含氯的抗生素（**16**～**18**）、大环内酯 aspergillides A～C（**19**～**21**），**17** 和 **18** 在 25μg/disc 浓度下对大西洋鲁杰氏菌 *Ruegeria atlantica* 的抑菌圈直径分别为 10.1mm 和 10.5mm，而 **16** 在 5μg/disc 时的抑菌圈直径高达 12.7mm、在 25μg/disc 时对金黄色葡萄球菌的抑菌圈直径为 10.2mm。化合物 **19** 和 **21** 对 L1210 细胞的 LD_{50} 分别为 2.1μg/mL 和 2.0μg/mL（Kito et al.，2008）。来自拟隆鱼 *Pseudolabrus japonicus* 的胃肠道的烟曲霉 *A. fumigates* 代谢产生了螺环生物碱 cephalimysins A～D（**22**～**25**），全合成研究将 cephalimysin A 的结构由最初的 **22** 更正为 **26**，cephalimysins A 对 P388 和 HL-60 细胞的 IC_{50} 值分别为 15.0nmol/L 和 9.5nmol/L（Lathrop et al.，2013）。

1999 年，Fenical 等从一株来源于海洋绿藻 *Halimeda copiosa* 的曲霉 *Aspergillus* sp. CNC139 的次级代谢产物中分离得到二酮哌嗪类化合物 halimide（**15**），该化合物对 HCT116 和 A2780 细胞有很好的细胞毒活性（IC_{50} 分别为 1μmol/L 和 0.8μmol/L）（Fenical，1999）。同时 Kano 等从另外一株曲霉 *A. ustus* NSC-F038 的次级代谢产物中分离得到，将其命名为 phenylahistin，并发现(–)-phenylahistin（**27**）才是真正的活性成分，对 P388 的 IC_{50} 为 0.35μmol/L，而且 1μmol/L 时可以将该细胞阻滞在 G_2/M 期（Kato et al，2007；Tsukamoto et al，2009）。之后多个课题组通过全合成得到该化合物，最终确定 plinabulin（NPI-2358，**28**）（Yamazaki et al.，2012），作为一个血管分裂剂（vascular disrupt agents，VDA），进入临床Ⅱ期研究（Yakushiji et al.，2011）。近期，Hayashi 小组对 plinabulin 进行结构改造得到活性更好的化合物 KPU-300（**29**），该化合物对 HT-29 细胞的 IC_{50} 为 7.0nmol/L，可以有效地与微管蛋白结合（K_d 1.3μmol/L），诱导微管解聚（Hayashi et al.，2014）。源自绿藻 *Codium fragile* 的花斑曲霉 *A. versicolor* dl29 产生 aspeverin（**30**），其对赤潮异弯藻 *Heterosigma akashiwo* 的 EC_{50} 值分别为 6.3μg/mL（24h）和 3.4μg/mL（96h）（Ji et al.，2013）。新颖的二倍半萜类化合物 asperterpenol A（**31**）和 asperterpenol B（**32**）来自一株红树林内生曲霉菌 *Aspergillus* sp. 085242，二者对乙酰胆碱酯酶的 IC_{50} 值分别为 2.3μmol/L 和 3.0μmol/L（Xiao et al.，2013）。红树林叶来源的曲霉菌 *Aspergillus* sp. 16-5c 代谢产生新颖的二倍半萜 asperterpenoid A（**33**），它对分枝杆菌

Mycobacterium tuberculosis 蛋白酪氨酸磷酸酶的 IC_{50} 值为 2.2μmol/L（Huang et al.，2013）。

肽类化合物 azonazine（**34**）分离自曲霉 *A. insulicola* 088708a，有抗炎作用，对 NF-κB 的 IC_{50} 值为 8.37μmol/L（Crews et al.，2010）。二酮哌嗪类化合物 brevianamides S～V（**35**～**38**）分离自一株花斑曲霉 *A. versicolor* MF030，其中化合物 **38** 具有选择性的抑制结核分枝杆菌 *Mycobacterium bovis* 减毒株 BCG 的活性（MIC 值为 6.25μg/mL），可能发展为抗结核杆菌先导药物（Song et al.，2012）。红树林根泥来源的焦曲霉 *A. ustus* 094102 代谢产生 8 个补身烷倍半萜化合物［ustusols A～C（**39**～**41**）、ustusolates A～E（**42**～**46**）］和 6 个苯骈呋喃衍生物 ustusoranes A～F（**47**～**52**），其中 ustusorane E（**51**）和 ustusolate E（**47**）对 HL-60 的 IC_{50} 值分别为 0.13μmol/L 和 9.0μmol/L（Lu et al.，2009）。

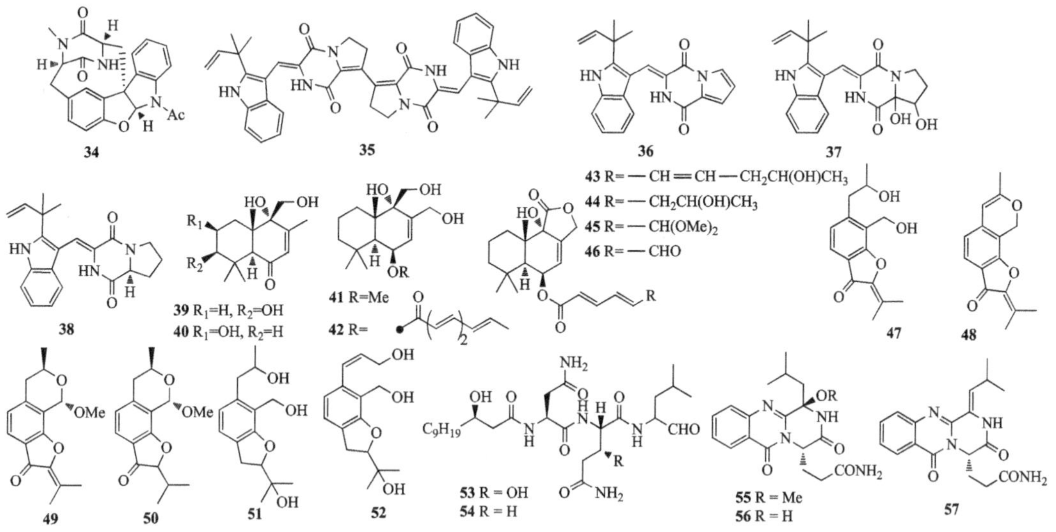

34 35 36 37
43 R= —CH=CH—CH₂CH(OH)CH₃
44 R= —CH₂CH(OH)CH₃
45 R= —CH(OMe)₂
46 R= —CHO
38 39 R₁=H, R₂=OH 40 R₁=OH, R₂=H 41 R=Me 42 R= 47 48
49 50 51 52 53 R = OH 54 R = H 55 R = Me 56 R = H 57

二、海洋青霉菌产生的活性化合物

海洋来源青霉菌天然产物的研究始于 1991 年，日本的 Kobayasht 等从海鱼天竺鲷 *Apogon endekutaenza* 分离获得一株青霉菌 *Penicillium fellutanurn*，并从其代谢产物中分离鉴定了 2 个新二肽 fellutamides A（**53**）和 B（**54**），对人口腔上皮癌 KB 细胞的 IC_{50} 值分别为 0.5μg/mL 和 0.7μg/mL（Shigemori et al.，1991）。2000 年后海洋青霉菌天然产物研究进入了高潮，共发表 134 篇学术论文（1991～1999 年仅发表 8 篇），其中 2010 年 1 月～2013 年 2 月发现 127 个海洋青霉菌新天然产物，占该期间海洋真菌新天然产物的 22%（赵成英等，2013）。至 2014 年 8 月，已从海洋青霉菌的代谢产物中分离鉴定 386 个新天然产物。

从来源于羽毛山海绵（*Mycale plumose*）的青霉菌 *P. aurantiogriseum* SP0-19 的发酵产物中分离鉴定了 3 个新的喹唑啉酮生物碱 aurantiomides A～C（**55**～**57**），**55** 对人早幼粒细胞白血病 HL-60 细胞、**56** 对人肝癌 BEL-7402 细胞的 IC_{50} 值分别为 52μg/mL 和 62μg/mL（Xin et al.，2007）。来自苔藓虫的青霉菌 *Penicillium* sp. SF-5292 代谢产生 1 个新的十元大环内酯 penicillinolide A（**58**），它通过 Nrf2 核转位影响 HO-1 的表达、抑制促炎症介质 NF-κB 的 DNA 结合活性（Lee et al.，2013）。来源于红藻 *Actinotrichia fragilis* 的桔青霉 *P. citrinum* N-059 代谢

产生了 2 个新的生物碱 citrinadins A（**59**）（Tsuda et al.，2004）和 B（**60**）（Mugishima et al.，2005），**59** 对小鼠白血病 L1210 细胞和 KB 细胞的 IC_{50} 值分别为 6.2μg/mL 和 10μg/mL，**60** 对 L1210 细胞的 IC_{50} 值为 10μg/mL。从海漆 *Excoecaria agallocha*（海南）根分离鉴定的内生青霉菌 *P. expansum* 091006 代谢产生了 8 个酚性没药烷倍半萜 expansols A（**61**）和 B（**62**）（Lu et al.，2010）、expansols C～F（**63**～**66**）、(*S*)-(+) -11-dehydrosydonic acid（**67**）和 (7*S*, 11*S*)-(+)-12-acetoxy sydonic acid（**68**）以及二苯醚衍生物 3-*O*-methyldiorcinol（**69**）；化合物 **61**、**63** 和 **65** 对人早幼粒细胞白血病 HL-60 细胞的 IC_{50} 值分别为 15.7μmol/L、18.2μmol/L 和 20.8μmol/L；化合物 **62** 对 HL-60 细胞和人肺腺癌 A549 细胞的 IC_{50} 值分别为 5.4μmol/L 和 1.9μmol/L。吲哚二萜 shearinines D～K（**70**～**77**）来自蜡烛果 *Aegiceras corniculatum* 的内生青霉菌 *Penicillium* sp. HKI0459，化合物 **70**、**71** 和 **74** 可抑制 Ca^{2+}活化的 K^{+}离子通道（Smetanina et al.，2007）。

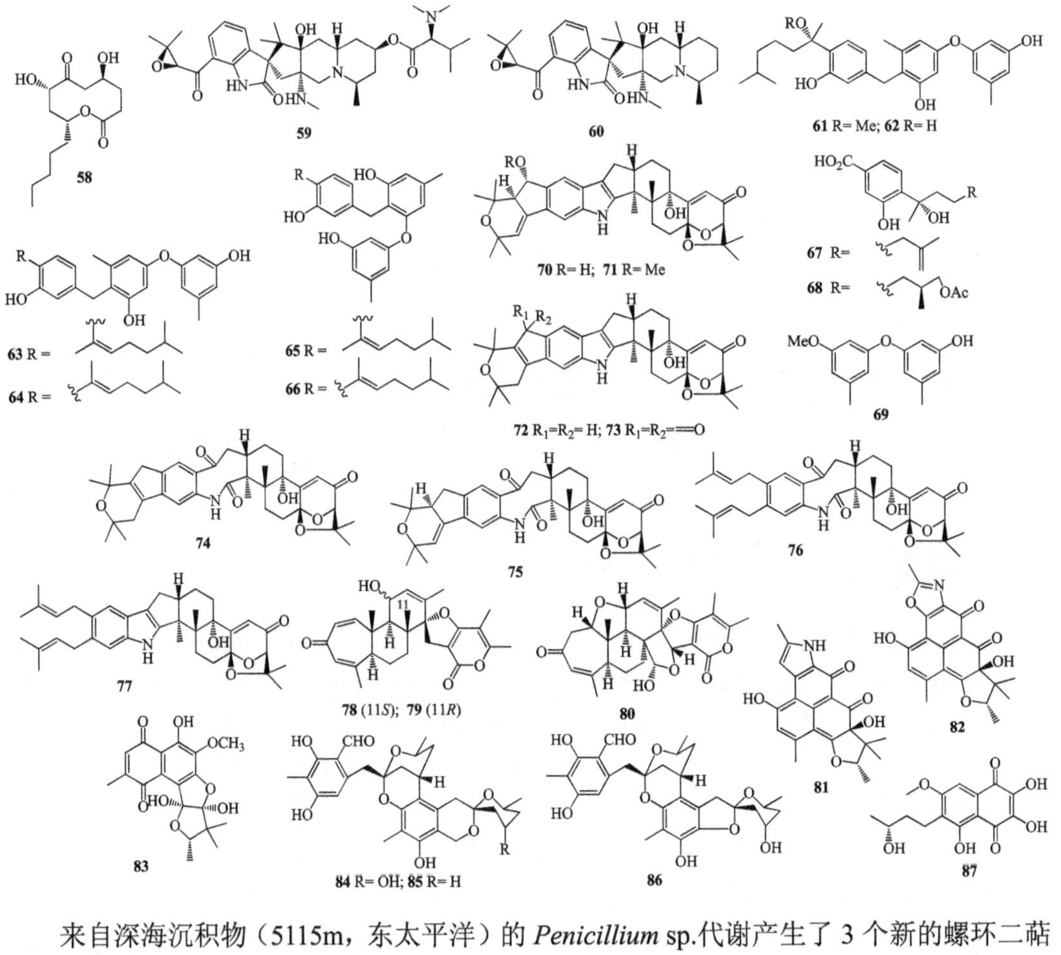

来自深海沉积物（5115m，东太平洋）的 *Penicillium* sp.代谢产生了 3 个新的螺环二萜 breviones F～H（**78**～**80**），化合物 **80** 能抑制 HIV-1 在 C8166 细胞中的复制（EC_{50} 值为 14.7μmol/L）（Li et al.，2009）。海泥来源的青霉菌 *Penicillium* sp. F011 代谢产生了多环芳香化合物 herqueiazole（**81**）、herqueioxazole（**82**）和 herqueidiketal（**83**）（Julianti et al.，2013），其中化合物 **82** 对 A549 细胞的 LC_{50} 值为 17.0μmol/L，对金黄色葡萄球菌 *Staphylococcus aureus* 转肽酶 A 有显著抑制活性（IC_{50} 值为 23.6μmol/L）。雷斯青霉菌 *P.raistrickii*

代谢产生 3 个缩酮类化合物 peniciketals A～C（**84**～**86**），这 3 个化合物对 HL-60 细胞有选择性抑制作用，IC_{50} 值分别为 3.2μmol/L、6.7μmol/L 和 4.5μmol/L（Liu et al.，2013）。

三、其他属海洋真菌产生的活性化合物

曲霉和青霉菌之外的其他海洋真菌天然产物的研究始于 1945 年，并于 1953 年报道了第一个来自顶头孢霉 *Cephalosporium acremonium* 的海洋真菌新天然产物 cephalosporin N（Abraham et al.，1953）。1973 年，头孢菌素类化合物外的海洋真菌新海洋天然产物 6-(3-hydroxy-*n*-butyl)-7-*O*-methyl spinochrome B（**87**）来自半知菌多主棒孢（*Corynespora cassicola*）（Chimura et al.，1973）。后来，从红树植物 *Laguncularia racemosa* 的树叶中也分离得到 *C. cassiicola*，该菌也代谢产生该化合物，并通过 Mosher 法确定了其绝对构型为 *R* 构型（Ebrahim et al.，2012），该化合物可抑制儿茶酚-*O*-甲基转移酶（COMT）的活性，ID_{50} 值为 22.7μmol/L，可抑制多种蛋白激酶的活性，如对 ALK、AXL、IGF1-R、PIM1、SRC 和 VEGF-R2 的 IC_{50} 值分别为 5.65μmol/L、9.15μmol/L、3.51μmol/L、2.54μmol/L、2.39μmol/L 和 4.48μmol/L。截至 2014 年 8 月，从青霉属海洋真菌的发酵产物中分离鉴定了 1123 个新海洋天然产物（朱统汉等，2015）。

海绵来源的丹喀小裸囊菌 *Gymnascella dankaliensis* 产生化合物 gymnastatins A～K（**88**～**98**）、gymnastatins Q～R（**99**～**100**）、gymnasterones A～D（**101**～**104**）、gymnamide（**105**）、dankasterones A～B（**106**～**107**）、dankastatins A～C（**108**～**110**）（Amagata et al.，1999），其中 **88**～**90**、**93**～**94**、**96**～**98**、**106**～**108** 对 P388 的 ED_{50} 值为 0.018～0.21mg/mL，**92**、**99**～**104**、**109** 对 P388 的 ED_{50} 值为 0.9～10.8μg/mL；**109** 对日本癌症研究基金会的 39 种人癌细胞抑制的 $lgGI_{50}$ 的平均值为–5.41，**99** 对日本癌症研究基金会的 39 种人癌细胞抑制的 $lgGI_{50}$ 的平均值为–4.81，对人肺癌细胞 BSY-1 和人胃癌细胞 MKN7 的 $lgGI_{50}$ 分别为–5.47 和–5.17；**96** 和 **97** 对日本癌症研究基金会的 39 种人癌细胞抑制的 $lgGI_{50}$ 的平均值为–5.77 和–5.71，**96** 对 HBC-5、NCI-H522、OVCAR-3、MKN1 细胞，**97** 对 SF-539、HCT-116、NCI-H522、OVCAR-3、OVCAR-8 细胞有更强的抑制作用。海绵来源的指轮枝孢霉 *Stachylidium* sp. strain 220 代谢产生 4 个苯并吡咯酮衍生物 marilines A_1（**111**）、A_2（**112**）、B（**113**）、C（**114**），化合物 **111** 和 **112** 抑制人白细胞弹性蛋白酶（HLE）的 IC_{50} 均为 0.86μmol/L，**111** 和 **112** 能抑制猪胰腺的胆固醇酯酶活性（IC_{50} 值分别为 0.18μmol/L 和 0.63μmol/L），**111** 对 5 种癌细胞的 GI_{50} 平均值为 24.4μmol/L，**112** 对 19 种癌细胞的 GI_{50} 平均值为 11.02μmol/L，**111**～**113** 对肝期疟原虫 *Plasmodium berghei* 有抑制作用（IC_{50} 值分别为 6.68μmol/L、11.61μmol/L 和 13.84μmol/L），**113** 和 **114** 拮抗大麻素受体 CB2 的 K_i 分别为 5.97μmol/L 和 5.94μmol/L；**112** 对组胺受体 H2、多巴胺受体 DAT 和肾上腺素受体 Beta3 有拮抗作用，K_i 分别为 5.92μmol/L、5.63μmol/L 和 5.63μmol/L，**111** 对布氏锥虫 *Trypanosoma brucei brucei* 有抗寄生虫活性，IC_{50} 为 17.7μmol/L（Almeida et al.，2012）。来自软珊瑚的软韧革菌 *Chondrostereum* sp. nov. SF002 代谢产生倍半萜 hirsutanol E（**115**）、chondrosterins A～E（**116**～**120**）、chondrosterin F（**121**）、chondrosterins I 和 J（**122**、**123**）和多炔化合物 chondrosterins G～H（**124**、**125**），**116** 对人肺癌 A549 细胞、鼻咽癌 CNE-2 细胞和人结肠癌 LoVo 细胞的 IC_{50} 值分别为 2.45μmol/L、4.95μmol/L 和 5.47μmol/L，**123** 对人鼻咽癌 CNE-1 及 CNE-2 细胞的 IC_{50} 值分别 1.32μmol/L

及 0.56μmol/L（Li et al.，2014）。来自螃蟹 *Chionoecetes opilio* 壳的茎点霉 *Phoma* sp. SANK-11486 代谢产生 phomactin A（**126**）、phomactins B（**127**）、B1（**128**）、B2（**129**）、D（**130**）、phomactins E～G（**131**～**133**）；**126**～**133** 可抑制血小板活化因子 PAF（platelet activating factor）诱导的血小板凝聚，IC_{50} 值分别为 10μmol/L、17.0μmol/L、9.8μmol/L、1.6μmol/L、0.8μmol/L、2.3μmol/L、3.9μmol/L 和 3.2μmol/L；**126** 和 **130**～**133** 还能抑制血小板活化因子 PAF 与其受体相结合，IC_{50} 值分别为 2.3μmol/L、0.12μmol/L、5.19μmol/L、35.9μmol/L 和 0.38μmol/L（Sugano et al.，1994）。

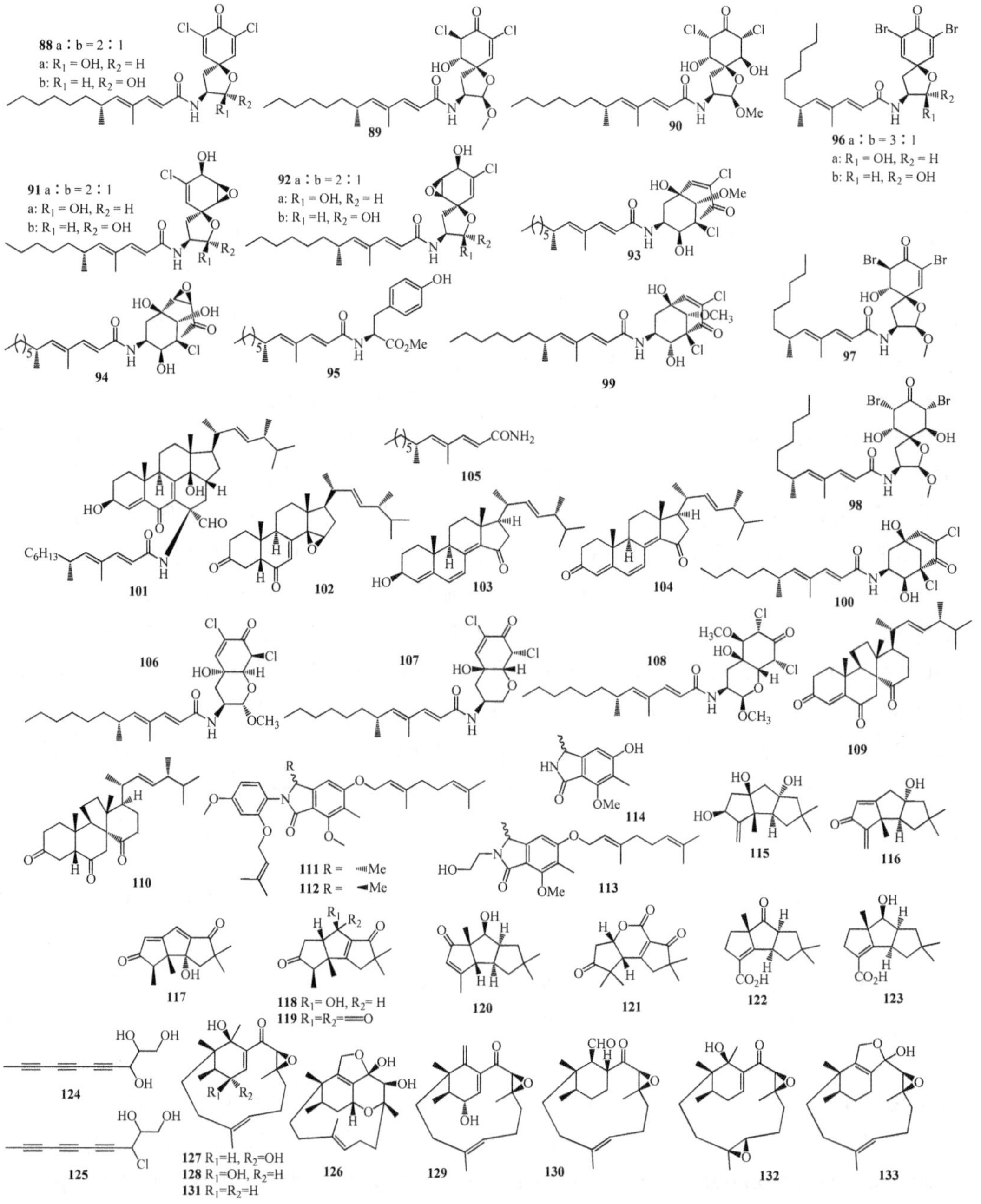

鲻鱼 *Mugil cephalus* 来源的球毛壳霉 *Chaetomium globosum* OUPS-T106B-6 代谢产生 azaphilone 类化合物 chaetomugilins A～O（**134**～**138**）、*seco*-chaetomugilin A（**149**）、*seco*-chaetomugilin D（**150**）、11-*epi*-chaetomugilin A（**151**）、4′-*epi*-chaetomugilin A（**152**）、chaetomugilins P～R（**153**～**155**）、11-*epi*-chaetomugilin I（**156**）、chaetomugilin S（**157**）、dechloro-chaetomugilin A（**158**）和 dechlorochaetomugilin D（**159**），这些化合物对多种肿瘤细胞有抑制作用，其中 **134**～**139** 对 P388 和 HL-60 细胞的 IC_{50} 分别为 3.3～18.7μmol/L 和 1.3～16.5μmol/L，**151** 对 HL-60 和 P388 细胞的 IC_{50} 值分别为 66.7μmol/L 和 88.9μmol/L，**140**～**145**、**147**、**148**、**150** 对多种肿瘤细胞有抑制活性，化合物 **153** 和 **156** 对 P388、L1210、HL-60 和 KB 细胞的 IC_{50} 值为 0.7～1.8μmol/L（Yamada et al.，2011）。无脊椎动物来源的畸枝霉属真菌 *Malbranchea graminicola* 086937A 代谢产生氯代吲哚生物碱(−)-spiromalbramide（**160**）和(+)-isomalbrancheamide B（**161**）；向培养基中添加溴盐，得到了 2 个溴代产物(+)-malbrancheamide C（**162**）和 (+)-isomalbrancheamide C（**163**）（Watts et al.，2011）。

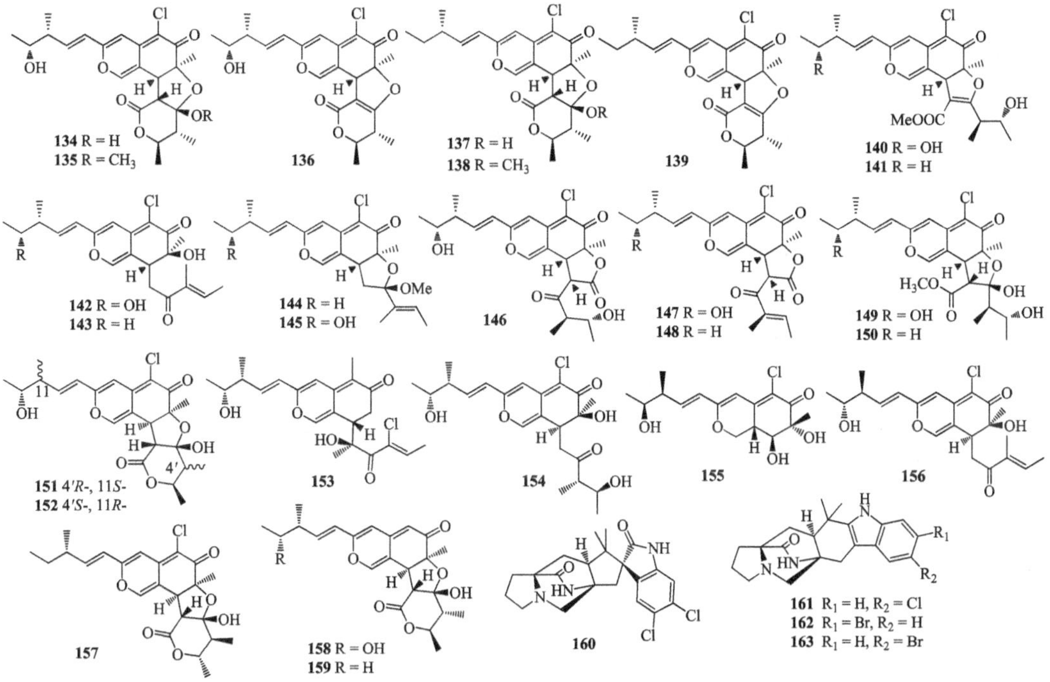

绿藻 *Ulva* sp.的壳二孢霉 *Ascochyta salicorniae* 产生 ascosalipyrrolidinones A（**164**）和 B（**165**）、ascosalipyrone（**166**），化合物 **164** 在 50μg/disc 时对 *Bacillus megaterium*、*Mycotypha microsporum* 和 *Microbotryum violaceum* 的抑菌圈直径分别为 5mm、4mm 和 2mm；40μg/mL 时对酪氨酸激酶的抑制率为 30%，200μg/mL 时抑制率为 77%；对疟原虫 *Plasmodium falciparum* K1 和 NF54 的 IC_{50} 分别为 730ng/mL 和 378ng/mL。另外，**164** 对锥虫 *Trypanosoma cruzi* 和 *Trypanosoma brucei* subsp. *rhodesiense* 表现出抑制活性，对大鼠后骨骼肌成肌细胞（MIC 3.7μg/mL）和腹膜巨噬细胞（IC_{50} 2.2μg/mL）有细胞毒活性（Osterhage et al.，2000a）。红藻真菌 K063 代谢产生链肽 dictyonamides A（**167**）和 B（**168**），**167** 可抑制依赖性细胞周期蛋白激酶-4（CDK-4），IC_{50} 值为 16.5μg/mL（Komatsu et al.，2001）。褐藻真菌 *Pestalotia*

sp. CNJ-328 与海洋细菌共培养时，产生氯代苯甲酮类抗生素 pestalone（**169**），对 NCI 的 60 种人肿瘤细胞的 GI_{50} 平均值为 6.0μmol/L，对 MRSA 的 MIC 值为 37ng/mL，对耐万古霉素肠球菌（VRE）的 MIC 值为 78ng/mL（Cueto et al.，2001）。绿藻真菌 *Scytalidium* sp. CNC-310 代谢产生两个环七肽 scytalidamides A（**170**）、B（**171**），对 HCT-116 细胞的 IC_{50} 值分别为 2.7μmol/L 和 11.0μmol/L，对 NCI-60 的 GI_{50} 平均值分别为 7.9μmol/L 和 6.1μmol/L，其中化合物 **170** 对 MOLT-4 白血病细胞的 GI_{50} 值为 3.0μmol/L，化合物 **171** 对 Ucaa-257 黑素瘤细胞的 GI_{50} 值为 1.2μmol/L（Tan et al.，2003）。绿藻木霉菌 *T. longibrachiatum* cf-11 代谢产生 harzianone（**172**），**172** 对大肠杆菌和金黄色葡萄球菌有抑制活性，浓度为 30μg/disk 时的抑菌圈直径分别为 8.3mm 和 7.0mm；在浓度为 100μg/mL 时对卤虾致死率为 82.6%，LC_{50} 值为 23.1μg/mL（Miao et al.，2002）。来自秋茄树皮的孢子丝霉 *Sporothrix* sp. 4335 代谢产生 sporothrins A～C（**173**～**175**）（Wen et al.，2009），**173** 抑制乙酰胆碱酯酶的 IC_{50} 值为 1.05μmol/L。来自秋茄果实的茎点霉 *Phoma* sp. OUCMDZ-1847 代谢产生 phomazines A～C（**176**～**178**），化合物 **177** 对人胃癌 MGC-803 细胞的 IC_{50} 值为 8.5μmol/L（Kong et al.，2013）。化合物 neomangicols A～C（**179**～**181**）来自镰刀霉 *Fusarium* sp. CNC-477，化合物 **179** 对 MCF-7 和 CACO-2 的 IC_{50} 值分别为 4.9μmol/L 和 5.7μmol/L（Renner et al.，1998）。来自海泥的黄瓜蒌蔫病菌 *Plectosphaerella cucumerina* 代谢产生 plectosphaeroic acids A～C（**182**～**184**），均可抑制吲哚胺-2, 3-二氧化酶（IDO），IC_{50} 值均为 2μmol/L（Carr et al.，2009）。Hypochromins A（**185**）和 B（**186**）来自肉座菌 *Hypocrea vinosa* AY380904，抑制 HUVECs 迁移的 IC_{50} 值分别为 0.87μmol/L 和 1.51μmol/L（Ohkawa et al.，2010）。真菌 *Spiromastix* sp. MCCC 3A00308 代谢产生 spiromastixones A～O（**187**～**201**），**187**～**201** 有显著的抗革兰氏阴性菌（如金黄色葡萄球菌、苏云金芽孢杆菌、枯草芽孢杆菌）的活性，MIC 值为 0.125～8.0μg/mL，**192**～**196** 为 MRSA 和 MRSE 的抑制作用与左氧氟沙星相当，**196** 对耐古霉素的粪肠球菌和屎肠球菌的 IC50 值均为 4μmol/L（Niu et al.，2014）。

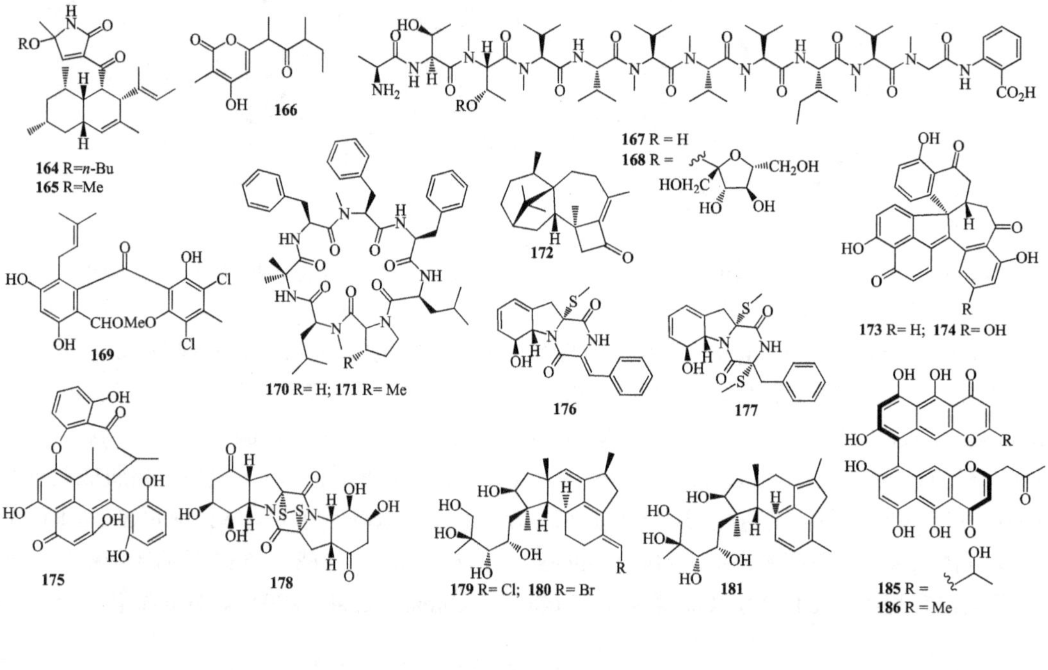

164 R=*n*-Bu
165 R=Me
166
167 R = H
168 R =
169
170 R= H; **171** R= Me
172
173 R= H; **174** R= OH
176
177
175
178
179 R= Cl; **180** R= Br
181
185 R =
186 R = Me

187 $R_1=R_2=R_3=R_5=$ H, $R_4=$ OH
188 $R_2=$ Cl, $R_1=R_3=R_5=$ H, $R_4=$OH
189 $R_1=$ Cl, $R_2=R_3=R_5=$ H, $R_4=$ OH
190 $R_2=R_3=$ H, $R_1=R_5=$ Cl, $R_4=$ OH
191 $R_3=R_5=$ H, $R_1=R_2=$ Cl, $R_4=$ OH
192 $R_1=R_2=R_5=$ Cl, $R_4=$ OH, $R_3=$ H
193 $R_1=R_2=R_5=$ Cl, $R_3=$ H, $R_4=$ OMe
194 $R_1=R_2=R_3=$ Cl, $R_5=$ H, $R_4=$ OH
195 $R_1=R_2=R_3=R_5=$ Cl, $R_4=$ OH
196 $R_1=R_2=R_3=R_5=$ Cl, $R_4=$ OMe

182 R= OH
183 R= H

184

197 $R_1=R_2=R_5=$ Cl, $R_3=$ H, $R_4=$ OMe
198 $R_1=R_2=R_3=R_5=$ Cl, $R_4=$ OMe
199 $R_1=R_2=$ Cl, $R_3=R_5=$ H, $R_4=$ OH
200 $R_1=R_2=R_5=$ Cl, $R_3=$ H, $R_4=$ OH
201 $R_1=R_2=R_3=R_5=$Cl, $R_4=$ OH

（朱伟明　朱统汉　赵成英　马红光　孔凡栋）

第三节　海洋放线菌来源天然产物研究

一、海洋放线菌资源

1. 海洋放线菌资源的研究概况

放线菌属于原核生物，是一类广泛分布于自然界中具有复杂形态分化过程的革兰氏阳性细菌，与人类关系密切。放线菌因能产生丰富的次级代谢产物而受到人们的重视，当今发现的天然抗生素约 70%是由放线菌生产的（Berdy，2005）。然而，经过半个多世纪的挖掘，2000 年以来，从陆生放线菌中发现新抗生素的概率已经大大下降，因此科学家将研究重心转向了资源更加丰富的海洋。

早期人们对于海洋放线菌的研究非常有限，基本停留在对其数量和分布的简单描述上：1926 年，Aronson 课题组报道了一种海洋病原菌种 *Mycobacterium marinum*（Aronson，1926）；1954 年，Freitas 和 Bhat 课题组从腐烂的渔网中分离得到 *Nocardia* 和 *Streptomyces* 菌种（Freitas et al.，1954）；1956 年，Siebert 和 Schwarts 课题组从海草中分离得到 *Nocardia* 和 *Streptomyces* 菌种（Siebert et al，1956）。这些早期的研究报道说明人们很早就从海洋环境中分离到可培养的海洋放线菌。

随着人们对海洋微生物研究的逐渐深入，海洋放线菌是真正海洋来源还是陆源汇入的争论也日趋激烈。1958 年，Grein 和 Meyers 等研究发现，很多淡水或陆生细菌可以适应高盐度的环境，且多个课题组曾报道在沿海水域发现许多常见的陆生细菌，基于以上事实，他们认为此前报道发现的海洋放线菌很有可能是流入海洋并适应存活下来的陆生放线菌（Grein et al.，1958）。然而，Weyland 课题组通过实验研究否定了前面的结论：该研究组在北海和大西洋沉积物中发现了大量的放线菌，认为不可能所有海洋环境中的放线菌都是由陆源放线菌偶然流入海洋产生的，海洋中一定存在固有的放线菌，它们是海洋生态系统的一部分（Weyland，1969）。1975 年，Okazaki 等通过放线菌对 NaCl 的耐受性实验，提出浅海发现的放线菌是来自陆地的观点（Okazaki et al.，1975），并阐述了其理由：①海域距离陆地越远，放线菌的数量越少；②嗜热（thermophilic）类放线菌在浅海的数量高于深海；③很多从浅海分离到的放线菌的形态等特点都与陆生放线菌类似。

到了21世纪初（2002～2006年），多株海洋分离的放线菌被发现需要在添加一定浓度的氯化钠的培养基中才能生长，关于海洋放线菌是海洋固有还是陆生流入的长期争论才得以缓解，“海洋固有放线菌”或者“专属性海洋放线菌”的理念逐渐被人们接受（Mincer et al.，2002；Jensen et al.，2005；Kwon et al.，2006）。其中，*Salinispora*是已有文献报道的第一个海洋固有放线菌属，广泛分布于热带和亚热带的海洋沉积物中（Mincer et al.，2002），它的发现标志着海洋放线菌的研究从此真正展开。专属性海洋放线菌类群应该至少满足以下两个条件：①在进化生物学上，其16S RNA基因序列汇集成一簇并有别于其他陆生微生物类群；②只在海洋环境中生长。显然，对于分离自海洋环境的单株放线菌，很难界定其是否是专属性海洋放线菌。目前关于“海洋固有放线菌”依然存在不少争议，有学者认为此争议的科学意义不大：地球是一个开放的环境，微生物及其孢子由于自身微小，可随着风、河流、雨水、动物、洋流等媒介流动，因而各种环境的微生物产生一定程度的交叉（田新鹏等，2011）。但不可否认的是，由于生活在海洋这一特殊环境下（高盐、高压、寡营养、低温或局部高温、低氧、有限光照），无论是从陆地流入海洋还是海洋固有的放线菌，都为适用环境而进化出独特的代谢途径和适应机制。据不完全统计，目前已经发现50个海洋放线菌已知属级类群和12个海洋来源新属级放线菌类群（Goodfellow et al.，2010）。因此，来自海洋的放线菌，已经成为药物先导化合物的重要战略新资源。

2. 海洋放线菌次级代谢产物的研究概况

在20世纪90年代以前，人们对海洋放线菌次级代谢产物的研究相对滞后，仅有7个化合物被发现和报道。其中，Okami课题组是早期研究海洋放线菌次级代谢产物的杰出代表（Okami，1975；Okami，1979）。1972年，该课题组从Sagami海湾分离得到多株可生产抗生素的放线菌，并进行了多种活性测试，他们不仅发现了xanthomycin和pluramycin等已知抗生素，还报道可能发现了一些具有独特抗菌谱的次级代谢产物，从而拉开了从海洋放线菌中寻找新活性代谢产物的序幕（Okazaki et al.，1972）。1975年，该课题组又从Sagami海湾的沉积物中分离出一种*Chainia*属放线菌，并从该放线菌中获得一种醌类结构的抗生素SS-228Y，这是已有文献报道的最早从海洋放线菌中分离并鉴定结构的新化合物（Okazaki et al.，1975；Kitahara et al.，1975）。此后，Okami课题组又从Sagami海湾沉积物中分离出放线菌*Streptomyces griseus* SS-20，并发现了一种新型的大环内酯抗生素aplasmomycin（Okami et al.，1976；Nakamura et al.，1977）；Okami等还从海洋放线菌*Streptomyces tenjimariensis* SS-939中分离得到能够抑制革兰氏阳性和阴性细菌的氨基糖苷类抗生素istamycin A和B（Okami et al.，1979；Hotta et al.，1980a，1980b）；1989年，该课题组从日本宫城县附近的海泥中分离出海洋放线菌*Streptomyces sioyaensis* SA-1758，并发现了一种具有抗肿瘤和杀螨活性的含氮化合物altemicidin（Takahashi et al.，1989）。

进入20世纪90年代后，国外科学家逐渐意识到海洋放线菌的次级代谢产物对于新型抗生素发现的重要性。Fenical 课题组是该年代在此领域开展研究工作的代表，他们从热带和亚热带的海洋放线菌中筛选分离了一系列结构新颖的活性代谢产物，海洋放线菌的次级代谢产物研究已成为一个迅速发展的新兴领域（Fenical，1993）。2000 年以后，海洋放线菌中新结构次级代谢产物的发现呈现快速增长趋势，近 3 年平均每年发现新化合物近 100 个（图 3-1，未发表数据）。国内学者也在 21 世纪初开始关注海洋放线菌的研究进展，上海交通大学李志勇（刘妍等，2005）、中国海洋大学朱伟明（李巧连等，2010）、中国科学院大连化学物理研究所曹旭鹏（王淑霞等，2007）以及中国科学院南海海洋研究所张偲（田新鹏等，2011）等课题组先后对海洋放线菌资源及其次级代谢产物的阶段性研究进展进行了综述报道。本实验室统计显示，自 20 世纪 70 年代第一例海洋放线菌代谢产物被报道以来，截止到 2014 上半年，有 708 个新化合物被发现和描述（图 3-1），其结构类型主要包括聚酮类、（环）肽类、生物碱类和萜类等，其功能涉及抗肿瘤、抗疟、抗菌、抗炎、杀虫、免疫调节、酶抑制和清除自由基等生物活性（Manivasagan et al.，2014）。

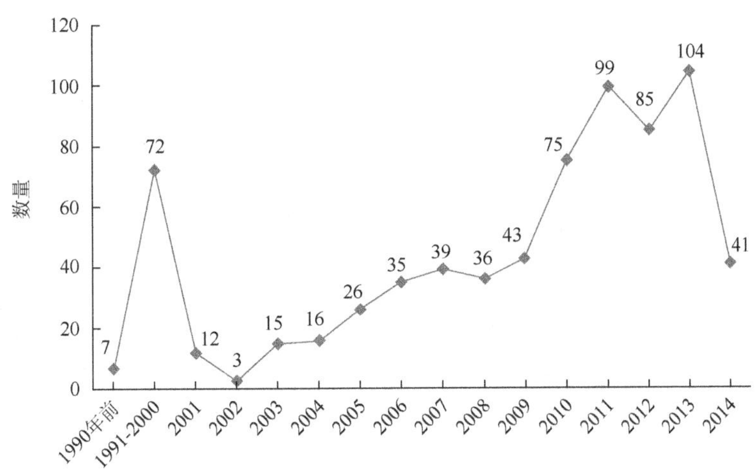

图 3-1 国际上每年从海洋放线菌中发现的新化合物数量

二、海洋放线菌次级代谢产物及其生物活性

1. 聚酮类化合物

聚酮类化合物在生源上是由聚酮合酶合成的。从 1975 年报道的第一例海洋放线菌来源的聚酮类化合物 SS-228Y 至 2014 年 6 月，国际上报道的海洋放线菌来源的聚酮类化合物共计 357 个。其结构类型包括大环内酯（酰胺）类、芳香聚酮类、杂合聚酮类（聚酮-聚肽、聚酮-萜类和聚酮-核苷）、聚醚、吡喃酮和其他聚酮类化合物。因篇幅所限，以下选取国内学者从海洋放线菌中发现的代表性显效化合物作为实例进行介绍。

（1）大环内酯（酰胺）类化合物

魏荣边等从一株链霉菌 *S. carnosus* AZS17 中分离到 lobophorins C（**202**）和 D

（**203**），化合物 **1** 对肝癌细胞 7402 的 IC_{50} 值为 0.6μg/mL，而 **2** 对乳腺癌细胞 MDA-MB 435 的 IC_{50} 值为 7.5μmol/L（Wei et al.，2011）。牛四文等从海洋链霉菌 *Streptomyces* sp. SCSIO 01127 中分离到 lobophorins E(**204**)和 F(**205**)，化合物 **4** 对 *Staphylococcus aureus* ATCC 29213 和 *Enterococcus faecalis* ATCC 29212 的 MIC 值为 8μg/mL，对肿瘤细胞株 SF-268、MCF-7 和 NCI-H460 的 IC_{50} 值分别为 6.82μmol/L、2.93μmol/L 和 3.16μmol/L（Niu SW et al.，2011）。潘华奇等从一株来自南中国海的深海放线菌 *Streptomyces* sp.12A35 中分离到 lobophorins H(**206**)和 I(**207**)，化合物 **5** 对枯草芽孢杆菌 *B. subtilis* CMCC63501 的抑制活性与氨苄西林相当（Pan et al.，2013）。Chen 等从海洋放线菌 *Streptomyces* sp. MS100061 中分离到 lobophorin G（**208**），对分枝杆菌、结核杆菌和枯草芽孢杆菌具有抑制活性，MIC 值分别为 1.56μg/mL、32μg/mL 和 3.12μg/mL（Chen et al.，2013）。Wu 等从链霉菌 *Streptomyces* sp. 7-145 中分离到洋橄榄叶素类化合物（**209**，**210**），化合物 **209** 对 G^+ 细菌 *S. aureus*、*E. faecalis* 具有抑制活性，MIC 值为 2μg/mL，而对 G^- 细菌无抑制性（Wu et al.，2013a）。

（2）芳香聚酮类化合物

芳香聚酮类化合物是一类具有芳香骨架的聚酮化合物。张宏宇等从一株海洋链霉菌 *Streptomyces* sp. W007 中分离到一个蒽类衍生物（**211**），在 10^{-7}mol/L 浓度时对肿瘤细胞 A594 的抑制活性强于阳性对照药物阿霉素（Zhang et al.，2011）。刘丽玲等从海洋链霉菌 *S. caelestis* 中分离到四个结构新颖的多环类化合物 citreamicins A（**212**）和 B（**213**）、citreaglycon A（**214**）和 dehydrocitreaglycon A（**215**），对溶血性葡萄球菌 *S. haemolyticus*、金黄色葡萄球菌 *S. aureus*、枯草芽孢杆菌 *B. subtillis* 和耐甲氧西林金黄色葡萄球菌（MRSA）均具有较好的抑菌活性。尤其是化合物 **212**、**213** 和 **214** 对 MRSA 的 MIC 值分别为 0.25μg/mL、0.25μg/mL 和 8.0μg/mL；同时，**212**、**213** 对宫颈癌细胞 HeLa 具有抑制作用，其 IC_{50} 值分别为 55ng/mL 和 72ng/mL（Liu et al.，2012）。黄洪波等从一株深海链霉菌 *S. lusitanus* SCSIO LR32 中分离到含酮糖的格瑞克霉素 grincamycins B～F（**216**～**220**），具有较强的细胞毒活性，对肿瘤细胞株 HepG2、SW-1990、HeLa、NCI-H460、MCF-7 和 B16 的 IC_{50} 值为 2.1～30μmol/L，其中 grincamycin B（**216**）的活性与阳性对照阿霉素相当（Huang et al.，2012）。

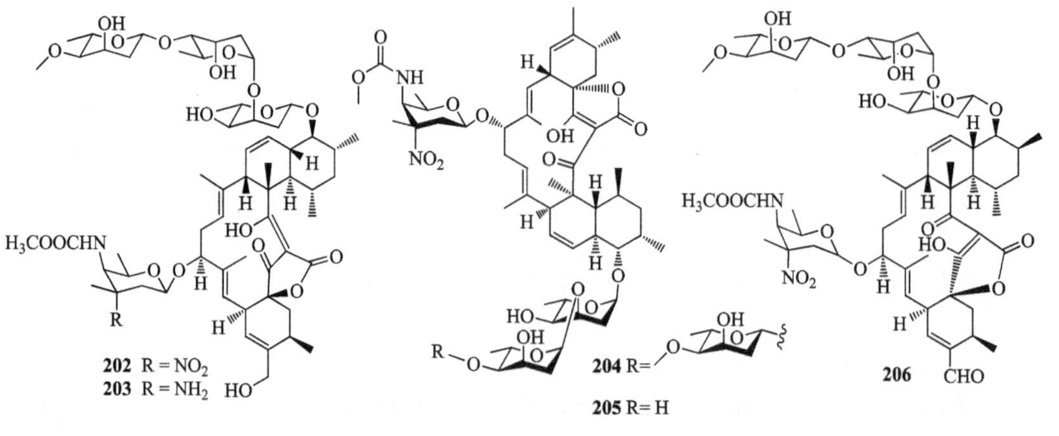

202 R = NO_2
203 R = NH_2
204 R=
205 R= H
206

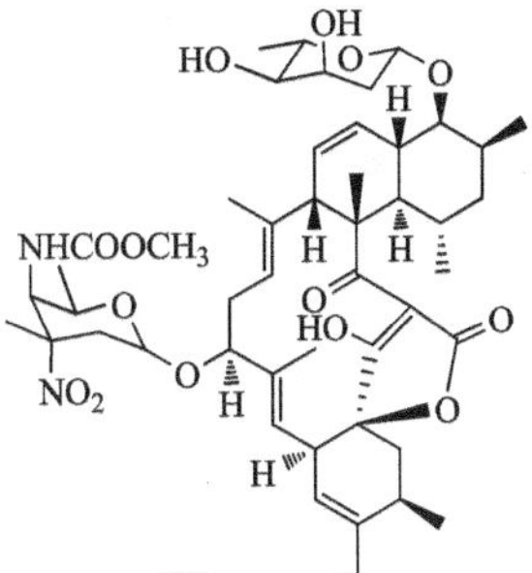

207

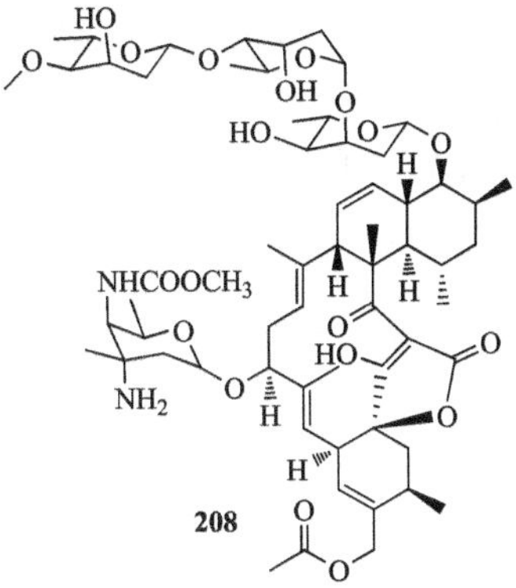

208

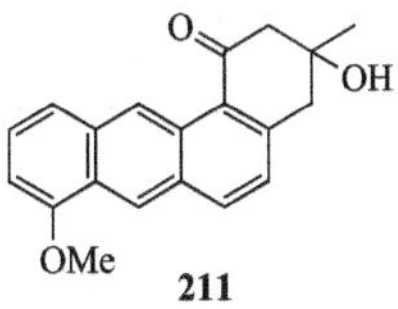

211

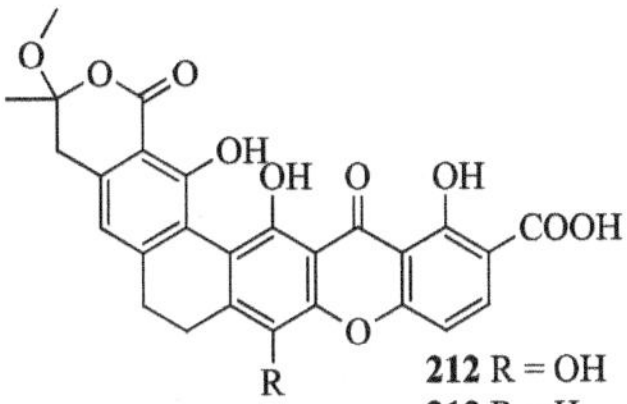

212 R = OH
213 R = H

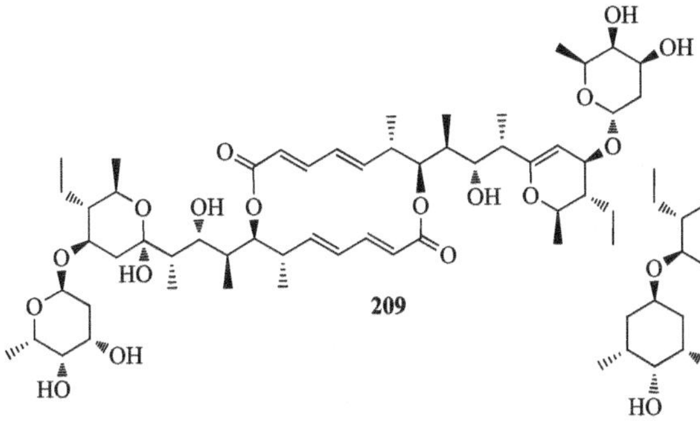

209

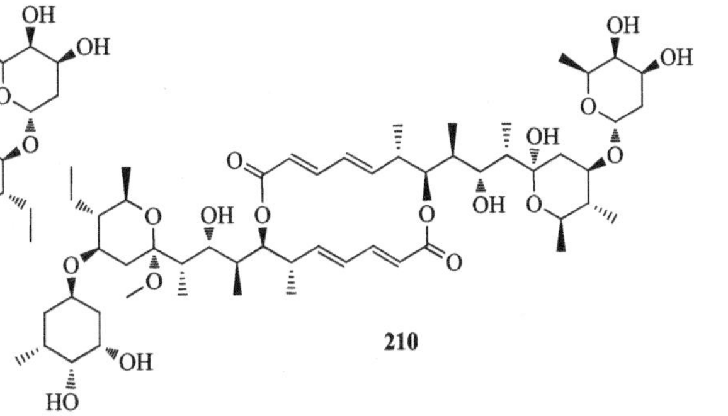

210

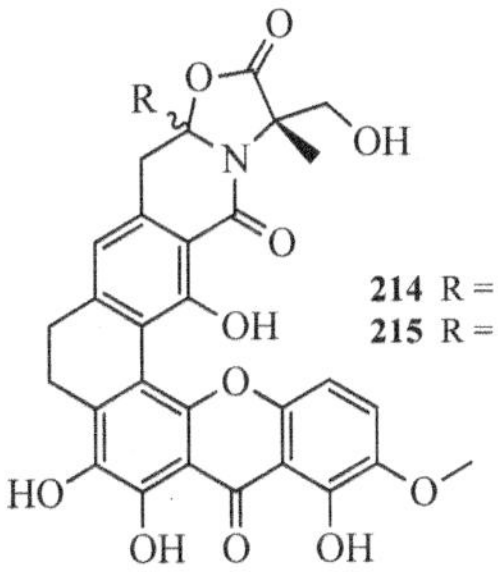

214 R = ◂Me
215 R = ···Me

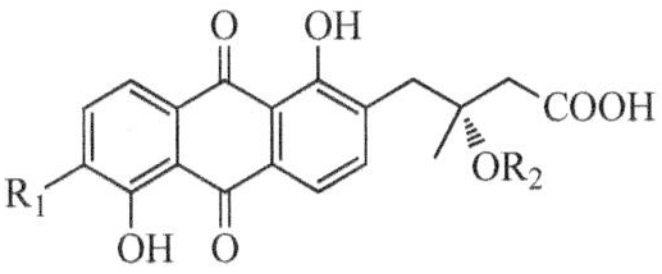

216 R_1 = I, R_2 = II
217 R_1 = I, R_2 = H
218 R_1 = III, R_2 = II

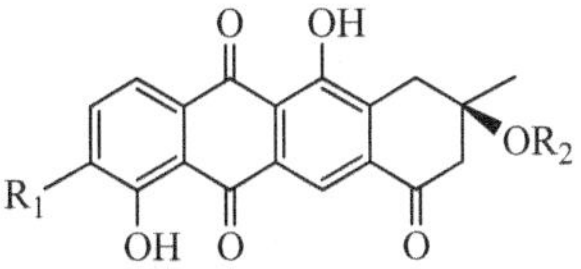

219 R_1 = I, R_2 = II

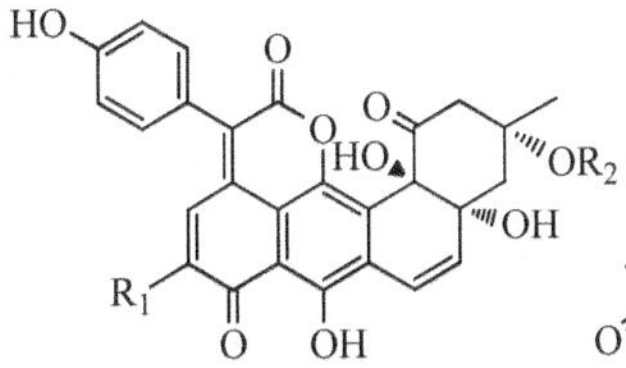

220 R_1 = IV, R_2 = II

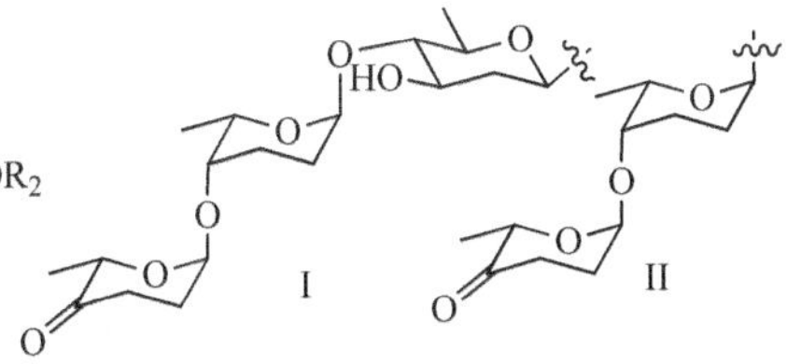

I　II

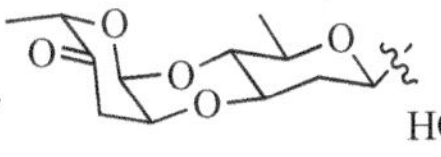

III

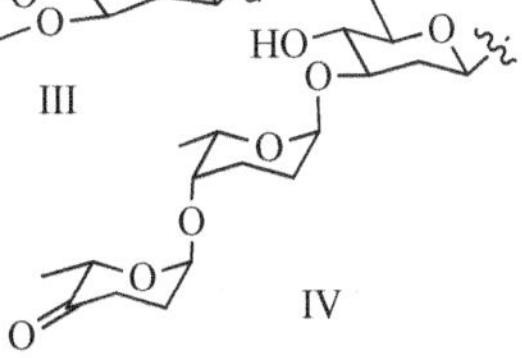

IV

（3）杂合聚酮类化合物

杂合聚酮包括聚酮-聚肽、聚酮-萜类、聚酮-核苷等化合物。Xu 等从链霉菌 *S. antibioticus* H74-18 中分离到抗霉素化合物 antimycins A19（**221**）和 A20（**222**），对白色念珠菌的 MIC 值为 5～10μg/mL（Xu et al.，2011）。韩壮等从链霉菌 *S. lusitanus* 中分离到 antimycins B1（**223**）和 B2（**224**），其中 **224** 对金黄色葡萄球菌和 *Laribacter hongkongensis* 的 MIC 值分别 32.0μg/mL 和 8.0μg/mL（Han et al.，2012）。李富超等从一株链霉菌中分离到 chinikomycins A（**225**）和 B（**226**），对多种肿瘤细胞具有抑制活性，但未发现明显的抗菌和抗病毒活性（Li et al.，2005）。宋永相等从一株来源于–3536m 的深海链霉菌 *S. niveus*

SCSIO 3406 中分离到四个萜聚酮类化合物 marfuraquinocins A～D（**227**～**230**），化合物 **227** 和 **229** 对肺癌细胞 NCI-H460 的 IC_{50} 值分别为 3.7μmol/L 和 4.3μmol/L，与临床抗肿瘤药物顺铂的活性相当；同时，**229**、**230** 对临床样本来源的耐甲氧西林表皮葡萄球菌（MRSE）具有抑制作用，其 MIC 值为 8mg/mL（Song et al.，2013）。

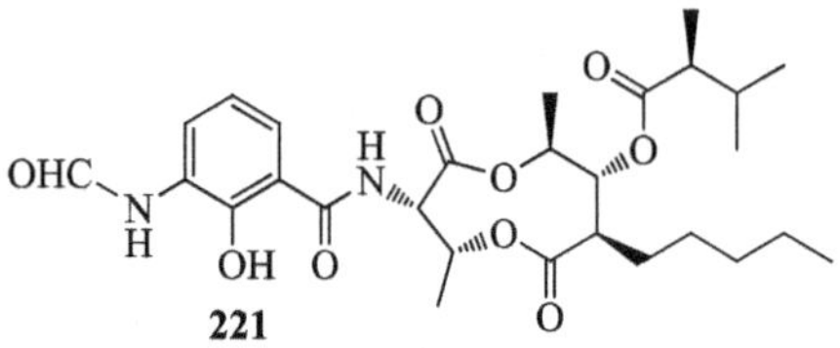

221 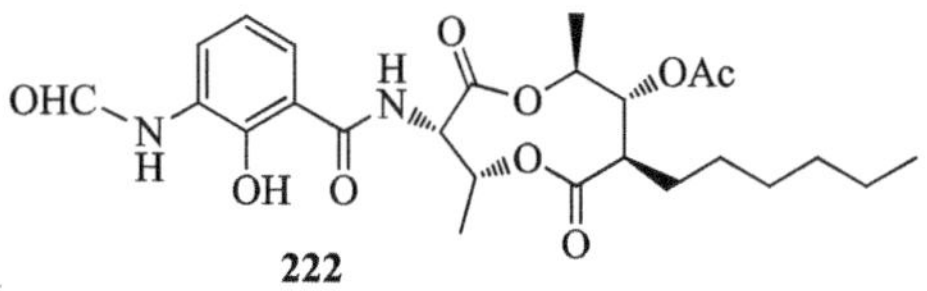 222

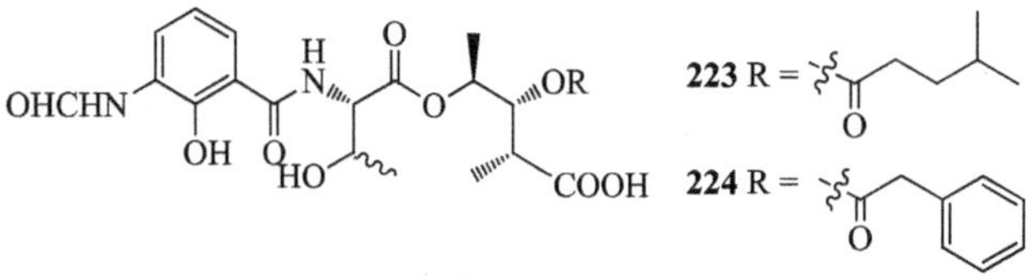

223 R =
224 R =

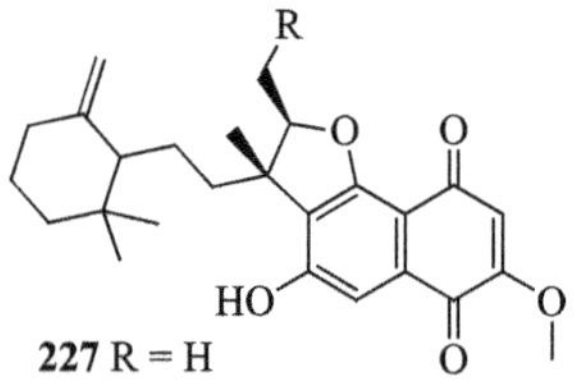

227 R = H
229 R = OH

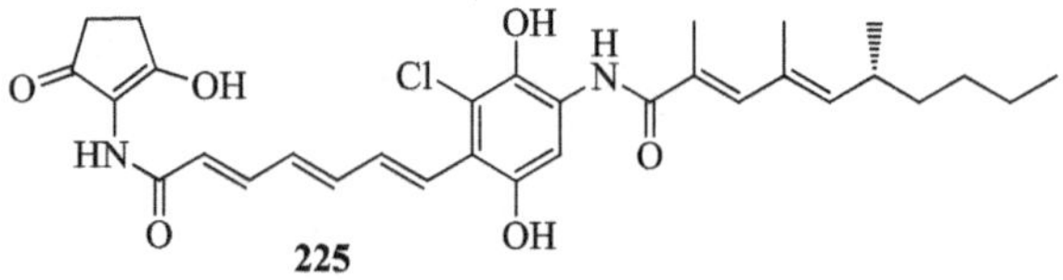

225

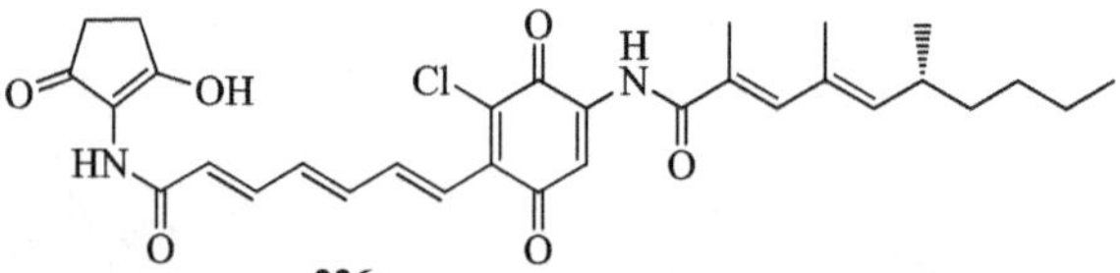

226

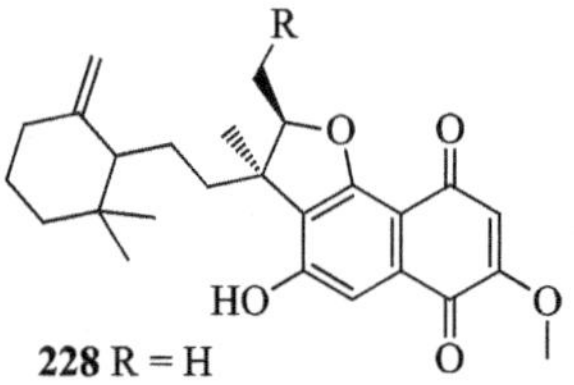

228 R = H
230 R = OH

2. 肽类化合物

肽类化合物是由多个氨基酸以酰胺键（肽键）相连组成的结构，它广泛存在于海洋放线菌的次级代谢产物中。截止到 2014 年上半年，国内外学者从海洋放线菌代谢产物中共报道了 105 个肽类化合物，以下主要介绍国内学者近期的代表性工作。

吴正超等从美国圣地亚哥附近海洋沉积物分离的 *Nocardiopsis* sp. CNX037 中得到两个环六肽化合物 nocardiamides A（**231**）和 B（**232**），并通过多肽固相合成策略完成了两个天然产物的全合成且确定了该类分子中两个 D 型和一个 L 型缬氨酸残基的位置（Wu et al.，2013a）。周潇等从中国南海沉积物中的放线菌 *Marinactinospora thermotolerans* SCSIO 00652 中分离得到一个含有噻唑和噻唑啉结构的新奇环肽化合物 marthiapeptide A（**233**）。化合物 **233** 对一系列革兰氏阳性细菌具有良好的抑制活性，MIC 值为 2.0～8.0μg/mL，对多种人类肿瘤细胞具有很强的细胞毒性，IC_{50} 值为 0.38～0.52μmol/L，比阳性对照顺铂强 5～10 倍（Zhou et al.，2012）；随后又从中国南海深海来源的 *S. drozdowiczii* SCSIO 10141 中分离出 6 个环七肽类化合物 marformycins A～F（**234**～**239**），并通过单晶衍射和手性高效液相色谱等手段确定了其氨基酸的绝对构型，化合物 **234**～**238** 对藤黄微球菌具有抑制活性，MIC 值分别为 0.25μg/mL、4.0μg/mL、0.25μg/mL、0.063μg/mL 和 4.0μg/mL（化合物 **239** 因含量太低，未测定其 MIC 值），此类化合物还对厌氧痤疮丙酸杆菌具有较强的抑制活性（Zhou et al.，2014）。宋永相等从深海链霉菌 *S. scopuliridis* SCSIO ZJ46 中分离得到 desotamide 及新化合物 desotamides B～D（**240**～**242**），化合物 **240** 和 desotamide 对金黄色葡萄球菌、肺炎链球菌、耐甲氧西林表皮葡萄球菌等显示抗菌活性，分子骨架中色氨酸结构单元是产生抗菌活性的必需基团（Song et al.，2014）。

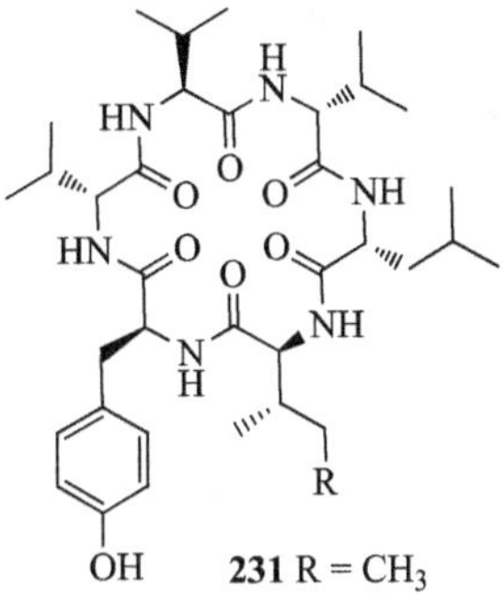

231 R = CH_3
232 R = H

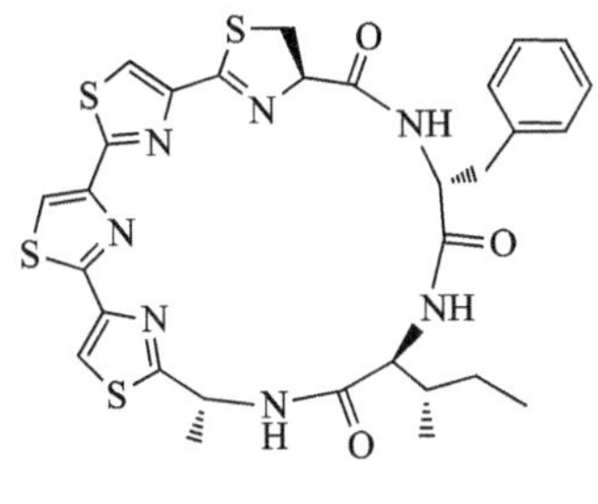

233

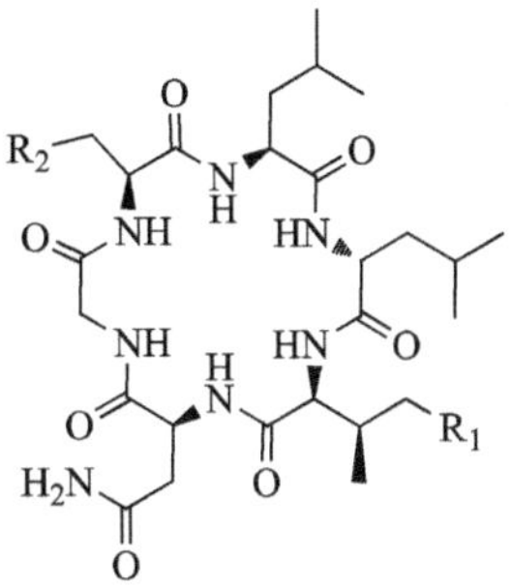

240 R_1 = H, R_2 =

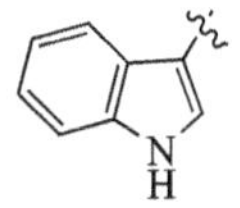

241 R_1 = Me, R_2 =

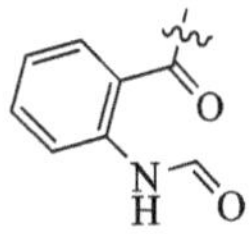

242 R_1 = Me, R_2 =

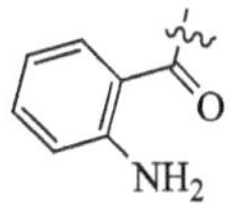

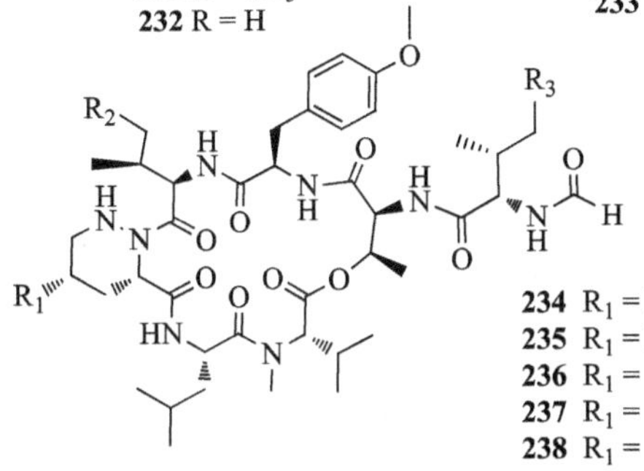

234 R_1 = H, R_2 = CH_3, R_3 = H
235 R_1 = H, R_2 = CH_3, R_3 = CH_3
236 R_1 = OH, R_2 = H, R_3 = CH_3
237 R_1 = OH, R_2 = CH_3, R_3 = CH_3
238 R_1 = OH, R_2 = H, R_3 = H
239 R_1 = H, R_2 = H, R_3 = H

3. 生物碱类化合物

早在 20 世纪 70 年代，人们从海洋链霉菌属放线菌的次级代谢产物中发现了生物碱化合物 xanthomycin（Okazaki et al.，1972），到 2014 年上半年，来源于海洋放线菌的生物碱共 190 个。对海洋放线菌来源生物碱的生理活性筛选主要集中在抗肿瘤（细胞毒性）和抗菌方面；此外，部分海洋放线菌来源的生物碱显示出抗疟疾、抗 HIV 及 HINI 病毒、酶抑制等活性。

付鹏等从链霉菌突变株 *S. fradiae* 007M135 中分离得到 fradcarbazoles A～C（**243**～**245**），其中 fradcarbazole A 含有吲哚咔唑母核、噻唑环及吲哚片段，fradcarbazoles A～C 对肿瘤细胞株 HL-60、K562、A-549 及 BEL-7402 具有显著的抑制活性，并对 PKC-α激酶显示抑制活性，IC_{50} 值在 0.001～4.58μmol/L 之间（Fu et al.，2012b）；还从海洋链霉菌 *Streptomyces* sp. FAM 中鉴定了 streptocarbazoles A（**246**）和 B（**247**），对人肿瘤细胞具有毒性（Fu et al.，2012a）；从 *Actinoalloteichus cyanogriseus* WH1-2216-6 中获得了 11 个生物碱类化合物，分别是 cyanogramide（**248**），具有细胞毒活性的联二吡啶苷 cyanogrisides A～D（**249**～**252**）（Fu et al.，2011b）及联二吡啶 caerulomycins F～K（**253**～**258**）（Fu et al.，2011b）。化合物 **248** 在 5μmol/L 的浓度下能够逆转阿霉素诱导 K562/A02 及 MCF-7/Adr 细胞的耐药性及长春新碱诱导 KB/VCR 的耐药性，逆转倍数值分别为 15.5、41.5 及 9.7（Fu et al.，2014）。

张文军等从印度洋–3412m 深海来源的链霉菌 *Streptomyces* sp. SCSIO 03032 发现结构新颖的双吲哚生物碱 spiroindimicins A～D（**259**～**262**），具有罕见的[5, 5]及[5, 6]螺环骨架结构。Spiroindimicins B 和 C 对肿瘤细胞株 CCRF-CEM、B16、HepG2 及 H460

具有生长抑制作用，其 IC_{50} 值在 4～15μg/mL 之间（Zhang et al.，2012b）。李苏梅等从 3258m 深的南海沉积环境来源的放线菌 *Pseudonocardia* sp. SCSIO 01299 中分离得到三个氮杂蒽醌衍生物 pseudonocardians A～C（**263**～**265**），具有极强的细胞毒活性，对肿瘤细胞 SF-268、MCF-7 和 NCI-H460 的 IC_{50} 值在 0.01～0.21μg/mL 之间，化合物 **263**～**265** 还具有良好的抑菌作用，对苏云金芽孢杆菌、金黄色葡萄球菌和粪肠球菌的 MIC 值为 1～4μg/mL（Li et al.，2011）。

黄洪波等从深海放线菌 *Marinactinospora thermotolerans* SCSIO 00652 的发酵产物中分离获得 4 个β-咔啉生物碱 marinacarbolines A～D（**266**～**269**），能够抑制疟原虫药敏株 *Plasmodium falciparum* 3D7 和多耐药株 Dd2，其中 marinacarboline A（**266**）对 Dd2 的抑制效果最佳，IC_{50} 值为 1.92μmol/L；此外，还从该菌种中发现了两个吲哚内酰胺（**270**、**271**）（Huang et al.，2011）。张庆波等从一株 *Streptomyces* sp.发现一对阻转异构体萜类生物碱二聚厦霉素 A（**272**）及 B（**273**），以及氧厦霉素（**274**）和氯厦霉素（**275**），二聚厦霉素是自然界中首次发现的 N-N 连接的二聚体（Zhang et al.，2012a）。

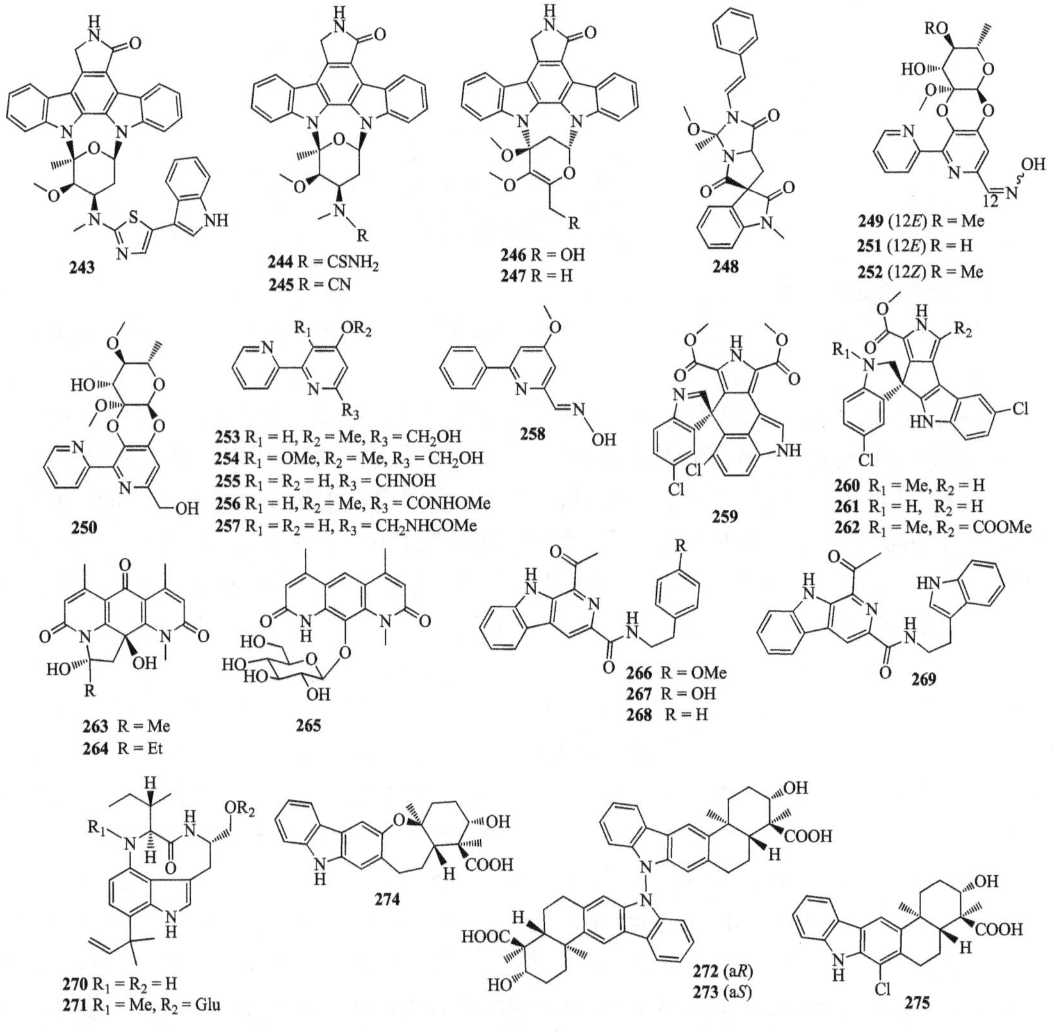

243

244 R = $CSNH_2$
245 R = CN

246 R = OH
247 R = H

248

249 (12*E*) R = Me
251 (12*E*) R = H
252 (12*Z*) R = Me

250

253 R_1 = H, R_2 = Me, R_3 = CH_2OH
254 R_1 = OMe, R_2 = Me, R_3 = CH_2OH
255 R_1 = R_2 = H, R_3 = CHNOH
256 R_1 = H, R_2 = Me, R_3 = CONHOMe
257 R_1 = R_2 = H, R_3 = $CH_2NHCOMe$

258

259

260 R_1 = Me, R_2 = H
261 R_1 = H, R_2 = H
262 R_1 = Me, R_2 = COOMe

263 R = Me
264 R = Et

265

266 R = OMe
267 R = OH
268 R = H

269

270 R_1 = R_2 = H
271 R_1 = Me, R_2 = Glu

274

272 (a*R*)
273 (a*S*)

275

4. 萜类化合物和其他类化合物

海洋萜类化合物主要源于海藻、海绵、腔肠动物和软体动物，海洋放线菌来源的萜类近年来也有报道，主要集中在倍半萜类以及极少量的二萜及三萜类化合物，具有抑制肿瘤细胞生长及清除自由基活性的作用。同时，人们还从海洋放线菌中发现了（直链）酰胺、酯类以及甾醇类化合物。

三、海洋放线菌次级代谢产物研究展望

自 20 世纪 70 年代初人们对海洋放线菌活性次级代谢产物进行探索，至 2014 年上半年，人们已经从中筛选发现了 700 余个新化合物，最近 3 年增速明显，每年平均发表约 100 个新化合物。这些化合物多数来源于海洋沉积物来源的放线菌或者海洋生物的共附生放线菌。海洋放线菌来源化合物具有产量低但活性强的特点，例如美国 Fenical 课题组发现的具有抗肿瘤活性的 salinosporamide，在 2014 年被 FDA 列为孤儿药，由 Triphase Accelerator 公司开发，用于治疗多发性骨髓瘤，目前正在临床Ⅱ期试验阶段。我国学者对海洋放线菌次级代谢产物研究起步虽晚，但发表的新化合物数量约占国际报道总数的 1/5。笔者认为未来对海洋放线菌活性次级代谢产物研究体现在以下三方面。

（1）拓展深远海、极端环境和特殊环境海洋放线菌新资源

海洋占地球表面积的 70%，海洋的平均水深 3800m，人们对深海放线菌资源及其次级代谢产物的研究才刚刚开始。随着深海采样装备的进步，深海来源的放线菌将成为重要研究目标。海洋火山和热液区来源的耐热放线菌也值得关注。随着地球南北两极科考水平的提高，极地高寒海域放线菌也值得深入探究。人们已经从众多海洋生物中分离鉴定出结构新颖、活性显著的化合物，有些已经开发成药物或正在临床试验阶段，但怀疑其真正的生产者是与之共附生的包括放线菌在内的微生物，对共附生放线菌代谢产物的研究还远远不够。这些极端和特殊环境的新放线菌资源，进化出与环境相适应的特殊生理机制和遗传特性，可能产生独特功能的次级代谢产物，这是开发创新药物、生物农药和环保制剂等的重要物质源泉。

（2）改进发酵培养策略和筛选手段发现新活性次级代谢产物

海洋放线菌次级代谢产物的产生本质上是由基因组上的生物合成基因合成的，生物合成基因的表达受到发酵时环境因子影响，由全局性调控基因和途径专一性调控基因调节。开发小体积（1mL、5mL、15mL 等）、多种培养基（10 种以上）组成的高通量发酵培养技术，可以充分激活更多或者特定的生物合成基因簇，合成更多骨架类型的次级代谢产物。生物活性筛选和谱学筛选（HPLC-DAD-UV，HPLC-MS^n）相结合的传统筛选模式还将在长时间内发挥重要作用。随着人们对天然产物生物合成途径及其功能基因的深入了解，基因筛选技术体现出独到的优势。根据特定类型化合物（如聚酮、聚肽、萜类、糖苷类和某些生物碱）生物合成的关键酶的保守区序列设计简并引物，对批量菌株进行 PCR 扩增，可以快速筛选获得阳性菌株，从而定向筛选其特定骨架类型化合物的潜力。

（3）生物合成和基因组挖掘（genome mining）技术寻找新化合物

海洋放线菌的基因组含有大量次级代谢产物生物合成基因簇，但是相关基因簇绝大部

分都处于沉默（silent）或隐性（cryptic）状态（McAlpine，2009；Ikeda et al.，2003），成为化合物表达、分离鉴定的最大障碍。随着基因组测序技术的飞速发展，基因组挖掘技术兴起并突破了上述壁垒。分析菌株的基因组信息，针对性地激活沉默或隐性代谢产物的生物合成基因簇，可以有的放矢地获取目标产物。基因组挖掘技术主要有以下两种发掘策略：①基因簇表达调控。在定位目标基因簇后，失活其中的负调控基因，或超表达一些正调控基因，或者导入并过表达一些合成关键酶等，可以激活沉默的基因簇，启动化合物的生物合成。例如，在 *S. ambofaciens* 中通过超量表达一个 150kb 聚酮生物合成基因簇中的 LuxR 编码蛋白基因和敲除一个 TetR 家族为调控蛋白编码基因 *alpW* 后，菌株得以高效合成 stambomycin 和 kinamycin 两类活性产物（Laureti et al.，2011；Bunet et al.，2011）。②基因簇的异源表达。通过将次级代谢产物的生物合成基因或基因簇克隆至合适载体，并导入生长迅速、遗传操作简捷、化学背景单一、便于目标化合物分离鉴定的近源宿主，启动基因或基因簇的异源表达，合成目标化合物，尤其适合那些生长缓慢、条件苛刻、遗传操作复杂的海洋放线菌。例如，将 *S. tendae* 中疑似吩嗪类化合物的生物合成基因簇，导入模式菌株 *S. coelicolor* M512 中异源表达后，成功合成了原宿主中未能发现的吩嗪化合物（Saleh et al.，2012）。基因组挖掘技术可以克服传统方法的局限性，缩短工作周期，正逐渐成为海洋放线菌天然产物研究的“杀手锏”。

（宋永相　黄洪波　桂　春　谢运昌　鞠建华）

第四节　海洋微生物活性产物规模化发酵技术

一、海洋微生物的代谢与工程特征

海洋微生物多生存于特殊的外界环境，如高盐、低温、高压、低光照、低溶解氧、寡营养、高卤素等。因此，它们常具有与陆地微生物不同的独特生理特性，从而导致生长及代谢呈现不同的特征。Osterhage 等通过分析 26 株陆生疮霉和 16 株海洋疮霉发现，虽然二者在种属分类上相同，但它们的次级代谢产物中有 84%明显不同（Osterhage et al.，2000b）。这充分说明海洋环境相对于陆地的特殊性，造成了海洋微生物与陆地微生物之间代谢的差异性。Bernan 等报道，海洋链霉菌 LL-31F508 产抗生素 bioxalomycins 时，培养基中添加 2%氯化钠时菌体增加 33%，产物增加 4 倍（Bernan et al.，1994）。因此，仅一个海洋盐度的影响，就使得海洋微生物的生长、发育和代谢呈现极大的不同。这必然会导致海洋微生物培养时表现出与陆地微生物不同的特征，而在培养过程控制上也会不同，这也是目前人工培养海洋微生物生产活性产物时产量极低的重要原因。

此外，目前大规模工业化使用的陆地丝状真菌如青霉菌、黑曲霉、米曲霉等，都是经过几十年工程驯化、菌株筛选而得到的优势菌株，它们对工程环境（搅拌、剪切等）的适应性较强，大多可以满足大规模工程化发酵的要求。然而，大多数海洋丝状真菌为分离不久的野生株，基本没有经过工程驯化，对搅拌、剪切等工程参数较为敏感，工程操作对这些菌株生长、代谢的影响大于陆地微生物，这给反应器发酵和放大带来非常大的问题。

从 20 世纪青霉素的发现以来，微生物发酵工程经过近百年的发展，已经形成完整的理论方法和实践技术。海洋微生物具备微生物的所有特征，因此，这些发酵工程理论与技术可以应用于海洋微生物发酵来有效解决产物产量不足的问题。此外，由于海洋微生物具备一些独特的生理特性，针对这些特性可以进行针对性地工艺优化及代谢调控。因此，对于海洋微生物生产活性产物而言，需要将传统的微生物发酵工程原理及方法与海洋微生物独特生理特性相结合，开发适合于海洋微生物高产的规模化发酵工艺。

二、海洋微生物次级代谢途径及调控

海洋微生物活性物质大多来源于其次级代谢产物。次级代谢是相对于初级代谢提出的概念，是指微生物在一定的生长期（一般是稳定期），以初级代谢产物为前体物质，合成某些对微生物的生命活动没有明确功能的物质的过程。该过程的产物即为次级代谢产物，如抗生素、色素、生物碱、毒素、激素等。初级代谢是次级代谢的基础，为次级代谢产物合成提供前体物质和所需的能量。由于初级代谢为次级代谢提供前体物质，产生前体的初级代谢过程受到调控时，也必然会影响次级代谢的进行，因此初级代谢还具有调节次级代谢的作用（储炬等，2003；孙学谦，2010；曹福祥，2003）。

一般而言，次级代谢产物合成过程的构建单元都是直接或间接来源于微生物代谢过程中的中间产物或初级代谢产物，这些物质有的直接作为次级代谢产物的前体，有的经过酶促反应修饰和装配后构成具有多种多样化学结构和生理活性的次级代谢产物。对于海洋微生物而言，它们具有与陆地微生物相同的次级代谢产物合成机制，在某些条件下，会在产物中引入高丰度的卤元素（氯、溴等）。总体而言，它们的基本合成途径主要包括三个步骤（储炬等，2003；俞俊棠等，2003）：前体的聚合、结构的修饰（糖基化、环化、酰基化、甲基化、氨基化、卤化、氧化还原等）和不同部分的装配。

在分析活性化合物合成途径的基础上，可以通过代谢调控的方式，使代谢流偏向目的产物合成的途径。其中，前体及抑制剂调控尤为重要。前体是指加入培养基中的某些化合物，它们可以直接被微生物结合到产物分子中而自身结构无变化；中间体是指某种物质进入某途径后被转化为一种或多种物质，它们均被代谢并参与产物的合成。次级代谢的一个特征是次级代谢产物通常在微生物的对数生长后期或稳定期合成，在该生长期添加外源前体物质才能说明其是否起到前体的促进作用。因此，首先需要通过同位素标记前体实验、静息细胞实验等确定产物合成途径。以聚酮产物为例，由于乙酸、丙酸以及其他短链脂肪酸（如丙二酸、丁酸等）可以经过胞内的磷酸激酶催化而形成多聚酮的前体分子（如乙酰辅酶 A、丙酰辅酶 A、丙二酰辅酶 A 和甲基丙二酰辅酶 A），因而添加这些短链脂肪酸有可能促进聚酮类抗生素的生物合成。然后，研究发酵过程中菌体生长曲线和次级代谢产物生成曲线，确定前体添加的合适时间。除了考察不同的前体添加物对目的次级代谢产物产量的影响外，还要确定前体的添加浓度，以防止其可能存在的反馈抑制作用。此外，通过次级代谢途径特异性抑制剂可以阻断相关途径。因此，如果要促进目的活性产物的合成，则可以抑制其竞争性途径，增加目的合成途径的代谢通量。

三、培养基设计

培养基是微生物生存的物质基础，选择合适营养成分的培养基对于微生物生长及代谢至关重要。不同微生物生长及代谢对营养物质的要求均不同，同一微生物在菌体生长和次级代谢产物合成的过程中对营养物质的需求也不同。影响微生物生长及次级代谢的关键营养成分包括碳源、氮源、磷酸盐、无机盐、其他微量元素等。尽管微生物生长及代谢需要上述各种营养成分，然而不同的微生物间甚至同种微生物的生长及代谢都会对这些营养成分的组成比例有特殊的要求。这就需要通过培养基优化来获得合适的培养基。几十年来，培养基的开发及优化几乎遍布各种微生物发酵以提高菌体浓度或目的产物产量。尽管相关理论方法逐渐成熟，培养基开发及优化对微生物尤其工业微生物发酵仍然非常重要，统计学方法（如响应面设计、遗传算法、神经网络等）已经成为微生物培养基优化过程中不可缺少的工具。培养基开发通常是在摇瓶中完成的，在摇瓶中获得优化的培养基组成是培养基设计的第一步，在规模化发酵时培养基设计需要与发酵过程控制相结合（张嗣良，2013）。例如，海洋灰绿曲霉发酵时将碳源由葡萄糖转换为淀粉能够明显延缓菌丝自溶并提高灰绿霉素 A 的产量。然而，在反应器大规模发酵时，淀粉含量过高则会导致发酵液黏稠而影响氧的传递，增加控制的难度，进而影响产物合成及后期分离提取。因此，在规模化发酵过程中，通常比较青睐“稀配方”——低成本、易灭菌、传质佳、后期处理方便。此外，为避免出现营养匮乏，则一般采用补料控制工艺。

四、海洋微生物的发酵工艺和放大

海洋环境的特殊性将导致海洋微生物生长和代谢的特异性，使培养或发酵海洋微生物时可能表现出与陆生微生物不同的特性，在发酵工程控制策略上也必然会带来相应的调整。因此，开展海洋微生物的规模化培养和次级代谢产物的代谢调控研究尤为必要。由于海洋微生物生存环境的共性，有关其培养及产物生产的优化条件很可能有一定的相似性。因此，对于某些特征菌株的培养和生产条件优化、代谢调控、工程条件优化设计及大规模发酵放大研究，将会促成整个海洋微生物培养体系的构建与发展，这对于更多海洋新型活性代谢产物的分离、鉴定、构效关系、结构修饰、药理药效研究的开展又有重要的促进作用。

1. 溶解氧及剪切

氧气对好氧微生物不可或缺，且作为基质保证能量的产生。在发酵过程中，溶解氧经常成为菌体生长及产物生产的限制因素，特别是霉菌及放线菌。微生物生长期及生产期的最适溶解氧强度一般也不同。通常情况下，与陆地微生物相比，海洋微生物培养过程中对氧的需求略低。在反应器发酵过程中，氧气传递速率（OTR）与相关参数的相互关系可表示如下：

$$\mathrm{OTR}=k_{\mathrm{L}}a(C^{*}-C) \tag{3-1}$$

式中，k_{L} 表示液膜传质系数；a 表示气液接触面积；C^{*}表示液体中氧饱和浓度；C 表示液体中氧浓度。因此，通过增加 k_L、a 或 C^* 可以增加 OTR。

在搅拌式生物反应器发酵中，气体从反应器底部进入后，在搅拌桨的作用下被打散成小气泡而分散至发酵液中。通过增加通气速率或者增加搅拌桨的剪切作用，可以增大气液接触面积，增加氧传递。增加搅拌强度可以增加混合强度，减少供氧死角的限制。通过改变发酵液性质或者添加富氧物质使其氧饱和浓度（C^*）增加，也可以增强氧传递速率。Cooper 等早期研究发现，氧传递的最大限制来自液膜阻力（Cooper et al.，1944）。他们指出，氧体积传质系数（k_v）与单位体积输入功率（P_v）和表观气体速率（V_s）有关，即

$$k_v = k P_v^{0.95} \text{ 及 } k_v = k' V_s^{0.67} \text{（} k \text{ 和 } k' \text{为常数）} \tag{3-2}$$

后来，Richards 发现 k_v 与桨叶末端线速度成正比，Blanch 等发现 k_v 与非牛顿发酵液的表观黏度成反比（Richards，1961；Blanch et al.，1976）。综上所述，通过增加搅拌输入功率和增加表观气体速率有利于氧传质的增强。然而，对于特定的反应器，搅拌输入功率和表观气体速率不能够无限制增加，也可以通过改造反应器以优化氧传递，包括反应器高径比、挡板设计、桨叶设计及优化组合等。

海洋微生物活性产物大多分离自海洋丝状真菌和放线菌，它们的丝状形态易受到剪切力的损伤，搅拌桨则是发酵过程剪切力的主要来源。微生物发酵中最常用的搅拌桨为涡轮桨。该桨为径流桨，产生较强的剪切力，有利于气体分散而增加溶解氧，但是推动力较弱。由于具有强剪切作用，该桨容易破坏丝状真菌及放线菌的菌丝体而导致菌体活力下降，产量降低，对于剪切敏感性菌株往往会造成致命的伤害。斜叶桨、翼型桨等轴流型桨叶常被用于微生物尤其是丝状真菌的发酵。这类桨叶具有强的推动力和混合效果，但剪切力较弱，这对于非牛顿型发酵液混合很有利，可以降低对菌体的伤害。丝状真菌发酵过程中也常采用两种桨型的组合或设计具有类似效果的特异桨型以提高发酵效果。人们常用桨叶末端线速度（R）、单位体积输入功率（P/V_L）、能量耗散/循环时间（P/kD^3t_c）等描述剪切环境并考察其与菌体生长及生产的关系。溶解氧和剪切作为丝状菌反应器发酵的两个非常重要的参数，二者相互关联。在发酵过程中，需要根据实际限制因素寻找其优化组合以提高生产效率。在剪切敏感型海洋灰绿曲霉发酵中，通过优化搅拌桨组合和引入氧载体控制工艺，使反应器发酵中灰绿霉素 A 产量提高了 3.2 倍（Cai et al.，2011）。

与陆地丝状真菌相似，海洋丝状真菌在反应器发酵过程中的菌体形态与溶解氧、剪切也密切相关。一般而言，丝状真菌在液体培养过程中以菌丝的方式生长，并在不同条件下逐渐形成分散菌丝、菌丝团及菌球。丝状真菌形态与某些产物的生产密切相关。例如，海洋灰绿曲霉呈现较大的菌团时灰绿霉素产量较高，而呈现分散菌丝或致密菌球时灰绿霉素产量则较低（图 3-2）（Cai et al.，2011；Cai et al.，2010）。海洋红树林内生真菌镰刀菌呈现较为粗壮的菌丝团或菌球时，抗肿瘤化合物 1403C 产量较高（图 3-3）（Yu et al.，2012）。菌体形态对菌体生产的影响可能与其改变菌体营养摄取、氧传递及剪切敏感性有关。当菌体呈分散菌丝形式时，发酵液易形成非牛顿、假塑性流体，黏度高，不利于混合及氧传递。当其以菌球形式存在时，发酵液易形成牛顿流体，黏度较低，混合及氧传递相对容易。然而，当菌球过大时，由于内部营养及氧气供给不足，有害代谢物排除受阻，易导致菌体活力降低，菌球裂解。因此，一般丝状

真菌发酵过程常维持菌团或细小菌球状态。发酵过程中菌体形态与很多因素有关，如接种量、培养基组成、pH、溶解氧浓度、二氧化碳浓度、剪切环境等。如何控制好发酵过程中菌体形态需要对菌的生长及生理特性有充分的了解，不同的菌株和产物对菌体形态控制要求也不同。

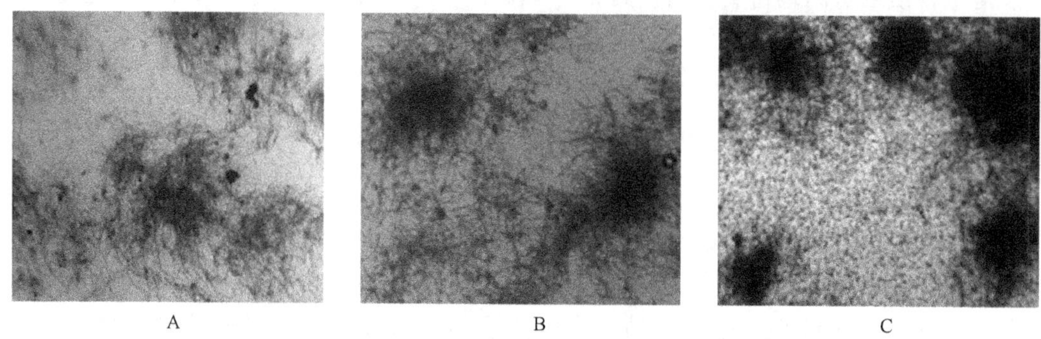

图 3-2 海洋灰绿曲霉反应器发酵的菌体形态：A. 分散菌丝；B. 菌丝团；C. 致密菌球

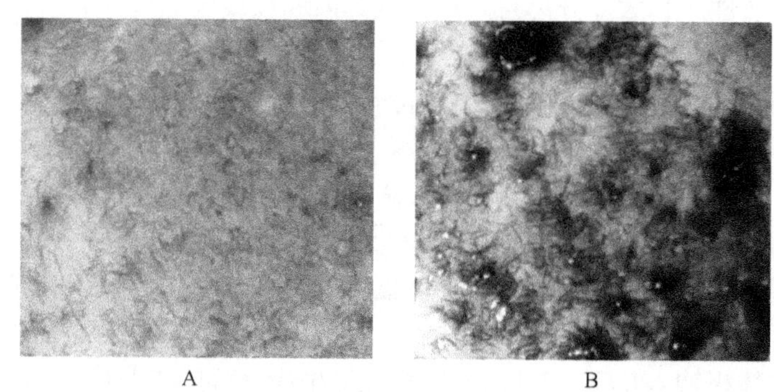

图 3-3 海洋红树林内生真菌镰刀菌发酵的菌体形态：A. 分散菌丝；B. 菌丝团或菌球

2. pH

pH 控制对于丝状真菌发酵过程也至关重要。pH 的变化能够引起二氧化碳溶解度、营养物溶解性、细胞膜运输和各种酶活性的改变，对菌体生长及生产有很大影响。在海洋灰绿曲霉、海洋红树林内生镰刀菌、海洋长孢葡萄穗霉的发酵过程中，生长期 pH 过低（如 3.0～4.0）极易导致有机酸的大量累积，次级代谢无法正常启动，菌体代谢和目的产物合成受到很大影响。然而，通过优化控制生长期及生产期 pH，或模拟控制反应器发酵中 pH 时，序变化并使其与摇瓶高产发酵中一致，则可以有效地解决上述问题，促进产物的高效合成。总体而言，选择最适发酵 pH 的准则是获得最大比生产速率和合适的菌体量，以获得最高产量。

3. 温度

微生物的生长及次级代谢产物合成需在各自适合的温度下进行。温度是保证酶活性的关键参数之一，因此，发酵过程中维持适宜的温度环境至关重要。一般而言，发酵温度升高，酶反应速率增加，生长代谢加快。但是，如果温度过高，则易导致菌体衰老，发酵周期缩短，目的产物产量降低。温度也会影响生物合成的方向。此外，温度也会导致发酵液的理化性质发生改变（如氧溶解度、发酵液黏度等），从而间接影响菌体生长及代谢。一些深海、极地海洋来源的海洋微生物往往对温度变化极为敏感，在发酵过程中需根据实际情况进行温度调控。例如，深海嗜热土芽孢杆菌（*Geobacillus* sp. 4j）最适生长及产酶温度均为60℃，而极地弯孢聚壳属真菌（*Eutypella* sp. D-1）最适生长温度为28℃，但最适产物合成温度为20～24℃。

4. 不同的发酵操作方式

根据发酵操作方式的不同，微生物发酵可以分为分批发酵、补料分批发酵、连续发酵（储炬等，2003；俞俊棠等，2003）。目前，已报道的海洋丝状真菌发酵一般采用分批发酵和补料分批发酵。

分批发酵是指营养物和菌种一次性加入生物反应器进行培养，中间除了气体出入反应器外，没有任何营养物料交换。该过程一般只控制温度、pH、搅拌及通气，操作简单，适合传统发酵及初步发酵优化。丝状真菌分批发酵过程一般分为延迟期、快速生长期、生长减退期和衰亡期等阶段。延迟期是指孢子或菌丝体适应新环境的过程，该过程与接种条件、培养基组成等均有关。快速生长期是指菌体适应了新环境而快速生长的时期，与单细胞微生物不同，丝状真菌呈多细胞生长，因此其菌体生长通常用菌体干重变化来表征。生长减退期是指菌体比生长速率下降的过程，表征了菌体活性的衰弱和代谢方式的转变。菌体比生长速率的下降很可能与菌丝体不断增长后发酵液性质改变，进一步造成传质的限制有关。衰亡期是指菌体活力逐渐丧失并自溶的过程。发酵过程中一般控制在此之前结束，因为菌体活力的丧失往往伴随产物产率的降低。

补料分批发酵是指在微生物分批发酵中，以某种方式向培养系统补加一定物料的培养技术。通过向培养系统中补充物料，可以使培养液中的营养物浓度较长时间地保持在一定范围内，既保证微生物的生长需要，又可解除底物抑制作用并控制菌体生长，达到提高产率的目的。补料分批发酵可以分为两种类型：单一补料和反复补料。前者指发酵起始投入一定量的基础培养基，然后在发酵过程适当连续补加碳源、氮源等必需基质，直到发酵液体积达到限制后，停止补料，最后在发酵终点将发酵液一次全部放出。该操作方式受反应器操作容积的限制，发酵周期只能控制在较短的范围内。后者是在前者的基础上，每隔一定时间按一定比例放出一部分发酵液，使发酵液体积始终不超过反应器的最大操作容积，延长发酵周期，直至发酵产率明显下降，才最终将发酵液全部放出。这种操作类型既保留了单一补料分批发酵的优点，又避免了它的缺点。补料分批可以解除传统分批发酵中的底物抑制，避免底物浓度过高引起的菌体过快生长引发的溶解氧不足而产率过低。对于丝状真菌，菌丝量的减少可以降低发酵液黏度，便于传质以及后续处理。目前，大规模发酵行业也大多采用该发酵方式。

5. 发酵放大

发酵放大的目标是将小规模反应器的发酵实验结果在大规模反应器上成功实现，保证近似或更好的产率和产品质量（张元兴等，2001）。然而，反应器几何和物理条件变大后，混合效果会变差、控制变难，最终过程稳定性变差、产率下降。反应器体积越大，这些问题就越严重。例如，容易造成营养物和溶解氧变化的死区；发酵液体积越大，其混合时间则越长；流体压力差导致不同位置氧传递速率不同。由于发酵过程中料液一般从顶部补入而气体从底部通入，因此大规模发酵时上部营养物过剩、耗氧剧烈而供氧却相对不足，从而积累大量有机酸；下部则养分缺乏而供氧较充足。这会导致整个发酵体系的不均匀，严重影响菌体的生长及代谢。因此，发酵放大需要依据一些关键性参数相似的准则进行放大（张元兴等，2001），如物理参数相似（即供氧能力相似、发酵罐几何相似、单位体积功率相似、桨叶末端线速度相似、雷诺数相似及桨叶区流体循环时间相似等准则）、生化参数相似［如氧摄取速率（OUR）、二氧化碳释放速率（CER）、呼吸熵（RQ）、底物消耗速率（Q_S）等］。对于不同微生物发酵而言，发酵放大准则往往不同，需要根据菌体生长、代谢及生理特性进行详细的分析，寻找影响发酵过程的关键性限制因素。例如，剪切敏感型菌株可依据桨叶末端线速度、单位体积输入功率、能量耗散相似的放大准则；高好氧菌株可依据体积氧传递系数、氧摄取速率相似的放大准则。例如，Cai 等（2012）提出，按桨叶末端线速度相似原则，并结合菌体形态、溶解氧变化、生产期 pH 相似来控制海洋灰绿曲霉发酵过程，可有效缓解该菌剪切敏感和易起泡问题，成功实现放大。在 500L 反应器发酵中，抗肿瘤灰绿霉素 A 产量从 0 提高到 32mg/L。此外，由于发酵过程非常复杂，为了进一步研究放大过程中各种参数的关系及动态变化，也可以利用数学模型及反应器流体状态分析技术进行放大。

五、总结

微生物次级代谢产物，如抗生素等，在医药工业举足轻重。其在抗病毒、抗细菌、抗真菌、抗肿瘤、降血脂等领域中发挥着重要的作用，已在全世界形成一个巨大的市场。但现在从陆地微生物中发现新次级代谢产物越来越难，相反目前世界各国从海洋微生物中发现和鉴定的新活性化合物数量呈逐年加速上升的趋势，这为海洋新药的研发提供了巨大的机遇。近年来，人们从海洋微生物中，如海洋放线菌、真菌等，分离了大量具有潜在药用价值的新物质，但这些活性物质的产量极低，一般在每升微克级或毫克级，很难满足临床前研究的需求，这已经成为海洋微生物药物发展的关键限制性因素之一，严重制约着海洋药物的开发。

近年来，我国在海洋微生物药源产物发酵方面越来越重视，促进海洋为微生物规模化发酵及制备技术平台的建设，也取得了丰硕的成果。从国际、国内整体趋势而言，该方面的研究仍值得进一步深入。基于微生物反应动力学为核心的发酵过程优化在海洋微生物发酵技术开发和发酵工程学术研究中起到了重要的推动作用，但是在实际发酵过程应用中仍存在一定的局限性，这也是很多海洋微生物放大过程不成功的原因之一。微生物发酵实际上是以细胞代谢为核心的微观生命过程，具有高度的复杂性和非线性特征（张嗣良，2013）。宏观的动力学特征实质上无法完整地表征微观代谢规律。因此，将细胞详尽的微观代谢特征与以工程参数检测与控制为核心的宏观动力学特征相结合的发酵过程优化，将是海洋微生物发酵未来的重要发展方向。

（蔡孟浩　周祥山　张元兴）

第五节 海洋微生物来源先导化合物发现实例

一、抗肿瘤化合物 lomaiviticin A 研究进展

Lomaiviticins A 和 B 最初是在 2001 年从一株来源于海鞘 *Polysyncraton lithostrotum* 的内生菌 *Salinispora pacifica* LL-37I366 中分离得到的一类复杂的二聚化合物，其单体片段中含有一个重氮苯并芴结构、两个 2, 6-二脱氧糖以及一个核心环己烯酮。

Lomaiviticin A 的分子式通过高分辨质谱确定为 $C_{68}H_{80}N_6O_{24}$，其核磁共振氢谱和碳谱只给出一半的信号，因此，推测该化合物是一个二聚体，根据 HMQC、^{1}H-^{1}H COSY、HMBC、TOCOSY 等波谱技术，确定了脱氧糖、二羟基萘醌以及环己烯酮片段的存在。通过计算脱氧糖片段的偶合常数，确定了两对脱氧糖片段 A（A′）和 B（B′）的相对构型，经查阅文献得知分别为 *N*, *N*-二甲基-pyrrolosamine 和 *α*-齐墩果糖。根据 H-4 和 A 糖异头碳的 HMBC 相关信号以及 3 位乙基与 B 糖异头碳的 ROE 相关信号，确定了两对糖片段与环己烯酮的连接位置。鉴于该化合物在 2148cm^{-1} 的红外吸收以及 C-5(5′)的化学位移（δ_C78.8ppm），推测 5 位可能连着一个重氮基团；最后与单体重氮苯并芴类化合物 kinamycins 的数据比较，确定了 lomaiviticin A 的平面结构。Lomaiviticin B 与 A 相比，在结构上的区别在于 3 和 3′位的脱氧糖被水解掉，暴露出的羟基分别与 1′和 1 位成环，该呋喃环的存在使得 lomaiviticins A 和 B 的相对构型被确定。He 等认为 H-2(2′)、C-3(3′)位乙基、C-1′(1)羟基需在同面才能促成呋喃环的形成，且在 COSY 谱上观察到 H-2 与 H-4 的 W 耦合信号，推测 H-4 与 H-2 也处于同面，因此确定了 lomaiviticins A 和 B 的相对构型。

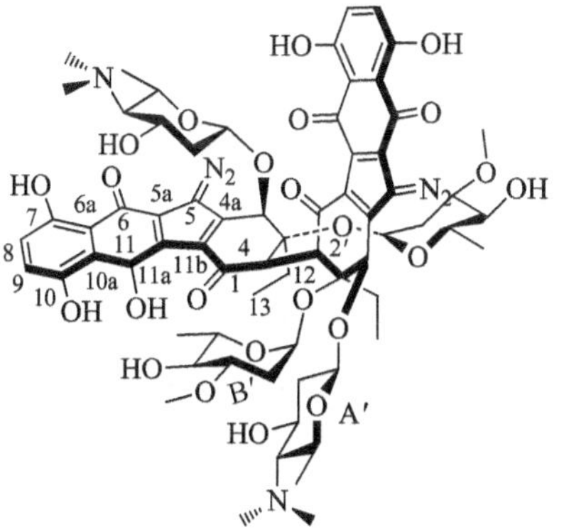

lomaiviticin A 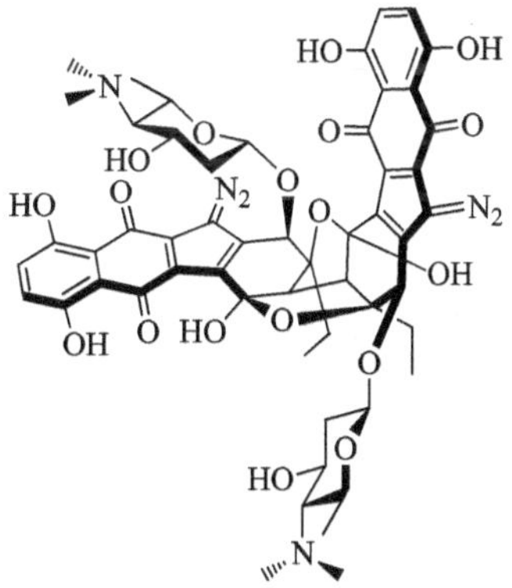　　lomaiviticin B

该类化合物具有高强度的抗菌活性（MIC 6-25 ng/spot），其中 lomaiviticin A 还具有很强的细胞毒活性，体外活性研究显示，lomaiviticin A 对 25 种人类癌症细胞株均有较强活性，IC_{50}值在 0.007～72nmol/L（He et al.，2001）。但是由于没有找到合适的合成路线以及天然产物来源产物量的限制（lomaiviticin A：1mg/L，lomaiviticin B：0.17mg/L），该类化合物的绝对构型研究无法进行，为此，人们试图从其他来源的菌株中寻找该类化合物。

鉴于 lomaiviticins A 和 B 复杂的结构以及显著的生物活性，Woo 等（2012）一直着重于 lomaiviticin A 的再分离工作，最终幸运地从美国 Department of Agriculture Agricultural Research Service 菌种保藏中心筛选出一株细菌 *S. pacifica* DPJ-0019 并鉴定了 lomaiviticin A 的存在，同时还得到了三个新的苯并芴二聚体糖苷的类似物 lomaiviticin C～E。lomaiviticin C 与 lomaiviticin A 和 B 在结构上最大的区别在于重氮基团丢失，而 lomaiviticin D（D 是一对无法分离的混合物）和 E 则是 lomaiviticin C 的类似物，区别在于糖基的羟基取代不同。通过酸水解掉 lomaiviticin C 的糖基片段，确定了 lomaiviticin C 的糖基片段均为 L 型。根据 *N*, *N*-二甲基 L-pyrrolosamine 与环己烯酮片段的 ROE 相关信号（H-1A 和 H-4 以及乙基和 H-$2A_{eq}$），最终确定了 (−)-lomaiviticin C 的绝对构型。除此之外，该小组还成功使 (−)-lomaiviticin C 在三氟甲磺酰重氮盐和三氟乙酸的条件下转变成了 (−)-lomaiviticin A，与天然来源的 lomaiviticin A 比较，确定为同一化合物，因此确定 (−)-lomaiviticin A 的绝对构型与 (−)-lomaiviticin C 一样。鉴于 (−)-lomaiviticin C(62mg/L)相对于 (−)-lomaiviticin A 的高产率，这种转化为 (−)-lomaiviticin A 的化学合成以及后面的作用机制的研究提供了非常有利的帮助。

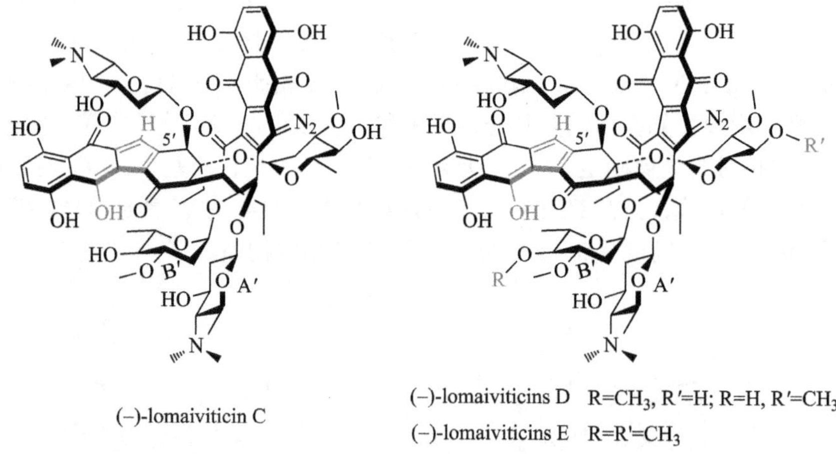

(−)-lomaiviticin C

(−)-lomaiviticins D R=CH_3, R′=H; R=H, R′=CH_3

(−)-lomaiviticins E R=R′=CH_3

Woo 等通过化学转化方法获得一定量的 (−)-lomaiviticin A，因此，对 lomaiviticins 以及 kinamycins 的抗肿瘤活性进行了综合评价（表 3-1），评价结果发现，lomaiviticins C～E 以及 kinamycins 的抗肿瘤活性都明显低于 (−)-lomaiviticin A，说明重氮芴片段可能是活性必需基团，而且二聚的形式有利于活性的增加。

表 3-1 lomaiviticin A 和 lomaiviticins C～E 以及 kinamycin C 的 IC_{50} 值（nmol/L）

化合物	细胞株			
	K562	LNCaP	HCT-116	HeLa
lomaiviticin A	11	2	2	7
lomaiviticin C	472	332	223	589
lomaiviticin D	197	196	167	161
lomaiviticin E	469	964	255	292
kinamycin C	72	116	274	517

(–)-Lomaiviticin A 对多种肿瘤细胞株都具有强的增殖抑制作用，这种广谱的抗肿瘤作用方式与已有的 DNA 破坏剂阿霉素和丝裂霉素 C 不同，因此推测 (–)-lomaiviticin A 可能以不同的方式作用于 DNA 分子上。Mulcahy 等（2012）提出 (–)-lomaiviticin A 在还原条件下被激活发生消除反应消去重氮结构后再发挥抗肿瘤作用，但对于它的具体作用机制仍然不清楚，仍需进一步研究。

近期，Colis 等（2014）在研究 (–)-lomaiviticin A 具体作用机制时提出，(–)-lomaiviticin A 可以使 DNA 双链断裂，而且这种双链断裂并不是由铁原子、羟基自由基、超氧化物或氢氧化物以及 pH 的变化诱导的，而是 (–)-lomaiviticin A 通过在体内发生亲和活化，产生一个乙烯自由基中间体，与 DNA 双链发生亲和加成导致其断裂，重氮芴结构在此过程中起着重要的作用。在亲和试剂二硫苏糖醇（DTT）的添加实验中，发现亲和试剂趋向于加在重氮基团上形成重氮硫化合物，然后重氮硫化合物离去最终诱导自由基的产生。除此之外，还发现 (–)-lomaiviticin A 的第一次去重氮化要比第二次快得多，而且也比 (–)-kinamycin C 容易发生，因此推测 DNA 可能趋向于与第一次去重氮化后的自由基中间体结合，而非发生两次去重氮化后的自由基（图 3-4）。这也解释了 (–)-lomaiviticin A 与其他类似物如 (–)-lomaiviticins C 之间抗肿瘤活性的巨大差异的现象。该研究成果已在 *Nature Chemistry* 上发表。

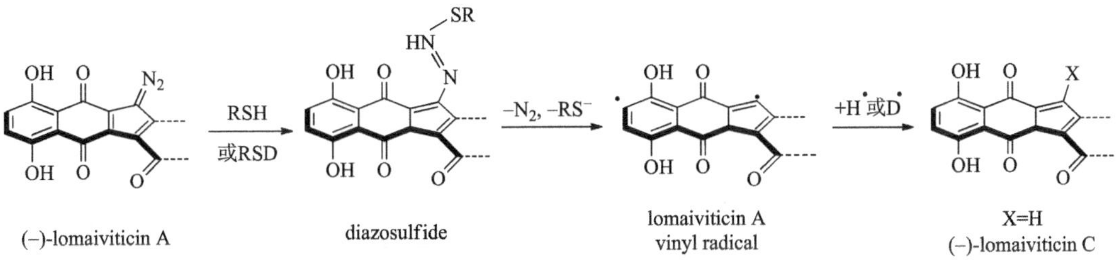

OH O N_2 RSH 或RSD SR HN N OH O $-N_2$, $-RS^-$ +H˙或D˙ X

(–)-lomaiviticin A　diazosulfide　lomaiviticin A vinyl radical　X=H (–)-lomaiviticin C

图 3-4　(–)-lomaiviticin A 去重氮化的机制

(–)-LomaiviticinA 的结构新颖、抗肿瘤活性显著，特别是具有独特的作用机制，为天然产物抗肿瘤活性机制研究方面提供了一个新的方向；但是由于来源受限，未能进行体内活性评估，难以深入开发研究。因此，如何利用现代各种技术解决复杂天然产物化合物的制备问题，仍是研究者面临的重要任务。海洋微生物生存在特异的环境中，能够产生一些像(–)-lomaiviticinA 这样难以想象的奇特结构，这些化合物对于寻找药物先导化合物和发现新的药物作用机制都具有十分重要的意义。

二、抗肿瘤化合物 thiocoraline 研究进展

Thiocoraline 是在生物活性指导下分离于莫桑比克海岸的海洋小单胞菌属（*Micromonospora* sp.）的放线菌 L-13-ACM2-092（Baz et al.，1997）。Thiocoraline 是一个含硫的二聚对称八肽，这一类结构包括喹喔啉抗生素 triostin A 和 echinomycin（Negri et al.，2007）。

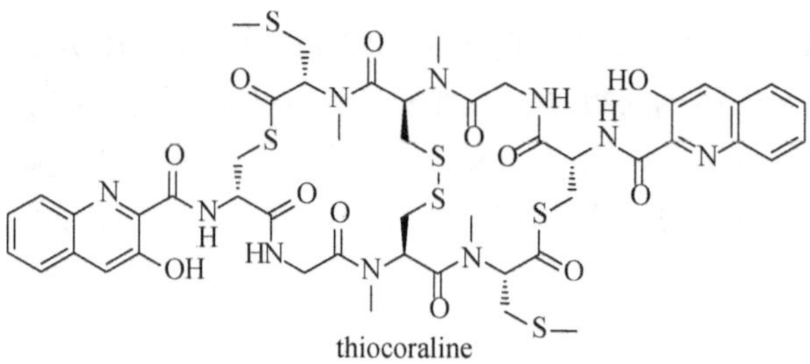

thiocoraline

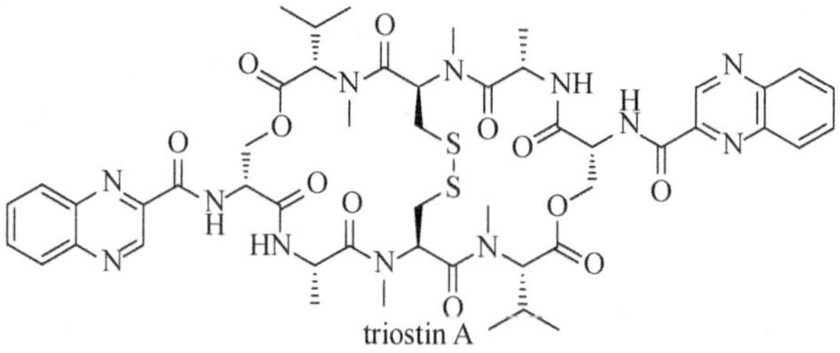

triostin A

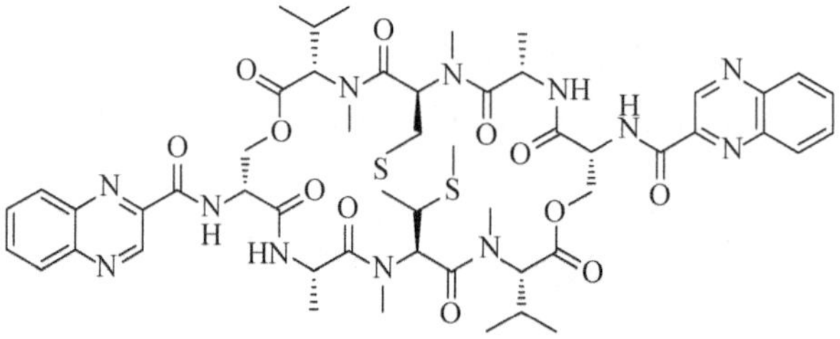

echinomycin

Thiocoraline 的 HRFAB-MS 质谱显示分子离子峰$[M+H]^+$为 1157.2521，1D NMR 数据给出一半的信号，推测 thiocoraline 是一个对称结构，确定其分子式为 $C_{48}H_{56}N_{10}O_{12}S_6$；结合 2D NMR 数据确定了结构中 3-羟基喹啉羧酸、半胱氨酸、甘氨酸、*N*-甲基半胱氨酸、*N*-*S*-青霉胺片段的存在以及其连接顺序；二硫桥的存在是通过其所连—CH_2—的特征化学位移（δ_H 2.85ppm 和 δ_H 3.50ppm）来确定的，结合文献与 triostin A 比较，确定了 thiocoraline 的平面结构。2000 年，鉴于 thiocoraline 与 triostin A 活性的作用机制相似，Boger 等推测 thiocoraline 可能与 triostin A 具有相同的立体构型，因此对 thiocoraline 进行了全合成，证明了推测的正确性，并确定了其绝对构型，这也为 thiocoraline 的继续研究解决了化合物量的问题（Boger et al.，2000）。2007 年，Negri 等得到了 thiocoraline 的单晶，从而进一步证明了绝对构型（Negri et al.，2007）。

喹喔啉类抗生素是来源于放线菌中链霉菌属（*Streptomyces* sp.）的一类环状缩肽抗生素，具有广谱抗菌活性，同时还具有抗肿瘤活性；喹喔啉类抗生素构效关系研究发现，发色团对活性有一定影响，具喹喔啉发色团的化合物抗菌活性高于喹啉发色团，6 位溴取代喹啉发色团可能有利于抗菌活性的提高；硫桥的存在对保持高的抗菌活性是必要的，硫缩醛交联桥对活性的贡献优于甲基化的二硫桥，硫缩醛交联桥的烷基化程度对活性也有影响；核心环缩肽的存在是维持抗菌活性的必要条件，环内氨基酸组成对该类的抗菌活性也有影响（秦小萍等，2008）。2013 年，Tulla-Puche 等通过合成多种 thiocoraline 和 triostin A 的类似物对其又进行了抗肿瘤活性的构效关系研究。研究发现，氨基酸组成在活性方面也起着至关重要的作用，而不只是发色团能够影响活性，二聚体的连接部分改变也对活性有一定影响，当结构中引入极性基团如 PEG 或氨基时，会导致此类化合物失去疏水性从而影响插入 DNA 的作用（Tulla-Puche et al.，2013）。

与 triostin A 和 echinomycin 相同，thiocoraline 也具有抗菌活性，对革兰氏阳性菌有明显的抑制作用，但对革兰氏阴性菌抑制作用较低。与此同时，thiocoraline 在初步的抗肿瘤活性测试中对多种肿瘤细胞表现出明显的增殖抑制活性，包括 P-388、A-549、MEL-28 和 HT-29 细胞（Romero et al.，1997）。随后，thiocoraline 在美国国家癌症研究所体外筛选过程中表现出广泛的抗肿瘤活性，包括人类的小细胞肺癌、乳腺癌、肾癌、黑色素瘤等；此外，thiocoraline 还在人类的体内癌症模型中表现出抗肿瘤活性（Wyche et al.，2011）。

抗肿瘤作用研究发现，thiocoraline 能通过抑制聚合酶-α 来阻止 DNA 的延长，因此阻断细胞周期的 G1 期，并减少细胞由 S 期变为 G2/M 期的比率。鉴于此，thiocoraline 并不是通过抑制 DNA 拓扑异构酶Ⅱ和诱发 DNA 链断裂来发挥作用的（Erba et al.，1999）。这种生物活性肽主要通过 3-羟基喹哪啶酸部分从 DNA 小沟插入结合到 DNA 上，并对 CpG 核苷酸对表现出选择性（Negri et al.，2007）。

2006 年，由 PharmaMar 进行临床前的评价以获得最佳给药剂量，为进入临床研究试验提供依据（Dawson et al.，2007）（www.pharmamar.com）。但 thiocoraline 较差的水溶性对其在临床中的应用造成了一定的阻碍，thiocoraline 结构是高疏水性的，仅有的极性基团是两个喹啉羟基。为了解决这个问题，Tulla-Puche 等把 thiocoraline 做成了各种前药，如将 thiocoraline 进行 PEG 化，通过酯键连上聚乙二醇长链以获得好的水溶性，所加长链具有较好的离去性，对其活性影响不大（Tulla-Puche et al.，2008）；此外，研究发现纳米粒子可以作为水溶性差的药物的载体，Wang 等以纳米粒子为载体把 thiocoraline 做成了药物微胶囊，不仅提高了其水溶性，还可以保持其原有活性（Wang et al.，2010）。

Thiocoraline 在人血浆中的半衰期较短，仅为 4.3h（Brandon et al.，2004），在肝脏微粒体和 S9 部分的代谢是由细胞色素酶 P450 来催化的。CYP3A4 是人体中催化 thiocoraline 代谢的主要细胞色素酶（CYP）。人体肿瘤中，结肠、乳房、肺部、肝脏、肾脏和前列腺部位的肿瘤均可以产生细胞色素酶 P450 亚型（包括 CYP31），如果 thiocoraline 的代谢产物没有活性，在人体的较快降解可能会导致其抗肿瘤活性的减弱。因此，在临床试验中应该注意 thiocoraline 在个体中的药代动力学和毒性。

Thiocoraline 在临床前研究过程中，由于化合物的水溶性及药代动力学问题，阻碍了其向临床研究的进展。虽然水溶性问题可以通过做成前药和药物微胶囊等新兴技术来改善，但其半衰期短的问题则需要通过优化结构进一步改善已达到临床使用的要求。因此，如何对结构复杂高活性的天然产物进行结构优化，提高其成药性，是药物研发中重要的关键科学技术问题。

（李德海　朱美林　于桂洪）

参 考 文 献

曹福祥. 2003. 次生代谢及其产物生产技术. 长沙：国防科技大学出版社.

储炬，李友荣. 2003. 现代工业发酵调控学. 2 版. 北京：化学工业出版社.

李巧连，李可，谢明杰，等. 2010. 海洋放线菌次级代谢产物及其活性研究进展. 中国海洋药物，29：57-65.

林永成. 2003. 海洋微生物及其代谢产物. 北京：化学工业出版社：54-83.

刘妍，李志勇. 2005. 海洋放线菌研究的新进展. 生物技术通报，（6）：34-39.

秦小萍，林壁润，王振中. 2008. 喹喔啉类抗生素的定性构效关系研究进展. 化学与生物工程，25：1-3.

孙学谦. 2010. 海洋真菌灰绿曲霉次级代谢产物灰绿霉素 A 的合成分析与代谢调控. 上海：华东理工大学.

田新鹏，张偲，李文均. 2011. 海洋放线菌研究进展. 微生物学报，51：161-169.

王淑霞，朱天骄，卢圳域，等. 2007. 海洋新放线菌及其次级代谢产物研究进展. 中国抗生素杂志，32：513-519.

易杨华，焦炳华. 2006. 现代海洋药物学. 北京：科学出版社：842-877.

俞俊棠，唐孝宣，邬行彦，等. 2003. 新编生物工艺学（上）. 北京：化学工业出版社.

张士璀，马军英. 1997. 海洋生物技术原理和应用. 北京：海洋出版社：6-27.

张嗣良. 2013. 发酵工程原理. 1 版. 北京：高等教育出版社.

张元兴，许学书. 2001. 生物反应器工程. 上海：华东理工大学出版社.

赵成英，朱统汉，朱伟明. 2013. 2010～2013 之海洋微生物新天然产物. 有机化学，33：1195-1234.

朱统汉，马颖娜，王文玲，等. 2015. 非曲霉（青霉）属海洋真菌新天然产物（1951-2014）. 中国海洋药物，34：56-108.

朱伟明，王俊锋. 2011. 海洋真菌生物活性物质研究之管见. 菌物学报，30：218-228.

Abraham E P，Newton G G，Crawford K，et al. 1953. Cephalosporin N：A new type of penicillin. Nature，171：343.

Almeida C，Hemberger Y，Schmitt S M，et al. 2012. Marilines A-C：Novel phthalimidines from the sponge-derived fungus *Stachylidium* sp. Chem Eur J，18：8827-8834.

Amagata T，Doi M，Tohgo M，et al. 1999. Dankasterone，a new class of cytotoxic steroid produced by a *Gymnascella* species from a marine sponge. Chem Commun，（14）：1321-1322.

Aronson J D. 1926. Spontaneous tuberculosis in salt water fish. J Infect Diseases，39：315-320.

Baz J P，Canedo L M，Fernandez Puentes J L. 1997. Thiocoraline，a novel depsipeptide with antitumor activity produced by a marine Micromonospora. II. Physico-chemical properties and structure determination. J Antibiotics，50：738-741.

Berdy J. 2005. Bioactive microbial metabolites-A personal view. J Antibioti，58：1-26.

Bernan V S，Montenegro D A，Korshalla J D，et al. 1994. Bioxalomycins new antibiotics produced by the marine *Streptomyces* sp. LL-31F508：taxonomy and fermentation. J Antibiot，47：1417-1424.

Blanch H W，Bhavaraju S M. 1976. Non-Newtonian fermentation broths：Rheology and mass transfer. Biotechnol Bioeng，8：745-790.

Boger D L，Ichikawa S. 2000. Total syntheses of Thiocoraline and BE-22179：Establishment of relative and absolute stereochemistry. J Am Chem Soc，122：2956-2957.

Brandon E F A，Sparidans R W，Meijerman I，et al. 2004. *In vitro* characterization of the biotransformation of thiocoraline，a novel marine anti-cancer drug. Invest New Drug，22：241-251.

Bugni T S，Ireland C M. 2004. Marine-derived fungi：A chemically and biologically diverse group of microorganisms. Nat Prod Rep，21：143-163.

Bunet R，Song L，Mendes M V，et al. 2011. Characterization and manipulation of the pathway-specific late regulator AlpW reveals *Streptomyces ambofaciens* as a new producer of Kinamycins. J Bacteriol，193：1142-1153.

Cai M H，Zhou X S，Lu J，et al. 2011. Enhancing aspergiolide A production from a shear-sensitive and easy-foaming marine-derived filamentous fungus *Aspergillus glaucus* by oxygen carrier addition and impeller combination in a bioreactor. Bioresourc Technol，102：3584-3586.

Cai M H，Zhou X S，Lu J，et al. 2012. An integrated control strategy for the fermentation of the marine-derived fungus *Aspergillus glaucus* for the production of anti-cancer polyketide. Mar Biotechnol，14：665-671.

Cai M H，Zhou X S，Zhou J S，et al. 2010. Efficient strategy for enhancing aspergiolide a production by citrate feedings and its effects on sexual development and growth of marine-derived fungus *Aspergillus glaucus*. Bioresourc Technol，101：6059-6068.

Carr G，Tay W，Bottriell H，et al. 2009. Plectosphaeroic acids A，B，and C，indoleamine 2, 3-dioxygenase inhibitors produced in culture by a marine isolate of the fungus *Plectosphaerella cucumerina*. Org Lett，11：2996-2999.

Chen C X，Wang J，Guo H，et al. 2013. Three antimycobacterial metabolites identified from a marine-derived *Streptomyces* sp. MS100061. Appl Microbiol Biotech，97：3885-3892.

Chimura H，Sawa T，Kumada Y，et al. 1973. Letter：7-*O*-methylspinochrome B and its 6-(3-hydroxy-*N*-butyl)-derivative，catechol-*O*-methyl transferase inhibitors，produced by *Fungi imperfecti*. J Antibiot（Tokyo），26：618.

Colis L C，Woo C M，Hegan D C，et al. 2014. The cytotoxicity of (−)-lomaiviticin A arises from induction of double-strand breaks in DNA. Nat Chem，6：504-510.

Connon S A，Giovannoni S J. 2002. High-throughput methods for culturing microorganisms in very-low-nutrient media yield diverse new marine isolates. Appl Environ Microbiol，68（8）：3878-3885.

Cooper C M，Fernstrom A，Miller S A. 1944. Performance of agitated gas-liquid contactors. Ind Eng Chem 1944，36：504-509.

Crews M S，Draskovic M，Sohn J，et al. 2010. Azonazine，a novel dipeptide from a Hawaiian marine sediment-derived fungus，*Aspergillus insulicola*. Org Lett，12：4458-4461.

Cueto M，Jensen P R，Kauffman C，et al. 2001. Pestalone，a new antibiotic produced by a marine fungus in response to bacterial challenge. J Nat Prod，64：1444-1446.

Dawson S，Malkinson J P，Paumier D，et al. 2007. Bisintercalator natural products with potential therapeutic applications：Isolation，structure determination，synthetic and biological studies. Nat Prod Rep，24：109-126.

Dreyfuss M，Hrri E，Hofmann H，et al. 1976. Cyclosporin A and C，new metabolites from *Trichoderma polysporum*. Eur J Appl Microbiol，3：125-133.

Ebrahim W，Aly A H，Mándi A，et al. 2012. Decalactone derivatives from *Corynespora cassiicola*，an endophytic fungus of the mangrove plant *Laguncularia racemosa*. Eur J Org Chem，2012：3476-3484.

Erba E，Bergamaschi D，Ronzoni S，et al. 1999. Mode of action of thiocoraline，a natural marine compound with antitumour activity. Brit J Cancer，80：971-980.

Fenical W，Jensen P R，Cheng X C. 1999. Halimide，a cytotoxic marine natural product，derivatives thereof，and therapeutic use in inhibition of proliferation. PCT Int Appl WO. 9948889.

Fenical W，Jensen P R. 2006. Developing a new resource for drug discovery：Marine actinomycete bacteria. Nat Chem Biol，2：666-673.

Fenical W. 1993. Chemical studies of marine bacteria：Developing a new resource. Chem Rev，93：1673-1683.

Freeman M F，Gurgui C，Helf M F，et al. 2012. Metagenome mining reveals polytheonamides as posttranslationally modified ribosomal peptides. Science，338：387-390.

Freitas Y M，Bhat J V. 1954. Microorganisms associated with the deterioration of fishnets and cordage. J Univ Bombay，23：53-59.

Fu P，Kong F，Li X，et al. 2014. Cyanogramide with a new Spiro[indolinonepyrrolo-imidazole] skeleton from *Actinoalloteichus cyanogriseus*. Org Lett，16：3708-3711.

Fu P，Liu P，Li X，et al. 2011a. Cyclic bipyridine glycosides from the marine-derived actinomycete *Actinoalloteichus cyanogriseus* WH1-2216-6. Org Lett，13：5948-5951.

Fu P，Wang S，Hong K，et al. 2011b. Cytotoxic bipyridines from the marine-derived actinomycete *Actinoalloteichus cyanogriseus* WH1-2216-6. J Nat Prod，74：1751-1756.

Fu P，Yang C，Wang Y，et al. 2012a. Streptocarbazoles A and B，two novel indolocarbazoles from the marine-derived actinomycete strain *Streptomyces* sp. FMA. Org Lett，14：2422-2425.

Fu P，Zhuang Y，Wang Y，et al. 2012b. New indolocarbazoles from a mutant strain of the marine-derived actinomycete *Streptomyces fradiae* 007M135. Org Lett，14：6194-6197.

Geng W L，Wang X Y，Kurtán T，et al. 2012. Herbarone，a rearranged heptaketide derivative from the sea hare associated fungus *Torula herbarum*. J Nat Prod，75：1828-1832.

Goodfellow M，Fiedler H P. 2010. A guide to successful bioprospecting：Informed by actinobacterial systematics. Antonie van Leeuwenhoek，98：119-142.

Grein A，Meyers S P. 1958. Growth characteristics and antibiotic production of actinomycetes isolated from littoral sediments and materials suspended in sea water. J Bacteriol，76：457-463.

Hak C K，Christopher A K，Paul R J，et al. 2006. Marinomycins A-D，antitumor- antibiotics of a new structure class from a marine actinomycete of the recently discovered genus "Marinispora". J Am Chem Soc，128：1622-1632.

Han Z，Xu Y，McConnell O，et al. 2012. Two antimycin A analogues from marine-derived actinomycete *Streptomyces lusitanus*. Mar Drugs，10：668-676.

Hayashi Y，Takeno H，Chinen T，et al. 2014. Development of a new benzophenone- diketopiperazine-type potent anti-microtubule agent possessing a 2-pyridine structure. ACS Med Chem Lett，5：1094-1098.

He H Y，Ding W D，Bernan V S，et al. 2001. Lomaiviticins A and B，potent antitumor antibiotics from micromonospora lomaiwiticnsis. J Am Chem Soc，123：5362-5363.

Hornung A，Bertazzo M，Dziarnowski A，et al. 2007. A genomic screening approach to the structure guided identification of drug candidates from natural sources. ChemBioChem，8：757-766.

Hotta K，Saito N，Okami Y. 1980a. Studies on new aminoglycoside antibiotics，Istamycins，from an actinomycete isolated from a marine-environment 1. the use of plasmid profiles in screening antibiotic-producing *Streptomycetes*. J Antibiot，33：1502-1509.

Hotta K，Yoshida M，Hamada M，et al. 1980b. Studies on new aminoglycoside antibiotics，Istamycins，from an actinomycete isolated from a marine-environment . 3. nutritional effects on Istamycin production and additional chemical and biological properties of Istamycins. J Antibiot，33：1515-1520.

Huang H，Yang T，Ren X，et al. 2012. Cytotoxic angucycline class glycosides from the deep sea actinomycete *Streptomyces lusitanus* SCSIO LR32. J Nat Prod，75：202-208.

Huang H，Yao Y，He Z，et al. 2011. Antimalarial β-carboline and indolactam alkaloids from *Marinactinospora thermotolerans*，a deep sea isolate. J Nat Prod，74：2122-2127.

Huang X，Huang H，Li H，et al. 2013. Asperterpenoid A，a new sesterterpenoid as an inhibitor of *Mycobacterium tuberculosis* protein tyrosine phosphatase B from the culture of *Aspergillus* sp. 16-5c. Org Lett，15：721-723.

Hyde K D，Jones E G，Lea O E，et al. 1998. Role of fungi in marine ecosystems. Biodivers Conserv，7：1147-1161.

Ikeda H，Ishikawa J，Hanamoto，et al. 2003. Complete genome sequence and comparative analysis of the industrial microorganism Streptomyces avermitilis. Nat Biotech，21：526-531.

Jensen P R，Gontang E，Mafnas C，et al. 2005. Culturable marine actinomycete diversity from tropical Pacific Ocean sediments. Environ Microbiol，7：1039-1048.

Ji N，Liu X，Miao F，Qiao M. 2013. Aspeverin，a new alkaloid from an algicolous strain of *Aspergillus versicolor*. Org Lett，15：2327-2329.

Jones E B G，Sakayaroj J，Suetrong S，et al. 2009. Classification of marine Ascomycota，*anamorphic* taxa and *Basidiomycota*. Fungal Divers，35：1-187.

Julianti E，Lee J，Liao L，et al. 2013. New polyaromatic metabolites from a marine-derived fungus *Penicillium* sp. Org Lett，15：1286-1289.

Kaeberlein T，Lewis K，Epstein S S. 2002. Isolating "uncultivable" microorganisms in pure culture in a simulated natural environment. Science，296：1127-1129.

Kato H，Yoshida T，Tokue T，et al. 2007. Notoamides A-D：Prenylated indole alkaloids isolated from a marine-derived fungus，*Aspergillus* sp. Angew Chem Int Ed，46：2254-2256.

Kitahara T，Naganawa H，Okazaki T，et al. 1975. Structure of Ss-228y，an antibiotic from *Chainia* Sp. J Antibiot，28：280-285.

Kito K，Ookura R，Yoshida S，et al. 2008. New cytotoxic 14-membered macrolides from marine-derived fungus *Aspergillus ostianus*. Org Lett，10：225-228.

Komatsu K，Shigemori H，Kobayashi J. 2001. Dictyonamides A and B，new peptides from marine-derived fungus. J Org Chem，66：6189-6192.

Kong F，Wang Y，Liu P，et al. 2013. Thiodiketopiperazines from the marine-derived fungus *Phoma* sp. OUCMDZ-1847. J Nat Prod，77：132-137.

Kwon H C，Kauffman C A，Jensen P R，et al. 2006. Marinomycins A-D，antitumor-antibiotics of a new structure class from a marine actinomycete of the recently discovered genus “Marinispora”. J Am Chem Soc，128：1622-1632.

Lathrop S P，Rovis T. 2013. A photoisomerization-coupled asymmetric Stetter reaction：Application to the total synthesis of three diastereomers of(–)-cephalimysin A. Chem Sci，4：1668-1673.

Laureti L，Song L，Huang S，et al. 2011. Identification of a bioactive 51-membered macrolide complex by activation of a silent polyketide synthase in *Streptomyces ambofaciens*. Proc Natl Acad Sci USA，108：6258-6263.

Lee D S，Ko W，Quang T H，et al. 2013. Penicillinolide A：A new anti-inflammatory metabolite from the marine fungus *Penicillium* sp. SF-5292. Mar Drugs，11：4510-4526.

Li F C，Maskey R P，Qin S，et al. 2005. Chinikomycins A and B：Isolation，structure elucidation，and biological activity of novel antibiotics from a marine *Streptomyces* sp. isolate M045. J Nat Prod，68：349-353.

Li H，Jiang W，Liang W，et al. 2014. Induced marine fungus *Chondrostereum* sp. as a means of producing new sesquiterpenoids chondrosterins I and J by using glycerol as the carbon source. Mar Drugs，12：167-175.

Li S，Tian X，Niu S，et al. 2011. Pseudonocardians A-C，new diazaanthraquinone derivatives from a deap-sea actinomycete *Pseudonocardia* sp. SCSIO 01299. Mar Drugs，9：1428-1439.

Li Y，Ye D，Chen X，et al. 2009. Breviane spiroditerpenoids from an extreme-tolerant *Penicillium* sp. isolated from a deep sea sediment sample. J Nat Prod，72：912-916.

Liu L L，Xu Y，Han Z，et al. 2012. Four new antibacterial xanthones from the marine-derived actinomycetes *Streptomyces caelestis*. Mar Drugs，10：2571-2583.

Liu W，Ma L，Liu D，et al. 2013. Peniciketals A-C，new spiroketals from saline soil derived *Penicillium raistrichii*. Org Lett，16：90-93.

Lu Z，Wang Y，Miao C，et al. 2009. Sesquiterpenoids and benzofuranoids from the marine-derived fungus *Aspergillus ustus* 094102. J Nat Prod，72：1761-1767.

Lu Z，Zhu H，Fu P，et al. 2010. Cytotoxic polyphenols from the marine-derived fungus *Penicillium expansum*. J Nat Prod，73：911-914.

Manivasagan P，Venkatesan J，Sivakumar K，et al. 2014. Pharmaceutically active secondary metabolites of marine actinobacteria. Microbiol Res，169：262-278.

McAlpine J B. 2009. Advances in the understanding and use of the genomic base of microbial secondary metabolite biosynthesis for the discovery of new natural products. J Nat Prod，72：566-572.

Miao F P，Liang X R，Yin X L，et al. 2002. Absolute configurations of unique harziane diterpenes from *Trichoderma* species. Org Lett，14：3815-3817.

Mincer T J，Jensen P R，Kauffman C A，et al. 2002. Widespread and persistent populations of a major new marine actinomycete taxon in ocean sediments. Appl Environ Microbiol，68：5005-5011.

Mugishima T，Tsuda M，Kasai Y，et al. 2005. Absolute stereochemistry of citrinadins A and B from marine-derived fungus. J Org Chem，70：9430-9435.

Mulcahy S P，Woo C M，Ding W D，et al. 2012. Characterization of a reductively-activated elimination pathway relevant to the biological chemistry of the kinamycins and lomaiviticins. Chem Sci，3：1070-1074.

Muroga Y，Yamada T，Numata A，et al. 2009. Chaetomugilins I-O，new potent cytotoxic metabolites from a marine-fish-derived *Chaetomium* pecies. Stereochemistry and biological activities. Tetrahedron，65：7580-7586.

Nakamura H，Iitaka Y，Kitahara T，et al. 1977. Structure of aplasmomycin. J Antibiot，30：714-719.

Negri A，Marco E，García-Hernández V，et al. 2007. Antitumor activity，X-ray crystal structure，and DNA binding properties of Thiocoraline A，a natural bisintercalating thiodepsipeptide. J Med Chem，50：3322-3333.

Newton G G，Abraham E P. 1955. Cephalosporin C，a new antibiotic containing sulphur and D-alpha-aminoadipic acid. Nature，175：548.

Niu S，Liu D，Hu X，et al. 2014. Spiromastixones A-O，antibacterial chlorodepsidones from a deep-sea-derived *Spiromastix* sp. fungus. J Nat Prod，77：1021-1030.

Niu S W，Li S M，Chen Y C，et al. 2011. Lobophorins E and F，new spirotetronate antibiotics from a south China sea-derived *Streptomyces* sp. SCSIO 01127. J Antibiot，64：711-716.

Numata A，Takahashi C，Matsushita T，et al. 1992. Fumiquinazolines，novel metabolites of a fungus isolated from a saltfish. Tetrahedron Lett，33：1621-1624.

Ohkawa Y，Mik K，Suzuki T，et al. 2010. Antiangiogenic metabolites from a marine-derived fungus，*Hypocrea winosa.* J Nat Prod，73：579-582.

Okami Y. 1975. Development of actinomycetology in Japan-introductory review of studies on actinomycetes with reference to taxonomy. Jap J Microbiol，19：411-417.

Okami Y. 1979. Antibiotics from marine microorganisms with reference to plasmid involvement. J Nat Prod，42：583-595.

Okami Y，Hotta K，Yoshida M，et al. 1979. New aminoglycoside antibiotics，istamycin-A and istamycins-B. J Antibiot，32：964-966.

Okami Y，Okazaki T，Kitahara T，et al. 1976. Studies on marine microorganisms. 5. New antibiotic，aplasmomycin，produced by a *Streptomycete* isolated from shallow sea mud. J Antibiot，29：1019-1025.

Okazaki T，Kitahara T，Okami Y. 1975. Studies on marine microorganisms. 4. New antibiotic SS-228Y produced by chainia isolated from shallow sea mud. J Antibiot，28：176-184.

Okazaki T，Okami Y. 1972. Studies on marine microorganisms. 2. Actinomycetes in sagami bay and their antibiotic substances. J Antibiot，25：461-466.

Okazaki T，Okami Y. 1975. Microbial culture in sea. 1. Actinomycetes tolerant to increased NaCl concentration and their metabolites. Journal of Fermentation Technology，53：833-840.

Osterhage C，Kaminsky R，K nig G M，et al. 2000a. Ascosalipyrrolidinone A，an antimicrobial alkaloid，from the obligate marine fungus *Ascochytas alicorniae.* J Org Chem，65：6412-6417.

Osterhage C，Schwibbe M，K nig G M，et al. 2000b. Differences between marine and terrestrial Phoma species as determined by HPLC-DAD and HPLC-MS. Phytochem Anal，11：288-294.

Pan H Q，Zhang S Y，Wang N，et al. 2013. New spirotetronate antibiotics，Lobophorins H and I，from a south China sea-derived *Streptomyces* sp. 12A35. Mar Drugs，11：3891-3901.

Philip G W，Greg O B，Robert H F，et al. 2005. New Cytotoxic salinosporamides from the marine actinomycete *Salinispora tropica.* J Org Chem，70：6196-6203.

Piel J，Hui D，Wen G，et al. 2004. Antitumor polyketide biosynthesis by an uncultivated bacterial symbiont of the marine sponge *Theonella swinhoei.* PNAS，101：16222-16227.

Renner M K，Jensen P R，Fenical W. 1998. Neomangicols：Structures and absolute stereochemistries of unprecedented halogenated sesterterpenes from a marine fungus of the genus *Fusarium.* J Org Chem，63：8346-8354.

Richards J W. 1961. Studies in aeration and agitation. Progress Ind Microbiol，3：143-172.

Romero F，Espliego F，Baz J P，et al. 1997. Thiocoraline，a new depsipeptide with antitumor activity produced by a marine micromonospora I. Taxonomy，fermentation，isolation，and biological activities. J Antibiotics，50：734-737.

Saleh O，Bonitz T，Flinspach K，et al. 2012. Activation of a silent phenazine biosynthetic gene cluster reveals a novel natural product and a new resistance mechanism against phenazines. Med Chem Commun，3：1009-1019.

Shigemori H，Wakuri S，Yazawa K，et al. 1991. Fellutamides A and B，cytotoxic peptides from a marine fish-possessing fungus *Penicillium fellutanum*. Tetrahedron，47：8529-8534.

Siebert G，Schwartz W. 1956. Untersuchungen über das vorkommen von mikroorganismen in entstehenden sedimenten. Arch Hydrobiol，52：321-366.

Smetanina O F，Kalinovsky A I，Khudyakova Y V，et al. 2007. Indole alkaloids produced by a marine fungus isolate of *Penicillium janthinellum* Biourge. J Nat Prod，70：906-909.

Song F，Liu X，Guo H，et al. 2012. Brevianamides with antitubercular potential from a marine-derived isolate of *Aspergillus versicolor*. Org Lett，14：4770-4773.

Song Y，Huang H，Chen Y，et al. 2013. Cytotoxic and antibacterial marfuraquinocins from the deep south China sea-derived *Streptomyces niveus* SCSIO 3406. J Nat Prod，76：2263-2268.

Song Y，Li Q，Liu X，et al. 2014. Cyclic hexapeptides from the deep south china sea-derived *Streptomyces scopuliridis* SCSIO ZJ46 active against pathogenic gram-positive bacteria. J Nat Prod，77：1937-1941.

Sugano M，Sato A，Iijima Y，et al. 1994. Phomactin A，novel PAF antagonists from marine fungus *Phoma* sp. J Am Chem Soc，113：5463-5464.

Takahashi A，Kurasawa S，Ikeda D，et al. 1989. Altemicidin，a new acaricidal and antitumor substance. 1. Taxonomy，fermentation，isolation and physicochemical and biological properties. J Antibiot，42：1556-1561.

Tan L T，Cheng X C，Jensen P R，et al. 2003. Scytalidamides A and B，new cytotoxic cyclic heptapeptides from a marine fungus of the genus *Scytalidium*. J Org Chem，68：8767-8773.

Tsuda M，Kasai Y，Komatsu K，et al. 2004. Citrinadin A，a novel pentacyclic alkaloid from marine-derived fungus Penicillium citrinum. Org Lett，6：3087-3089.

Tsukamoto S，Kato H，Greshock T J，et al. 2009. Isolation of notoamide E，a key precursor in the biosynthesis of prenylated indole alkaloids in a marine-derived fungus，*Aspergillus* sp. J Am Chem Soc，131：3834-3835.

Tulla-Puche J，Auriemma S，Falciani C，et al. 2013. Orthogonal chemistry for the synthesis of thiocoraline. triostin hybrids. exploring their structure-activity relationship. J Med Chem，56：5587-5600.

Tulla-Puche J，Torres A，Calvo P，et al. 2008. *N*, *N*, *N'*, *N'*-Tetramethylchloroformamidinium hexafluorophosphate（TCFH），a powerful coupling reagent for bioconjugation. Bioconjugate Chem，19：1968-1971.

Wang Y J，Yan Y，Cui J W，et al. 2010. Encapsulation of water-insoluble drugs in polymer capsules prepared using mesoporous silica templates for intracellular drug delivery. Adv Mater，22：4293-4297.

Watts K R，Loveridge S T，Tenney K，et al. 2011. Utilizing DART mass spectrometry to pinpoint halogenated metabolites from a marine invertebrate-derived fungus. J Org Chem，76：6201-6208.

Wei R B，Xi T，Li J，et al. 2011. Lobophorin C and D，new kijanimicin derivatives from a marine sponge-associated actinomycetal strain AZS17. Mar Drugs，9：359-368.

Wen L，Cai X，Xu F，et al. 2009. Three metabolites from the mangrove endophytic fungus *Sporothrix* sp.（# 4335）from the South China Sea. J Org Chem，74：1093-1098.

Weyland H. 1969. Actinomycetes in north sea and Atlantic ocean sediments. Nature，223：858.

Woo C M，Beizer N E，Janso J E，et al. 2012. Isolation of lomaiviticins C-E，transformation of lomaiviticin C to lomaiviticin A，complete structure elucidation of lomaiviticin A，and structure-activity analyses. J Am Chem Soc，134：15285-15288.

Wu C Y，Tan Y，Gan M L，et al. 2013a. Identification of elaiophylin derivatives from the marine-derived actinomycete *Streptomyces* sp. 7-145 using PCR-based screening. J Nat Prod，76：2153-2157.

Wu Z C，Li S M，Li J，et al. 2013b. Antibacterial and cytotoxic new napyradiomycins from the marine-derived *Streptomyces* sp. SCSIO 10428. Mar Drugs，11：2113-2125.

Wyche T P，Hou Y P，Braun D，et al. 2011. First natural analogs of the cytotoxic thiodepsipeptide thiocoraline A from a Marine *Verrucosispora* sp. J Org Chem，76：6542-6547.

Xiao Z，Huang H，Shao C，et al. 2013. Asperterpenols A and B，new sesterterpenoids isolated from a mangrove endophytic fungus *Aspergillus* sp. 085242. Org Lett，15：2522-2525.

Xin Z H，Fang Y，Du L，et al. 2007. Aurantiomides A-C，quinazoline alkaloids from the sponge-derived fungus *Penicillium aurantiogriseum* SP0-19. J Nat Prod，70：853-855.

Xu L Y，Quan X S，Wang C，et al. 2011. Antimycins A（19）and A（20），two new antimycins produced by marine actinomycete *Streptomyces antibioticus* H74-18. J Antibiot，64：661-665.

Yakushiji F，Tanaka H，Muguruma K，et al. 2011. Water-soluble prodrug of antimicrotubule agent plinabulin：Effective strategy with click chemistry. Chem Eur J，17：12587-12590.

Yamada T，Muroga Y，Jinno M，et al. 2011. New class azaphilone produced by a marine fish-derived Chaetomium globosum. The stereochemistry and biological activities. Bioorg Med Chem，19：4106-4113.

Yamazaki Y，Tanaka K，Nicholson B，et al. 2012. Synthesis and structure-activity relationship study of antimicrotubule agents phenylahistin derivatives with a didehydro- piperazine-2, 5-dione structure. J Med Chem，55：1056-1071.

Yu C，Cai M H，Kang L，et al. 2012. Significance of seed culture methods on mycelial morphology and production of a novel anti-cancer anthraquinone by marine mangrove endophytic fungus *Halorosellinia* sp.（No. 1403）. Process Biochem，47：422-427.

Zhang H Y，Wang H P，Cui H L，et al. 2011. A new anthracene derivative from marine *Streptomyces* sp. W007 exhibiting highly and selectively cytotoxic activities. Mar Drugs，9：1502-1509.

Zhang Q B，Mandi A，Li S M，et al. 2012a. N-N-Coupled Indolosesquiterpene atropodiaster-eomers from a marine-derived actinomycete. Eur J Org Chem，：5256-5262.

Zhang W，Liu Z，Li S，et al. 2012b. Spiroindimicins A-D：New bisindole alkaloids from a deep-sea-derived actinomycete. Org Lett，14：3364-3367.

Zhou X，Huang H，Chen Y，et al. 2012. Marthiapeptide A，an anti-infective and cytotoxic polythiazole cyclopeptide from a 60 L scale fermentation of the deep sea-derived *Marinactinospora thermotolerans* SCSIO 00652. J Nat Prod，75：2251-2255.

Zhou X，Huang H，Li J，et al. 2014. New anti-infective cycloheptadepsipeptide congeners and absolute stereo-chemistry from the deep sea-derived *Streptomyces drozdowiczii* SCSIO 10141. Tetrahedron，70：7795-7801.

第四章

海洋活性化合物合成及结构优化研究

第一节　海洋活性萜类化合物的合成与结构优化

一、海洋萜类天然产物研究进展

对海洋天然产物的研究证实了海洋生物的生物合成途径与陆生生物具有很大的差异性，这是由特殊的海洋生态环境（高盐、高压、缺氧、避光、高温或低温）导致的。海洋生物物种间激烈的生存竞争使许多低等海洋生物在进化过程中产生了结构独特、生物活性多样的次生代谢产物，以利其生存、繁殖、竞争、传递信息、抵御生物强敌等。因此，海洋生物的次生代谢产物是寻找活性先导化合物的源泉（Guo et al.，2009）。

海洋天然产物分为海洋萜类、生物碱类、多肽类、糖苷类、酚类等。其中萜类化合物（包括倍半萜、二萜、二倍半萜等）是数量最多的一类，约占 40%。海洋二萜类天然产物是最常见的海洋萜类化合物。多数来自海藻、珊瑚，少数来自海绵。其生物活性广泛，如抗癌、抗肿瘤、抗炎、细胞毒性、抗微生物等。现对近期海洋二萜类天然产物的研究进展作简要介绍。

二、海洋二萜类天然产物的分离、鉴定及活性研究

海洋天然产物 cyanthiwigin 类化合物具有[5-6-7]三环全碳骨架（图 4-1）。1992 年，Kashman 小组首次分离到 cyathiwigin A～D，此后，多种该类化合物被相继分离报道。近期，Hamann 小组从 *Myrmekioderma styx* 海绵的煎煮汁中分离到 cyanthiwigin U、Z 等 23 种天然产物（Peng et al.，2002）。之后，该小组又分离了 cyanthiwigin AB～AG 等几种天然产物。

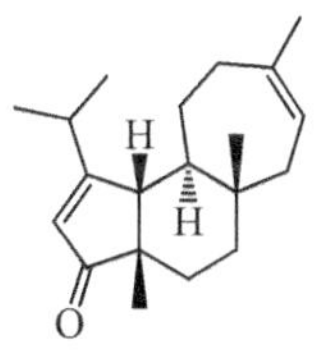

cyanthiwigin A

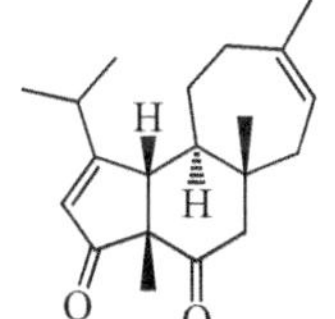

cyanthiwigin B

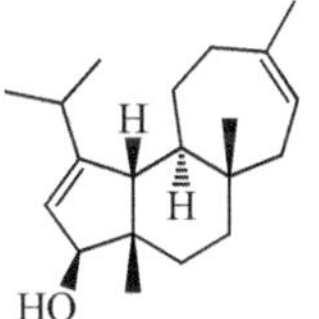

cyanthiwigin C

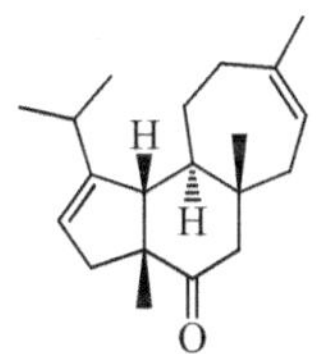

cyanthiwigin F

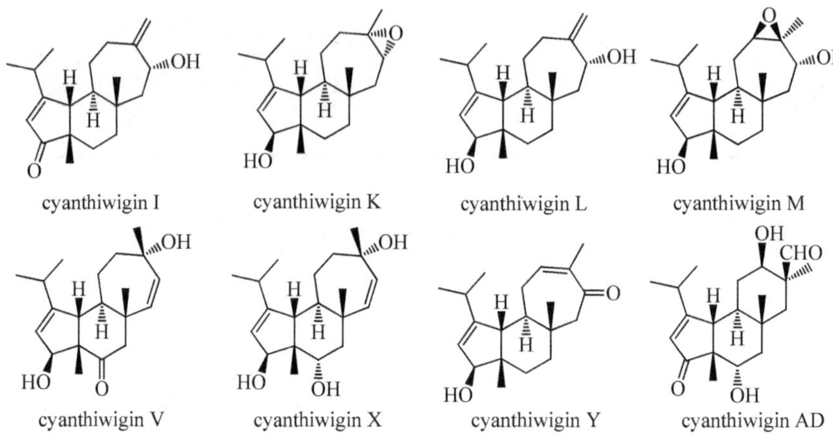

cyanthiwigin I　cyanthiwigin K　cyanthiwigin L　cyanthiwigin M

cyanthiwigin V　cyanthiwigin X　cyanthiwigin Y　cyanthiwigin AD

图 4-1　二萜类 Cyanthiwigin 家族天然产物结构

这类骨架分子最显著的特征是 C-6 位与 C-9 位具有顺式相对立体构型。该类天然产物除了具有抗菌活性外，很多还有良好的抗肿瘤活性，且是 κ-阿片类受体激动剂。例如，cyanthiwigin C 对人类肺癌细胞表现出细胞毒性（IC_{50}=4.0μg/mL），对人类 P-388 白血病细胞的 IC_{50} 值为 11.2μg/mL；cyanthiwigin F 对人类早期癌细胞的 IC_{50} 值为 3.1μg/mL。

波多黎各大学 Rodríguez 小组从加勒比海八放珊瑚 *Pseudopterogorgia elisabethae* 中分离到多个海洋代谢物。该类化合物具有抗炎、抗结核、抗肿瘤和抗疟原虫等活性。例如，amphilectolide、sandresolide C、caribenols A 和 caribenol B 具有抗结核分枝杆菌 H37Rv 的活性（在 6.25μg/mL 浓度下，生长抑制效果分别为 41%、15%、61% 和 94%）。

西松烷是一类具有独特十四元大环的海洋二萜，结构变化多样。目前已有近千种该类化合物被分离鉴定。2007 年，中国台湾的 Liaw 教授从台湾南部海岸采集的软珊瑚 *Sinularia flexibilis* 中分离得到了 flexilarins A～J 等西松烷（cembrane）型二萜类化合物（Lin et al., 2009）。其中，对 flexilarin D 的活性测试表明该天然产物具有很强的抗 Hep2 肿瘤细胞毒性，IC_{50} 值达到了 0.07μg/mL。2012 年，flexibilisolide C～G 西松烷型二萜类化合物从中国南海东沙群岛附近采集的软珊瑚 *Sinularia flexibilis* 中分离得到。

2009 年，中国台湾“清华大学”的研究小组从台湾东沙环礁的 *Klyxum simplex* 中分离鉴定出了九个 cladiellin（eunicellin）类天然产物（图 4-2），simplexins A～I（Wu et al., 2009）。生物活性研究表明 simplexin E 可以减少巨噬细胞中 iNOS 和 COX-2 的蛋白表达。2012 年，多个密切相关的二萜 simplexins J～O 和 simplexins P～S 被同一研究小组报道。

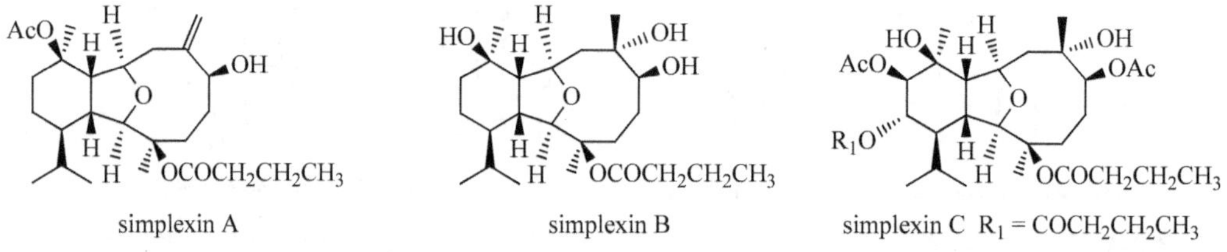

simplexin A　simplexin B　simplexin C $R_1 = COCH_2CH_2CH_3$

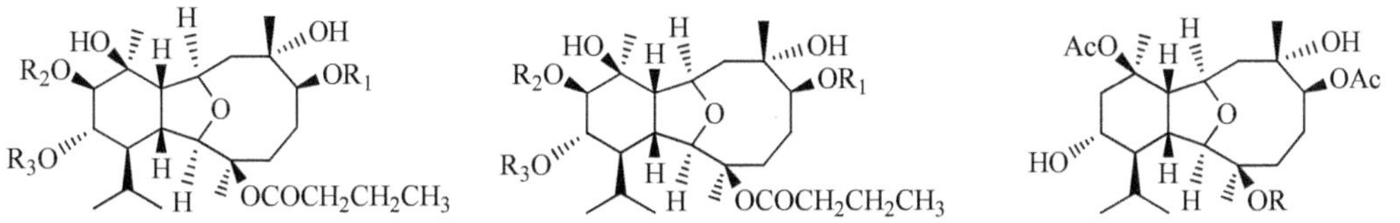

simplexin D $R_1 = COCH_2CH_2CH_3$, $R_2 = Ac$, $R_3 = COCH_2CH_2CH_3$
simplexin F $R_1 = R_2 = Ac, R_3 = H$

simplexin E $R_1 = COCHCH_2$, $R_2 = Ac$, $R_3 = COCH_2CH_2CH_3$
simplexin G $R_1 = H, R_2 = R_3 = Ac$

simplexin H $R = COCH_2CH_2CH_3$
simplexin I $R = Ac$

图 4-2　cladiellin 类天然产物 simplexins A～I

2011 年，德国杜塞尔多夫大学的 Proksch 小组在意大利亚得里亚海从 *Arthrinium* sp.的海绵 *Geodia cydonium* 中分离得到了多个新的二萜类化合物 myrocin D、arthrinins A～D。其中 anomalin A、myrocin A、myrocin D 和 norlichexanthone 对 HTCLs 具有抗增殖的生物活性，同时 anomalin A 可以抑制 VEGF-A 的依赖内皮细胞生长（Ebada et al.，2011）。

Xenicane 型二萜类天然产物具有独特的环壬烷全碳骨架。最近，化学家从台湾东南部收集到的 *Asterospiuclaraia laurae* 物种中分离到多个 xenicane 二萜 asterolaurins G～M。

Briarane 型二萜类化合物是一类高度氧化的次生代谢产物，主要从八放珊瑚中分离得到。这类分子衍生自西松烷二萜类化合物，含有复杂的[8.4.0]双环体系及一个内酯环。生物活性研究表明，此类化合物表现出如细胞毒性、抗炎、抗病毒、杀虫、免疫调节等多种生物活性。Gemmacolide 具有抑制人肺腺癌细胞的活性，其 IC_{50} 值低至 1.4μg/mL，而已经成药的阿霉素对人肺腺癌细胞的 IC_{50} 值为 2.8μg/mL。

进入 21 世纪以来，越来越多的海洋萜类天然产物被分离鉴定，它们具有良好的生物活性，药物化学家已经将其作为新型的、有前途的先导化合物进行研究。目前，多个海洋二萜类天然药物已经进入临床试验，如源于海绵的萜类抗炎物质 manolide 以及作用机制与紫杉醇类似的抗肿瘤物质 discodermolide 已分别进入临床 I 期和 II 期；此外，多个海洋二萜类衍生物已进入了临床前研究阶段，如（*Z*）-sarcodictyin、eleutherobin 和 IPL-576092。

新一代抗癌、抗生素等药物来自海洋将是大势所趋，对海洋类天然产物的研究与开发需要化学家及药物研发者共同挑起这一重任。

三、cladiellin 类海洋天然产物的分离、鉴定及活性研究

在过去的半个多世纪，人们从海洋无脊椎生物（柳珊瑚、海鸡冠等）中分离得到了大量的 2, 11-氧桥环化的 cembranoids 类化合物。相比于陆生生物天然产物，这类海洋生物的代谢产物具有独特的结构特征。Cembranoids 家族天然产物结构多样，生物活性显著，如细胞毒性、抗感染、抗疟疾等，极具药用价值。

Cembranoids 类化合物通常又被细分为四类：cladiellin（也称 eunicellin）类、briarellin 类、asbestinin 类和 sarcodictyin 类（图 4-3）。从结构特征上看：cladiellin、brarellin 和 asbestinin 类天然产物在 C-2 和 C-9 之间有醚键连接，构成三环二萜的独特结构。Briarellin 和 asbestinin 在 C-3 和 C-16 之间有七元醚环。与其他三类不同的是 sarcodictyin 在 C-4 和 C-7 之间有醚键连接。

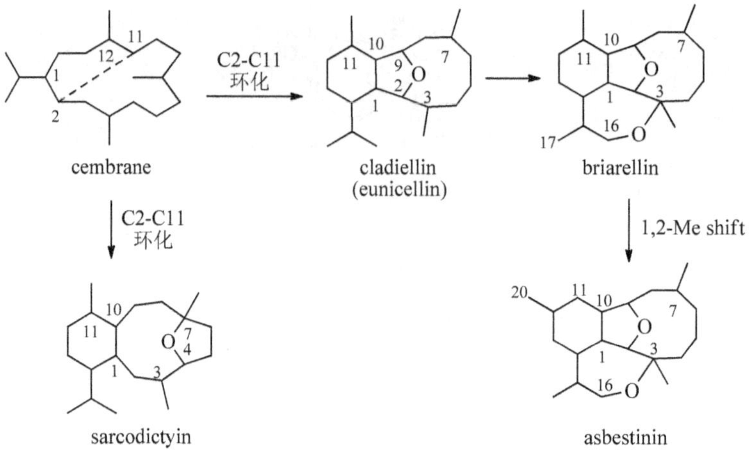

图 4-3 cembranoids 类天然产物生物合成途径

Cladiellin（eunicellin）家族化合物是含氧 2, 11-环化西伯烷类化合物中分布最广的一个家族，最近已有上百种 cladiellin 类海洋天然产物从海洋生物中被提取分离。1968 年，Kennard 教授课题组从法国 Banyulssur-Mer 沿海的海鸡冠 *Eunicella stricta* 中分离得到了 cladiellin（Kennard et al.，1968），该天然产物是首次分离到的 2, 11-氧桥环化的 cembranoids 类化合物。其后，大部分 cladiellin 家族化合物的结构通过 NMR 分析得以确定。部分 cladiellin 类天然产物的相对构型还需要通过 X 射线单晶衍射分析确定。1988 年，Ochi 小组首先确定了 cladiellin 家族成员 litophynin C 的绝对构型。自此，该家族其他天然产物的绝对构型陆续被确定。同时，Mosher 方法的发展也为确定该家族化合物的绝对构型提供了依据。

从生物活性角度看，基于 cladiellin 天然产物导致软体动物和鱼类死亡的一些研究报道，人们认为这类海洋代谢产物的天然用途与威慑捕食有关。该类天然产物不仅对软体腹足动物和虾类有杀伤作用，还能够抑制海星卵繁殖期的细胞分裂。同时，许多 cladiellin 类天然产物也表现出很好的药物活性，如抗炎、抗肿瘤活性等。人们认为 sclerophytin A 是最具药用潜力的 cladiellin 类天然产物之一。研究表明该天然产物具有抑制小鼠 L1210 白血病细胞株生长的活性，IC_{50} 值达到 1.0ng/mL。近期生物活性研究证明，pachycladin A、sclerophytin F 甲基醚、polyanthelin A 和 sclerophytin A 都有较好的抑制前列腺癌细胞入侵和转移的作用。几种具有良好生物活性的 cladiellin 类天然产物及合成情况列于表 4-1 中。

表 4-1 几种具有良好生物活性的 cladiellin 类天然产物及合成情况

天然产物名称	分离年份	生物活性	全合成情况
sclerophytin A	1988 年	抑制小鼠 L1210 白血病细胞株生长的活性，IC_{50}=1.0ng/mL	2001 年，Paquette，Overman 2010 年，Morken 2011 年，Crimmins 2013 年，Clark 2014 年，杨震

续表

天然产物名称	分离年份	生物活性	全合成情况
vigulariol	2005 年	对人肺腺癌细胞（A549）具有细胞毒活性（IC_{50}=57.3μmol/L）	2007 年，Clark 2008 年，Hoppe 2014 年，杨震
pachycladin D	2010 年	抑制前列腺癌入侵和转移的活性	2014 年，杨震
polyanthellin A	1989 年	抑制恶性疟原虫的活性（IC_{50}=44μmol/L）	2006 年，Kim 2009 年，Johnson 2013 年，Clark 2014 年，杨震
klysimplexin sulfoxide A	2010 年	在 10μmol/L 的浓度，iNOS 蛋白的水平显著降低至 8.8%±1.0%	无

四、cladiellin 类海洋天然产物的合成综述

Cladiellin 类天然产物因有限的来源及在自然界极低的含量制约了人们对此类天然产物生理活性的研究，因而建立有效的人工合成方法并进行结构修饰尤为迫切。同时该类分子奇特的化学结构和极具前景的生物活性特点也促使其成为全合成研究的理想靶标。过去的 20 年中，全世界超过 10 个合成小组都致力于该类分子的全合成研究，引起了一场轰轰烈烈的合成大战（Ellis et al.，2008）！截至目前，包括杨震课题组在内的 10 个著名的课题组（图 4-4）完成了对 cladiellin 类海洋天然产物中具有重要生物活性的部分家族成员的全合成；此外，多个研究小组也报道了对该类分子的骨架合成或模型研究。现对部分小组的全合成工作进行简要概括。

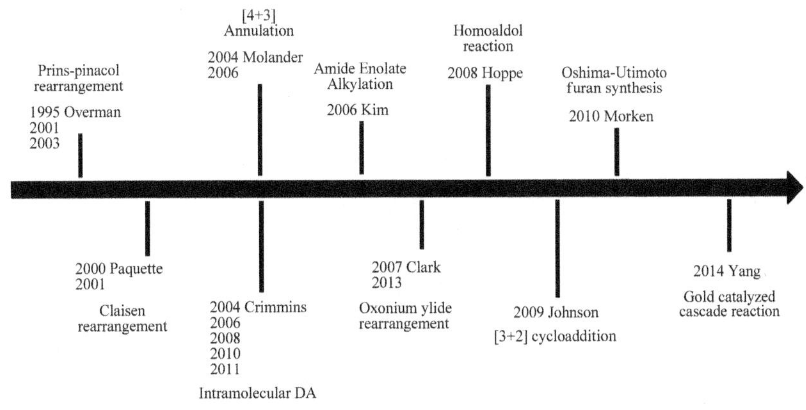

图 4-4 cladiellin 类天然产物的全合成现状

1995 年，加利福尼亚大学的 Overman 教授课题组报道了 cladiellin 类海洋天然产物的首例全合成。他们以(*S*)-carvone 和(*S*)-glycidyl pivalate 为原料，利用 Prins-pinacol 缩合重排反应成功构建 cladiellin 类海洋天然产物的核心骨架，即顺式[6, 5]并环体系，最终以 20 步、4%的总收率完成了对天然产物 7-deacetoxyalcyonin acetate 的全合成。

2001 年，该研究小组利用 Prins-pinacol 重排反应又相继完成了该家族 cladiell-11-ene-3, 6, 7-triol 和 sclerophytin A 的全合成。Overman 教授的合成策略别具匠心，关键反应高效且流畅。但整条合成路线采用了较为线性的方法，后期官能团转化使得合成步骤略显冗长。

在 Overman 课题组开展 sclerophytin A 合成研究的同时，Paquette 教授课题组也在挑战这一合成难题。2001 年，经过对 sclerophytin B 核磁数据的认真研究，Paquette 课题组修正了 sclerophytin A 和 B 的结构，并最终以 27 步、0.5%的收率完成了 sclerophytin A 的全合成（Bernardelli et al.，2001）。他们的合成策略包括分子间的 Diels-Alder 环加成反应构建顺式[6, 5]并环体系，之后利用该组的经典方法 Claisen 重排反应构建九元环。

2004 年，来自宾夕法尼亚州立大学的 Molander 教授课题组报道了此领域的研究成果（Molander et al.，2004）。以 α-phelladrene 为起始原料，经过[2+2]环加成反应、光化学重排反应以及路易斯酸促进的[4+3]环加成反应，他们以 17 步、4%的总收率完成了 7-eacetoxyalcyonin acetate 的全合成。

北卡罗来纳大学的 Crimmins 教授课题组于 2004 年报道了 cladiellin 类天然产物 ophirin B 的全合成（Crimmins et al.，2004）。他们构建骨架的策略与之前其他小组的截然不同。首先以烯烃复分解关环反应来构建氧杂九元环，再以分子内的 Diels-Alder 环加成反应构建该天然产物的三环核心骨架，从而巧妙地降低了环系构建的难度（图 4-5）。最终，该小组以 27 步、6%的总收率完成了 ophirin B 的全合成。随后，该小组运用同样的策略完成了 astrogorgin、briarellin J、vigulariol 和 sclerophytin A 的全合成。从整体路线来看，关键反应新颖高效，但需耗费较多步骤进行底物修饰，降低了整体合成效率。

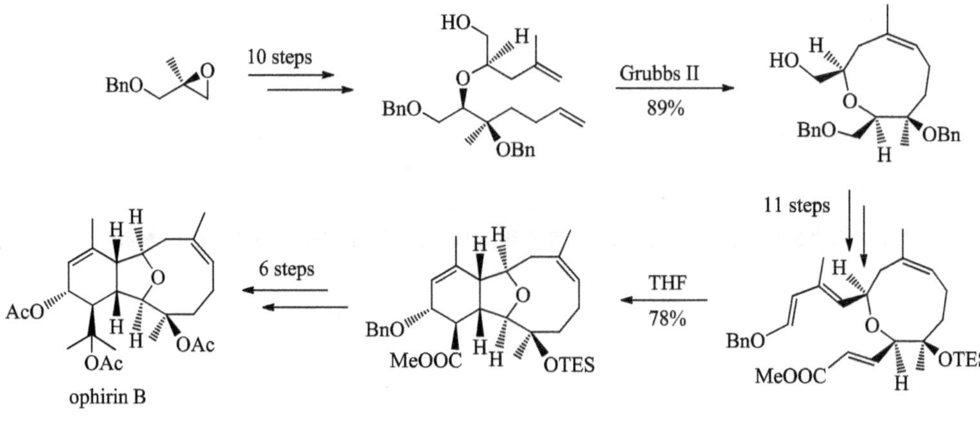

图 4-5 Crimmins 研究组对 ophirin B 的全合成路线

2006 年，韩国首尔国立大学的 Kim 小组首次报道了 *E*-cladiellin 类天然产物 cladiella-6, 11-dien-3-ol 的不对称全合成（Kim et al.，2011）。合成该天然产物的意义在于它很容易转化为 cladiellin 类天然产物家族中的其他二萜化合物，如 polyanthellin A、cladiell-11-ene-3, 6, 7-triol、deacetoxyalcyonin acetate 等。Kim 小组的关键反应是分子内酰胺烷基化反应以及分子内 Diels-Alder 环加成反应。该小组首次合成了 *E*-cladiellin 类天然产物，填补了该类化合物合成上的空白。

2007 年，苏格兰格拉斯哥大学 Clark 教授课题组报道了消旋体 vigulariol 的全合成（Clark et al.，2007）。据文献报道该天然产物具有抗人肺腺癌细胞系（A549）的活性，IC_{50} 值达到 18μg/mL。与大多数 cladiellin 家族化合物相比，vigulariol 具有一个额外四氢呋喃环系，增大了合成难度。该小组用 20 步完成了全合成，总收率 4%。从其合成策略与方法看，亮点在于三个关键的关环反应。首先是 SmI_2 介导的关环成功构建了关键的四氢吡喃环。之后利用亲电性的铜卡宾生成双环氧叶立德，串联[2, 3]重排反应得到[6.2.1]氧杂双环体系。最后运用高区域选择性的分子间 Diels-Alder 环加成反应成功构建了全碳六元环（图 4-6）。

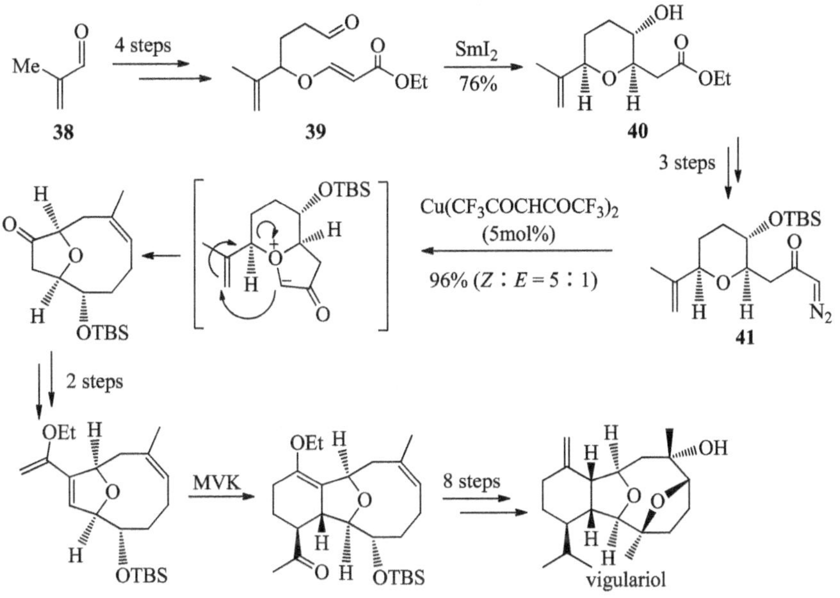

图 4-6 Clark 研究组对 vigulariol 的全合成路线

2008 年，德国的 Hoppe 教授课题组以手性纯的化合物出发，以 10 步、5%的总收率完成了 vigulariol 的全合成（Becher et al.，2008）。2009 年，来自北卡罗来纳大学教堂山分校的 Johnson 教授课题组共用 15 步，以 2%的总收率完成了 polyanthellin A 的全合成（Campbell et al.，2010）。2010 年，美国波士顿大学的 Morken 教授课题组报道了他们对 cladiellin 类天然产物的合成成果（Wang et al.，2010），从香叶醛出发以全新的路线通过 13 步反应以 2.7%的总收率完成了天然产物 sclerophytin A 的不对称全合成。

2014 年，北京大学的杨震课题组发展出一条新颖、普适、简洁又高效的多样性导向合成路线，实现了九个 cladiellin 类天然产物的不对称全合成（Yue et al.，2014）。其中 (−)-cladiellinsin、(−)-pachycladin C 和 (−)-pachycladin D 为首次报道的全合成（图 4-7）。关键反应包括：Marshall 偶联反应得到关键中间体 1, 7-二炔底物及金催化串联环化反应。

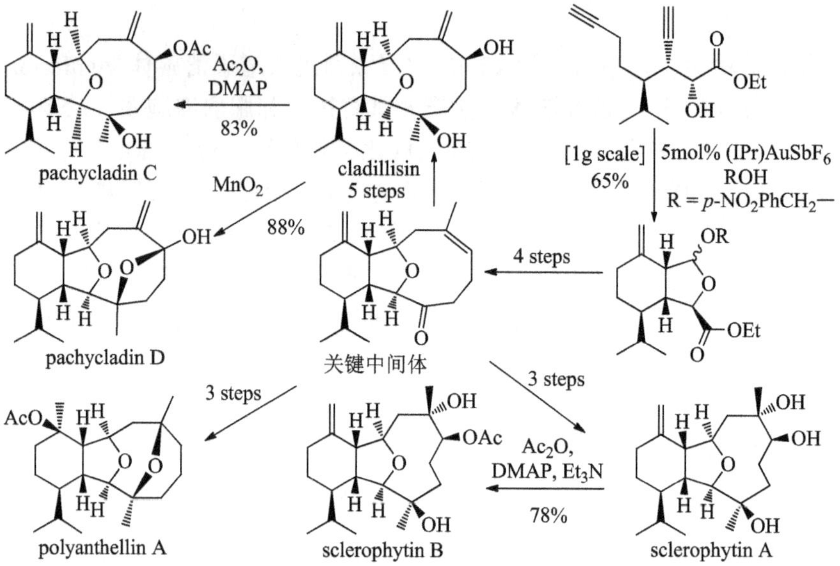

图 4-7　杨震研究组对 cladiellin 类海洋天然产物的多样性导向合成路线

五、海洋活性萜类化合物展望

海洋药物已经成为令人瞩目的新药研发方向。萜类化合物在海洋天然产物中所占比例最高，约占 40%。海洋生物萜类来源广泛，分类及结构复杂多样，较多天然产物所具有的抗肿瘤、抗菌、抗病毒及抑制多种酶等生物学活性为海洋生物药用价值的开发提供了很好的依据和广阔的前景。随着科技的不断发展，新的萜类化合物将会源源不断地从海洋生物中被发现和分离，海洋生物萜类将会成为众多药物研发的先导化合物，在新药开发中发挥重要作用。

（岳国宗　史莉莉　杨　震）

第二节　海洋活性生物碱类化合物合成与结构优化

一、海洋生物碱类化合物合成与结构优化研究现状

海洋是生命的发源地，是一个巨大的天然产物宝库。海洋生物碱主要来源于海绵动物、藻类、被囊动物和腔肠动物等海洋生物，是一类含有胺型氮功能基团和复杂的碳骨架环系结构的具有重要生物活性的碱性有机物。由于海洋生态环境的特殊性（高盐、高压、低温、缺氧和避光），在长期进化过程中形成了一些具有特殊化学结构和独特生理活性的次级代谢产物，其主要生物活性为抗肿瘤、抗菌、抗病毒、抗心脑血管疾病、抗老年性痴呆和抗骨质疏松症等，其中在海洋药物中最引人瞩目的生物碱是抗肿瘤药物 ET-743，2007 年由欧盟批准上市。

由于海洋活性物质往往采集于海洋深处，采样困难，活性物质的含量往往非常低，所

以直接以海洋生物为原料，进行活性物质的分离提取很难满足人们的需要，另外对海洋生物的大量采集会给生态环境和生态平衡带来严重的不良影响，获取的海洋生物活性物质也不易保存。因此，采用化学合成的方法进行化合物的全合成是解决药源问题重要的手段之一。对一些生物活性很好的天然产物，人们往往在对目标分子进行全合成的同时，还要合成它们的衍生物，从而对其生物活性的构效关系进一步认识和了解，以便开发出更有价值的活性化合物。所以，海洋天然产物特别是海洋生物碱及其类似物的合成与结构优化是海洋药物研究与开发的重要手段和方法，本节将对抗肿瘤药物 ET-743、吡咯类海洋生物碱、β-咔啉生物碱合成与结构改造的进展进行论述。

二、几类重要海洋生物碱化合物的合成与结构优化

1. ET-743 四氢异喹啉类海洋生物碱

Ecteinascidia turbinate 是四氢异喹啉类生物碱，于 2007 年由欧盟批准作为治疗难以控制的软组织肉瘤药物，商品名 Yondelis（Trabectedin），2009 年又获准用于治疗卵巢癌，目前正在美国进行临床Ⅲ期研究以获得 FDA 的批准。抗肿瘤活性研究表明，它比目前临床上广泛使用的药物紫杉醇、喜树碱、阿霉素、顺铂等药物的作用活性高出 1～3 个数量级，并且对耐 Camptothecin 及 Etoposide 的癌细胞也显示出很好的抗肿瘤活性。ET-743 从发现、研究到上市，历经了现代海洋药物发展的全过程，体现了现代科技发展对生产力的巨大推动作用，成为现代海洋药物研究的成功典范（丁肇卫等，2011）。

（1）ET-743 的发现

ET-743 是一种从采自加勒比海被囊动物 *Ecteinascidia turbinate* 中分离得到的次级代谢产物。1972 年，Licher 在“来源于海洋的食物-药物”研讨会上报道了被囊动物 *E. turbinate* 的提取物，在用鼠白血病细胞 P-388 动物模型进行抗肿瘤筛选时，提取物显示了抗癌活性（IT/C 140～170mg/kg，50～265mg/kg i.p.）。但是，由于抗癌成分在提取物中含量太低，一直未能分离和测定结构。直到 1986 年，随着高灵敏度的分离和结构测定技术的发展，才分离、鉴定出系列高抗癌活性有效成分 ecteinascidins（王长云等，2011）。

ET-743 的分子结构主要是通过多级质谱技术（FAB-MS-MS）（图 4-8）和核磁共振波谱技术确定的。结构研究表明，ecteinascidins 是一类结构新颖独特的化合物，结构复杂，整个分子由 9 个环构成。分子中含有 3 个四氢异喹啉单元（A，B，C），其中 A 和 B 单元通过并联形成一个六环体系而成二聚体，C 单元通过形成一个含硫的十元内酯环与前两个四氢异喹啉环的二聚体相结合，形成化合物骨架。分子中含有 7 个手性中心，不仅有十元环，还有螺环、桥环等结构。

（2）ET-743 的化学合成

ET-743 的临床Ⅰ期、Ⅱ期研究所用样品都是从海鞘 *E. turbinate* 中提取的。但是由于 *E.turbinate* 在海洋中的天然资源非常少，ET-743 的含量又很低，不可能通过直接提取 ET-743 为临床应用提供所需样品量，因此建立简单有效的人工合成方法显得尤为迫切（图 4-8）。在过去 20 年中，世界上有多个课题组完成了该分子的全合成研究，另外还有多个小组报道了该分子的半合成研究。

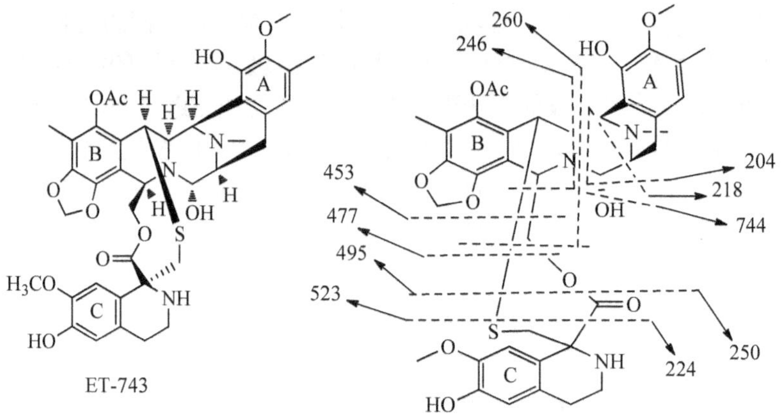

图 4-8　ET-743 结构及其 FAB-MS 裂解图

美国哈佛大学的 Corey 等（1996）报道了 ET-743 的全合成研究，这也是 ET-743 的首次全合成报道。该小组的合成策略是将 ET-743 按四氢异喹啉的结构单元划分为三个主要片段，分别进行合成，再通过三个碎片中间体的缩合反应，得到分子 ET-743。在构建该类五环骨架时巧妙地运用了两个经典反应，即 Strecker 反应和分子内 Mannich 反应，经过 40 多步反应以总收率 0.53%得到目标化合物。虽然合成过程比较复杂，限制了其在实际生产中的应用，但是却奠定了 ET-743 全合成的基础。

东京大学的 Fukuyama 课题组也报道了他们对 ET-743 的全合成研究成果（Endo et al.，2002）。该课题组利用多组分反应完成了 ET-743 的全合成，整个路线也经历了 50 多步反应，总收率为 0.78%。收率比 Corey 课题组的 0.53%有了很大提高。他们首先分别合成出苯基甘氨醇衍生物和碘代苯丙氨酸衍生物两个化合物，然后与对甲氧基苯基异腈基化物和乙醛通过四组分 Ugi 缩合反应，得到了五环中间体骨架。闭环后再经分子内 Heck 反应得到四环化合物，进一步构建成五环中间体，再经与 Corey 课题组类似的合成步骤制备 ET-743 化合物。2013 年 Fukuyama 课题组又报道了一种用 L-谷氨酸作为手性源的方法，经过 28 步合成了 ET-743，总收率 1.1%。此方法，简化了合成步骤，提高了总收率，有望实现工业化大规模生产。

2005 年，法国国家科研中心（CNRS）下属的天然物质化学研究所（ICSN）的 Zhu 课题组报道了对 ET-743 进行的合成研究（Chen et al.，2005；Chen et al.，2006）。该课题组经过反合成分析认为合成 ET-743 应该通过保护的醇胺中间体获得，通过组合具有所有官能团的四氢异喹啉中间体和氨基醛中间体完成目标化合物制备。该课题组整个合成路线经过 31 步反应，总收率达到 1.7%，这种合成方法具有以下几个明显的优点：①由醛和取代的苄基胺通过高选择 Pictet-Spengler 反应快速形成 D—E 部分；②选择性的 N 烷基化的消旋苄基溴和光学纯的氨基醇反应形成所需骨架的前驱体；③采用一锅法对 S 保护的前驱体脱保护、C—S 键成环直接形成 1, 4 桥的十元环。整个反应过程没有复杂的反应条件，并且完全是直线进行。

作为第一个海洋抗肿瘤药物，ET-743 在其发现近 40 年、结构确定 17 年之后得以上市，这是海洋药物研究的重要事件，是多领域、多学科科研工作者共同努力的结果。作为一种新型的抗肿瘤药物，ET-743 不仅有新颖独特的化学结构，而且有多种作用机制和体内外抗肿瘤活性。通过对结构类似物的抗肿瘤研究，发现其均具有肿瘤细胞毒活性，虽活性都不及 Et-743，但这给予抗肿瘤研究更多的思路，可以通过对类似物不同官能团的保护、去保护及其他修饰等方法开发出更多的、更有效的抗肿瘤药物。

2. 吡咯类海洋生物碱

从 1985 年 Faulkner 小组首次在前腮虫软体动物 *Lamellaria* sp. 中分离此类吡咯类生物碱，到目前为止已发现 70 多个不同的 lamellarins 及与它们结构类似的天然吡咯类生物碱。Lamellarin 和相关的吡咯衍生物的全合成研究不断涌现，并以此类化合物为结构模板合成的化合物显示了广泛的生物活性。下面将对 lamellarin 及其相关吡咯类海洋生物碱结构特点、全合成和结构改造以及生物活性方面进行简介。

（1）lamellarin D

1985 年，Faulkner 小组从帕劳海域的海绵 *Lamellaria* sp.中分离得到了 4 种芳香代谢物，随后在前腮虫软体动物与海鞘中均分离得到了该类化合物（Carroll et al.，1993），其结构新颖，组成了新的一类海洋生物碱家族并被命名为 lamellarins A～D，时至今日已经发现了 35 个结构类似的 lamellarin 家族生物碱。近年来的活性筛选试验发现，此类海洋生物碱对多种肿瘤细胞株均具有细胞毒活性，其中 lamellarin D 因其广谱的细胞毒活性成为最前沿的药物先导化合物，对 P388 鼠白血病细胞株的 IC_{50} 值达到了 45nmol/L，深入的研究发现 lamellarin D 能够抑制拓扑异构酶 I 并诱导细胞凋亡。

Ishibashi 等（1997）利用 *N*-叶立德介导的环合反应以 18%的收率制备了 lamellarin D，以 15%收率制备了 lamellarin H，首次实现了 lamellarin 系列化合物的全合成。2012 年，Jia 报道了关于 lamellarin D 全合成的简洁方法，以取代的醛和一级胺为原料，经乙酸银氧化环合构建吡咯环。该方法中苯胺中间体苯环上的取代基对反应有很大影响，如果为吸电子取代基时该反应不能进行。整个合成路线原料易于制备，绕开了昂贵的催化剂与繁琐的反应路线，利用乙酸银氧化环合一步反应即可实现结构多样性的吡咯环构建，是一种经济高效的制备方法。

（2）ninglin B

Ningalin B 也是一类和 lamellarin O 结构非常相似的海洋生物碱（图 4-9），该化合物是在 1997 年由 Fenical 小组从澳大利亚西部宁格罗礁石附近的一种未经确认的海鞘 *Didemnum* 中分离得到的。

2003 年，Boger 小组对 ningalin B 进行了深入的结构改造，结合前期研究发现吡咯环的 N 上烷基芳基化是 MDR 逆转活性所必须，该小组设计合成了 5 个 N 上烷基链长度不同的化合物，并对它们的 MDR 活性进行了研究，结果显示这些化合物对野生型（HCT116）或耐药型（HCT116/VM46）细胞株细胞毒活性都不明显，但是与长春新碱或阿霉素联合用药作用于 HCT116/VM46 细胞株，在浓度为 1μmol/L 时均显示了有效的逆转活性，研究表明 N 上连接吡咯环和芳环之间的烷基链短，逆转活性低。

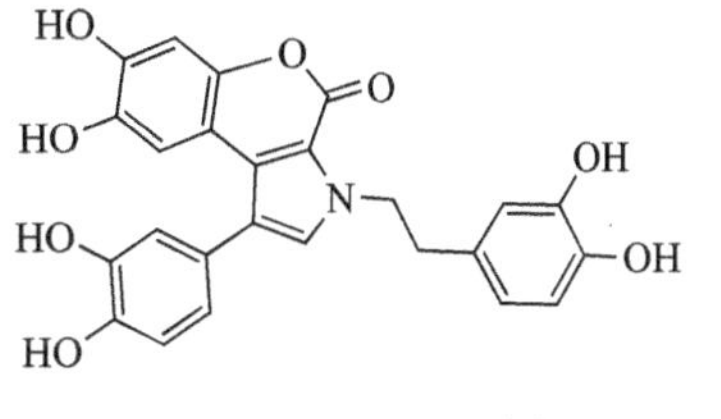

HO HO O O N OH OH HO HO

图 4-9 ninglin B 结构

万升标等在此构效关系的基础上，以生物活性为导向合成了一系列 ningalin B 全甲基化类似物，设计思想是将 ningalin B 中的 C、D 环用吡咯环代替，降低分子的刚性使其更容易代谢，降低细胞毒性，从而达到更加良好的 MDR 逆转活性（Zhang et al.，2010a）。活性研究表明这些化合物均对 P-gp 过表达的乳腺癌细胞有一定的 P-gp 调节活性，其中化合物 **1c**（图 4-10）活性最好，在浓度为 1μmol/L 时与紫杉醇联合用药作用于 LCC6MDR 细胞可以提高紫杉醇的活性 18.2 倍；并且发现当化合物 **1c**（0.5μmol/L）与 **1b**（0.5μmol/L）一起与紫杉醇联合用药时可以使紫杉醇的敏感性提高 66 倍。

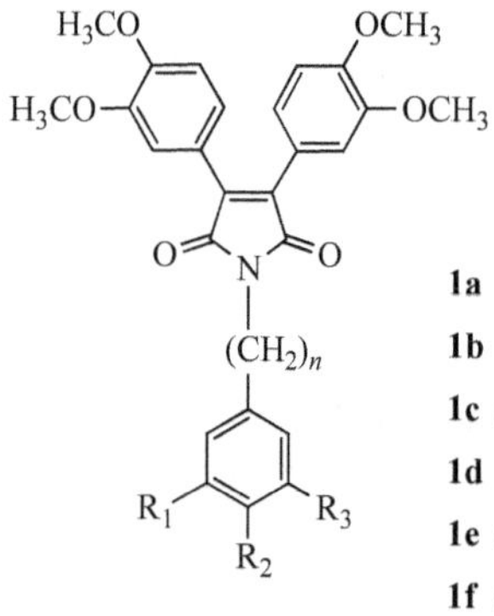

1a n=1, R_1=R_3=H, R_2=OCH_3
1b n=1, R_1=R_2=OCH_3, R_3=H
1c n=1, R_1=R_2=R_3=OCH_3
1d n=1, R_1=R_2=R_3=H
1e n=2, R_1=R_2=R_3=H
1f n=2, R_1=R_3=H, R_2=OCH_3
1g n=2, R_1=R_2=OCH_3, R_3=H
1h n=2, R_1=R_2=R_3=OCH_3
1i n=3, R_1=R_2=R_3=OCH_3

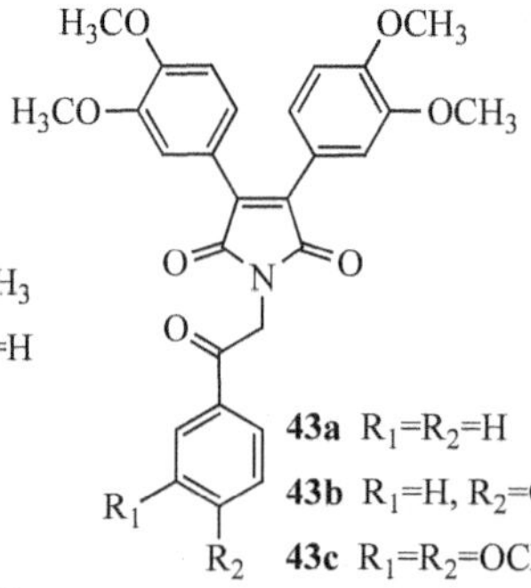

43a R_1=R_2=H
43b R_1=H, R_2=OCH_3
43c R_1=R_2=OCH_3

图 4-10 全甲基化 ningalin B 类似物结构

3. *β*-咔啉生物碱

β-咔啉生物碱是通过色氨酸生物途径合成的一大类天然产物，是药物设计与合成的一类重要结构。*β*-咔啉生物碱在大量的海洋无脊椎动物、被囊动物的海鞘中发现，海洋来源的该类化合物咔啉环上取代基上有其特殊性。

（1）manzamine A

Sakai 课题组于 1986 年首次报道，从日本冲绳近海 *Halicona* 属海绵中分离获得四种 *β*-咔啉生物碱 manzamine A、B、C、D（图 4-11）。随后，又有 10 余种该类化合物的类似物被相继报道。其中 manzamine A 和 C 具有罕见而复杂的多环取代结构，并且 manzamine A 化合物除具有抗肿瘤活性（IC_{50}=7.3μg/mL）外，还具有抗结核杆菌活性和抗疟原虫活性，是抗疟药物的先导化合物。Ang 课题组（Kenny et al.，2000）研究结果表明，manzamine A 对疟原虫 *Plasmodium falciparum*（D6 克隆）显示强的体外活性，最低抑制浓度为 0.0045μg/mL，而对照药物氯喹 chloroquine 和青蒿素 artemisinin 的最低抑制浓度分别为 0.0155μg/mL 和 0.010μg/mL。

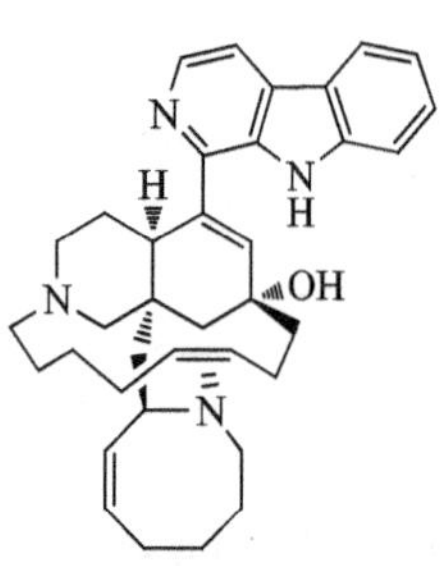

manzamine A

图 4-11 海绵中的 β-咔啉生物碱 manzamine A 结构

目前，manzamine A 全合成主要由 Winkler、Martin 以及 Fukuyama 三个课题组以不同的路线完成，其中 Martin 课题组路线最短，约 20 步得到该化合物，每步反应收率均在 20%以上。Winkler 等（2006）对 manzamine A C-1 位 ABCDE 五环取代基进行了结构改造，通过合成过程中减少取代环的数量全合成了 4 个 manzamine A 类似物（图 4-12），并进行了抗疟活性（D6 克隆和 W2 克隆）测试，研究结果显示，C-1 位仅有单环（B）或二环（AB 或 BC）取代时抗疟活性较低，取代基中仅缺少 D 环（ABCE）时抗疟活性明显升高（IC_{50}=520ng/mL），但仍然远低于 manzamine A（IC_{50}=13.5ng/mL），这说明单独增减 C-1 位环的数量并不能使化合物抗疟活性升高。

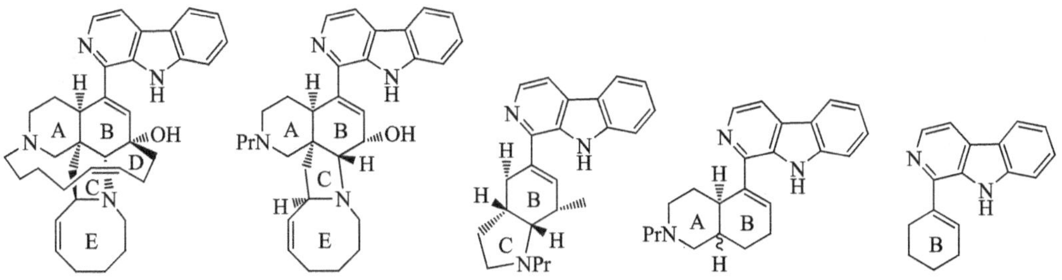

manzamine A　　ABCE　　BC　　AB　　B

图 4-12　C-1 位不同取代的 manzamine A 类似物结构

（2）eudistomin

海洋被囊动物属于尾索动物亚门，含有多种结构独特的含氮次生代谢产物，具有多种生物活性。1984 年，Rinehart 等从加勒比海被囊动物 *E.olivaceum* 中分离得到 17 种化合物，并把它们命名为 eudistomin A～Q。此后，其他研究小组对 Eudistoma 进行了大量的分离工作，又陆续从中得到另外 19 个此类化合物，这些化合物均属于 β-咔啉生物碱。

抗病毒活性测试结果表明，eudistomin C、E、K、L 具有显著的抗病毒活性（图 4-13），对单纯疱疹病毒 I 型和 II 型的体外抗病毒活性范围是 5～50ng/mL。

Eudistomin 类化合物中含氧硫缩杂环结构使得其抗病毒活性优于 1-吡咯啉取代化合物，Maarseveen 等（1997）对 eudistomin C、E、K、L 结构中的咔啉母核以及氧硫氮杂庚环进行改造，得到 5 个 eudistomin 类似物。抗病毒活性测试结果表明，β-咔啉母核上的取代基对抗病毒活性影响较小，将结构中的吲哚环替换为邻二甲氧基苯环化合物依然具有较强的多种抗病毒活性，其中抗单纯疱疹病毒 II 型 IC_{50} 值达到 20ng/mL；氧硫氮杂庚环中氧原子和硫原子被碳原子取代使抗病毒活性降低，抗单纯疱疹病毒 I 型 IC_{50} 值约 2μg/mL；氧硫氮杂庚环中两个手性中心的构型以及氮原子的位置发生改变，导致化合物失去抗病毒活性（IC_{50}＞100μg/mL）。

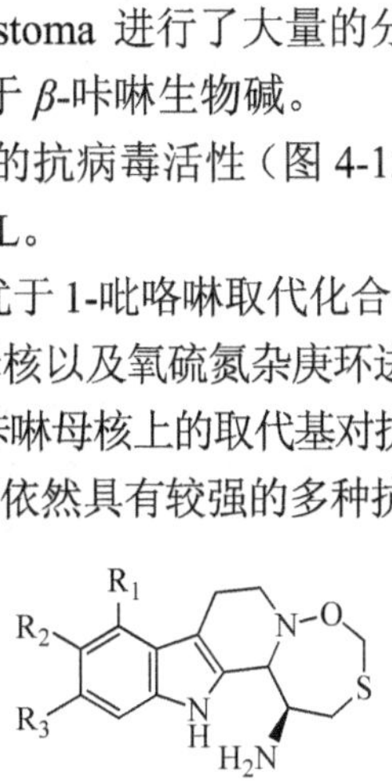

eudistomin	R_1	R_2	R_3
C	H	OH	Br
E	Br	OH	H
K	H	H	Br
L	H	Br	H

图 4-13　*E. olivaceum* 中分离得到的 β-咔啉生物碱 eudistomin

（3）pityriacitrin

Pityriacitrin 是从 *Paracoccus*（F-1547 属）海洋细菌或 *Malassezia furfur* 酵母（Kenny et al.，2000）中分离出来的另一类结构新颖的 β-咔啉化合物，其与天然产物 eudistomin

U 最大不同之处在于，C-1 位通过羰基而非亚甲基与吲哚环连接。Pityriacitrin 化合物具有广泛的 UV 光谱吸收性能（λ_{max}=389nm、315nm、289nm、212nm），从而使该类化合物有望成为一种潜在的 UV 滤过药物，该化合物所具有的 UV 吸收性能在海洋 β-咔啉生物碱中是非常罕见的。中国海洋大学医药学院江涛课题组以色氨酸、5-羟色氨酸以及 5-取代吲哚-3-乙二醛为原料，同样通过酸催化 Pictet-Spengler 反应一锅法直接得到了海洋 β-咔啉生物碱 pityriacitrin 及其类似物，生物活性研究表明，合成的 pityriacitrin 类似物具有较强的抑制乳腺癌和前列腺癌细胞增殖活性（Zhang et al.，2011）。

三、海洋生物碱类化合物的应用与展望

自 1945 年 Emerson 等发表了“海洋药理活性物质”综述论文首次展现海洋天然产物的药用潜能以来，海洋药物研究经历了大半个世纪的发展历程，形成了多次研究开发的高潮，取得了令世人瞩目的成就。不仅发现和发展了阿糖胞苷等抗癌药物、头孢菌素 C 等抗菌药物，还发现了一批有开发前景的药物先导化合物，它们激励着一代代科研人员投身到海洋药物的研究中。

虽然具有生物活性的海洋生物碱不断地从海洋微生物中分离出来，但开发出的具有显著疗效的治疗药物很少。从中我们能清楚地发现制约海洋生物碱发展的障碍：①缺少足量的化合物用于系统的药理学评价。许多海洋生物碱常以毫克级分离获得，仅能满足结构解析等基本的需求，这导致很多化合物失去了被开发的机会。②稳定性差。部分海洋生物碱分离后易受氧化，对酸碱的不稳定等影响了此类化合物的保存及进一步的药理学研究。③来源的局限性。80%的海洋天然产物来自海绵、腔肠动物、软体动物等，如 Lamellarins 类吡咯类生物碱几乎全部来自海绵。④缺乏足够的生物活性筛选。时至今日已经有 20 000 多种海洋天然产物被发现，但其中只有 50%的化合物进行了抗肿瘤、抗菌、抗病毒等生物活性测试工作，只有 0.1%的海洋天然产物进行了临床前试验。

面对结构复杂特异的海洋生物碱类化合物，从自然资源中采集足够的样品进行临床研究是不现实的，而对海洋生物碱进行全合成成为一条成熟可靠的途径。利用廉价的原料，精简巧妙地合成策略，高效的分离技术来进行海洋生物碱的全合成成为解决药源问题的重要手段。海洋生物碱历经 30 年发展，涌现了越来越多的活性分子，它们的全合成技术也在不断发展进步，具有更优良生物活性的结构改造分子更是层出不穷，我们有理由坚信，全合成及化学结构优化将一直是获得新药先导化合物最重要的手段。

（姜　龙　赵铭良　万升标　江　涛）

第三节　海洋活性多肽类化合物的合成与结构优化

一、海洋活性多肽类化合物研究进展

海洋多肽化合物分布广，结构与生理功能多样，已经成为海洋天然活性化合物研究中发展最迅猛的研究领域之一。海洋多肽具有多种生理活性，包括抗高血压、抗氧化、抗凝

血、抗癌、抗 HIV、治疗阿尔茨海默病及镇痛等（Kang et al.，2013；Carstens et al.，2011；Ngo et al.，2013；Nasri et al.，2013；Zhou et al.，2013；Ryu et al.，2013）。

海洋多肽类药物研究最为活跃的领域之一是多肽类毒素。海洋多肽类毒素，来源于海洋动物的毒液，具有活性强、选择性高的优点，已成为药物化学与生理学工作者研究的热点。海洋多肽类毒素种类繁多，被研究最多的有芋螺毒素、海蛇毒素（Erabutoxin）、海葵多肽毒素（Bgk）和脑纹虫（*Cerebratulus lacteus*）毒素（B-Ⅳ）等。第一个被美国食品药品监督管理局（FDA）批准的海洋药物即为多肽类镇痛药物，Ziconotide（商业名称 Prialt；Elan Pharmaceuticals）（Molinski et al.，2009）。Ziconotide 属于 ω 型芋螺毒素，又称 MVIIA，由 Olivera 团队从腹足类软体动物僧袍芋螺（*Conus Magus*）的毒液中提取分离（Olivera et al.，1987）。另外，海洋环肽（含环酯肽）类化合物也是海洋活性物质研究的重要组成部分。海洋环肽类的生物活性谱非常广泛，常显示抗肿瘤、抗病毒、抗真菌等活性。

随着生物技术的发展，尤其是多肽分离技术、多肽合成技术以及结构生物学技术的突飞猛进，越来越多的海洋多肽类化合物被发现并被深入地研究。本节主要以 α-芋螺毒素 Vc1.1 和环肽类化合物 largazole 为例分别介绍直链多肽和环肽的合成与结构优化策略。

二、芋螺毒素的合成与优化

1. 芋螺多肽与芋螺毒素

芋螺多肽（conopeptide）是一种小分子多肽，存在于海洋腹足纲软体动物芋螺分泌的毒液中，被用来作为预防与捕食的工具（Terlau et al.，2004）。芋螺多生长于亚热带海洋，在我国主要分布在西沙群岛、海南岛及台湾海域等（罗素兰等，2003）。芋螺多肽作用于离子通道受体，具有非常高的选择性，可以作为药理学研究的工具与潜在的药物前体。它已经成为生物学家、药理学家以及结构生物学家争相研究的对象。广义上芋螺多肽按照含有二硫键的多少，被分为两大类：含有两对及以上二硫键的即富含二硫键的芋螺多肽；其他为含有一对及以下二硫键的芋螺多肽（Lewis et al.，2012）。芋螺毒素（conotoxin，CTX）是一种富含二硫键的芋螺多肽，含有 10～40 个氨基酸残基（Terlau et al.，2004；Lewis et al.，2012）。按照 CTX 前体信号肽的保守序列以及二硫键的骨架，可以将 CTX 归为 A、I、J、L、M、O、P、S、T、V、Y 等多个超家族（Halai et al.，2009）。CTX 可以选择性地作用于离子通道以及膜蛋白受体，按照其药理活性可以将 CTX 分为 α、δ、αA、κA、κ、κM、μ、μO、ρ、ω、ψ 及 χ 等家族（Terlau et al.，2004；Halai et al.，2009）。

2. α-芋螺毒素 Vc1.1 的化学合成与优化

α-芋螺毒素（α-CTX）是目前被研究最多的芋螺毒素，选择性地作用于乙酰胆碱受体（nAChR）（Terlau et al.，2004；Halai et al.，2009）。Vc1.1 是 α-芋螺毒素中最著名的代表之一，最早是由墨尔本大学的 Gayler 团队通过 PCR 印迹技术筛选食肉性的 *Conus Victoriae* 毒液囊中的 cDNA 文库而发现的。基于 cDNA 序列，他们推断出 Vc1.1 的序列，交由 Auspep Pty. Ltd 生物公司通过 *t*-butoxycarbonyl（Boc）化学完成多肽的合成。获得纯化的多肽后他们首次测试了 Vc1.1 作用于 nAChR 的活性，发现了 Vc1.1 对某未知 nAChR 亚型的竞争性抑制浓度（K_i）为（2.3±0.8）nmol/L。

2006 年，昆士兰大学的 Craik 团队与 Adams 团队合作，对 Vc1.1 进行了更加深入的研究（Clark et al.，2006）。来自 Craik 团队的 Clark 合成了 Vc1.1，测得了 Vc1.1 的 NMR 三维结构，并且与 Adams 团队合作测试了 Vc1.1 对几种 nAChR 亚型的活性。在 Vc1.1 合成过程中，Richard 采用 4-methylbenzhydrylamine amide 树脂作为固定相，通过 Boc 化学方法合成了未被氧化的 Vc1.1（图 4-14）。Clark 在 Vc1.1 合成中采纳的是由 Kent 团队发展的固定相多肽合成方法（图 4-14）（Schnölzer et al.，1992）。该方法以 4-methylb-

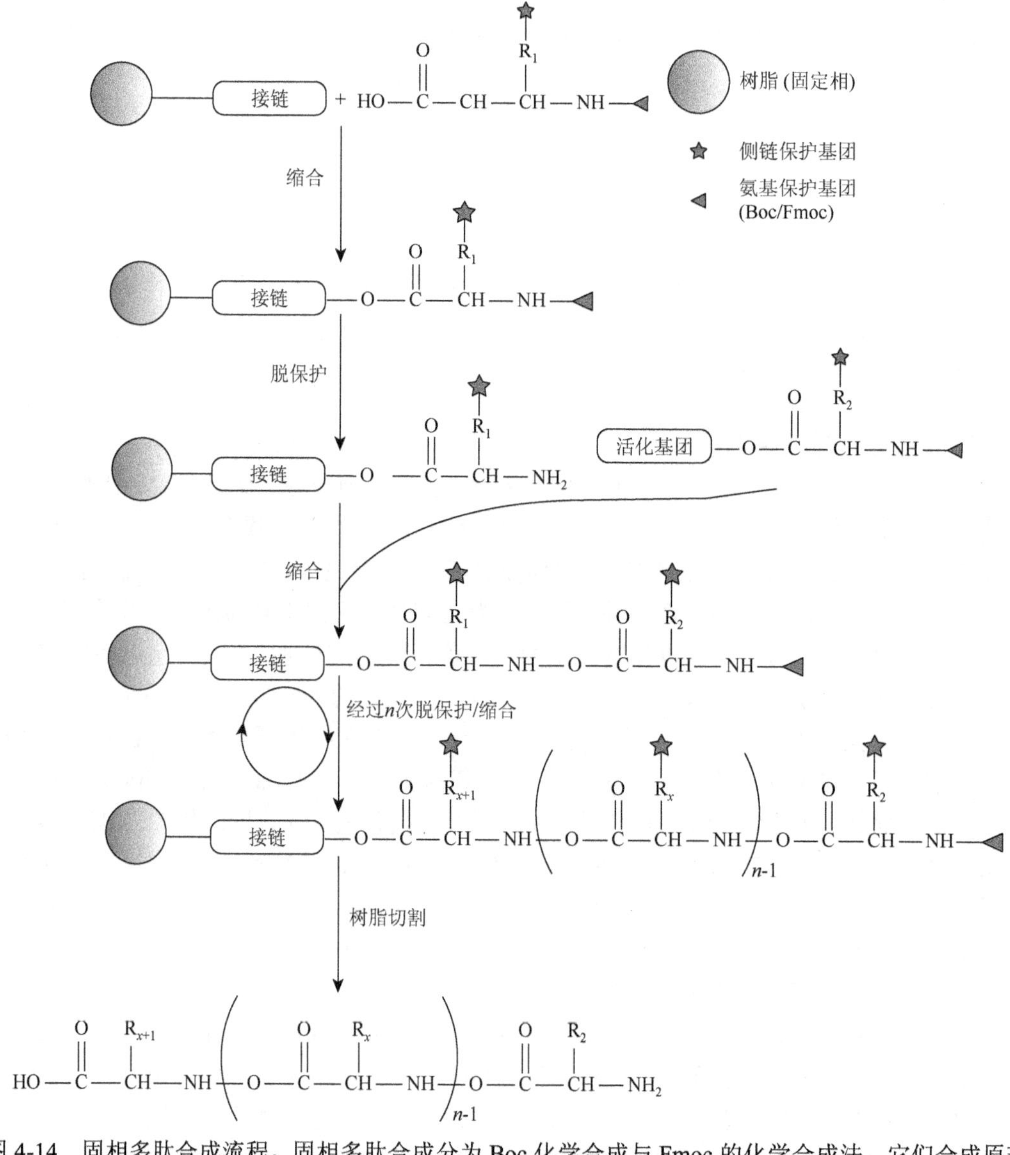

图 4-14　固相多肽合成流程。固相多肽合成分为 Boc 化学合成与 Fmoc 的化学合成法。它们合成原理基本相同，都要经过脱保护与多肽缩合反应多个循环过程。但是两者也有区别，Boc 化学合成采用 TFA 脱掉氨基保护基团，而 Fmoc 化学合成采用弱碱溶液（体积比为 1∶4 的哌啶/DMF）。另外，在两者合成过程中所采用的切割剂也不同，其中 Fmoc 化学合成采用 TFA，而 Boc 化学合成采用氢氟酸作为多肽切割剂

enzhydrylamine amide 树脂作为固定相采用 Boc 化学方法对多肽进行合成，合成过程中多肽的偶联与中和同时进行（*in situ* 中和/HBTU 偶联）。在偶联过程中，他们用 100%三氟乙酸（trifluoroacetic acid，TFA）脱掉 Boc 保护基团（反应时间 2min），用二甲基甲酰胺（dimethylformamide，DMF）对反应物进行淋洗 30s（洗掉废液及未反应完的氨基酸等），然后加入经过 *O*-苯并三氮唑-四甲基脲六氟磷酸酯（HBTU）/*N*，*N*-二异丙基乙胺（DIEA）活化的氨基酸（Boc-AA）在摇动条件下反应 10min。氨基酸的活化反应是在 0.8mmol Boc-AA/2 mL 0.38mol/L HBTU（0.76mmol）的 DMF 溶液/1.2mmol DIEA 室温条件下反应 2min。反应完后，重复上面的操作，直到所有的氨基酸残基被偶联完毕为止。多肽缩合反应结束后，采用 HF、对甲苯酚（*p*-cresol）及对甲苯硫酚（*p*-thiocresol）的混合液（HF、*p*-cresol 和 *p*-thiocresol 体积比为 9∶0.5∶0.5）对多肽进行切割。该反应在−5～0℃反应 1.5h。切割反应结束后，HF 通过抽真空被移除，多肽则通过乙醚进行沉淀，经过滤后多肽被保存在 50%乙腈溶液中（含有 0.05%的三氟乙酸）。粗肽被合成后要经过纯化，再进行氧化反应。经过反相高效液相色谱（RP-HPLC）分离纯化后，所含的半胱氨酸处于还原状态，需要在 0.1mol/L NH_4HCO_3 弱碱中经过不断搅拌反应 24h。氧化反应完毕，重复上面的纯化过程便得到最终的 Vc1.1。Vc1.1 含有四个半胱氨酸，理论上可以形成三种异构体，所以在合成中要通过 ES-MS 以及分析 HPLC 对得到的产物进行检验。

来自 Craik 课题组的科学家 Halai 于 2009 年报道了采用氨基酸筛选方法对 Vc1.1 进行结构优化（也即基于配体的结构优化），设计出作用于 α9α10-nAChR 活性更强的 Vc1.1 的变异体（Halai et al.，2009）。2013 年，来自 Craik 课题组的 Yu 等发表了采用基于受体的方法对 Vc1.1 进行了系统研究（Yu et al.，2013a）。该研究结合了计算模拟、多肽固定相合成以及电生理学实验的方法研究了 Vc1.1 与 α9α10-nAChR 的相互作用，确定了 Vc1.1 在 α9α10-nAChR 上的最有利作用位点，并且设计出新的 Vc1.1 的变异体 V1.1[N9W]的活性是原来多肽活性的 30 多倍。

Halai 与 Yu 在 Vc1.1 变异体的合成中采用的是 *N*-(9-fluorenyl) methoxycarbonyl(Fmoc) 化学合成方法（Chang et al.，1978）。与 Boc 化学合成相比，Fmoc 化学合成反应条件温和，避开了使用危害性强的 HF 作为多肽切割剂。Fmoc 化学的多肽偶联过程类似于 Boc 化学的偶联过程，也是经过脱保护、多肽缩合反应、洗脱等循环过程，直到多肽偶联完毕（图 4-14）。另外，采用 Fmoc 化学合成时，脱掉 Fmoc 保护基团采用的是体积比为 1∶4 的哌啶/DMF 弱碱溶液，在室温下反应 5min。多肽偶联反应结束后，把待切割的多肽置于体积比为 9∶0.5∶0.5 的三氟乙酸/三异丙基硅烷/水的混合液中，在室温下反应 2.5h。反应结束后，后面的分离纯化以及氧化过程均同于前面 Clark 所采用的方法。

来自 Craik 团队的科学家 Clark 于 2010 年发表了有关环化 Vc1.1 的稳定性及在动物体模型上测试具有口服镇痛活性的报道（Clark et al.，2010）。肽类药物往往限于在体内的稳定性，不能被口服，从而被大大缩小了应用范围。Ziconotide 由于稳定性差，通过鞘内注射途径进药（Sanford，2013）。通过环化直链多肽可以大大提高它在体内的稳定性（Craik，2006）。Clark 即采用多肽环化的途径来提高芋螺毒素 Vc1.1 的稳定性。

Clark 基于 Kent 团队所开发的 Boc 化学方法合成了环化的 Vc1.1（cVc1.1）（图 4-15）

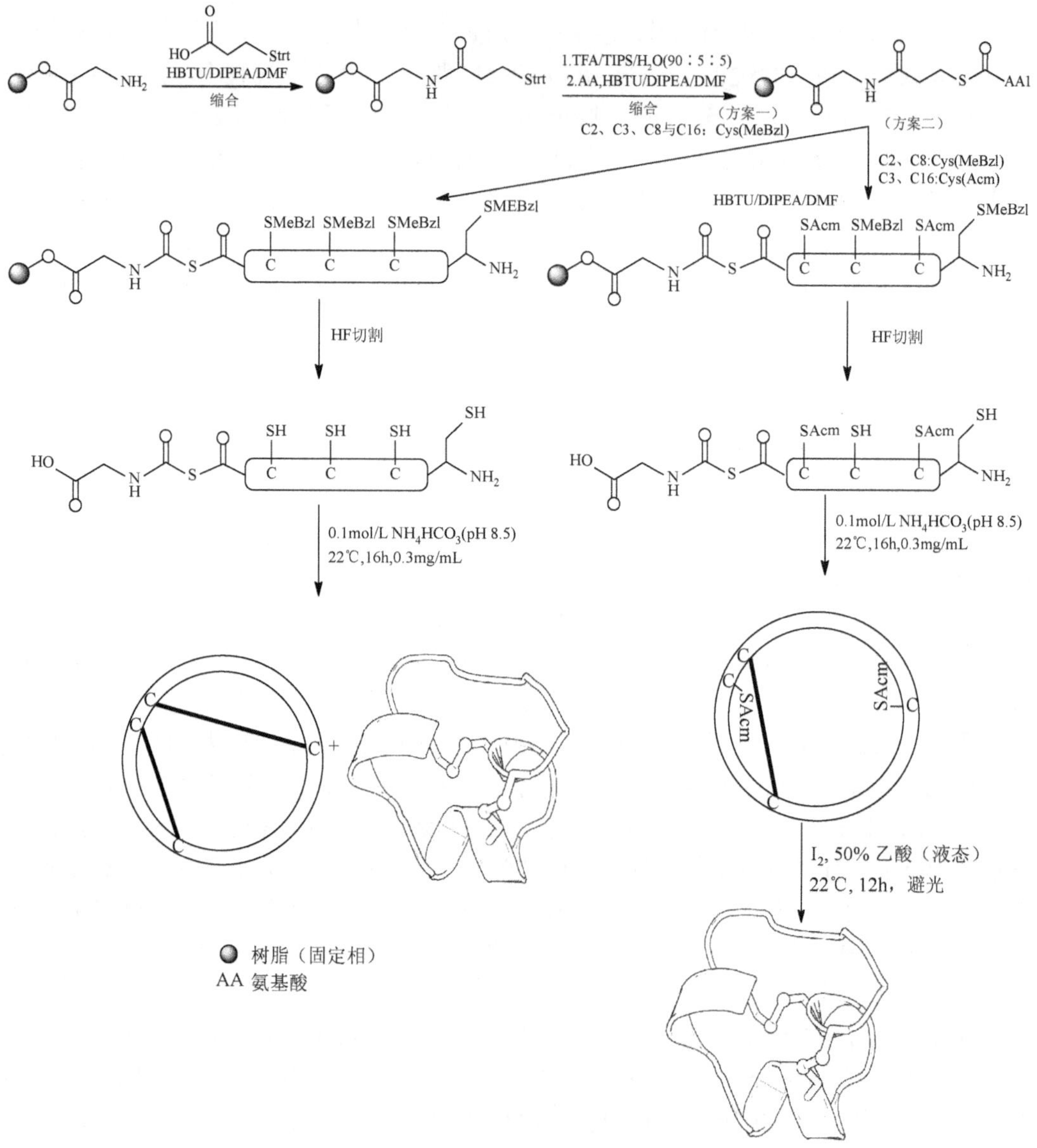

图 4-15　Clark 对 cVc1.1 的合成流程图

(Clark et al.，2010)。合成的第一步是在 PAM 树脂上面连接 *β*-巯基丙酸（为后面环化做准备），再利用上面提到的 *in situ* 中和/HBTU 偶联方法通过 *β*-巯基丙酸作为多肽与树脂的中间结链，完成了整个直链多肽的缩聚反应。cVc1.1 作为一个环肽，完成直链肽合成后，要借助于 *β*-巯基丙酸与肽链末端半胱氨酸连接反应（chemical ligation），完成直链肽的环化过程（环化反应）。多肽的环化反应是在 pH=8.5、浓度为 0.3mg/mL 的 NH_4HCO_3 中，室温条件下反应 16h。多肽的环化反应与半胱氨酸的氧化反应是同时进行的。cVc1.1 含有两对半胱氨酸，在氧化过程中若不加保护，理论上可以生成 3 种二硫键异构体。在 cVc1.1 的合成过程中，Clark 采用了两种方案。在方案一中，两对半胱氨酸残基使用了相同的保护基（MeBzl）。用 HF 从树脂上切割多肽时，该保护基被一并脱除。含 4 个游离巯基的前体肽在空气中氧化，生成 cVc1.1 及部分不需要的副产物。方案二采用了正交保护策略。用 HF 切割多肽时，一对半胱氨酸残基上的 MeBzl 保护基同时被脱除。游离出来的 2 个巯基在空气中氧化，生成第一个二硫键。然后用碘氧化法去除另一对半胱氨酸上的 Acm 保护基，生成第二个二硫键。cVc1.1 不仅保留了 Vc1.1 的活性，而且大大提高了它在体内的稳定性。在损伤性慢性疼痛小鼠模型上测试，cVc1.1 的镇痛活性大约是加巴喷丁（Gabapentin）的 120 倍（Clark et al.，2010）。因此经过结构改造而得到的 cVc1.1 有着光明的药用前景。

三、海洋环肽 largazole 的合成与优化

1. largazole 的全合成

2008 年，佛罗里达大学的 Leusch 研究组报道（Taori et al.，2008），他们从 Key Largo 附近的海洋藻青菌中分离到一个具有全新结构的环酯肽 largazole。该化合物具有很强的抗肿瘤细胞增殖活性，其对乳腺癌细胞的活性与紫杉醇相当，GI_{50} 值为 7.7nmol/L。

largazole 含 3 个手性中心，分布在 3 个相对独立的片段中，立体化学的构建较为简单。全合成中的挑战是：如何构建含有手性中心且容易脱水消除的 β-羟基酸，16 元环环合位点的选择以及如何将不稳定的硫酯组装入分子中（图 4-16）。针对第 1 个难点，有 5 个课题组（Bowers et al.，2008；Numajiri et al.，2008；Ren et al.，2008；Xiao et al.，2010；Ying et al.，2008a）采用了不对称羟醛缩合的策略；另有 3 个课题组（Ghosh et al.，2008；Nasveschuk et al.，2008；Seiser et al.，2008）采用了酶促拆分的方法；Forsyth 组则使用了 *N*-杂环卡宾介导的酰化反应（NHC）（Wang et al.，2011）。在环合位点的选择上，有 8 个课题组选择了环合位点 1，环化收率在 40%～77%；另外 3 个课题组选择了环合位点 2，环化收率均在 65%左右；在酯键处环合的尝试没有成功（Numajiri et al.，2008；Wang et al.，2011）。关于硫酯的组装，除 Ghosh、Forsyth、Jiang 3 个课题组外，其他研究者均先将大环关闭，最后将不稳定的硫酯载入。

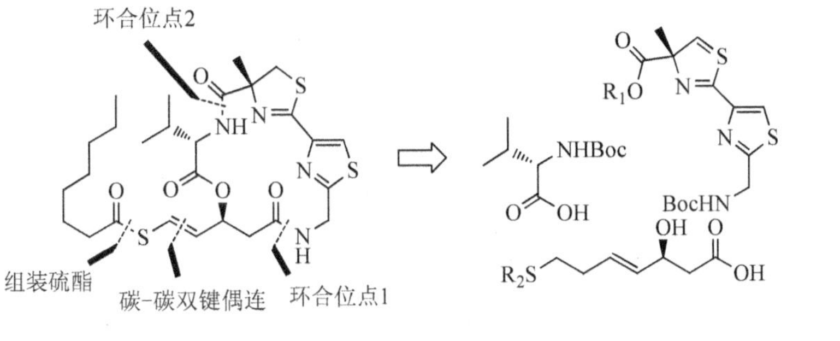

图 4-16　largazole 的结构与反合成分析

2. largazole 的结构优化

Luesch 课题组的研究表明（Ying et al.，2008a），largazole 其实是一个前药，其发挥药理作用的物质基础是脱去侧链酰基的硫醇，作用靶点为组蛋白去乙酰化酶（HDAC）。

生物学实验证明，largazolethiol 在分子水平上比 largazole 活性高 10 倍。不过细胞水平上的测试显示二者活性相当，他们认为这是由硫醇较低的过膜性导致的。

自 largazole 的分离与结构鉴定尤其是其作用靶点确定后，短短几年时间内便涌现了大量关于其全合成及结构优化研究的论文（Hong et al.，2012）。目前已了解到的 largazole 大致构效关系如图 4-17 所示。

Largazole 中的内酯键电子等排成内酰胺键，活性下降 1000 倍以上；largazole 硫醇中的内酯键改为酰胺键，活性下降 9 倍（Bowers et al.，2009a）。

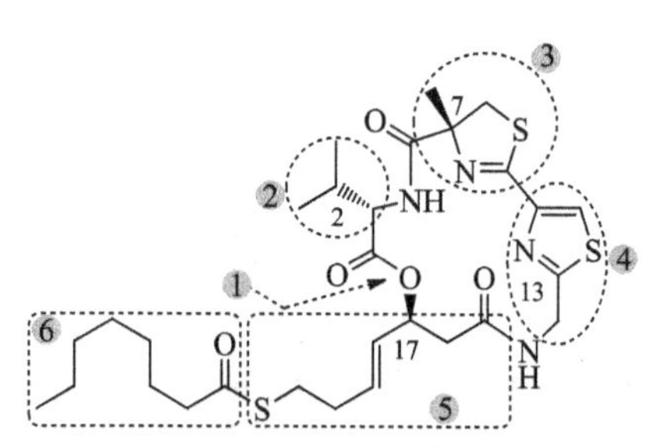

图 4-17 largazole 的构效关系

缬氨酸单元有较大的改造空间，构型变为 D 构型，分子水平活性下降 25 倍，但对前列腺癌细胞的增殖抑制活性有所提高（Bowers et al.，2009b；Wang et al.，2011）；以其他氨基酸代替，活性一般没有太大变化（Zeng et al.，2010；Benelkebir et al.，2011；Kim et al.，2014；Ying et al.，2008b）。但换为 Pro 或 Asp 可使活性下降 100 倍（Bowers et al.，2009b）。被 Tyr 取代后，对肿瘤细胞和正常细胞显示了更好的选择性（Zeng et al.，2010）；但是 Val *N*-甲基化后，活性完全丧失（Liu et al.，2010）。

甲基噻唑啉片段有一定的改造空间。甲基可去除，或以乙基、苄基取代，对活性影响都不大（Souto et al.，2010）。以 Aib 氨基酸代替 largazole 硫醇中的甲基噻唑啉（Benelkebir et al.，2011），分子水平上的活性仍在纳摩尔级，但细胞水平活性下降明显。去除 largazole 此处的手性甲基并成噻唑环，分子和细胞水平上的活性均大幅下降（Chen et al.，2009）。无论是对 largazole 还是对其硫醇来说，此处改为三氮唑后，活性和 HDAC1/9 的选择性均有所下降；largazole 硫醇此处引入四氮唑片段，其活性和选择性均升高（Li et al.，2013）。

以 largazole 硫醇为参照，在 C-14 位引入一个苄基，分子水平上的活性降低 400 倍，但细胞水平上的活性变化不大。这表明，通过引入疏水基团提高化合物的过膜能力在一定程度上可以补偿分子水平活性下降带来的不利影响。扩环，即 C-13、C-14 位之间再插入一个亚甲基，致使活性下降 20 倍（Benelkebir et al.，2011）。将噻唑改为噁唑或同时将噻唑-噻唑啉改为噁唑-噁唑啉，其活性基本保持；将噻唑替换成吡啶，活性提高 3～4 倍（Bowers et al.，2009b；Guerra-Bubb et al.，2013）。将 C-14 位旁边的酰胺 *N*-甲基化，活性完全丧失（Liu et al.，2010）。

代谢研究表明，largazole 中的硫酯键非常不稳定，很快水解为相应的硫醇（Benelkebir et al.，2011）。将硫醇替换为醇，活性完全丧失；不含巯基的母环也不显示 HDAC 抑制活性（Ying et al.，2008a）。改变巯基所连碳链的长度，则致使活性丧失（Seiser et al.，2008；Ying et al.，2008b）。将此处侧链上的反式碳-碳双键改为顺式，HDAC 抑制活性完全消失（Zeng et al.，2010）。将双键以苯环、三氮唑等芳环代替，活性完全消失（Kim et al.，2014）。若在 *β*-羟基与羧基间再插入一个碳（母环扩环），则活性急剧下降。另外，此处 *β*-羟基的 *S* 构型也是活性必需的（Ying et al.，2008b）。如果断开酯键成一开环结构，则 HDAC 抑制活性消失（Nasveschuk et al.，2008）。总而言之，大量的研究表明此处的 3-羟基-7-巯基-4-

烯庚酸结构改造余地很小。

Largazole 中的辛酰基使母体分子更容易透膜释放出活性的硫醇。这部分的结构改造主要集中在两个方面，一种是采用二硫键的形式，另一种是采用硫酯的形式。采用这两种策略优化后的分子，其活性大多得以保持（Su et al.，2014；Salvador et al.，2014）。

Phillips 课题组（Nasveschuk et al.，2008）以 NMR 研究了 largazole 在溶液中的构象。结果发现，分子母环接近一个平面且有一定的刚性，硫酯侧链和 Val 残基分布在平面的两侧。分子的立体化学、构象对活性影响巨大。Largazole 硫醇的对映体（C-2、C-7、C-17 三个位置的手性同时改变）活性下降 3 个数量级。C-2、C-17 处构型翻转的类似物活性大幅下降乃至完全消失也说明了这一点。

四、海洋多肽的应用与展望

浩瀚的海洋中存在数目巨大的海洋多肽，其药理活性被研究清楚的却很少。以芋螺毒素为例，目前已被研究的芋螺毒素仅约占总数的 0.1%（Lewis et al.，2012）。因此，关于海洋多肽有待研究的空间仍然非常巨大。未来对于海洋多肽的研究，大致分为三个方向。首先是继续从自然界中发现新型的海洋多肽。现在已广泛采用基因克隆技术，从多肽的基因文库中高效筛选新型的海洋多肽。在分离技术上，借助高分辨率的质谱与核磁技术，极大提高了分离效率。其次是对海洋多肽结构药效学的研究。海洋多肽的活性和选择性与成药标准之间还有差距，通过结构药效学的研究可实现这两方面的改善。最后，通过改变海洋多肽的结构，以提高它在体内的稳定性与生物利用度。多肽分子由于体内稳定性差、生物利用度低，直接限制了它的药用前景。因此，科学家正在采用化学修饰的方法对海洋多肽进行结构改造以提高它在体内的稳定性，增强它的生物利用度。

总之，海洋多肽因其广阔的药用前景而日益受到重视，很多学科的交叉融汇，如化学、分子生物学、结构生物学、生物信息学与计算机模拟技术的相互结合将会大大提高海洋多肽研究的速度与效率。

（于日磊　张　伟　李英霞）

第四节　海洋活性糖苷类化合物的合成与结构优化

一、海洋糖苷类化合物合成与结构优化的研究现状

海洋环境的时空差异，赋予了海洋生物极其丰富的生物多样性，产生了种类繁多、结构新颖、功能独特的天然产物。过去 40 年来，随着海洋天然产物化学的发展，发现了许多诸如甾体皂苷、二萜皂苷、三萜皂苷、糖脂以及大环内酯糖苷等结构复杂的糖苷化合物，它们大多具有显著的抗肿瘤、抗病毒等生理活性，成为合成化学家和药物化学家争相合成和改造的目标。这里，对具有代表性的海洋糖苷化合物的合成和结构改造进行回顾和评述。

二、几种重要海洋糖苷化合物的合成与结构优化

1. 驱鲨剂 pavoninin-4 的合成

1989 年，Nakanishi 利用胆酸作为原料完成 mosesin-4 的全合成（Gariulo et al.，1989）；1997 年，Tachibana 小组报道了 pavoninin-1 及其类似物的合成（图 4-18）（Ohnishi et al.，1997）；2005 年，Williams 小组完成了 pavoninin-4 的全合成（Williams et al.，2005）。

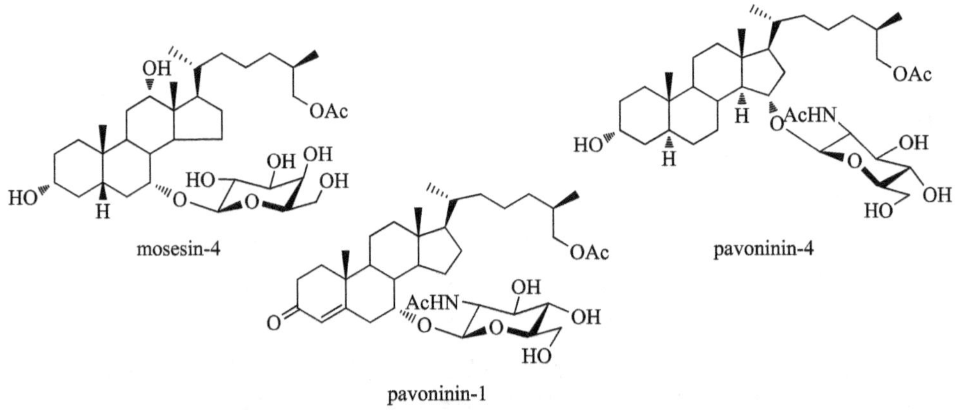

图 4-18　mosesin-4、驱鲨剂 pavoninin-1 和 4 的结构

首先 Williams 对打开螺甾皂苷元 E，F 螺环的 Clemmensen 还原反应进行了改进，即以锌粉代替传统的锌-汞齐作为还原剂，向乙醇溶液中滴加浓盐酸，可高产率地得到 16β, 26-二羟基胆甾烷（Williams et al.，2004）。利用该反应（图 4-19），替告吉宁皂苷元 **1** 经

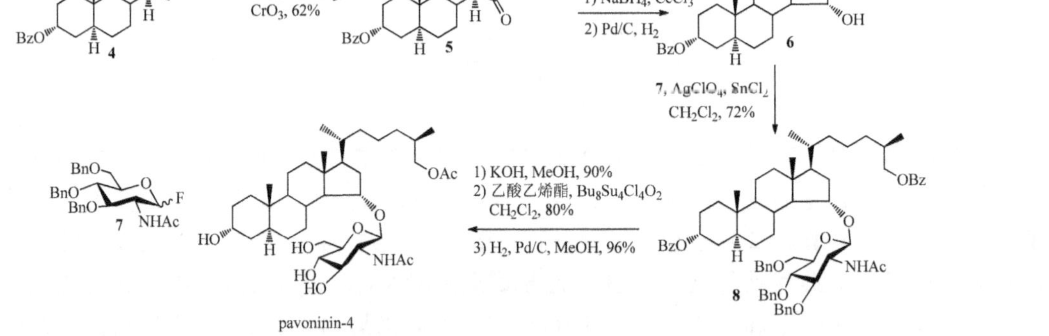

图 4-19　驱鲨剂 pavoninin-4 的全合成路线

锌粉促进的 Clemmensen 还原反应可转化为三醇衍生物 **2**。利用 3β-OH、16β-OH和 26-OH 的活性差异，化合物 **2** 与苯甲酸进行 itsnunobu 反应得到 16β-OH裸露且 3-OH 立体构型翻转的苯甲酸酯 **3**，其中 3α-OH 是 pavoninin-4 苷元所需的构型。为引入 15α-OH，化合物 **3** 经甲磺酰化和 NaI 促进的消除反应以 96%的产率得到烯烃 **4**。CrO_3 和 3, 5-二甲基吡唑介导的烯丙基位氧化将化合物 **4** 转化为 16-烯-15-羰基化合物 **5**。Luche 还原反应能够立体选择性地还原羰基得到 15α-OH 的烯丙醇，其进一步氢化还原得到合成 pavoninin-4 所需的苷元 **6**。这样，Williams 经过 8 步反应，以 48%的产率得到合成 pavoninin-4 所需的苷元。

在尝试氯苷和溴苷糖苷化未果的情况下，Williams 最终以葡萄糖氟苷 **7** 在 $AgClO_4$ 和 $SnCl_2$ 促进下与 **6** 反应，以 72%的产率立体选择性地得到 β-糖苷 **8**。脱除 **8** 的 3-和 26-*O*-苯甲酰基后，再在 $Bu_8Su_4Cl_4O_2$ 作用下和乙酸乙烯酯反应，选择性乙酰化 26 位伯羟基，再经氢化脱除糖基上的 3 个 *O*-苄基得到 pavoninin-4。需要指出的是乙酰氨基葡萄糖给体在糖苷化时容易形成稳定噁唑啉环中间体，从而导致糖苷化的低效甚至失败，但在合成 pavoninin-4 的过程中，乙酰氨基葡萄糖氟苷给体 **7** 却表现出良好的反应活性，这不仅体现了氟苷（Toshima，2000）给体独特的反应特性，为合成 pavonins 类化合物提供了新型简捷的合成途径，同时也再次验证了 Paulson 教授的名言：“每一个寡糖的合成仍然是一个独立的问题，她的解决需要大量的系统研究和探索。对于寡糖合成来说，没有通用的反应条件”（Paulson，1982）。

2. 海星皂苷 goniopectenoside B 的合成

海星皂苷是海星的主要次生代谢产物，主要是胆甾烷类化合物。到目前为止，已从瓣海星目、庄海星目和钳棘目的共 14 个科 60 余种具有代表性的海星中分离获得近 400 种甾体化合物（张文，2012）。海星皂苷具有溶血活性、肿瘤细胞毒性、抗病毒、抗革兰氏阳性菌、阻断哺乳动物神经肌肉传导、抑制 Na^+, K^+-ATP 酶、抗溃疡以及抗炎、麻醉和降血压等多种药理活性。由于海星皂苷含量微小、对酸碱不稳定以及伴生现象严重，其分离异常困难。这也阻碍了它们生物活性和构效关系的深入研究。合成化学家对这类复杂的高极性、活性多样的物质展开了合成研究和结构改造。

1993 年，Schmidt 小组对海星糖苷 forbesides E3 和 E1 的合成代表了早期全合成天然皂苷的实例（Schmidt et al.，1993）。2013 年，俞飚课题组基于最近发展金催化糖基邻炔基苯甲酸酯糖苷化方法（Yu et al.，2013b），采用汇聚式合成策略，首次完成了 goniopectenoside B 的全合成。

如图 4-20 所示，以化合物 **9**～**13** 作为原料，通过常规的羟基的保护和脱保护操作，利用三氯亚胺酯糖苷化方法由线性逐步合成策略，完成了 goniopectenoside B 五糖链的合成。需要指出的是利用二糖 **15** 中木糖 4-OH 比 2-OH 亲和性强的特性可通过选择性糖苷化反应以 82%的产率得到 β-(1→4)连接的三糖产物 **16**，有效地缩短了合成步骤并提高了合成效率。

以肾上腺甾酮 **21** 为原料，通过 17 步反应，以 8.9%的收率完成了 goniopectenoside B 苷元 **22** 的合成（图 4-21）。由于受体 **22** 对酸不稳定，因此得到五糖 **20** 后，通过 4 步反应将其转化为邻炔基苯甲酸酯给体 **23**（图 4-21）。在室温条件下，以[Au（PPh_3）OTf]（0.2

图 4-20 海星皂苷 goniopectenoside B 寡糖链的合成路线

equiv.）作为催化剂，过量的 **23**（5.0equiv.）与 **22** 反应以 80%的产率得到五糖糖苷后，再脱除 3 位 TBS，用 SO_3 • pyridine 引入磺酸基和 MeONa 脱除 10 个苯甲酰基，以 80%的产率得到了 goniopectenoside B。这样从肾上腺甾酮出发，通过汇聚式合成策略以 21 步和 4.3%的总产率实现了对 goniopectenoside B 的全合成。该工作是首次完成复杂的海星寡糖皂苷的合成，鉴于海星皂苷保守的结构性质，该项研究将为这类海洋天然产物的合成和结构改造提供宝贵经验和技术路线，也将为它们的活性和构效关系研究奠定坚实的物质基础（图 4-21）。另外，需要指出的是，金催化的糖基邻炔基苯甲酸酯糖苷化是合成寡糖和糖缀合物温和而有效的新型反应，该反应适用于中性反应条件下与弱亲核性的受体和对酸敏感的化合物的糖苷化（Li et al.，2008；Li et al.，2010b；Zhu and Yu，2011；Yu et al.，2012；Zhang et al.，2012；Ma et al.，2011；Zhang et al.，2011b；Yang et al.，2010；Yang et al.，2009；Tang et al.，2013；Nie et al.，2014）。

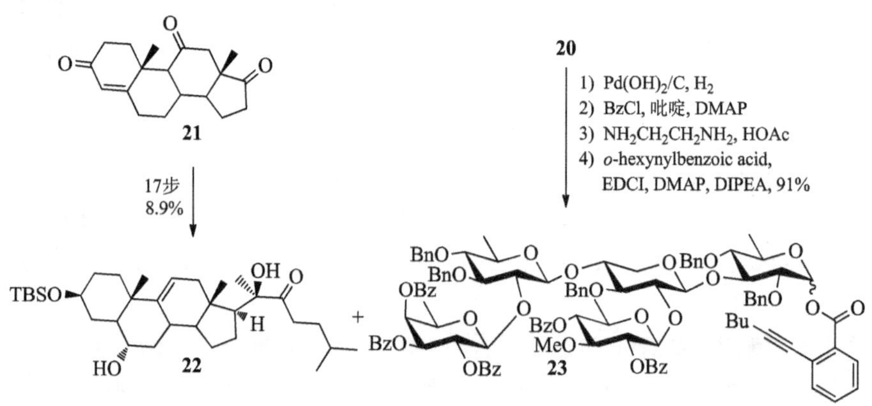

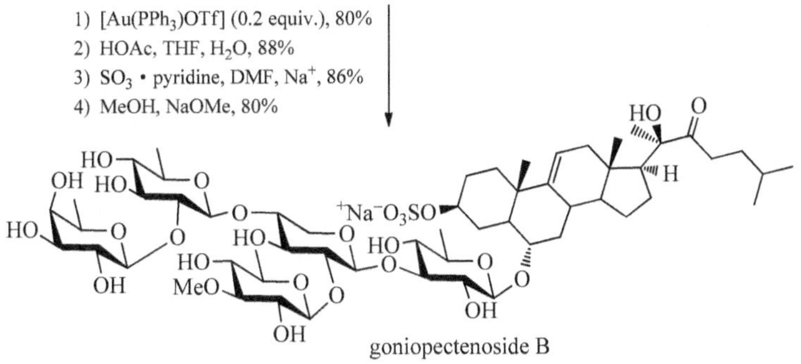

1) $[Au(PPh_3)OTf]$ (0.2 equiv.), 80%
2) HOAc, THF, H_2O, 88%
3) SO_3 • pyridine, DMF, Na^+, 86%
4) MeOH, NaOMe, 80%

goniopectenoside B

图 4-21 海星皂苷 goniopectenoside B 全合成路线

3. 海洋糖脂 caminoside A 的合成

致病菌 Enteropathogenic *Escherichia coli*（EPEC）和 enterohe-morragic *Escherichia coli*（EHEC）对于儿童和老年人是致命的。感染这两类疾病需要致病菌分泌蛋白（Esps）和III型的分泌系统。由于III型的分泌系统对于 EHEC、EPEC 这两类致病菌是必不可少的，而在非致病的大肠杆菌中不存在，因此针对它们的抑制剂，不仅能够专一性地减弱 EHEC、EPEC 致病的能力，而且不会影响与体内共生的非致病大肠杆菌菌群（Tsou et al.，2013）。最近发现从海绵 *Caminus sphaeroconia* 中分离得到了 caminoside A（图 4-22）（Linington et al.，2002），不仅具有抑制致病菌III型的分泌系统的活性，而且能够体外抑制耐甲氧西林的 *Staphylococcus aureus* 菌（MIC=12mg/mL）和对耐万古霉素的 *Enterococcus* 菌（MIC=12mg/mL）的生长。另外 caminoside A 的结构新颖独特：中间的葡萄糖残基 B 被完全取代；末端的 6-脱氧-D-塔罗糖（糖 C）和 L-异鼠李糖（糖 D）在自然界中是不常见的，是第一例在海绵的代谢物中以甲基酮脂肪链作为糖苷配基的糖苷类化合物。Caminoside B～D（Linington et al.，2006）也被分离得到并确定其结构（图 4-22）。

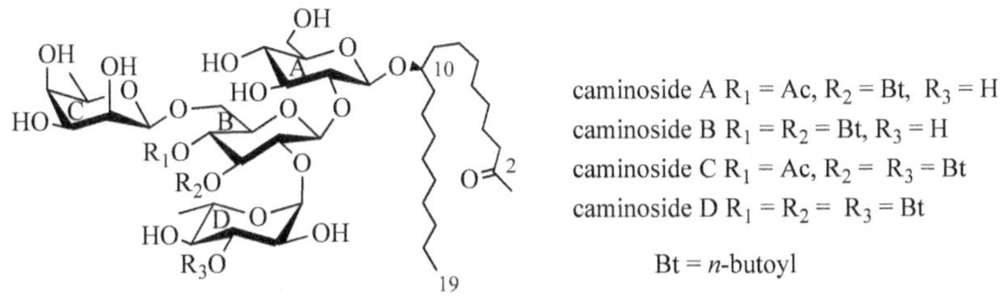

图 4-22 caminoside A～D 的结构

俞飚课题组率先完成了 caminoside A 的合成。如图 4-23 所示，苷元 **26** 由壬基格氏试剂 **24** 与 9-癸烯醛 **25** 反应制得，其作为糖苷配基与供体 **27** 在 TMSOTf 催化下偶联得到 *β*-葡萄糖苷 **28**，碱性条件下脱除 2 位 Ac，再经 Wacker 氧化得到末端双键氧化的甲基酮 **29**。**29** 作为受体与供体 **30** 在 TMSOTf 催化下进行糖苷化偶联，得到三糖产物 **31**，而没有得到与塔罗糖 2 位偶联的副产物。这是因为塔罗糖 2 位处于直立键，位阻较大，其活性相对较低。用苄醇的三氯亚胺酯作为苄基化试剂，以 61%的产率得到塔罗糖 2 位苄基保护的

三糖糖苷 **32**。随后选择性脱除邻叠氮亚甲基苯甲酰基（Azmb），得到三糖受体 **33**，进一步与异鼠李糖的供体 **34** 进行糖苷化反应得到四糖 **35**，氢化脱除苄基，即可得到糖脂目标产物 caminoside A（图 4-23）（Sun et al.，2005）。该合成路线的特点是采用糖基 *N*-苯基三氟亚胺酯作为给体进行糖链的延伸。与三氯亚胺酯给体相比，三氟亚胺酯具有更好的热稳定性。在某些反应性方面，*N*-苯基三氟亚胺酯给体优于相应的三氯亚胺酯给体，这可能是由于氮原子上苯环的存在减少了糖苷化反应过程中给体的副反应（Yu et al.，2010a）。在此基础上，采用与 caminoside A 合成类似的策略，李英霞课题组完成了 caminoside B 的首次全合成（Zhang et al.，2010a）。

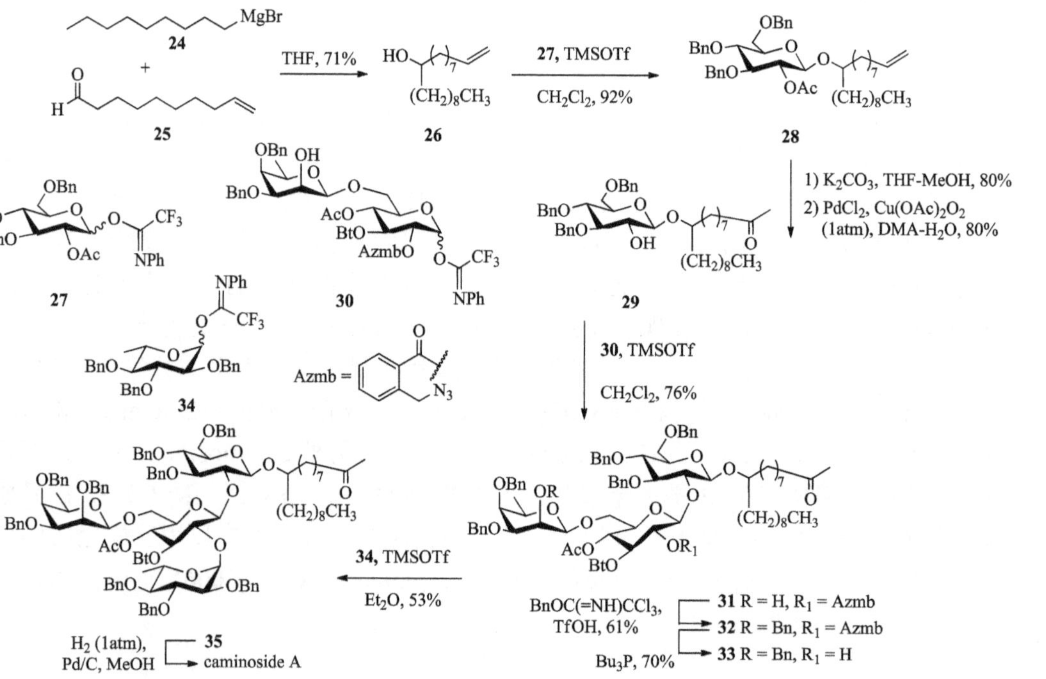

图 4-23 海星糖脂 caminoside A 的全合成路线

4. epicoccamide A 的全合成

Epicoccamides A～D（图 4-24）代表了海洋和陆地起源的各种内生真菌的附球菌属生成聚酮化合物，是由糖类和氨基酸通过杂合代谢产物产生的一类 3-酰基 tetramic 酸-*β*-D-甘露糖苷。Epicoccamide A 是在 2003 年由 Wright 从水母衍生的真菌 *Epicoccum purpurascens* 中分离得到的（Wright et al.，2003）；而 epicoccamide B～D，则是由 Wangun 于 2007 年从一种正在生长的子实体的枝状真菌 *Pholiota squarrosa* 中分离得到的（Wangun et al.，2007）。尽管还没有有关 Epicoccamide A 重要的生物活性的报道，但 epicoccamide B～D 显示出弱的中度抗恶性细胞增生作用，如对小鼠的纤维原细胞（L-929）和人白血病细胞株（K-562）显示出细胞毒性。另外，其他结构新颖的相关的糖基化 tetramic 酸化合物如 ancorinosides 和 virgineones 已经分别从海绵 *Ancorina* sp.和 *Lachnum virgineum* 中分离得到。该类化合物的成为化学家争相合成的目标。

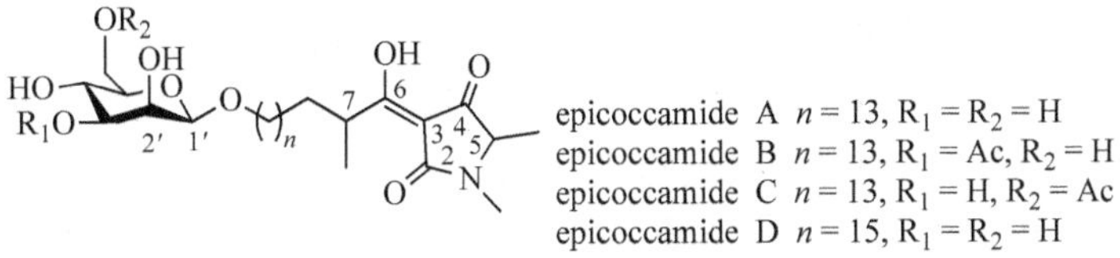

epicoccamide A $n = 13, R_1 = R_2 = H$
epicoccamide B $n = 13, R_1 = Ac, R_2 = H$
epicoccamide C $n = 13, R_1 = H, R_2 = Ac$
epicoccamide D $n = 15, R_1 = R_2 = H$

图 4-24　epicoccamide A～D 的结构

Schobert（Loscher et al.，2013）采用了如图 4-25 所示的合成路线对 epicoccamide D 进行了全合成。以 $BF_3 \cdot OEt_2$ 为催化剂，葡萄糖三氯亚胺酯 **36** 和单保护的二醇 **37** 发生糖苷化反应以 84%的产率获得*β*-葡萄糖苷 **38**（图 4-25）。接着脱除化合物 **38** 乙酰基，再经过 Dess-Martin 试剂（DMP）氧化和 $NaBH_4$ 立体选择性还原得到*β*-甘露糖苷 **40**。TBAF 脱除 TBS 得到二醇化合物 **41**。**41** 被 DMP 选择性氧化伯羟基得到化合物 **42**。化合物 **42** 与膦酸酯 **43** 发生 HWE 反应，以 80%的产率，*E*/*Z*=4∶1 选择性得到*β*-羰基硫酯 **44**。化合物 **44** 通过与过量的 $F_3CCOOAg$ 和 (*S*)-$MeNHCHMeCO_2Me$ 反应转化为 (5*S*)-*β*-羰基酰胺 **45**。以 MeONa 为催化剂化合物 **45** 发生 Lacey-Dieckmann 环化反应得到单一的 (5*S*)-tetramic 酸 **46**。形成 BF_2-螯合物 **46** 后，以 (*R*, *R*)-和 (*S*, *S*)-[Rh(Et-DUPHOS)][BF_4]为催化剂，以 97%的产率得到了相应的氢化产物 **47a** 和 **47b**（＞82% de）。在甲醇溶液中，用 Pd/C 催化氢化脱苄基，并甲醇分解 BF_2-螯合物得到 epicoccamide D，非对映异构体(5*S*, 7*S*)-epicoccamide D 通过与天然产物的 NMR 谱图数据比较，最终确定 epicoccamide D 中 C-5 和 C-7 的绝对构型为（5*S*, 7*S*），从而完成了 epicoccamide D 的全合成（图 4-25）。

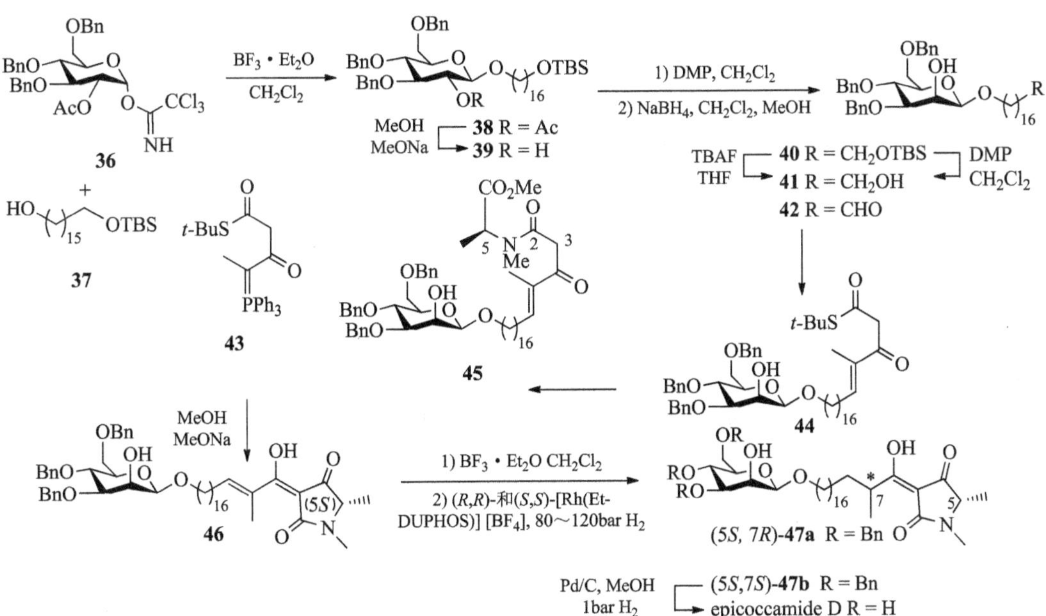

图 4-25　epicoccamide A～D 的全合成路线

5. 海洋大环内酯糖苷 13-demethyllyngbyaloside B 的全合成

海洋蓝藻细菌的次级代谢产物，作为一种新的生物活性化合物，具有潜在的治疗效果，已引起了人们越来越多的兴趣。Lyngbyaloside B 是由 Moore 从海洋蓝藻细菌 *Lyngbya* 属中分离得到的，对 KB 细胞（IC_{50}=4.3μmol/L）和 LoVo 细胞（IC_{50}≈15μmol/L），lyngbyaloside B 显示出弱的细胞毒性（Luesch et al.，2002）。Fuwa 等（2013）在对化合物 lyngbyaloside B 及其相关的大环内酯糖苷的全合成研究中，选择化合物 13-demethyllyngbyaloside B（图 4-26）作为目标分子。在 Yamaguchi 条件下（图 4-26），羧酸 **48** 和醇 **49**

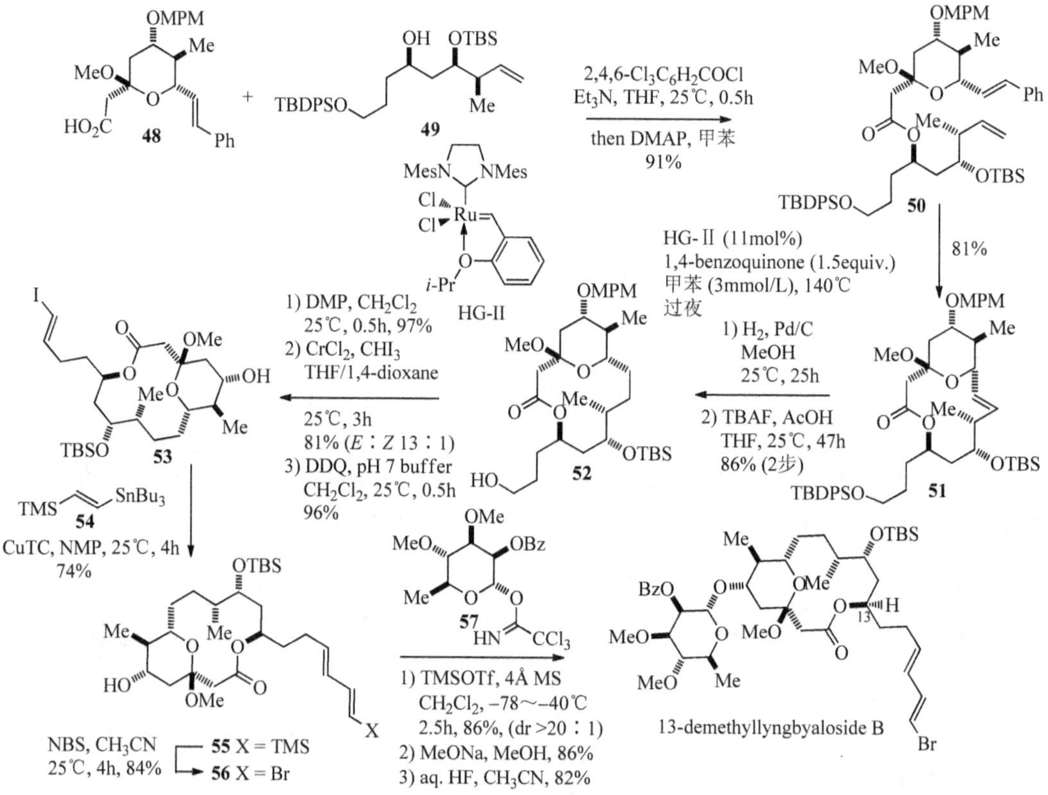

图 4-26　13-demethyllyngbyaloside B 的全合成路线

发生酯化反应得到 **50**。将 **50** 放置在含 HG-II（11mol%）和 1,4-苯二醌（1.5equiv.）的甲苯（3mmol/L）中，140℃下进行关环复分解反应，以 81%的产率生成反式烯烃 **51**。**51** 经氢化和选择性脱除 TBDPS 基得到 **52**，然后经氧化、Takai 烯化、脱除 MPM 保护基，得到碘代烯烃 **53**（*E*∶*Z*=13∶1）。**53** 和乙烯锡试剂 **54** 在 CuTC 作用下发生偶联反应后，再经溴代得到大环内酯 **56**。对立体选择性地在 **56** 中引入吡喃型鼠李糖单元进行大量的研究后，发现在 TMSOTf 促进条件下 **56** 和三氯亚胺酯 **57** 发生糖苷化应，能以 86%的产率得到糖苷产物（dr＞20∶1），最后脱除其保护基完成 13- demethyllyngbyaloside B 的全合成。

三、海洋糖苷类化合物的应用与展望

尽管海洋糖苷类化合物的全合成已取得可喜的发展，但相对于已发现的这类天然产物来说，仍然有很大的探索空间。例如，海参皂苷为海参的主要次生代谢产物，迄今已有200余种海参皂苷的结构得到阐明，它们通常具有抗癌、抗真菌、抗病毒、细胞毒活性、免疫调节等广泛的药理活性。多数海参皂苷具有 18(20)-内酯键，属于羊毛甾烷三萜类皂苷，由于其结构的复杂性，目前还没有有关这类化合物全合成的研究报道。

海洋天然产物的全合成在医药和生物学领域发挥着重要作用，是获得药物先导化合物的重要途径之一。合成化学家通过采用合成天然产物的路线，可以制备一系列的类似物，从而发现药效好和毒性低的化合物，进而发展新型海洋药物。另外，天然产物合成也是克服样品来源不足甚至确定结构的重要手段，可以满足深入的活性和作用机制研究。随着有机合成新方法和新思想如“绿色化学”、“理想合成”、“集体合成”等的提出和应用，海洋糖苷作为重要的合成目标和研究课题，必将取得长足的进步。

（李 明 王 鹏 俞 飚）

第五节 海洋活性酚类化合物的合成与结构优化

一、海洋活性酚类化合物研究进展

海洋来源酚类化合物主要是指从海洋真菌、海藻、海绵、海鞘和苔藓虫等海洋动植物和微生物中分离得到的分子结构中含有一个或多个羟基取代苯环的化合物。海洋酚类化合物基本上都含有卤素，属于卤代酚类化合物，在已确定的30多种卤代酚类中绝大多数含有溴，极少数含氯，是海洋来源独具特色的一类化合物。1967 年，Katsul 等首次从日本北海道的松节藻属红藻 *Rhodomela larix* 中分离得到两个单苯环溴酚类化合物（Katsui et al., 1967）。近年来随着现代分析和分离技术应用于海洋资源的开发，越来越多的酚类化合物从海洋生物中分离得到。但是，该类化合物在海洋生物中含量低，分离难度大，极大地限制了对其进一步的研究与开发。因此，海洋来源活性酚类化合物，特别是海洋溴酚化合物的合成及结构优化成为了国内外学者的研究热点之一。

二、几种重要海洋酚类化合物的合成与结构优化

海洋酚类化合物特别是溴酚类化合物在抗氧化、抗菌、抗肿瘤、抗血栓、降血糖、生物拒食等多样的生物活性引起国内外研究者的极大兴趣，研究热点聚焦以具有高生物活性的天然溴酚化合物为先导化合物进行结构修饰、改造，获得了大量具有更强生物活性的衍生物。

1. 抗氧化及自由基清除作用

天然的二苯甲烷溴酚化合物 **1** 在体外具有良好的抗氧化作用，Zhao 等（2010）以其作为先导化合物，设计合成了一系列新型卤素取代的酚类衍生物，并初步探讨了构效关系（图 4-27）。结果显示，酚羟基对抗氧化活性至关重要，如被取代，则活性消失；在二苯甲烷结构中引入 1～2 个卤素原子是必要的；在 H_2O_2 诱导的 HUVEC 模型中，溴取代的化合物 **2** 和 **3** 表现出较强的细胞保护作用，EC_{50} 值分别高达 0.4μmol/L 和 0.8μmol/L。

化合物 **4** 是含有五个酚羟基的双苯环化合物，具有很强的抗氧化及自由基清除作用。Cetinkaya 等（2012）以其为先导化合物，设计合成了一系列溴代多酚羟基化合物，并进行

了抗氧化、抗自由基能力以及金属螯合能力的测试（图 4-28）。结果表明，化合物**5**显示出对 DPPH、ABTS 和 DMPD 较强的自由基清除能力，而单溴代化合物**6**具有较强的 ABTS 自由基清除能力（IC_{50}=19μmol/L），大大高于先导化合物**7**（IC_{50}=47μmol/L）（图 4-29）。

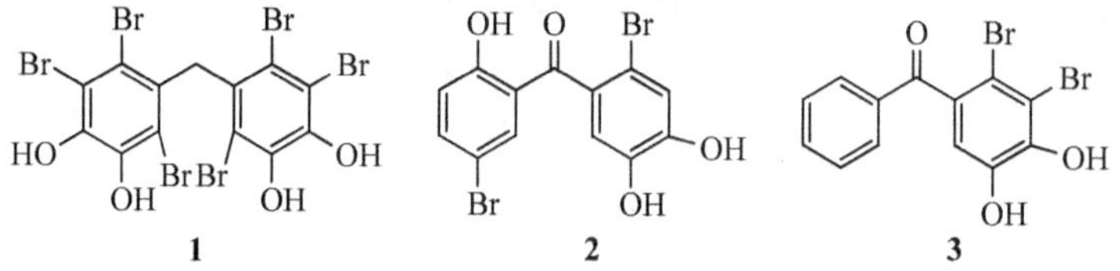

图 4-27　抗氧化及细胞保护活性溴酚化合物

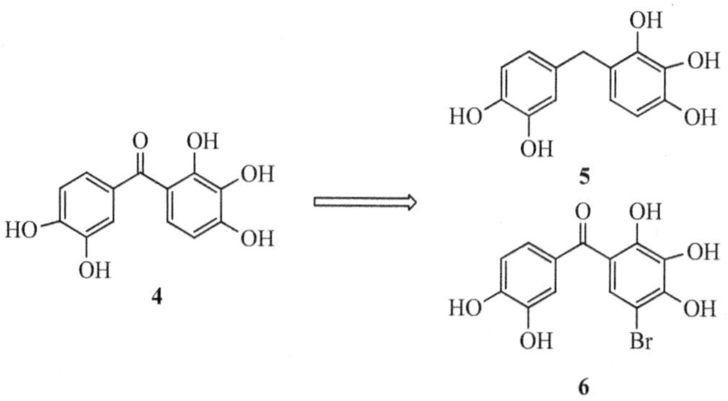

图 4-28　抗氧化及自由基清除活性溴酚化合物结构

2. 抗菌活性

化合物**7**是从松节藻 *Odonthaliacorymbifera* 中分离得到的小分子溴酚化合物（图 4-29），表现出良好的抗革兰氏阳性菌和真菌活性。以其为先导化合物进行设计改造，合成了一系列卤素取代的酚类化合物。化合物**8**作为化合物**7**的同分异构体，却未发现具有任何抑菌活性。而化合物**9**、**10**、**11**和**12**则表现出更强的抗菌活性。其中，间苯二酚类化合物**9**，抑制 *B. subtilis* 的 MIC 值为 1.56μg/mL（Bouthenet et al.，2011）；溴代化合物**11**和**12**抑菌活性与阳性对照药氨比西林相当（Oh et al.，2008）；氯代化合物**10**也显示出很强的抑菌活性，对革兰氏阳性菌的 MIC 值为 0.78～1.56μg/mL，是阳性对照药氨比西林的两倍（Oh et al.，2009）。

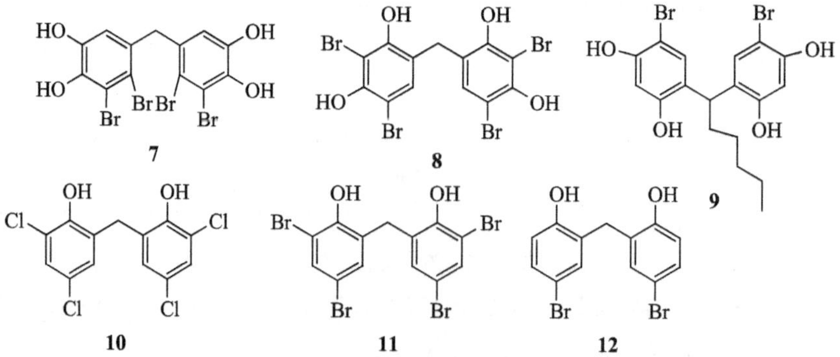

图 4-29　抗革兰氏阳性菌活性溴酚化合物结构

二苯甲酮类衍生物**13**和**14**(图4-30),对白色念珠菌的异柠檬酸裂合酶(isocitratelyase,ICL)表现出很强的抑制活性,IC_{50}值分别为 8.89μmol/L 和 2.65μmol/L,尤其是化合物 **14**,其活性是阳性对照药 3-硝基丙酸盐(IC_{50}=50.7μmol/L)的 20 倍(Oh et al.,2010)。

13

14

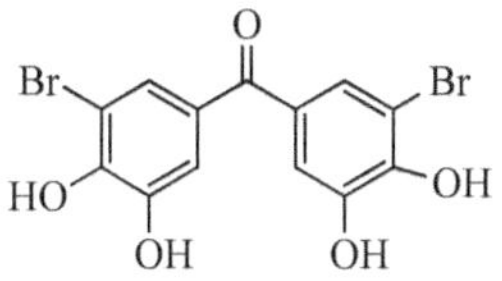

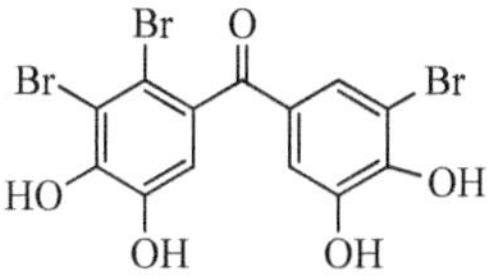

图 4-30 抗白色念球菌活性溴酚化合物结构

3. 抗肿瘤活性

Zheng 等(2011)设计合成了一系列含有 2-苯基呋喃甲酮骨架衍生物,PTK 抑制活性筛选表明(图 4-31),苯环上的羟基是体外活性必需的,苯环和呋喃环上有卤原子取代,能增加活性,尤其是呋喃环引入溴原子,活性大大提高,其中化合物 **15**、**16**、**17** 和 **18** 具有较强的 PTK 抑制活性,其中化合物 **18** 的 IC_{50} 值为 2.72μmol/L。

4. 碳酸酐酶抑制活性

Vidalol B 是从加勒比海旋叶藻中提取分离的天然溴酚化合物,具有一定的抗炎作用。Balaydın 等(2012)对其进行了全合成(图 4-32),并进行了人碳酸酐酶抑制活性测试,结果表明,vidalol B 对人碳酸酐酶 II(hCA II)具有较强的抑制作用,K_i 值为 1.13μmol/L。

15

IC_{50} = 4.66μmol/L

16

IC_{50} = 6.42μmol/L

17

IC_{50} = 5.31μmol/L

18

IC_{50} = 2.72μmol/L

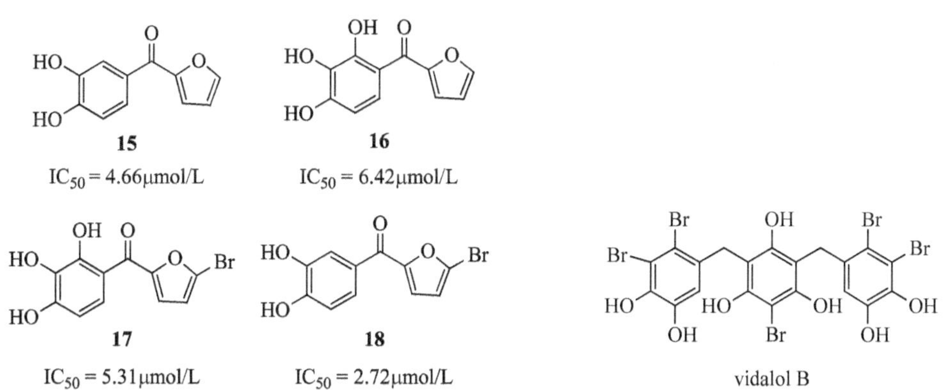

图 4-31 抗肿瘤活性溴酚化合物结构结构

vidalol B

图 4-32 碳酸酐酶抑制活性溴酚化合物结构结构

5. 抗血栓活性

含有二苯甲烷骨架的溴酚类化合物 **19**,已经被报道具有多样化的生物活性,如抗菌、抗肿瘤等,除此之外,还具有很强的凝血酶抑制作用。对合成的二苯甲烷(酮)类衍生物进行人源凝血酶抑制活性筛选,发现化合物 **20**、**21** 和 **22** 表现出更强的活性(图 4-33)。构效关系研究表明:抗凝血活性与溴代官能团和酚羟基均密切相关,随着溴原子取代数目的增加,化合物的抗凝血活性明显提高;苯环上的酚羟基对抗凝血活性影响较大,如果屏蔽酚羟基,则原有的抗凝血活性大大下降;而两个芳环之间相连的羰基,通过还原成亚甲基或羟基后对抗凝血活性影响不大。

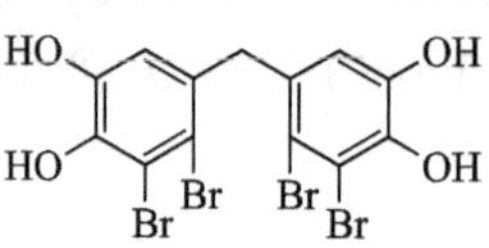

19
IC_{50} = 7.23μmol/L

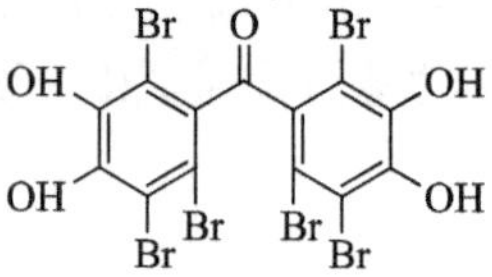

20
IC_{50} = 1.32μmol/L

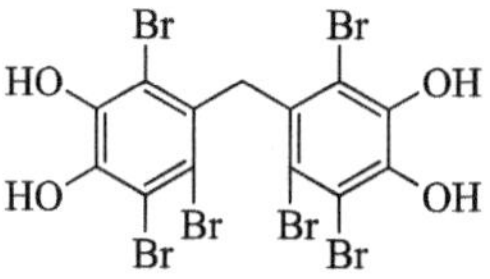

21
IC_{50} = 1.41μmol/L

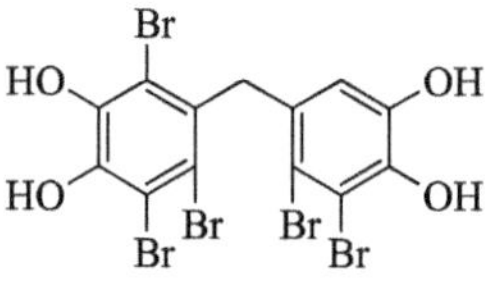

22
IC_{50} = 2.29μmol/L

图 4-33 抗血栓活性溴酚类化合物结构

6. 降血糖活性

BDB 为三苯环多溴取代的酚类化合物，PTP1B 抑制活性为 IC_{50}=1.7μmol/L，以其为先导化合物，通过增加或减少苯环和溴原子数量，设计合成了一系列溴酚衍生物(图 4-34)。构效关系研究表明，三苯环溴代化合物的活性最好，其中又以溴原子取代个数为 4 或 5 时，PTP1B 抑制活性最好；溴原子个数超过 5，活性随溴原子个数增加而降低。其中，化合物 **23** 表现出更好的 PTP1B 抑制活性，IC_{50} 值为 0.89μmol/L（Jiang et al.，2012）。

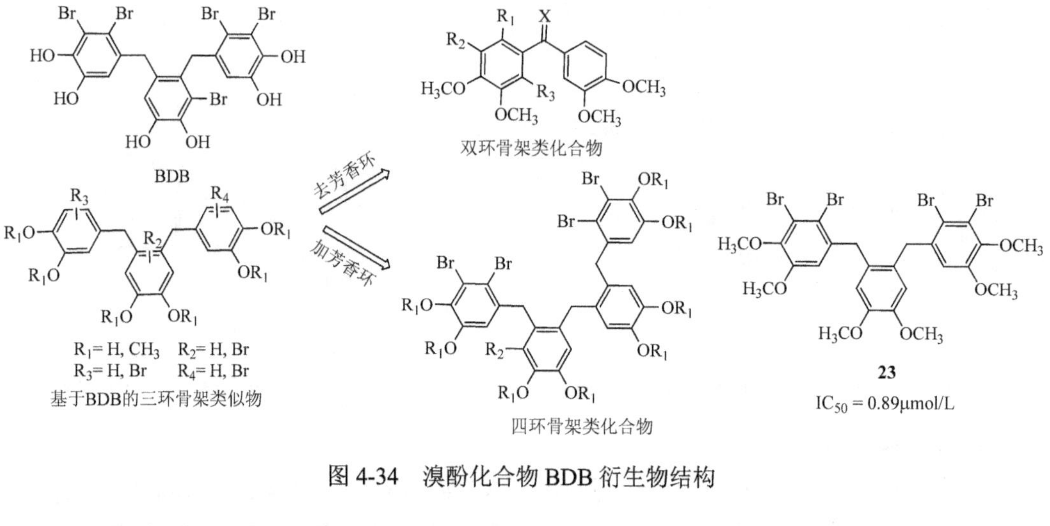

BDB
双环骨架类化合物
去芳香环
加芳香环
R_1= H, CH_3 R_2= H, Br
R_3= H, Br R_4= H, Br
基于BDB的三环骨架类似物
四环骨架类化合物
23
IC_{50} = 0.89μmol/L

图 4-34 溴酚化合物 BDB 衍生物结构

溴酚化合物 BDDPM 具有 PTP1B 抑制作用，IC_{50} 值为 2.42μmol/L，Shi 等（2012）以其为先导化合物，设计合成了一系列衍生物，主要是增加溴原子数量以及改变连接臂类型（图 4-35），构效关系表明，二苯甲烷骨架对抑制 PTP1B 有利，且活性随着溴原子数量增加而提高，其中六个溴原子取代的化合物 **24** 表现出强效的 PTP1B 抑制活性，IC_{50} 值为

0.68μmol/L，比先导化合物提高了四倍。此外，化合物**24**在糖尿病 db/db 鼠模型中也表现出良好的降糖效果，给药 6 周内，均能显著降低小鼠血糖和糖化血红蛋白水平。

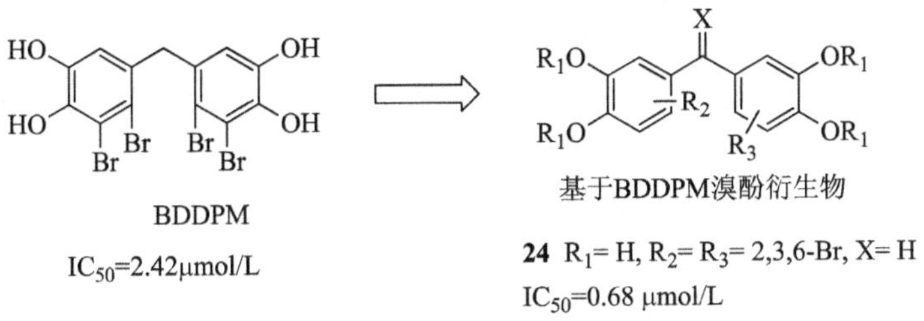

BDDPM

IC_{50}=2.42μmol/L

基于BDDPM溴酚衍生物

24 R_1= H, R_2= R_3= 2,3,6-Br, X= H

IC_{50}=0.68 μmol/L

图 4-35　具有抑制 PTB1B 活性溴酚化合物 BDDPM 衍生物结构

合成路线如图 4-36 所示，以藜芦醚和藜芦酸为起始原料，在多聚磷酸（PPA）条件下经傅-克酰基化、苯环逐级溴代、羰基还原、脱甲基等反应，合成了一系列二苯甲烷（酮）类溴酚衍生物。

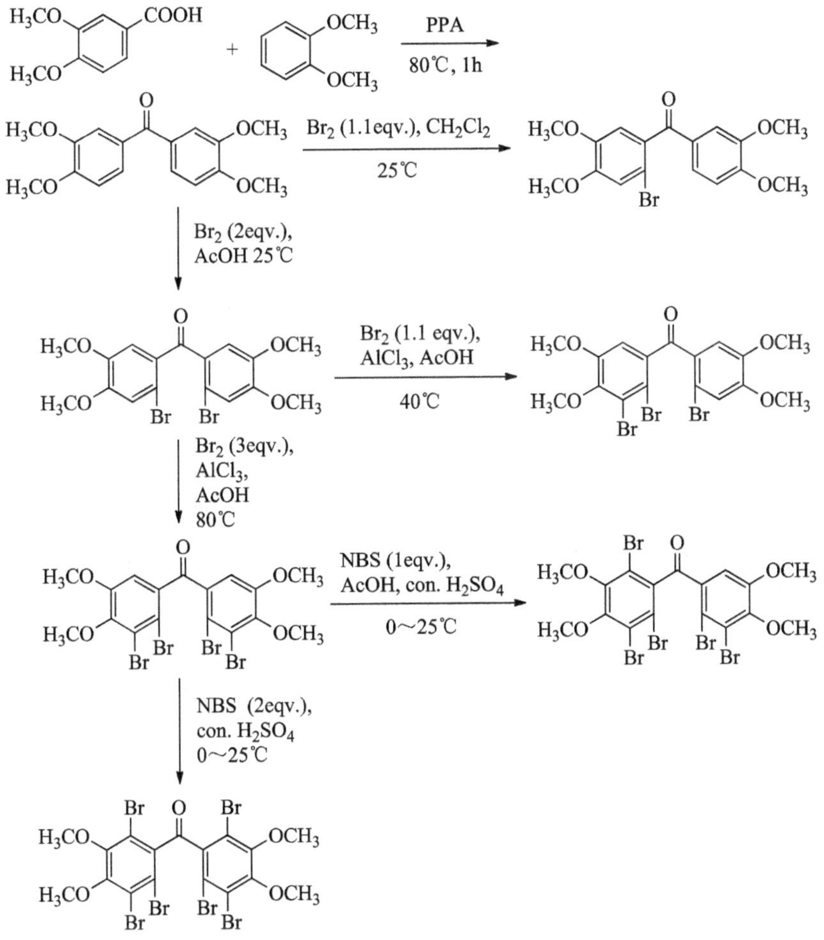

图 4-36　溴酚化合物 BDDPM 衍生物合成路线

溴酚类合物 BPN 来源于红藻松节藻 *Rhodomelaconfervoides*，表现出很强的 PTP1B 抑制活性（IC_{50}=0.84μmol/L）。Jiang 等（2013）以 BPN 为先导化合物，设计合成了一系列新型溴系列衍生物（图 4-37），构效关系表明，溴代二苯甲烷（酮）结构单元是该类化合物显示 PTP1B 酶抑制活性的基本结构单元，对该结构的破坏将使化合物的活性消失；在具备上述结构的基础上，支链 R_5 的类型和长度对化合物的活性起着非常重要的作用，R_5 为烷基苄基醚结构时比苯甲酸酯结构活性更好；同为烷基苄基醚结构时，活性与烷基醚链的长度有关，以 2～3 个碳原子的烷基醚活性最好。

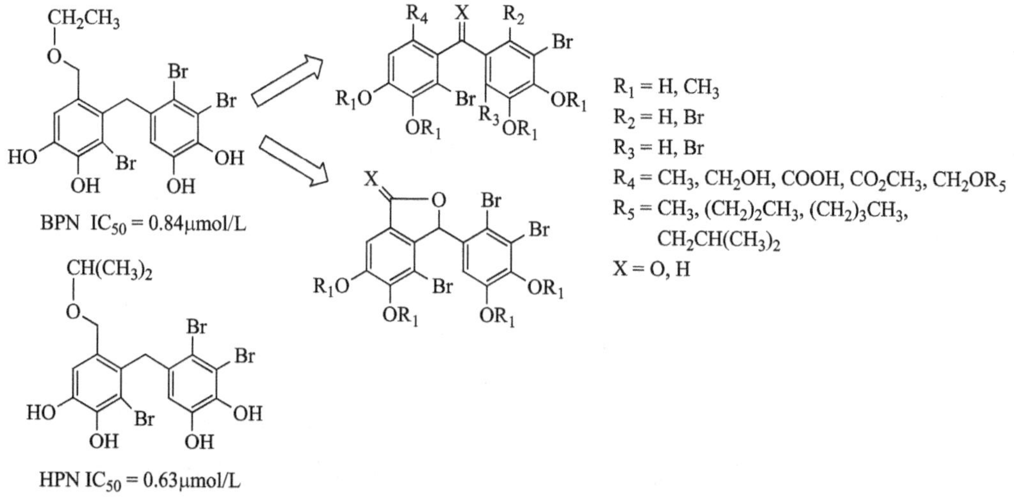

图 4-37　溴酚类合物 BPN 衍生物结构

其中，化合物 HPN 比先导化合物 BPN 具有更强的 PTP1B 抑制活性（IC_{50}=0.63μmol/L），而对与其同源性较高的 TCPTP、SHP-1 以及 SHP-2 的 IC_{50} 值均大于 50μmol/L，说明 HPN 具有良好的选择专一性。此外，选择糖尿病 db/db 小鼠模型，对 HPN 进行为期 8 周的抗糖尿病药效学研究。结果显示，HPN 高剂量组自给药第 1 周即可明显降低模型动物血糖水平，且全部试验期间均能显著降低血糖水平（$P<0.05$，$P<0.01$），中剂量组给药前 5 周血糖水平相对于模型动物也有统计学显著性的降低（$P<0.05$，$P<0.01$）；HPN 对血脂具有剂量依赖性的降低作用，其中高剂量作用显著（$P<0.05$，$P<0.01$），但改善程度略弱于阳性药罗格列酮组；HPN 高、中剂量组（$P<0.05$）均能显著降低模型动物糖化血红蛋白水平以及糖化血清蛋白水平（Shi et al.，2013）。

HPN 的合成路线如图 4-38 所示，以香草醛为起始原料，经溴代、傅-克烷基化、自由基取代以脱甲基等 10 步反应，以 12%的产率得到 HPN。对 HPN 的临床前开发正在进行中。

三、海洋来源酚类化合物的应用与展望

海洋来源的酚类化合物表现出良好的生物活性和潜在的应用与开发价值，正日益成为国内外研究的热点。我国海藻资源丰富，应利用这一资源优势，结合其独特的生物学特性，研究和开发新型海洋药物和生物功能性制品。目前对溴酚类化合物的活性筛选已经较为深

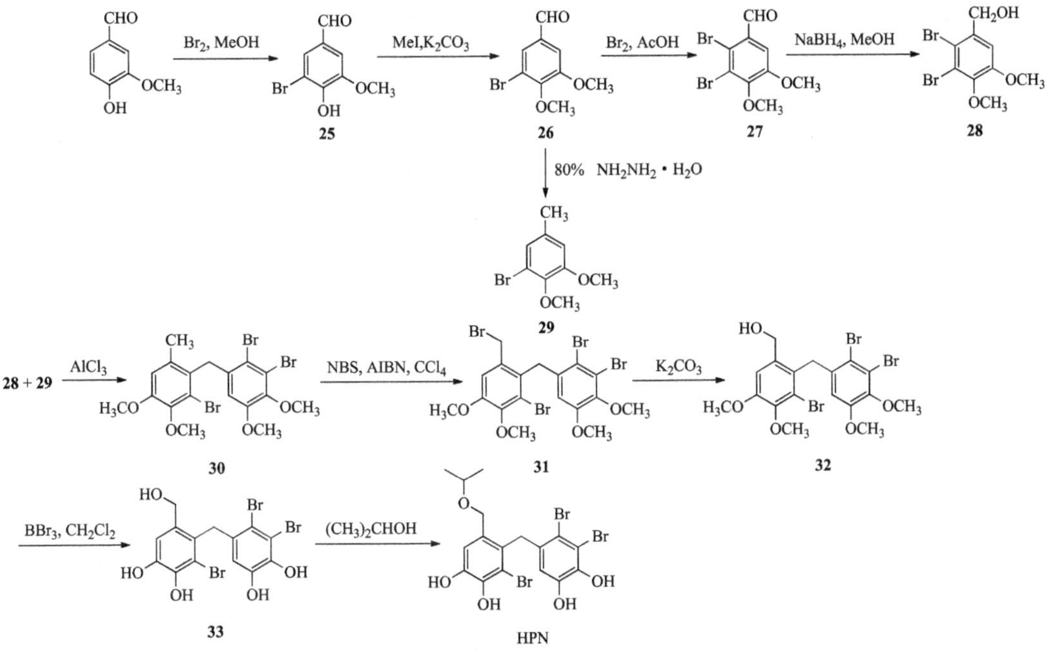

图 4-38　具有降血糖作用的 HPN 的合成路线

入，获得了大量具有良好生物活性的先导化合物。但是，海洋来源的酚类化合物在海洋生物中含量低，分离难度大，极大地限制了对其进一步的研究与开发。另外，天然来源的酚类化合物在药效、化合物的稳定性、生物毒性、药代及生物利用度等方面，存在或多或少的不足。因此，利用有机合成手段对活性酚类化合物进行全合成及结构优化，一方面不但可以解决海洋酚类化合物来源短缺的问题，还能获得更多的类似物以便更好地研究其构效关系；另一方面，还可能发现比天然活性酚类化合物具有更高活性、更稳定、更好药代及生物吸收等特征的候选先导化合物，这些都为进一步研究开发新型海洋药物奠定了基础。

（史大永）

参考文献

丁肇卫，汤华，张文. 2011. ET-743，现代海洋药物研究的成功典范. 药学服务与研究，11（5）：325.

罗素兰，张本，长孙东亭. 2003. 芋螺毒素. 生物学通报，38（4）：7-8.

王长云，邵长伦. 2011. 海洋药物学. 第一册. 北京：科学出版社：204.

张文. 2012 年. 海洋药物导论. 2 版. 上海：上海科学技术出版社.

Albuquerque E X，Perera E F，Alkondon M，et al. 2009. Mammalian nicotinic acetylcholine receptors：From structure to function. Physiol Rev，89：73-120.

Balaydin H T，Sentuerk M，Goeksu S，et al. 2012. Synthesis and carbonic anhydrase inhibitory properties of novel bromophenols and their derivatives including natural products：vidalol B. Eur J Med Che，54：423-428.

Becker J，Bergander K，Fröhlich R，et al. 2008. Asymmetric total synthesis and X-ray crystal structure of the cytotoxic marine diterpene (+)-vigulariol. Angew Chem Int Ed，47：1654-1657.

Benelkebir H，Marie S，Hayden A L，et al. 2011. Total synthesis of largazole and analogues：HDAC inhibition，antiproliferative activity and metabolic stability. Bioorg Med Chem，19（12）：3650-3658.

Bernardelli P, Moradei O M, Friedrich D, et al. 2001. Total asymmetric synthesis of the putative structure of the cytotoxic diterpenoid (−)-sclerophytin A and of the authentic natural sclerophytins A and B. J Am Chem Soc, 123: 9021-9032.

Bouthenet E, Oh K B, Park S, et al. 2011. Synthesis and antimicrobial activity of brominated resorcinol dimers. Bioorg Med Chem Lett, 21: 7142-7145.

Bowers A A, Greshock T J, West N, et al. 2009a. Synthesis and conformation-activity relationships of the peptide isosteres of FK228 and largazole. J Am Chem Soc, 131 (8): 2900-2905.

Bowers A A, West N, Newkirk T L, et al. 2009b. Synthesis and histone deacetylase inhibitory activity of largazole analogs: Alteration of the zinc-binding domain and macrocyclic scaffold. Org Lett, 11 (6): 1301-1304.

Bowers A A, West N, Taunton J, et al. 2008. Total synthesis and biological mode of action of largazole: A potent class I histone deacetylase inhibitor. J Am Chem Soc, 130 (33): 11219-11222.

Campbell J, Johnson J S. 2009. Asymmetric synthesis of (+)-polyanthellin A. J Am Chem Soc, 131: 10370-10371.

Campbell J, Johnson J S. 2010. Enantioselective synthesis of (+)-polyanthellin A via cyclopropane-aldehyde (3+2) annulation. Synthesis, 2841-2852.

Carroll A R, Bowden B F, Coll J C. 1993. Studies of Australian ascidians. I. Six new lamellarin-class alkaloids from colonial ascidian, *Didemnum* sp. Aust J Chem, 46: 489-501.

Carstens B B, Clark R J, Daly N L, et al. 2011. Engineering of conotoxins for the treatment of pain. Curr Pharm Des, 17: 4242-4253.

Cetinkaya Y, Gocer H, Menzek A, et al. 2012. Synthesis and antioxidant properties of (3, 4-dihydroxyphenyl) (2, 3, 4- trihydroxy phenyl) methanone and its derivatives. Archiv der Pharmazie, 345: 323-334.

Chang C D, Meienhofer J. 1978. Solid-phase peptide synthesis using mild base cleavage of N alpha-fluorenylmethyloxycarbonylamino acids, exemplified by a synthesis of dihydrosomatostatin. Int J Pept Protein Res, 11: 246-249.

Chen F, Gao A H, Li J, et al. 2009. Synthesis and biological evaluation of C7-demethyl largazole analogues. ChemMedChem, 4 (8): 1269-1272.

Chen J C, Chen X C, Michael B C, et al. 2006. Total synthesis of ecteinascidin-743. J Am Chem Soc, 128 (1): 87-89.

Chen X C, Chen J H, Michael D P, et al. 2005. Synthetic studies toward ectinascidin-743. J Org Chem, 70: 4397-4408.

Clark J S, Berger R, Hayes S T, et al. 2013. Total syntheses of multiple cladiellin natural products by use of a completely general strategy. J Org Chem, 78: 673-696.

Clark J S, Hayes S T, Wilson C, et al. 2007. A concise total synthesis of (+/−)-vigulariol. Angew Chem Int Ed, 46: 437-440.

Clark R J, Harald F, Simon T N, et al. 2006. The synthesis, structural characterization, and receptor specificity of the α-conotoxin Vc1. 1. J Biol Chem, 281: 23254-23263.

Clark R J, Jensen J, Nevin S T, et al. 2010. The engineering of an orally active conotoxin for the treatment of Neuropathic Pain. Angew Chem Int Ed, 49: 6545-6548.

Corey E J, Gin D Y, Kania R, et al. 1996. Enantioselective total synthesis of ecteinascidin-743. J Am Chem Soc, 118 (38): 9202 -9203.

Craik D J. 2006. Seamless proteins tie up their loose ends. Science, 311: 1563-1564.

Craik D J, Adams D J. 2007. Chemical modification of conotoxins to improve stability and activity. ACS Chem Biol, 2: 457-468.

Crimmins M T, Brown B H. 2004. An intramolecular Diels-Alder approach to the eunicelins: Enantioselective total synthesis of ophirin B. J Am Chem Soc, 126: 10264-10266.

Ebada S S, Schulz B, Wray V, et al. 2011. Arthrinins A-D: Novel diterpenoids and further constituents from the sponge derived fungus *Arthrinium* sp. Bioorg Med Chem, 19: 4644-4651.

Ellis J M, Crimmins M T. 2008. Strategies for the total synthesis of C2-C11 cyclized Cembranoids. Chem Rev, 108: 5278-5298.

Endo A, Yanagisawa A, Masanao A, et al. 2002. Total sunthesis of ecteinascidin-743. J Am Chem Soc, 124 (23): 6552-6554.

Fuwa H, Yamagata N, Saito A, et al. 2013. Total synthesis of 13-demethyllyngbyaloside B. Org Lett, 15: 1630-1633.

Gariulo, D, Blizzard T A, Nakanisha K, et al. 1989. Synthesis of mosesin-4, a naturally occurring steroid saponin with shark repellent activity, and its analog 7-β-galactosyl ethyl cholate. Tetrahedron, 45: 5423-5432.

Ghosh A K, Kulkarni S. 2008. Enantioselective total synthesis of (+)-largazole, a potent inhibitor of histone deacetylase. Org Lett,

10（17）：3907-3909.

Guerra-Bubb J M，Bowers AA，Smith W B，et al. 2013. Synthesis and HDAC inhibitory activity of isostericthiazoline- oxazolelargazole analogs. Bioorg Med Chem Lett，23（21）：6025-6028.

Guo Y W. 2009. The history，current status and future perspective of marine natural produtcts and marine drugs research. Chin J Nat，31：27-32.

Halai R，Clark R，Nevin S T，et al. 2009. Scanning mutagenesis of α-conotoxin Vc1. 1 reveals residues crucial for activity at the α9α10 nicotinic acetylcholine receptor. J Biol Chem，284：20275-20284.

Halai R，Craik D J. 2009. Conotoxins：Natural product drug leads. Nat Prod Rep，26：526-536.

Hong J，Luesch H. 2012. Largazole：From discovery to broad-spectrum therapy. Nat Prod Rep，29（4）：449-456.

Ishibashi F，Miyazaki Y，Iwao M. 1997. Total syntheses of lamellarin D and H. The first synthesis of lamellarin-class marine alkaloids. Tetrahedron，53：5951-5962.

Jiang B，Guo S J，Shi D Y，et al. 2013. Discovery of novel bromophenol 3, 4-dibromo-5-(2-bromo-3, 4-dihydroxy-6-(isobutoxymethyl) benzyl）benzene-1，2-diol as protein tyrosine phosphatase 1B inhibitor and its anti-diabetic properties in C57BL/KsJ-db/db mice. Eur J M Chem，64：129-136.

Jiang B，Shi D Y，Cui Y C，et al. 2012. Design，synthesis，and biological evaluation of bromophenol derivatives as protein tyrosine phosphatase 1B inhibitors. Archiv der Pharmazie，345：444-453.

Kang K H，Kim S K. 2013. Beneficial effect of peptides from microalgae on anticancer. Curr Protein Pept Sci，14：212-217.

Katsui N，Suzuki Y，Kitamura S，et al. 1967. 5, 6-dibromoprotocatechualdehyde and 2, 3-dibromo-4, 5- dihydroxy benzyl methyl ether：New dibromo phenols from *rhodomelalarix*. Tetrahedron，23（3）：1185-1188.

Kennard O，Watson D G，Sanseverino L R，et al. 1968. Chemical studies of marine invertebrates. IV. Terpenoids LXII. Eunicellin，a diterpenoid of the gorgonian Eunicella stricta. X-ray diffraction analysis of Eunicellin dibromide. Tetrahedron Lett，9：2879-2884.

Kenny K H，Aan A，Kara K. 2000. *In vivo* antimalarial activity of the beta-carbolineAlkaloid manzamine A. Antimicrob Agents Chemother，44：1645-1649.

Kim B，Park H，Salvador L A，et al. 2014. Evaluation of class I HDAC isoform selectivity of largazole analogues. Bioorg Med Chem Lett，24（16）：3728-3731.

Kim H，Lee H，Kim J，et al. 2011. A general strategy for synthesis of both (6*Z*)- and (6*E*)-cladiellin diterpenes：Total syntheses of (−)-cladiella-6, 11-dien-3-ol，(+)-polyanthellin A，(−)-cladiell-11-ene-3, 6, 7-triol，and(−)-deacetoxyalcyonin acetate. J Am Chem Soc，128：15851-15855.

Lewis R J，Dutertre S，Vetter I，et al. 2012. Conus venom peptide pharmacology. Pharmacol Rev，64：259-298.

Li Q，Fan A，Jia Y，et al. 2010a. One-pot AgOAc-mediated synthesis of polysubstituted pyrroles from primary amines and aldehydes：Application to the total synthesis of Purpurone. Org Lett，12（18）：4066-4069.

Li X，Tu Z，Li H，et al. 2013. Biological evaluation of new largazole analogues：Alteration of macrocyclic scaffold with click chemistry. ACS Med Chem Lett，4（1）：132-136.

Li Y，Sun J S，Yu B. 2011. Efficient synthesis of lupane-type saponins via gold（I）-Catalyzed glycosylation with glycosyl *ortho*-alkynylbenzoates as donors. Org Lett，13：5508-5511.

Li Y，Yang X Y，Yu B. et al. 2010b. Gold(I)-catalyzed glycosylation with glycosyl *ortho*-alkynylbenzoates as donors：General scope and application in the synthesis of a cyclic triterpene saponin. Chem Eur J，16：1871-1882.

Li Y，Yang Y，Yu B. 2008. An efficient glycosylation protocol with glycosyl *ortho*-alkynylbenzoates as donors under the catalysis of $Ph_3PAuOTf$. Tetrahedron Lett，49：3604-3608.

Lin Y S，Chen C H，Liaw C C，et al. 2009. Cembrane diterpenoids from the Taiwanese soft coral Sinularia flexibilis. Tetrahedron，65：9157-9164.

Linington R G，Robertson M，Gauthier A，et al. 2002. Caminoside A，an antimicrobial glycolipid isolated from the marine sponge *Caminussphaeroconia*. Org Lett，4：4089-4092.

Linington R G，Robertson M，Gauthier A，et al. 2006. Caminosides B-D，antimicrobial glycolipids isolated from the marine sponge

*Caminus sphaeroconia*J. Nat Prod，69：173-177.

Liu Y，Salvador L A，Byeon S，et al. 2010. Anticolon cancer activity of largazole，a marine-derived tunable histone deacetylase inhibitor. J Pharmacol Exp Ther，335（2）：351-361.

Loscher S，Schobert R. 2013. Total synthesis and absolute configuration of Epicoccamide D，a naturally occurring mannosylated 3-acyltetramic acid. Chem Eur J，19：10619-10624.

Luesch H，Yoshida W Y，Harrigan G G，et al. 2002. Lyngbyaloside B，a new glycoside macrolide from a Palauan marine cyanobacterium，*Lyngbya* sp. J Nat Prod，65：1945-1948.

Ma Y Y，Li Z Z，Yu B，et al. 2011. Assembly of digitoxin by gold（I）-catalyzed glycosidation of glycosyl *o*-alkynylbenzoates. J Org Chem，76：9748-9756.

Maarseveen J H，Scheeren H W，Kruse C G. 1997. Antiviral and tumor cell antiproliferative SAR studies on tetracyclic Eudistomins II. Bioorg Med Chem，5（5）：955-970.

Marino S D，Simona I M，Zollo F，et al. 2000. Three new asterosaponins from the starfish *Goniopectendemonstrans*. Eur J Org Chem：4093-4098.

Molander G A，Jean D St Jr，Hass J. 2004. Toward a general route to the eunicellin diterpenes：The asymmetric total synthesis of deacetoxyalcyonin acetate. J Am Chem Soc，126：1642-1643.

Molinski T F，Dalisay D S，Lievens S L，et al. 2009. Drug development from marine natural products. Nat Rev Drug Discov，8：69-85.

Nasri R，Nasri M. 2013. Marine-derived bioactive peptides as new anticoagulant agents：A review. Curr Protein Pept Sci，14：199-204.

Nasveschuk C G，Ungermannova D，Liu X，et al. 2008. A concise total synthesis of largazole，solution structure，and some preliminary structure activity relationships. Org Lett，10（16）：3595-3598.

Ngo D H，Kim S K. 2013. Marine bioactive peptides as potential antioxidants. Curr Protein Pept Sci，14：189-198.

Nie S Y，Li W，Yu B. 2014. Total synthesis of nucleoside antibiotic A 201A. J Am Chem Soc，136：4157-4160.

Numajiri Y，Takahashi T，Takagi M，et al. 2008. Total synthesis of largazole and its biological evaluation. Synlett，（16）：2483-2486.

Oh K B，Jeon H B，Ham Y R，et al. 2010. Bromophenols as Candida albicans isocitrate lyase inhibitors. Bioorg Med Chem Lett，20：6644-6648.

Oh K B，Lee J H，Chung S C，et al. 2008. Antimicrobial activities of the bromophenols from the red alga Odonthalia corymbifera and some synthetic derivatives. Bioorg Med Chem Lett，18：104-108.

Oh K B，Lee J H，Lee J W，et al. 2009. Synthesis and antimicrobial activities of halogenated bis（hydroxyphenyl）methanes. Bioorg Med Chem Lett，19：945-948.

Ohnishi Y，Tachibana K. 1997. Synthesis of pavoninin-1，a shark repellent substance，and its structural analogs toward mechanistic studies on their membrane perturbation. Bioorg Med Chem，5：2251-2265.

Olivera B M，Cruz L J，De S V，et al. 1987. Neuronal calcium channel antagonists. Discrimination between calcium channel subtypes using omega-conotoxin from Conus magus venom. Biochemistry（Mosc），26：2086-2090.

Paulson H. 1982. Advances in selective chemical syntheses of complex oligosaccharides. Angew Chem Int Ed Engl，21：155-173.

Peng J N，Walsh K，Weedman V，et al. 2002. The new bioactive diterpenes cyanthiwigins e-aa from the jamaican sponge *Myrmekioderma styx*. Tetrahedron，58：7809.

Ren Q，Dai L，Zhang H，et al. 2008. Total synthesis of largazole. Synlett，2009（15）：2379-2383.

Ryu B，Kim S K. 2013. Potential beneficial effects of marine peptide on human neuron health. Curr Protein Pept Sci，14：173-176.

Salvador L A，Park H，Al-Awadhi F H，et al. 2014. Modulation of activity profiles for largazole-based HDAC inhibitors through alteration of prodrug properties. ACS Med Chem Lett，5（8）：905-910.

Sanford M. 2013. Intrathecal ziconotide：A review of its use in patients with chronic pain refractory to other systemic or intrathecal analgesics. CNS Drugs，27：989-1002.

Schmidt R R，Jiang Z H，Han X B，et al. 1993. Micromolding of a highly fluorescent reticular coordination polymer：Solvent-mediated . Liebigs Ann Chem，1179-1184.

Schnölzer M，Alewood P，Jones A，et al. 1992. *In situ* neutralization in Boc-chemistry solid phase peptide synthesis. Int J Pept Protein Res，40：180-193.

Seiser T，Kamena F，Cramer N. 2008. Synthesis and biological activity of largazole and derivatives. Angew Chem Int Ed，47（34）：6483-6485.

Shi D Y，Guo S J，Jiang B，et al. 2013. HPN，a synthetic analogue of bromophenol from red alga rhodomelaconfervoides：Synthesis and anti-diabetic effects in C57BL/KsJ-db/db Mice. Mar Drugs，11：350-362.

Shi D Y，Li J，Jiang B，et al. 2012. Bromophenols as inhibitors of protein tyrosine phosphatase 1B with antidiabetic properties. Bioorg Med Chem Lett，22：2827-2832.

Souto J A，Vaz E，Lepore I，et al. 2010. Synthesis and biological characterization of the histone deacetylase inhibitor largazole and C7-modified analogues. J Med Chem，53（12）：4654-4667.

Su J，Qiu Y，Ma K，et al. 2014. Design，synthesis，and biological evaluation of largazole derivatives：Alteration of the zinc-binding domain. Tetrahedron，70（42）：7763-7769.

Sun J，Han X W，Yu B，et al. 2005. First total synthesis of Caminoside A，an antimicrobial glycolipid from sponge. Synlett，3：437-440.

Tachibana K，Gruber S H. 1988. Shark repellent lipophilic constituentes in the defense secretion of the Moses Sole（*Pardachirus marmoratus*）. Toxicon，26：839-853.

Tang Y，Li J K，Yu B，et al. 2013. Mechanistic insights into the Gold(I)-Catalyzed activation of Glycosyl *ortho*-alkynylbenzoates for glycosidation. J Am Chem Soc，135：18396-18405.

Taori K，Paul V J，Luesch H. 2008. Structure and activity of largazole，a potent antiproliferative agent from the floridian marine cyanobacterium *Symploca* sp. J Am Chem Soc，130（6）：1806-1807.

Terlau H，Olivera B M. 2004. Conus venoms：A rich source of Novel ion channel-targeted Peptides. Physiol Rev，84：41-68.

Toshima K. 2000. Glycosyl fluorides in glycosidations. Carbohydr Res，327：15-26.

Tsou L K，Dossa P D，Hang H C，et al. 2013. Small molecules aimned at type III secretion systems to inhibit bacterial virulence. Med Chem Commun，4：68-79.

Wang B，Huang P H，Chen C S，et al. 2011. Total syntheses of the histone deacetylase inhibitors largazole and 2-epi-largazole：Application of *N*-heterocyclic carbine mediated acylations in complex molecule synthesis. J Org Chem，76（4）：1140-1150.

Wang B，Ramirez A P，Slade J J，et al. 2010. Enantioselective synthesis of (–)-sclerophytin A by a stereoconverging epoxide hydrolysis. J Am Chem Soc，132：16380-16382.

Wangun H V K，Dahse H M，Hertweck C，et al. 2007. Epicoccamides B-D，glycosylated tetramic acid derivatives from an *Epicoccum* sp. associated with the tree fungus *Pholiota squarrosa*. J Nat Prod，70：1800-1803.

Williams J R，Gong H，Hoff N，et al. 2004. α-Hydroxylation at C-15 and C-16 in Cholesterol：Synthesis of (25*R*)-5α-cholesta-3β, 15α, 26-triol and (25*R*)-5α-cholesta-3β, 16α, 26-triol from Diosgenin. J Org Lett, 6：269-271.

Williams J R，Gong H，Hoff N，et al. 2005. Synthesis of the shark repellent Pavoninin-4(I). J Org Chem，70：10732-10736.

Winkler J D，Ragains J R，Hamann M T. 2006. Synthesis and biological evaluation of *Manzamine analogues*. Org Lett，8（15）：3407-3409.

Wright A D，Osterchage C，Konig G M，et al. 2003. Epicoccamide，a novel secondary metabolite from a jellyfish-derived culture of epicoccum purpurascens. Org Biomol Chem 1：507-510.

Wu S L，Su J H，Wen Z H，et al. 2009. Simplexins A-I，eunicellin-based diterpenoids from the soft coral *Klyxum simplex*. J Nat Prod，72：994-1000.

Xiao Q，Wang L P，Jiao X Z，et al. 2010. Concise total synthesis of largazole. J Asian Nat Prod Res，12（11）：940-949.

Yajima A，Kawajiri A，Mori A，et al. 2014. Total synthesis of epicoccamides A and D via olefin cross-metathesis. Tetrahedron Lett，55：4350-4354.

Yang W Z，Sun J S，Yu B，et al. 2010. Synthesis of kaempferol 3-*O*-（3“，6”-di-*O*-E-*p*-coumaroyl）-β-D-glucopyranoside，efficient glycosylation of flavonol 3-OH with glycosyl *o*-Alkynylbenzoates as donors. J Org Chem，75：6879-6888.

Yang Y，Li Y，Yu B. 2009. Total synthesis and structural revision of TMG-chitotriomycin，a specific inhibitor of insect and fungal *β-N*-Acetylglucosaminidases. J Am Chem Soc，131：12076-12077.

Ying Y，Liu Y，Byeon S R，et al. 2008b. Synthesis and activity of largazole analogues with linker and macrocycle modification. Org Lett，10（18）：4021-4024.

Ying Y，Taori K，Kim H，et al. 2008a. Total synthesis and molecular target of largazole，a histone deacetylase inhibitor. J Am Chem Soc，130（26）：8455-8459.

Yu B，Sun J S，2010a. Glycosylation with glycosyl *N*-phenyltrifluoroacetimidates(PTFAI)and a perspective of the future development of new glycosylation methods. Chem Commun：4668-4679.

Yu B，Xiao G Z. 2013a. Total synthesis of starfish saponin Goniopectenoside B. Chem Eur J，19，7708-7712.

Yu J，Sun J S，Yu B. 2012. Construction of interglycosidic N-O linkage via direct glycosylation of sugar oximes. Org Lett，14：4022-4025.

Yu R，Kompella S N，Adams D J，et al. 2013b. Determination of the *α*-conotoxin Vc1. 1 binding site on the α9α10 nicotinic acetylcholine receptor. J Med Chem，56：3557-3567.

Yue G Z，Zhang Y，Fang L C，et al. 2014. Collective synthesis of cladiellins based on the gold-catalyzed cascade reaction of 1，7-diynes. Angew Chem Int Ed，53：1837-1840.

Zeng X，Yin B，Hu Z，et al. 2010. Total synthesis and biological evaluation of largazole and derivatives with promising selectivity for cancers cells. Org Lett，12（6）：1368-1371.

Zhang J，Shi H F，Yu B，et al. 2012. Expeditious synthesis of saponin P57，an appetite suppressant from Hoodia plants. Chem Commun，48；8679-8681.

Zhang P Y，Sun X F，Jiang T. 2011a. Total synthesis and bioactivity of the marine alkaloid pityriacitrin and some of its derivatives. Eur J Med Chem，46：6089-6097.

Zhang P Y，Wong K，Wan S B. 2010a. Design and syntheses of permethyl Ningalin B analogues：Potent multidrug resistance（MDR）reversal agents of cancer cells. J Med Chem，53（14）：5108-5120.

Zhang Q J，Sun J S，Yu B，et al. 2011b. An efficient approach to the synthesis of nucleosides：gold (I)-catalyzed *N*-glycosylation of pyrimidines and purines with Glycosyl *ortho*-alkynyl benzoates. Angew Chem，123：5035-5038；*Angew. Chem. Int. Ed.* 50，4933-4936.

Zhang Z，Wei G H，Du Y. 2010b. Total synthesis of apigenin-4′-yl 2-*O*-(*p*-coumaroyl)-*β*-D-glucopyranoside. Carbohydr Res，345：750-760.

Zhao W，Feng X E，Ban S R，et al. 2010. Synthesis and biological activity of halophenols as potent antioxidant and cytoprotective agents. Bioorg Med Chem Lett，20：4132-4134.

Zheng F L，Ban S R，Feng X E，et al. 2011. Synthesis and *in vitro* protein tyrosine kinase inhibitory activity of furan-2-yl (phenyl) methanone derivatives. Molecules，16：4897-4911.

Zhou X，Liu J，Yang B，et al. 2013. Marine natural products with anti-HIV activities in the last decade. Curr Med Chem，20：953-973.

Zhu Y P，Yu B. 2011. Characterization of the isochromen-4-yl-gold(I)Intermediate in the gold(I)-catalyzed glycosidation of glycosyl *ortho*-alkynylbenzoates and enhancement of the catalytic efficiency thereof. Angew Chem Int Ed，50：8329-8332.

第五章

海洋天然产物组合生物合成研究

第一节　海洋天然产物组合生物合成研究进展

一、海洋天然产物组合生物合成研究的国内外进展

近 20 年来，海洋微生物逐渐成为新药研发的重要战略资源，能够产生多种结构新颖、活性显著的次级代谢产物，部分产物已进入临床前或临床试验阶段，包括 abyssomicin（抗感染）、ammosamide（抗肿瘤）、caboxamycin（抗菌、抗炎症）、marinomycin（抗肿瘤）、plinabulin（NPI-2358，抗肿瘤）、proximicin（抗肿瘤）、thiocoraline（抗肿瘤、抗感染）、SS228-Y（抗感染）和 salinosporamide A（抗肿瘤、抗疟疾等）（Gerwick et al.，2012）。其中，基于 salinosporamide A 的新药 marizomib 已经于 2014 年初由美国食品药物监督管理局（FDA）授予其孤儿药资格，作为强效蛋白酶体抑制剂治疗多发性骨髓瘤。据统计，只有低于 10%的临床药物来源于纯天然分子，大部分天然产物必须经过结构改造才能最终成为药物。不同于经典的化学手段改造天然产物，最近 20 年发展起来的组合生物合成技术在对微生物天然产物进行结构修饰方面具有独特的优势：反应过程绿色温和，产物立体构型单一可控，以及经过结构修饰的产物可通过发酵调控大量获得等。因此，组合生物合成技术成为对化学合成手段的一种重要补充，用于天然产物构效关系的优化。

海洋微生物天然产物往往具有独特、新颖和复杂的化学结构，蕴含着新颖的代谢途径和生物合成机制。2000 年，Moore 研究团队报道了第一例海洋微生物次级代谢产物 enterocin 的生物合成基因簇（Piel et al.，2000），随后的 15 年间不断有新的海洋次级代谢产物的生物合成基因簇被发现，目前，已报道了至少 55 种海洋微生物天然产物的生物合成基因簇（表 5-1）（Lane and Moore，2011；肖吉等，2012）。目前已经获得的绝大多数海洋微生物天然产物的生物合成途径仍然基于聚酮合酶（polyketide synthase，PKS）、非核糖体肽合成酶（non-ribosomal peptide synthase，NRPS）和 PKS/NRPS 杂合途径，部分生物碱类、核苷类和其他类化合物也表现出特有的生物合成途径（表 5-1）。

表 5-1　已报道的海洋微生物天然产物生物合成基因簇

发表年份	化合物名称	产生菌株	化合物类别
2000	enterocin/wailupemycin	*Streptomyces maritimus*	Ⅱ型 PKS
	docosahexaenoic acid	*Moritella marina*	脂肪酸聚酮类
2002	griseorhodin	*Streptomyces* sp.	Ⅱ型 PKS

续表

发表年份	化合物名称	产生菌株	化合物类别
2002	barbamide	*Lyngbya majuscula*	PKS-NRPS
	eicosapentaenoic acid	*Photobacterium profundum*	脂肪酸聚酮类
2004	curacin A	*Lyngbya majuscula*	PKS-NRPS
	jamaicamide	*Lyngbya majuscula*	PKS-NRPS
	lyngbyatoxin	*Lyngbya majuscula*	NRPS
	nodularin	*Nodularia spumigena*	PKS-NRPS
	onnamide/theopedrin	海绵 *Theonella swinhoei* 的共生菌	PKS-NRPS
2005	patellamide	*Prochloron*.spp.	核糖体肽类
2006	thiocoraline	*Micromonospora* sp.	NRPS
2007	sporolide	*Salinispora tropica*	Ⅰ型 PKS
	salinosporamide	*Salinispora tropica*	PKS-NRPS
	bryostatin	苔藓虫 *Bugula neritina* 的共生菌	Ⅰ型 PKS
	hectochlorin	*Lyngbya majuscula*	PKS-NRPS
2008	cyclomarin/cyclomarazine	*Salinispora arenicola*	NRPS
	napyradiomycin	*Streptomyces aculeolatus* CNQ525	萜类
2009	BE-14106	*Streptomyces* sp.	Ⅰ型 PKS
	psymberin	海绵 *Psammocinia aff.bulbosa* 共生菌	PKS-NRPS
2010	TP-1161	*Streptomyces* sp.	核糖体肽类
	notoamide	*Aspergillus* sp. MF297-2	生物碱类
	tirandamycin	*Streptomyces* sp.	PKS-NRPS
	rifamycin/saliniketal	*Salinispora arenicola*	Ⅰ型 PKS
	ML-449	*Streptomyces* sp.	Ⅰ型 PKS
2011	tirandamycin	*Streptomyces* sp. SCSIO1666	PKS-NRPS
	abyssomicin	*Verrucosispora maris* AB-18-032	Ⅰ型 PKS
	lymphostin	*Salinispora* sp.	Ⅰ型 PKS/生物碱类
	reveromycin	*Streptomyces* sp.	Ⅰ型 PKS
2012	methylpendolmycin pendolmycin	*Marinactinospora thermotolerans* SCSIO 00652	NRPS
	A201A	*Marinactinospora thermotolerans* SCSIO 00652	核苷类
	caerulomycin A	*Actinoalloteichus cyanogriseus* WH1-2216-6	PKS-NRPS
	xiamycin A	*Streptomyces* sp. SCSIO 02999	萜类
	marinopyrrole	*Streptomyces* sp. CNQ-418	生物碱类
	didemnin	*Tistrell mobilis* KA081020-065	PKS-NRPS
	merochlorin	*Streptomyces* sp. strain CNH-189	萜类
2013	lobophorin	*Streptomyces* sp. SCSIO 01127	Ⅰ型 PKS
	streptocarbazole	*Streptomyces sanyensis* FMA	生物碱类
	SIA7248	*Streptomyces* sp. A7248	Ⅰ型 PKS

续表

发表年份	化合物名称	产生菌株	化合物类别
2013	thalassospiramide	*Thalassospira* sp. CNJ-328	PKS-NRPS
	cyanosporaside	*Salinispora pacifica* CNS-143	Ⅰ型 PKS/烯二炔类
	grincamycin	*Streptomyces lusitanus* SCSIO LR32	Ⅱ型 PKS
	lomaiviticin	*Salinispora tropica* CNB-440	Ⅱ型 PKS
	chlorizidine A	*Streptomyces* sp. CNH-287	生物碱类
	maremycin	*Streptomyces* sp. B9173	生物碱类
	marinacarboline	*Marinactinospora thermotolerans* SCSIO 00652	生物碱类
	kosinostatin	*Micromonospora* sp. TP-A0468	Ⅱ型 PKS-NRPS
2014	piericidin A1	*Streptomyces* sp. SCSIO 03032	Ⅰ型 PKS
	taromycin A	*Saccharomonospora* sp. CNQ-490	环酯肽类
	marineosin	*Streptomyces* sp. CNQ-617	Ⅰ型 PKS/生物碱类
	ikarugamycin	*Streptomyces* sp. ZJ306	PKS-NRPS
	tropodithietic acid	*Phaeobacter inhibens* DSM 17395	含硫萜酸类
	JBIR-48	*Streptomyces sp.* SpC080624SC-11	生物碱类
	pentabromopseudilin	*Pseudoalteromonas luteoviolacea* 2ta16	其他

1. 聚酮合酶（PKS）途径

聚酮化合物是以小分子羧酸为前体，通过催化功能模块化的聚酮合酶（PKS）组装合成。根据 PKS 催化模块是否可以重复利用以及不同的催化功能域，可以分为Ⅰ型、Ⅱ型和Ⅲ型聚酮合酶。

Ⅰ型 PKS 聚酮合酶通常比较大，是包含多个模块（module）的多功能蛋白，每个模块含有一套独特的、非重复使用的催化功能域，至少包含三个基本的酶结构域，即酰基转移酶（AT）、酮脂酰-ACP 合成酶（KS）和酰基载体蛋白（ACP），除此之外，在不同模块中还有脱水酶（DH）、烯醇还原酶（ER）等不同的结构域，由此促进了聚酮类化合物的多样性。Ⅰ型 PKS 聚酮合酶催化链延伸完成后，在硫脂酶（TE）的作用下，聚酮前体产物从 ACP 上释放下来（Weissman，2009）。另外还有一些特殊的Ⅰ型 PKS，它们的 AT 结构域是独立存在的，这样的Ⅰ型 PKS 又分为 *trans*-AT PKS 和 *cis*-AT PKS（Hertweck，2009）。Ⅰ型聚酮合酶主要催化合成大环内酯类、大环内酰胺、聚烯及聚醚类化合物。目前已报道 12 种通过Ⅰ型 PKS 途径合成的海洋微生物次级代谢产物（表 5-1，图 5-1），其中 3 种由国内学者完成，包括 lobophorin、piericidin A1 和 SIA7248。

Ⅱ型 PKS 聚酮合成酶广泛存在于细菌中，是一类多功能的酶复合体，只包含一套可重复使用的结构域，每一结构域在重复的反应步骤中都多次用来催化相同的反应，因而Ⅱ型聚酮化合物的生物合成基因簇相对较小。Ⅱ型 PKS 模块的基本单元是酮合成酶（KSα 和 KSβ，只有 KSα 在缩合中表现出活性）和一个酰基载体蛋白（ACP），其链延伸机理同Ⅰ型 PKS 类似，不同之处在于合成反应完成后，Ⅱ型 PKS 酶的亚基对合成的聚酮化合物前体的折叠有指导作用。天然合成的Ⅱ型 PKS 产物由于链的长度、酮还原位置和环化上

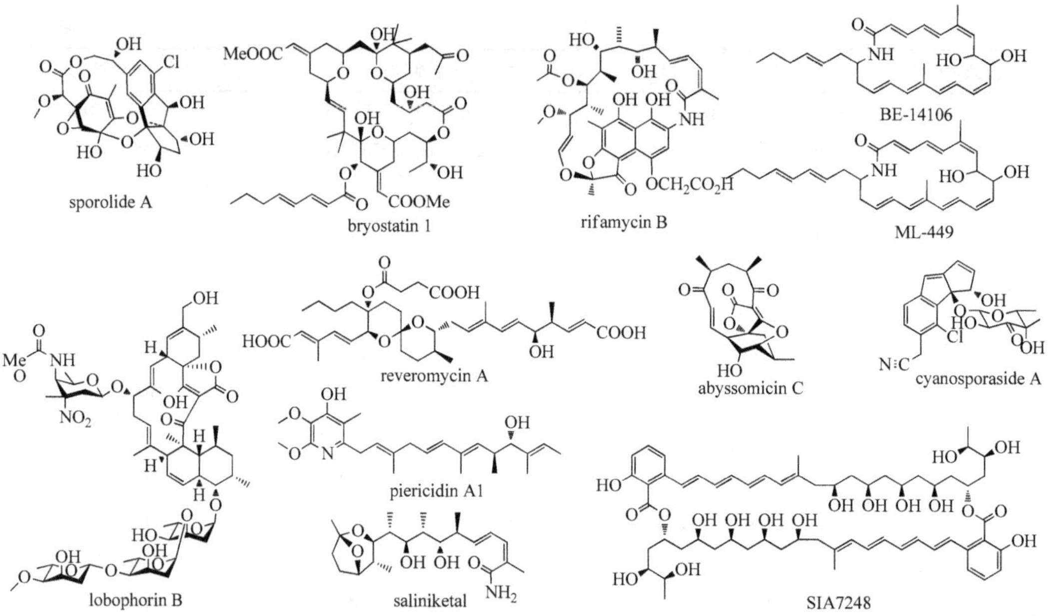

sporolide A
bryostatin 1
rifamycin B
BE-14106
ML-449
lobophorin B
reveromycin A
abyssomicin C
cyanosporaside A
piericidin A1
salinikctal
SIA7248

图 5-1 海洋微生物中已获得生物合成基因簇的 I 型 PKS 次级代谢产物

有差别，因而形成不同的核心结构。与 I 型 PKS 产物比较，II 型 PKS 产物相对较少，目前海洋微生物次级产物中已鉴定的有 6 类(表 5-1，图 5-2)，其中 kosinostatin 和 grincamycin 的生物合成研究由国内学者完成。

enterocin
wailupemycin A
griseorhodin A
kosinostatin
lomaiviticin A
grincamycin

图 5-2 海洋微生物中已获得生物合成基因簇的 II 型 PKS 次级代谢产物

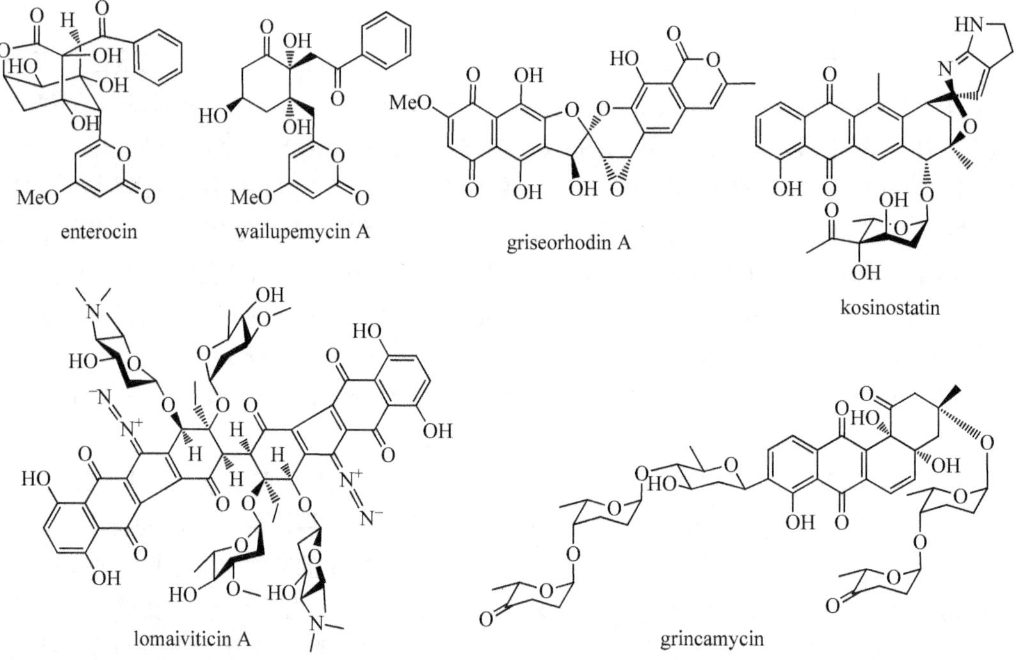

Ⅲ型 PKS 聚酮合酶以植物中的查尔酮合酶（chalcone synthases）为代表，在微生物中相对较少。Ⅲ型 PKS 聚酮合酶不同于Ⅰ型和Ⅱ型 PKS 聚酮合酶，不需要 ACP，直接催化泛酰辅酶 A 间的缩合反应，生成单环或者双环芳香类聚酮化合物。海洋微生物代谢产物中目前还未见Ⅲ型聚酮化合物的生物合成报道。

2. NRPS 合成途径

聚肽类化合物是以氨基酸为前体通过非核糖体肽合酶（NRPS）途径或核糖体合酶（ribosomal peptide synthetase，RPS）途径组装而成的一类化合物，是自然界中一大类天然产物，其中包含许多临床药物，如抗感染的青霉素、万古霉素（vancomycin）、达托霉素（daptomycin）、抗肿瘤的博来霉素（bleomycin）等。从生物合成角度，聚肽类化合物分为非核糖体肽类（nonribosomal peptides，NRP）和核糖体肽类（ribosomal peptides，RP）化合物。

NRP 是以氨基酸为前体由非核糖体肽合成酶（NRPS）催化组装而成的一类天然产物。非蛋白质氨基酸加上肽链骨架的后修饰赋予了 NRP 化合物丰富的结构多样性和活性多样性。典型的 NRPS 是以模块形式存在的多功能酶，每一模块含有一套独特的、非重复使用的催化功能域，每个模块与聚肽骨架的结构单元一一对应。一个基本的 NRPS 延伸模块至少包括 3 个催化功能域：缩合结构域（condensation domain，C）、腺苷化结构域（adenylation domain，A）和肽酰载体蛋白结构域（peptidyl carrier protein，PCP）。其中 A 结构域负责底物氨基酸的识别与活化，并将活化后的氨基酸转移至 PCP 结构域上形成氨酰化硫酯，C 结构域催化 PCP 上的氨（肽）酰化硫酯的氨基与上游模板中 PCP 上的氨酰化硫酯的羧基缩合形成肽键，C 结构域还有一个亚类 Cy，不仅有缩合的功能，还能形成氧化功能域（Ox），将五元环噁唑啉或噻唑啉进一步氧化形成噻唑或噁唑。此外，某些模块还包含其他修饰功能域，如异构化酶结构域（epimerase domain，E）负责将 L-氨基酸转化为 D-氨基酸和甲基化酶结构域（methyltransferasedomain，MT）。最后由硫酯酶（thioesterase，TE）将聚肽链从 PCP 上解离并催化环合。目前，已报道的海洋微生物中 NRPS 生物合成基因簇有 4 类（表 5-1，图 5-3），其中吲哚酰胺类抗生素 methylpendolmycin 和 pendolmycin 由国内学者完成。

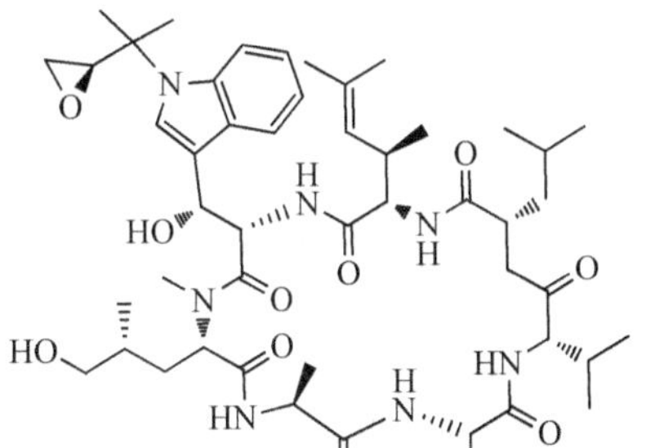

cyclomarin A

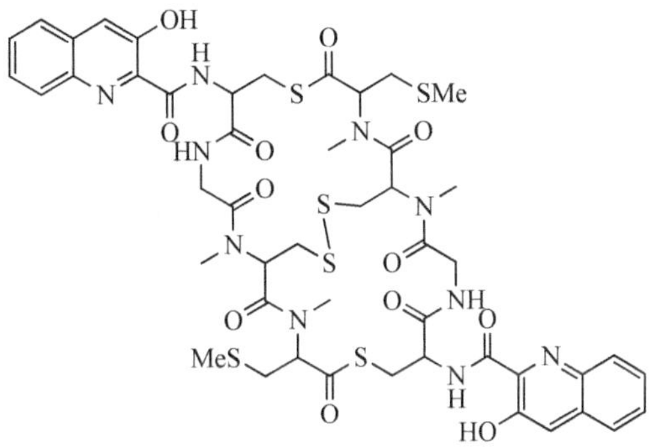

thiocoraline

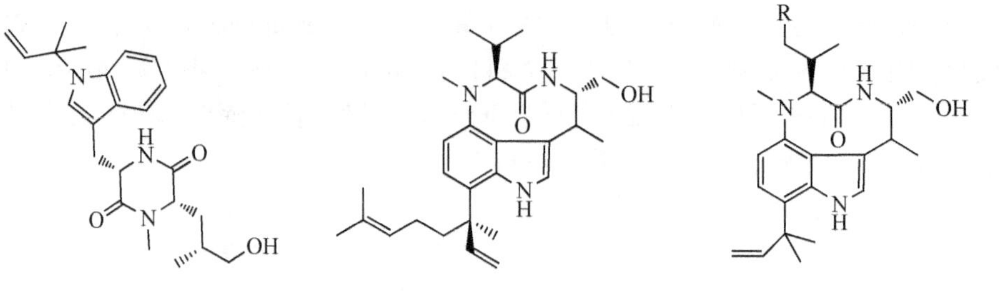

cyclomarazine A　　lyngbyatoxin A　　methylpendolmycin R=CH_3 pendolmycin R=H

图 5-3　海洋微生物中已获得生物合成基因簇的非核糖体肽类次级代谢产物

3. 核糖体肽合成酶（RPS）途径

核糖体肽类化合物先由核糖体合成前导肽，经过一系列翻译后修饰过程形成成熟的次级代谢产物。在过去几年里，RPS 的生物合成研究取得了重大发展，海洋天然产物如由海鞘共生蓝细菌 *Prochloron* sp.产生的环肽 patellamide 和由海洋放线菌 *Nocardiopsis* 产生的硫肽 TP-1161 都是通过核糖体途径合成的（表 5-1，图 5-4）。目前，国内尚无关于海洋核糖体肽化合物生物合成方面的报道。

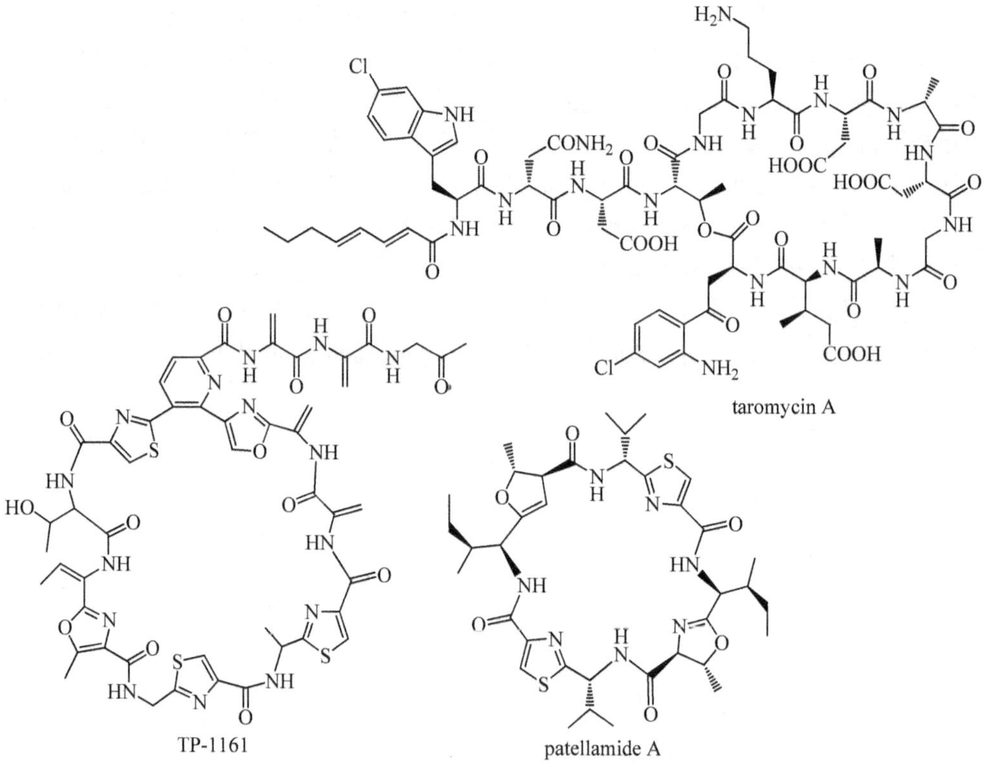

taromycin A

TP-1161　　patellamide A

图 5-4　海洋微生物中已获得生物合成基因簇的核糖体肽类次级代谢产物

4. 聚酮合酶-非核糖体肽合成酶（PKS-NRPS）杂合途径

从前体角度，Ⅰ型 PKS 和 NRPS 分别是以小分子羧酸和氨基酸为底物通过不断缩合生成聚酮和聚肽；从反应机理角度，二者均是以硫酯为模板，在非重复使用的模块催化下游活化底物对上游中间体的亲核攻击来实现链骨架的延伸。当同时以小分子羧酸和氨基酸为前体，经由 PKS-NRPS 杂合途径，则生成聚酮-聚肽杂合化合物。与聚酮或聚肽化合物相比较，聚酮-聚肽杂合化合物具有更为丰富的结构多样性。为数众多的海洋微生物次级代谢产物都是通过 PKS/NRPS 杂合途径合成的（表 5-1，图 5-5），目前国内学者已克隆和鉴定的 PKS-NRPS 杂合生物合成基因簇有 4 个，包括替达霉素（tirandamycin）、浅蓝霉素（caerulomycin）、膜海鞘素（didemnin）和斑鸠霉（ikarugamycin）。

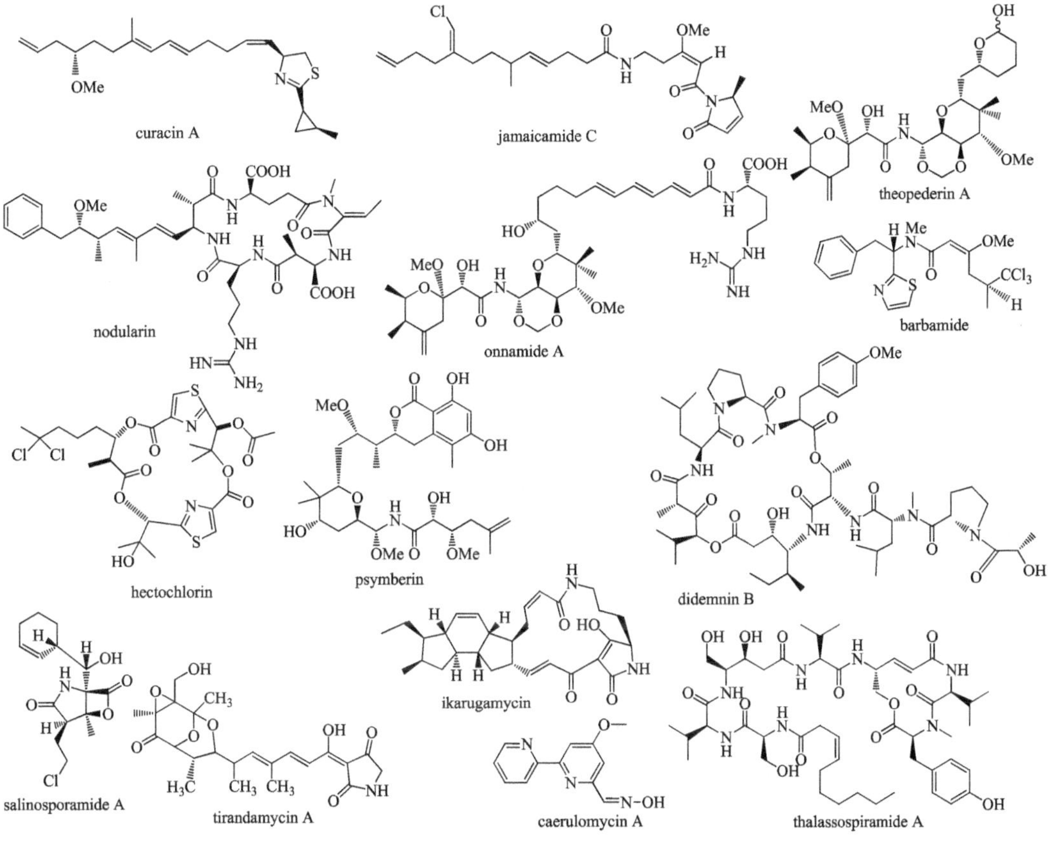

图 5-5 海洋微生物中已获得生物合成基因簇的 PKS-NRPS 次级代谢产物

5. 生物碱、核苷类、萜类和其他类合成途径

生物碱是存在于自然界（主要为植物和微生物）中的一类含氮的偏碱性化合物，大多数有复杂的环状结构，氮素多包含在环内，有显著的生物活性。不同于聚酮和聚肽类化合物，生物碱的生物合成没有明显的规律和模块可遵循。一般来说，生物碱的合成往往起始于氨基酸，或者使用来源于其他途径（如 PKS、NRPS 或者萜类等）的合成单元。生物碱的生物合成通常包含三类典型的反应类型：①基于席夫碱（Schiff's base）的 Mannich 反应：当醛或酮与氨基缩合时，去除一分子水变成席夫碱产物，席夫碱是很强的亲电基团，能吸引任何来源的亲核阳离子，经此途径往往形成具有杂环核骨架的新产

物；②Pictet-Spengler 缩合反应：当进攻席夫碱的是个分子间的芳香核时，就会形成四氢异喹啉碱或四氢-β-咔啉生物碱；③酚偶联反应：通常涉及苯丙氨酸或酪氨酸的反应。目前报道生物合成途径的海洋生物碱类化合物有 9 个（表 5-1，图 5-6），其中国内报道的有 3 个，包括 streptocarbazole、marinacarboline 和 maremycin。

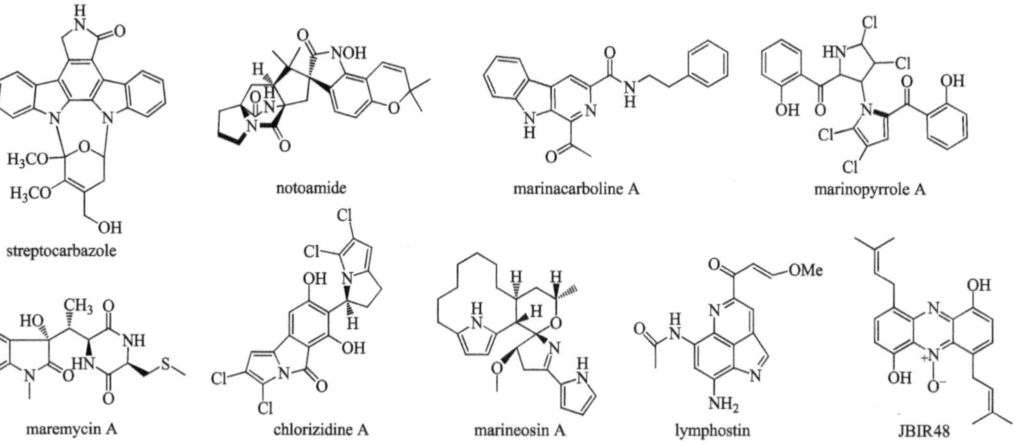

图 5-6 海洋微生物中已获得生物合成基因簇的生物碱类次级代谢产物

核苷类化合物是一类主要由微生物产生，具有广谱生物活性如抗真菌、抗细菌、杀虫、除草、抗肿瘤、抗病毒以及免疫抑制和激活作用等。核苷类化合物通常是由核苷或核苷酸经过一系列后修饰形成的结构比较复杂的化合物。核苷类化合物在陆生微生物中研究较多，也具有复杂的生物合成多样性。海洋微生物中目前仅有 A201A（图 5-7）的生物合成报道。

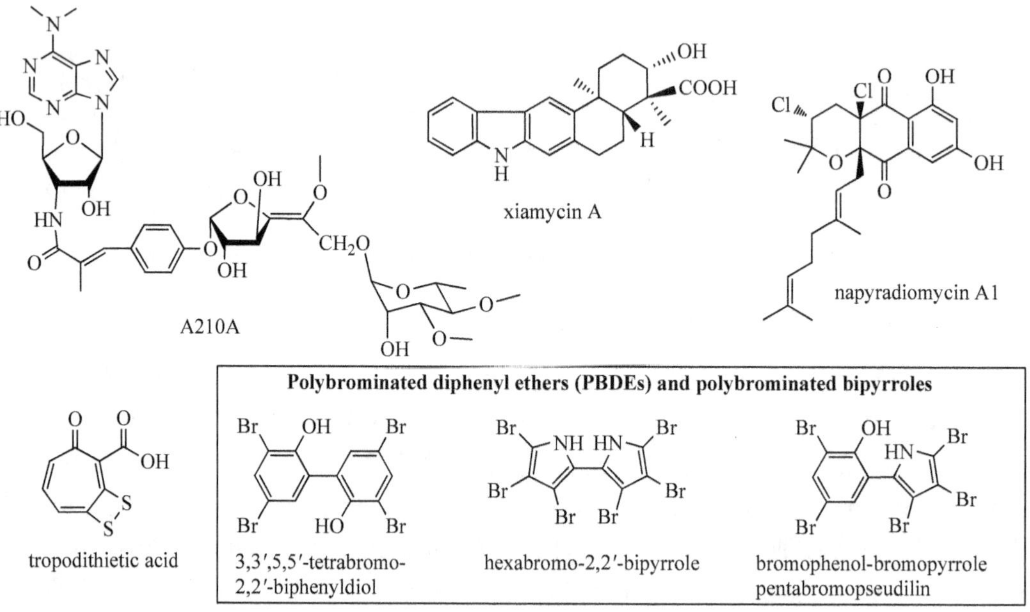

图 5-7 海洋微生物中已获得生物合成基因簇的核苷、萜类及其他类次级代谢产物

萜类化合物是自然界中结构多样性最为丰富的一类化合物，具有多种生物学功能，可作为抗生素、激素、抗肿瘤药物和杀虫剂等应用于医药和农业等领域。萜类主要有植物产生，最近微生物来源的萜类产物的报道也逐渐增多。萜类化合物的基本骨架由异戊二烯单元组成，主要由两条生物合成途径合成，即经典的甲羟戊酸（mevalonate，MVA）途径和2-甲基-D-赤藻糖醇-4-磷酸（MEP）途径，形成基本单元异戊烯焦磷酸（isopentenylallyl diphosphate，IPP）和二甲丙烯焦磷酸（dimethylallyl diphosphate，DMAPP）。异戊二烯单元首尾相连形成线形链，在功能多样的萜类合成酶作用下具有多种多样的成环方式，因而形成结构多样的萜类产物。目前报道生物合成途径的海洋萜类主要有三种（表5-1，图5-7），即 napyradiomycin、xiamycin A 和 merochlorin。除此之外，还有部分海洋微生物天然产物由特殊的生物合成途径构建，如 tropodithietic acid、多溴双酚醚（polybrominated diphenyl ether，PBDE）和多溴双吡咯（polybrominated bipyrrole）类化合物。

二、海洋天然产物组合生物合成研究展望

现有生物合成基因簇的获取，逐渐显示了现代分子生物学手段在海洋放线菌次级代谢生物合成研究中的突出优势，引导了很多新的生物合成机制的阐释。例如，生物碱类蛋白酶抑制剂 salinosporamide A 的生物合成中包含独特的卤化机制。我们的研究也表明，具有五环的吲哚倍半萜类海洋放线菌代谢产物厦霉素（xiamycin A）具有氧化成环的独特机理，而同样具有五环的斑鸠霉素（ikarugamycin）的成环过程则通过独特的还原方式完成。这些生物合成基因簇及其代谢途径的阐明，为利用组合生物合成技术、代谢工程技术和体外酶学技术创造新结构和新活性的海洋微生物药物奠定了基础。例如，salinosporamide A 生物合成机理的阐明，帮助美国学者利用前体添加、基因失活、基因重组和化学酶法等手段产生了 20 多个结构类似物。我国学者仅通过一个酶的体内和体外操作产生了 12 个具有抗肿瘤活性的 grincamycin 类似物。我们也通过组合生物合成技术获得了多个 lobophorin、浅蓝霉素（caerulomycin）和粉蝶霉素（Chen et al.，2014）等海洋放线菌代谢产物的结构类似物。

统计表明，2010 年以后海洋放线菌代谢产物的生物合成研究进入了一个快速发展时期。我国学者（包括我们研究团队）也在这方面扮演了重要角色，逐渐跟上了国外学者的研究步伐，主导了 11 种海洋放线菌代谢产物基因簇的克隆和鉴定（表 5-1）。最近几年来，依托中国科学院海洋微生物研究中心，南海海洋研究所已经分离鉴定了一些海洋放线菌新属和新种（Tian et al.，2009a，2009b，2012，2013），积累了大量的海洋放线菌资源。我们研究团队也从这些海洋放线菌资源中分离鉴定了具有抗菌、抗疟原虫和抗肿瘤等活性或者结构新颖的代谢产物（Li et al.，2011；Niu et al.，2011；Zhang et al.，2012a，2012b，2012c，2014b），充分展示了南海海洋放线菌是发现新结构化合物的良好资源。

（张长生）

第二节 聚酮类海洋天然产物组合合成

自从第一个海洋聚酮类天然产物 enterocin/wailupemycin 的生物合成基因簇报道以来

（Piel et al.，2000），目前已克隆了 17 个通过Ⅰ型和Ⅱ型 PKS 途径合成的聚酮类海洋天然产物的基因簇，并开展了组合生物合成研究，目前还没有Ⅲ型 PKS 途径合成的聚酮类海洋天然产物基因簇的报道。在这 17 个鉴定的基因簇中，其中 3 个Ⅰ型 PKS 合成途径产生的lobophorin、piericidin A1、SIA7248 和 2 个Ⅱ型 PKS 途径产生的 kosinostatin 和 grincamycin 由国内学者完成。

一、Ⅰ型聚酮类海洋天然产物的组合生物合成

1. lobophorin 的生物合成

Lobophorin（LOB）属于 spirotetronate 类化合物，该类抗生素具有良好的抗菌、抗肿瘤活性，目前已有 60 多种此类化合物获得鉴定，如 chlorothricin（CHL）、versipelostatin、kijanimicin（KIJ）、saccharocarcin、tetrocarcin A（TCA）、lobophorin 等。与 spirotetronate 类其他化合物不同的是，目前分离鉴定的 lobophorin 类化合物全部由海洋来源放线菌产生。中国科学院上海有机化学研究所刘文研究团队首次报道了 spirotetronate 类化合物 chlorothricin 的生物基因簇（Jia et al.，2006），该基因簇包含典型的Ⅰ型 PKS 合成酶，大小约为 102kb，随后 kijanimicin（Zhang et al.，2007）、tetrocarcin A（Fang et al.，2008）等化合物的生物合成基因簇相继被鉴定出来。2013 年，张长生研究团队以 lobophorin 的生产菌株 SCSIO 01127 为研究对象，克隆了 103kb 的 lobophorin 生物合成基因簇，包括 40 个功能基因。*lob* 生物合成基因簇和 *kij*、*tca* 生物合成基因簇在基因的组成和排列上具有较高的序列一致性，只是 *lob* 生物合成基因簇含有更多的调控基因。

LOB 和 KIJ 结构中的糖苷配体有着相同的生物合成机制，合成步骤主要包括：①5 个Ⅰ型 PKS 合成酶 LobA1-LobA5 组装 6 个丙二酰 CoA 和 6 个甲基丙二酰 CoA 生成线形 PKS 长链，释放的 PKS 链 LobP3 作用下通过 Diels-Alder 环化加成反应生成初始的 PKS 环链；②在 PKS 环链上整合加入三碳甘油单元形成 tetranate 结构；③通过氧化还原酶 LobU2 介导的环化作用生成成熟的糖苷配体结构（Kanchanabanca et al.，2013；Tian et al.，2015）。合成途径如图 5-8A 所示。

LOB B 结构包含 4 个糖结构单元［包括 2 个 L-digitoxose（洋地黄毒糖）、1 个 4-*O*-甲基-L-digitoxose、1 个 D-kijanose］在 Lob 生物合成基因簇中至少有 12 个基因参与糖的合成，从葡萄糖-1-磷酸开始，合成 TDP-L-digitoxose 经历了 6 个步骤，合成 TDP-D-kijanose 经历了 10 个步骤，推导的合成途径如图 5-8B 所示。LOB 的结构中包括 4 个糖基修饰，但在克隆到的 LOB 生物合成基因簇中只存在 3 个糖基转移酶，暗示其中 1 个糖基转移酶可以重复使用，连续添加 2 个糖基。通过构建 3 个糖基转移酶的突变株和代谢中间产物结构的鉴定，确定 LobG1 负责 C-17 位特异的 D-kijanose 的添加，LobG3 负责连续添加 2 个 L-digitoxose，LobG2 负责保留 L-digitoxose 糖基的添加（Li et al.，2013），最后甲基转移酶 LobS1 负责 4 位氧甲基化（Xiao et al.，2013）（图 5-9）。通过中断糖基转移酶获得了多个 LOB 结构类似物，为通过组合生物学研究有价值的基因簇获取更多的结构类似物提供了范例。

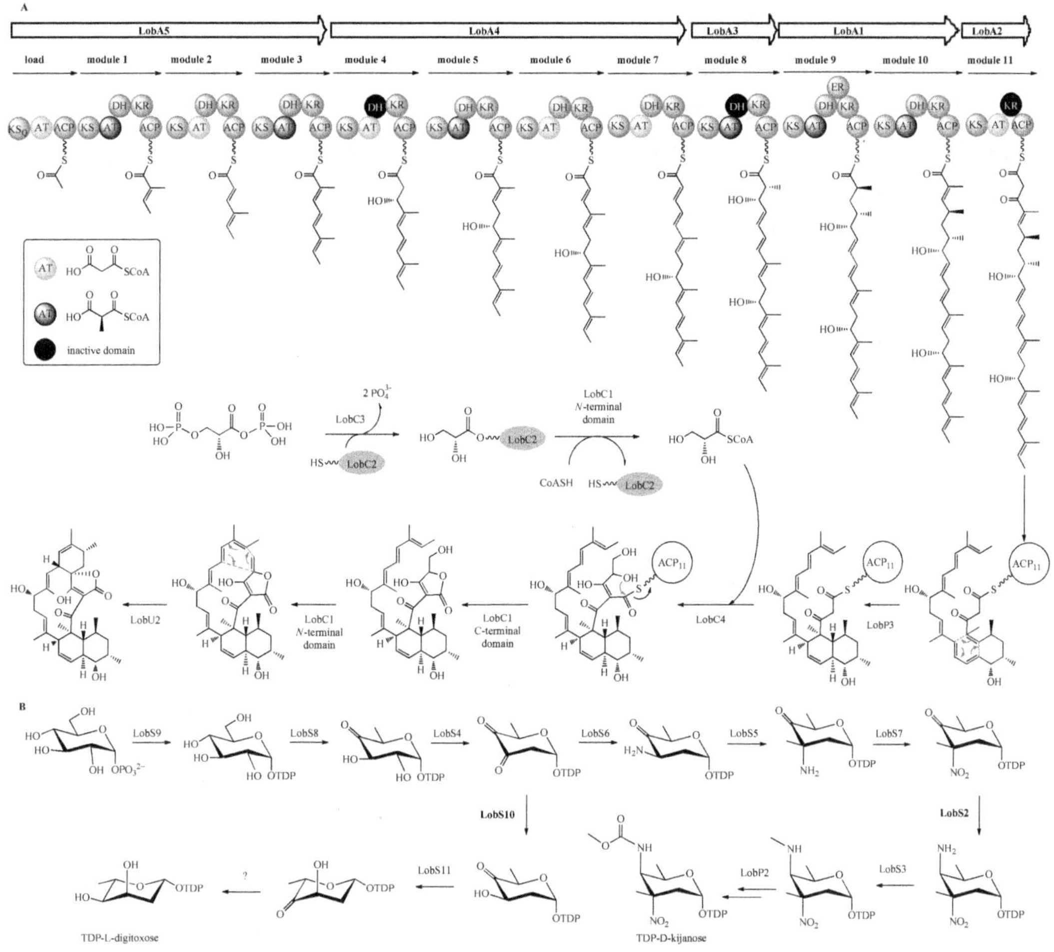

图 5-8 推导的 lobophorin 生物合成途径

图 5-9 lobophorin 糖基化和甲基化修饰产物结构

2. piericidin A1 的生物合成

Piericidin 是一类多烯类 α-吡啶酮类抗生素，依据侧链基团的不同对其进行分类，如 piericidin A、piericidin B、piericidin C、piericidin D、piericidin E 等，其中 piericidin A1 最早发现，结构最简单。Piericidin 类化合物的来源非常丰富，可由来自陆生、海洋、共生的放线菌产生，也可由真菌产生。由于 piericidin A1 结构类似于泛醌，一直作为线粒体呼吸作用抑制剂来开发和研究，作用机理为通过抑制 Fe-S 簇氧化和泛醌的还原。

同位素喂养实验证实，piericidin A1 的 C 骨架来源于 4 个乙酸盐单元和 5 个丙酸盐单元，表明是通过 PKS 合成酶合成，但对于 N 原子的来源还不明确。Piericidin A1 的生物合成基因簇最初由上海交通大学的邓子新教授研究团队在 *Streptomyces piomogeues* 中克隆鉴定（Liu et al.，2012）。随后张长生研究团队从海洋来源的链霉菌 SCSIO 03032 中也克隆到 piericidin A1 的生物合成基因簇，虽然生产菌株来源不同，但 2 个基因簇在基因组成和排列上有着高度的一致性，都包括 6 个 PKS 基因、2 个甲基转移酶基因、1 个单加氧酶基因、1 个转氨酶基因、1 个调控基因和 1 个未知功能基因，仅有的区别在于调控基因转录方向不一致。

结合生物信息学分析，基因敲除、代谢中间产物的鉴定，推导了 piericidin A1 的生物合成途径（图 5-10），6 个Ⅰ型 PKS 合成酶 PieA1-PieA6 以典型的流水线装配模式组装 4 分子的丙二酰辅酶 A 和 5 分子的甲基丙二酰辅酶 A 生成 PKS 前体链，接着 PieA6 中的 module8-TE 高效的水解释放前体链生成线形的 β, δ-diteto carboxylic acid，避免了自身的环化生成 α-吡喃酮，接着氨基转移酶 PieD 以游离的氨基为供体进行末端羧基的转氨，进而由 PieC 环化生成 α-吡啶环结构（Liu et al. 2012）。

通过对甲基转移酶 PieB1、PieB2 和单加氧酶 PieE 的敲除，分离鉴定累积中间产物和体外酶学分析证实了这 3 个后修饰酶的催化功能和催化反应顺序，即 PieB1 先进行吡啶环上 5 位的甲基化，接着 PieE 引入 4 位的羟基，在此基础上 PieB2 负责 4 位的甲基化（图 5-10）。

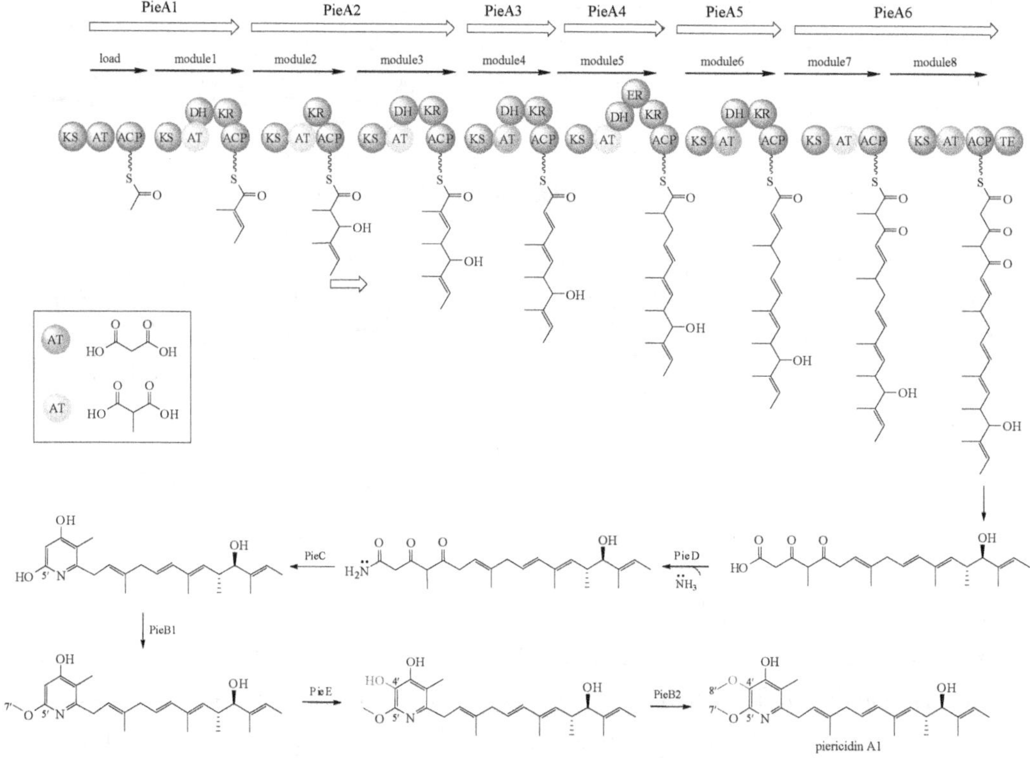

图 5-10 piericidin A1 的生物合成途径推导

Piericidin A1 生物合成基因簇的克隆和生物途径的阐述，鉴定了一种新颖的 *α*-吡啶环的产生机制，与其他 *α*-吡啶酮类天然产物 kirromycin 和 tenellin 依赖 PKS-NRPS 途径中 PCP 结构域加载氨基酸引物 N 原子不同，piericidin A1 通过合成 PKS 合成酶合成前体链，在通过 TE 结构域水解产生 *β*, *δ*-diteto carboxylic acid，随后通过转氨和环化生成 *α*-吡啶环。Piericidin A1 生物途径的阐述增加了对 *α*-吡啶酮类天然产物合成机制的认识，同时通过组合生物学获得了新侧链结构的 piericidin 结构同系物 piericidin E。

二、Ⅱ型聚酮类海洋天然产物的组合生物合成

1. grincamycin 的生物合成

Grincamycin 是苯并蒽醌类抗生素，该化合物是以角环素为骨架，在 3-*O*-位和 9 位分别被 2 糖（*α*-L-玫红糖和 *α*-L-烬灰红霉糖 A）和 3 糖（*β*-D-橄榄糖、*α*-L-玫红糖和 *α*-L-烬灰红霉糖 A）取代形成结构复杂的抗生素。2012 年，鞠建华研究团队从一株南海深海来源的链霉菌 *Streptomyces lusitanus* SCSIO LR32 中分离到该化合物及其 5 个同系物（grincamycin B～F）(Huang et al.，2012)，活性分析显示 grincamycin 及其同系物 grincamycin B～D 对 5 种人源肿瘤细胞系（HepG2、SW-1990、Hela、NCL-H460 和 MCF-7）及 2 种鼠源黑色素瘤细胞系 B16 和白血病细胞系 p388 均具有良好的细胞毒活性，深入的作用机制研究发现，grincamycin B 能够特异性地抑制人源白血病细胞系 NB4，其 IC_{50} 值为 0.2μmol/L，主要通过上调内质网应激蛋白诱导 NB4 细胞凋亡，与现有的治疗白血病药物的作用机制不同，显示出对该类药物开发的重要价值。

通过构建 *Streptomyces lusitanus* SCSIO LR32 的基因组文库，利用 2, 3-脱水酶基因对文库进行筛选，成功克隆了 gincamycin 生物合成基因簇，全长为 37kb，由 30 个基因组成（图 5-11A）。通过构建其基因簇的 14 个基因缺失突变株、12 个中间体的分离鉴定、基因簇的异源表达及 GcnQ 的体外酶学研究，阐明了 grincamycin 的生物合成过程和机制，推测 grincamycin 的生物合成过程如下：①Ⅱ型 PKS 合成酶（酮基合成酶 GcnH，酰基载体蛋白 GcnJ 和链长决定因子 GcnI）通过 10 个丙二酰辅酶 A 的重复脱羧形成 grincamycin 的角四环骨架结构；②酮基还原酶 GcnK、环化酶 GcnL、氧合酶-还原酶 GcnM 等对角四环骨架结构进行修饰形成化合物 **4a**，**4a** 脱水形成化合物 **4**，同时 **4a** 在 1 个 NADPH 依赖的 FMN 还原酶 GncC 和 4 个氧化还原酶 GcnAFUT 作用下形成化合物 **5a**，化合物 **5a** 在甲醇水溶液的条件下可以形成化合物 **5** 或 **6**；③基因簇中的 8 个脱氧糖合成酶（GcnS1、GcnS2、GcnS3、GcnS4、GcnS5、GcnS6、GcnS7 和 GcnS8）负责合成 grincamycin 中的 2 种糖配基，3 个糖基转移酶（GcnG1、GcnG2、GcnG3）将糖配基转移到 grincamycin 的骨架结构上；④基因簇中的 FAD 依赖的脱氢酶 GcnQ 负责将脱氧糖 *α*-L-玫红糖氧化成 *α*-L-烬灰红霉糖，形成终产物 grincamycin，其生物合成过程如图 5-11B 所示。

体外生化实验进一步证实 GcnQ 是一种以组氨酸和半胱氨酸残基双共价键结合 FAD 辅因子的新颖氧化还原酶，具有宽泛的底物选择性和多样的催化功能，其能高效地催化 3 种骨架类型的底物在不同宿主体内或体外合成 11 个糖基被不同程度修饰的结构衍生物，GcnQ 体内外多样的催化功能如图 5-12 所示（Zhang et al.，2013）。

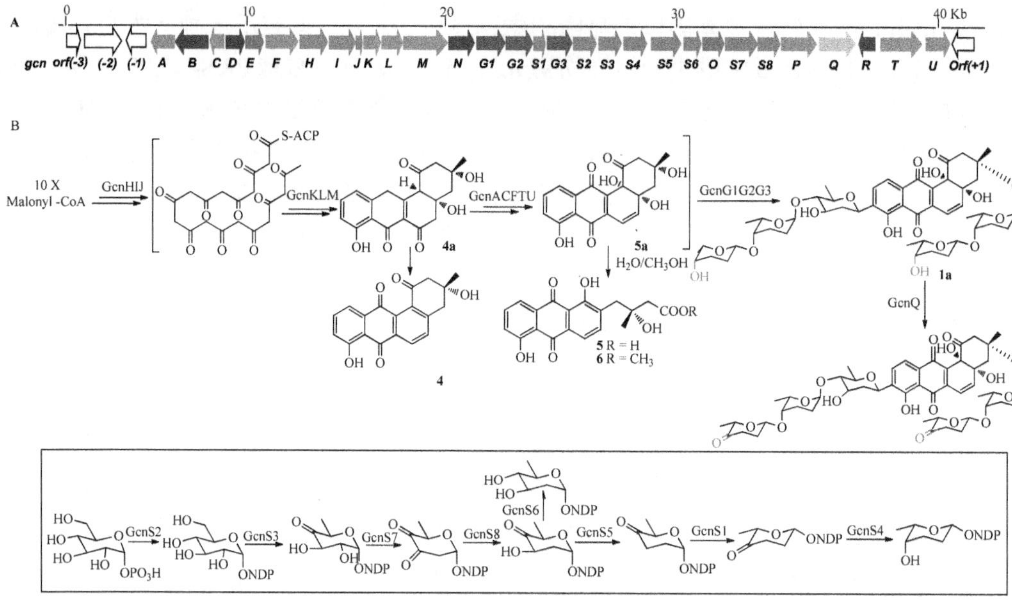

图 5-11　grincanycin 的基因簇组织结构及推测的生物合成途径

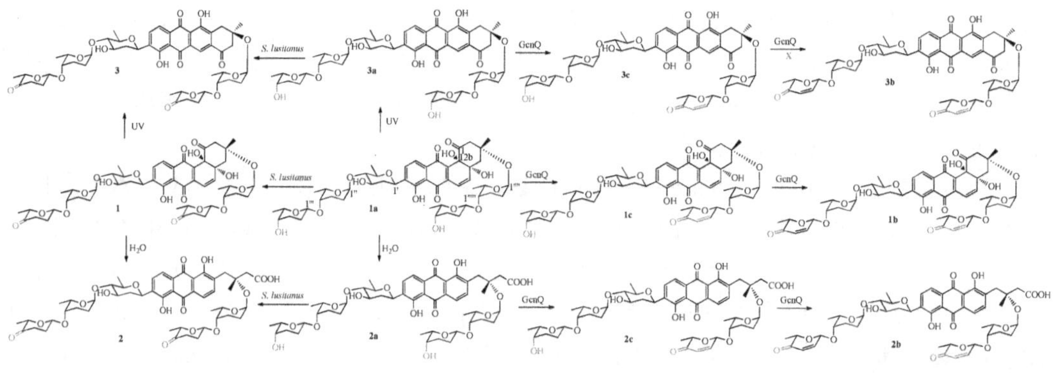

图 5-12　GcnQ 体外催化功能

2. 越野他汀的生物合成

越野他汀（kosinostatin）是一种具有良好抗肿瘤活性的蒽环类抗生素，在 20 世纪 50 年代从金色链霉菌中分离得到。越野他汀展示出很强的抗菌和抗肿瘤活性，对人类拓扑异构酶Ⅱα 也具有抑制活性，IC_{50} 值为 3～10μmol/L。越野他汀结构上含有罕见的双环脒（环 F 和 G），与 C-7 和 C-9 位氧原子通过 *N*, *O*-螺环中心，形成 2, 4, 5, 6-四氢吡咯并[2, 3-b]吡咯，该分子结构尚未在其他天然产物中发现。越野他汀另外一个结构特点是：包含 4 个环蒽醌骨架，在 C-10 位上具有 *γ*-分支的辛糖，在次级代谢产物中罕见。

针对编码Ⅱ型聚酮合成酶保守的酮基合成酶，设计兼并引物筛选 *Micromonospora* sp.TP-A0468 全基因组文库，获得 55.2kb 越野他汀生物合成基因簇，包含 *kstA4*～*kstB7* 在内的 55 个基因（图 5-13A）。越野他汀最小聚酮合成酶由 *kstA1*（酮基合成酶）、*kstA2*（链长度因子）及 *kstA3*（酰基载体蛋白）组成。经过最小基因簇的组装后，成长的聚酮链被折叠和区域特异性环化成芳香环，这些步骤通常由酮基还原酶和芳香化酶/环化酶催化（图 5-13B）。

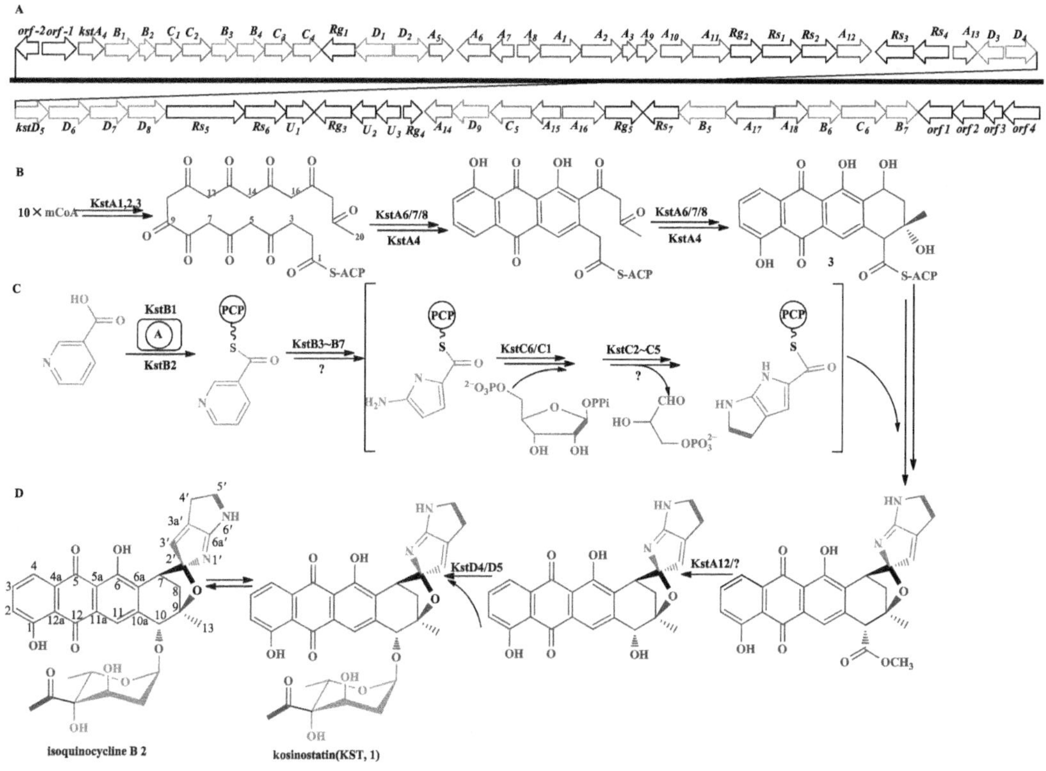

图 5-13　越野他汀的基因簇组织结构及推测的生物合成途径

为验证推测的生物合成途径和辨别蒽环的环化模式，[1-^{13}C]-、[2-^{13}C]-和[1，2-^{13}C2]乙酸盐分别用于喂养越野他汀生产菌株，结果表明 C-12a 与 C-1 和 C-2 与 C-3 分别来自两个完整的乙酸盐单元，表明聚酮链的环化类型属于 S 折叠模式；在 C-7 与 C-8 和 C-9 与 C-13 整合完成的乙酸盐单元，以及在喂养[2-^{13}C]-乙酸盐时 C-10 的 ^{13}C 富集，进一步支持推测的折叠模式，同时表明存在一个隐秘的脱羧反应（图 5-13D）。喂养试验不仅确定了蒽环骨架的折叠模式，而且揭示了通过连接两个构件形成螺环骨架的生物合成策略。

生物信息学分析 *kstB1* 和 *kstB2* 分别编码游离的单功能酰苷酰化功能域和 NRPS 的肽酰载体蛋白，*kstB1* 的突变株丧失生产越野他汀的能力，产生了新化合物 **3**，表明 KstB1 是越野他汀生物合成所必需的，进一步确定蒽环骨架的生物合成途径。体外酶学实验表明，烟酸可以通过 ATP 依赖的激活模式，被 KstB1 激活，然后转移至 KstB2，形成烟酰-S-PCP 中间体，如图 5-13C。*kstB3*～*kstB7* 推测编码 NRPS 后修饰相关酶。*kstC1*～*kstC6* 与一系列编码催化邻氨基苯甲酸合成色氨酸或者吲哚的酶的基因具有同源性，这些酶可能参与使用磷酸核糖作为底物的吡咯并吡咯骨架的合成，失活 *kstC3* 基因的突变株丧失越野他汀生产能力，表明该基因与越野他汀生物合成相关。使用 D-[2-^{13}C]呋喃核糖进行同位素喂养试验，进一步研究吡咯并吡咯的生物合成，表明越野他汀 C-5′至 C-4′来自核糖。通过生化试验鉴定烟酸为 KstB1/KstB2 的底物，结合同位素喂养试验，确定了少见的吡咯并吡咯结构的生物合成前体。越野他汀中罕见 γ-分支的辛糖，推测由 *KstD1*～*kstD9* 等 9 个基因负责合成和转移该结构单元。

骨架单元合成后，负责组装成越野他汀的酶尚未清楚。通过生物信息学预测的一些功能未知基因，可能参与越野他汀后修饰，如 Kst12 含有 α/β 水解酶折叠结构域，与未知功能的水解酶具有弱相似性。通过基因敲除及鉴定中间体结构，发现 Kst12 可能发挥羧酸酯酶活性，生成的产物作为脱氧糖的受体，最终合成越野他汀（图 5-13D）。

越野他汀属于芳香族聚酮类天然产物，代表最复杂的杂合天然产物之一，构建的越野他汀模块包括丙二酰辅酶 A、烟酸、己糖、丙酮酸及戊糖等 5 种不同来源。越野他汀的生物合成机制包含Ⅱ型 PKS、NRPS、烟酸代谢酶、脱氧糖生物合成酶及色氨酸生物合成类似酶等杂合系统，越野他汀生物合成基因簇的克隆与鉴定，为深入研究Ⅱ型 PKS 之外的生物合成难题奠定了分子基础。通过体内和体外实验初步推测了 2, 4, 5, 6-四氢吡咯并[2, 3-b]吡咯的生物合成途径。这些发现不仅为 PKS/NRPS 途径提供特例，还揭示了使用烟酸和核糖作为吡咯并吡咯的前体的未知的生物合成途径。此外本研究推测了通过连接两个结构单元形成螺环骨架的生物合成策略，排除了已知的 C—C 键的氧化断裂机制。

（朱义广　张光涛　李慧贤）

第三节　聚肽和酮肽杂合类天然产物组合生物合成

一、聚肽类天然产物组合生物合成

1. 非核糖体肽合成酶催化的聚肽类天然产物生物合成

非核糖体肽类（NRPS）化合物是自然界中另一类重要的化合物，一般有氨基酸为原料，以非核糖体肽合成酶催化组装的一类天然产物，非蛋白质氨基酸加上肽链骨架的后修饰赋予了 NRPS 化合物丰富的结构多样性和活性多样性。目前已报道的海洋微生物 NRPS 生物合成基因簇有 4 个，包括国内报道的吲哚酰胺类抗生素 methylpendolmycin 和 pendolmycin。

Pendolmycin（PDN）和 methlpndolmycin（MPN）属于九元环吲哚内酰胺类抗生素，鞠建华研究团队于 2011 年从南海深海放线菌新属 *Marinactinospora thermotolerans* SCSIO 00652 中再次分离到这两个化合物(Huang et al.，2011)。通过基因组扫描技术从菌株 SCSIO 00652 基因组中鉴定了 MPN 和 PDN 生物合成基因簇，大小为 14.3kb，包含了七个 ORF（MpnA～G），分别编码一个 *N*-乙酰葡萄糖胺磷脂酰肌醇去乙酰酶（MpnA）、一个 NRPS 合酶（MpnB）、一个 P450 单加氧酶（MpnC）、一个异戊烯转移酶（MpnD）、一个氧化还原酶（MpnE）、一个异戊烯焦磷酸异构酶（MpnF）和一个乙酰转移酶（MpnG，可能与合成无关）。

MpnB 包含 8 个功能结构域，组成了 2 个模块：模块 1 有四个结构域——C（不完整）、A（Val 特异性）、MT（N-甲基转移酶）和 PCP；模块 2 有四个结构域——C、A（Phe/Trp 特异性）、PCP 和 Red。推测在模块 1 中 A 结构域作用下，识别并加载前体 L-Val 至 PCP 结构域，MT 结构域负责 L-Val 氨基的甲基化；模块 2 中 A 结构域负责识别加载 L-Trp，在 C 结构域作用下与 L-*N*-甲基-Val 缩合形成 *N*-甲基-L-Val-L-Trp 肽酰中间体；然后在 Red 结构域的作用下从 PCP 结构域上释放下来；随即，在 P450 单加氧酶 MpnC 作用下氧化形成吲哚酰胺 V 核心结构；最后在异戊烯转移酶 MpnD 作用下催化形成 PDN（图 5-14）（Ma et al.，2012）。整个合成途径与蓝细菌 *Lyngbyamajuscula* 中 lyngbyatoxin A 的类似（Edwards et al.，2004）。MpnB～E 分别与 LtxA-D 同源，其中 MpnD 和 LtxC 均催化 Trp 的 C-7 位上异戊烯基化，所不同的是 LtxC 负责 C10 异戊烯基（香叶基焦磷酸，geranylpyrophosphate）的转移，而 MpnD 则负责 C5 异戊烯基转移，是首个以反式作用方式催化 C5 异戊烯基转移至 TrpC-7 位的异戊烯转移酶（Ma et al.，2012）。

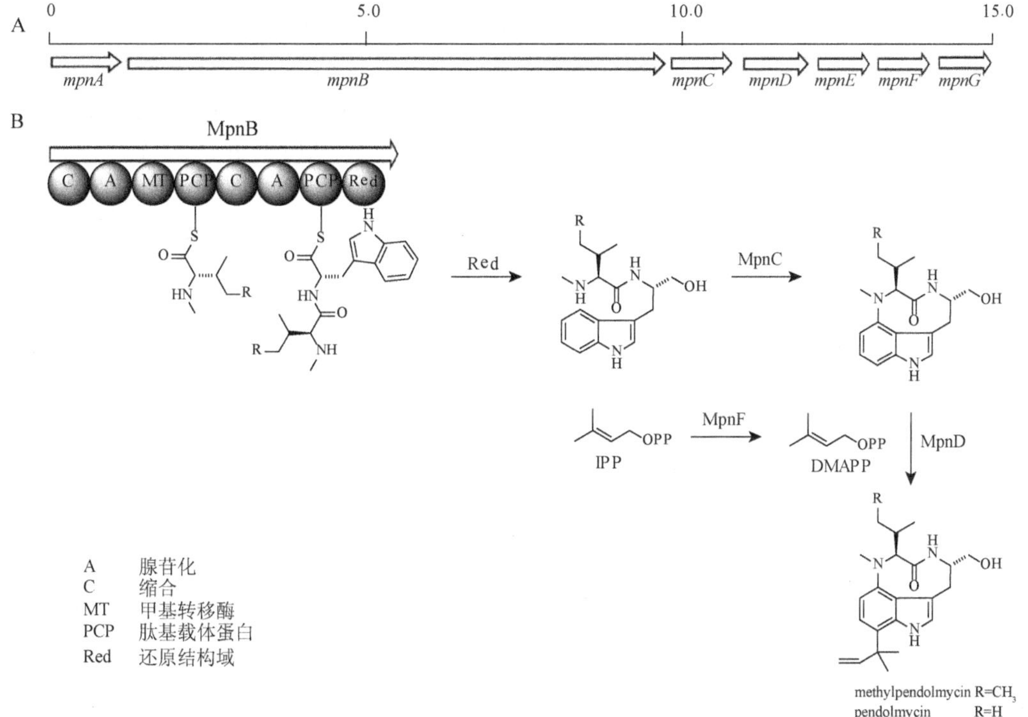

图 5-14 methylpendolmycin 和 pendolmycin 生物合成基因簇（A）和推测的生物合成途径（B）

2. 核糖体催化的聚肽类天然产物生物合成

多肽类化合物除了通过 NRPS 途径合成外，还可通过核糖体肽类途径合成，即先由核糖体合成前导肽，然后经过一系列翻译后修饰过程形成成熟的次级代谢产物，如 patellamide（Schmidt et al.，2005）和 TP-1161（Engelhardt et al.，2010）都是通过核糖体途径合成的。目前，国内尚无关于海洋核糖体肽类化合物生物合成方面的报道。

二、酮肽杂合类天然产物组合生物合成

为数众多的海洋微生物次级代谢产物通过聚酮-非核糖体肽类杂合途径合成，即在合成模块中既有 PKS 模块，又有 NRPS 模块。与聚酮或聚肽化合物相比较，聚酮-聚肽杂合化合物具有更为丰富的结构多样性。目前已报道 12 个海洋微生物次级代谢产物通过 PKS-NRPS 途径合成，国内报道的有 4 个，包括包括替达霉素（tirandamycin）、浅蓝霉素（caerulomycin）、膜海鞘素（didemnin）和斑鸠霉素（ikarugamycin）。

1. 替达霉素生物合成

替达霉素具有 2, 4-吡咯烷二酮和双环缩酮两个特征结构单元，能够与细菌 RNA 聚合酶结合，抑制转录过程中链的起始和延伸，对耐甲氧西林葡萄球菌和耐万古霉素的粪肠球菌均有抑制作用。鞠建华研究团队以酮基合成酶为探针，从链霉菌 *Streptomyces* sp. SCSIO 1666 中克隆得到替达霉素生物合成基因簇，该基因簇是个典型的 PKS-NRPS 杂合基因簇，大小为 56kb，包含 15 个 ORF，分别编码 3 个 PKS（TrdAⅠ-AⅢ）、1 个 NRPS（TrdD）、1 个磷酸泛酰巯基乙胺转移酶（TrdM）、1 个 II 型硫酯酶（TrdB）、1 个黄素依赖的氧化还原酶（TrdL）、1 个细胞色素 P450 单加氧酶（TrdI）、3 个抗性和调控蛋白（TrdHJK）、1 个糖基水解酶（TirE）和 3 个未知功能蛋白（TrdCFG）（Mo et al.，2011b）。

通过体内基因失活和体外生化实验，获得了中间体替达霉素 F，证明 *trdL* 编码一种新颖的 FAD 依赖的氧化酶，负责后修饰 10 位羟基脱水形成酮基（Mo et al.，2011a）（图 5-15）。同时，Sherman 等研究的晶体学数据表明 TrdL 中的 His62 和 Cys122 与辅因子 FAD 以 8α-N1-His 和 6-S-Cys 的形式双共价结合。通过体内基因失活和体外生化实验证明细胞色素 P450 氧化酶 TrdI 在 tirandamycin 生物合成过程中负责 C-10 位羟化、C-11/C-12 位环氧化和 C-18 位羟化的过程（Carlson et al.，2011）。

进一步的研究揭示了替达霉素合成过程中一种由糖基水解酶 TrdE 所催化的 C-11/C-12 双键形成的新颖酶学机制（图 5-15）。在 *trdE* 突变株积累了替达霉素合成过程中从 PKS-NRPS 合成模块上释放下来的最初中间体 pre-tirandamycin；体外生化实验证明 TrdE 催化 pre-tirandamycin 脱水形成替达霉素 C，负责 C-11/C-12 双键的形成；通过定点突变及酶反应动力学参数表征，发现糖基水解酶的保守催化位点 E145XD147XXE150 对酶活力的维持起着至关重要的作用，揭示了 E150 是该酶的活性催化位点，进而提出了脱水催化机制。TrdE 具有糖基水解酶的典型特征，但其催化中心在替达霉素生物合成中负责催化双键的形成，这代表了一种新的天然产物双键形成机制（Mo et al.，2012）。该研究结果发表后，被 *Nature Chemical Biology* 杂志评为亮点论文，并发表了“Hidden by homology”的评述，认为“TrdE 功能的阐明对于其他生物合成途径中类似未知功能酶的确认有着重要的参考意义”。

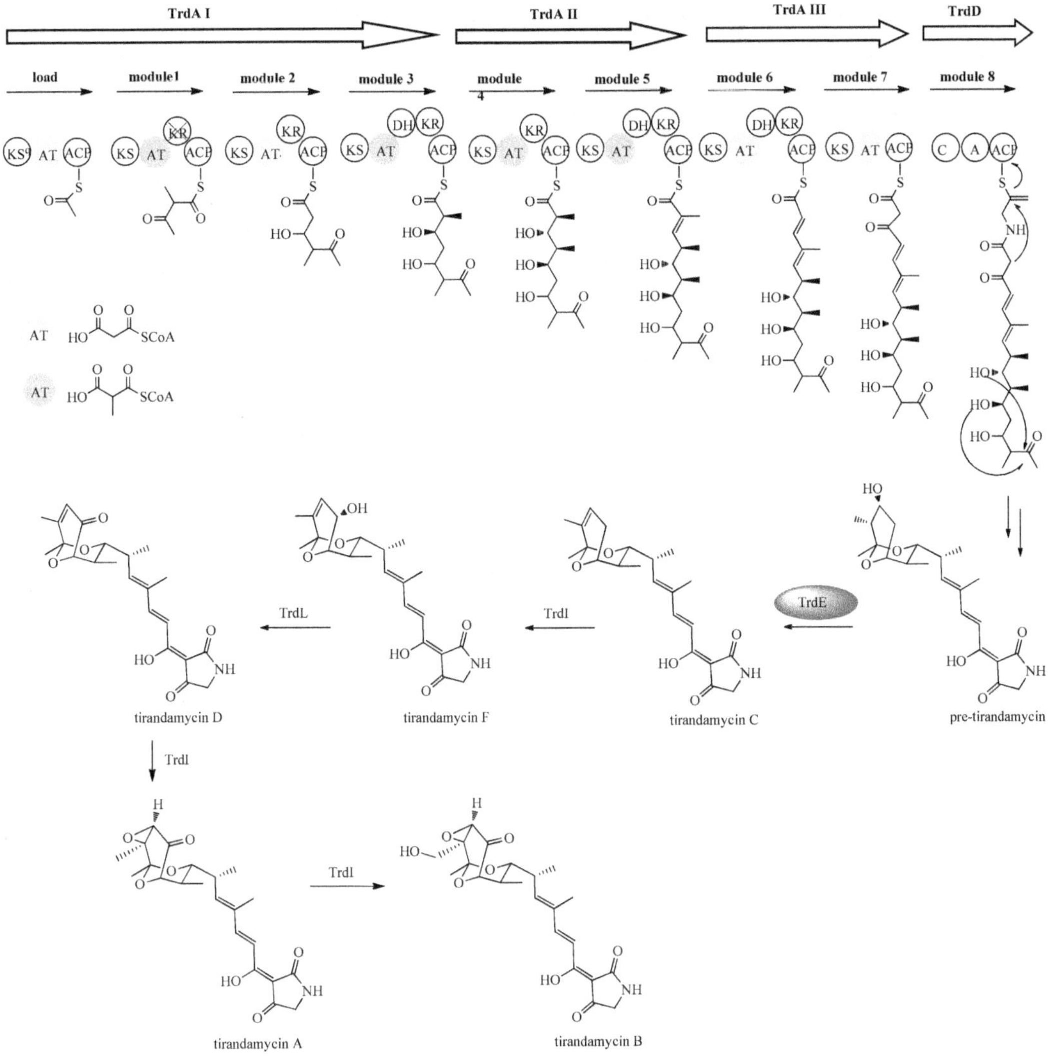

图 5-15 替达霉素生物合成途径

2. 浅蓝霉素的生物合成

浅蓝霉素是一类具有独特的 2, 2′-二联吡啶环结构和罕见肟功能团的化合物，有抗真菌、抗细菌、抗阿米巴和抗肿瘤活性，其中浅蓝霉素 A 有良好的免疫抑制活性（Gurram et al.，2014），具有开发为免疫抑制剂新药的潜力。中国海洋大学朱伟明研究团队从威海沿海采集的海泥样品中分离得到异壁放线菌 *Actinoalloteichus cyanogriseus* WH1-2216-6，能够产生浅蓝霉素 A 和含糖基修饰的同系物 cyanogriside A（Fu et al.，2011a，2011b）。

前期实验结果表明，浅蓝霉素的第一个吡啶环是以 L-赖氨酸为前体，经由吡啶甲酸形成，利用 L-赖氨酸-2-氨基转移酶基因设计兼并引物，从菌株 WH1-2216-6 中克隆到浅蓝霉素生物合成基因簇（Zhu et al.，2012），大小为 44.6kb，包含 24 个基因，其中 20 个与浅蓝霉素的生物合成相关。

与尼可霉素中吡啶环的合成相类似，CrmC、CrmD、CrmE 负责浅蓝霉素的第一个吡啶环的合成：即在氨基转移酶 CrmC 作用下，L-赖氨酸转变为相应的 α-酮酸衍生物，经自发环化、脱水生成吡啶-2-羧酸，吡啶-2-羧酸在黄素酶 CrmD 作用下被氧化生成吡啶甲酸，接着，双功能酶 CrmE 活化吡啶甲酸生成其腺苷化形式，并加载到 CrmE 羧基端的 ACP 结构域上。CrmA、CrmB、CrmI、CrmJ 参与了浅蓝霉素中第二个吡啶环的合成与修饰：在 PKS-NRPS 杂合酶 CrmA 作用下，CrmE 负载的吡啶甲酸与丙二酰 CoA 发生缩合反应，然后半胱氨酸被 CrmA 中 A 结构域活化加载到 T 结构域，并在脱水酶 CrmI 作用下经氧化消除反应生成脱水丙氨酸（Dha），接着烯氨作为亲核试剂攻击 CrmA 中 ACP 结构域上的中间产物，并经自发互变、分子内环化、再互变，然后在 NRPS CrmB 作用下与 L-亮氨酸发生缩合反应，并在硫酯酶 CrmJ 作用下从 CrmB 上水解下来生成浅蓝霉素 L。CrmF、CrmG、CrmH、CrmM、CrmL、CrmN/CrmO 参与了浅蓝霉素的后修饰过程：金属离子依赖的氨基水解酶（CrmL）负责将浅蓝霉素 L 末端由 CrmB 加载的 L-亮氨酸水解下来，这一延伸/去除过程同样出现在 vicenistatin（Shinohara et al.，2011）、xenocoumacin（Reimer et al.，2011）和 collismycin（Garcia et al.，2012）的生物合成过程中；CrmN 和 CrmO 分别与 grixazone 生物合成基因簇中脱水酶组分 GirC 和 GirD 类似，推测可能负责将 C-6 位羧基还原为醛基；CrmG 编码氨基转移酶，与 C-7 位氨基的组装有关；*N*-羟化酶（CrmH）进一步使 C-7 位氨基羟化生成肟；最后，在 *O*-甲基转移酶（CrmM）催化下使 C-4 位上的羟基甲基化生成浅蓝霉素 A（Zhu et al.，2012）（图 5-16）。采用体内失活和体外生化实验，进一步揭示了由黄素依赖的双组分单加氧酶 CrmH 催化肟功能团形成的分子机制：①基因 *crmH* 阻断突变株丧失了浅蓝霉素 A 的合成能力，同时积累了中间体浅蓝霉素 N 和其乙酰化产物浅蓝霉素 J；②反应进程实验结果表明，CrmH 通过形成 *N*-羟氨中间体将胺变成肟；

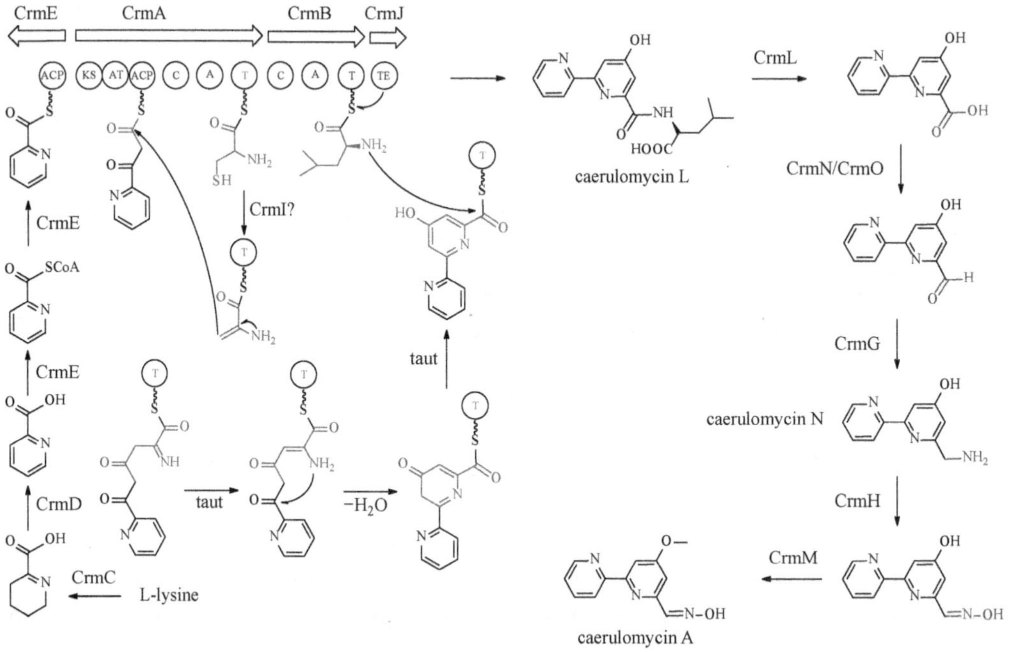

图 5-16 推测的浅蓝霉素 A 生物合成途径

③CrmH 能够利用来自于 *E. coli* 和 *A. cyanogriseus* WH1-2216-6 中的 8 种黄素还原酶提供反应所需要的氢；④通过同源建模推测了底物结合口袋的 4 个关键氨基酸 M95、S165、F251 和 H377，进一步定点突变结果表明 M95A、S165V、F251A 和 H377A 完全丧失了催化活性，揭示了它们对 CrmH 催化活性的必要性（Zhu et al.，2013）。通过体内失活和体外生化实验证实 CrmM 负责吡啶环 4 位碳羟基的甲基化（Fu et al.，2014）。

3. 斑鸠霉素的生物合成

斑鸠霉素属于 PTM（polycyclic tetramatemacrolactam）家族化合物，具有多环稠合的大环内酰胺结构，其独特的结构和优良的抗肿瘤活性吸引了科学家的广泛关注。虽然已有 PTM 生物合成相关报道，但其多环形成机制一直是未解之谜。最近张长生研究团队首次揭示了抗肿瘤天然产物斑鸠霉素还原成环的多环生物合成机制（Zhang et al.，2014a）。

从斑鸠霉素产生菌株，珠江口沉积物来源的海洋链霉菌 *Streptomyces* sp. ZJ306 中克隆鉴定了斑鸠霉素生物合成基因簇，发现与其他 PTM 化合物一样，是经由 PKS-NRPS 杂合途径组装而成。通过基因失活及异源表达等手段，确定了斑鸠霉素基因簇的边界，证实了 *ikaABC* 三个基因即可实现斑鸠霉素在变铅青链霉菌 TK64 中的异源表达；进一步结合体外生化实验初步阐明了 IkaABC 的功能及多环形成的时空顺序：①推测 PKS-NRPS 杂合酶 IkaA 负责化合物 **2** 的组装，其 PKS 结构功能域通过两次重复利用，分别合成两个相似结构的十二碳聚酮链，然后与一分子鸟氨酸缩合形成化合物 **2**，这个推测与 ^{13}C 同位素标记实验结果相一致；②推测 FAD 依赖的氧化还原酶 IkaB 催化 C-10 与 C-11 之间的碳碳连接，产物经自发或者 IkaB 催化的 Diels-Alder 反应形成产物 **3**；③NADPH 依赖的脱氢酶 IkaC 通过催化独特的类似于迈克尔加成的[1+6]亲核加成反应形成了斑鸠霉素内部的五元环结构，研究人员通过体外生化实验和巧妙的氘原子标记实验解析和证实了这个独特的还原环化反应机制（图 5-17）。上述研究成果发表在 *Angewandte Chemie International Edition* 上，并获得了 Faculty of 1000 推荐。

KS AT DH KR ACP C A T TE
S H2N S NH2 O O
KS AT DH KR ACP C A T TE
S H2N S O NH O O O
IkaA
H- O N H OH O O NH H+ 2
IkaB
H HO N H O H H NH O O 2a
IkaB? spontanecously?

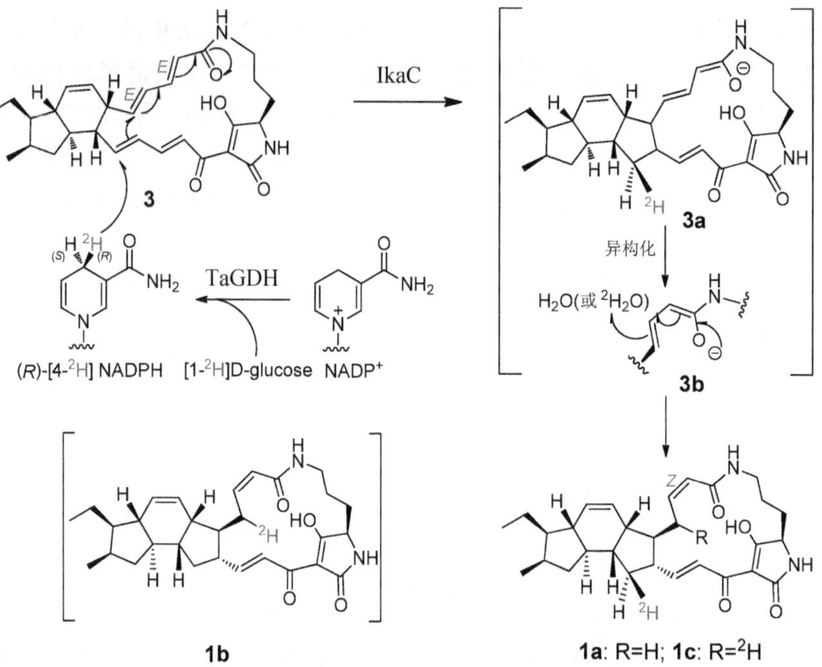

图 5-17 推测的斑鸠霉素生物合成途径及 IkaC 的催化机制

（李文利）

第四节 生物碱类、核苷类和萜类天然产物组合生物合成

海洋环境中生物碱类、核苷类和萜类天然产物的生物合成途径比较多样，国内外学者对这几类次级代谢产物的生物合成进行了较细致的研究，阐明了一系列活性化合物的生物合成机制。本节对海洋放线菌来源的生物碱类、核苷类和萜类天然产物生物合成机制的研究情况进行了总结，详细介绍了生物碱类化合物 marinacarboline 和 maremycin、核苷类化合物 A201A 及萜类化合物 xiamycin A 的生物合成机制，以期为相关研究人员提供参考。

一、生物碱的组合生物合成

生物碱是存在于自然界中的一类含氮的碱性有机化合物，有似碱的性质，大多数有复杂的环状结构，氮素多包含在环内，有显著的生物活性，是中草药中重要的有效成分之一。生物碱结构复杂，品种繁多，根据不同需要可以有多种不同的分类方法，按其母核的基本结构可将生物碱分为 60 类左右，其中主要有有机胺（amine）、吡咯烷（pyrrolidine）、吡啶（pyridine）、喹啉（quinoline）、异喹啉（isoquinoline）、喹唑酮（quinnazolidone）、吲哚（indole）、莨菪烷（tropane）、亚胺唑（imidazole）、嘌呤（purine）、甾体（steroid）和萜（terpene）等 12 类。鉴于生物碱类天然产物的种类多样，生物活性显著，人们对其生物合成进行了研究，目前已经取得较为重要的进展。

1. β-咔啉生物碱类化合物 marinacarboline（MCB）的生物合成

β-咔啉生物碱有 3500 种以上，具有吲哚并吡啶三环体系，是自然界中一类重要的生物碱类天然产物，分布于植物、海洋无脊椎动物和微生物中，具有抗肿瘤、杀虫、抑菌、抗氧化、抗病毒、抗抑郁等广泛的生物学活性。Huang 等从一株南海深海放线菌 *Marinactinospora thermotolerans* SCSIO 00652 中分离得到 5 个海洋 β-咔啉生物碱类化合物 MCB，该类化合物对疟原虫多重耐药株 Dd2 及敏感株 3D7 具有显著的抑制作用但不显示细胞毒活性，成为优良的抗疟药物先导化合物（Huang et al.，2011）。

根据 MCB**1**～**4** 的结构特点，采用基因组挖掘和异源表达的方法将疑似 MCB 生物合成基因簇在 *S. lividans* TK64 进行表达，能够产生 MCB，结合生物信息学分析和缺失突变确定了 MCB 的生物合成基因簇全长仅为 4kb，含有 3 个开放阅读框，分别为酰胺键合成酶编码基因 *mcbA*、未知功能基因 *mcbB* 和编码脱羧酶的基因 *mcbC*（Chen et al.，2013）。

为了验证 *mcbABC* 这三个基因的功能，通过组合的方法（*mcbABC*、*mcbAB* 和 *mcbB*）分别克隆到大肠杆菌 *Escherichia coli* BL21 中，并分析其发酵产物。发现携带 *mcbABC* 和 *mcbAB* 的基因组合均成功在 *E. coli* BL21 中表达 MCB，但后者产量略低；有趣的是未知功能基因 *mcbB* 在 *E. coli* BL21 中单独表达时，产生一个 β-咔啉生物碱母核主产物 **6** 和两个中间体结构衍生物 **5** 和 **8**，证明 McbB 负责 β-咔啉骨架的形成，是一个催化该类母核形成的新颖 Pictet-Spengler 反应酶。进一步的前体（5-F-Trp）和同位素标记的前体（1-^{13}C，2-^{13}C，1，2-^{13}C NaAc）喂养试验表明，β-咔啉母核 **6** 的形成以色氨酸和三酸酸循环途径中的草酰乙酸作为前体，其形成机制包括 Pictet-Spengler 环化、脱羧和脱氢过程。通过对此功能酶新颖酶 McbB 进行同源序列分析，发现在真菌和其他多种生物体内均有其同源蛋白分布，对 McbB 中 42 个高度保守的氨基酸进行单点突变并分析产物 **6** 的产生，证实 Glu97 是 McbB 唯一的催化活性中心。McbB 催化形成 **6** 的过程如图 5-18 所示（Chen et al.，2013）。

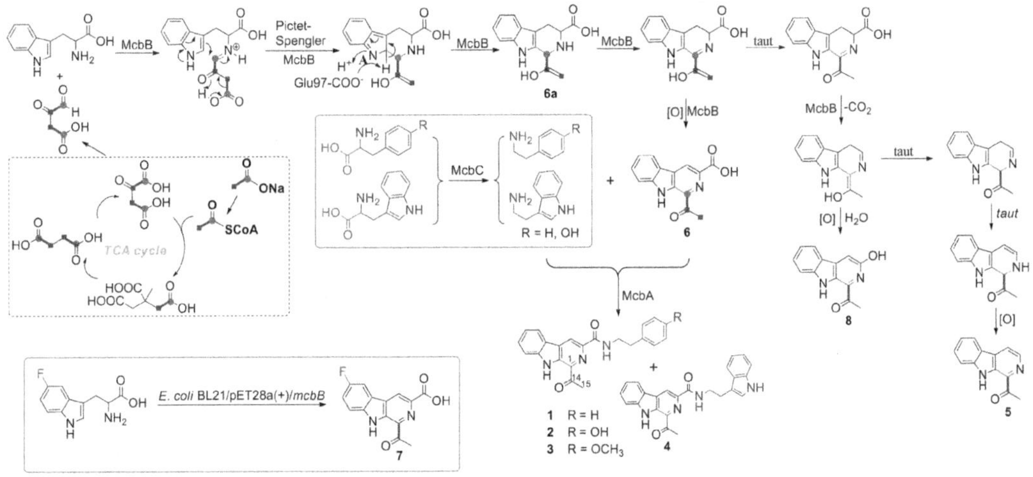

图 5-18 Marinacarbolines 的生物合成途径

体外生化研究表明 McbA 在 Mg^{2+}、ATP 参与下，McbA 首先催化底物 **1a** 腺苷化形成 **6**-*O*-AMP 中间体，然后在氨基供体作用下形成最终的 MCB（图 5-19C），该反应最适的反应条件为 pH 7.5 的磷酸盐缓冲液、37℃。对氨基供体 **1b**、**2b**、**3b** 和 **4b** 分别进行酶促动力学研究，分析发现 **1b**（β-苯乙胺）是天然产物合成中的最适氨基供体，此结论与其对应产物 **1** 在自然界天然产物 MCB 这 4 个组分中丰度最高是一致的。此外，对 McbA 的底物兼容性和宽泛性进行了研究，深入研究了 McbA 对包括 **1b**～**26b** 在内的 26 种氨基供体的识别能力，结果显示 McbA 只能识别 26 种氨基供体中的 **1b**～**18b**，催化得到相应化合物 **1**～**18**（图 5-19A），其中 **1**～**4** 是已经报道的 MCB（Huang et al.，2011），**5**～**18** 属新化合物，**5**～**14** 经 HR-ESI-MS、^{1}H NMR、^{13}C NMR 确定了其结构，**15**～**18** 经 HR-ESI-MS 确认；而 McbA 不能识别剩下的包括天然氨基酸、小分子非芳香胺、苯环与氨基相连碳原子数≤1 的在内的其他 8 种底物（**19b**～**26b**）（图 5-19B），表明 McbA 催化识别的底物苯环与氨基相连的碳链长度、芳香环上取代基数目和位置、（非）芳香性相关（图 5-19）。

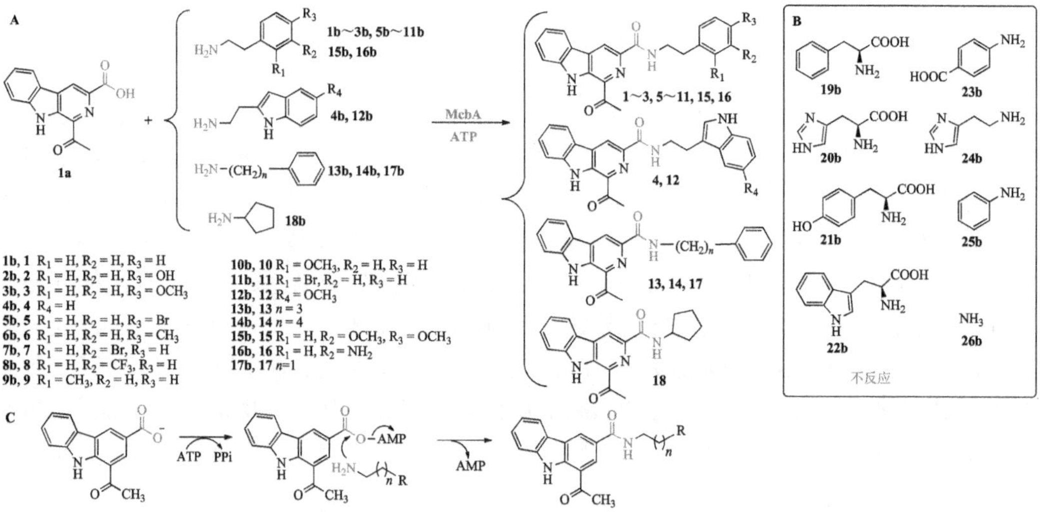

图 5-19　McbA 催化形成的 18 个化合物（A）；McbA 不能识别的氨基供体（B）；McbA 的催化机理（C）

2. 二酮哌嗪生物碱海洋霉素的生物合成

海洋霉素（maremycin A-B，MAR）是由林双君研究团队从 *Streptomyces* sp. B9173 发酵培养液中分离的二酮哌嗪生物碱类生物碱，从其化学结构上，可以明显地看出其含有（2*S*, 3*S*)-3-甲基-色氨酸结构单元，在 Zou 等（2013）克隆的海洋霉素基因簇中发现了与链黑霉素基因簇中完全相同的“基因盒”——*marG-marH-marI*，分别编码依赖于磷酸吡哆醛（PLP）的氨基转移酶、“桶式”折叠蛋白和 *S*-腺苷甲硫氨酸（SAM）依赖的 C-甲基转移酶，因此推测 *marG-marH-marI* 参与 MARs 结构单元（2*S*, 3*S*)-3-甲基-色氨酸的生物合成。

为研究 *marG-marH-marI* 基因盒与（2*S*, 3*S*)-3-甲基-色氨酸（**5**）生物合成之间的关联，将这三个基因进行表达纯化并进行体外生化实验，结果发现：MarG 能够作为 L-Trp 的氨基转移酶，催化 L-Trp 脱去的 α-NH_2 形成吲哚丙酮酸（**1**）；MarI 只能催化吲哚丙酮酸（**1**）的 C-3 位进行甲基化，而不能催化 L-Trp 的 C-3 直接甲基化；如在反应体系中同时加入 MarG/I 时能够检测到 3-甲基色氨酸的生成，因此体外生化反应实验证明，氨基转移酶 MarG 和甲基转移酶 MarI 能够催化 L-Trp 生物合成 3-甲基色氨酸。对生化反应中合成的 3-

甲基色氨酸进一步通过 NMR 鉴定，结果发现 MarG/I 催化产物 3-甲基色氨酸的立体构型是（2*S*, 3*R*）-3-甲基-色氨酸（**4**）而不是之前所期待的（2*S*, 3*S*）-3-甲基-色氨酸（**5**）（图 5-20）。在不能产生 MAR 的突变株 Δ*marI* 发酵培养基中喂养（2*S*, 3*S*）-3-甲基-色氨酸（**4**）时，并不能够恢复生产 MAR，提示（2*S*, 3*S*）-3-甲基-色氨酸（**4**）不是合成 MAR 的有效前体，其可能需先异构化为（2*S*, 3*S*）-3-甲基-色氨酸（**5**）才能被整合进组装链以形成 MAR。

对“三基因盒子”中的未知功能基因 *marH* 进行生物信息学分析，二级结构预测表明该蛋白质包含一个桶式折叠，而桶式超家族蛋白具有异构酶的活性，因此推测 MarH 可能催化 3-甲基基团的立体化学反转以负责（2*S*, 3*S*）-3-甲基-色氨酸（**5**）的生物合成。在 MarG/I 的双酶催化反应体系中添加 MarH 时，能够产生（2*S*，3*S*）-3-甲基-色氨酸（**5**）。在Δ*marI* 突变株中喂养（2*S*, 3*S*）-3-甲基-色氨酸（**5**）能够使得其恢复生产 MAR。因此，MarG/H/I 的连续催化反应能够催化 L-Trp 形成 MAR 的生物合成前体（2*S*, 3*S*）-3-甲基-色氨酸（**5**）（图 5-20）。

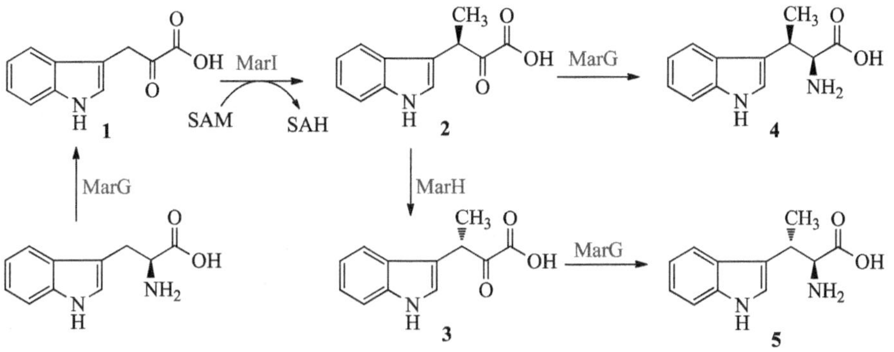

图 5-20 MarG/I 和 MarG/H/I 催化 L-色氨酸形成不同构型 3-甲基-色氨酸的过程

针对 MarH 何时、怎样催化 3-甲基构型的反转，合成了[3, 3-$^2H_2$]吲哚丙酮酸，利用 MarI 催化得到单重氢取代的（*R*）-3-甲基-吲哚丙酮酸（**2**）作为酶反应的底物，生化反应表明，只添加 MarG 时形成（2*S*, 3*R*）-3-甲基-色氨酸（**4**），同时添加 MarH/G 时形成（2*S*, 3*S*）-3-甲基-色氨酸（**5**），在（2*S*, 3*S*）-3-甲基-色氨酸（**5**）同时存在失去重氢和保留重氢的情况。该结果表明有单碱基机制和双碱基机制两种可能的机制负责 (*R*)-3-甲基-吲哚丙酮酸（**2**）到 (*S*)-3-甲基-吲哚丙酮酸（**3**）的反转异构（单碱基机制中 C-3 原子的重氢应该保留，而双碱基机制中新形成的 C—H 键中的氢是源自溶剂）。为区分 MarH 是属于单碱基机制还是双碱基机制，对 MarH 中的保守位点进行了单点突变，发现 MarH 的活性必不可少 E68A 和 H107A，可能是去质子化的二分体。MarH 极有可能通过单碱基机制的方式催化β-立体中心的异构化，E68 和 H107 构成一个催化碱基对负责脱氢。

MarH 的三个同源蛋白 StnK3（streptonigrin），来自 *Actinoplanes* sp. 基因组的 ACPL_6197 和来自 *Conexibacter woesei* DSM 14684 基因组的 Cwoe_4835 经体外生化证实也能行使与 MarH 同样的功能，说明该机制在微生物次级代谢产物中普遍存在。该研究阐明了新的异构化酶调控 (3*S*)-构型形成的分子机制，不仅解开了自然界中两种构型的 3-甲基-色氨酸次级代谢产物形成的谜团，同时为定向合成 β-甲基色氨酸和挖掘含有 3-甲基-色氨酸结构单元的天然产物提供了工具。

二、萜类化合物的组合生物合成

萜类化合物（terpenoid）又称类异戊二烯（isoprenoid），是指分子式为异戊二烯单位的倍数的烃类及其含氧衍生物，这些含氧衍生物可以是醇、醛、酮、羧酸、酯等。萜类化合物具有多种生物学功能，可作为激素、杀虫剂、抗生素和抗癌药物等应用于农业和医药等领域。萜类化合物在自然界中广泛存在，一直以来，主要是从高等植物、真菌和昆虫等中分离得到萜类化合物；近几年来，陆续从海洋来源的放线菌中分离得到一系列结构新颖的萜类化合物，包括 napyradiomycin、merochlorin 和 xiamycin 等。

Xiamycin 生物合成机制研究

2012 年，从放线菌 *Streptomyces* sp. SCSIO 02999 分离得到 xiamycin A 及 4 个新的结构类似物 oxiamycin、chloroxiamycin 及 dixiamycin A 和 B 等 5 个吲哚倍半萜类化合物（Zhang et al.，2012），其中 dixiamycin A 和 B 是首次发现的 N—N 偶联的位阻异构体，由两个吲哚倍半萜结构单元通过两个 sp^3 杂化的 N 原子之间的立体异构轴相连形成，具有优于单体化合物 XMA 的抗菌活性；oxiamycin 则含有一个罕见的含氧七元的 2, 3, 4, 5-四氢噁庚英环。

通过对菌株 SCSIO 02999 全基因组扫描和注释，确定一个约 24kb 厦霉素生物合成基因簇，包含了 18 个开放阅读框，其中 *xiaDEFNP* 五个基因可能参与厦霉素的萜类骨架的合成，*xiaABIJKLMO* 八个基因编码合成途径中负责氧化还原的酶，*xiaCGHQR* 则是五个编码调控子和转运子的基因。通过靶向 PCR 和大肠杆菌-链霉菌接合转移技术，对除了 *xiaA* 基因以外的 17 个基因进行了基因缺失实验，并从其中的芳香环羟化酶基因 *xiaK* 和 P450 氧化酶基因 *xiaM* 两个突变株的发酵产物中分离鉴定了五个厦霉素生物合成途径的中间产物 indosespene、indosespenol、dihydroxyl-3-farnesyl indole、preindosepene 和 indosespenone，为体外测定关键酶的反应机理提供了底物。

通过大肠杆菌介导的生物转化实验和液相色谱-质谱联用（LC-MS）检测分析，我们发现 P450 氧化酶 XiaM 能够催化三步羟基化反应，把代谢中间产物 preindosespene 上的甲基转化成羧基，生成产物 indosespene（图 5-21）。对 XiaM 中的两个保守残基 T231 和 C338 进行点突变后发现 T231 残基突变为丙氨酸后，保留了催化 preindosespene 的第一步羟化生成 indosespenol 的能力，但不能催化 indosespenol 后续羟化反应；而 C338 残基突变为丙氨酸后完全丧失了催化活性。实验结果说明这两个残基在 XiaM 的催化过程中具有关键作用。在 XiaI 生物转化实验中发现，携带 *xiaI* 基因的大肠杆菌经过诱导后能将 indosespene 转化成一个新的化合物 prexiamycin 和 xiamycin A（XMA），随着培养时间的延长，indosespene 和 prexiamycin 均消失，完全转化成 XMA。随后研究人员通过体外实验证明，重组蛋白 XiaI 是一个 FAD 依赖的吲哚氧化酶，在 FAD（或者 FMN）和 NAD(P)H 存在的条件下，能够催化 indosespene 生成 prexiamycin，prexiamycin 是一个不稳定的化合物，在空气中能自发氧化并进一步生成终产物 XMA（图 5-22），这是吲哚倍半萜类化合物生物合成中的一个新型的氧化环化机制。

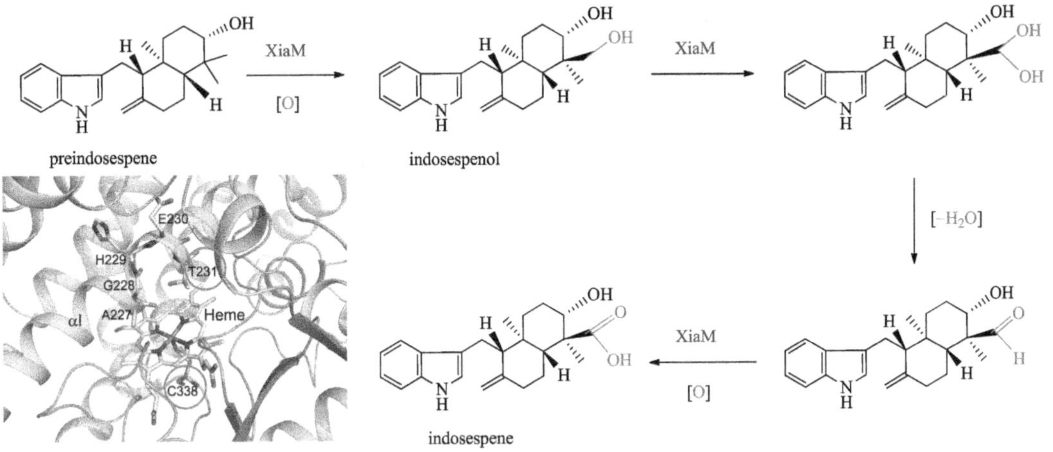

图 5-21 XiaM 的功能及其催化机制

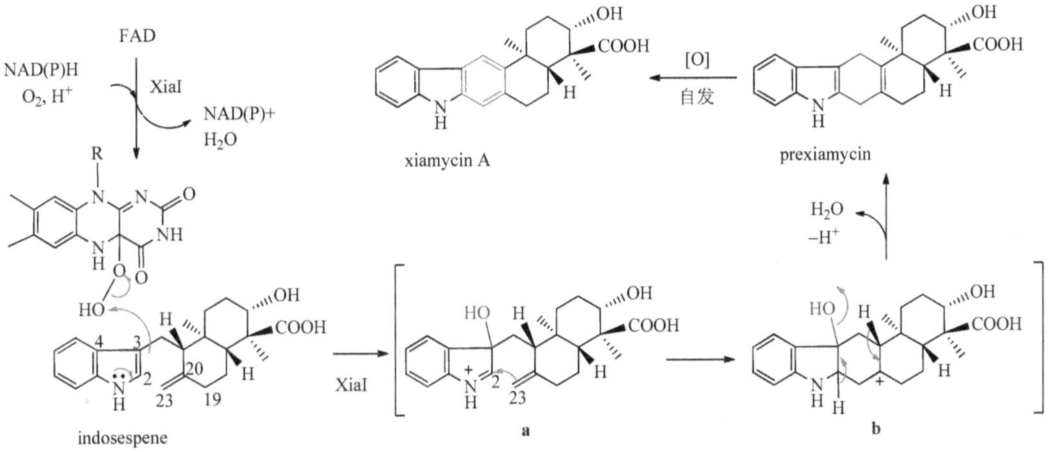

图 5-22 XiaI 的功能和催化机制

根据各基因的生物信息学分析，结合基因敲除、喂养试验以及酶的体内外实验结果，推导出厦霉素的生物合成途径（图 5-23）。基因 *xiaD*、*xiaE* 和 *xiaF* 编码的产物与非甲羟戊酸途径中的 4-羟基-3-甲基-2-丁烯基-焦磷酸还原酶（IspH）、1-脱氧-D-木酮糖-5-磷酸合酶（DXS）和 4-羟基-3-甲基-2-丁烯基-焦磷酸合酶（IspG）具有很高的一致性，而编码非甲羟戊酸途径中的另外几个酶的基因则可以在 *xia* 基因簇外的基因组序列中找到，据此推测 XiaDEF 以及一些在 *xia* 基因簇外的酶共同作用，通过非甲羟戊酸途径为厦霉素的萜类骨架合成提供异戊二烯前体单元——异戊烯焦磷酸（isopentenylallyl diphosphate，IPP）和二甲丙烯焦磷酸（dimethylallyl diphosphate，DMAPP），聚异戊二烯二磷酸合酶 XiaN 催化 IPP 和 DMAPP 缩合形成法尼基焦磷酸（farnesyl-diphosphate，FPP），而聚异戊二烯合成酶 XiaP 则负责将 FPP 装载到吲哚环上，形成 3-法尼基吲哚。随后，3-法尼基吲哚在单加氧酶 XiaO 的作用下形成环氧化合物，该化合物在膜蛋白 XiaH 的催化下发生分子内环化形成 preindosespene。细胞色素 P450 氧化酶 XiaM 选择性催化氧化 preindosespene 的 24 位碳上的甲基变成羧基，生成中间产物 indosespene；接下来吲哚氧化酶 XiaI 催化

indosespene 反应生成 prexiamycin，而后者自发氧化生成 XMA，其中 XiaOHMI 的催化功能已经得到证实。OXM 则可能由芳香环羟化酶 XiaK 催化 XMA 转化而成。

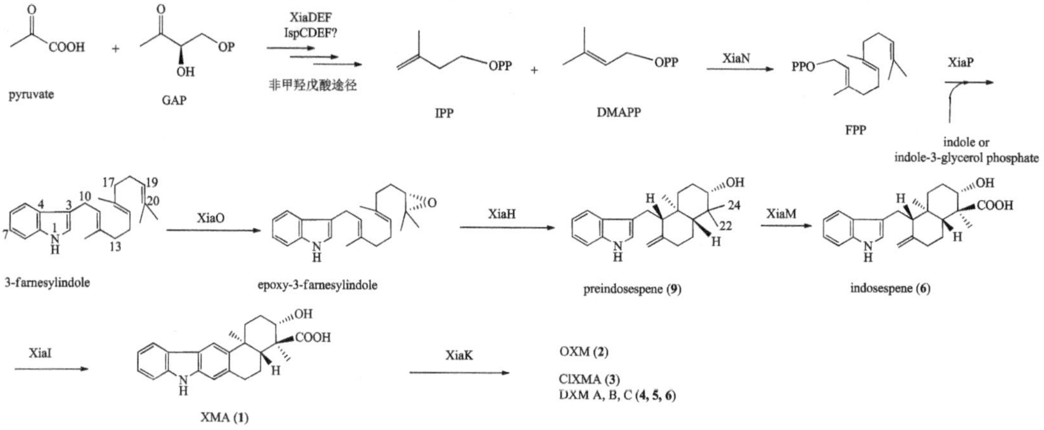

图 5-23 推测的厦霉素 A 的生物合成途径

越来越多放线菌来源的萜类化合物的生物合成基因簇的分离和鉴定，为研究萜类化合物合成的分子机理提供重要的遗传信息，也为新型酶与新颖酶学机理的发现提供了可能。除了继续探索和发现与萜类化合物结构相关的分子基础外，探讨合成途径中关键酶酶学机理，如酶对反应中间体的高度立体选择性、酶分子之间的复杂相互作用等，也将成为未来放线菌萜类化合物生物合成的研究重点。

三、核苷类化合物 A201A 的组合生物合成

核苷类抗生素 A201A 由四个结构单元组成，即氨基核苷结构单元、*α*-甲基桂皮酸结构单元、含不饱和双键的呋喃己糖（galactofuranose）结构单元和含 *β*-D-构型的鼠李糖（*β*-D-rhamnose）结构单元。A201A 首次分离自 *Streptomyces capreolus* NRRL 3817，鞠建华研究团队从一株南海深海放线菌 *M. thermotolerans* SCSIO 00652 中再次分离得到了 A201A，并成功建立了该菌株的遗传操作体系，对其生物合成机制进行了详细研究。通过全基因组扫描定位了一段由 33 个基因组成的序列可能负责其生物合成，如图 5-24A 所示。*mtdA* 位于基因簇上游，生物信息学显示 MtdA 属于 GntR 家族的调控因子，对 *mtdA* 进行缺失发现相应的突变株产生 A201A 的产量大约提高 25 倍，证明 *mtdA* 为 A201A 生物合成的负调节基因（Zhu et al.，2012）。

A201A 的氨基核苷结构单元与嘌呤霉素中相关的结构单元一致（图 5-24B），而 *α*-甲基桂皮酸结构单元则与潮霉素 A 中相关的结构单元类似（图 5-24C），A201A 结构中含有 *β*-D-型鼠李糖结构单元，根据其结构特征，结合对基因簇其他基因的生物信息学分析结果，推测其生物合成途径（图 5-20D）：*β*-D-型鼠李糖结构单元起始于 GDP-D-甘露糖，在 GDP-D-甘露糖 4, 6-脱水酶 MtdH 催化下脱去一分子水，然后在氧化还原酶 MtdJ 作用下，将酮基还原形成羟基，最后，糖基转移酶 $MtdG_1$ 催化该结构单元连接到 A201A 骨架上。通过对以上三个基因进行体内突变，并对基因突变株进行代谢产物分离分析，发现 *$mtdG_1$*

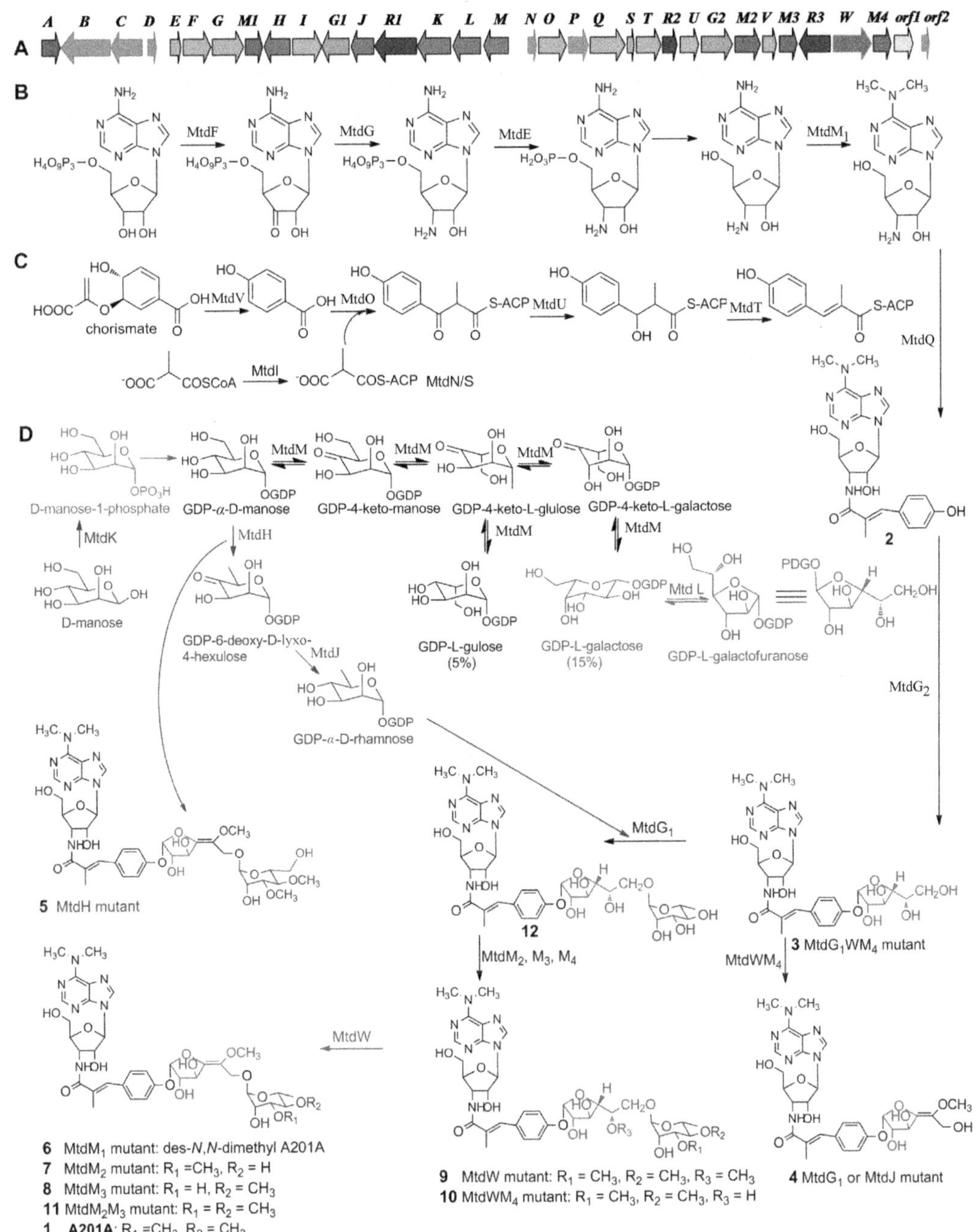

图 5-24　A201A 的生物合成基因簇和推测的生物合成途径

和 *mtdJ* 突变株均产生化合物 **4**，说明它们确实参与了末端 β-D-鼠李糖结构单元生物合成；*mtdH* 突变株不能产生 A201A 但积累了 A201A 的结构类似物 **5**，**5** 的结构中含有 D-甘露糖，而不是 A201A 结构中的 D-鼠李糖，证明 MtdH 催化 GDP-α-D-甘露糖的 4, 6-脱水以形成 GDP-4-酮-6-脱氧-α-D-甘露糖（GDP-4-keto-6-deoxy-D-mannose）；糖基转移酶 $MtdG_1$ 具有底物宽泛性，可以识别 GDP-α-D-甘露糖（GDP-α-D-mannose）和 GDP-α-D-鼠李糖

（GDP-α-D-rhamnose）。

关于 A201A 结构中呋喃己糖结构单元的生物合成，根据生物信息学分析结果，推测共转录的三个基因 *mtdKLM* 极有可能参与呋喃己糖结构单元的生物合成，糖基转移酶 $mtdG_2$ 负责该结构单元向糖苷配基（**2**）的转移。为证明这 4 个基因的功能，构建 *mtdK*、*mtdL*、*mtdM*、$mtdG_2$ 基因突变株，并对基因突变株进行代谢产物分离分析，发现 *mtdK*、*mtdL*、*mtdM*、$mtdG_2$ 基因突变株能产生中间体 **2**，表明 MtdKLM 确实均参与呋喃己糖结构单元的生物合成。进一步采用同位素标记的前体（1-^{13}C D-甘露糖）喂养试验证实 A201A 中的呋喃己糖和鼠李糖结构单元具有共同的前体 GDP-D-甘露糖。根据生物信息学和体内实验推测呋喃己糖结构单元的生物合成过程如图 5-24D 所示：D-甘露糖由己糖激酶 MtdK 磷酸化，并由未知的核苷转移酶催化生成 GDP-α-D-甘露糖，进一步由 GDP-α-D-甘露糖 3', 5'-差向异构酶 MtdM 催化形成 GDP-β-L-半乳糖（GDP-β-L-galactose）并经吡喃-呋喃变位酶 MtdL 转化成 GDP-L-半乳呋喃糖（GDP-L-galactofuranose）。接下来，两个糖结构单元分别由 $MtdG_2$ 和 $MtdG_1$ 转移到糖苷配体 **2**，形成早熟的 A201A 结构类似物 **12**（图 5-24D）。

A201A 的结构中还包含一个 *N*-甲基和三个 *O*-甲基，其中呋喃己糖结构单元中包含一个不饱和双键。生物信息学显示，A201A 生物合成基因簇中包含四个甲基转移酶基因（$mtdM_1$、$mtdM_2$、$mtdM_3$ 和 $mtdM_4$）和 3 个氧化还原酶基因（*mtdF*、*mtdJ* 和 *mtdW*）。其中，*mtdF* 与氨基核苷结构中的氨基合成有关；*mtdJ* 证实与鼠李糖结构单元合成有关；因此推测 *mtdW* 负责呋喃己糖结构单元中双键的形成。随后构建了 $mtdM_1$、$mtdM_2$、$mtdM_3$、$mtdM_4$、*mtdW* 和 *mtd*（W～M_4）基因突变株，结果发现：所有的突变株均不能产生 A201A；$mtdM_4$ 突变株没有新产物出现；$mtdM_1$ 突变株产生新产物 **6**；其他几个基因 $mtdM_2$、$mtdM_3$、*mtdW* 和 $mtdWM_4$ 突变株分别产生新的结构类似物 **7**、**8**、**9** 和 **10**。同时在 $mtdM_2$ 同框敲除的基础上，突变掉了 $mtdM_3$，产生了新的结构类似物 **11**。这些结果证明：$mtdM_1$ 负责 A201A 中 3'-氨基-3'-脱氧腺苷结构单元的 *N*,*N*-二甲基化；$mtdM_2$ 和 $mtdM_3$ 分别负责 A201A 中 β-D-鼠李糖结构单元 OH-C-4'和 OH-C-3'的 *O*-甲基化；$mtdM_4$ 负责 L-半乳呋喃糖结构单元中 OH-C-5'的 *O*-甲基化；*mtdW* 是一类新颖的脱氢酶基因，负责 L-半乳呋喃糖结构单元中 C-4/C-5 的脱氢作用；这些结构类似物的积累说明四个甲基转移酶和脱氢酶 MtdW 具有较高的区域特异性和较宽泛的底物特异性（图 5-24D）。

（陈　奇　李青连　马俊英　鞠建华）

参 考 文 献

肖吉，张光涛，朱义广，等. 2012. 海洋微生物次级代谢产物生物合成的研究进展. 中国抗生素杂志，37（4）：241-253.

Carlson J C，Li S Y，Gunatilleke S S，et al. 2011. Tirandamycin biosynthesis is mediated by co-dependent oxidative enzymes. Nat Chem，3（8）：628-633.

Chen Q，Ji C，Song Y，et al. 2013. Discovery of McbB，an enzyme catalyzing the beta-carboline skeleton construction in the marinacarboline biosynthetic pathway. Angew Chem Int Ed Engl，52（38）：9980-9984.

Chen Y，Zhang W，Zhu Y，et al. 2014. Elucidating hydroxylation and methylation steps tailoring piericidin A1 biosynthesis. Org Lett，16（3）：736-739.

Edwards D J，Gerwick W H. 2004. Lyngbyatoxin biosynthesis：Sequence of biosynthetic gene cluster and identification of a novel aromatic prenyltransferase. J Am Chem Soc，126（37）：11432-11433.

Engelhardt K，Degnes K F，Zotchev S B. 2010. Isolation and characterization of the gene cluster for biosynthesis of the thiopeptide antibiotic TP-1161. Appl Environ Microbiol，76（21）：7093-7101.

Fang J，Zhang Y，Huang L，et al. 2008. Cloning and characterization of the tetrocarcin A gene cluster from *Micromonospora chalcea* NRRL 11289 reveals a highly conserved strategy for tetronate biosynthesis in spirotetronate antibiotics. J Bacteriol，190（17）：6014-6025.

Fu P，Liu P，Li X，et al. 2011a. Cyclic bipyridine glycosides from the marine-derived actinomycete *Actinoalloteichus cyanogriseus* WH1-2216-6. Org Lett，13（22）：5948-5951.

Fu P，Wang S，Hong K，et al. 2011b. Cytotoxic bipyridines from the marine-derived actinomycete *Actinoalloteichus cyanogriseus* WH1-2216-6. J Nat Prod，74（8）：1751-1756.

Fu P，Zhu Y，Mei X，et al. 2014. Acyclic congeners from *Actinoalloteichus cyanogriseus* provide insights into cyclic bipyridine glycoside formation. Org Lett，16（16）：4264-4267.

Garcia I，Vior N M，Brana A F，et al. 2012. Elucidating the biosynthetic pathway for the polyketide-nonribosomal peptide Collismycin A：Mechanism for formation of the 2, 2'-bipyridyl ring. Chem Biol，19（3）：399-413.

Gerwick W H，Moore B S. 2012. Lessons from the past and charting the future of marine natural products drug discovery and chemical biology. Chem Biol，19（1）：85-98.

Gurram R K，Kujur W，Maurya S K，et al. 2014. Caerulomycin A enhances transforming growth factor-beta (TGF-beta)-Smad3 protein signaling by suppressing interferon-gamma (IFN-gamma)-signal transducer and activator of transcription 1（STAT1）protein signaling to expand regulatory T cells（Tregs）. J Biol Chem，289（25）：17515-17528.

Hertweck C. 2009. The biosynthetic logic of polyketide diversity. Angew Chem Intl Ed Engl，48（26）：4688-4716.

Huang H，Yang T，Ren X，et al. 2012. Cytotoxic angucycline class glycosides from the deep sea actinomycete *Streptomyces lusitanus* SCSIO LR32. J Nat Prod，75（2）：202-208.

Huang H B，Yao Y L，He Z X，et al. 2011. Antimalarial beta-carboline and indolactam alkaloids from *Marinactinospora thermotolerans*，a deep sea isolate. J Nat Prod，74（10）：2122-2127.

Jia X Y，Tian Z H，Shao L，et al. 2006. Genetic characterization of the chlorothricin gene cluster as a model for spirotetronate antibiotic biosynthesis. Chem Biol，13（6）：575-585.

Kanchanabanca C，Tao W，Hong H，et al. 2013. Unusual acetylation-elimination in the formation of tetronate antibiotics. Angew Chem Int Ed Engl，125（22）：5785-5788.

Lane A L，Moore B S. 2011. A sea of biosynthesis：Marine natural products meet the molecular age. Nat Prod Rep，28（2）：411-428.

Li S，Tian X，Niu S，et al. 2011. Pseudonocardians A-C，new diazaanthraquinone derivatives from a deap-sea actinomycete *Pseudonocardia* sp. SCSIO 01299. Mar Drugs，9（8）：1428-1439.

Li S，Xiao J，Zhu Y，et al. 2013. Dissecting glycosylation steps in lobophorin biosynthesis implies an iterative glycosyltransferase. Org Lett，15（6）：1374-1377.

Liu Q，Yao F，Chooi Y H，et al. 2012. Elucidation of Piericidin A1 biosynthetic locus revealed a thioesterase-dependent mechanism of alpha-pyridone ring formation. Chem Biol，19（2）：243-253.

Ma J Y，Zuo D G，Song Y X，et al. 2012. Characterization of a single gene cluster responsible for Methylpendolmycin and Pendolmycin biosynthesis in the deep sea Bacterium *Marinactinospora thermotolerans*. Chem Biol Chem，13（4）：547-552.

Mo X，Huang H，Ma J，et al. 2011a. Characterization of TrdL as a 10-hydroxy dehydrogenase and generation of new analogues from a tirandamycin biosynthetic pathway. Org Lett，13（9）：2212-2215.

Mo X，Ma J，Huang H，et al. 2012. Delta(11, 12)double bond formation in tirandamycin biosynthesis is atypically catalyzed by TrdE，a glycoside hydrolase family enzyme. J Am Chem Soc，134（6）：2844-2847.

Mo X，Wang Z，Wang B，et al. 2011b. Cloning and characterization of the biosynthetic gene cluster of the bacterial RNA polymerase inhibitor tirandamycin from marine-derived *Streptomyces* sp. SCSIO1666. Biochem Biophys Res Commun，406（3）：341-347.

Niu S，Li S，Chen Y，et al. 2011. Lobophorins E and F，new spirotetronate antibiotics from a South China Sea-derived *Streptomyces* sp. SCSIO 01127. J Antibiot（Tokyo），64（11）：711-716.

Piel J，Hertweck C，Shipley P R，et al. 2000. Cloning，sequencing and analysis of the enterocin biosynthesis gene cluster from the marine isolate *'Streptomyces maritimus'*：Evidence for the derailment of an aromatic polyketide synthase. Chem Biol，7（12）：943-955.

Reimer D，Pos K M，Thines M，et al. 2011. A natural prodrug activation mechanism in nonribosomal peptide synthesis. Nat Chem Biol，7（12）：888-890.

Schmidt E W，Nelson J T，Rasko D A，et al. 2005. Patellamide A and C biosynthesis by a microcin-like pathway in Prochloron didemni，the cyanobacterial symbiont of Lissoclinum patella. Proc Natl Acad Sci USA，102（20）：7315-7320.

Shinohara Y，Kudo F，Eguchi T. 2011. A natural protecting group strategy to carry an amino acid starter unit in the biosynthesis of macrolactam polyketide antibiotics. J Am Chem Soc，133（45）：18134-18137.

Tian X P，Long L J，Li S M，et al. 2013. *Pseudonocardia antitumoralis* sp. nov.，a deoxynyboquinone-producing actinomycete isolated from a deep-sea sediment. Int J Syst Evol Microbiol，63（3）：893-899.

Tian X P，Long L J，Wang F Z，et al. 2012. *Streptomyces nanhaiensis* sp. nov.，a novel marine streptomycete isolated from a deep sea sediment in Southern China Sea. Int J Syst Evol Microbiol，62（4）：864-868.

Tian X P，Tang S K，Dong J D，et al. 2009a. *Marinactinospora thermotolerans* gen. nov.，sp. nov.，a marine actinomycete isolated from a sediment in the northern South China Sea. Int J Syst Evol Microbiol，59（5）：948-952.

Tian X P，Zhi X Y，Qiu Y Q，et al. 2009b. Sciscionella marina gen. nov.，sp. nov.，a marine actinomycete isolated from a sediment in the northern South China Sea. Int J Syst Evol Microbiol，59（2）：222-228.

Tian Z，Sun P，Yan Y，et al. 2015. An enzymatic [4+2] cyclization cascade creates the pentacyclic core of pyrroindomycins. Nat Chem Biol，11（4）：259-265.

Weissman K J. 2009. Introduction to polyketide biosynthesis. Methods Enzymol，459：3-16.

Xiao J，Zhang Q，Zhu Y，et al. 2013. Characterization of the sugar-*O*-methyltransferase LobS1 in lobophorin biosynthesis. Appl Microbiol Biotechnol，97（20）：9043-9053.

Zhang G，Zhang W，Zhang Q，et al. 2014a. Mechanistic insights into polycycle formation by reductive cyclization in ikarugamycin biosynthesis. Angew Chem Int Ed Engl，53（19）：4840-4844.

Zhang H，White-Phillip J A，Melancon C E，et al. 2007. Elucidation of the kijanimicin gene cluster：Insights into the biosynthesis of spirotetronate antibiotics and nitrosugars. J Am Chem Soc，129（47）：14670-14683.

Zhang Q B，Mandi A，Li S M，et al. 2012a. N-N-coupled indolo-sesquiterpene atropo-diastereomers from a marine-derived actinomycete. Eur J Org Chem，（27）：5256-5262.

Zhang W，Liu Z，Li S，et al. 2012b. Spiroindimicins A-D：New bisindole alkaloids from a deep-sea-derived actinomycete. Org Lett，14（13）：3364-3367.

Zhang W，Liu Z，Li S M，et al. 2012c. Fluostatins I-K from the South China Sea-derived *Micromonospora rosaria* SCSIO N160. J Nat Prod，75（11）：1937-1943.

Zhang W，Li S，Zhu Y，et al. 2014b. Heronamides D-F，polyketide Macrolactams from the deep-sea-derived *Streptomyces* sp. SCSIO 03032. J Nat Prod，77（2）：388-391.

Zhang Y，Huang H，Chen Q，et al. 2013. Identification of the Grincamycin gene cluster unveils divergent roles for GcnQ in different hosts，tailoring the l-rhodinose moiety. Org Lett，15（13）：3254-3257.

Zhu Y，Fu P，Lin Q，et al. 2012. Identification of caerulomycin a gene cluster implicates a tailoring amidohydrolase. Org Lett，14（11）：2666-2669.

Zhu Y，Zhang Q，Li S，et al. 2013. Insights into caerulomycin A biosynthesis：A two-component monooxygenase CrmH-catalyzed oxime formation. J Am Chem Soc，135（50）：18750-18753.

Zou Y，Fang Q，Yin H，et al. 2013. Stereospecific biosynthesis of beta-methyltryptophan from (L)-tryptophan features a stereochemical switch. Angew Chem Int Ed Engl，52（49）：12951-12955.

第六章

海洋糖类化合物研究开发

糖又称碳水化合物，是生命体中除了蛋白质和核酸外第三大生命活性物质。糖不仅仅是生命体的能量提供物质和结构支撑物质，更是重要的信息传导物质，参与几乎所有的生命活动，并与人类多种重大疾病的发生和发展密切相关。随着糖生物学与医学和药学学科间的相互渗透，以及糖类提取分离技术、糖生物与化学合成技术的不断进步（Wong，2003），尤其是糖质谱结构序列分析技术和糖生物芯片（Fukui et al.，2002；Feizi et al.，2003）及表面等离子体共振（SPR）微量糖活性检测技术的发展，大大加快了以糖为基础的药物（carbohydrate-based drug）的研究步伐。除了天然的真菌多糖（lentinan，PSK）、动物酸性多糖（肝素、硫酸软骨素）及生物发酵的细菌多糖（α-甘露糖肽）外，某些含有*N*, *O*-糖链的糖蛋白（EPO）、被糖修饰的抗生素类（万古霉素）以及糖苷类（Rg3/Rh2）、核苷类化合物（阿糖胞苷、阿糖腺苷）等，均属于糖药物的范畴（蔡孟深等，2006）。与其他药物相比，糖类药物大多作用于细胞表面，参与细胞的黏附、识别以及信号的转导等，具有毒副作用小、安全性高的特点。为了开拓糖类药物研究的新局面，各种糖类新资源、新功能的发现以及糖库的建设是糖类药物开发的重要内容（王克夷，2001）。目前，各国科学家采用提取分离、人工合成、生物发酵以及各种降解技术等获得了结构不同的糖类化合物并构建了各种糖库，如美国 Georgia 大学复合糖类研究中心（CCRC）构建了糖复合物数据库；由美国 Scripps 研究所与英国帝国理工学院、美国麻省理工学院（MIT）等组成的功能糖组学联盟构建了*N*, *O*-糖链及糖芯片数据库(http://www.functionalglycomics.org)；中国海洋大学构建了海洋糖库等，这些化合物信息为糖类活性先导化合物的发现和糖药物的开发提供了基础。

海洋中的糖类物质资源丰富、结构独特，是糖药物研究的重要资源，如目前以褐藻多糖为原料开发的海洋糖类药物有藻酸双酯钠（PSS）、甘糖酯（PMS）、海力特及岩藻聚糖硫酸酯（FPS），以及处于临床Ⅱ-Ⅲ期研究阶段的抗脑缺血药物（D-聚甘酯）和抗老年痴呆药物（HS971）；以甲壳质为原料开发的处于临床Ⅲ期研究的海洋抗动粥药物几丁糖酯（916）；以玉足海参为原料开发的抗凝血药物海参多糖和从海洋真菌中提取分离的抗肿瘤多糖药物（YCP）等。近年来，日本科学家从褐藻中提取获得的新型岩藻多糖-MC26，其抗流感病毒效果比抗流感药物“达菲”更为显著。目前，国外研究已经发现 κ, λ, ι-卡拉胶可以专一抑制 PDGF、TGFβ1 和 bFGF 因子，其中 ι-卡拉胶已经在奥地利作为早期抗流感病毒药物应用于临床（USP 20120237572）。研究还发现绿藻硫酸多糖具有抗凝活性；甲藻硫酸半乳糖具有抑制拓扑异构酶 I 作用等。另外，从海胆和鲍鱼中提取的酸性黏多糖具有免疫调节及抗肿瘤活性；从鲨鱼软骨中提取的硫酸软骨素具有降血脂和提高免疫活性；海星酸性黏多糖除了用作代血浆外，还有提高免疫、抗血凝及降低血清胆固醇作用。在寡糖药物研究方面，研究发现褐藻胶寡糖具有提高免疫、降血压的作用；琼胶寡糖具有降血脂、降血糖及改善肠道微生态等活性；甲壳胺寡糖具有抗癌活性。由于海洋多糖具有特殊的结构，为了有效利用其羧基、硫酸基的聚阴离子特性或者其氨基的聚阳离子特性，以及含有特殊的岩藻糖、鼠李糖的特性，将上述多糖进行定向切割制成寡糖后与已有非糖类药物进行偶联，可以获得可能具有新用途的糖类化合物。国内外学者目前正在从事某些单糖或者寡糖与传统苷类药物的对接合成研究工作，该研究思路将成为糖药物研究开发的新增长点。除了采用合成技术将糖与已有药物进行偶联外，也可以在现代中医药理论指导下，根据海洋多糖或者寡糖化合物的特点，将其与已知药物进行合理配伍，通过提高药效或者延长原药的半衰期来研制海洋中药。如多聚甘露糖醛酸和胰岛素配伍后，明显延长了胰岛素的半衰期和药物疗效。因此，随着糖类研究技术的进步和海洋糖类新资源的发现，海洋糖类药物的研究将具有更为广阔的前景。

（于广利　管华诗）

第一节　海洋糖类化合物的提取与分离纯化技术

糖类物质的共同特点是分子中含有多个羟基，具有较大的极性，一般易溶于水，难溶于有机溶剂。因此，无论是来源于海洋植物、动物，还是海洋微生物中的多糖，一般都可用极性溶剂（如含水体系）进行提取，用弱极性或非极性溶剂进行沉淀和分离。但由于海洋多糖的结构和性质较为复杂，且因原料来源的不同，糖类物质存在的形式有所不同，需根据多糖的特点选择合适的提取和分离方法，或将多种方法加以组合和灵活应用。下面介绍一些常用的海洋糖类化合物的提取和分离纯化技术。

一、海洋糖类化合物的提取技术

1. 原料的预处理

为了提高多糖的提取效果，在提取前通常需进行清洗、粉碎、匀浆、脱脂和脱色等预处理，以有利于去除原料中的脂质、色素、蛋白质和小分子等杂质。粉碎或匀浆的目的是为了增大原料与溶剂的接触面积，但并非处理得越细越好。例如，对海洋藻类的粉碎粒度控制为 20～40 目较好，粉碎过细会造成胶液分离困难，降低多糖的提取率。脱脂方法可采用不同浓度的甲醇、乙醇、丙酮、氯仿、乙醚等有机溶剂或按不同比例进行混合的溶剂，对粉碎或匀浆后的原料加热搅拌回流 1～3h 即可。在脱脂过程中，也会除去较多的可溶性色素和小分子杂质。对于海洋藻类，可采用甲醛处理来固定色素或蛋白杂质，如在褐藻胶（alginate）的提取过程中，将藻体用 1%的甲醛浸泡过夜后进行提取，可以明显改善褐藻胶的质量和外观。

2. 常规溶剂提取法

根据海洋多糖的结构和性质不同，可分别采用水、稀酸、稀碱或醇碱等方法进行提取。

（1）热水浸提

热水浸提是一种常用的多糖传统提取方法，提取过程中应注意温度、时间、提取次数及料液比等因素对多糖提取率的影响，可通过对各因素的优化来提高多糖的得率和总糖含量。一般合适的温度为60～90℃，时间为1～3h，温度过高和时间过长会使非糖杂质增加。

（2）稀碱提取

稀碱有利于酸性多糖的浸出，同时因碱对细胞壁有破坏作用可增加胞内多糖的提取率，常用的稀碱有NaOH、Na_2CO_3和NH_4OH等。例如，从萱藻、多肋藻和海蒿子等褐藻中，采用1%～5%的Na_2CO_3溶液可增加褐藻酸的提取率。由于碱对多糖的端基结构有一定的破坏作用，并会增加一些碱溶性蛋白杂质的溶出，碱法提取的温度不宜过高。另外，碱液会与还原糖发生美拉德反应，这会加重后续的脱色工作，因此碱的浓度也不能太高。

（3）稀酸提取

稀酸条件下可提高一些海洋多糖的提取纯度，如将墨角藻粉用85%的乙醇脱脂后，用0.4%的稀HCl在25℃下搅拌提取，可有效地抑制褐藻酸的溶出，得到纯度较高的褐藻糖胶（fucoidan）。将海星采用异丙醇和乙醇脱脂后，采用0.15mol/L的HCl提取获得了一种硫酸葡甘聚糖（Zhang et al.，2013）。但由于酸对糖苷键具有破坏作用，提取时间和温度要适当，避免使用较为剧烈的提取条件。

（4）醇碱提取

低浓度乙醇可增加细胞的渗透性，提高多糖的溶出，常配合碱提法一起使用，称之为醇碱法。如在一些海藻多糖的提取中，向Na_2CO_3溶液加入5%～10%的乙醇可提高多糖的得率；在褐藻胶的液相转化中，采用醇碱法可以提高转化效率和产品质量的稳定性。

3. 酶辅助提取法

酶可以温和地破碎和降解生物组织，改变细胞壁的通透性，提高胞内多糖的溶出，并缩短提取时间。如采用纤维素酶、果胶酶可以较好地破坏海藻的细胞壁，使胞浆中的多糖得以充分的释放。采用胃蛋白酶、胰蛋白酶、木瓜蛋白酶和枯草杆菌蛋白酶等，通过复合酶法或分步酶解法可增加海洋动物多糖的提取率，同时可以降低多糖中杂蛋白的含量。如将纤维素酶、果胶酶和木瓜蛋白酶复合使用，采用分步加酶法从海带中提取褐藻糖胶和褐藻淀粉（laminarin）的得率分别达到了3.5%和2.1%，明显高于同步加酶法（赵前程等，2007）。采用木瓜蛋白酶和胰蛋白酶联合酶解的方法，从紫贻贝中提取粗多糖的总糖含量和提取率明显高于热水浸提法（殷秀红，2011a）。

4. 超声辅助提取法

超声是一种物理破碎植物细胞壁的方法，利用超声波的空化效应和机械剪切作用可加速多糖的溶出，具有提取时间短、操作简便、能耗低和提取率高等特点。但长时间的超声提取会使大分子多糖产生一定的降解或使其空间结构破坏。

5. 微波辅助提取法

微波产生的高频电磁波辐射可透过细胞内壁从内向外加热，可有效破坏细胞壁，从而加快多糖等有效成分的释放，具有操作简便、提取速度快、效率高、耗能少等特点。微波提取时间不宜过长，功率不宜过高，否则易出现水分过快蒸发和焦灼状态，影响多糖的提取率甚至对多糖结构造成破坏。

6. 其他新型提取方法

目前在一些中药植物多糖提取中报道的超临界流体提取、超高压提取、双水相萃取等新技术，也可应用于海洋多糖、糖脂、糖苷和小分子糖类物质的提取。

（1）超临界流体提取技术

超临界流体兼有气体的扩散性能和液体的溶解性能，通过对压力和温度的调节可控制超临界流体的溶解能力，可将糖类物质选择性地按极性和相对分子质量的大小依次进行提取。采用超临界流体对原料进行脱脂和脱色素处理，可以提高多糖的提取率，如将香菇、蒙古口蘑、茶叶等采用超临界流体处理，可使多糖的提取率明显提高，并可以减少杂质的含量。周存山等将条斑紫菜采用超临界 CO_2 脱脂处理后提取多糖也取得了较好的效果。

（2）超高压提取技术

超高压提取是在常温下先对物料加压一段时间后再迅速泄压，使细胞内外形成巨大的压力差，导致细胞壁破裂，从而释放有效成分的方法，具有操作简单、提取时间短、提取率高、杂质少、容易分离纯化等特点。郝梦甄等采用超高压技术处理海参，与传统泡发盐渍海参进行比较，提取的粗多糖和胶原蛋白的含量均有明显的提高。

（3）双水相萃取技术

一些亲水性高聚物（如聚乙二醇/葡聚糖等）或醇类与无机盐（如聚乙二醇/磷酸铵、乙醇/硫酸铵等）在适当浓度下可形成互不相溶的双水相体系，对生物大分子的溶解度呈现明显的差别，从而可以实现糖类物质的提取，具有条件温和、处理时间短、后处理简便、不会引起生物分子失活等特点。采用乙醇/硫酸铵双水相体系提取螺旋藻多糖，提取率明显高于传统的热水浸提法，螺旋藻多糖富集因子可达 6.2（刘杨等，2012）。

另外，在海洋糖类物质的提取过程中，还可将上述介绍的超声波、微波、超高压提取等物理方法与生物酶法、碱法提取、双水相萃取等方法进行联合应用，以发挥各方法间的协同效果，提高多糖的提取率。

二、海洋糖类化合物的分离纯化技术

1. 沉淀分离技术

沉淀分离法包括有机溶剂分级沉淀、pH 分级沉淀、金属离子分级沉淀和季铵盐沉淀等方法，常用于海洋多糖的粗分级和初步纯化。

（1）有机溶剂分级沉淀法

根据不同相对分子质量大小的多糖在不同浓度的低级醇或酮中溶解度的差异，可逐次按比例由小到大的顺序，加入甲醇、乙醇或丙酮等溶剂对多糖进行沉淀分级，通过离心收集不同比例下的沉淀可获得相对分子质量分布更为集中的多糖组分。这种方法适合相对分子质量或溶解特性差别较大的多糖分离。如从褐藻中采用热水浸提的方法提取褐藻糖胶时，将提取液进行适当浓缩后加入乙醇至体积分数为 30%，可以去除其中相对分子质量高的褐藻胶，继续向上清液加入乙醇至其体积分数为 70%，可以得到纯度较高的褐藻糖胶。

（2）pH 分级沉淀法

根据多糖在不同pH条件下溶解特性的差别，可以对海洋多糖或低聚糖进行有效分离。如将褐藻酸采用稀酸水解后，产物中含有聚甘露糖醛酸（PM）和聚古罗糖醛酸（PG），将水解产物用 Na_2CO_3 溶液充分溶解后，再用稀 HCl 缓慢调节 pH=2.86，可以将 PG 沉淀，而将 PM 保留在上清液中。本实验室采用两次 pH 分级沉淀法，可以分别获得相对纯度93%～95%的 PM 和 PG。壳聚糖为酸溶性多糖，可以用稀乙酸溶解，再调节 pH 至碱性条件下沉淀，使其得到精制和纯化。

（3）金属离子分级沉淀法

根据多糖与不同金属离子形成络合物后溶解度的差异，可以分离和纯化一些海洋多糖。如利用褐藻胶与钙离子络合后溶解度降低的特点，在褐藻糖胶的提取过程中加入1%～2%的 $CaCl_2$，可有效抑制褐藻胶的溶出，提高褐藻糖胶的纯度。同样地，向褐藻胶溶液中加入 $CaCl_2$ 进行钙化，使褐藻胶沉淀，可以有效去除提取母液中的海带淀粉和一些可溶性的色素等杂质。利用不同类型卡拉胶（carrageenan）对钾离子敏感性的差别，采用 KCl 分级沉淀法可以使 κ-和 λ-卡拉胶进行分离，如当加入 KCl 至浓度为 0.125mol/L 时，可得到以 κ-卡拉胶为主的沉淀和以 λ-卡拉胶为主的上清液。

（4）季铵盐沉淀法

季铵盐属阳离子表面活性剂，可以与带负电荷的酸性多糖形成沉淀，用于分离和纯化酸性多糖。常用的季铵盐有十六烷基三甲基溴化铵（CTAB）和氯化十六烷基吡啶（CPC），常用的浓度一般为 1%～10%（W/V），可用于硫酸软骨素、岩藻糖硫酸酯、卡拉胶等海洋酸性多糖的分离、精制和纯化。

2. 膜分离技术

膜分离技术（membrane separation technology）是以选择透过性膜作为分离介质，通过在膜两侧施加压力差、化学位差或电位差等推动力，使多组分体系在分子水平上实现选择性分离的一种新型技术，具有操作条件温和、不损害生物活性、可连续生产、分离效率高等特点。目前，超滤（ultra-filtration）、纳滤（nano-filtration）、透析（dialysis）和电渗析（electro-dialysis）等多种膜分离技术，在糖类化合物的分离、浓缩、脱盐和精制纯化中发挥着越来越重要的作用。

超滤是一种以压力差为推动力的膜分离技术，可依据相对分子质量的差异使糖类化合物进行分离。在压力的作用下，大分子物质被截留在膜的表面，小分子物质则进入膜的另一侧。常用的超滤膜有乙酸纤维素膜、聚砜膜、聚酰胺膜等；超滤装置主要有板框式、管式、卷式和中空纤维式等。本实验室采用不同截留相对分子质量的超滤膜，将海洋抗心血管疾病药物藻酸双酯钠进行超滤处理，获得了 3～25kD 的分子片段，可进一步对其作用机理和构效关系进行深入研究。

纳滤的显著特征是其纳滤膜本体带有电荷，这使得它在很低压力下仍具有很好的脱盐性能，而且对于液体中相对分子质量为数百的小分子化合物具有良好的分离效果，适用于海洋寡糖的脱盐和分离纯化。另外，纳滤对于不同价态的阴离子存在较强的唐南（Donnan）效应，物料的荷电性、离子价数和浓度对膜的分离效果有明显的影响。与超滤或反渗透相比，纳滤对单价离子和相对分子质量低于 200Da 的化合物截留效果较差，但对二价或多价离子及相对分子质量介于200～500Da之间的化合物具有较好的效果。

近些年来，透析技术也有了较大的进展，现有多种不同规格的透析袋可供选择，可以很方便地应用于海洋多糖和寡糖样品的脱盐和去除小分子杂质。另外，将灌流取样和透析技术结合发展起来的一种微透析（microdialysis）技术，可以从生物活体内进行微量生化取样，具有采样量小、组织损伤轻、可动态连续取样等特点，在海洋糖类药物的生物学研究方面具有重要的作用。

3. 凝胶过滤色谱分离技术

凝胶过滤色谱（gel filtration chromatography，GFC）是利用分子大小和形状的差异来进行分离的一种技术，又称凝胶排阻色谱或分子筛层析。具有操作简便、条件温和、无需梯度洗脱和再生处理，缓冲液组成不直接影响分离效果的特点，但分离速度较慢。凝胶过滤色谱可用于海洋糖类物质的脱盐、分级分离和相对分子质量的测定。常用的分离介质有葡聚糖凝胶（Sephadex）、丙烯葡聚糖凝胶（Sephacryl）、交联琼脂糖凝胶（Superose）、葡琼聚糖凝胶（Superdex）和聚丙烯酰胺凝胶（BioGel）等。不同类型的凝胶有多种交联度和粒度的产品，交联度越高，越适合分离小分子物质；凝胶粒度越细，分布越均匀，分离效果越好，但柱压会相应地升高、流速会减慢。所以，应根据所分离糖类物质的相对分子质量大小和性质特点，选择不同型号和规格的分离介质。Sephadex 是由葡聚糖与环氧氯丙烷进行交联得到的一种凝胶介质，有 Sephadex G10～G200 等多种型号。其中 Sephadex G10、G15 和 G25 主要用于糖类物质的除盐；Sephadex G50～G200 可用于海洋多糖的分级分离，但流速较慢，柱床体积易受离子强度的影响。Sephadex LH-20 是一种羟丙基化葡聚糖凝胶，可使用有机溶剂洗脱，分离原理以凝胶过滤作用为主，兼具反相分配作用，适用于相对分子质量＜5kD 的糖脂、糖苷等化合物的分离。Sephacryl 是由烯丙基葡聚糖与 *N*，*N*'-亚甲基双丙烯酰胺共价交联制得的一种刚性凝胶，有 Sephacryl S100～S500 等型号，可用于分离相对分子质量高达数百万甚至上千万的多糖，并具有物理和化学稳定性好、流速快、回收率高的特点，可在 pH=7.0 和 120℃下灭菌，pH 使用范围为 2～11，是目前海洋多糖分离中最为常用的凝胶分离介质。Superose 是一种高度交联的多孔性琼脂糖凝胶，具有分离范围宽、刚性好和流速快的特点，在高黏性液体下仍能保持较高的流速，适用于海洋多糖的中、高压层析分离。Superdex 是由葡聚糖与琼脂糖形成的复合均一凝胶，具备葡聚糖的优良凝胶过滤特性和交联琼脂糖的物理化学稳定性，具有高分辨、高选择性、高流速和高稳定性特点。Superdex 30 和 Superdex 75 常用于海洋寡糖的分离，如本实验室采用 Superdex 30 填料，以 0.1mol/L 碳酸氢铵为流动相可分离聚合度（dp）3～23 的 κ-卡拉胶寡糖。BioGel 是由丙烯酰胺和 *N*, *N*-甲叉双丙烯酰胺共聚而成的一种多孔性凝胶，具有亲水性好、粒径均匀、回收率高和不易滋生微生物的特点。采用 Bio-Gel P6 凝胶层析柱（480mL），在 0.3mL/min 下可有效实现 dp1～dp13 的寡聚古罗糖醛酸硫酸酯（PGS）的分离（图 6-1）（赵峡等，2008）。

4. 离子交换色谱分离技术

离子交换色谱（ion exchange chromatography，IEC）是一种最常用也是最有效的分离方法，在多糖和糖复合物的分离纯化中发挥着重要的作用。IEC 是按分子的净电荷差异进行分离，一般电荷密度低的分子先被洗脱，电荷密度高的分子后被洗脱。具有高流速、高

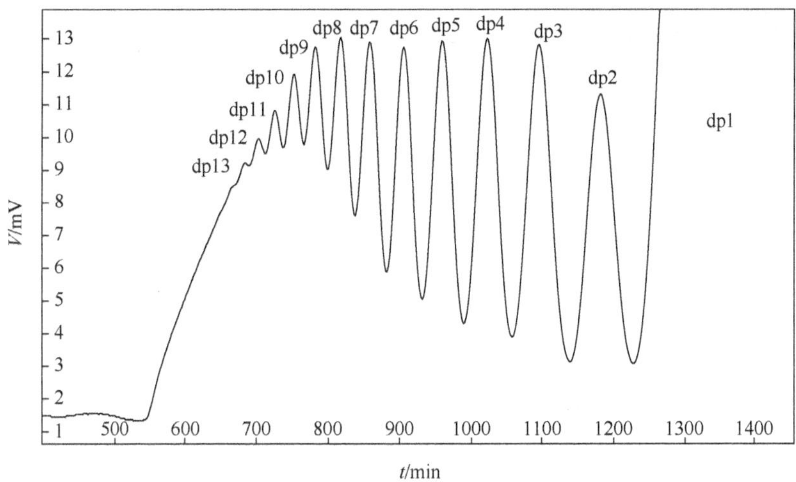

图 6-1　采用 BioGel P6 凝胶色谱柱分离 PGS 海洋硫酸寡糖图

载量、分离模式多、可大体积上样等特点，对样品有浓缩作用，但通常需要梯度洗脱或分步洗脱。离子交换色谱的基架可分为两类：一类是以苯乙烯/二乙烯苯聚合物为代表的疏水性基架，机械强度好，交换容量高，流速较快；另一类是以交联琼脂糖、葡聚糖和纤维素为代表的亲水性基架，亲水性好，载体孔径大，吸附和洗脱条件温和。功能基团有强阴离子型（如—N^+Me_3）、弱阴离子型（如—NH_2），也有强阳离子型（如—SO_3H）、弱阳离子型（如—COOH）。常用的分离介质有 Sephadex、Cellulose、Sepharose、Source、Capto、AG 和 Dowex 等基架系列的树脂，可根据海洋糖类物质的具体性质特点和不同的分离目的进行填料选择。

传统的 Sephadex 和 Cellulose 属第一代离子交换填料，由于物理和化学稳定性不好，交换容量低、流速性能差，柱床体积随缓冲液浓度及 pH 改变而变化，分辨率和重复性差等原因，现已逐渐被高交联琼脂糖介质替代。Sepharose 是一种高度交联的琼脂糖，具有物理化学稳定性好、分辨率高、交换容量大、非特异性作用低、易于放大且对碱稳定等特点，是目前应用最广泛的主流离子交换介质。Sepharose 有 High Performance、Fast Flow、XL 和 Big Beads 等不同的型号，其中以 Sepharose Fast Flow 在海洋多糖和寡糖的分离中最常用。如本实验室采用 CM Sepharose Fast Flow 填料，以 0～2mol/L 的 NaCl/乙酸钠缓冲液（pH 5.0）进行梯度洗脱，可以获得较高纯度的壳二糖至壳八糖；Li 等（2011b）采用 Q Sepharose Fast Flow 填料，以 0.2～1.2mol/L 的乙酸钠缓冲液（pH8.0）进行梯度洗脱，不仅可以将酶法降解得到的褐藻胶不饱和二糖（DG 和 DM）与不饱和三糖分离（λ_{max} 235nm），还可以将 2 种不饱和三糖异构体（DGG 和 DMG）加以分离（图 6-2）。

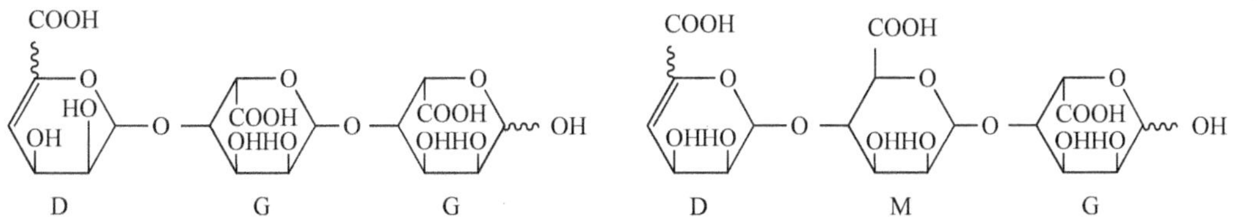

图 6-2　褐藻胶不饱和三糖异构体（DGG 和 DMG）的结构

以聚苯乙烯/二乙烯苯为基架的 Source 系列树脂，具有高流速、高分辨、高通量、易于规模化放大的特点，有 Source MiniBeads、MonoBeads 和 Source15、Source30 等型号。Capto 系列是以改良的交联琼脂糖为基架的树脂，是新一代具有高流速、多模式、高载量的分离介质。如 Capto adhere 树脂中同时含有季铵和芳环基团，是一种具有多种分离模式的强阴离子交换剂；Capto MMC 树脂除离子交换外，还存在氢键和疏水等相互作用，是一种多分离模式的弱阳离子交换剂，可以耐受高盐上样。AG 和 Dowex 系列均是以苯乙烯-苯二乙烯共聚物为基架的树脂，具有不同的功能基团和交联度。当交联度低时（如 X2），适合多糖类大分子物质的分离；当交联度高时（如 X8），则适合小分子物质如糖醛酸寡糖的分离。

5. 其他色谱分离技术

除上述广泛应用于海洋糖类化合物分离的凝胶过滤色谱技术和离子交换色谱技术外，多孔石墨化碳色谱（porous graphitic carbon chromatography，PGC）和亲水相互作用色谱（hydrophilic interaction liquid chromatography，HILIC）技术，近些年在海洋寡糖的分离和纯化方面也越来越受到人们的关注和重视。

多孔石墨化碳具有很好的化学惰性，在极端 pH 缓冲液和温度下稳定性好，可以作为正相或反相色谱使用，具有多种分离机制，可以很好地保留含有羟基、羧基和氨基的极性化合物，无需离子对试剂和复杂的流动相体系，在糖类物质的分离中具有很好的应用前景。本实验室对生物酶法降解获得的新琼寡糖，采用多孔石墨化碳层析柱以 0～50%的乙醇进行梯度洗脱，可获得高纯度的 dp2～dp8 的新琼寡糖。

亲水作用色谱适合分离极性和亲水性化合物，具有流动相组成简单、分离效率高等优势，近些年来有多种新型填料应用于寡糖的分离。如中国科学院大连化学物理研究所通过在硅胶上引入麦芽糖开发的 Click Maltose 色谱柱，可用于酸性褐藻寡糖、碱性壳寡糖和中性寡糖的分离和纯化。使用 Click Maltose 柱甚至可以分离聚合度高达 50 的果寡糖。氨基键合柱也具有典型的亲水色谱特性，对糖和有机酸等强极性化合物表现出很好的分离特性。本实验室采用 Shodex NH_2 亲水色谱柱（4.6mm×250mm，5μm），可对酶法降解获得的壳寡糖（dp2～dp8）实现良好的分离（图 6-3）。

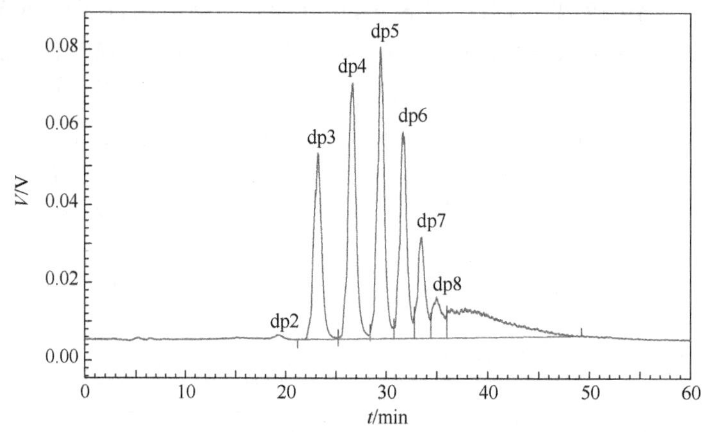

图 6-3 采用 Shodex NH_2 亲水色谱柱分离壳寡糖图

（赵 峡）

第二节 海洋糖类化合物结构分析技术

一、总糖含量分析

在进行海洋糖类化合物结构分析时，总糖含量分析是评价其纯度的重要指标之一。海洋糖类种类繁多、结构复杂，多糖中除了含有中性糖、糖醛酸、氨基糖外，还含有甲基、乙酰基和硫酸酯基等各种取代的单糖。不同类型单糖化学性质不同，需要采用不同的分析方法。

1. 中性己糖含量分析

苯酚-硫酸改良法是单糖、寡糖、多糖及糖复合物中的中性己糖和脱氧己糖含量分析最常用的方法（Dubis et al.，1956）。分析原理是将多糖在浓硫酸作用下水解为单糖，单糖脱水形成糠醛类物质，糠醛类物质进一步和苯酚反应形成有色化合物，通过比色进行定性与定量分析。由于产生的糠醛及其衍生物能与 *α*-萘酚反应生成紫色物质（称为 Molisch 反应），通常用于鉴别糖类物质。样品中如有还原物质、盐、金属离子以及 NaN_3 等，均会干扰测定结果。另外，测定多糖应使用结构类似的多糖制作标准曲线；如果使用单糖作为对照品，所用单糖的种类应和多糖一致，且测定结果还需进行校正。本法不适合于有色样品或者样品中虽为无色但在该体系中能产生有色物质的分析。

2. 中性戊糖含量分析

戊糖的总糖含量一般采用地衣酚（orcinol）法分析。地衣酚又称苔黑酚，化学名为 3，5-二羟基甲苯，可采用乙醇溶解，然后从苯中析出的方法进行精制。测定原理是戊聚糖在强酸性条件下被水解成游离戊糖，经与地衣酚-Fe^{3+}-盐酸溶液（又称 Bial 试剂）反应生成有色化合物，其最大吸收波长为 660nm。该法适合于木糖、核糖以及阿拉伯糖总糖含量分析。该法中 Bial 试剂与己糖反应产物的最大波长为 520nm，如果样品中同时含有中性戊糖和己糖，可分别制作标准曲线同时测定戊糖与己糖的含量。

3. 氨基己糖含量分析

在强酸条件下，多糖中的乙酰氨基糖及其衍生物会以游离的氨基糖存在，将水解产物中的氨基糖在碱性条件下与乙酰丙酮反应可生成 2-甲基-3-乙酰基吡咯衍生物，再与对二甲氨基苯甲醛（DMAB）反应生成在 530nm 处有最大吸收的有色物质，称为 Blix 改良法（图 6-4），该法适合于游离氨基糖的测定。对含有 *N*-乙酰氨基葡萄糖、*N*-乙酰氨基半乳糖、*N*-硫酸氨基葡萄糖及 2, 6-二硫酸氨基葡萄糖等样品，须先用强酸水解去除所有取代基，

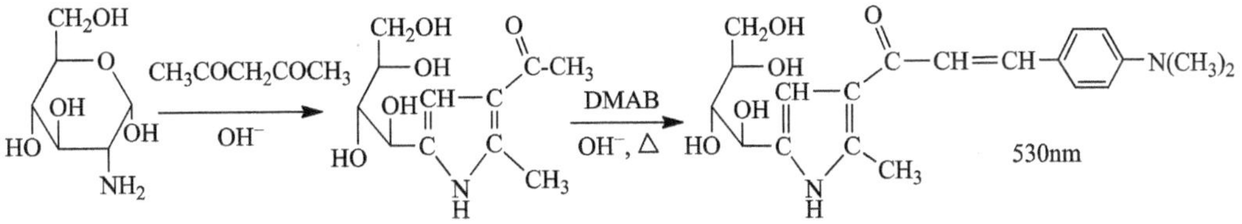

图 6-4 氨基糖与乙酰丙酮及 DMAB 反应机理

然后才能采用该法进行分析。一般在氮气保护下，多糖样品用 4mol/L 盐酸于 100℃水浴水解 4h 以上可以得到游离的氨基糖。

4. 糖醛酸含量分析

糖醛酸的测定方法有咔唑比色法、间羟基联苯比色法等，其中以间羟基联苯比色法干扰较少。其测定原理是样品经硫酸水解后变成游离糖醛酸单体，经与间羟基联苯反应生成在 520nm 处有最大吸收的有色化合物，其光密度值与糖醛酸含量成正比。糖醇、蔗糖和纤维素等糖类物质会干扰测定。此外，在水解过程中糖醛酸会受到破坏，一般将最后结果除以 0.8 进行校正。

5. 唾液酸含量分析

海洋生物样品中的糖脂、糖肽和糖蛋白 *N*, *O*-糖链中常含有唾液酸（sialic acid，SA），它是生物体必不可少的含有羧基的九碳糖。SA 通常分为两类，一类是 *N*-乙酰神经氨酸（NeuAc），另一类是 *N*-羟乙酰神经氨酸（NeuGc）。唾液酸总含量测定一般采用 Warren 法。

6. 硫酸根含量分析

海洋生物多糖一般含有硫酸酯基，它不仅是维持海洋生物渗透压平衡所必需的成分之一，也是发挥各种生物活性的重要官能团。目前多糖中硫酸基的含量分析多采用离子色谱法。分析时，称取 1～2mg 样品放入安瓿瓶，加 1mL 1mol/L 盐酸溶解，密封，105℃水解 6h，水解液吹干，加 1mL 水溶解，采用 0.22μm 微孔滤膜过滤后备用。分析采用的离子色谱柱为 SH-AC-1 阴离子交换柱（4.6mm×250mm，13μm），淋洗液为 3.6mmol/L 碳酸钠和 4.5mmol/L 碳酸氢钠的混合液，流速 1.5mL/min，电导检测器，抑制器电流 75mA，柱温 35℃；背景电导 65μS/cm，进样量 100μL，采集时间 20min。

二、单糖组成分析

海洋多糖中单糖的种类和连接方式因其来源不同差异较大，在进行单糖组成分析时选用的酸水解条件也不同。例如，0.5～3mol/L 三氟乙酸（TFA）或者盐酸适合于中性己糖、己糖胺、糖醛酸、脱氧己糖和戊糖的水解；0.5～4mol/L 硫酸适合于各种糖醛酸的水解；0.1～2mol/L 乙酸则适合于多聚唾液酸的水解等。单糖组成分析不仅是多糖结构分析的基础，而且有利于多糖理化特性的研究。单糖的分析方法有薄层色谱法、气相色谱法、高效液相色谱法、高效离子色谱法、高效毛细管电泳法等。

1. 薄层色谱法

薄层色谱（TLC）是定性分析多糖中单糖组成的简便快速方法之一。根据各种单糖在展开剂与吸附剂中分配与吸附力的不同，其相对迁移率（R_f）不同，据此可将不同单糖分开，然后采用不同的显色剂进行显色，达到定性检测目的。分离单糖与寡糖（聚合度 1～6）常用的展开剂如表 6-1 所示。

表 6-1 分离单糖与寡糖常用的展开剂

展开剂组成及比例	单糖与寡糖种类
正丁醇：乙醇：水=4：1：1	Xyl，Arb，Rib
乙酸乙酯：吡啶：水=2：1：2	Xyl，Arb，Man，Gal，Glc

续表

展开剂组成及比例	单糖与寡糖种类
正丁醇：乙酸：水=4：1：5（上层）	Xyl，Arb，Glc，Man，Gal
正丁醇：吡啶：水=6：4：3	Rha，Fuc，Gal，Man，Glc
乙酸乙酯：乙酸：甲酸：水=18：3：1：4	GlcA，GalA，ManA，GulA
吡啶：乙酸乙酯：水：乙酸=5：5：3：1	GlcN，GalN，NeuAc/NeuGc
正丁醇：吡啶：水=6：4：3	木寡糖
乙酸乙酯：吡啶：水=8：2：1	果寡糖
正丙醇：水：三乙胺=60：30：2	葡寡糖
戊醇：吡啶：水=2：2：1	甲壳胺寡糖
乙酸乙酯：乙醇：水：氨水=5：5：4：0.3	甲壳质寡糖
正丁醇：甲酸：水=4：6：1	褐藻胶或果胶寡糖

由于不同单糖在相同显色剂中的显色效率不同，TLC 一般不作为定量分析方法。对于同聚寡糖，聚合度越高，R_f越小。为了获得较好的分离效果，可以采取多次展开的方法。对于聚合度相同而结构不同的寡糖，也可以采用双向展开法。TLC 固定相多用硅胶，如 Silica Gel 60（Merck 公司）。根据各种单糖性质不同，可选择硫酸甲醇、苯胺二苯胺、α-萘酚、钼酸铵硫酸铈等不同的显色剂，TLC 的检出限一般为 0.5～1μg。

2. 气相色谱法

多糖中单糖的组成可常采用气相色谱法（GC）分析，但由于单糖极性高、难挥发，必须对单糖进行化学衍生才能进行 GC 分析。多糖经完全水解后得到单糖，单糖采用不同的衍生试剂得到单糖衍生物，通过与标准品比较，可以对其进行定性与定量分析。单糖衍生方法通常包括三甲基硅醚化、三氟乙酸酯化、糖腈乙酸酯化以及糖醇乙酸酯化等。

（1）三甲基硅醚衍生物

将 1～2mg 水解成单糖的样品干燥后，用 1mL 吡啶溶解，加入 0.4mL 六甲基二氯硅烷和 0.2mL 三甲基氯硅烷，室温反应 5min，氮气吹干，用正己烷萃取，上层液进行 GC 分析。该反应条件适合醛糖，而对于酮糖样品则需要在 80℃下反应 1h 才可。

（2）糖腈乙酸酯衍生物

多糖经水解后得到单糖，单糖先和盐酸羟胺反应生成糖肟，再和乙酸酐反应生成糖腈乙酸酯，进行 GC 分析。将 1～2mg 多糖用 2mL TFA（2mol/L）于 110℃水解 2～4h，旋转蒸发至干。加入 5mg 盐酸羟胺及 0.5mL 吡啶，90℃加热反应 30min，冷却后加入 0.5mL 乙酸酐，再于 90℃加热反应 30min，将衍生液蒸干后用 1mL 二氯甲烷溶解进行 GC 分析。GC 分析条件：石英毛细管柱（No.QC3AC225，柱长 30m，内径 0.25mm），进样口温度 250℃，柱温 210℃，火焰离子化检测器（FID），检测器温度 250℃，载气为 N_2。根据出峰时间和峰面积比计算样品的单糖组成和物质的量比，但该法不适合于酮糖。八种单糖的糖腈乙酸酯气相色谱分离如图 6-5 所示。

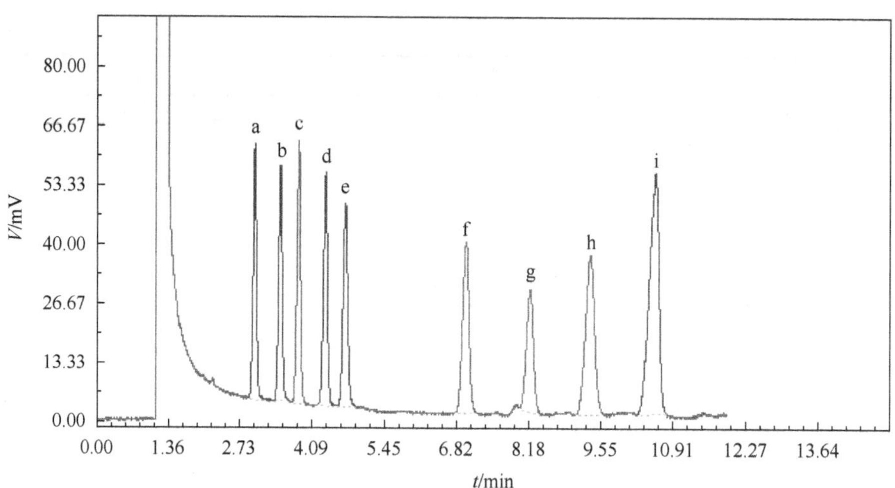

图 6-5　八种单糖的糖腈乙酸酯气相色谱分离图：a. Rha；b. Fuc；c. Ara；d. Xyl；e. 3, 6-内醚-Gal；f. Man；g. Glc；h. Gal；i. 肌醇

（3）糖醇乙酸酯衍生物

将多糖水解后的单糖用 $NaBH_4$ 还原为糖醇后，在吡啶中与乙酸酐反应可生成糖醇乙酸酯。将 1～2mg 多糖完全水解，中和后加入 30mg $NaBH_4$，室温还原 90min，滴加冰醋酸至无气泡为止。减压蒸干，加入 0.1%盐酸-甲醇液，重复蒸干 4 次去除硼酸根，105℃烘干 30min，加入 0.5mL 吡啶和 0.5mL 乙酸酐，密封后 95℃加热 30min，冷却后直接进行 GC 分析。该法可以避免异构体峰的产生，但硼酸根的存在会严重影响乙酰化反应的速率。为了减少拖尾峰，可将衍生液蒸干，再用二氯甲烷溶解进行 GC 分析。

（4）三氟乙酸酯衍生物

为了提高检测灵敏度，减少样品的用量，可以将单糖衍生为三氟乙酸酯，并采用电子捕获检测器（ECD）进行分析。在四氢呋喃溶液中，糖中羟基与三氟乙酸酐反应可生成糖三氟乙酸酯。将 1～2mg 样品水解为单糖后蒸干，加入四氢呋喃 0.2mL 以及 50μL 三氟乙酸酐，50℃反应 10min，N_2 吹干，加入 1mL 乙腈，进行 GC 分析。该法容易产生异构体，为了避免该现象，可以先将其还原为糖醇，充分去除硼酸后进行三氟乙酰化，可以得到理想结果。

（5）醛糖与糖醛酸同时测定

有些样品除了含有醛糖外，同时也含有一定量的糖醛酸，利用 GC 可以同时测定它们的含量与组成。测定原理是将其中的醛糖还原为糖醇，糖醛酸被还原为醛糖酸盐，再与正丙胺生成相应的丙胺酰化单糖，然后将糖醇和糖酰胺全部转为乙酰酯，分别进行 GC 分析。

3. 高效液相色谱法

高效液相色谱（HPLC）是单糖和寡糖组成分析简便快速的方法之一。根据糖的特性，可以采用紫外（UV）与示差检测器（RI）进行在线检测。有些海洋多糖如硫酸软骨素、褐藻胶等经过特定裂合酶解后可形成共轭双键，在 230～240nm 处有最大吸收，可以方便地用紫外检测器进行检测。目前常将单糖或者寡糖进行化学衍生，通过引入有紫外吸收或者能诱导产生荧光的基团来提高分离效果与检测灵敏度。单糖和中性寡糖一般采用氨基柱进行分离并用示差检测。对于酸性寡糖，一般采用阴离子交换色谱分离，由于采用盐梯度洗脱，不能用示差检测器，只能采用紫外或荧光检测器进行检测。不同规格的氨基柱可用于不同糖类的分离分析中，由于 TSK-Gel Amide 80 柱既有分子筛又有电荷效应，常用于海洋甲壳胺寡糖、褐藻胶寡糖及卡拉胶寡糖等分离分析。

海洋动物糖复合物中常含有唾液酸，为了释放唾液酸，水解条件必须温和。如将样品溶解于2mol/L HAc中，在80℃加热水解3h或者采用0.1mol/L HCl在80℃水解1h，或者采用0.5mol/L甲酸在80℃水解1h。水解物经3000MWCO超滤膜离心过滤后，用BioRad AG1处理，再用1, 2-二氨基-4, 5-亚甲基二氧苯（DMB）进行衍生（图6-6），衍生物经HPLC荧光检测分析，检出限可达250fmol/L。分析柱TSK-gel ODS-120T（250mm×4.6mm，5μm），用乙醇/乙腈/水=7/5/88洗脱，激发波长373nm，发射波长448nm，柱温30℃，流速1mL/min，进样体积20μL。

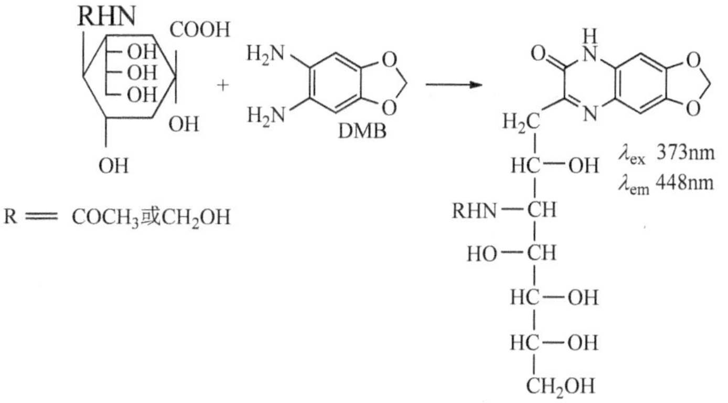

RHN, COOH, OH, OH, OH, OH, OH + H_2N, H_2N, DMB → O, H, N, N, H_2C, HC—OH, RHN—CH, HO—CH, HC—OH, HC—OH, CH_2OH

λ_{ex} 373nm　λ_{em} 448nm

R ══ $COCH_3$或CH_2OH

图 6-6　唾液酸荧光标记原理图

目前，采用1-苯基-3-甲基-5-吡唑啉酮（PMP）柱前衍生HPLC法分析单糖组成，其衍生方法如下：分别取0.2mol/L标准单糖溶液各50μL混合成标准混合溶液。取30μL混合液，加20μL 0.3mol/L NaOH，加60μL 0.5mol/L PMP甲醇溶液（0.5mol/L），混合后于70℃反应1h，冷却后立即加20μL 0.3mol/L HCl中和，氯仿萃取，上层水相离心后进行HPLC分析。色谱条件：色谱柱Zorbax Eclipse XDB-C18（4.6mm×150mm，5μm），流动相0.1mol/L PBS(pH 6.7)-CH_3CN（83∶17，V/V），流速1mL/min，检测波长245nm，柱温30℃。十种单糖标准品PMP衍生物HPLC分析图谱如图6-7所示。

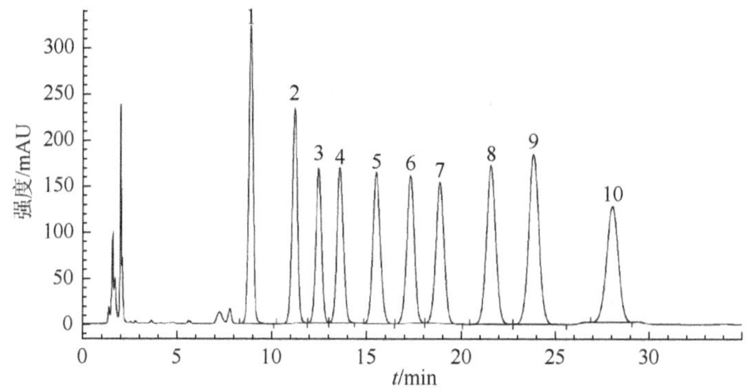

图 6-7　十种单糖标准品PMP衍生物HPLC分析图：1. Man；2. GlcN；3. Rha；4. GlcA；5. GalA；6. GalN；7. Glc；8. Gal；9. Ara；10. Fuc

4. 高效阴离子色谱法

高效阴离子交换色谱偶联脉冲安培检测（HPAEC-PAD）是糖类分析检测的常用技术。利用单糖和寡糖在 pH＞12 的洗脱液中能解离为阴离子的特性，使其在高效阴离子交换树脂上交换分配，从而达到高效分离目的。该方法的最大特点是样品不需要衍生化处理，水解后得到的单糖和寡糖可以直接通过电化学检测器进行分析。CarboPac MA1 柱适用于糖醇分析，CarboPac PA1 柱适用于多种单糖、双糖以及寡糖的分离，CarboPac PA10 柱适用于哺乳动物糖蛋白中氨基糖、中性糖和酸性单糖的分析，CarboPac PA20 适合于中性单糖分析，CarboPac PA100 和 PA200 适合于寡糖分析。

三、糖醛酸羧基还原与硫酸酯基脱除方法

1. 糖醛酸羧基还原方法

酸性多糖广泛存在于各种海洋动物、植物和微生物中，其中糖醛酸不仅较难水解，而且水解后也很容易脱除羧基，这在一定程度上限制了含有糖醛酸的海洋多糖的结构分析。为解决这一难题，需要对糖醛酸羧基进行还原后再进行分析。以硫酸软骨素 A（CSA）为例进行羧基还原的反应机理如图 6-8 所示。钠型样品在与 EDC 反应时，难以完全形成碳二亚胺活化酯，从而影响了 $NaBH_4$ 的还原，导致还原率不高。交换成氢型后，糖醛酸还原率可达 95%以上。该方法简便、可靠，适合于肝素、乙酰肝素、硫酸软骨素、透明质酸、褐藻酸、果胶酸、岩藻聚糖硫酸酯等各类多糖中糖醛酸羧基的还原。

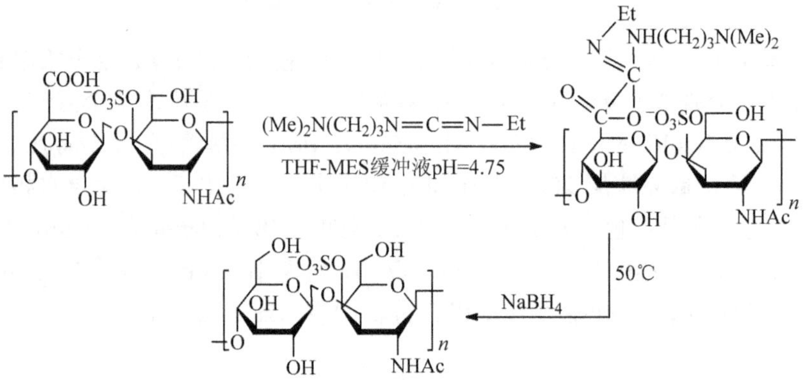

图 6-8　酸性多糖中糖醛酸还原流程机理图

2. 多糖中硫酸酯基脱除方法

海洋动植物中存在着种类繁多且结构独特的硫酸多糖，为了确定硫酸多糖结构，探讨多糖活性与其硫酸基含量之间的关系，对其进行脱硫处理十分重要。目前常用的多糖脱硫方法主要有二甲基亚砜-甲醇法（以下简称 DMSO 法）、三甲基氯硅烷法（以下简称 CTMS 法）以及苯并四甲酸-Sb_2O_3 法（以下简称 PMA 法）。其中，DMSO 法操作简单，但多糖降解较严重；CTMS 法是一种非选择性的脱硫方法，但所用试剂具有一定的危险性；PMA 法操作虽较复杂，但用时短、安全性好（刘鑫等，2012）。需要说明的是，该方法会造成多糖不同程度的降解。

四、多糖高碘酸氧化、Smith 降解和甲基化分析

多糖中各种单糖之间的连接方式有多种，需要联合使用多种方法才能确定。化学法常用高碘酸氧化、Smith 降解和甲基化分析等技术确定多糖的连接方式。

1. 高碘酸氧化与 Smith 降解

高碘酸能选择性氧化糖链中连二羟基和连三羟基，生成多糖醛或甲酸。样品如果能在中性和酸性中溶解，可以选用高碘酸；如果能在碱性中溶解，可以选择高碘酸钾；如果样品不溶于水，可以用 DMSO 溶解。氧化反应一般控制 pH=3.6，温度 4～20℃，且高碘酸浓度尽量低，否则易产生较多副产物。根据消耗高碘酸量和甲酸释放量可以判断糖链的连接方式、聚合度以及分支度等。

Smith 降解是将高碘酸氧化后的产物采用硼氢化钠还原成糖醇，再进行部分酸水解和完全酸水解，通过水解产物的分析，判断糖苷键的连接方式。不同连接方式多糖高碘酸氧化与 Smith 降解后，其氧化降解产物结构不同。如 1→2 连接葡聚糖氧化和降解后产物中含有甘油和甘油醛；1→3 连接葡聚糖由于无连二羟基，不被高碘酸氧化，酸水解产物为葡萄糖；1→4 连接葡聚糖氧化和降解后产物为赤藓糖醇和乙醇醛；1→6 连接葡聚糖氧化和降解后产物是甘油和乙醇醛。例如，某葡聚木糖经过氧化和 Smith 降解后，若产物中含有葡萄糖和木糖，则证明结构中含有 1, 3-连接的葡萄糖和木糖；若产物中有赤藓糖醇，表明结构中含有 1, 4-连接的葡萄糖；如果有甘油的存在，表明含有端基或者 1, 6-连接葡萄糖苷键。

2. 甲基化分析

多糖甲基化分析一般采用 Hakomori 改良法，具体操作分以下 4 步：①将 0.5～2.0mg 真空干燥后样品放到干燥的玻璃试管中，加入 1～2mL 由 NaOH（固体）和无水 DMSO 制成的匀浆，混合 5～10min 后，缓慢加入 0.4mL 无水 MeI，室温涡流混合反应 1h 后，用氮气吹除过量 MeI，缓慢加入 5mL 水终止反应，用 4mL 氯仿萃取全甲基化多糖，过无水硫酸镁小柱，旋转蒸发至干。②水解：对蒸干后的全甲基化样品，用 1mL 90%甲酸在 105℃下水解 1～2h，将甲酸旋蒸至干，继续用 2mL 0.15mmol/L 硫酸于 105℃水解 12～18h，碳酸钡中和并用 0.1mol/L NaOH 调节到 pH=8.0，离心收集清液，冻干；加入 0.5mL 1mol/L $NaBH_4$ 反应 4h，加入少量 HAc 中和，加入甲醇反复蒸干去除硼酸后得到糖醇样品。③乙酰化：向糖醇样品中加入 1mL 吡啶-乙酸酐混合液，100℃反应 2h，加入 3mL 甲苯旋蒸 3 次，加入 3mL $CHCl_3/H_2O$（1∶1），提取 3 次，合并收集 $CHCl_3$ 层，氮气吹干，得到部分甲基化糖醇乙酸酯。④对衍生后的糖醇乙酸酯进行 GC/MS 定量分析。

五、红外光谱分析技术

红外光谱（IR）技术可对多糖和寡糖结构做辅助解析。近十几年来对糖类官能团特征吸收有了较多积累，如 2800～3000cm^{-1} 为糖环 C—H 伸缩振动吸收，1200～1400cm^{-1} 为糖环 C—H 变角振动吸收；1000～1100cm^{-1} 为糖环中 C—O—H 和 C—O—C 吸收；硫酸酯基中 S═O 伸缩振动吸收在 1240cm^{-1} 左右等。糖类常见官能团 IR 吸收数据如表 6-2 所示。

表 6-2 糖类化合物中官能团的 IR 吸收参考数据（张惟杰，1999）

官能团类型	振动方式	吸收值/cm^{-1}
—OH	O—H，ν（伸缩）；O—H，δ（变角）	3700～3100；1075～1120
—COOH	C=O，ν；C—O，ν；O—H，δ	1740～1680；1440～1395；1320～1210
—OCOR	C=O，ν；C—O，ν	1749～1725；1245
—NH_2	N—H，ν；N—H，δ	3450～3380；1650～1550
—CH_2—	C—H，ν；C—H，δ	2926～2853；1465
—CH_3	C—H，ν	2962，2872，1450
—C=O；—CHO	C=O（酮），ν；C=O（醛），ν	1780～1540；1740，1650
— OSO_3^-	S=O，ν；C_4—O—S（轴向，ν）	1240；850；
—OSO_2—R	C_2—O—S（赤道，ν）；C_6—O—S	820；810～805
	S=O，ν；S=O，as	1190～1170；1370～1350
— OPO_3^-	P=O，ν	1300～1250

六、核磁共振波谱分析

核磁共振波谱（NMR）技术可以很好解决糖苷键的构型问题。对葡聚糖来说，^{1}H NMR 信号多集中于 3.0～5.5ppm 之间：H_1 在 4.8～5.5ppm；H_2 至 H_6 在 3.0～4.8ppm，D_2O 在 4.78ppm，H_2O 在 4.2ppm 有吸收。升高温度（70～90℃），峰型尖锐有利于解析。H_1 和 H_2 均为 a 键时，其 $J_{1,2}$ 在 7～8Hz；如 H_1 为 e 键，H_2 为 a 键，则 J_{12} 在 4.0～4.5Hz。外标试剂一般用 TMS 或 DDS，内标试剂可用氘代 DMSO、氘代丙酮或 TSP。不同的糖类化合物由于单糖种类不同，或者相同糖残基由于所处环境不同，其化学位移值不同。为了确定糖残基之间的连接方式，目前多采用二维 NMR 技术，如 HMBC、HMQC 和 COSY 等。图 6-9 为 κ-卡拉胶三糖（Gal4Sβ1→4AnGalα1→3Gal4S）的 HMQC 图，表 6-3 为其 NMR 数据。

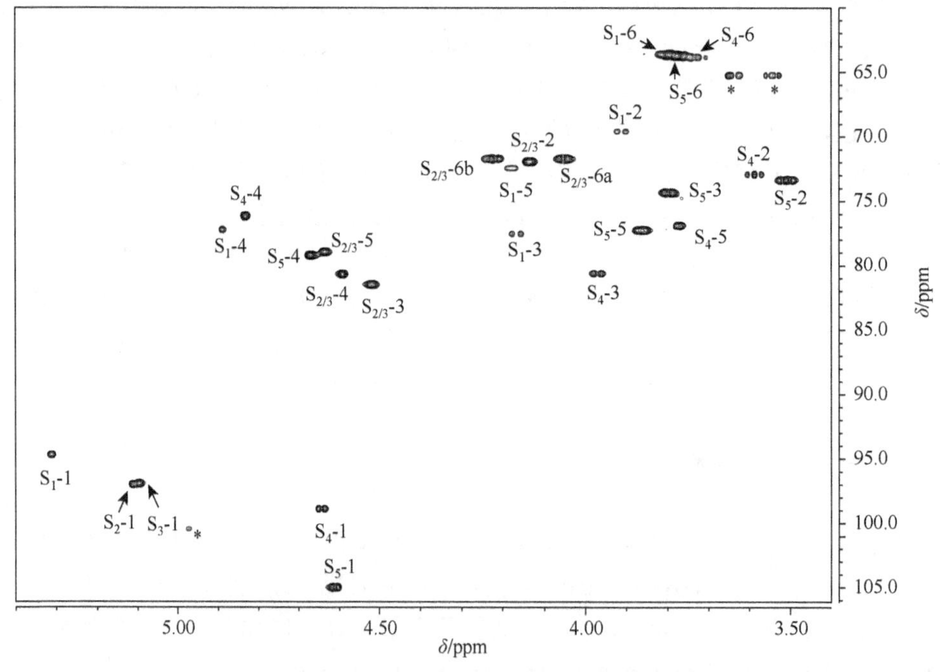

图 6-9 κ-卡拉胶三糖 ^{1}H-^{13}C-HMQC 图

表 6-3 κ-卡拉胶三糖 ^{1}H NMR 和 ^{13}C NMR 数据

自旋系统	原子核	化学位移/ppm						
		1	2	3	4	5	6a	6b
S_1	H	5.310	3.910	4.167	4.893	4.182	3.793	3.720
	C	94.727	69.607	77.506	77.247	72.456	63.864	
S_2	H	5.113	4.136	4.517	4.591	4.635	4.224	4.053
	C	97.057	71.939	81.520	80.613	78.930	71.697	
S_3	H	5.095	4.136	4.517	4.591	4.635	4.224	4.053
	C	96.928	71.939	81.520	80.613	78.930	71.697	
S_4	H	4.646	3.588	3.972	4.833	3.768	3.768	
	C	98.870	72.974	80.613	86.211	76.988	63.785	
S_5	H	4.610	3.503	3.798	4.670	3.862	3.798	3.786
	C	104.956	73.362	74.398	79.189	77.247	63.590	

七、质谱分析技术

近年来，电喷雾离子化（electro spray ionization，ESI）和基质辅助激光解析电离（matrix-assisted laser desorption ionization，MALDI）技术在糖类样品的分析中应用越来越广泛。飞行时间质谱（time of flight mass spectrometry，TOFMS）以及傅里叶变换质谱法（Fourier transform mass spectrometry，FTMS）测定糖相对分子质量时，它比光散法或凝胶渗透法具有精度高、需样品量少和操作简便等无法比拟的优点。在实际工作中，应用最广泛的还是电喷雾离子化质谱（ESI-MS）技术。它准确性高，样品量很少（μg、ng），无需相应的标准样品即可进行初步结构推断。

为了有利于阐明糖分子在质谱中的裂解规律，Castello 提出了糖质谱中裂解碎片编号规则（图 6-10），即糖链中非还原端的裂解碎片分别用 A、B、C 表示（位置向左），还原端的裂解分别用 X、Y、Z 表示（位置向右），碎片中的 A、B 符号的左上角所注明的数字表示糖链残基糖环中两根断裂的键所在碳原子上的编号，碎片代号右下角数字表示残基序号。如果糖链有分支，序号后的α、β、γ等表示有关的支链大小，其中α表示质量最大的支链。例如，图 6-10 中 $^{2,4}A_2$ 的“A”代表非还原端碎片，下标“2”代表非还原端第 2 个糖残基，上标“2, 4”代表该碎片是从该糖残基的 C-2 和 C-4 之间断裂。

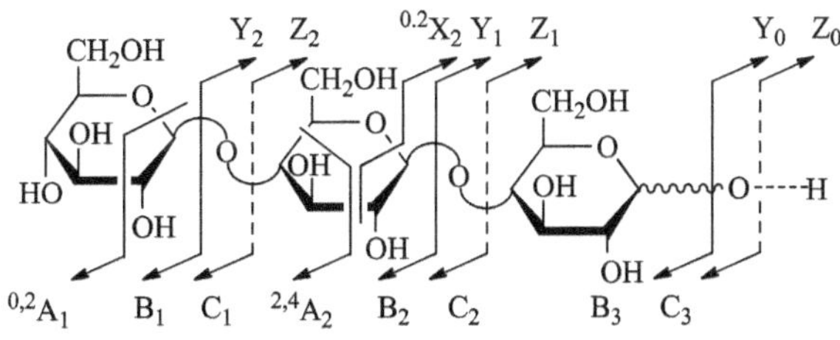

图 6-10 糖链质谱裂解碎片表示方法（Costello）

1. 寡糖硫酸基的取代位置分析

海洋寡糖富含硫酸基，采用常规的方法很难确定其硫酸基的位置和数量，质谱技术可很好地解决该问题。如通过 ESI-MS/MS 软电离技术，可确定硫酸化岩藻糖的硫酸基位于 C-2 和 C-4 位羟基（图 6-11）。

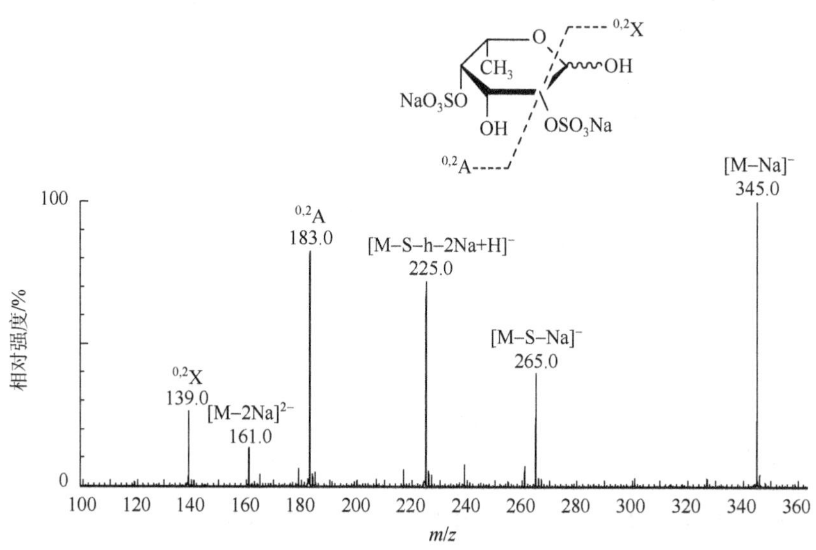

图 6-11 硫酸化岩藻糖 ESI-MS 图

2. 寡糖的序列分析

通过对寡糖的离子碎片进行分析可以确定其单糖组成和结构序列。图 6-12 为κ-卡拉胶三糖（Yu et al.，2006）的 ESI-MS 质谱图。分析条件：质谱仪 Micromass Q-Tof Ultima（Waters 公司）。氮气作为脱溶剂和雾化气，流速分别为 250L/h 和 15L/h，源温度 80℃，解吸温度 150℃，样品用 CH_3CN/H_2O（1∶1，V/V）溶解，浓度 5～10pmol/μL，进样量 1μL，流动相 CH_3CN/H_2O（1∶1，V/V），泵流速 5μL/min，毛细管电压 3kV，一级质谱锥孔电压 30～150V，二级质谱碰撞能量控制在 10～100eV 之间，有利于获得理想的碎片离子，用于寡糖的序列分析。此外，为了确定还原端糖残基的结构，还可以采用硼氢化钠（$NaBH_4$）或者氘代硼氢化钠（$NaBD_4$）将其还原为相应的糖醇后，再进行质谱分析，还原后的寡糖中，相应的 Y/Z 离子碎片的质量数分别增加 2Da 或者 3Da，采用该技术可以快速确定还原端糖残基的种类和结构。

241.0 259.1 385.1 403.1
B1 C1 B2 C2
OSO3Na OH O O OSO3Na OH O OH
HO OH O OH O OH
Y1
259.1

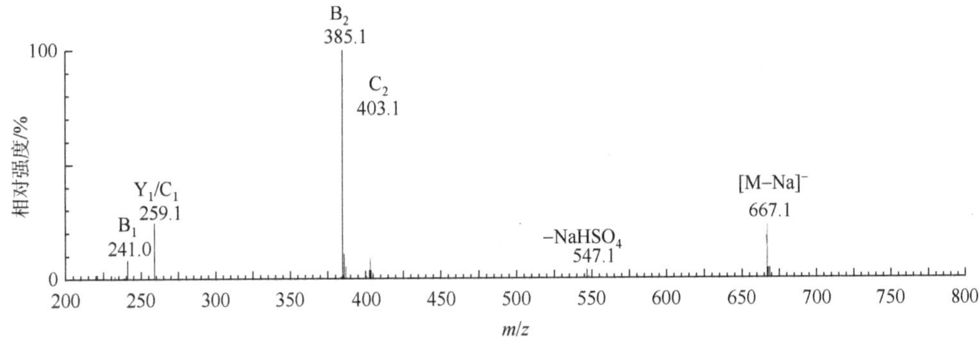

图 6-12　κ-卡拉胶三糖 ESI-MS 质谱图

八、海洋多糖相对分子质量分析方法

多糖相对分子质量及其分布是评价其理化性质的重要指标之一。目前常采用低压凝胶渗透色谱法（LPGPC）、高效凝胶渗透色谱法（HPGPC）、梯度离心法以及电泳法等进行相对分子质量分析，其中 HPGPC 具有快速、准确的特点，是本领域被广泛采用的方法。多糖相对分子质量的测定需要专用的凝胶色谱柱，其相对分子质量测定范围应与待测样品的相对分子质量大小相对应。检测器常用 RI，或者将 RI 和多角度激光散射仪（MALLS）联用。由于海洋多糖结构特殊，且含有糖醛酸和硫酸酯基等活性基团，缺少相对分子质量标准对照品，因此，其相对分子质量测定采用传统的葡聚糖作为标准对照品所得的相对分子质量与实际数据差别较大，可采用多角激光散射仪测定其绝对分子质量。

采用 MALLS 与 HPGPC 联用技术，除了可以得到物质的平均相对分子质量外，还可以测得相对分子质量的分布情况，并且无需使用标准样品。在直接测定高分子物质的绝对分子质量的同时，由于可以联用黏度检测器和 RID，还可得到特性黏数、均方根旋转半径等重要参数。如褐藻胶寡糖用葡聚糖为标准，经 TSK3000 凝胶色谱柱测定的相对分子质量约为 6000Da，但用十八角激光散射仪测得的实际结果约为 3050Da，该结果进一步表明，对于结构不同的多糖，在没有合适相对分子质量标准对照品的情况下，采用 HPGPC-RI-MALLS 连用技术，能较准确地获得其相对分子质量。

（于广利）

第三节　海藻来源活性糖类化合物研究

海藻主要包括褐藻、红藻、绿藻和蓝藻四大类。从在显微镜下才能看见的单细胞硅藻、甲藻等到高达数百米的巨藻，世界海洋中的藻类有 15 000 多种。据统计，我国的大型海藻有 1277 种，其中红藻门 607 种，褐藻门 298 种，绿藻门 211 种，蓝藻门 161 种。海藻是重要的海洋糖类生物资源，下面分别介绍一些常见和典型的海藻活性多糖。

一、海洋红藻多糖研究

据统计，全世界的红藻约有 3700 种，绝大部分生长于热带和亚热带海洋中。红藻中含有丰富的藻红素和藻蓝素，随着种类和生活水层的不同，其藻体颜色从暗红色到紫红色各异。红藻门包括真红藻纲（Florideophyceae）和红毛菜纲（Bangiophyceae）。在真红藻纲中常见的有石花菜属（*Gelidium*）、江蓠属（*Gracilaria*）、蜈蚣藻属（*Grateloupia*）、麒麟菜属（*Eucheuma*）、角叉菜属（*Chondrus*）、多管藻属（*Polysiphonia*）和海萝属（*Gloiopeltis*）等；在红毛菜纲中最常见的是紫菜属（*Porphyra*）。红藻多糖主要包括存在于细胞壁内作为填充物质的半乳聚糖；存在于细胞质内的葡聚糖，即红藻淀粉；作为细胞壁组成部分的木聚糖和甘露聚糖等。其中，含量最丰富、研究最广泛的是半乳聚糖。从半乳聚糖的结构特征上可分为卡拉胶、琼胶和兼具卡拉胶和琼胶结构特征的半乳聚糖三类。

1. 卡拉胶

（1）卡拉胶的结构与性质

卡拉胶是对从角叉菜属、麒麟菜属、杉藻属和沙菜属等红藻中提取的硫酸半乳聚糖的统称，是一类以 (1→3)-β-D-Gal (1→4)-3, 6-内醚 (或不内醚化)-α-D-Gal 为重复二糖结构的多糖。根据 Gal 上硫酸基的含量和取代位置不同，可将卡拉胶分为十多种，但最为常见的主要有κ、λ和ι三种（图 6-13）。不同类型的卡拉胶都可溶于热水，κ-卡拉胶和ι-卡拉胶的钠盐溶于冷水，但κ-卡拉胶与钾离子可形成坚硬的凝胶。ι-卡拉胶可与钙离子作用形成有弹性的凝胶，而对λ-卡拉胶的性质则没有影响。当溶液在 pH<4.3 中加热时，卡拉胶会失去黏度和凝胶强度。

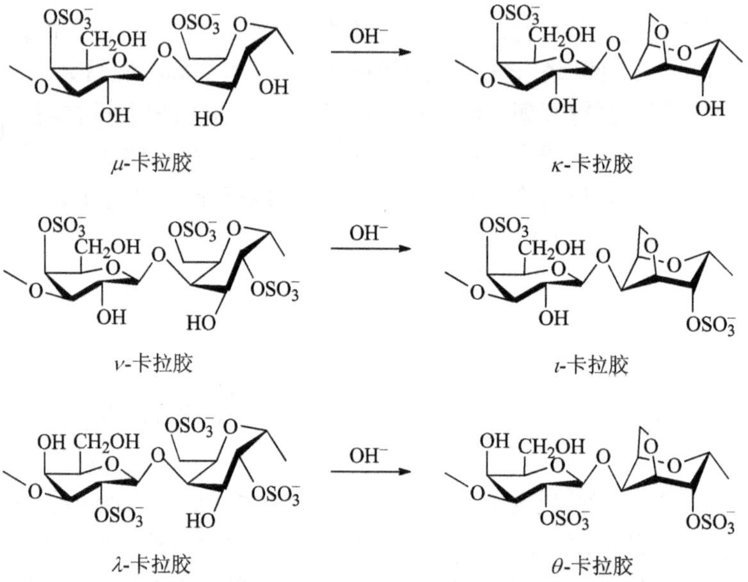

μ-卡拉胶 $\xrightarrow{OH^-}$ κ-卡拉胶

ν-卡拉胶 $\xrightarrow{OH^-}$ ι-卡拉胶

λ-卡拉胶 $\xrightarrow{OH^-}$ θ-卡拉胶

图 6-13 几种常见卡拉胶的化学结构（Jiao et al.，2012）

（2）卡拉胶的生物活性与应用

卡拉胶由于其良好的凝胶特性和增稠效果，广泛应用于制造果冻、冰淇淋、糕点、软糖和各类奶制品等食品工业中。近些年来，卡拉胶及其寡糖的生物活性受到了人们的广泛关注。①抗病毒活性：在体外卡拉胶寡糖对单纯疱疹病毒（HSV）、人巨噬细胞病毒、疱疹性口腔炎病毒、新培斯病毒等具有较好的抑制作用；在体内能诱导多形核嗜中性白细胞渗入腹膜腔，抑制从腹膜腔到血浆的病毒传播。卡拉胶的抗病毒活性与其相对分子质量大小、硫酸根的含量和取代位置相关。卡拉胶对 HSV-1 和 HSV-2 都具有较强的抑制作用，其半数有效浓度（IC_{50}）低于 1μg/mL。卡拉胶可干扰被 HIV 侵染的细胞间的相互融合，对合胞体的形成和逆转录酶的活性具有较强的抑制作用。κ-卡拉胶经酸法降解获得的奇数寡糖以及 ι-卡拉胶多糖都具有良好的抗 H1N1 流感病毒活性。②抗肿瘤活性：λ-卡拉胶寡糖可明显抑制鸡胚尿囊膜模型（CAM）微血管的生成，在 200μg/egg 时，其抑制率可达 54.90%。采用 MTT 法测定结果表明，λ-卡拉胶寡糖对人脐静脉内皮细胞（HUVEC）的增殖具有明显的抑制作用，可有效减缓 HUVEC 的迁移和侵袭能力，从而达到血管生成抑制的作用。ι-卡拉胶可以抑制依赖于碱性成纤维细胞生长因子（bFGF）的内皮细胞的增殖，采用化学方法或酶法将其降解为寡糖后，其抗肿瘤活性会提高。③其他活性：卡拉胶可降低血清低密度脂蛋白和胆固醇水平，控制实验性动脉粥状硬化的形成。卡拉胶因可通过形成凝胶吸附胆酸造成胆酸减少，从而使机体利用胆固醇合成胆酸，血脂降低。卡拉胶中因含有较多的硫酸基团，具有与肝素类似的抗凝作用，未经降解的卡拉胶与血纤维蛋白形成不溶的复合物，而降解的卡拉胶能与血纤维蛋白生成可溶的复合物，其毒性比未降解的明显降低。在各类卡拉胶中，λ-卡拉胶的抗凝活性最高（于广利等，2012）。

2. 琼胶

（1）琼胶的结构与性质

琼胶（agarose）主要是从石花菜属（*Gelidium* sp.）、江篱藻属（*Gracilaria* sp.）和鸡毛菜属（*Pterocladia* sp.）等红藻中经热水提取的一种多糖。琼胶是由 (1→3)-β-D-Gal 和 (1→4)-3, 6-内醚-α-L-Gal 重复交替连接的链状中性糖，部分琼胶中还含有一定的硫酸基、甲氧基和丙酮酸结构。琼胶和卡拉胶的主要区别在于琼胶中 3, 6-内醚 Gal 为 L-构型，而卡拉胶为 D-构型。该差别用 ^{13}C NMR 图谱很容易区分，如果 3, 6-内醚-Gal 的 C_1 化学位移在 95～100ppm 则为 L 型，在 90～95ppm 则为 D 型。

琼胶为无臭、无味，白色或类白色的无定形固体，在冷水中可吸水膨胀但不溶解，加热可溶解于水，冷却后可形成半透明的凝胶。对琼胶采用酸法降解可获得 dp 为奇数的琼胶寡糖（agaro-oligosaccharide，图 6-14）；而采用酶法降解可获得到 dp 为偶数的新琼胶寡糖（neoagaro-oligosaccharide，图 6-15）。琼胶酶一般可分为两类：一类是α-琼胶酶，裂解琼胶糖的α(1→3) 糖苷键，生成以β-D-Gal 为非还原端和以 3, 6-内醚-α-L-Gal 为还原端的系列寡糖；另一类是β-琼胶酶，裂解琼胶糖的β(1→4) 糖苷键，生成以β-D-Gal 为还原端和以 3, 6-内醚-α-L-Gal 为非还原端的系列寡糖。

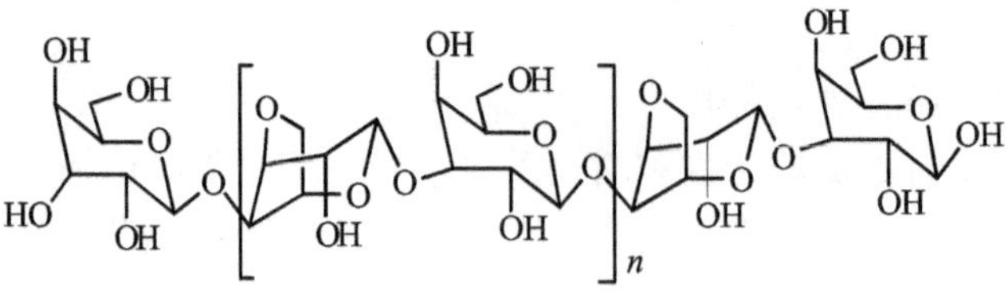

图 6-14 采用酸法降解获得的奇数琼胶寡糖结构

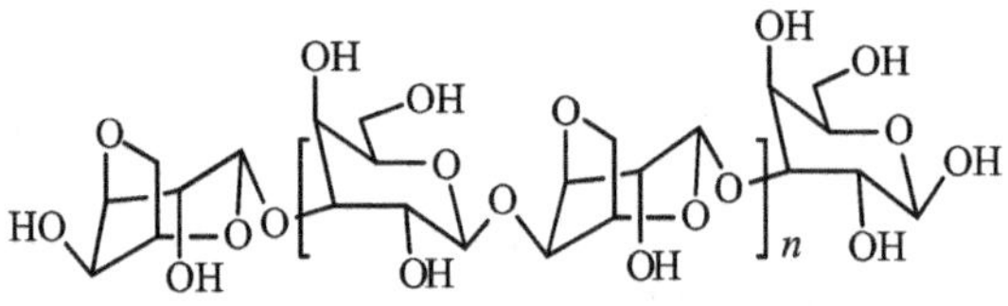

图 6-15 采用生物酶法降解获得的偶数新琼胶寡糖结构

（2）琼胶的生物活性与应用

天然琼胶因其黏度高、增稠性好，与卡拉胶类似，主要用于食品加工领域如制作果冻、酸奶、软糖、果酱和冰淇淋等。在生物技术领域可用作微生物的培养基，凝胶电泳和排阻色谱的分离介质等。在医药领域可用于片剂、油膏剂、胶囊、栓剂、乳化剂等制剂的辅料，在外科手术中可用作润滑剂以及作为钡餐放射的药物基材。另外，琼胶可以作为缓泻剂，可以在消化道内保持水分形成非刺激性的大量物质，以预防和治疗便秘。研究发现 dp2～dp4 的新琼寡糖可以抑制前列腺素（PGE_2）和肿瘤坏死因子（TNF-α）的产生，从而抑制肿瘤细胞的生长；dp6～dp8 的新琼寡糖是植物特别是藻类防御体系中的重要激发因子，当高等植物受到外界因素侵扰时会激发植物体内的防御系统，增加分子氧的消耗量，释放过氧化氢。琼胶低聚糖对水溶性的羟自由基和氧自由基具有很好的清除作用，其 IC_{50} 分别为 0.05mg/mL 和 0.7mg/mL。琼胶低聚糖可以有效抑制肝损伤小鼠血清中谷丙转氨酶（GPT）活性和丙二醛（MDA）浓度的升高，对肝损伤具有明显的保护作用。新琼寡糖在 200～400mg/kg 剂量范围内，可明显降低糖尿病小鼠的血糖水平及各氧化指标，并减少细胞的氧化损伤（陈海敏等，2005）。新琼寡糖能够耐受消化酶的作用，可以明显改变肠道菌群的结构，促进双歧杆菌和乳酸杆菌的增殖，抑制有害菌的生长，是一种新型的潜在益生元（Hu et al.，2006）。从人体肠道微生物中首次分离获得了一株可以降解琼胶及其寡糖的单形拟杆菌 *B. uniformis* L8，证明琼胶寡糖可以作为人体肠道微生物有益的功效因子（Li et al.，2014）。

3. 其他红藻多糖

红藻多糖中除研究和应用最广泛的卡拉胶和琼胶外，在多数红藻如紫菜、叉红藻和江蓠等中还含有约 10%的红藻淀粉（floridean starch）。红藻淀粉是一种存在于红藻细胞质中的 $\alpha(1\rightarrow4)$ 葡聚糖，含有少量 $\alpha(1\rightarrow3)$ Glc 和 $\alpha(1\rightarrow6)$ Glc 分支。红藻淀粉的理化性质与高等动植物来源的糖原和支链淀粉无明显差异，但具有更好的耐热性，在水中煮沸 6h 才能完全胶化。另外，采用稀碱法提取还可从红藻的细胞壁中获得木聚糖（xylan）和甘露聚糖（mannan）。如从掌状红皮藻（*Palmaria palmata*）、羽状凹顶藻（*Laurencia pinnata*）和帚状黏皮藻（*Chaetangium fastigiatum*）的碱提取物中可以分离得到具有 $\beta(1\rightarrow3)$ 和 $\beta(1\rightarrow4)$ 连接的木聚糖；从脐形紫菜（*Porphyra umbilicalis*）中可以分离得到较纯的 $\beta(1\rightarrow3)$ 木聚糖；从繁花红线藻（*Rhodouhorlan floridulum*）中可以分离得到较纯的 $\beta(1\rightarrow4)$ 木聚糖。对脐形紫菜中用冷水和稀碱提取后，再用 20%的碱可提取含量约 4%的甘露聚糖（图 6-16）（纪明侯，1997）。

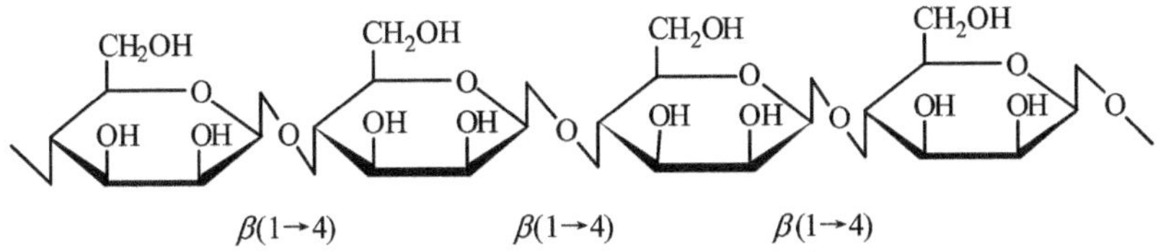

图 6-16　从红藻碱提取物中分离的甘露聚糖结构

二、海洋褐藻多糖研究

褐藻门（phaeophyta）是藻类植物中形态构造分化较为高级的一类，藻体的颜色因所含色素的比例不同而呈现黄褐色、深褐色等。褐藻可分为海带目和墨角藻目两大类。海带目绝大多数都是冷水性藻类，可分为绳藻科、海带科、雷松藻科和翅藻科。墨角藻目大部分分布于热带和亚热带海洋中，可分为墨角藻科、囊链藻科和马尾藻科。褐藻多糖主要有来源于褐藻细胞壁的褐藻胶、褐藻糖胶和来源于褐藻细胞质的海带淀粉。

1. 褐藻胶

（1）褐藻胶的结构与性质

褐藻胶是由 β-1, 4-D-甘露糖醛酸（mannuronic acid，M）和 α-1, 4-L-古罗糖醛酸（guluronic acid，G）组成的二元线形嵌段化合物，主要来源于马尾藻和海带。在马尾藻中 G 的含量高，海带中 M 的含量高。在聚甘露糖醛酸（PM）分子中，M 呈 $^4C_1$ 构象，以 1e-4e 两个平伏键相连形成左手三股螺旋结构，并在 O(3) 和 O(5) 之间形成链内氢键。因 O(5) 为环内氧，氢键较弱，分子链的韧性较大，为柔性结构。在聚古罗糖醛酸（PG）分子中，G 呈 $^1C_4$ 构象，以 1a-4a 两个直立键相连形成双折叠式螺旋结构，并在 O(2) 和 O(6) 之间形成链内氢键。因 O(6) 为羧基氧，其电负性强于 PM 的环氧，分子链呈锯齿形，为刚性结构。根据褐藻胶的 ^{1}H NMR 图谱中 M 和 G 异头质子 H_1 信号的相对强度，可粗略测定 M/G 的比值。随着海藻的种类、生长年限、采收季节和使用部位的不同，褐藻胶分子中 M 和 G 的相对含量（M/G）也不同。本实验室研究发现，从多肋藻（*Costaria costata*）中提取的褐藻胶 M 和 G 的含量较为接近，而海茸（*Durvillaea Antarctica*）中 M 含量较高，萱藻（*Scytosiphon lomentarius*）中 G 含量最高，三种褐藻中提取的褐藻胶 ^{1}H NMR 比较如图 6-17 所示。根据不同的用途可以从不同种类的褐藻中获得不同糖醛酸含量的褐藻胶。褐藻酸不溶于水和稀酸，其二价金属离子盐（如 Ca 等）也为水不溶性，但其一价碱金属盐则为水溶性。

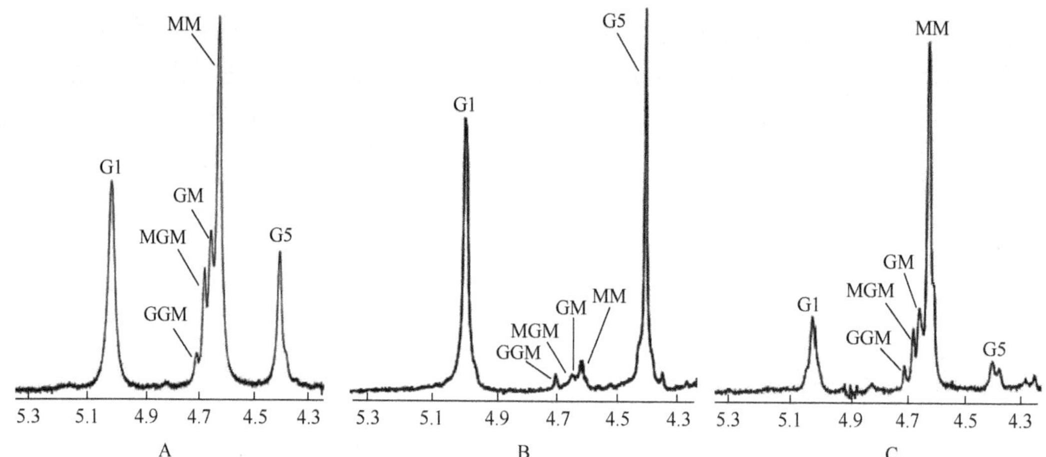

图 6-17 不同褐藻中提取的褐藻胶的 ^{1}H NMR 比较：A. 多肋藻；B. 萱藻；C. 海茸（李苗苗等，2011）

（2）褐藻胶的生物活性与应用

褐藻胶由于具有独特的化学结构和良好的生物相容性，在医药领域中具有广泛的应用，主要表现在如下几个方面。

1）在抗心血管疾病中的应用：褐藻胶可有效地阻止大鼠对胆固醇和脂肪的吸收，明显降低血液中胆固醇的水平。用褐藻胶制成的止血纱布可止住压迫和包扎大动脉引起的出血。褐藻胶可用作代血浆扩充血容量，其扩容效率与右旋糖酐相似，具有在体内不积蓄，对肝、肾、脾和骨髓无不良影响，并可促进造血机能，加快体内毒素排出等优点。

2）抗肿瘤活性：将褐藻酸钠对小鼠腹腔注射，可明显提高患癌小鼠的脾脏重量，对 S180 实体瘤生长的抑制率为 36.3%。褐藻胶对 Ehrlich 实体瘤有明显的抑制作用，其抗肿瘤活性可能与其增强巨噬细胞的吞噬作用相关。研究发现，富含 M 的褐藻胶（high mannuronate alginate，HMA）对巨噬细胞的趋化作用显著，具有更高的抗肿瘤活性。

3）促生长活性：褐藻胶对骨细胞的生长具有良好的促进作用，Ueyama 等研究发现，采用 3%的褐藻胶与 $CaCl_2$ 溶液形成的自组装薄膜对骨质再生具有良好的修复作用，可使受损伤口恢复完好。褐藻胶酶解得到的含 G 末端寡糖，可显著提高角质细胞的生长率，这可能与其对角质细胞上受体的亲和性或对表皮生长因子（EGF）的激活作用相关（Kawada et al.，1997）。此外，褐藻胶寡糖具有促进植物生长的作用。

4）在医用生物材料方面的应用：褐藻酸与钙离子交联可制成用于伤口敷料的褐藻酸钙纤维，伤口渗出液中的钠离子会缓慢地将纤维转变成黏性的褐藻酸钠溶液，这样当敷料直接从伤口上揭掉时，新生的组织不会因敷料的黏连而再次受到损伤，这是一种理想的外伤敷料。褐藻胶还广泛用于组织工程的支架（scaffold）材料，可作为植入组织细胞的载体和模板，对细胞提供物理支持，促进机体形成新的目标组织。褐藻胶中 M 和 G 的相对含量可影响支架的作用效果，采用富含 G 的褐藻胶与 $CaCl_2$ 溶液制成的凝胶，可通过微创技术注射至关节表面填充和修复受损的关节（Stevens et al.，2004）。

5）在其他方面的应用：褐藻胶对重金属离子具有较强的络合能力，特别是对铅离子具有很强的吸附和排除能力，对铅中毒的预防和治疗具有重要意义。研究表明，给大鼠同时服用乙酸铅和海藻酸钙的悬浮液，可明显阻止 Pb^{2+}的吸收和 Pb^{2+}在体内各脏器和股骨中的蓄积。褐藻胶还可抑制锶等放射性元素在动物体内的吸收，而且褐藻胶中 G 的含量越高，对放射性锶的阻吸作用越强。褐藻胶对胃黏膜具有较好的保护作用，将褐藻胶制备成碱式铝盐后在胃酸作用下褐藻胶可形成凝胶状保护膜，阻止胃酸和胃蛋白酶对组织的侵蚀，对治疗幽门螺杆菌阳性的胃炎、消化性溃疡有较好的效果。

2. 褐藻糖胶

（1）褐藻糖胶的结构与性质

褐藻糖胶是指含有岩藻糖（Fuc）和硫酸基的多糖，是一类结构较为复杂的褐藻多糖。随褐藻种类的不同，褐藻糖胶的结构和组成也不同（de Jesus Raposo et al.，2015）。墨角藻和泡叶藻属来源的褐藻糖胶主要含有 $\alpha(1\rightarrow3)$ 和 $\alpha(1\rightarrow4)$ 硫酸岩藻聚糖，而海带来源的则主要是 $\alpha(1\rightarrow3)$ 硫酸岩藻聚糖（图 6-18）。

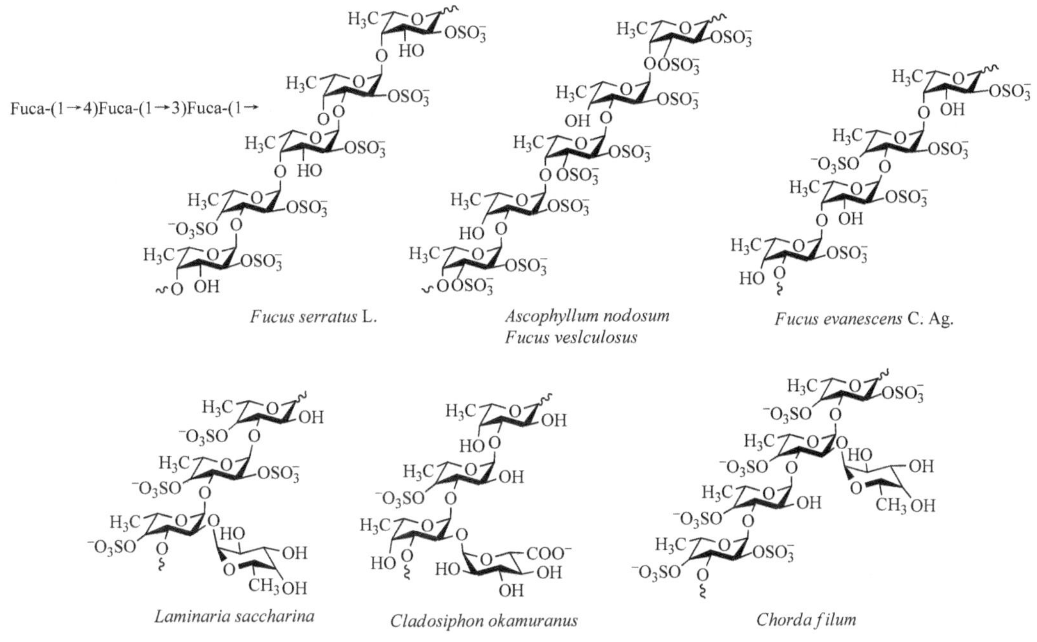

图 6-18 几种典型褐藻糖胶的化学结构（de Jesus et al.，2015）

（2）褐藻糖胶的生物活性与应用

褐藻糖胶因其含有较高的硫酸酯基，在抗凝血、抗血栓、抗病毒和抗肿瘤等多个方面都具有较好的生物活性。①抗凝血和抗血栓：褐藻糖胶可延长活化部分凝血活酶时间（APTT）和凝血酶时间（TT），并具有抗 Xa 因子活性。如从昆布中提取的褐藻糖胶，其 APTT 和 TT 分别为 38U/mg 和 35U/mg。褐藻糖胶的抗凝血活性与其单糖组成、结构、硫酸基含量以及硫酸基的位置有关，一般其抗凝血活性随着硫酸化程度的增加而增加，脱硫处理后则活性降低甚至完全消失。②抗病毒：褐藻糖胶的抗病毒活性也与硫酸基的含量密切相关。如在室温下从小腺囊藻中提取的褐藻糖胶，因具有较高的硫酸基含量而显示出抗单纯疱疹病毒 1 型（HSV-1）和 2 型（HSV-2）活性；而在 70℃下提取的褐藻糖胶因硫酸酯含量低，无抗病毒作用。在体外实验中，褐藻糖胶能够有效抑制呼吸合胞体病毒（RSV）对人上皮细胞株 Hep2 的感染，当浓度大于 50μg/mL 时几乎可完全抑制病毒的感染。从羊栖菜中提取的褐藻糖胶对 HSV-1 和柯萨奇病毒所致的细胞病变具有明显的抑制作用。③抗肿瘤：褐藻糖胶能够有效地杀伤肿瘤细胞，并可通过增强机体免疫力来抑制肿瘤细胞的生长和扩散。海带褐藻糖胶在 5～10mg/kg 剂量下，可恢复由环磷酰胺引起的免疫低下小鼠的免疫功能，是一种对巨噬细胞和 T 细胞都有直接作用的免疫调节剂。④抗糖尿病活性：刘鑫等发现，来自墨角藻含有 $\alpha(1\to3)/(1, 4)$ 结构的岩藻糖硫酸酯具有明显抑制 α-糖苷酶的活性。

3. 海带淀粉

（1）海带淀粉的结构与性质

海带淀粉（laminaran）又称褐藻淀粉、昆布多糖，是一种以$\beta(1\to3)$ 为主链，含有少量$\beta(1\to6)$ 分支的葡聚糖，其生理功能类似于高等植物的淀粉。海带淀粉分水溶性和不溶性两种，其中水溶性海带淀粉中$\beta(1\to6)$ 分支度较高。不溶性海带淀粉虽不溶于冷水，但在热水易溶，在水中的旋光度一般为–12°～–14°。从掌状海带中提取的海带淀粉多为可溶性，不溶性海带淀粉通常只在极北海带和糖海带中有一定含量。海带淀粉相对分子质量较低，一般为 2.5～4.0kD。在自然界许多真菌、细菌和海洋软体动物的消化液中含有能够水解海带淀粉的酶，可将海带淀粉降解为寡糖，海带淀粉及其寡糖具有免疫增强活性。

（2）海带淀粉的生物活性与应用

海带淀粉作为一种海洋来源的 β-葡聚糖，与真菌来源的 β-葡聚糖同样具有很好的免疫调节和抗肿瘤活性，特别是当海带淀粉降解为一定聚合度的寡糖后作用更为显著。将海带淀粉按每只小鼠 400μg/d 的剂量对 Lewis 肺癌 C57BL/6 雌性小鼠服用 5d，可显著抑制肿瘤的生长和增殖细胞核抗原（PCNA）的表达，并可增加肿瘤组织的坏死（$P<0.001$）（Akramiene et al.，2010）。采用 β-葡聚糖酶对从褐藻中提取的海带淀粉进行降解得到平均 dp13 的寡糖，具有明显刺激单核细胞的吞噬功能和抑制人髓系白血病细胞 U937 增殖的作用，而未降解的海带淀粉无明显作用（Pang et al.，2005）。另外，海带淀粉的硫酸酯衍生物具有较好的抗凝血、抗血栓以及抗肿瘤活性。

三、海洋绿藻多糖研究

人们对绿藻多糖的认识和利用的程度远不如褐藻和红藻，目前尚无工业化规模生产的绿藻多糖，但绿藻却是种类最多的一类海藻，约有 350 个属，7500～8000 种。目前，对绿藻多糖研究比较多的有石莼属（*Ulva*）、松藻属（*Codium*）、浒苔属（*Enteromorpha*）、礁膜属（*Monostroma*）、小球藻属（*Chlorella*）和刚毛藻属（*Cladophora*）等。绿藻多糖主要位于细胞间质中，多为水溶性硫酸多糖，其结构和组成随绿藻种类的不同而不同，通常可分为两类：一类为 Xyl-Ara-Gal 聚合物（xylogalactoarabinan），其代表藻类为松藻、蕨藻、刚毛藻；另一类为 GlcA-Xyl-Rha 聚合物（glucuronoxylorhamanan），其代表藻类为石莼、礁膜、浒苔、顶管藻。存在于细胞壁中的多糖不易溶于水，采用碱或酸提的方法可以得到组分较为单一的木聚糖、甘露聚糖和葡聚糖等。下面简要介绍几种代表性绿藻多糖的提取。

1. 浒苔多糖

（1）浒苔多糖的结构与性质

浒苔（*Enteromorpha*）隶属于绿藻门石莼目石莼科，广泛分布于我国沿海，常见的种类有浒苔（*Enteromorpha prolifera*）、肠浒苔（*Enteromorpha intestinalis*）、缘管浒苔（*Enteromorpha linza*）、条浒苔（*Enteromorpha clathrata*）以及扁浒苔（*Enteromorpha compressa*）等。浒苔中含有丰富的碳水化合物、蛋白质、粗纤维、矿物质和维生素，而且脂肪含量低，氨基酸种类丰富，自古以来就是我国沿海居民可以食用的海藻。自 2008 年开始，浒苔在青岛近海连续多年大规模爆发，甚至曾有“到青岛看草原”的说法，这虽是一种灾害，但也是一种特有的海藻资源，在医药、食品、化工和生物能源等领域具有很好的开发应用前景。

从青岛爆发期浒苔中采用热水和稀碱提取，分别以 34.9%和 14.8%的得率获得 2 种粗多糖 ECP1 和 ECP2，通过 Q-Sepharose FF 阴离子交换分离纯化可进一步获得 12 种多糖组分，这些多糖中均含有很高的 Rha，其次为 Glc、Xyl 和 Gal，部分组分中含有较多的 Fuc、GlcA 和硫酸基（嵇国利等，2009）。从印度产扁浒苔中依次采用水和碱提取，以 25%的得率分离到 2 种多糖组分，水提杂多糖中主要含有 (1→4) 和 (1→2 ,4)-3-硫酸基-Rha，未端连有 GlcA 和部分硫酸化的 Xyl；碱提组分中则含有 (1→4) 木葡聚糖（Chattopadhyay et al.，2007）。

（2）浒苔多糖的生物活性

在《本草纲目》中记载浒苔有“烧末吹鼻止衄血，汤漫捣敷手背肿痛”的功效。Jiao 等（2009）研究发现，从浒苔中采用碱提取得到的多糖，在 100mg/kg 和 200mg/kg 剂量下对接种 S180 小鼠的肿瘤抑制率分别为 61.2%和 67.6%，并可明显增加小鼠的胸腺和脾脏指数，促进 NO 和肿瘤坏死因子（TNF-α）的分泌，但未观察到细胞毒性，提示其可能是通过增强免疫功能发挥抗肿瘤作用。Kim 等（2011）研究发现，浒苔多糖在 5mg/kg 和 20mg/kg 剂量下可明显增加小鼠 Con A-诱导的脾细胞增殖，增加干扰素 IFN-γ 和 IL-2 的分泌，但不影响 IL-4 和 IL-5 的释放，并可通过上调 Th-1 的响应激活 T 细胞，具有很强的免疫调节活性。孙士红（2010）研究发现浒苔多糖具有明显的降血脂作用，在 50mg/kg、100mg/kg 和 200mg/kg 剂量下均能显著降低高脂模型小鼠总胆固醇（TC）、甘油三酯（TG）和低密度脂蛋白（LDL-C）含量，并可提高高密度脂蛋白（HDL-C）的含量。另外，浒苔多糖还具有明显的抗氧化作用，可有效地清除羟基自由基和超氧阴离子，提高高脂血症实验大鼠血清中超氧化物歧化酶（SOD）、谷胱甘肽过氧化物酶（GSH-Px）的活性，降低丙二醛（MDA）的含量。

2. 孔石莼多糖

（1）孔石莼多糖的结构与性质

孔石莼（*Ulva pertusa Kjellm*）是一种大型绿藻，俗称海菠菜、海莴苣等，属绿藻门石莼科石莼属，广泛分布于黄海和渤海。孔石莼多糖一般采用热水或稀碱提取：热水提取获得的主要为水溶性硫酸多糖，其单糖组成为 Rha、Xyl、Glc 和 GlcA，并含有较多的硫酸基；碱提多糖主要是 β (1→4) 连接的 Glc 或 Xyl，还含有部分 GlcA 等。孔石莼藻的产地和来源不同，其多糖的结构和组成有较大差异。

（2）孔石莼多糖的生物活性

在《中国海洋药物辞典》中记述，孔石莼具有软坚散结、利水消肿和降压的功效。孔石莼多糖在调血脂、增强免疫和抗凝血等方面具有较好的活性。如具有 3-硫酸基 D-GlcAβ(1→4)-*α*-L-Rha 结构的孔石莼多糖具有明显的调血脂和抗血栓作用，在 250mg/(kg·d)、500mg/(kg·d) 和 1000mg/(kg·d) 剂量下均具有降低小鼠 TC、TG 和 LDL-C 的作用，高剂量组还具有一定升高 HDL-C 的作用。孔石莼多糖在 200mg/（kg·d）剂量下能明显促进小鼠的胸腺指数和脾指数；在 100mg/(kg·d)、200mg/(kg·d) 剂量下能显著促进 ConA 诱导的小鼠脾淋巴细胞转化能力，增强小鼠的迟发性超敏反应，提高小鼠的血清溶血素水平，并可促进 NK 细胞的杀伤活性及巨噬细胞的吞噬能力。孔石莼多糖还具有一定的抗凝活性，其抗凝活性与多糖分子结构中存在的羧基和硫酸基有关（于广利等，2012）。

3. 礁膜多糖

（1）礁膜多糖的结构与性质

礁膜是我国重要的经济海藻之一，隶属于石莼目礁膜科礁膜属，广泛分布于我国的东南沿海，具有悠久的食用和药用历史。张会娟[①]以宽礁膜（*Monostroma latissium*）为原料，依次采用冷水、热水和碱液提取，分别得到 3 种宽礁膜粗多糖 CE、HE 和 AE，硫酸根含量分别为 21.3%、24.9%和 25.3%，所含单糖主要为 Rha 及少量的 Glc、Xyl 和 GlcA。对 HE 进一步分离得到 3 种多糖组分 HEA、HEB 和 HEC，结构分析表明 HEA 和 HEB 主要含有*α*(1→3)Rha、*α*(1→2)Rha，硫酸基位于*α*(1→2)Rha 的 C-4 位或 C-3 位。HEB 主链是由*α*(1→2)Rha 和少量*α*(1→3)Rha 组成的硫酸化鼠李聚糖；HEA 是由多种键型交替相连的结构复杂的一种硫酸化鼠李聚糖。

（2）礁膜多糖的生物活性

礁膜性味咸、寒，具有清热化痰、软坚散结的功效，并具有抗凝血、抗病毒、抗氧化以及防辐射等多种生物学活性。如宽礁膜多糖能明显延长 APTT 和 TT，但不影响 PT，相对分子质量高于 26kD 的多糖片段具有较强的抗凝血活性，相对分子质量低于 10kD 时抗凝血活性降低，说明一定长度的糖链对宽礁膜多糖的抗凝血活性是必需的。

四、海洋微藻多糖研究

微藻是一类广泛分布在海洋和淡水湖泊等水域的低等植物，为单细胞结构，平均大小约为 5μm。微藻的种类繁多，大多含有叶绿素 A 和丰富的 *β*-胡萝卜素，具有生长周期短、光合利用度高等特点，在医药、食品和动物饲料等方面具有很好的应用和开发前景。如螺旋藻、小球藻、杜氏藻和红球藻等被用作蛋白质来源，以粉剂、丸剂、提取物等形式应用于保健品或食品添加剂市场。下面介绍几种代表性的微藻多糖。

1. 螺旋藻多糖

（1）螺旋藻多糖的结构与性质

螺旋藻（*Spirulina*）属蓝藻纲颤藻科，是由单细胞或多细胞组成的丝状体，呈螺旋状，

---

① 张会娟. 宽礁膜（*Monostroma latissium*）多糖的分离、结构和抗凝血活性研究[D]. 中国海洋大学，2007。

藻丝直径 5～10μm，在淡水和海水中均有分布。螺旋藻中含丰富的蛋白质、β-胡萝卜素、叶绿素 A、维生素、矿物质和多糖等生物活性物质。螺旋藻多糖是其重要的有效成分之一，占藻体干重的 8%～18%。螺旋藻多糖除含有以 α(1→4)Glc 为主链，以 α(1→6)Glc 为支链的葡聚糖外，还含有以 Rha、GlcA 为特征的酸性杂多糖。从不同产地，不同螺旋藻种类和采用不同提取方法得到的多糖结构和组成都存在较大差异。Lee 等（2000）从钝顶螺旋藻中热水提取的一种具有抗病毒活性的硫酸化多糖（Ca-SP），其结构是以α(1→3)Rha 和 3-*O*-Me-α(1→2)-Rha 为骨架结构，在 Rha 的 C-4 位有硫酸基取代，非还原端为 2, 3-二-*O*-Me-Rha 和 3-*O*-Me-Xyl。张威等（2004）从原产于非洲乍得湖的极大螺旋藻（*Spirulina maxima*）中采用热水提取得到的多糖组分，由 Fuc、Rha、Xyl 和 Gal 组成，含有较多的硫酸基和糖醛酸。

螺旋藻多糖的提取一般需先将螺旋藻干粉进行破壁处理，用低极性溶剂去除脂溶性成分，再采用热水、稀碱溶液或生物酶法进行提取，或采用微波、超声波等物理方法进行辅助提取。螺旋藻中蛋白质的含量高达 60%～70%，因此提取多糖的关键是蛋白质的去除。采用胰蛋白酶和木瓜蛋白酶联合酶解的方法可有效去除粗多糖中的杂蛋白。

（2）螺旋藻多糖的生物活性

螺旋藻多糖在免疫调节、抗肿瘤、抗病毒和抗氧化等方面具有广泛的生物活性。螺旋藻多糖作为一种免疫增强剂，可增强骨髓细胞的增殖，促进巨噬细胞、T 淋巴细胞和 B 淋巴细胞等免疫细胞的形成和 IL-2 的生成，促进脾、胸腺等免疫器官的生长和血清蛋白的生物合成。Balachandran 等（2006）研究发现螺旋藻多糖对小鼠在 10mg/(d·只) 剂量下，可使 B 淋巴细胞产生的免疫球蛋白 IgA 和白细胞介素 IL-6 的量增加 2 倍，使脾细胞产生的 γ-干扰素增加 4 倍，具有明显的免疫增强作用。螺旋藻多糖在体外对多种肿瘤细胞具有较好的抑制活性，在浓度为 20mg/L 时对胃癌细胞的抑制率达 54.7%，对结肠癌细胞的抑制率达 42%，对 B37 乳腺癌细胞和 K562 白血病细胞抑制率分别为 68%和 46%。其主要作用机制是通过抑制肿瘤细胞 DNA 的合成，诱导肿瘤细胞凋亡和增强机体免疫功能以发挥抗肿瘤作用。另外，从螺旋藻中提取的硫酸化多糖（Ca-SP）具有明显的抗病毒作用，可干扰病毒向宿主细胞吸附，有效抑制病毒的复制，并可明显抑制单纯疱疹病毒 HSV-1 糖蛋白 gG mRNA 的表达。对乙型肝炎 E 抗原（HBeAg）、表面抗原（HbsAg）的分泌及乙肝病毒 DNA 的复制具有明显的剂量抑制关系，对血管内皮细胞的增殖也有明显的抑制作用。

2. 盐藻多糖

（1）盐藻多糖的结构与性质

盐藻即杜氏藻（*Dunaliella salina*）是一种生长于海水、咸水湖甚至盐湖等高盐环境下的单细胞海洋浮游生物，是迄今发现的最耐盐，也是 β-胡萝卜素含量最高（占干重的 14%）的真核生物之一。盐藻适应性很强，繁殖快，可在氯化钠浓度为 0.05～5mol/L 的环境中生存，特殊的生存环境造成其活性成分在结构上的复杂多样性。付海宁将去除 β-胡萝卜素的盐藻粉渣，采用稀碱提取和 Q-Sepharose Fast Flow 离子交换柱分离获得一种多糖组分 PDS3，通过柱前衍生高效液相色谱法从 PDS3 中检测到 11 种单糖（图 6-19），足以证明其多糖结构组成的复杂性。

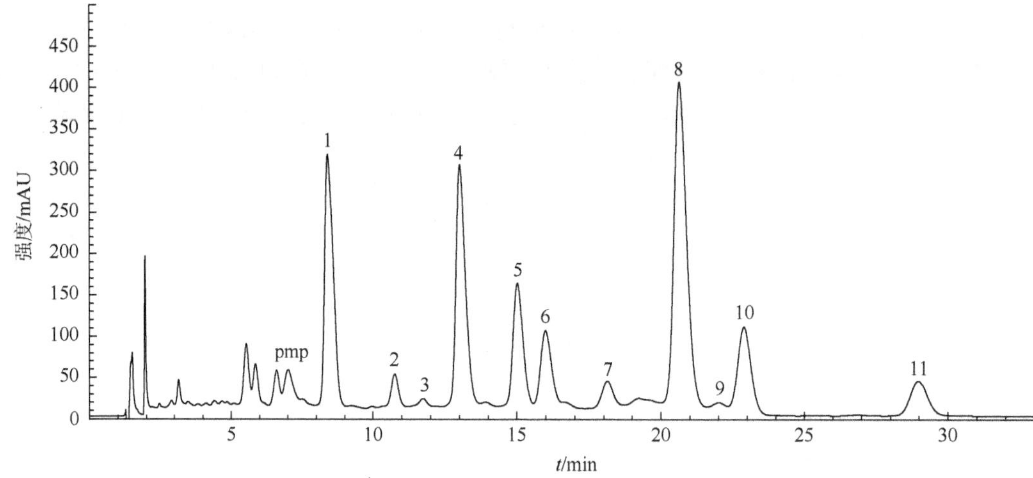

图 6-19 采用柱前衍生高效液相色谱分析 PDS3 的单糖组成：1. Man；2. GlcN；3. Rha；4. GlcA；5. GalA；6. GalN；7. Glc；8. Gal；9. Xyl；10. Ara；11. Fuc

（2）盐藻多糖的生物活性

盐藻多糖在结构上的复杂多样性决定了其广泛的生物活性。盐藻多糖具有明显的免疫调节和抗肿瘤作用，对 S180 瘤株细胞具有明显的抑制活性，并能提高鼠脾淋巴细胞的转化率。盐藻多糖在 30mg/kg 和 100mg/kg 剂量下，能显著降低病毒感染小鼠的死亡率，延长小鼠的生存时间，减轻肺病变程度，表现出良好的抗副流感病毒的作用（朱红红等，2007）。盐藻多糖在体内对败血症病毒（VHSV）和非洲猪热病毒（ASFV）的复制也具有较好的抑制作用。研究表明，盐藻多糖在 100mg/kg 和 200mg/kg 剂量下，能显著增加感染金黄色葡萄球菌小鼠在 24h 内的存活数，表现出较好的抗菌作用；对巴豆油所致的小鼠耳郭炎性肿胀和乙酸引起的小鼠腹腔通透性的增加具有显著的抑制作用，表现出较好的抗炎活性（尹鸿萍等，2006）。

3. 裂壶藻多糖

（1）裂壶藻多糖的结构与性质

裂壶藻（*Schizochytrium limacinum*）又称裂殖壶菌，是一种单细胞海洋真菌，具有繁殖速度快、抗逆性强、易于大规模培养的特点，其 DHA 的含量占细胞干重的 18%～20%，是目前 DHA 最理想的来源。裂壶藻的安全性已经得到美国食品药物监督管理局的认可，在医药和食品领域尤其是孕妇、哺乳期妇女和儿童食品方面产品得到了广泛的应用。裂壶藻多糖是裂壶藻中除 DHA 之外的重要活性成分。以裂壶藻粉为原料，经氯仿/甲醇脱脂后依次采用热水和稀碱提取得到了 2 种粗多糖 SLW 和 SLA，得率分别为 4.2%和 1.1%。对 SLW 进一步采用 Q-Sepharose Fast Flow 强阴离子交换柱层析分离得到组分 SLW2，结构分析表明其为一种以$\beta(1\to3)$Gal 和$\alpha(1\to6)$Gal 为主链，含有$\alpha(1\to4)$Gal 支链的水溶性半乳聚糖（曹欢等，2011）。

（2）裂壶藻多糖的生物活性

裂壶藻多糖具有较好的抗氧化和抗菌作用。汪少芸等（2011）从海洋裂壶藻的发酵液中分离出 3 种胞外多糖，研究发现其对 DPPH 自由基和羟基自由基具有明显的清除活性。

对苹果轮纹病菌（*Physalospora piricola*）、瓜果腐霉病菌（*Pythium aphanidermatum*）、葡萄灰霉病菌（*Botrytis cinerea*）和甜瓜枯萎病菌（*Fusarium pathogens*）都表现出抑菌活性，并且对葡萄灰霉病菌（*Botrytis cinerea*）的抑菌效果最为明显。

4. 红球藻多糖

红球藻（*Haematococcus pluvialis*）是一种主要生长在淡水中的单细胞绿藻，在海洋中分布很少，但海水中的盐度有利于藻体中虾青素的累积。因红球藻能大量累积虾青素而呈现红色，又称雨生红球藻。虾青素作为目前发现的一种高效的纯天然抗氧化剂，在清除自由基、抗衰老、抗肿瘤和免疫调节等方面显示出良好的生物活性，雨生红球藻被认为是天然虾青素的最理想来源。目前，国内外对该藻成分的研究多集中于虾青素的研究和应用方面，而对其多糖的相关研究报道较少。

将雨生红球藻脱脂后，采用冷水提取得到了红球藻粗多糖 HPC，进一步采用离子交换色谱纯化，得到 HPC1、HPC2 和 HPC3 多糖组分。研究表明，HPC1～HPC3 单糖组成复杂，与从盐藻中提取的多糖组成特性相似，不仅存在中性六碳糖（Gal、Man、Glc）和五碳糖（Ara 和 Xyl），而且存在糖醛酸（GlcA、GalA）、甲基糖（Rha、Fuc）和氨基糖（GlcN 和 GalN）。除 Gal 外，HPC1 中 Man 和 Ara 的含量也接近 20%；HPC2 和 HPC3 中 Glc 含量约为 18%；HPC3 中糖醛酸和 Fuc 含量相对较高（冯以明等，2012）。

（赵 峡 于广利）

第四节 海洋动物来源活性糖类化合物研究

海洋多糖的研究虽然主要集中于海洋藻类多糖，但随着对海洋生物资源的进一步开发和对糖类药物研究的日益重视，对海洋动物多糖的研究也越来越受到国内外学者的广泛关注。目前在海洋动物多糖的研究中，报道较多的主要有软体动物门（Mollusca）的双壳纲、腹足纲和头足纲；棘皮动物门（Echinodermata）的海参纲和海星纲；节肢动物门（Arthropoda）的软甲纲等海洋动物，下面分别介绍这三种门类中的代表性海洋动物多糖。

一、海洋软体动物多糖研究

1. 双壳纲动物多糖

双壳纲（Bivalvia）也称斧足纲和瓣鳃纲，通常具有两枚大小相等的壳瓣，是无脊椎动物中生活领域最广的门类之一，约有 2 万种。双壳动物一般运动缓慢，从潮间带到深海，从海水、半咸水到淡水，从热带到寒冷水体都可生存。我国常见的双壳纲动物有扇贝、贻贝、牡蛎、蛤蜊、毛蚶、泥蚶、文蛤、珠蚌、竹蛏和缢蛏等。下面简要介绍代表性的扇贝多糖、贻贝多糖和牡蛎多糖。

（1）扇贝多糖

扇贝（scallop）又称海扇，属软体动物门双壳纲，肉质鲜美，营养丰富，它的闭壳肌干制后即是干贝，被列入“海洋八珍”之一。因干贝具有滋阴、补肾和调中的功效，从古到今都深受广大人民的欢迎。在《中华海洋本草》（管华诗等，2009）中记载：扇贝味甘、咸，性微温，归脾、肾经；有滋阴养血，养肝补肾，调中生津的功效。扇贝以热带海域的种类最丰富，我国已发现 45 种，常见的有栉孔扇贝（*Chlamys farreri*）、海湾扇贝（*Argopecten irradians*）、华贵栉孔扇贝（*Chlamys nobilis* Reeve）和虾夷扇贝（*Patinopecten yessoensis*）等。

扇贝多糖的提取方法除传统的水提法外，现以酶法更为常见。曹倩倩等（2012）将新鲜的虾夷扇贝用胃蛋白酶在料液比 1∶30，加酶量 2.0%，pH 2.0，温度 37℃，酶解时间 2h 的条件下提取多糖的得率为 13.8%，糖含量为 91.6%。扇贝多糖中有酸性杂多糖，如 Saravanan 等（2011）从长肋日月贝（*Amusium pleuronectes*）中提取分离的糖胺聚糖，具有较强的抗凝血活性。扇贝多糖具有较好的抗病毒、抗凝血、抗动脉粥样硬化、抑制肿瘤生长和抗氧化等作用。范巧云等（2011）研究发现，扇贝多糖在 500μg/mL 时，对乙型肝炎表面抗原（HBsAg）和乙肝 e 抗原（HbeAg）均有抑制作用，其 IC_{50} 分别为 294μg/mL 和 168μg/mL。于囡等（2014）研究发现，扇贝裙边糖胺聚糖在 25～100mg/L 浓度下，在体外能有效地保护 HSV-I 感染的 Vero 细胞，并能抑制病毒的复制，且对 Vero 细胞无明显的毒性。丁守怡等（2006，2007）发现栉孔扇贝裙边糖胺聚糖在体外能显著抑制血管平滑肌细胞（VSMC）的增殖，并对 bFGF 诱导 VSMC 的 c-myc mRNA 的阳性表达具有抑制作用，从而推测这可能是其抗动脉粥样硬化的作用机制之一。扇贝裙边糖胺聚糖可明显抑制宫颈癌 HeLa 细胞和神经胶质瘤 U251 细胞的生长，并能显著延长 S_{180} 腹水瘤小鼠的生存时间，提高荷瘤小鼠血清总抗氧化能力和 SOD 的水平。

（2）贻贝多糖

贻贝（mussel）又称淡菜或海虹，属软体动物门双壳纲。在《本草纲目》中载有“淡以味，壳以形，夫人以似名也”；在《本草拾遗》中载有“东海夫人生南海，似珠母，一头尖，中衔小毛，味甘美，南人好食之”等描述。我国沿海现有贻贝 60 多种，主要分布于黄海、渤海沿岸。常见的有紫贻贝（*Mytilus edulis*）、厚壳贻贝（*Mytilus coruscus*）、翡翠贻贝（*Perna viridis*）、毛贻贝（*Trichomoya hirsutus*）、隆起隔贻贝（*Septifer excisus*）、凸壳肌蛤（*Musculista senhousia*）、短石蛏（*Lithophaga curta*）、麦氏偏顶蛤（*Modiolus metcalfei*）等。

贻贝多糖的提取主要有水提、碱提和蛋白酶提等方法。殷秀红等（2011）依次采用冷水、木瓜蛋白酶和胰蛋白酶联合酶解的方法从紫贻贝中提取多糖，其得率分别为 1.1%和 5.5%，总糖含量分别为 59.6%和 74.7%。对分离纯化得到的一种水溶性多糖组分 HWS 进行结构分析表明，HWS 是以(1→4)-α-Glc 为主链，含有少量的→2，4）Glc（1→和→6）-β-Glc（1→分支的葡聚糖，平均每 6 个主链单位含有 1 个分支。Xu 等（2008）从厚壳贻贝中采用热水提取和层析分离也得到了具有类似结构的 α(1→4) 葡聚糖，但其在 6 位上为 α-D-Glc 分支，平均约每 8 个主链糖残基含有 1 个分支。

贻贝多糖具有增强免疫、抗肿瘤、抗氧化、抗病毒和肝损伤保护作用。栾洁等（2010）研究发现，贻贝多糖经灌胃给药，可增强小鼠迟发型变态反应及吞噬作用，促进小鼠血清溶血素的生成，具有显著增加小鼠细胞免疫和体液免疫的功能。贻贝多糖可明显抑制荷瘤小鼠 S180 实体瘤的生长，提高 T 淋巴细胞的增殖能力和 IL-2 的产生（$P<0.01$），具有较好的抗肿瘤和免疫调节作用。从东海厚壳贻贝中分离纯化的多糖组分，在 100mg/kg 和 50mg/kg 剂量下能显著降低 CCl_4 所致小鼠急性肝损伤血清中 ALT、AST 的活性，提高肝组织匀浆

SOD 的活性，降低 MDA 的含量，可明显改善肝组织损伤的程度（徐红丽等，2007）。

（3）牡蛎多糖

牡蛎（oyster）又称蚝、海蛎子，属软体动物门双壳纲。牡蛎肉肥美爽滑，味道鲜美，营养丰富，享有“海洋牛奶”的美誉。《中华海洋本草》中记载，“牡蛎味甘、咸，性平、微寒，归心、脾、肝、肾经；具有滋阴生津，养血安神，调中补虚，软坚散结，清虚热，解丹毒和美颜润肤的功效”。常见的有长牡蛎（*Ostrea gigas* Thunberg）、太平洋牡蛎（*Crassostrea gigas*）和近江牡蛎（*Ostrea rivularis* Gould）等。

牡蛎多糖的提取多采用水提、碱提、酶提或超声波辅助提取等方法。目前，报道的牡蛎多糖结构多为 α-葡聚糖，从太平洋牡蛎中提取得到一种多糖，经采用 α-淀粉酶和普鲁兰酶对其进行降解分析，表明其是一种具有高度 $\alpha(1\rightarrow6)$分支的 $\alpha(1\rightarrow4)$葡聚糖（Matsui et al., 1996）。从太平洋牡蛎中获得一种以→4) Glcα(1→为主链，含有→3, 4) Glcβ (1→和→2, 4) Glcβ(1→分支的水溶性葡聚糖（高蒙蒙等，2014）。

牡蛎多糖在抗肿瘤、增强免疫、抗疲劳、抗氧化和抗凝血等方面具有明显的生物活性。王俊等（2006）实验证明，采用热碱法提取的牡蛎多糖能有效增加正常小鼠的脾淋巴细胞转化率，对小鼠迟发型超敏反应（DTH）、NK 细胞活性，小鼠腹腔巨噬细胞的吞噬能力和荷瘤小鼠脾细胞的活性起正向调节作用。Itoh 等（2010）发现从太平洋牡蛎中提取的葡聚糖结合蛋白具有明显的免疫调节活性，并具有一定的抗肿瘤作用。王海桃等（2006）研究发现，牡蛎多糖可以提高受损血管内皮细胞的抗氧化能力以及合成释放 NO 的功能，对 H_2O_2 诱导的血管内皮细胞氧化损伤有保护作用。

2. 腹足纲动物多糖

腹足纲（Gastropoda）是软体动物门中最大的一个纲，约有 10 万种。腹足纲动物头部发达，腹面有肥厚而广阔的足，多具一枚螺旋形外壳，当遇到危险时会将柔软的身体缩进壳中。腹足类动物分布广泛，常见的有鲍鱼、玉螺、红螺、香螺、芋螺、海兔和海牛等。下面以鲍鱼多糖为例，对其提取方法、结构性质和生物活性进行简要介绍。

鲍鱼（abalone）是海洋中的一种单壳软体动物，被列为海洋八珍之首，素有“一口鲍鱼一口金”之说，具有丰富的营养价值和药用价值，其壳是著名的中药材石决明（*concha haliotidis*）。在《中华海洋本草》中记载，“鲍鱼味甘、咸，性平，归肺、肝、肾经；具有滋阴清热，益精明目，养血柔肝，调经通乳，润燥开胃和利肠通淋等功效”。常见的有杂色鲍（*Haliotis diversicolor* Reeve）、皱纹盘鲍（*Haliotis Discus Hannai Ino*）、耳鲍（*Haliotis esperu Linnaeus*）、白鲍（*Haliotis laevigata* Donovan）和澳洲鲍（*Haliotis rubber* Leach）等。目前鲍鱼多糖的提取主要有水提、碱提和酶提等方法，其中以酶法提取较为常用。鲍鱼多糖的结构中一般含有较多的糖醛酸和硫酸根。从鲍鱼中分离得到 Hal-A 和 Hal-B 两种硫酸酯多糖，均含有 Gal、Glc、Man 和少量 Xyl、Fuc、GalA（佘志刚等，2002；吴耀文等，2002）。从皱纹盘鲍内脏中分离得到一种水溶性硫酸多糖 AHP-2，具有 (1→3)Rha 和 (1→3, 6)Gal 主链结构，Glc、Fuc、Xyl 和 Gal 以不同的连接方式分布在支链上（Zhu et al., 2011）。从皱纹盘鲍的腹足肌中分离得到一种酸性多糖 AAP，硫酸根含量为 15.5%，相对分子质量为 56.2kDa，由 GalN、GlcA、Fuc 和 Gal 组成（Li et al., 2011a）。

鲍鱼多糖是重要的生理活性物质，在免疫调节、抗肿瘤、改善记忆、抗凝血和抗炎等方面都具有明显的生物活性。从皱纹盘鲍性腺中提取的粗多糖 AGP-1 对小鼠淋巴细胞的增殖、巨噬细胞的吞噬功能具有促进作用；能显著延长 APTT、PT 和 TT，且呈剂量依赖性，具有明显的抗凝血效果（徐美玲等，2009）。鲍鱼多糖能明显拮抗环磷酰胺所致荷瘤小鼠的白细胞减少及脾脏、胸腺萎缩、溶血素生成减少和骨髓抑制等毒副作用，而且具有明显改善小鼠的学习记忆作用。鲍鱼多糖能够显著延长小鼠的游泳时间，增加运动小鼠肝糖原和肌糖原含量，提高乳酸脱氢酶和 SOD 的活性，促进运动后血乳酸和血清尿素氮的清除，表现出明显的抗疲劳作用（王志聪等，2011）。

3. 头足纲动物多糖

头足纲（Cephalopoda）动物头部发达，两侧有一对发达的眼，足着生于头部，特化为腕和漏斗，故称头足类。头足类多具内壳或无壳，为肉食性无脊椎动物，一般以喷射方式行动，常见的有鱿鱼、墨鱼和章鱼等。下面以章鱼多糖为例，对其提取方法、结构性质和生物活性进行简要介绍。

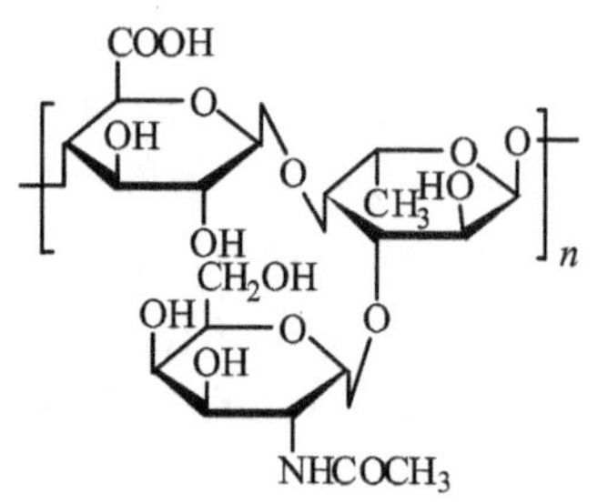

图 6-20　短蛸章鱼中非硫酸化糖胺聚糖重复结构单元

章鱼（octopus）又称八爪鱼、八带蛸、石吸等，广泛分布于热带及温带海域，全世界约有 650 种。章鱼具有发达的神经和视觉系统，具有独立解决复杂问题的惊人智力和卓越的改变姿态、皮肤结构和色彩的拟态伪装技巧，被认为是海洋中最聪明的无脊椎动物。在《中华海洋本草》中记载，“章鱼味甘、咸，性平，归脾、肺、肝经；具有滋补强壮，益气养血，通经下乳和解毒生肌的功效”。我国常见的章鱼有短蛸（*Octopus ochellatus*）、长蛸（*Octopus variabilis*）和真蛸（*Octopus vulgaris*）等。目前报道的章鱼多糖提取方法有水提、盐提和酶提取等。雷晓凌等（2007b）采用枯草杆菌中性蛋白酶和木瓜蛋白酶从湛江产的弯斑蛸提取和柱层析分离纯化，得到了总糖含量在 26.3%～42.2%之间 3 个章鱼多糖组分。Lei 等（2006）采用不同浓度的 NaCl 溶液从章鱼干中提取糖蛋白，发现 5% NaCl 溶液提取的糖蛋白中总糖含量较高。章鱼多糖中既含有组成相对简单的葡聚糖，也含有组成较为复杂的酸性杂多糖。文松松从短蛸腕部中除采用酶法提取得到一种主链为α(1→4)Glc，含有少量 (1→2)Glc 分支的葡聚糖外，还从其水提组分中分离得到一种具有-GlcAβ(1→4)Fuc-主链，在 Fuc 的 O-3 位有α-GalNAc 分支的三糖重复结构单元的非硫酸化糖胺聚糖组分（图 6-20）。

雷晓凌等（2007a）从弯斑蛸的肌肉、生殖腺、消化腺中提取的多糖组分 OGl 和 OG2，对环磷酰胺（CTX）所致免疫抑制小鼠具有明显的免疫促进作用。从章鱼中提取的糖蛋白对正常小鼠和免疫抑制小鼠脾细胞的增殖均有促进作用，与 ConA 合用在一定的剂量下有协同作用（范秀萍等，2007）。

二、海洋棘皮动物多糖研究

1. 海参纲动物多糖

海参纲（Holothuroidea）动物属棘皮动物门，体为筒形，不具硬壳，呈蠕虫或腊肠形，没有游离腕，管足作子午线排列。海参（sea cucumber）因其药性温补，足敌人参，故名海参。全世界约有各类海参 1100 种，我国有 100 多种，可供食用的海参 21 种。海参不仅美味可口，而且具有很高的药用价值，历来被认为是我国名贵的滋补品。在中国海参家族中，品质比较好的是山东半岛和辽东半岛的刺参。据《本草纲目拾遗》中记载，“辽东产之海参，体色黑褐，肉嫩多刺，称之辽参或海参，品质极佳，且药性甘温无毒，具有补肾阴，生脉血，治下痢及溃疡等功效”。海参多糖是海参体壁的重要组成成分，主要为酸性黏多糖，通常采用碱提取法和酶提取法，其含量一般占干海参质量的 6%～15%。碱提取法一般是使用稀 NaOH、KOH、Na_2CO_3 或 K_2CO_3 等溶液进行提取，可以使多糖的提取较完全，但多糖分子有一定程度的降解，通常使用的稀碱浓度在 5%～10%，温度保持在 10℃以下。酶法提取条件温和，可保持多糖分子的完整性，是比较理想的提取方法。Chen 等（2011a）将海参脱脂后采用木瓜蛋白酶在 60℃提取 10h，从菲律宾刺参（*Pearsonothuria graeffei*）、黑乳参（*Holothuria vagabunda*）、挪威红参（*Stichopus tremulus*）和美国肉参（*Isostichopus badionotus*）中提取多糖的得率分别为 11.0%、6.3%、7.0%和 9.9%。Ye 等（2012a）将 0.5mol/L K_2CO_3 碱提取和 0.95%的胃蛋白酶提取相结合，从东海海参（*Acaudina molpadioidea*）中分离纯化得到了一种含有 Gal、GalN、FucS 和 Glc 的均一多糖组分 AMP-2。

海参多糖的结构主要有两类：一类是海参糖胺聚糖（holothurian glycosaminoglycan，HG），是由 GalNAc、GlcA 和 L-Fuc 组成的分支杂多糖，相对分子质量为 40～50kDa；另一类是海参岩藻聚糖（holothurian fucan，HF），是由 L-Fuc 及硫酸基构成的硫酸多糖，相对分子质量为 80～100kDa。虽然 HG 和 HF 的糖基组成不同，但它们的糖链上都有部分羟基发生硫酸酯化，且硫酸酯约占多糖含量的 30%。Chen 等（2011b）从 4 种不同种类的海参中分离得到了由 β-D-GlcA 和 β-D-GlcNAc 二糖重复单位组成的硫酸软骨素类黏多糖，在 β-D-GlcA 的 3 位上具有不同硫酸化取代的 Fuc 分支，大部分 β-D-GlcNAc 糖基上含有 4，6-二-硫酸酯基（图 6-21）。不同种类海参多糖的岩藻糖分支的硫酸化方式不同，如 Kariya 等（1997）对刺参（*Stichopus japonicus*）多糖分子中的 Fuc 支链进行了结构分析，表明 Fuc 是以（1→3）糖苷键连接，约 20%的支链与软骨素主链 GlcA 的 O-3 连接，其余支链则连接在 GalNAc 分子的 O-4 或 O-6 上（类似哺乳动物的硫酸软骨素 E）。Wu 等（2012）对从梅花参（*Thelenota ananas*）中提取的岩藻糖基化硫酸软骨素的分支结构进行了表征，结果显示它是由 O-3 和 O-4 单一硫酸化的岩藻糖（Fuc3S 和 Fuc4S）和 2, 4-二-硫酸化岩藻糖（Fuc2S4S）以 25∶22∶53 的比例组成，其抗凝效果的发挥可能与 Fuc2S4S 的存在相关。本实验室从凤梨参中获得了一种含有硫酸化岩藻寡糖支链的硫酸软骨素，其主链含有硫酸软骨素 A、C 和 E 结构单元。

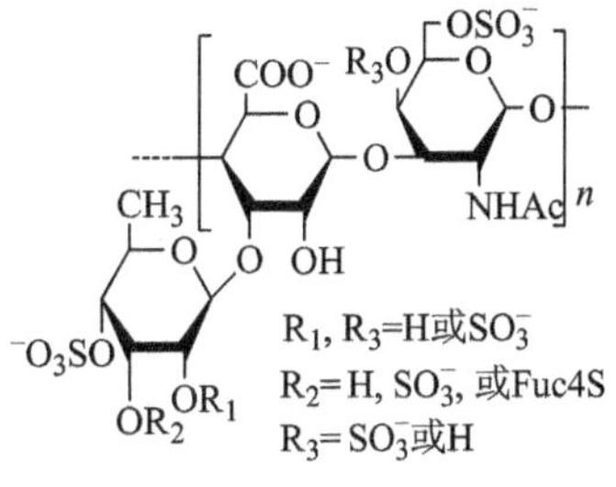

R_1, R_3=H或SO_3^-
R_2= H, SO_3^-, 或Fuc4S
R_3= SO_3^-或H

图 6-21　海参中岩藻糖基化硫酸软骨素黏多糖的结构（修改自 Chen et al. 2011b）

大量的药理实验研究表明，海参多糖具有抗凝血、抗肿瘤、免疫调节和延缓衰老等多种生物活性。海参多糖中的 FucS 分支结构是其发挥抗凝血作用的基础，可作用于凝血过程的多个环节，不仅能够促进血小板的聚集、调节凝血因子和组织因子的表达水平，还可以提高纤溶酶的活性、抑制纤维蛋白原的聚集和促进纤维蛋白原的溶解。Fonseca 等（2006）

研究发现从刺参体壁中分离得到的岩藻糖基化硫酸软骨素，不仅在血管内注射可以抑制静脉和动脉血栓的形成，口服后同样能够以剂量依赖性的方式阻止血栓形成，而且不影响出血时间，有望成为新型的口服抗凝剂。海参多糖对MA-737乳腺癌、T-795肺癌、艾氏实体癌、S180肉瘤和乳腺癌细胞等多种实验动物肿瘤的生长均有明显的抑制作用。Borsig等（2007）研究表明，海参中含有的岩藻糖基化硫酸软骨素，对P-选择素和L-选择素具有很强的抑制活性，并可抑制LS_{180}肿瘤细胞对P-选择素和L-选择素的黏附，其抑制活性是肝素的4～8倍，而且无肝素的抗凝不良反应，在抗肿瘤转移和抗炎方面具有潜在的应用前景。从玉足海参中提取的多糖能明显增加小鼠免疫器官脾脏的重量，促进机体对血中碳粒的吞噬速度，明显改变机体单核巨噬细胞系统的吞噬功能，是一种作用较强的免疫促进剂，可用于肿瘤患者的辅助治疗。海参多糖中的硫酸基含量非常高，而硫酸化多糖常表现出明显的抗病毒活性。纪静等（2009）研究发现，海参多糖对仙台病毒具有明显的抑制作用，主要作用机理是抑制病毒的吸附和病毒的复制。

2. 海星纲动物多糖

海星纲（Asteroidea）动物属棘皮动物门，体扁平，多呈星形，从体盘伸出腕，典型的腕数为5个，为肉食性动物。海星（starfish）又称海盘车，全世界现存大约1600种，我国约100种。海星广泛分布于从潮间带到海底的广阔海域，其中以北太平洋水域中分布的种类最多，但可食用的种类不多。人们多以雄性海星来熬汤补身，食用则是取雌性海星的卵（海星籽），但海星体内多有毒素，一定要慎重使用。在《中华海洋本草》中记载，“海星味咸、性平，归肝、胃经；具有清热解毒、软坚散结和胃止痛的功效”。常见的海星种类有砂海星（*Luidia quinaria von Martens*）、虾夷砂海星（*Luidia yesoensis Goto*）、东方砂海星（*Luidia orientalis Fisher*）、斑砂海星（*Luidia esperus*）、长棘海星（*Acanthaster planci*）、镶边海星（*Craspidaster esperus*）和骑士章海星（*Stellaster equestris*）等。

海星多糖可用水、稀碱、稀酸和酶法进行提取。潘广昌等（2007）采用碱提取与酶解相结合的方法从砂海星中提取硫酸多糖。Zhang等（2013）对海星采用异丙醇和乙醇进行脱脂后，采用0.15mol/L的HCl提取和离子交换分离获得了2种多糖组分SF-1和SF-2。结构分析表明，SF-1为含少量$\alpha(1\rightarrow3)$ Glc的$\beta(1\rightarrow3)$葡聚糖，SF-2为硫酸化的葡甘聚糖。Koyota等（1997）从北太平洋平底海星（*Asterias amurensis*）中分离得到一种多糖组分，含有→4) Xyl$\beta(1\rightarrow3)$ Gal$\alpha(1\rightarrow3)$ Fuc4S$\alpha(1\rightarrow3)$ Fuc4S$\alpha(1\rightarrow4)$ Fuc$\alpha\rightarrow$五糖重复结构单元（图6-22）。Gunaratne等（2003）也从平底海星中分离得到一种相对分子质量为400kDa的多糖组分，由Gal、Xyl、Fuc、GalNAc和GlcNAc以5∶1∶5∶4∶2的物质的量比组成，并在Gal、Fuc和GlcNAc上存在*O*-硫酸化取代。

海星多糖具有抗肿瘤、抗凝血、降低血清胆固醇和改善微循环等作用。研究发现，海星多糖具有明显抑制人类乳腺癌细胞发展和转移的作用，在10～120μg/mL时可明显降低COX-2的表达，并呈剂量依赖关系（Lee et al.，2013）。Nam等（2006）发现，从海星中提取的多糖在体外具有抑制人雌激素受体阳性乳腺癌细胞MCF-7和MDA-MB-231增殖的活性，对人乳腺癌细胞具有化学防御机能。从南极海域海星中分离得到的甾类寡糖苷，在体外对支气管肺癌细胞NSCLC-N6具有明显的细胞毒性，而且活性明显高于同样从海星中分离的多羟基甾醇化合物（de Marino et al.，1998）。

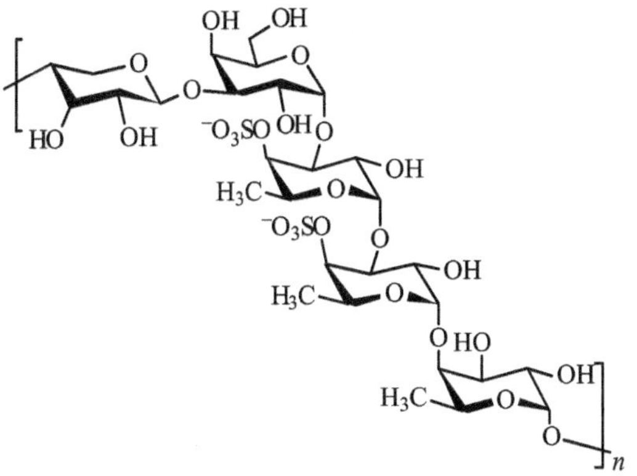

图 6-22 从北太平洋平底海星中分离的多糖结构（Koyota et al. 1997）

三、海洋节肢动物多糖研究

节肢动物门（Arthropoda）是动物界中最大的一门，约占整个生物种数的 75%。节肢动物一般身体左右对称，由多数结构与功能各不相同的体节构成，海洋中最常见的为软甲纲（Malacostraca）动物。软甲类动物大部分种类为底栖型，自潮间带到深海底都有分布，常见的有各类虾、蟹。在这些虾、蟹的壳中含有丰富的甲壳素（chitin），下面以甲壳素和壳聚糖（chitosan）为例，对其提取方法、结构性质和生物活性进行简要介绍。

甲壳素也称甲壳质、几丁质，是一种由 *N*-乙酰-2-氨基-2-脱氧-D-葡萄糖以 $\beta(1\rightarrow4)$ 糖苷键连接而成的生物多糖，经浓碱加热处理可部分或全部脱乙酰化得到壳聚糖。甲壳素因分子间存在强烈的氢键作用，不溶于水、稀酸、稀碱和乙醇、丙酮等有机溶剂，可溶于浓硫酸、浓盐酸和 85%磷酸中，但溶解后会使分子发生降解，在 100℃以上盐酸中水解可最终形成氨基葡萄糖的盐酸盐。张俐娜等（2010）研究发现，在 7% NaOH 和 12%尿素的水溶液中，在−20℃下通过冷冻/解冻法可成功溶解甲壳素，并利用这种体系可低温溶解制备纤维素、甲壳素、聚苯胺等超分子结构材料。壳聚糖的脱乙酰度越高，水溶性越好，在脱乙酰度达 55%以上时，可溶于 1%的乙酸或盐酸中形成亲水性胶体溶液，但作为有实用价值的壳聚糖，其脱乙酰度须在 70%以上。

壳聚糖是自然界中大量存在的一种天然生物碱性多糖，具有独特的结构和理化性质，在免疫调节、抗菌、抗肿瘤等多个方面都具有良好的生物活性。在壳聚糖分子中含有大量的氨基，能使机体微环境保持弱碱性，可增强 NK 细胞的活性，并与巨噬细胞和 T 淋巴细胞表面的负电荷相互吸引，激活免疫应答，具有明显的免疫调节活性。壳聚糖是一种天然抗菌物质，对革兰氏阳性菌、革兰氏阴性菌及白色念珠菌均有较好的抑制效果，其可能的抗菌机理是：在酸性条件下壳聚糖分子可形成具有正电性的—NH_3^+，吸附带有负电荷的细菌，使细菌细胞壁和细胞膜上的负电荷分布不均，从而干扰细胞壁的合成和引起细胞膜的破裂，导致细胞内容物外泄而死亡。在肿瘤细胞的表面比正常细胞具有更多的负电荷，而壳聚糖带正电荷，从而可以抑制肿瘤的生长和转移。从抗肿瘤机制来看，壳聚糖既可直接作用于肿瘤细胞，干扰细胞的代谢，抑制细胞的生长和诱导细胞凋亡，又可通过增强机体免疫功能发挥抗肿瘤作用。壳聚糖还具有很好的抗溃疡和促进伤口愈合的作用，可用于制作人工皮肤、止血海绵、外科手术缝合线、骨骼接合剂等生物医学材料。壳聚糖作为一种具有良好生物相容性的大分子，可广泛应用于药物制剂的载体材料，如用壳聚糖制备的胰岛素脂质体、纳米粒、微球和微囊等制剂，可以明显提高胰岛素口服的生物利用度，延长胰岛素的作用时间。

另外，在甲壳素和壳聚糖分子中存在大量活泼的羟基和氨基，通过化学改性不仅可以改善壳聚糖的溶解性和理化性质，还可以赋予其更多的生物活性。如通过酰化、羧基化、醚化、烷基化、硫酸酯化、氧化、与金属离子络合以及交联、接枝共聚等方法，可以制备具有不同功能基团的壳聚糖衍生物，进一步拓展甲壳素和壳聚糖在医药领域中的应用范围。值得一提的是，甲壳素和壳聚糖通过化学降解或生物酶法降解可以获得相对分子质量明显降低的寡糖，其水溶性可大大改善，在生物体内的吸收和利用度明显提高，并表现出较多糖更好的免疫调节、抗菌、调节肠道菌群、抗肿瘤和抗骨质疏松等生物活性。

（赵　峡）

第五节　海洋微生物来源活性糖类化合物研究

海洋中蕴含着丰富的微生物资源。海洋微生物在生长代谢过程中分泌到细胞壁外的多糖或多糖复合物，是其适应生存环境、维持生命活动所必需的活性成分。自 20 世纪 80 年代以来，海洋微生物胞外多糖独特的化学结构和生物活性研究受到广泛关注，也取得了显著进展。

一、海洋细菌来源的活性糖类化合物研究

1. 源于一般环境海洋细菌的活性糖类化合物

早在 1983 年，Boyle 等就对两种潮间带细菌的胞外多糖进行了研究，发现两者均由 Glc、Gal 和 Man 构成，后者还含有丙酮酸。Umezawa 等（1983）从海水、海泥和海草中分离出 167 株产胞外多糖菌，这些细菌均可分泌产生胞外多糖，且 6%的胞外多糖具有抗小鼠 S_{180} 实体瘤活性；其中有一种新的杂多糖 marinactan，是由 Glc、Man 和 Fuc 以 7∶2∶1 的比例组成，该多糖具有显著抗小鼠 S_{180} 实体瘤活性，抑制率达 79%～90%，而且该多糖能延长荷瘤鼠的寿命，刺激淋巴细胞的转化作用和活化巨噬细胞。Okutani 等（1991）从海洋细菌 MU-3 发酵液中分离到一种酸性胞外多糖，其主链由→3)Galβ(1→3)Galα(1→6)Glcβ(1→三糖重复单元组成，侧链由 Gaαl(1→4)-GlcA(1→组成，其中 GlcA 通过 C-4 位连接到主链，末端 Gal 在 C-4 和 C-6 位存在乙酰基取代。一株海洋细菌 1202 产生的胞外多糖可显著促进小鼠脾淋巴细胞 IL-2 的合成，对小鼠 S180 肉瘤具有较强的抑制作用。从卤素嗜碱芽孢菌（*Haloalkalophilic Bacillus* sp.I-450）发酵液中分离到含有少量中性糖（Gal、果糖、Glc 和棉子糖）的酸性多糖聚合物，其中糖醛酸为主要成分，此胞外多糖降解温度为 290℃，具有假塑性和高凝胶强度（Kumar et al.，2004）。海洋假单胞菌（*Pseudomonas* PF-6）产生的酸性胞外多糖，为 β 构型的吡喃环杂多糖，该多糖具有抗 DPPH 自由基、羟

自由基和超氧阴离子自由基的活性（Ye et al.，2012b）。

从海洋迟钝型爱德华氏细菌（*Edwardsiella tarda*）发酵液中分离得到胞外多糖 ETW1（图 6-23）和 ETW2，两者均是以→3)Manα(1→为主链的七糖重复单元组成的甘露聚糖，并且 Manβ(1→和→2)Manα(1→分别连接在主链的 C-6 位和 C-2 位上，这两种胞外多糖表现出较强的清除自由基和抑制脂质过氧化的能力，并在一定程度上能对 BSA 的氧化损伤起到保护作用（Guo et al.，2010）。

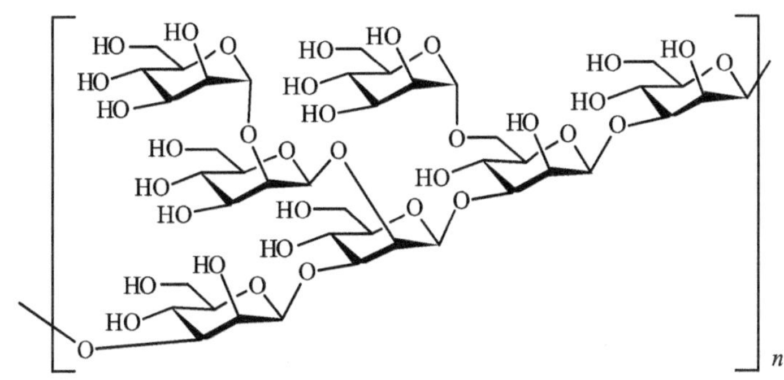

图 6-23 迟钝型爱德华氏细菌发酵液胞外多糖（ETW1）结构

2. 源于深海细菌的活性糖类化合物

目前从深海热泉发现了一些细菌能产胞外多糖。假交替单胞菌（*Pseudoalteromonas* sp.721）产生的胞外多糖存在两个支链的八糖重复单元，热处理后由于分子间鼠李糖甲基的疏水作用呈现凝胶性质。从东太平洋热泉多毛虫分离出的交替单胞菌（*Alteromonas* sp.1644）产生的胞外多糖具有新颖的结构和独特的流变性，该多糖对二价离子有非常好的亲和力。

从北斐济湾 2600m 处热泉分离得到的细菌（*A. macleodii* sub sp. *Fijiensis*）所产多糖具有强的金属结合能力，每克多糖最多结合 316mg 铅，有望用于重金属污染的水处理。该多糖结构和黄原胶相似，作为食品增稠剂也有很好的前景。该多糖还能诱导成骨细胞的附着，涂在骨表面有助于骨骼愈合。从深海热液口筛选出的嗜热菌（*Alteromonas infernus*）能产生由 Glc、Gal 和葡萄糖醛酸（GlcA）通过(1→3)/(1→4)糖苷键构成的九糖重复单元杂聚糖（Roger et al.，2004）。从深海热泉发现的新种细菌（*Vibrio diabolicus*）产生的多糖中存在等量的糖醛酸和氨基糖，该多糖相对分子质量大，具有促进骨骼愈合的活性。

3. 源于极地海洋细菌的活性糖类化合物

对于在南极海洋环境中生长的细菌，胞外多糖扮演着重要的角色，可以为微量金属元素（如铁）提供配体对，或在低温和高盐条件下对生长提供冰凝保护，作为这些适冷菌的防冻剂。目前已从南极海洋微粒或海冰中分离获得多种细菌，包括假交替单胞菌属、希瓦替菌属、极地杆菌属、黄杆菌科、伽马变性菌门和噬细胞菌属、屈挠杆菌属、拟杆菌属，其中后两种是极地海冰和海水中的主要微生物菌群。这些细菌产生的胞外多糖含有糖醛酸，一些也含有硫酸基团；有些菌群甚至可以产生相对分子质量很大的胞外多糖；有的种群在低温刺激下才会进行胞外多糖的合成。假交替单胞菌属（*Pseudoa-*

lteromonas）是极地耐冷菌的重要种群。从南极嗜冷菌假交替单胞菌属的 *Pseudoalteromonas* sp. S-15-13 获得的胞外多糖 EPS-I 由 Man、Glc 和 Gal 组成，而 EPS-Ⅱ由 Man 组成，为→2)-α-D-Man(1→为主链而 C-6 位存在分支的均聚糖（李江等，2008），这两种胞外多糖可以提高小鼠脾淋巴细胞的转化率，而 EPS-Ⅱ能激活小鼠腹腔巨噬细胞并提高其吞噬异物的能力，且能抑制肉瘤 S_{180} 的增长，最高达 45.1%，而且此胞外多糖具有低温保护作用（李江等，2007）。

二、海洋真菌来源的活性糖类化合物研究

1. 源于一般环境海洋真菌的活性糖类化合物

海洋真菌产生的胞外多糖也早已引起人们的关注。从海洋真菌（*Keissleriella* sp. YS4108）发酵液中分离到的胞外多糖 EPS2，由 Gal、Glc、Rha、Man 和 GlcA 以 50∶8∶1∶1∶0.4 的物质的量比组成，EPS2 对超氧阴离子自由基和羟基自由基具有显著的清除活性，在 0.1mg/mL 就能有效保护 Fenton 反应对 DNA 造成的损伤；EPS2 能显著性地抑制铜离子介导的氧化作用对人低密度脂蛋白造成的损伤，且呈剂量依赖性。从中国黄海沉积物中分离到的丝状真菌 *Phoma herbarum* YS4108 产生的胞外多糖，具有较好的抗氧化活性（Yang et al.，2005a，2005b）。从一株淡紫色拟青霉菌 PH0016 发酵液中分离出的胞外多糖具有抗单纯疱疹病毒Ⅰ型（HSV-1）活性，其对 HSV-1 感染细胞的 IC_{50} 为 195μg/mL，可明显提高 HSV-1 感染小鼠的存活率及存活时间。从海洋真菌 *Penicillium* sp. F23-2 的发酵液中获得了胞外多糖 PS1-1、PS1-2 和 PS2-1，这三种胞外多糖均由 Man 和不同比例的 Glc 和 Gal 组成，而它们的糖醛酸含量各不相同，三者的相对分子质量和糖苷键构型也不尽相同，这些胞外多糖均显示良好的体外抗氧化活性，尤其是在清除超阳阴离子自由基和羟基自由基活性方面更为突出，PS2-1 的抗氧化活性明显高于 PS1-1 和 PS1-2（Sun et al.，2009）。虽然海洋真菌产生的胞外多糖多数为杂聚多糖，但也可以产生同聚多糖。从真菌（*Botryosphaeria* sp.）中分离获得了一种葡聚糖，约 22%的→3)Glcβ(1→存在→6)Glcβ(1→的分支结构（Barbosa et al.，2003）；从真菌（*Epicoccum nigrum* Ehrenb. ex Schlecht）中得到 β(1→3) 连接为主链含有 β(1→6) 分支的 β-葡聚糖（Schmid et al.，2001）。此外，一些真菌能像细菌那样产生 Dextran 系列的α-葡聚糖，如真菌 *Tolypocladium* sp.产生的胞外多糖 EPS-1A 是一个由→6)Glcα(1→作为主链，且在其主链的 C-3 位连接有大约 23%的→6)Manα(1→糖残基的葡聚糖。

2. 源于海洋生物共附生真菌的活性糖类化合物研究

对真菌胞外多糖中研究较多的为内生真菌，如红树林内生真菌、珊瑚内生真菌等。从红树林内生真菌中分离到一种胞外多糖，其由 Rha、Man 和 Glc 及少量的 Xyl 和核糖醇组成；Rha、Man 和 Glc 的比例为 1∶1∶2。红树林土壤半知菌亚门曲霉属杂色曲霉（*Aspergillus versicolor* PH1018）产生的胞外多糖可以明显抑制流感病毒 H3N2，其细胞半数抑制浓度为 34.32μg/mL，体外抗 CoxB3 病毒的 IC_{50} 值为 7.81μg/mL（裴华等，2012a）。从红树林真菌菌株 PH0016 发酵液分离得到的胞外多糖具有促进人外周血单个核细胞增殖活性，有效提高小鼠的脏体指数、增强迟发型过敏反应应答能力、提高血清溶血素生成水平以及增

强小鼠腹腔巨噬细胞吞噬能力（裴华等，2012b）。

蕾二岐灯芯柳珊瑚共附生真菌赭曲霉（*Aspergillus ochraceus*）产生的胞外多糖是一种半乳甘露聚糖。该多糖中的甘露糖以 Man*α*(1→、Man*β*(1→、→2)Man*α*(1→和→2, 6)Man*α*(1→糖基的形式存在，而半乳糖以 Gal*f*(*β*1→和→5)Gal*f*(*β*1→糖基的形式存在；不同聚合度的呋喃型半乳寡糖以→5)Gal*f*(*β*1→糖基的形式连接于以→2)Man*α*(1→为主链的核心甘露聚糖的 C-6 位上。此胞外多糖表现出较强的清除自由基和抑制脂质过氧化的能力，并在一定程度上能对 BSA 的氧化损伤起到保护作用。

从海绵共附真菌 *Epicoccum nigrum* JJY-40 中分离得到胞外多糖 ENP1 和 ENP2，ENP1 由 Man、Glc 和 Gal 组成，ENP2 由 Man、Gal、Glc 和 GlcA 组成，这两种多糖均有分支结构，分支点位于→6)-Glc(1→的 C-3 位。ENP1 和 ENP2 具有强抗氧化活性，特别是 ENP2 在 6.4mg/mL 时对 DPPH 自由基的清除能力类似于 BHT（Sun et al.，2011）。从南海红树林植物厚藤内生真菌（*Aspergillus* sp. Y16）分离获得了胞外多糖 As1-1 和 As2-1（Chen et al.，2011b）。As1-1 是由 Man 和 Gal 组成，比例为 9∶1；As2-1 全部由 Man 组成。As1-1 是以 (1→2)-*α*-D-Man 为主链的半乳甘露聚糖，As2-1 是近似直链的 (1→6)-α-D-Man 连接的甘露聚糖。As1-1 和 As2-1 具有良好的体外 DPPH 自由基和超氧阴离子自由基的清除能力，特别是 As1-1，其清除 DPPH 自由基的 EC_{50} 值为 1.45mg/mL。

由南海珊瑚共附生真菌 *Aspergillus versicolor* LCJ-5-4 发酵液中分离到两个胞外多糖 AV-1 和 AVP（Chen et al.，2012）。AV-1 是以 Glc 为主的中性杂多糖，其结构以(1→6)-*α*-D-Glc 为主要连接方式，平均 9 个糖基存在一个以单个非还原末端 *α*-D-Man 形式的分支连接在主链(1→6)-*α*-D-Glc 的 O-3 位上。AVP 是结构新颖的甘露葡聚糖，其主链以(1→6)-*α*-D-Glc 为主，还含有(1→2)-*α*-D-Man，也存在一定的分支，平均每 8 个糖基存在一个分支，而且支链比 AV-1 的支链要长，除了非还原末端 *α*-D-Man 以外，还含有(1→2)-*α*-D-Man，连在主链(1→2)-*α*-D-Man 的 O-6 位上。AVP 具有良好的清除自由基的能力，对 DPPH 自由基和超氧阴离子自由基的清除 EC_{50} 值分别为 2.0mg/mL 和 1.5mg/mL。海南直针尖柳珊瑚共生真菌（*Penicillium commune*）产生了胞外多糖 FP2-1，其单糖组成主要由 Man、Glc 和 Gal 以 27.9%、14.7%和 57.4%的比例构成。FP2-1 主要以→2)-*α*-D-Man-(1→作为主链，在 O-6 位存在一个以呋喃半乳糖为主的长链分支的葡萄甘露半乳聚糖，具有较好的体外清除 DPPH 自由基活性，EC_{50} 为 2.87mg/mL（Chen et al.，2013b）。

从黄河三角洲水域梭鱼的内脏共附生土曲霉 *Aspergillus terreus* 的发酵液中分离得到多糖 YSS，其相对分子质量为 18.6kDa，由 Man 和 Gal 以 7.68∶1.00 的比例构成，YSS 为分支度较高的中性杂多糖，其主链主要含有→2)-*α*-D-Man(1→和少量→6)-*α*-D-Man(1→，支链位于→2)-*α*-D-Man(1→的 C-6, 分支由→1)-*α*-D-Man(6→1)-*α*-D-Man 和 *β*-D-Gal*f*(1→组成，YSS 具有较高的抗氧化活性，特别是清除 DPPH 自由基活性（Wang et al.，2013）。

3. 源于深海及极地真菌的活性糖类化合物研究

南极树粉孢属真菌（*Oidiodendron truncatum*）产生了 5 种胞外多糖 AFW1、AFW2、AFS1、AFS2 和 OS2-1。其中，AFW2 是由→6)Glc*α*(1→糖基组成的线形葡聚糖；AFS2 的主链也是→6)Glc*α*(1→糖基，但平均每 6 个糖基中有一个糖基在 C-3 位存在 Glc*α*(1→的分支；OS2-1 的糖链则是由→2)Glc*α*(1→和→6)Glc*α*(1→糖基以 1∶6 的物质的量比组成，其清除 DPPH 自由基和超氧阴离子自由基的 EC_{50} 值分别为 0.46mg/mL 和 0.55mg/mL（Guo et al.，2013）。

从太平洋深海底质来源的真菌灰黄青霉 *Penicillium griseofulvum* 发酵液分离纯化得到多糖组分 Ps1-1。研究表明，Ps1-1 是以(1→6)-*α*-Man 为主链的磷酸化半乳甘露聚糖，核心结构是以(1→6)-*α*-Man 为主链的多分支结构，分支发生在主链的 O-2 位上，由单个非还原末端的 *α*-Man 及 *α*(1→2)-Man 连接的二糖和三糖组成，并且存在 10%左右的磷酸基取代，取代同样在 *β*(1→5)Gal*f* 的 O-6 位上（Chen et al.，2013a）。

三、海洋放线菌来源的活性糖类化合物研究

除了海洋细菌和真菌产生胞外多糖外，一些放线菌也能产生结构新颖的胞外多糖，主要包括链霉菌（*Streptomyces*）、小单孢菌属（*Micromonospora*）、诺卡氏菌属（*Nocardia*）以及微藻等。从 *Rhodococcus* sp. RHA1 的发酵液中分离获得一个由四糖重复单元组成的胞外多糖，该胞外多糖由→3, 4）Fuc*α*(1→、→4)Glc*β*(1→以及 GlcA*β*(1→和→3)Gal*β*(1→以 1∶1∶1∶1 的比例连接而成，其中末端的 GlcA 连接在 Fuc 的 C-4 位，而且 Gal 的 C-2 上连接有乙酰基（Perry et al.，2007）。

厦门海区潮间带的 3 株海洋放线菌产生的胞外多糖具有较好的免疫增强活性，其中链霉菌（*Streptomyces* sp. 2305）产胞外多糖具有较高的非特异性、细胞及体液免疫增强活性（苏文金等，2001）。海洋微藻（*Gyrodinium impudicum* strain KG03）产生一种硫酸化胞外多糖 EPS-1，可通过 NK-κB 和 JNK 通路激活啮齿类动物腹腔巨噬细胞的活性，并诱导产生 NO（Bae et al.，2006）。*Geobacillus thermodenitrificans* strain B3-72 产生的胞外多糖 EPS-2 具有与 EPS-1 类似的功效，且其活性呈现剂量依赖性（Arena et al.，2009）。

海洋微生物胞外多糖研究已近 30 年，从一般环境海洋微生物，到海洋生物共附生微生物，再到海洋特殊环境微生物，特别是深海热泉微生物，是海洋微生物胞外多糖研究的发展过程及趋势。目前研究的海洋微生物胞外多糖在增强免疫、抗肿瘤、清除自由基及抗氧化等方面显示了广泛的生物活性。随着结构和活性的研究不断深入，海洋微生物胞外多糖在医药、食品和化工领域的应用潜力将日益受到关注。

（毛文君）

第六节　海洋糖芯片研究技术

随着糖生物学及化学糖生物学研究的不断深入，糖链庞大信息的破解成为继基因组和蛋白质组计划之后生命科学领域最重要的系统工程。在此背景下，糖组学诞生了。糖组学（glycomics）是研究生物体或生物细胞糖组所携带的全部生物信息，尤其是糖蛋白上糖链的结构和功能，即研究糖类的分子结构、表达调控、功能以及糖与疾病的关系的科学。在全面解析糖链信息的过程中，各种新技术的出现尤其是糖芯片（glycochip）技术，因其具有高效、快速等优点，成为糖生物学和糖组学研究最有力的技术之一。自 20 世纪 80 年代末帝国理工学院 Feizi 等研发出第一块糖芯片后，又于 2002 年首次采用拟糖脂技术研究了

糖与蛋白质的相互作用。经过 10 多年的发展，该技术已经被广泛应用于功能糖与蛋白质作用研究中。中国海洋大学通过与伦敦帝国理工学院合作，率先建立了海洋多糖与寡糖芯片技术体系，为海洋活性糖类化合物的发现及功能研究提供了技术支撑。本节将对糖芯片的概念、类型、制备方法及其在不同领域的应用进行简要的介绍。

一、糖芯片的概念及类型

1. 糖芯片的概念

糖芯片（glycochip）又称糖阵列（glycoarray），是将大量不同结构的糖或糖复合物通过共价或非共价方式固定于经化学修饰的芯片上，与经过预处理的蛋白质或其他生物样本进行杂交，根据糖结合蛋白或其他生物样品与糖之间的特异性识别作用，检测杂交结合信号，进而对糖结合蛋白、细菌、病毒等待测样品进行测试和分析的技术。

2. 糖芯片的类型

由于糖链结构复杂多样，糖芯片的种类也多种多样。根据展示在芯片上糖的结构特征，糖芯片一般可以分为单糖芯片、寡糖芯片、多糖芯片及复合糖芯片等。根据用途可分为用来寻找生物学新途径及新线索的功能糖组学糖芯片和用来筛选新的药物靶标的药物糖组学芯片等。根据糖分子与芯片基质连接方式的不同，将糖芯片分为共价结合芯片和非共价结合芯片两种。另外，根据芯片上所呈现糖的种类不同，可分为海洋糖芯片、糖胺聚糖芯片、微生物糖芯片以及葡聚（寡）糖芯片、半乳聚（寡）糖芯片等。

二、糖芯片制备技术

糖芯片的制备主要包括糖分子探针的制备、糖生物芯片的构建、信号的检测及数据分析处理等步骤。

1. 糖分子探针的制备

所用的糖分子主要来源于分离纯化、结构修饰或者人工合成的结构不同的糖分子，将这些糖分子通过化学衍生转变成可以制备固定在固相基质上的生物探针。探针数量越多，构建的芯片密度越大，获得糖的信息量也越大。

2. 糖生物芯片的构建

通过手动或者自动芯片点样仪，可以将糖分子点印在各种基质表面，得到不同类型的糖芯片。此过程主要涉及基质的选择以及糖分子与基质的有效结合。目前糖芯片采用的固相基质主要有玻璃片、纤维素膜、硅胶片、微孔板以及微球等。糖分子与基质的结合可通过共价结合或非共价结合的方式完成，一般可对基质或对糖分子进行必要修饰，或者不进行任何修饰。可根据选择的基质的特性以及需要固定的糖探针的相对分子质量、黏度等特性选择合适的方法。为了尽可能使糖分子接近生理状态，保持糖分子的三维结构，在制备糖芯片的过程中，糖探针需要整齐地排列在载体表面，便于与相应的生物分子结合。根据糖分子与基质之间的结合方式，糖探针的固定方法主要包括共价结合和非共价结合两种。

（1）天然糖分子的非共价固定

将糖分子通过非共价的方式固定在基片表面是目前最简单的方法，基片可以选择硝酸纤维素薄膜包被的玻璃片等，成本低、操作简便。将未经修饰的不同相对分子质量、不同结构、不同糖苷键连接的葡聚糖和菊粉用异硫氰酸荧光素（FITC）标记，以 0.9mol/L NaCl 为溶剂溶解，用自动芯片点样仪点印在硝酸纤维素薄膜包被的玻璃片上，通过荧光扫描仪检测水洗前后荧光信号强度变化计算多糖的固定化效率（Wang et al.，2002）。结果显示，多糖的相对分子质量对固定效率影响显著，当相对分子质量小于 3.3kDa 时，多糖分子不能有效固定在硝酸纤维素薄膜上。Willats 等（2002）将一抗标记的来源于植物细胞壁的糖蛋白、蛋白聚糖以及多糖点印在表面经氧化处理的黑色聚苯乙烯包被的玻璃片上，借助氢键和疏水作用构建糖芯片，再利用 Cy3 标记的二抗进行检测，发现该方法比传统的酶联免疫吸附（ELISA）以及免疫分析法更加灵敏，并且可以同时检测多个样本。韩章润等（2011）以 EDC/NHS 为催化剂，将糖胺聚糖（GAGs）的羧基与含有氨基的荧光试剂偶联，获得荧光标记的 GAGs 探针，并直接点印于硝酸纤维素薄膜包被的玻璃片，研究不同 GAGs 与硫酸软骨素抗体 CS-56 的作用。结果显示，不同 GAGs 在膜上的固定效率显著不同，其中以硫酸软骨素 E（CS-E）的相对分子质量高、固定效率最好。虽然这种制备过程简单，但是只限于高相对分子质量的多糖及糖复合物芯片的构建，不适合于单糖或者寡糖芯片的构建。

（2）化学修饰的糖分子的非共价固定

为了克服单糖及寡糖等亲水性强的糖分子在基片表面固定中存在的问题，就需要对其进行必要的化学修饰，以提高固定效率。Feizi 课题组（Chai et al.，2003；Liu et al.，2006；Liu et al.，2012）将拟糖脂技术引入寡糖芯片构建中，先后发展了将糖分子还原端与不同的氨基磷酸脂 DHPE、ADHP 和 AOPE 进行偶联（图 6-24）制备拟糖脂的方法，然后将制备的拟糖脂点印在硝酸纤维素薄膜包被的玻璃片上，实现了对寡糖分子的有效固定。

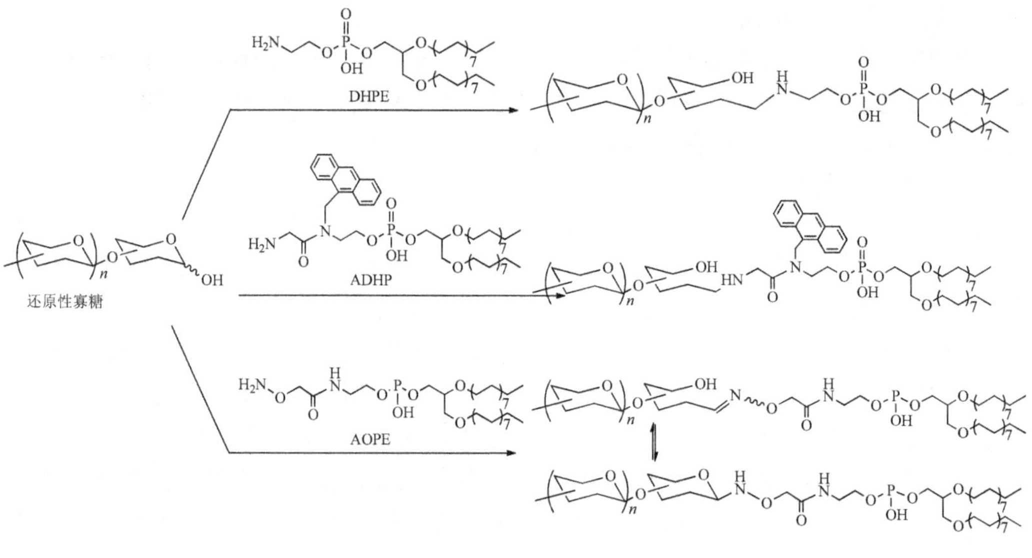

图 6-24　拟糖脂制备原理（Liu et al.，2012）

由于拟糖脂分子与细胞膜表面发挥信号传导、分子识别等作用的糖脂分子类似，用于研究糖与活性蛋白相互作用效果较为理想。于广利课题组（王玉峰等 2011，2012）将来源于海洋红藻的琼胶、新琼胶及不同结构类型的卡拉胶寡糖，通过还原氨化反应与 DHPE 偶联制备拟糖脂，成功构建了海洋寡糖芯片，并首次研究了海洋半乳寡糖与蓖麻凝集素（RCA_{120}）、鸡冠刺桐凝集素（ECL）及半乳凝集素-3（Galectin-3）的相互作用，能在 pmol 水平上研究海洋寡糖与蛋白质的相互作用。Wong 课题组（Fazio et al.，2002）将经过叠氮化修饰的糖分子，通过环加成反应连接到含炔基的长链脂肪烃微孔板上构建糖芯片，进而发展到先合成含脂肪链的糖分子，再利用烷烃与微孔板表面的疏水作用进行固定的方法。通过化学显色的方法检测到含 13～15 个碳原子的脂肪链的糖化合物能够保留在微孔板上而不被洗脱。Ko 等（2005）则将糖还原端连接 C_8F_{17} 锚链，再与氟化的板基发生非共价相互作用，对 Man、GlcNAc、Gal、Fuc、Ara、Rha 等单糖以及乳糖（Lac）等进行了有效的固定，并研究了与麦胚凝集素（WGA）和花生凝集素（PNA）的相互作用。

（3）天然糖分子的共价固定

在糖分子的固定过程中，利用糖还原端半缩醛与载体表面含有的活性基团进行共价反应，不仅可以提高糖分子的固定化效率，也能减少反应步骤。如 Zhou 等（2006）将玻璃片用环氧硅烷处理后，再用聚乙二醇二胺（2000Da）溶液处理，使玻璃片表面覆盖一层带伯胺基的聚乙二醇，再通过伯氨基引入氨氧基团，最后将寡糖通过还原端的醛基与玻璃片表面的氨氧基进行肟化反应，制备了寡糖芯片。Lee 等（2005）则对表面具有氨基的玻璃片进行修饰，分别引入羟胺和肼基，然后通过天然糖分子还原端与羟胺或肼基共价结合得到糖芯片。Dyukova 等（2005）还发展制备了三维水凝胶糖芯片，将糖探针的固相载体从平面基片拓展到三维水凝胶空间网状结构等。

（4）化学修饰的糖分子的共价固定

通过对糖分子及固定载体进行适当化学修饰，使糖分子与基片以共价键连接，可以明显提高单糖和寡糖的固定效率，提高检测灵敏度和结果可靠性。Park 等（2004）合成了糖的马来酰亚胺基化合物，并通过 Michael 加成反应将它们固定到含巯基活性基团的玻璃片表面，再通过荧光标记的植物凝集素特异性显示糖与蛋白质间的相互作用。Bryan 等（2004）通过对糖分子进行叠氮化修饰，同时对微孔板表面的氨基或 *N*-琥珀酰亚胺（NHS）活化酯基团化学改造为炔基，然后利用叠氮基团与炔基之间的环加成反应将糖分子进行固定构建糖芯片。这种固定的方法需要对糖分子和基片表面进行必要的化学修饰，构建过程较非共价结合方式复杂。

3. 信号的检测及数据分析处理

糖芯片中的糖分子与其他活性分子如蛋白质、抗体等作用后，需要采用合适的方法进行结合信号强度的检测。如果活性蛋白或抗体是通过荧光标记的，则可以通过芯片扫描仪进行扫描分析，也可以通过荧光显微镜进行照相分析；如果是以酶标记的，可以通过其抗体的标记信号或者其底物产生的有色物质进行检测；如果是生物素标记的蛋白质，则可以通过检测其配体亲和素的信号进行检测。从芯片上得到的大量数据，一般用专业的软件进行分析、计算、统计及标准化等处理，再以图或表的形式把结果表示出来。

三、糖芯片技术的应用

糖类化合物在生物发育、肿瘤的发生与发展、细胞黏附及免疫识别等生物过程中发挥着重要的作用。糖芯片技术可用于糖链结构的测定、微生物入侵机理的研究、糖相关酶活性及作用机制研究、糖分子构效关系研究、糖结合配体检测，以及疾病的诊断、新药物开发等领域。下面对其主要应用进行简要的介绍。

1. 在糖与蛋白质相互作用研究中应用

糖芯片技术为特异糖结合蛋白质的检测与表征提供了高效灵敏的方法。Houseman 等（2002）利用构建的单糖芯片，研究了几种凝集素与糖结合的特异性，确定了糖对凝集素的抑制浓度，鉴定了 β-1, 4-半乳糖基转移酶的底物特异性。Park 等（2004）利用所建糖芯片，研究不同结构的糖能选择性地与凝集素结合，如 α-Man 与伴刀豆凝集素 A（ConA）结合作用最强，而与麦芽糖（Glcα1→4Glc）和 α-GlcNAc 结合力很弱。Nimrichter 等（2004）采用糖芯片技术研究了表面含有 C 型凝集素的鸡肝细胞对各种糖链的吸附作用，表明其可以特异结合非还原端含有 GlcNAc 的糖链，但不能与非还原端含有 Gal 或 GalNAc 的糖链结合。韩章润等（2011）发现，不同软骨素与 CS-56 的结合力明显不同，其中硫酸软骨素 C 与 CS-56 的结合作用最强，而肝素与硫酸乙酰肝素无结合作用。王玉峰等（2011，2012）以卡拉胶和琼胶寡糖为原料制备了拟糖脂探针，并构建了海洋寡糖芯片。通过与蓖麻凝集素（RCA_{120}）和鸡冠刺桐凝集素（ECL）的研究，首次发现非还原端半乳糖（Galβ1→4）C-2 或 C-6 位被硫酸基取代后，可增强其与 RCA_{120} 的亲和力，非还原端 Gal 的 C-4 位被硫酸基取代后，会失去与 RCA_{120} 的亲和力；非还原端 Gal 被 α-L-3, 6-内醚半乳糖（α-L-AnGal）取代后，将完全失去与 RCA_{120} 结合的能力。ECL 特异性识别含有（Galβ1→4GlcNAc-R）结构单元，非还原端 Gal 羟基被任何其他基团取代后，都会降低其与 ECL 的亲和力。

2. 在糖酶活性及特异性研究中应用

在生物体内，糖基转移酶可以将活化的糖连接到蛋白质、核酸、寡糖、脂类等分子上，从而行使很多生物学功能。糖酶的活性不仅影响糖链合成的产率，也会影响糖链的结构与功能。Blixt 等（2008）利用构建的生物素化的胞苷单磷酸 *N*-乙酰神经氨酸芯片，研究了人 α-2, 6-唾液酸转移酶-Ⅰ（hST6Gal-Ⅰ）、人 α-2, 3-唾液酸转移酶-Ⅳ（hST3Gal-Ⅳ）、鼠 α-2, 3-唾液酸转移酶-Ⅲ（rST3Gal-Ⅲ）及猪 α-2, 3-唾液酸转移酶-Ⅰ（pST3Gal-Ⅰ）对不同底物唾液酸化的差异性，明确了不同类型唾液酸酶的特异性。Kosik 等（2010）将不同多糖供体点印在硝酸纤维素薄膜包被的玻璃片上构建了糖芯片，然后与旱金莲、鼠耳草的提取物及荧光标记的寡糖受体进行孵育，检测了两种植物来源糖基转移酶的活性。Ban 等（2012）构建了以糖基受体为探针、质谱为检测手段的组合芯片，鉴定表征了 4 种新糖基转移酶。

3. 在疾病诊断中的应用

糖芯片技术也可以应用到临床疾病的快速诊断。如 Wong 研究组（Wang et al.，2008）构建了 Globo H 及类似物糖芯片，定量分析了 Globo H 与正常人和乳腺癌患者血清中单克隆抗体 Mbr1 和 VK-9 以及多克隆抗体 anti-Globo H 的相互作用，发现乳腺癌患者血清中 Globo H 抗体水平明显高于正常人，检测灵敏度可以到达阿摩尔（10^{-18}mol）水平，此 Globo H 芯片可用于临床乳腺癌的诊断。Uzawa 等（2007）构建了聚阴离子糖芯片来检测志贺毒素 Stx-1 和 Stx-2。

4. 在病毒入侵机理研究中应用

流感病毒通过表面的血凝素（HA）以及神经氨酸酶（NA）与细胞表面的糖链识别，进而侵入宿主细胞。病毒入侵方式及机制研究对于病毒的防治和抗病毒药物的开发必不可少，糖芯片技术对于病毒与宿主细胞之间作用的研究具有明显的优势。如 Crusat 等（2013）通过拟糖脂技术构建了唾液酸化寡糖芯片，研究了寡糖与禽流感病毒 H5N1 血凝素（HA）的相互作用，表明当 HA 发生单氨基酸置换时结合受体也发生改变。Adams 等（2004）利用糖芯片技术研究了 HIV 表面糖蛋白 gp120 在抗体结合及转染宿主细胞方面的作用，并对树突细胞凝集素 DC-SIGN、抗体分子 2G12、CD4 蛋白、蓝藻抗病毒蛋白 N（CVN）和 Scytovirin（SCN）等 5 种 gp120 结合蛋白进行了鉴定，发现 SVN 可识别高甘露糖型寡糖的新机制，而 DC-SIGN 结合非分枝的寡糖，Manα1→2Man 结构对 CVN 和 2G12 与糖的识别是必需的，这些发现为艾滋病治疗药物开发和疫苗设计提供了重要的理论依据。

四、应用举例①

海洋多糖来源丰富，结构类型多样，活性独特，如何快速有效地从海洋糖资源库中筛选具有特定活性的糖类化合物是海洋糖类药物开发的关键。糖芯片通过检测糖类化合物与蛋白质的相互作用，可应用于活性糖及糖复合物的筛选、糖类化合物结构研究、糖的构效关系研究等方面，因其高通量、高精度、快速等优点成为糖生物学和糖组学研究的有力手段。

α-突触核蛋白（α-synuclein）正常生理条件下呈不定形可溶性状态，当机体环境或基因发生变化时，可导致分子折叠，引起二级结构变化，导致蛋白溶解性降低和出现路易小体，但目前 α-synuclein 体内生物学功能尚不完全清楚。研究发现，α-synuclein 包涵体的形成和帕金森病相关，是帕金森病发病机制及病理学研究的重要靶分子。本实例利用糖芯片技术筛选可与 α-synuclein 结合的糖分子，以期为获得具有防治帕金森病的活性糖类化合物提供理论依据。

1. 材料和仪器

（1）实验材料

ι-卡拉胶（ι-car）、硫酸软骨素 A（CSA）、硫酸软骨素 B（CSB）、硫酸软骨素 C（CSC）、硫酸软骨素 D（CSD）、硫酸软骨素 E（CSE）、肝素（Hep）、硫酸乙酰肝素（HS）均购自美国 Sigma 公司；褐藻酸钠（Alginate）购自国药集团化学试剂有限公司。κ-卡拉胶（κ-car）、聚古洛糖醛酸（PG）、聚甘露糖醛酸（PM）、藻酸双酯钠（PSS）、古洛糖醛酸硫酸酯（PGS）、甘露糖醛酸硫酸酯（PMS）、羧甲基灰树花多糖（CBP）、杜梨多糖（PBP）、系列海藻多糖 FL1～FL4、PP1～PP4、AN1～AN4、FV1～FV4、UL1～UL4、AN1F～

① 赵小亮. 利用糖芯片研究海洋多糖及其衍生物与蛋白质的相互作用[D]. 中国海洋大学，2013。

AN4F、FV1F～FV4F 以及多糖衍生物 κ-卡拉胶酸（KCA）、ι-卡拉胶酸（ICA）、琼胶酸（AA）、磷酸化 κ-卡拉胶（pκ-car）和磷酸化 ι-卡拉胶（pι-car）均为实验室自制。2-吗啉乙烷磺酸（MES）、1-乙基-3-(3-二甲基氨丙基)-碳化二亚胺（EDC）、*N*-羟基琥珀酰亚胺（NHS）、氰基硼氢化钠（$NaBH_3CN$）、异硫氰酸荧光素（FITC）、胺基荧光素（AF）、Cy3、牛血清白蛋白（BSA）、α-synuclein human（His-tag）、HEPES 和 Tween20 等为美国 Sigma 公司产品；Anti-6X His tag®Antibody（DyLight®650）购自 Abcam 公司；点样 Buffer 为英国 Arrayjet 公司产品。

（2）实验仪器

硅胶板（$G_{60}F_{254}$，德国 Merck 公司）；BIO-CAPT 200M 型凝胶成像系统、Gel-Pro Analyzer 软件（美国 SIM 公司）；Sprint Inkjet Microarrayer 芯片点样仪（Arrayjet，UK）；Gene Pix 4300A 芯片扫描仪、Gene Pix7.0 软件（美国 MDS 公司）；FAST®Slide-16-Pad 型硝酸纤维素薄膜芯片（英国 Whatman 公司）；FAST 平板框（英国 Whatman 公司）；384 孔板（美国 Axygen）。

2. 试验方法

（1）多糖的荧光标记

多糖羧基的 AF 标记：称取待标记多糖 5～10mg，加入 pH=5.0 的 0.1mol/L MES 缓冲液溶解，按照多糖分子中— COOH 数量加入不同比例的 EDC 和 NHS，混匀后室温反应 3～6h，加入乙醇，离心收集沉淀，40℃真空干燥除去乙醇，加入 0.1mol/L pH 7.2 磷酸盐缓冲液溶解后，加入一定量荧光试剂 AF，37℃避光反应过夜。

多糖半缩醛羟基的 FITC 标记：称取待标记多糖 5～10mg，加入一定量 2mol/L 乙酸-己二胺溶液充分溶解，再加入一定量 4mol/L $NaBH_3CN$ 混匀，45℃避光反应过夜。反应物转移至 1000Da 透析袋对蒸馏水透析，除去未反应的己二胺和 $NaBH_3CN$，得到多糖还原胺化反应产物多糖-己二胺。透析液浓缩至一定体积，后加入一定量 FITC，避光反应，反应产物加入乙醇沉淀，离心（7000r/min×15min）收集沉淀，沉淀用 H_2O 溶解进行后续处理。

（2）标记多糖纯化及纯度检测

将上述标记多糖溶液转移至 1000Da 透析袋，对蒸馏水避光搅拌透析，浓缩，避光真空干燥得标记多糖。准确称取各标记多糖配制为 1mg/mL 水溶液进行 TLC 分析，以及 FITC 或 AF 为标准对照，以正丙醇-H_2O-甲醇为展开剂层析，至溶剂前沿距离硅胶板前沿 5mm 处，吹干。凝胶成像系统 365nm 处采集荧光信号，拍照。然后用苯胺-二苯胺显色剂进行糖显色，凝胶成像系统采集信号、拍照。若 TLC 分析显示点样点既有荧光吸收，又有糖显色信号，同时对照品 FITC 或 AF 迁移率处无荧光吸收，可进行下一步实验。

（3）多糖芯片的构建

使用喷点式芯片点样仪点制荧光标记多糖，构建 16×16 方阵芯片，用硝酸纤维素薄膜芯片为点样片基，其中每个 pad 分布 64 个样品，每个样品各 2 个浓度和 2 个重复。用点样缓冲液配制 1.0 和 0.2mg/mL 样品溶液，分别取 19μL，各加入 1μL Cy3 作为点样指示剂，每个样品点 2 次，每次 100pL，高浓度和低浓度点样量分别为 200pg 和 40pg。将准备好的样品按照芯片点样设置转移至384孔板相应孔中，将384孔板放置于点样仪样品盘，调整点样针点样参数。点制好的芯片，用芯片扫描仪分别在 488nm 和 532nm 处扫描，检测有无漏点、阵列在各 pad 分布情况等。

（4）多糖与 α-synuclein 的相互作用

将芯片和孵育槽固定于芯片卡套，按照以下步骤进行操作：①封闭：向芯片孵育槽加样孔加入 150μL 3% BSA 封闭液，轻轻晃动，使封闭液充分和芯片点样区接触，37℃避光封闭 1h；②清洗：倾去封闭液，加入 HBST 清洗液 150μL，37℃避光放置 5min，倾去清洗液，重复清洗 3 次；③结合：反应孔中加入经 1% BSA 稀释带 His-Tag 标签 10μg/mL 重组 α-synuclein，轻轻晃动，使蛋白液充分和芯片点样区接触，37℃避光结合 2h，然后清洗，步骤同②；④抗体结合：加入 1% BSA 稀释 1000 倍 Anti-6X His tag®Antibody 150μL，37℃避光结合 1h，清洗同②，再用超纯水清洗 1 次，将芯片放置于 37℃避光干燥 1～2h；⑤结果处理：用芯片扫描仪在 488nm、532nm 和 635nm 下扫描，用 Gene Pix7.0 工作软件对样点各波长下的荧光吸收值进行积分，运用 Origin 8.0 软件对数据进行统计处理，由 532nm 处吸收情况选取积分区，根据 635nm 处荧光值计算多糖和蛋白结合信号强弱，根据结合前后 488nm 荧光值计算多糖在膜上保留率，根据各样点荧光吸收平均值和标准差作图。

3. 结果与分析

为了保证多糖标记及纯化的成功，以及避免芯片制备过程中游离荧光试剂对芯片和蛋白杂交信号的影响，需要对标记多糖中是否有标记试剂的残留进行分析检测。标记多糖通过 TLC 分析，标记试剂 AF 或者 FITC 会随展开剂迁移，而多糖相对分子质量大保留在原点，荧光检测信号和糖检测信号重合，并且展开前沿无标记物 AF 或 FITC 荧光吸收，可说明纯化标记多糖完全除去了标记试剂，可用于后续实验。如果 AF 和 FITC 标记多糖的 TLC 分析结果荧光信号和糖显色信号重合，并且薄层板前沿无荧光试剂，表明多糖标记和纯化成功，可以用作芯片构建的探针。

（1）海洋多糖芯片的构建

点样所用片基为硝酸纤维素膜包被的玻璃片，芯片点样仪采用喷点式，多糖探针为水溶性具有一定黏度，利用大分子疏水作用与片基结合达到固定的目的。芯片构建质量直接影响后续多糖与蛋白作用信号的检测，样点间距、样点直径、样品外观等方面都是需要考察的因素。Cy3 点样示踪信号、多糖荧光信号及样点参数分别如图 6-25 A、B-Ⅰ和 B-Ⅱ。

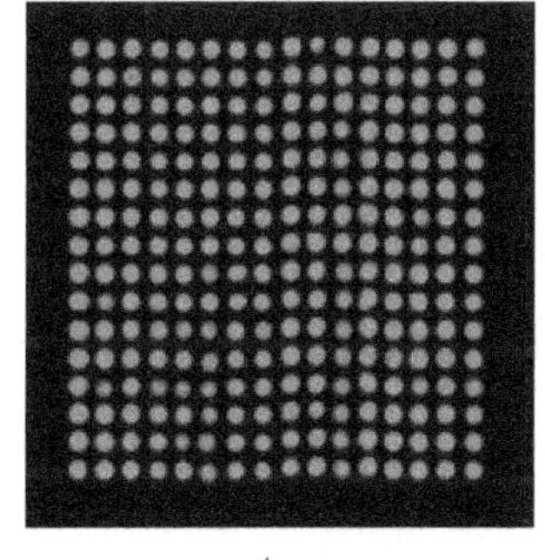

A

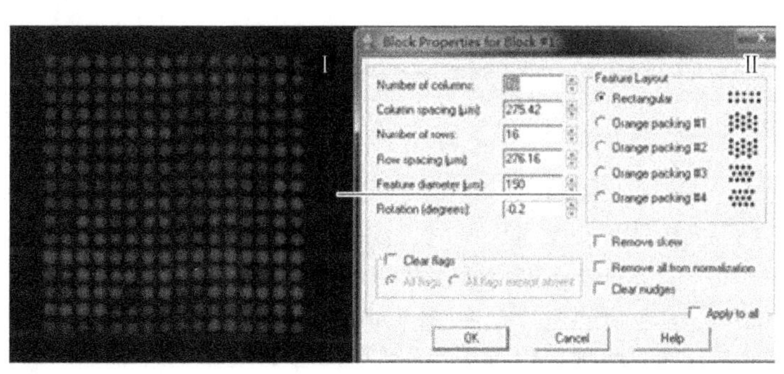

B

图 6-25 糖芯片情况：A. Cy3 点样示踪信号；B-Ⅰ. 多糖荧光信号；B-Ⅱ. 样点参数

从图中 Cy3 点样示踪信号和多糖荧光信号可以直观地看出，该 16×16 海洋多糖芯片构建成功。该糖芯片共容纳 64 种多糖探针，各探针有 2 个浓度及 2 个重复，样点直径为 150μm，样点大小及间距均匀，可以在皮摩尔浓度下快速实现 64 种多糖与其他生物分子相互作用研究，为海洋糖类活性化合物的快速筛选提供了技术平台。

（2）海洋多糖与 *α*-synuclein 相互作用

应用构建的海洋多糖芯片进行了 64 种多糖与 *α*-synuclein 的相互作用，结合信号及信号积分结果如图 6-26 所示。*α*-synuclein 与 4 种多糖结合较强，其中以与磷酸化修饰的 *ι*-卡拉胶（p*ι*-car）结合信号最强，其次是 PS3-2 和 FL3，这些多糖大部分都含有一定的硫酸基、磷酸基或糖醛酸等酸性基团。目前关于糖类与 *α*-synuclein 的作用还未见相关报道，其作用方式及作用机理还需进一步研究。

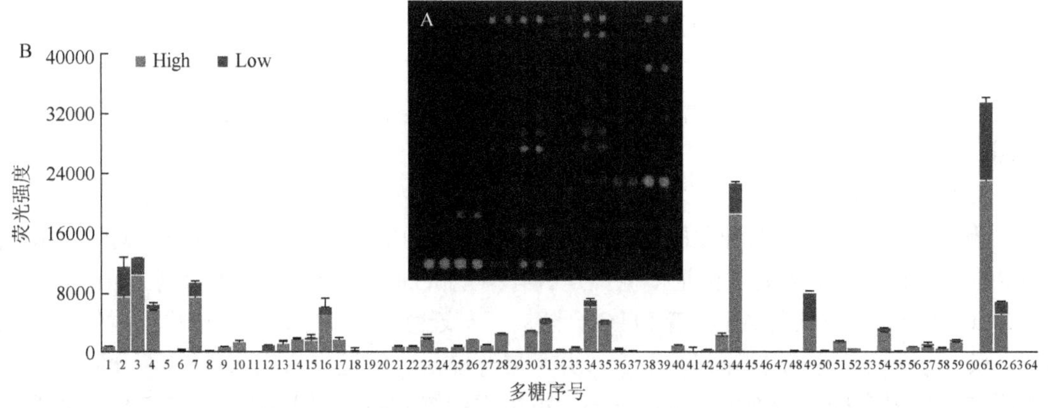

图 6-26　海洋多糖与 *α*-Synuclein 结合信号：A. 多糖与 α-Synuclein 结合信号；B. 多糖结合信号强度积分结果

4. 结论

本研究通过 AF 和 FITC 分别对多糖中羧基和醛基进行荧光标记，进一步通过自动点样仪以硝酸纤维素包被的玻璃片为载体成功构建了海洋多糖芯片。以构建的芯片为平台，研究了海洋多糖与 *α*-synuclein 的相互作用，结果显示磷酸化卡拉胶和 *α*-synuclein 具有很强的结合活性，为对其进行深入的构效关系研究提供了前提。

（赵小亮　于广利）

参 考 文 献

蔡孟深，李中军. 2006. 糖化学：基础、反应、合成、分离及结构. 北京：化学工业出版社.

曹欢，王培培，吴建东，等. 2011. 裂壶藻（*Schizochytrium limacinum*）多糖的提取分离及其结构特性. 中国海洋药物，30（6）：1-5.

曹倩倩，朱蓓薇，杨静峰，等. 2012. 扇贝糖原酶法提取及其硫酸化修饰条件. 大连工业大学学报，31（1）：15-18.

陈海敏，马红辉，严小军. 2005. 琼六糖对抗霉素 A 引起的肝细胞内间接氧化损伤的保护作用. 药学学报，40（10）：903-907.

丁守怡，刘赛，张文卿，等. 2006. 栉孔扇贝裙边糖胺聚糖对血管平滑肌增殖及 TNFα mRNA 表达的影响. 中国海洋药物，25（5）：6-9.

丁守怡，刘赛，张文卿，等. 2007. 栉孔扇贝糖胺聚糖对 bFGF 诱导的血管平滑肌细胞增殖及原癌基因 c-myc mRNA 表达的影响. 中国药学杂志，42（22）：1714-1717.
范巧云，许礼发，李朝品，等. 2011. 扇贝多糖体外抗乙型肝炎病毒活性的研究. 中国人兽共患病学报，27（4）：307-310.
范秀萍，雷晓凌，吴红棉，等. 2007. 章鱼糖蛋白对小鼠脾细胞的增殖作用. 细胞与分子免疫学杂志，23（6）：585-586.
冯以明，李广生，吴建东，等. 2012. 雨生红球藻多糖的提取分离及理化性质研究. 海洋科学，36（1）：17-22.
高蒙蒙，赵峡，王清池，等. 2014. 太平洋牡蛎多糖的提取、分离和结构分析. 中国海洋药物，33（4）：8-14.
管华诗. 2006. 我国海洋创新药物的研究和开发. 中国天然药物，4（1）：1.
管华诗，王曙光. 2009. 中华海洋本草. 上海：上海科学技术出版社.
韩章润，王玉峰，刘鑫，等. 2011. 糖胺聚糖的荧光标记及其与硫酸软骨素抗体的相互作用. 分析化学，39（9）：1352-1357.
何培青，李江，王昉，等. 2009. 南极细菌胞外多糖溶液冻结特性的差示扫描量热研究. 生态学报，29（11）：5766-5772.
嵇国利，于广利，吴建东，等. 2009. 爆发期条浒苔多糖的提取分离及其理化性质研究. 中国海洋药物，28（3）：7-12.
纪静，王笑峰，马忠兵，等. 2009. 刺参糖胺聚糖抗仙台病毒作用机制的探讨. 现代生物医学进展，9（6）：1060-1063.
纪明侯. 1997. 海藻化学. 北京：科学出版社：359-360.
雷晓凌，赵树进，蒋琳兰. 2007a. 弯斑蛸多糖对免疫抑制小鼠的调节作用. 中国海洋药物，26（5）：29-33.
雷晓凌，赵树进，吴红棉，等. 2007b. 弯斑蛸多糖纯化及对小鼠脾细胞增殖的影响. 华南理工大学学报（自然科学版），35（11）：120-124.
李江，陈靠山，李光友，等. 2007. 南极适冷菌 *Pseudoalteromonas* sp. S-15-13 胞外多糖 EPS-Ⅱ对小鼠 S_（180）肉瘤抑制作用的研究. 中国海洋药物，26（3）：9-13.
李江，宋国强，陈靠山，等. 2008. 南极适冷菌 *Pseudoalteromonas* sp. S-15-13 胞外多糖的分离、纯化和结构分析. 高等学校化学学报，29（6）：1149-1152.
李苗苗，于广利，吴建东，等. 2011. 多肋藻（*Costaria costata*）多糖的提取分离及理化性质分析. 中国海洋药物，30（1）：1-5.
刘丽丽，张玉倩，韩现伟，等. 2014. 酸性多糖中糖醛酸还原方法的改良. 中国海洋药物，33（4）：1-7.
刘鑫，王玉峰，曾洋洋，等. 2012. 海洋硫酸多糖几种脱硫方法的比较研究. 海洋科学，36（12）：50-55.
刘杨，冯元琦，陈美欣，等. 2012. 乙醇/硫酸铵双水相体系萃取螺旋藻多糖的研究. 化学研究与应用，24（12）：1781-1785.
栾洁，辛甜，储智勇，等. 2010. 贻贝多糖对小鼠免疫功能的调节作用. 中国海洋药物，29（4）：39-41.
吕志华，于广利，赵峡，等. 2002. 不同标准品对 HPGPC 法测定多糖相对分子质量的影响. 中国新药杂志，11（3）：220-221.
潘广昌，郭承华，刘传琳，等. 2007. 砂海星酸性粘多糖的分离纯化. 烟台大学学报（自然科学与工程版），20（2）：108-111.
裴华，林英姿，饶朗毓，等. 2012a. 一株海南红树林真菌胞外多糖抗病毒活性初步研究. 海南医学院学报，18（2）：152-154.
裴华，牛莉娜，林英姿，等. 2012b. 一株红树林真菌胞外多糖免疫增强作用研究. 食品研究与开发，33（9）：170-173.
佘志刚，胡谷平，吴耀文，等. 2002. 鲍鱼多糖 Hal-A 的甲醇解研究. 有机化学，22（5）：367-370.
苏文金，黄益丽，黄耀坚，等. 2001. 产免疫调节活性多糖海洋放线菌的筛选. 海洋学报（中文版），23（6）：114-119.
孙士红. 2010. 碱提浒苔多糖降血脂作用研究. 中国现代药物应用，4（15）：118-119.
汪少芸，江勇，孟春，等. 2011. 海洋微藻裂壶藻发酵液胞外多糖的制备及活性研究. 福州大学学报（自然科学版），39（5）：786-791.
王海桃，刘赛，鞠传霞，等. 2006. 牡蛎糖胺聚糖对血管内皮细胞损伤的保护作用研究. 现代生物医学进展，6（9）：33-35.
王俊，姚滢，张建鹏，等. 2006. 牡蛎多糖的制备和生物学活性研究. 医学研究生学报，19（3）：217-220.
王克夷. 2001. 以糖类为基础的药物：概况和发展趋向. 药物生物技术，8（6）：345-347.
王培培，于广利，赵峡，等. 2010. 海茸多糖的分离纯化与结构表征. 中国海洋药物，29（5）：1-5.
王玉峰，吴建东，韩章润，等. 2012. 利用糖芯片研究半乳寡糖与蓖麻凝集素和鸡冠刺桐凝集素间的相互作用. 分析化学，40（9）：1341-1346.
王玉峰，于广利，韩章润，等. 2011. 糖芯片技术研究琼胶寡糖与凝集素 RCA120 相互作用. 化学学报，69（8）：106-110.
王志聪，王竹清，倪鑫，等. 2011. 皱纹盘鲍性腺多糖的抗疲劳作用. 中国海洋药物，30（5）：34-38.
吴建东，于广利，王培培，等. 2011. 高古罗糖醛酸含量的萱藻（*Scytosiphon lomentarius*）多糖细微结构研究. 海洋科学，35（1）：40-43.
吴耀文，佘志刚，胡谷平，等. 2002. 鲍鱼多糖 Hal-B 的组成研究. 中山大学学报（自然科学版），41（2）：119-120.
徐红丽，郭婷婷，郭一峰，等. 2007. 贻贝多糖对小鼠急性肝损伤的保护作用. 中国海洋药物，26（1）：31-35.
徐美玲，孙黎明，周大勇，等. 2009. 皱纹盘鲍性腺多糖体外免疫活性和抗凝血活性的研究. 水产科学，28（9）：498-500.

叶新山. 2002. 寡糖的组合合成. 北京大学学报（医学版），34（5）：451-456.

殷秀红，赵峡，于广利，等. 2011. 一种紫贻贝水提多糖的理化性质和结构分析. 中国海洋药物，30（4）：1-4.

尹鸿萍，盛玉青. 2006. 盐藻多糖体内抑菌及抗炎作用的研究. 中国生化药物杂志，27（6）：361-363.

于广利，赵峡. 2012. 糖药物学. 青岛：中国海洋大学出版社.

于囡，王海桃，杜鹃，等. 2014. 扇贝糖胺聚糖对感染 HSV-I 小鼠免疫功能的影响研究. 现代生物医学进展，14（4）：668-670.

张俐娜，常春雨，刘慧. 2010. 一种甲壳素水凝胶及其制备方法和应用. CN101857684A.

张威，朱劲华，王敏，等. 2004. 极大螺旋藻胞内多糖分离纯化及其结构的初步分析. 天然产物研究与开发，16（6）：548-551.

张惟杰. 1994. 糖复合物生化研究技术. 杭州：浙江大学出版社.

张真庆，于广利，赵峡，等. 2005. 几种糖醛酸及其寡糖的薄层层析分析. 分析化学，33（12）：1750-1752.

赵前程，滕钊，汪秋宽，等. 2007. 复合酶法提取海带多糖的研究. 沈阳农业大学学报，38（2）：220-223.

赵峡，付海宁，于广利，等. 2008. 固相酸解法制备古糖酯寡糖及其电喷雾质谱分析. 高等学校化学学报，29（7）：1344-1348.

朱红红，尹鸿萍. 2007. 盐藻多糖抗病毒实验研究. 南京中医药大学学报，23（5）：310-312.

邹兰，黄志纾，黄国贤等. 2009. 糖芯片的研究进展. 有机化学，29（11）：1689-1699.

Adams E W，Ratner D M，Bokesch H R，et al. 2004. Oligosaccharide and glycoprotein microarrays as tools in HIV glycobiology：glycan-dependent gp120/protein interactions. Chem Biol，11（6）：875-881.

Akramiene D，Aleksandraviciene C，Grazeliene G，et al. 2010. Potentiating effect of beta-glucans on photodynamic therapy of implanted cancer cells in mice. Tohoku J Exp Med，220（4）：299-306.

Arena A，Gugliandolo C，Stassi G，et al. 2009. An exopolysaccharide produced by Geobacillus thermodenitrificans strain B3-72：Antiviral activity on immunocompetent cells. Immunol Lett，123（2）：132-137.

Bae S Y，Yim J H，Lee H K，et al. 2006. Activation of murine peritoneal macrophages by sulfated exopolysaccharide from marine microalga Gyrodinium impudicum（strain KG03）：Involvement of the NF-kappa B and JNK pathway. Int Immunopharmacol，6（3）：473-484.

Balachandran P，Pugh N D，Ma G，et al. 2006. Toll-like receptor 2-dependent activation of monocytes by *Spirulina polysaccharide* and its immune enhancing action in mice. Int Immunopharmacol，6（12）：1808-1814.

Ban L，Pettit N，Li L，et al. 2012. Discovery of glycosyltransferases using carbohydrate arrays and mass spectrometry. Nat Chem Biol，8（9）：769-773.

Barbosa A M，Steluti R M，Dekker R F，et al. 2003. Structural characterization of Botryosphaeran：A(1→3；1→6)-beta-D-glucan produced by the ascomyceteous fungus，*Botryosphaeria* sp. Carbohydr Res，338（16）：1691-1698.

Blixt O，Allin K，Bohorov O，et al. 2008. Glycan microarrays for screening sialyltransferase specificities. Glycoconj J，25（1）：59-68.

Borsig L，Wang L，Cavalcante M C，et al. 2007. Selectin blocking activity of a fucosylated chondroitin sulfate glycosaminoglycan from sea cucumber. Effect on tumor metastasis and neutrophil recruitment. J Biol Chem，282（20）：14984-14991.

Boyle C D，Reade A E. 1983. Characterization of two extracellular polysaccharides from marine bacteria. Appl Environ Microbiol，46（2）：392-399.

Bryan M C，Fazio F，Lee H K，et al. 2004. Covalent display of oligosaccharide arrays in microtiter plates. J Am Chem Soc，126（28）：8640-8641.

Chai W，Stoll M S，Galustian C，et al. 2003. Neoglycolipid technology：Deciphering information content of glycome. Methods Enzymol，362：160-195.

Chattopadhyay K，Mandal P，Lerouge P，et al. 2007. Sulphated polysaccharides from Indian samples of *Enteromorpha compressa*（Ulvales，Chlorophyta）：Isolation and structural features. Food Chem，104（3）：928-935.

Chen S，Xue C，Yin L A，et al. 2011a. Comparison of structures and anticoagulant activities of fucosylated chondroitin sulfates from different sea cucumbers. Carbohydr Polym，83（2）：688-696.

Chen Y，Mao W，Tao H，et al. 2011b. Structural characterization and antioxidant properties of an exopolysaccharide produced by the mangrove endophytic fungus *Aspergillus* sp. Y16. Bioresour Technol，102（17）：8179-8184.

Chen Y，Mao W，Wang B，et al. 2013a. Preparation and characterization of an extracellular polysaccharide produced by the deep-sea fungus *Penicillium griseofulvum*. Bioresour Technol，132：178-181.

Chen Y，Mao W，Wang J，et al. 2013b. Preparation and structural elucidation of a glucomannogalactan from marine fungus *Penicillium commune*. Carbohydr Polym，97（2）：293-299.

Chen Y，Mao W，Yang Y，et al. 2012. Structure and antioxidant activity of an extracellular polysaccharide from coral-associated fungus，*Aspergillus versicolor* LCJ-5-4. Carbohydr Polym，87（1）：218-226.

Crusat M，Liu J，Palma A S，et al. 2013. Changes in the hemagglutinin of H5N1 viruses during human infection-influence on receptor binding. Virology，447（1-2）：326-337.

de Jesus Raposo M F，de Morais A M，de Morais R M. 2015. Marine polysaccharides from algae with potential biomedical applications. Mar Drugs，13（5）：2967-3028.

de Marino S，Iorizzi M，Palagiano E，et al. 1998. Starfish saponins. 55. Isolation，structure elucidation，and biological activity of the steroid oligoglycosides from an Antarctic starfish of the family Asteriidae. J Nat Prod，61（11）：1319-1327.

Dubois M，Gilles K A，Hamilton J K，et al. 1956. Colorometric methods for determination of sugar and related substances. Anal Chem，28（3）：350-356.

Dyukova V I，Dementieva E I，Zubtsov D A，et al. 2005. Hydrogel glycan microarrays. Anal Biochem，347（1）：94-105.

Fazio F，Bryan M C，Blixt O，et al. 2002. Synthesis of sugar arrays in microtiter plate. J Am Chem Soc，124（48）：14397-14402.

Feizi T，Fazio F，Chai W，et al. 2003. Carbohydrate microarrays - a new set of technologies at the frontiers of glycomics. Curr Opin Struct Biol，13（5）：637-645.

Fonseca R J，Mourao P A. 2006. Fucosylated chondroitin sulfate as a new oral antithrombotic agent. Thromb Haemost，96（6）：822-829.

Fukui S，Feizi T，Galustian C，et al. 2002. Oligosaccharide microarrays for high-throughput detection and specificity assignments of carbohydrate-protein interactions. Nat Biotechnol，20（10）：1011-1017.

Guezennec J. 2002. Deep-sea hydrothermal vents：A new source of innovative bacterial exopolysaccharides of biotechnological interest? J Ind Microbiol Biot，29（4）：204-208.

Gunaratne H M，Yamagaki T，Matsumoto M，et al. 2003. Biochemical characterization of inner sugar chains of acrosome reaction-inducing substance in jelly coat of starfish eggs. Glycobiology，13（8）：567-580.

Guo S，Mao W，Han Y，et al. 2010. Structural characteristics and antioxidant activities of the extracellular polysaccharides produced by marine bacterium Edwardsiella tarda. Bioresour Technol，101（12）：4729-4732.

Guo S，Mao W，Li Y，et al. 2013. Preparation，structural characterization and antioxidant activity of an extracellular polysaccharide produced by the fungus *Oidiodendron truncatum* GW. Process Biochem，48（3）：539-544.

Houseman B T，Mrksich M. 2002. Carbohydrate arrays for the evaluation of protein binding and enzymatic modification. Chem Biol，9（4）：443-454.

Hu B，Gong Q，Wang Y，et al. 2006. Prebiotic effects of neoagaro-oligosaccharides prepared by enzymatic hydrolysis of agarose. Anaerobe，12（5-6）：260-266.

Hu Y，Yu G，Zhao X，et al. 2012. Structural characterization of natural ideal 6-O-sulfated agarose from red alga *Gloiopeltis furcata*. Carbohydr Polym，89（3）：883-889.

Itoh N，Kamitaka R，Takahashi K G，et al. 2010. Identification and characterization of multiple beta-glucan binding proteins in the *Pacific oyster*，*Crassostrea gigas*. Dev Comp Immunol，34（4）：445-454.

Jiao L，Li X，Li T，et al. 2009. Characterization and anti-tumor activity of alkali-extracted polysaccharide from *Enteromorpha intestinalis*. Int Immunopharmacol，9（3）：324-329.

Karim S，Jessica P，Farida G，et al. 2011. Marine polysaccharides：A source of bioactive molecules for cell therapy and tissue engineering. Mar Drugs，9：1664-1681.

Kariya Y，Watabe S，Kyogashima M，et al. 1997. Structure of fucose branches in the glycosaminoglycan from the body wall of the sea cucumber Stichopus japonicus. Carbohydr Res，297（3）：273-279.

Kawada A，Hiura N，Shiraiwa M，et al. 1997. Stimulation of human keratinocyte growth by alginate oligosaccharides，a possible co-factor for epidermal growth factor in cell culture. FEBS Lett，408（1）：43-46.

Kim J K，Cho M L，Karnjanapratum S，et al. 2011. *In vitro* and *in vivo* immunomodulatory activity of sulfated polysaccharides from Enteromorpha prolifera. Int J Biol Macromol，49（5）：1051-1058.

Ko K S，Jaipuri F A，Pohl N L. 2005. Fluorous-based carbohydrate microarrays. J Am Chem Soc，127（38）：13162-13163.

Kosik O，Auburn R P，Russell S，et al. 2010. Polysaccharide microarrays for high-throughput screening of transglycosylase activities in plant extracts. Glycoconj J，27（1）：79-87.

Koyota S，Wimalasiri K M，Hoshi M. 1997. Structure of the main saccharide chain in the acrosome reaction-inducing substance of the starfish，*Asterias amurensis*. J Biol Chem，272（16）：10372-10376.

Kumar C G，Joo H，Choi J，et al. 2004. Purification and characterization of an extracellular polysaccharide from haloalkalophilic *Bacillus* sp. I-450. Enzyme Microb Tech，34（7）：673-681.

Lang Y，Zhao X，Liu L，et al. 2014. Applications of mass spectrometry to structural analysis of marine oligosaccharides. Mar Drugs，12（7）：4005-4030.

Lee J B，Hayashi T，Hayashi K，et al. 2000. Structural analysis of calcium spirulan（Ca-SP）-derived oligosaccharides using electrospray ionization mass spectrometry. J Na Prod，63（1）：136-138.

Lee K S，Shin J S，Nam K S. 2013. Starfish polysaccharides downregulate metastatic activity through the MAPK signaling pathway in MCF-7 human breast cancer cells. Mol Biol Rep，40（10）：5959-5966.

Lee M R，Shin I. 2005. Facile preparation of carbohydrate microarrays by site-specific，covalent immobilization of unmodified carbohydrates on hydrazide-coated glass slides. Org Lett，7（19）：4269-4272.

Lei X，Fan X，Zhao S，et al. 2006. Study on extracting and fractionating of glycoprotein of dried octopus. Journal of Shaanxi University of Science & Technology，24（4）：45-49.

Li G，Chen S，Wang Y，et al. 2011a. A novel glycosaminoglycan-like polysaccharide from abalone Haliotis discus hannai Ino：purification，structure identification and anticoagulant activity. Int Biol Macromol，49（5）：1160-1166.

Li L，Jiang X，Guan H，et al. 2011b. Preparation，purification and characterization of alginate oligosaccharides degraded by alginate lyase from *Pseudomonas* sp. HZJ 216. Carbohydr Res，346（6）：794-800.

Li M，Li G，Zhu L，et al. 2014. Isolation and identification of an agar-oligosaccharide（AO）hydrolyzing bacterium from the gut microflora of Chinese Population. PLoS ONE，9（3）：e91106.

Liu Y，Chai W，Childs R A，et al. 2006. Preparation of neoglycolipids with ring-closed cores via chemoselective oxime-ligation for microarray analysis of carbohydrate-protein interactions. Method Enzymol，415：326-340.

Liu Y，Childs R A，Palma A S，et al. 2012. Neoglycolipid-based oligosaccharide microarray system：Preparation of NGLs and their noncovalent immobilization on nitrocellulose-coated glass slides for microarray analyses. Methods Mol Biol，808：117-136.

Matsui M，Kakut M，Misaki A. 1996. Fine structural features of oyster glycogen：Mode of multiple branching. Carbohydr Polym，31（4）：227-235.

Nam K，Kim C，Shon Y. 2006. Breast cancer chemopreventive activity of polysaccharides from starfish *in vitro*. J Microbiol Biotechnol，16（9）：1405-1409.

Nimrichter L，Gargir A，Gortler M，et al. 2004. Intact cell adhesion to glycan microarrays. Glycobiology，14（2）：197-203.

Okutani K，Kobayashi H. 1991. The structure of an extracellular polysaccharide from a marine strain of Enterobacter. Nippon Suisan Gakkaishi，57（10）：1949-1956.

Pang Z，Otaka K，Maoka T，et al. 2005. Structure of beta-glucan oligomer from laminarin and its effect on human monocytes to inhibit the proliferation of U937 cells. Biosci Biotechnol Biochem，69（3）：553-558.

Park S，Lee M R，Pyo S J，et al. 2004. Carbohydrate chips for studying high-throughput carbohydrate-protein interactions. J Am Chem Soc，126（15）：4812-4819.

Pavão M S，Mourão P A. 2012. Challenges for heparin production：Artificial synthesis or alternative natural sources? Glycobiology Insights，3：1-6.

Perry M B，MacLean L L，Patrauchan M A，et al. 2007. The structure of the exocellular polysaccharide produced by *Rhodococcus* sp.

RHA1. Carbohydr Res，342（15）：2223-2229.

Persidis A. 1997. The carbohydrate-based drug industry. Nat Biotechnol，15（5）：479-480.

Poli A，Anzelmo G，Nicolaus B. 2010. Bacterial exopolysaccharides from extreme marine habitats：Production，characterization and biological activities. Mar Drugs，8（6）：1779-1802.

Roger O，Kervarec N，Ratiskol J，et al. 2004. Structural studies of the main exopolysaccharide produced by the deep-sea bacterium Alteromonas infernus. Carbohydr Res，339，2371-2380.

Saravanan R，Shanmugam A. 2011. Is isolation and characterization of heparan sulfate from marine scallop *Amussium pleuronectus*（Linne.）an alternative source of heparin? Carbohydr Polym，86（2）：1082-1084.

Schmid F，Stone B A，McDougall B M，et al. 2001. Structure of epiglucan，a highly side-chain/branched(1→3；1→6)-beta-glucan from the micro fungus *Epicoccum nigrum* Ehrenb. ex Schlecht. Carbohydr Res，331（2）：163-171.

Stevens M M，Qanadilo H F，Langer R，et al. 2004. A rapid-curing alginate gel system：Utility in periosteum-derived cartilage tissue engineering. Biomaterials，25（5）：887-894.

Sun C，Shan C Y，Gao X D，et al. 2005. Protection of PC12 cells from hydrogen peroxide-induced injury by EPS2，an exopolysaccharide from a marine filamentous fungus *Keissleriella* sp. YS4108. J Biotechnol，115（2）：137-144.

Sun C，Wang J W，Fang L，et al. 2004. Free radical scavenging and antioxidant activities of EPS2，an exopolysaccharide produced by a marine filamentous fungus *Keissleriella* sp. YS 4108. Life Sci，75（9）：1063-1073.

Sun H，Mao W，Chen Y，et al. 2009. Isolation，chemical characteristics and antioxidant properties of the polysaccharides from marine fungus *Penicillium* sp. F23-2. Carbohydr Polym，78（1）：117-124.

Sun H H，Mao W J，Jiao J Y，et al. 2011. Structural characterization of extracellular polysaccharides produced by the marine fungus Epicoccum nigrum JJY-40 and their antioxidant activities. Mar Biotechnol（NY），13（5）：1048-1055.

Umezawa H，Okami Y，Kurasawa S，et al. 1983. Marinactan，antitumor polysaccharide produced by marine bacteria. J Antibiot（Tokyo），36（5）：471-477.

Uzawa H，Ito H，Neri P et al. 2007. Glycochips from polyanionic glycopolymers as tools for detecting Shiga toxins. Chembiochem，8（17）：2117-2124.

Wang C，Mao W，Chen Z，et al. 2013. Purification，structural characterization and antioxidant property of an extracellular polysaccharide from *Aspergillus terreus*. Process Biochem，48（9）：1395-1401.

Wang C C，Huang Y L，Ren C T，et al. 2008. Glycan microarray of Globo H and related structures for quantitative analysis of breast cancer. Proc Natl Acad Sci USA，105（33）：11661-11666.

Wang D，Liu S，Trummer B J，et al. 2002. Carbohydrate microarrays for the recognition of cross-reactive molecular markers of microbes and host cells. Nat Biotechnol，20（3）：275-281.

Wang P，Zhao X，Lv Y，et al. 2012. Analysis of structural heterogeneity of fucoidan from Hizikia fusiforme by ES-CID-MS/MS. Carbohydr Polym，90（1）：602-607.

Wang Y，Yu G，Han Z，et al. 2011. Specificities of Ricinus communis agglutinin 120 interaction with sulfated galactose. FEBS Lett，585（24）：3927-3934.

Willats W G，Rasmussen S E，Kristensen T，et al. 2002. Sugar-coated microarrays：A novel slide surface for the high-throughput analysis of glycans. Proteomics，2（12）：1666-1671.

Wong C. 2003. Carbohydrate-based Drug Discovery. Weinheim：Wiley-VCH.

Wu M，Huang R，Wen D，et al. 2012. Structure and effect of sulfated fucose branches on anticoagulant activity of the fucosylated chondroitin sulfate from sea cucumber *Thelenata ananas*. Carbohydr Polym，87（1）：862-868.

Xu H，Guo T，Guo Y F，et al. 2008. Characterization and protection on acute liver injury of a polysaccharide MP-I from *Mytilus coruscus*. Glycobiology，18（1）：97-103.

Yang X B，Gao X D，Han F，et al. 2005a. Sulfation of a polysaccharide produced by a marine filamentous fungus Phoma herbarum YS4108 alters its antioxidant properties *in vitro*. Biochim Biophys Acta，1725（1）：120-127.

Yang X B，Gao X D，Han F，et al. 2005b. Purification，characterization and enzymatic degradation of YCP，a polysaccharide from marine filamentous fungus Phoma herbarum YS4108. Biochimie，87（8）：747-754.

Ye L，Xu L，Li J. 2012a. Preparation and anticoagulant activity of a fucosylated polysaccharide sulfate from a sea cucumber *Acaudina molpadioidea*. Carbohydr Polym，87（3）：2052-2057.

Ye S，Liu F，Wang J，et al. 2012b. Antioxidant activities of an exopolysaccharide isolated and purified from marine *Pseudomonas* PF-6. Carbohydr Polym，87（1）：764-770.

Yu G，Zhao X，Yang B，et al. 2006. Sequence determination of sulfated carrageenan-derived oligosaccharides by high-sensitivity negative-ion electrospray tandem mass spectrometry. Anal Chem，78（24）：8499-8505.

Zhang W，Wang J，Jin W，et al. 2013. The antioxidant activities and neuroprotective effect of polysaccharides from the starfish *Asterias rollestoni*. Carbohydr Polym，95（1）：9-15.

Zhang Z，Yu G，Zhao X，et al. 2006. Sequence analysis of alginate-derived oligosaccharides by negative-ion electrospray tandem mass spectrometry. J Am Soc Mass Spectrom，17（4）：621-630.

Zhou X，Zhou J. 2006. Oligosaccharide microarrays fabricated on aminooxyacetyl functionalized glass surface for characterization of carbohydrate-protein interaction. Biosens Bioelectron，21（8）：1451-1458.

Zhu B，Li D，Zhou D，et al. 2011. Structural analysis and CCK-releasing activity of a sulphated polysaccharide from abalone（Haliotis Discus Hannai Ino）viscera. Food Chem，125（4）：1273-1278.

第七章

海洋生物毒素研究开发

第一节　海洋生物毒素研究概况

海洋生物毒素是海洋天然产物的重要组成部分，也是海洋生物活性物质中研究进展最迅速的领域。早在第二次世界大战之前，美国、日本等国家就对以海洋有毒鱼类为主的海洋有毒生物进行了广泛的调查研究，Halstead 等（1988）报道了大量有关海洋生物毒素的资料。战后，又对太平洋、大西洋、加勒比海等海域的海洋生物毒素的生物学、化学和毒理学进了深入系统研究，分离提取了石房蛤毒素（saxitoxin，STX）、河豚毒素（tetrodotoxin，TTX）及箭毒蛙毒素（batrachotoxin，BTX）等重要海洋生物毒素。随着海洋生物资源的开发利用、生物工程和基因工程技术的发展，不断有新发现的毒素报道。国外 Hungerford 等（2014）对海洋生物毒素研究进展进行了总结梳理，国内陈冀胜（2012）和邴晖等（2011）也曾做了较详细的介绍。最显著的进展是相继发现了一些毒性极高的聚醚类结构的毒素，主要代表有岩沙海葵毒素（palytoxin，PTX）、西加毒素（ciguatoxin，CTX）、刺尾鱼毒素（maitotoxin，MTX）等。海洋生物毒素研究进展迅速的另外一个领域是肽类毒素，已报道过的肽类毒素上百种，研究比较系统深入的有海葵毒素（anemonetoxin）、芋螺毒素（conotoxin）和海蛇毒素（sea snake venom）等。

海洋生物毒素具有强烈的药理与毒理作用，因而研究海洋生物毒素具有重要的理论和应用价值。一方面可为神经生理学研究、鉴定受体及其细胞调控分子机制提供丰富的工具药，如作用于 Na^+通道的河豚毒素、石房蛤毒素和海葵毒素等；另一方面对攻克人类面临的重大疑难疾病具有重要意义，如将海洋生物毒素直接开发为天然药物，或作为先导化合物用于新药设计。目前已有少数海洋生物毒素成功开发成为新药，还发现一些海洋生物毒素具有显著的抗肿瘤、抗病毒活性以及明显的心血管药理活性。从药物开发角度研究比较深入的有河豚毒素、芋螺毒素、海葵毒素、海蛇毒素、海兔毒素等。例如，河豚毒素已临床应用于镇痛、镇静与局部麻醉，芋螺毒素也有强效的镇痛作用，已有研发成功的镇痛新药上市。

一、海洋生物毒素分类

海洋生物毒素资源丰富，分布广，种类多，已报道的有 1000 多种，确定结构的上百种。结构类型包括生物碱、聚醚、肽类、大环内酯等（表 7-1）。由于海洋化学环境的特殊性和复杂的生态变化，海洋生物毒素往往具有一些陆生生物中极为罕见的化学结构，如海洋生物活性物质含有大量的有机卤化物、胍衍生物、多氧、多醚类等。并且海洋生物毒素对机体的神经系统、心血管系统及细胞系统等具有高度特异性的生物活性，特别是对细胞调控的受体、离子通道以及生物膜等关键靶点具有特异的生理活性。

表 7-1 重要海洋生物毒素的化学结构类型

结构类型	毒素	生物来源
胍胺类	石房蛤毒素	蛤类、膝沟藻
	河豚毒素	东方鲀属，细菌
脂链聚醚	大田软海绵酸	大田软海绵
	刺尾鱼毒素	岗比毒甲藻，西加鱼类
	岩沙海葵毒素	岩沙海葵
大环内酯聚醚	扇贝毒素	鳍藻，扇贝
梯形稠环聚醚	西加毒素	岗比毒甲藻，西加鱼类
	短裸甲藻毒素	短裸甲藻
甾体生物碱	箭毒蛙毒素	哥伦比亚蛙
肽类	海葵毒素	海葵
	芋螺毒素	芋螺
	海蛇毒素	海蛇

二、海洋生物毒素的特点

随着海洋生物资源的开发利用和生物工程技术的迅速发展，海洋生物毒素的研究日益活跃，进展迅速。迄今已从有毒海洋生物中分离得到了上千种生物毒素和生物活性物质，其中有很多毒素具有毒性强烈、毒理作用特殊、结构新颖、相对分子质量低、较易合成等特点。

1. 毒性强烈

一些海洋生物毒素毒性剧烈，与各国装备的化学战剂比较即可见端倪。现装备的有机磷类神经性毒剂是目前合成毒剂中毒性最强的，其半数致死剂量（LD_{50}）在 mg/kg 级水平，而许多剧毒性海洋生物毒素比现有合成毒剂的毒性高数百倍至数千倍，达 μg/kg 级水平（表 7-2）。例如，刺尾鱼毒素的毒性比有机磷毒剂 VX 高 400 倍，比沙林高 4000 倍。

表 7-2 一些剧毒性海洋生物毒素的毒性

毒素	LD_{50}/(μg/kg) (小鼠，ip)	毒理作用类型
刺尾鱼毒素	0.05	神经毒
岩沙海葵毒素	0.45	神经毒，心脏毒
西加毒素	0.25	神经毒，胃肠毒
箭毒蛙毒素	2	神经毒，心脏毒
岗比毒素 GTX-4B	4	神经毒

续表

毒素	LD_{50}/(μg/kg) (小鼠，ip)	毒理作用类型
石房蛤毒素	8	神经毒
河豚毒素	8	神经毒
膝沟藻毒素	10	神经毒
新石房蛤毒素	10	神经毒
芋螺毒素	10	神经毒
海蛇毒素	100	神经毒

2. 作用机制特殊

大多化学合成毒剂主要作用于酶、核酸、递质受体等敏感靶部位。而剧毒性海洋生物毒素则完全不同于合成毒剂，主要作用于神经、肌肉等可兴奋细胞膜上的电压依赖性离子通道如 Na^+、Ca^{2+}通道等，因而阻滞、干扰或破坏对生命活动过程起着重大作用的“信息物质”的扩散或传递，导致一系列药理、毒理作用和严重中毒过程，往往没有特效抗毒剂，难以防治。

3. 化学结构新颖

由于特殊的海洋环境，海洋生物毒素往往具有独特的、陆生生物未曾发现的或极为罕见的化学结构类型。而化学结构系谱的多样性和新颖性常是海洋生物毒素的重要特征之一。海洋生物毒素的化学结构类型非常广泛，主要包括氨基酸、脂肪酸、生物碱、皂苷、萜类、大环内酯、聚醚类及肽类等（表 7-1）。

4. 比较容易合成

与其他天然毒素（细菌、真菌和动植物毒素）比较，不少海洋生物毒素为低分子化合物或小肽类毒素，相对较易合成，为大量生产和供应提供了重要的条件。已有多种海洋生物毒素人工全合成的文献报道。

三、海洋生物毒素检测方法

海洋生物中毒是一个危害人类健康和海洋生产的重大问题。毒素可以通过食物链在许多海洋生物间转移和积累，人类因为食用有毒的鱼类、贝类或其他海洋毒素污染的海产品引起中毒的事件常有发生，严重的甚至能够导致死亡。鱼类也可能由于食用含有毒素的微藻引起中毒和死亡。特别是近些年，由于环境污染及其他环境因素，赤潮发生频繁，赤潮中大量的有毒藻类，对海洋生物和人类健康构成了威胁（Gerssen et al.，2010）。因此，海洋生物毒素的检测与中毒防治成为研究的热点。随着生物技术快速发展，海洋生物毒素的军事应用潜力和用于恐怖活动的威胁也在逐步增加，因而针对海洋生物毒素的侦检，尤其是现场快速侦检，也是军事毒理学和反恐怖工作的关注点。

1. 海洋毒素的生物学检测方法

生物学检测主要采用小鼠生物学检测法（mouse bioassay，MBA）。小鼠生物学检测法就是用一定年龄、大小和体重的小鼠来测定海洋生物毒素毒性的方法，这已经被美国分析化学家协会（Association of American Analytical Chemists，AOAC）确定为麻痹性贝毒

（paralytic shellfish poisoning toxin，PSP）的标准检测程序，以鼠单位（mouse unit，MU）作为定量单位。这种方法有很多优点，如快速直接，操作简便，不需要复杂繁琐的样品处理，一次性可以测定多种毒素。但也有缺点：只能检测毒素毒性的大小，而无法确定毒素的种类和含量；不确定性因素多，表观的毒性大小和实验小鼠的品系、大小、体重、状态等因素有关；操作时间长。

2. 海洋生物毒素化学检测方法

海洋生物毒素因含有特殊的基团或结构而表现出一定的特性，通过化学的方法可以对毒素进行定性定量的检测。目前常用的化学方法有高效液相色谱（HPLC）、毛细管电泳（CE）、液相色谱-质谱（LC-MS）及串联质谱等。特别是液相色谱-串联质谱方法，既可以定性又可以定量，具有检测灵敏度高、可重复性好等优点，为很多实验室采用。但该方法需要专门的仪器，费用比较高；样品要经过预处理，操作复杂；且需要时间较长，不适合快速检测。

3. 海洋生物毒素受体结合检测技术

受体结合检测技术基本原理是某些海洋生物毒素有其选择性作用的受体或蛋白质，通过测定毒素与受体结合程度来检测毒素。例如，Llewellyn 等（2001）报道石房蛤毒素（saxitoxin）能与一种从蜈蚣中分离出来的转铁蛋白 Saxiphilin 选择性结合，使用标记的 STX 竞争性结合实验，可以测定 PSP 毒素。此类方法快速、灵敏，可以进行高通量检测，但并非所有的毒素都能找到合适的受体。

4. 海洋生物毒素免疫检测技术

海洋生物毒素使用免疫检测技术是有效可行的。绝大部分海洋生物毒素的相对分子质量都很小，无法成为完整的抗原，因此在进行免疫学检测时要将它们连到一定的载体上构成全抗原才能进行检测。将海洋生物毒素和载体进行连接，然后选择一定的动物进行免疫，使动物产生高特异性的抗体，然后用这种高特异性的抗体对毒素进行检测分析。基于抗体建立了许多免疫学方法，如荧光免疫检测法、酶联免疫吸附检测法、放射免疫抗体检测法等。Zheng 等（2005）报道了针对 PSP 等海洋生物毒素的标准化试剂盒，其结果与 HPLC 吻合得非常好。这种方法的优点是可以节约成本和时间，毒素检出限低，如对石房蛤毒素的检出限是 4ng/100g。其缺点是由于每一类毒素化学结构相似，交叉反应比较严重，无法对每个毒素进行定量检测。此外，会遇到诸如海洋生物毒素标准样品难以获得等问题。

5. 海洋生物毒素细胞毒性检测技术

正常情况下，毒素对细胞有毒性作用，根据这一原理发展起来的海洋生物毒素的检测技术称为细胞毒性检测技术。对于作用于 Na^+通道的毒素，其主要指标是 Na^+的流通量及由 Na^+流通量的变化引起的细胞反应。为模式细胞加上通道活化剂，Na^+就过度内流，使细胞膨胀、破裂、死亡；再加入海洋生物毒素后由于某些毒素对 Na^+通道的阻遏、拮抗作用，就能中和活化剂对离子通道的活化作用，使 Na^+内流减少，细胞保持正常状态。这种作用可以确定海洋生物毒素的存在与否，再经过进一步的实验就可以确定毒素的量（Manger et al.，1995）。

除以上简述的检测技术以外，酶活性抑制检测、生物传感器检测、分子探针、荧光原位杂交、重组质粒技术等也在海洋生物毒素检测的过程中发挥着越来越重要的作用。但是每一种检测技术都有其自身优势和不足之处，需要针对使用目的加以甄别应用。

（张黎明 王梁华）

第二节 海洋肽类毒素快速侦检及检定规程

海洋生物肽类毒素，根据生物合成来源，可以分为两大类（表 7-3）：一是由生物的基因直接编码的多肽毒素，具有代表性的毒素包括芋螺毒素、海蛇毒素、海葵毒素、水母毒素和海胆毒素等。另外一类是通过生物的非核糖体肽合成酶系（non-ribosomal peptide synthetase，NRPS）合成的次级代谢产物，这一类中，具有代表性的是微囊藻毒素、海兔毒素等，以及一些海洋微生物合成的氨基酸衍生物或缩肽类化合物，这些毒素通常被认为是该生物的抗生素或防御素。

表 7-3 多肽类海洋生物毒素

生物合成方式	名称	作用靶点	代表毒素
基因直接编码	芋螺毒素	AChR，Nav，Kv，Cav，NMDA，G-蛋白偶联受体，NTR	α-conotoxinVc1.1，α-conotoxin LtIA，μ-conotoxin，κ-PⅦA，ω-MⅦA，ω-CⅦD，conantokin-G，contulukin-G
	海葵毒素	Kv，Nav，神经毒，溶细胞	SrcⅠ，ShK，BgK，AsK，ApQ
	水母毒素	心血管、神经毒性等	CmNt
NRPS	膜海鞘素	细胞毒	Didemnin A～E，Bistratamide A，B
	海兔毒素	细胞毒	dolastoxin 10
	微囊藻毒素	细胞毒	Microcystin-RR，-LR，-YR
	鞘丝藻毒素	细胞毒	Majusculamide C～D
	海绵毒素	细胞毒	Stylostatin 1，2

海洋多肽毒素往往特异地作用于离子通道或受体的亚型，具有毒性强烈、作用特异、专一、作用剂量小等特点。因此，快速特异地检测各种海洋多肽毒素，在食品安全、环境生态、医药开发中具有重要价值。

目前国内外检测生物毒素的方法有化学法、免疫法、生物法、生物化学法和分子生物学法等几大类。最经典的毒素检测方法是生物法的小鼠分析法；而最常用的检测方法是化学法中的高效液相色谱（HPLC）、液相色谱/质谱分析（LC/MS），免疫法中的酶联免疫吸附分析（ELISA）；如分析生物合成途径已知的毒素，则分子生物学法中的聚合酶链反应（PCR）也能快速特异的检测。

一、化学法分析肽类毒素

化学分析法主要包括 HPLC、气相色谱（GC）、薄层色谱（TLC）、毛细管电泳（CE）、液相色谱/质谱分析（LC/MS）等。但分析需要特定仪器、试剂和分析条件，往往并不适合于野外现场检测。

1. 高效液相色谱法定性定量分析肽类毒素

HPLC 以其高灵敏度、强特异性的特点广泛应用于检测生物毒素。通常将高效液相色谱法分为液-固色谱法、液-液色谱法、离子交换色谱法和凝胶色谱法等。例如，El Khalloufi 等（2012）使用液-固色谱法的高效液相色谱仪结合荧光检测器，对水中和蓝细菌中的变性毒素进行检测，回收率为 71%～87%，水中的检测下限为 ng/L，蓝细菌中为 ng/g 水平。如虞锐鹏等（2005）建立的国家标准（GB/T 20466 — 2006）采用反相高效液色谱法（RP-HPLC）测定蓝藻水华中的微囊藻毒素 MC-RR、MC-YR 和 MC-LR 三种毒素，通过梯度洗脱分离，不仅峰形好，而且检测灵敏度较高；对蓝藻干粉中藻毒素（MC）的检出限为 20ng/g，线性范围为 0.06～6μg/g，回收率 91.7%～102.1%。再如，de Castro CS 等（2004）将离子交换色谱和凝胶层析结合，分析可作为草地夜蛾的杀虫剂的蛇毒毒素，分离出 4 种主要的毒素成分。又如，闫妍（2006）等利用全自动凝胶渗透色谱净化系统净化、在线浓缩样品，从中国南海织锦芋螺中分离新的芋螺毒素的粗毒，再用 HPLC 进一步分离，氨基酸测序，分离得到了 10 余个织锦芋螺毒素组分，确定了 10 个织锦芋螺毒素的氨基酸序列，其中 4 个为新型织锦芋螺毒素，6 个与已报道的相同。

利用标准品定性分析 为了确定各色谱峰所代表的化合物，通过与标准样品进行比较（外标法），考察是否具有相同的保留值和相对保留值，即对样品进行定性；或通过加入已知物增加峰高法定性（内标法）。用不同的色谱体系进行比较定性：通过改变流动相或固定相（最好是不同类型的固定相与流动相），或两者同时改变，即换用与原来色谱体系有较大差别的其他色谱体系进行分离，可以对用保留值定性的结果进一步验证。两个色谱体系的特性差别越大，这种核对的结果越可靠。

检测特定官能团定量分析 Ortea 等（2004）采用甲酸或三氟乙酸的水和乙腈溶液梯度洗脱，可以使大多数多肽分离。再如，Shamsollahi 等（2014）利用特殊氨基酸上的烯烃在 238nm 处以及色氨酸在 222nm 处有最大吸收等特性，通过紫外检测器检测分析，即能提供有效的定性、定量数据。高效液相色谱-荧光检测法（HPLC-FL）和高效液相色谱-化学发光法（HPLC-CL）等也有相关应用。又如，Harada 等（1997）将粗提的多肽毒素与半胱氨酸反应生成的 Cys 化多肽与荧光剂丹磺酰氯（Dns-Cl）作用，生成具有荧光发色团的 Dns-Cys-多肽。经 HPLC 后，用过氧化氢和 TDPO 对其衍生化，使之产生过氧草酸-化学发光（PO-CL），最后采用化学发光检测器进行检测，方法的检测限小于 15pg/L。利用电流测定（1.20V，Ag/AgCl）以及电化学氢化反应检测经 HPLC 分离后的多肽毒素。

利用标准品定量分析 通过将样品同商用标准品比较保留时间、色谱图和峰面积，可有效鉴定和定量的依据。HPLC 监测技术往往需要标准毒素，而目前已发现的芋螺毒素就达上千种，微囊藻毒素达近百种，绝大多数缺乏标准毒素，这限制了 HPLC 的应用。在没有合适的标准时，可参照同系物进行定量。2006 年中国制定了微囊藻毒素 HPLC 分析的国家标准（GB/T 20466—2006）之一，就是以 MC-LR 为标准品的。

2. 质谱定性定量分析肽类毒素

质谱技术具有检测范围广、灵敏度高、速度快、操作简单等优点，因而随着质谱技术的成熟和不断完善，该项技术已成为生物毒素检测的有力手段。其原理是化合物在质谱仪中被转换为去溶剂化的离子，在质谱分析仪上分辨不同的质量和电荷数，即可进行定性分析。如分析时同时加入定量的已知分子质量的毒素同系物（内标），监测那些在一定保留时间下某特定质量数的离子强度，即可定量分析。

由于HPLC-MS技术能较好地解决HPLC-UV的部分问题，即使没有标准毒素，只要知道这种毒素的相对分子质量，就可通过准确测定出受试物的相对分子质量及其结构信息对其进行定性，并且LC-MS技术也可对毒素进行精确定量。例如，Li等（2011）利用超高效液相色谱/质谱可以快速、准确、高灵敏度的测定水体中痕量MC，工作曲线的线性范围达3个数量级。Blanco等（2007）用高效液相色谱/质谱对贝类毒素进行检测，发现贝毒在肌肉和非内脏组织的分布只占吸收毒素的7%以下，有时还不到1%。Diehnelt等（2006）应用微径柱液相色谱，结合基质辅助激光解吸电离飞行时间质谱（MALD-TOF/MS）法实现了同时检测一系列藻毒素（包括藻毒素、蛤蚌毒素、类毒素-A和节球藻素），发现毒素线性范围0.11～5.0mmol/L，检测下限为0.015mmol/L。有时因细胞提取物的影响，线性范围和检测下限分别变为0.19～5.0mmol/L和0.058mmol/L。用同样的方法从*Atheris*属的多种蛇的毒汁中发现了一些相对分子质量（M_r）为2×10^3～3×10^3Da，富含poly-His和poly-Gly的氨基酸片段。

串联质谱（MS/MS法）对于确定未知化合物更准确。由特定肽片段碰撞成更小的多肽，从而可以推断氨基酸序列。在缺少质量数据时，通过改变内源电压或MS/MS方式获取有价值碎片来检测复杂基质中多肽。由碰撞诱导解离（CID）所产生的碎片离子，特别是特征碎片离子，如*m/z* 135为确证MC的存在提供了一个极为有用的诊断工具。

改进质谱离子源，也可提高质谱分析的灵敏度。例如，表面增强的激光解吸电离飞行时间质谱，即将目标化合物保留在固相色谱表面（芯片），随后依次电离，再利用飞行时间质谱检测，这一过程包括这种技术可以从各种复杂的生物材料分析多肽和蛋白质。如血清、血液、血浆和组织，以最小的样品制备，可同时适用于自由和约束的目标化合物检测。如利用电离飞行时间质谱鉴定MC和其他寡肽毒素，可以快速检测在蓝藻生长初期是否具有毒素基团，便于早期预警赤潮或水华的形成。飞行时间质谱技术相对于其他分析技术的主要优势是无须任何预先纯化，即能全面分析量很少的样品。

3. 气相色谱法定性定量分析多肽毒素

气相色谱法作为一种分离技术，由于以气体为流动相，样品在气相中传递较快，气态样品中各个组分与固定相之间的相互作用次数多，一般为10^3～10^6次，而且可以作为固定相的物质种类繁多，可以根据分离样品的需要随意选择，使各种各样的混合物样品都基本上可以实现分离；由于检测器的种类比较多，可以实现对普通或特殊样品组分的检测，通过标准样的校正就可以给出定性定量结果。

气相色谱法结合质谱分析方法已应用于对复杂多肽毒素样品分析。如Suchy等（2012）用化学方法对MC进行总量测定，其原理是用碘酸钠和高锰酸钾对MC中的特殊氨基酸残基Adda上的碳碳双键氧化断裂后得到赤-2-甲基-3-甲氧基-4-苯基酪酸（MMPB），可通过气相色谱以火焰离子化检测器（GC-FID）分析或液相色谱与荧光检测器（HPLC-FD）分析；该法需要萃取、清洗、氧化、后处理等烦琐的程序，以消除衍生化过程中的溶剂干扰。还可利用臭氧氧化MC形成MMPB，大大缩短合成时间，也避免了烦琐的过程；该法可快速、准确地分析样品的MC总浓度，还可运用到复杂固体基质中的毒性分析，检测限度为皮克（pg）级。由于 Adda 是所有 MC 均具有的结构，MMPB 测定法只能提供所有类型 MC（包括结合和非结合）的总量；但整个过程要花费很长时间。

4. 薄层色谱法分析肽类毒素

薄层色谱法（TLC）是利用多肽及其衍生物与有色或荧光物质发生反应的检测技术，由于设备要求低，操作简单、方便、快速，且有较好的灵敏度，在毒素分离分析中有较好的应用前景，其检测限约 10ng，还可以和免疫学方法、生物化学法配合使用。

Meisen 等（2009）在 TLC 测 MC 时使用 *N, N*-二甲基-1, 4-苯二胺二氧化物，该法检测限达到 1.0μg/L。薄层色谱法是最简单的定性方法之一。一般用 0.2mm 的 Kieselgel60 F254 薄层板，展开溶剂系列有 $CHCl_3$-MeOH-H_2O（26∶15∶3 或 13∶7∶2），R_f值为 0.33。显色剂为 10%的磷钼酸乙醇溶液。热处理后在紫外波长 254mm 观察显色斑点，碘也可作为显色剂。利用硅胶制作的薄层可提高分离效果。

但对复杂样品来说，存在许多未知影响因素会干扰检测效果。目前薄层色谱法还只用于小规模的实验室筛选工作。

5. 毛细管电泳法分析肽类毒素

毛细管电泳法具有检测时间短、分离率较高、样品用量小、溶剂消耗少等优点，能够检测到 pg 级的毒素。Vasas 等（2007）报道毛细管区带电泳的分辨率是基于不同毒素的电荷与相对分子大小差异，而胶束电动毛细管色谱的分离取决于不同藻毒素的疏水性和电荷的差异，它们往往与紫外、荧光、质谱检测器联用来检测多肽毒素。如可以通过衍生毒素为荧光化合物，应用激光诱导荧光检测器（laser-induced fluorescence detector，LIFD）可提高灵敏度；还可利用荧光标记 Cys 物标记毒素，光源激发标记物产生荧光，通过检测荧光的强度对毒素进行定量分析，一般在 10min 内出现完全分离的吸收峰。

与 HPLC 相比，在检测复杂的水样、血样或组织样品中的多种毒性物质时，毛细管电泳的灵敏度要差一些。

6. 极谱伏安法分析肽类毒素

极谱伏安法主要用于分析那些可溶于含有离子的溶液中，并能在滴汞电极的有效电位内被氧化或还原的化合物。根据电解所得的电流-电压或电流-电位曲线，对被测物质进行定量分析的方法对于有机化合物类的药物，则要求该化合物必须带有一个或多个极性键或不饱和键，其半反应常加 H^+完成。极谱伏安法因其灵敏、准确、快速、简便等特点，在环境分析领域中得到了越来越广泛的应用和发展。

如微囊藻毒素分析，Tyler 等（2009）可以利用示差脉冲极谱法（DPP）来检测 MC 与铜或锌结合。随着金属配合物中 MC 浓度的增加，能引起金属偏振峰的变化，利用 MC-LR、LW、LF 作为金属的配位物来研究配合物的结构，发现 MC 是较强的金属配位体。另外发现，降低 MC-LR-Cu 配合物的 pH 至 5.5 时形成不稳定配合物，而 pH 的变化却不会改变 MC-LR 与 Zn 的结合。用单扫描示波极谱法也可测定水中的 MC。在 Ni^{2+}-硼砂为支持电解质的体系中，MC-RR 在−1.55V 产生一个极谱波。在此实验条件下，MC 在 1.50～8.00mg/L 浓度范围内，极谱波高与 MC 浓度有良好的线性关系，线性相关系数为 0.998，检测限为 0.07mg/L。

7. 红外光谱法分析肽类毒素

红外光谱法是根据分子内原子间的相对振动和分子转动产生的吸收光谱进行分析的一种光谱分析法。几乎每种化合物均有红外吸收，为化合物的结构提供了丰富的信息，因此红外光谱是有机化合物结构解析的重要手段之一。波长 2.5～25μm（4000～400cm^{-1}）的中红外区是最常用的区域，化合物在中红外区的吸收主要是基频吸收和部分倍频、合频吸收，具有分子结构的特征性，其谱带的数目、吸收峰的位置（波数）、峰形和吸收强度均随化合物及其聚集态的不同而不同。因此，中红外光谱通常被称为化合物的指纹图谱，对于研究分子结构和化学组成至关重要，广泛应用于有机化合物的结构鉴定和定性分析。

赵亮等（2006）利用 FTIR 光谱仪 MC-LR 的红外特征吸收光谱，可以确认 MC-LR 分子构成中含有的主要官能团的特征红外吸收带。MC-LR 分子构成中的主要官能团，如带有单一取代基的苯环、胍基、γ-羧基等特征红外吸收带在谱图上均得到了确认。在 1540cm^{-1}、958cm^{-1}、770cm^{-1} 与 710cm^{-1} 处出现的吸收峰分别归属于具有共轭双键结构的 C═C 伸缩振动、C—H 的苯环面外振动以及 C—H 面外变形振动等苯环上带有单一取代基结构的特征红外吸收峰，其他具有帮助识别苯环结构的吸收峰，如 C—H 的伸缩振动在 3080～3010cm^{-1} 和 2000～1650cm^{-1}，这两个羧基同时也是其他常见微囊藻异构体基本分子构成中的特征官能团。

8. 核磁共振波谱法分析肽类毒素

核磁共振波谱技术（简称 NMR 技术）是基于原子核磁性的一种波谱技术，是各种有机和无机物的成分、结构进行定性分析的最强有力的工具之一。^{1}H NMR 谱可测定氢原子的位置、环境以及官能团和 C 骨架上的 H 原子相对数目等，^{13}C NMR 谱可测定碳原子的位置、环境以及官能团等。Milutinović 等（2013）利用一维和二维 NMR 技术对从鱼塘水华样品中提取的一种毒素进行结构解析，可得出该分子完整的结构，通过 2D NOESY 实验确定了该化合物环七肽部分氨基酸的连接方式和顺序，并验证了 MeAsp 在环上的成键方式，确定 Adda 和 Mdha 这两种氨基酸残基双键上的两个氢的相对构型。

20 世纪 90 年代以来，二维核磁共振理论及傅里叶变换核磁共振技术的发展、多脉冲序列的采用，NMR 谱图已从一维谱到二维谱、三维谱甚至更高维谱，应用学科已从化学、物理扩展到生物、医学、生命科学等多个领域，NMR 技术已成为蛋白质、多糖等生物大分子结构研究不可缺少的研究手段，也是 21 世纪发展最快的分析技术之一，但通常样品需求量大，且样品纯度要求高，仪器设备昂贵。

二、免疫学方法检测肽类毒素

毒素的免疫学方法检测的原理是利用毒素诱发免疫反应产生抗体，利用抗体对抗原的特异性识别来对各种毒素进行检测。免疫检测操作非常简单，但是在环境污染物检测分析中的实际应用却非常少，主要是因为毒素抗体较难制备，尤其是小分子毒素，必须制备成抗原才能有效诱导出抗体。

根据抗体上标记的指示剂或底物显色特性，将免疫法分为非放射免疫法（包括荧光免疫法、发光免疫法、酶联免疫吸附法及电化学免疫法等）以及放射免疫法，不过其中应用较广的主要是酶联免疫吸附法、放射免疫法和荧光免疫法。

1. 酶联免疫吸附法分析肽类毒素

利用抗原-抗体反应的特异性与酶催化作用的高效性相结合，通过酶作用于底物后的显色反应判定结果的酶联免疫吸附试验（enzyme linked immunosorbent assay，ELISA）是目前应用最广泛的免疫学检测技术。由于其实验结果可用目测，也可用酶标仪测定光密度（OD）值以反映抗原含量，所以有定性和定量的双重优点。

夹心 ELISA Tsumuraya 等（2006）利用双抗体夹心酶联免疫吸附法检测鱼肉毒素 3C 的方法，该法能检测鱼肉毒素 3C 到 μg/kg 水平，并且不与其他诸如双鞭甲藻毒素 A、双鞭甲藻毒素 B 等海洋毒素产生交叉反应。

间接 ELISA Preece 等（2015）比较了各种 ELISA，发现采用间接竞争酶联免疫吸附试验对水体中的微囊藻毒素-LR 进行检测，该方法与高效液相色谱的检测结果相关系数大于 0.99，多次重复实验相对标准偏差小于 10%，最低检测限能达到 0.01μg/L，定量检测区间为 0.01～3μg/L。该方法对[4-精氨酸]微囊藻毒素能特异性识别，对来自实际水样中的干扰有相当的耐受力。这一方法与 HPLC 一起组成了 GB/T 20466—2006 水中微囊藻毒素的测定的两大方法。基于该方法，张敬平等（2010）建立了 MC-LR 胶体金免疫色谱和金标试纸条已用于检测毒素。

2. 放射免疫法分析肽类毒素

放射免疫法（radio immunoassay，RIA）的应用始于 20 世纪 60 年代末，该法因具有特异性强、灵敏度高而被用于生物样品的检测。一般用 ^{125}I 或 ^{3}H 标记抗原或半抗原作为标准品。

放射免疫分析一般分为三个步骤，即样品抗原和标记抗原与抗体的竞争结合反应，标记抗原-抗体结合物（B）与游离标记抗原（F）的分离及放射性活度的测量。RIA 的反应方式分为两种：平衡饱和法（equilibrium saturation）和顺序加样法（sequential saturation）。Chu 等（1989）建立了 RIA 检测 MC-LR，线性范围 20～50ng/ml，最低检测限为 1.2ng/ml。

放射免疫法涉及同位素标记和放射性检测，需要特定设备和场所，较难推广。

3. 荧光免疫法分析肽类毒素

由于多肽毒素相对来说还是小分子物质，通常采用竞争法进行检测，模式主要是直接竞争和间接竞争，直接竞争模式一般是先以毒素单抗包板，然后加入游离的毒素标样或样品及标记的毒素，两者与包被的单抗竞争结合。然而竞争反应模式要求包被抗体和 Eu 标记的毒素半抗原两者需要保持一定的量，尤其包被抗体不能过多也不能过少，如直接包被抗体，其量就不好控制。采用直接竞争模式先以过量的二抗包板，使单抗、游离的毒素及 Eu 标记的毒素半抗原三者之间的反应在液相中进行，使竞争反应更充分进行。雷腊梅等（2007）建立了 MC 直接竞争时间分辨率荧光免疫分析。

间接竞争是通过固相毒素半抗原与游离的毒素标准品或样品竞争有限的抗体，再通过 Eu 标记的二抗来示踪。由于标记的二抗可以过量，具有信号放大的作用，可以得到更高的灵敏度。

4. 免疫传感器检测肽类毒素

许多毒素是蛋白磷酸酶 1 和 2A 的抑制剂，如 Catanante 等（2015）比较了根据这一原理制备而成的各种检测酶联免疫传感器，可进行较准确的定量，检测限达到 ng/L 的水平。

电化学免疫传感器　Loyprasert S 等（2008）建立了检测 MC-LR 的非标记型免疫传感器，使用改进的金电极结合银纳米颗粒来增强对 MC-LR 的电量响应强度，以提高检测的灵敏度。它将抗 MC-LR 的抗体固定于一块自组装的硫脲单层膜上，并与银纳米颗粒相结合。MC-LR 与其抗体的反应形成电信号传递到检测器上，通过转换来定量检测。他们对制备条件进行了优化，检测限可达 7pg/L，线性范围在 10pg/L～lμg/L。这种免疫传感器相当稳定，并且有很好的重现性，重复使用 43 次，相对标准偏差（RSD）仅为 2.1%。与未使用银纳米颗粒的免疫传感器相比较，灵敏度提高了 1.7 倍，检测限也降低了很多。此种免疫传感器用于实际水样中 MC-LR 的检测，结果与 HPLC 有很好的符合度（$P<0.05$），这说明制备的免疫传感器效果较好。

光学免疫传感器　Shi 等（2013）使用一种新型的单-多模式的光纤用来激发和收集光纤探针发射的荧光信号，用刻蚀管的方法来制备光纤探针。最终制备的免疫传感器应用于 MC-LR 的检测，检测限可达 0.03μg/L，50%抑制浓度（IC_{50}）为 1.12μg/L。这种传感器可再生、重复使用 100 次以上，一个检测周期约 20min，有很好的应用前景。它设计精巧、结构紧凑、携带和使用很方便。

5. 免疫亲和色谱与液质联用法分析肽类毒素

目前 IAC 技术已应用于医学检验、食品卫生、环境保护等领域。对各类样本中的农药、兽药、毒素等具有很高的富集纯化效率，某些生物样品粗提液经过 IAC 柱后，目标生物大分子可达到电泳纯水平，且具有很高的回收率。免疫亲和色谱在与藻毒素类似的真菌毒素的检测中已广泛应用，真菌毒素的免疫亲和色谱柱已经非常成熟。其中，黄曲霉毒素的免疫亲和色谱已被列入国家标准（GB 18980—2003 和 GB 18979—2003）中。Vicam、Biocode、Euroclone 等公司已开发出针对黄曲霉毒素等霉菌毒素的商品化 IAC 产品。复杂样品通过溶剂提取、固相萃取 CSPE）柱富集、IAC 柱净化，然后用液质联用仪进行定量测定，能得到准确的结果。

三、生物法检测肽类毒素

生物法是最早采用的毒素检测的常规方法。它快速直观，能够测定样品中的总毒性，但需消耗较多毒素，灵敏度和专一性不高，无法准确地定量测定，也不能辨认毒素异构体的种类。传统的生物分析法通常用小鼠腹腔注射或口腔灌喂来评价毒性。目前，已建立许多种生物系统来监测 MC，如小鼠实验法、盐水虾法等，也有对其他无脊椎动物如贝、水蚤及其卵进行毒性评价的研究，以细菌进行生物毒素分析也有报道。

1. 小鼠实验法

参照美国分析化学家协会（AOAC）推荐的检测贝类毒素的小鼠实验法，即通常采用小鼠腹腔注射或口腔灌喂来评价 MC 的毒性。用纯化的毒素进行测试，根据其生理病变及半致死量（LD_{50}）可初步确定其毒性。

实验鼠一般使用小白鼠，采用腹腔注射法。一般选用体重约 20～25g 的小白鼠，每只注射量不超过 1mL。注射后注意观察小白鼠的反应，如果在 3～5min 就有反应并很快死亡，死亡后动物四肢僵直，就可能是神经毒素；如果存活时间较长，则是肝毒素。3～4h 后，将死亡的小白鼠进行解剖，观察肝脏变化，鉴定是否为肝毒素中毒。根据受试剂量，计算出半致死剂量（LD_{50}），以 g/kg 鼠体重为单位。

小鼠实验是一种非常重要的毒素筛选工具，它能够在数小时完整显现样品的毒性作用，还可区分不同靶器官作用终点，即肝脏毒素还是神经毒素，这是化学分析方法做不到的。虽然小鼠实验法操作简单，且可以监测到过去未曾发现的新毒素，但所得到的毒素类型与小鼠的品系有关，可比性较差，且无法确定毒素类型及结构；此外，小鼠实验法检测灵敏度不够。

2. 盐水虾法

能够代替小鼠测定的一种简便、成本较低的方法是盐水虾法。Lahti 等（1995）所建立的该法不需要培养基和专门设备，盐水虾（*Artemia salina*）的卵可以在生物供应公司购买，它在–20℃可存储数年而不会失去繁殖能力。由于所需实验设施少，盐水虾法适合于只具备基础实验条件的实验室采用。

在 25℃盐水虾生长液中，将盐水虾暴露于不同浓度的测试样品中，18h 后便可得到半数有效浓度（LC_{50}）。如分别用盐水虾法和 HPLC 来评价藻类毒素，发现 MC-RR 是蓝藻中主要的毒素形式，并且发现两种方法有较好的相关性。

但是，与小鼠测定类似，该方法也缺乏专一性，受样品成分的干扰较大。

3. 发光细菌法

毒素对发光细菌发光强度会产生影响，岳舜琳（2008）利用灵敏的光电测量系统监测这种改变，即毒素的发光细菌测定法。

四、生物化学分析检测肽类毒素

在 MC 的检测方法中，与生物法一样，生物化学法也是开展比较早的。它在检测 MC 对人或其他生物的生理活性方面有独特的优势。

1. 蛋白磷酸酶抑制法

蛋白磷酸酶抑制法（protein phosphatase inhibition assay，PPIA）是依据毒素对蛋白磷酸酶 1（PP1）和蛋白磷酸酶 2A（PP2A）具有高效和不可逆的抑制作用而建立的酶学活性检测方法。由于蛋白磷酸酶能够指示毒素的活性程度，且蛋白磷酸酶已商业提取，所以这种方法灵敏度高、快速、有效、简便，被越来越多地应用于毒素的实际检测中。

根据对不同分子的标记方式和不同类型的底物转变，大致有 3 种信号采集方法：产色反应、放射性检测和荧光反应。因此，PP1A 分析方法大致可分为三种：比色法、放射性标记法和荧光法。

Catanante 等（2015）报道 PPIA 的检测限度为皮克（pg）级，它检测的是能抑制 PP 的总毒素的量，而不是某一种毒素的量。蛋白磷酸酶抑制法可定量测定水样中微囊藻毒素-LR，检测灵敏度可达 0.5～1.57μg/L。该方法的优点是快速，数小时即可实现对大量样品的检测；然而，该方法特异性稍差，其他对蛋白磷酸酶具有抑制作用的物质可能会干扰检测，但这不是主要问题，因为对已知有可能存在产毒藻种和毒素的特定环境，该方法是有效的。与HPLC 比较，蛋白磷酸酶抑制法是一种功能性测定方法，不能对藻类毒素的同系物进行鉴别。特异性蛋白磷酸酶等没有商品供应，需各实验室自己制备。近年来，也出现了一些改进的方法，如通过竞争性结合 PP2A 来检测毒素的蛋白磷酸酯酶竞争性结合法（PPCBA）。

许多海洋天然生物毒素，如节球藻毒素、大田软海绵酸、花萼海绵诱癌素和互变霉素等都能抑制蛋白磷酸酶的活性，因此在运用 PP1A 法检测特定毒素时，须与其他专一性较好的方法（如 HPLC）进行比较，以免某种毒素的含量被高估。同时，注意复杂样品本身具有的内源蛋白磷酸酶活性，有可能使 PP1A 的结果偏低。

2. 其他生物化学方法

细胞毒性法 利用毒素对细胞的毒性作用来检测毒素的一种方法，不仅可以判断毒素存在与否，而且可以对毒素进行精确的定量。这种方法检测的也是能发挥相同毒性作用的毒素的总量。如分析肝毒性的毒素时，可以利用原代肝细胞检测，这样可减少动物的使用量，而受试细胞的同质性还可避免动物实验的个体差异。该方法缺点是要找到毒素敏感的靶细胞和需要掌握细胞培养技术及相应实验条件。

适配体法 利用指数富集配体系统进化（systematic evolution of ligands by exponential enrichment，SELEX）技术，尝试在体外从大容量寡核苷酸库中筛选能够紧密而特异地与藻类毒素靶分子结合的适配体（aptamer）。适配体具有高度复杂和精确的分子识别性质，它类似于抗体，但不需在体内制备，而且制备过程经济、快速。Elshafey 等（2014）介绍了适配体在藻类毒素中的应用，发现检测限低至 pmol/L，线性范围为 0.1～80nmol/L。

五、分子生物学方法检测肽类毒素

以分子生物学为基础的方法也可以用在毒素的检测中，如 Schmidt 等（2014）综述了根据毒素多肽合成酶基因的保守核苷酸序列，设计寡核苷酸引物，进行聚合酶链式反应（polymerase chain reaction，PCR）[包括全细胞 PCR 和实时定量 PCR（real-time quantitative PCR）] 以及生物传感器（包括 DNA 探针和以分子印迹为基础的压电传感器等）。

六、小结与展望

生物毒素除了具有严重的危害性外，同时具有良好的应用前景和研究价值。例如，生物毒素独特的结构提示它们可以作为开发新药的重要资源库，用于治疗神经性疾病、强心、高血压和肿瘤等症；研究发现有的生物毒素本身就是致癌因子，有的和其他促癌物共同作用致癌；此外，它们在研究血液系统、免疫系统的分子作用机理，探讨离子通道的分子机理，防控公共卫生突发事件和处理生物恐怖事件等方面也起着举足轻重的作用。所以，研制对生物毒素快速、高灵敏、高特异性的检测方法显得尤为重要。

高效液相色谱、质谱检测法，可做出精确定性定量测定，运用恰当甚至可测到各组分的含量，它们灵敏度高、选择性强，有极好的发展前景，但是样品前处理要求严格，对待测毒素纯度有一定的要求，而且仪器昂贵，测试人员往往还要进行专门的培训，因此成本较高。因此，仅适合大型企业或对检测灵敏度要求较高的单位使用。免疫学检测方法尤其是酶联免疫吸附法具有灵敏度高，干扰少，测定步骤简便、快速，操作安全，设备投资少，测定结果准确可靠等特点。所以，免疫分析法仍常作为一些单位的首选。

在传统检测方法基础之上，近年来发展了许多新的检测方法，如高效毛细管电泳法、等离子体共振、压电免疫传感器法等，虽然有时也能得到满意的结果，但目前应用的范围不广，使用对象受限，所以推广起来有一定难度。值得一提的是，最近建立的基于基因工程单链抗体（scFv）竞争 ELISA 检测方法，相比传统方法，具有很多优势：首先，基因工程单链抗体（scFv）可以在大肠杆菌中快速、大量地得到表达，而常规的 ELISA 使用的单克隆抗体要利用杂交瘤技术生产，费时、费力、成本高；其次，基因工程单链抗体基因容易和其他小分子如报告基因融合，形成融合蛋白以用于检测或其他用途；另外，利用该方法建立的生物毒素快速检测试剂盒，通过实际样品检测并与目前市售的试剂盒相比，具有快速、方便、便宜等特点，可以替代进口产品。

（王梁华）

第三节　海洋蛋白类毒素快速侦检及检定规程

海洋蛋白类毒素是有毒海洋生物分泌的一类重要毒素，对神经、心血管以及细胞等具有很强的毒性。能够分泌海洋蛋白类毒素的生物种类繁多，主要为有毒海洋动物，如腔肠动物门、软体动物门、棘皮动物、有毒鱼类及海蛇等（廖永岩等，2001）。海洋蛋白类毒素既是人类海洋活动的重要威胁，也是开发海洋药物或神经药理学研究工具的重要来源。本节将对主要海洋毒素来源、海洋蛋白类毒素的毒理作用以及该类毒素的检测方法进行介绍。

一、分泌蛋白类毒素的海洋动物及毒素结构特征

1. 腔肠动物门有毒动物及其蛋白毒素

代表动物有海葵、水母、水螅等。腔肠动物的触手上面分布有刺丝囊，囊内含有大量的毒液。毒液的主要成分为蛋白毒素，也含有其他毒素如麻醉剂、5-羟色胺、组胺等。当这些触手接触到其他生物，其刺丝囊会发射刺丝并释放大量毒液注入其他生物体内，产生毒性作用。

海葵在全世界有一千多种（我国百种以上），分布于世界各海区，热带和亚热带海域更丰富。海葵毒素主要为钠、钾通道毒素及一些溶细胞素等，钠钾通道毒素较短，大部分小于 50 个氨基酸，属多肽毒素，溶细胞素大部分是蛋白毒素。Lin 等（1996）发现钠通道毒素 AeI，含 54 个氨基酸；Schweitz 等（1995）发现Ⅱ型钾通道毒素 AsKCs 等含 58～59 个氨基酸，抑制 KV1 及蛋白酶；溶细胞素中目前发现 30 余个（Frazão et al.，2012），见表 7-4。

水母毒素主要为心血管及溶血活性毒素（Mariottini，2014；Mariottini et al.，2010），其中也存在不少蛋白毒素，典型的蛋白毒素见表 7-5。

木表 7-4 典型的海葵溶细胞素类毒素

海葵	毒素	序列号	毒素家族	LD$_{50}$/(μg/kg)/动物
Actineria villosa	Avt-Ⅰ	Q5R231/AB175824	Ⅱ	—
	Avt-Ⅱ	D2YZQ3/AB512460	Ⅱ	—
	AvTX-60A	Q76DT2/AB107916	MACPF	LDmin＜250/mice
Actinia equina	equinatoxin-Ⅰ	P0C1H0/-	Ⅱ	23/mice
	equinatoxin-Ⅰa	P0C1H1/-	Ⅱ	23/mice
	equinatoxin-Ⅱ	P61914/U41661	Ⅱ	35/mice
	equinatoxin-Ⅲ	P0C1H2/-	Ⅱ	83/mice
	equinatoxin-Ⅳ	Q9Y1U9/AF057028	Ⅱ	
	equinatoxin-Ⅴ	Q93109/U51900	Ⅱ	
Actinia fragacea	fragaceatoxin C	B9W5G6/FM958450	Ⅱ	
Actinia tenebrosa	tenebrosin-A	P30833/-	Ⅱ	
	tenebrosin-B	P30834/-	Ⅱ	
	tenebrosin-C	P61915/-	Ⅱ	
Anthopleura asiatica	Bandaporin	C5NSL2/AB479475	Ⅱ	LD100 0.58/crayfish
Heteractis crispa	cytolysin RTX-A	P58691/AY855350	Ⅰ	50/mice
	cytolysin RTX-S-Ⅱ	P0C1F8/-	Ⅰ	70/mice
Oulactis orientalis	actinoporin Or-A	Q5I4B8/AY856481	Ⅱ	—
	actinoporin Or-G	Q5I2B1/AY861662	Ⅱ	—
Phyllodiscus semoni	Pstx-20A	Q8IAE2/AB063314	Ⅱ	50/shrimp
	PsTX-60A	P58911/AB063315	MACPF	
	PsTX-60B	P58912/AB201429	MACPF	
Radianthus magnifica	HMgⅠ	P58689/-	Ⅱ	140/mice
	HMgⅡ	P58690/-	Ⅱ	320/mice
	HMgⅢ	Q9U6X1/AF170706	Ⅱ	
	hemolytic toxin	P39088/-	Ⅱ	
Sagartia rosea	cytolysin Src-Ⅰ	Q86FQ0/AY247033	Ⅱ	
Stichodactyla helianthus	Sticholysin-Ⅰ	P81662/AJ009931	Ⅱ	
	sticholysin-Ⅱ	P07845/AJ005038	Ⅱ	
Urticina crassicornis	Uc-Ⅰ	P0CG44/-	Ⅲ	-
	urticinatoxin	C9EIC7/GQ848199	Ⅲ	
Urticina piscivora	Up-1	P0C1G1/-	Ⅲ	

表 7-5 典型的水母心血管及溶细胞活性毒素

水母	毒素种类	敏感红细胞	引起 50%溶血所需浓度	参考文献
Chironex fleckeri	nematocyst venom	16 species		Baxter 等（1969）
	crude venom	sheep	148ng/mL	Brinkman 等（2014）
	purified CfTX-A and-B	sheep	5ng/mL	Brinkman 等（2014）
Carybdea rastoni	CrTX-A	sheep	1.9ng/mL	Nagai 等（2000a）
	CrTX-B	sheep	2.2ng/mL	Nagai 等（2000a）
Carybdea alata	CaTX-A	sheep	70ng/mL	Nagai 等（2000b）
	CaTX-B	sheep	80ng/mL	Nagai 等（2000b）

续表

水母	毒素种类	敏感红细胞	引起 50%溶血所需浓度	参考文献
Chiropsalmus quadrigatus	CqTX.A	sheep	160ng/mL	Radwan 等（2001a）
Carybdea marsupialis	nematocyst venom	sheep	27.91ng/mL	Rottini 等（1995）
Cassiopea andromeda	crude venom	human	1μg protein	Radwan 等（2001a）
Cassiopea xamachana	crude venom	human	7μg/mL	Radwan 等（2001b）
Chrysaora achylos	crude venom	human	150μg/mL	Radwan 等（2000）
Chrysaora hysoscella	＞10kDa MW n.v.	human	＞5.0μg protein	Del Negro 等（1991）
Chrysaora quinquecirrha	crude venom	human	0.5～0.63mg protein	Long-Rowe 等（1994）
Cyanea capillata	nematocyst venom	rodent	98μg/mL	Helmholz 等（2011）
Cyanea nozakii	fresh nematocyst venom	chicken	5.08μg/mL approx	Feng 等（2010）
Nemopilema nomurai	crude extract	human	964μg/mL	Kang 等（2009）
Pelagia noctiluca	crude extract	human	0.1μg/mL（35% hemolysis）	Marino 等（2007）
Rhizostoma pulmo	rhizolysin	human	5μg protein（20% hemolysis）	Cariello 等（1988）
Rhopilema nomadica	partially purified venom	human	32ng	Gusmani 等（1997）
Stomolophus meleagris	crude venom	chicken	10.5μg/mL	Li 等（2013）

2. 软体动物门有毒动物及其蛋白毒素

代表动物有芋螺、海兔等。全世界有 700～1000 种芋螺，我国有 100 余种，多数生活在热带海洋的浅水区，根据其食性可分为食鱼、食虫、食螺 3 种类型（Lewis 等，2012）。芋螺毒素由芋螺毒液管和毒囊内壁的毒腺所分泌，每种芋螺的毒液中至少含 50～200 种活性多肽（最近的研究结果显示活性多肽种类更多），能特异性地作用于钾、钠、钙等多种离子通道及细胞膜上的各种受体，从而影响细胞或神经中的信号传递（魏娟娟等，2006；戴秋云等，2006）。目前已发现 26 个超家族芋螺毒素，多数由 12～50 个氨基酸残基组成，大多富含半胱氨酸残基，具有高度保守的二硫键骨架。目前对芋螺多肽毒素研究较多，本实验室长期从事该方面研究，已发现数百种芋螺多肽及基因（Qiuyun 等，2011；Zhuguo 等，2012；Shuo 等，2014）。目前国际上对蛋白毒素研究较少，本实验室虽已克隆一些蛋白毒素，但其毒性不高。海兔属于软体动物门的腹足纲海兔科，其毒腺可分泌神经蛋白毒素，注入其他生物体内可产生神经麻痹作用。章鱼属于头足类动物，其唾液腺内含有蛋白毒素。目前主要从海兔中分离到系列高活性抗癌的环肽，蛋白毒素较少，如 Merker 等（1986）发现溶血毒素，相对分子质量约 45kDa。一些有毒章鱼也产生多肽及蛋白毒素，Songdahl 等（1974）从章鱼 *Octopus dofleini* 中发现唾液腺中发现一个麻痹蛋白组分，相对分子质量约 23kDa，总的来说目前发现很少，研究不多。

3. 棘皮动物门有毒动物及其蛋白毒素

代表动物有海星、海胆等。海星、海胆的棘刺都具有毒腺，能分泌蛋白毒素。海胆壳上有很多能动的棘或叉棘，被海胆棘刺伤后，局部可出现剧痛，随后红肿及有烧灼感，还可出现眩晕、心悸、呼吸急促等全身症状，重者可手足抽搐，发生麻痹。海星、海胆的活性物质主要为皂苷、甾醇、黏多糖等（李海芳等，2008；Zhang 等，1999），多肽或蛋白毒素类型较少。目前已从海胆中发现数种毒素蛋白，如 Fleming 等（1974）从 *T.gratilla* 叉棘中发现的毒性蛋白（25kDa）对小鼠的 LD_{50} 为 0.85mg/kg，Nakagawa 等（1991）从 *Toxopneustes pileolus* 叉棘中分离的 contraction A（17.7kDa）激活平滑肌收缩，激活磷脂酶 C。

4. 有毒鱼类动物及其蛋白毒素

据统计，世界上鱼类有 2 万多种，其中有毒鱼类约 1100 种。根据毒棘（即通常所说的鱼刺）的有无，可将有毒鱼分为两大类：刺毒鱼类和毒鱼类（毒腺鱼、毒腺鱼）（张龙霄等，2013）。其中毒腺鱼中的海鳝科动物上下颌内的黏膜下含有囊，囊内有毒腺，当咬住其他动物时，毒液从牙齿和黏膜中流出。鱼皮毒素鱼如鳗鲡、豹鳎的皮肤上含有毒腺，将毒素分泌到周围的水中。刺毒鱼的有毒棘和毒腺，蜇伤人体后，毒素通过毒棘射入人体内。刺毒鱼类的毒液一般都由相对分子质量不同的肽、蛋白质、各种酶类和其他物质组成。目前已从刺毒鱼类分离鉴定到 10 多种毒素（表 7-6），含单亚基或双亚基，相对分子质量较大，主要分布在 35～160kDa。

表 7-6　主要刺毒鱼及其毒素

刺毒鱼	种属	毒素	亚基组成	相对分子质量/kDa	毒性作用	参考文献
石头鱼	*Synanceia horrida*	stonustoxin	α	71	LD_{50}为 17ng/g（静脉注射）	Liew 等（2007）
			β	79		
	Synanceia verucossa	verrucotoxin	2 个 α	83	LD_{50}为 40ng/g（静脉注射）	Yazawa 等（2007）
			2 个 β	78		
		neoverrucotoxin	α	75	LD_{50}为 47ng/g（静脉注射）	Ueda 等（2006）
			β	80		
	Synanceia trachynis	trachynilysin	α	76	溶血活性、致死性及增加血管通透性的作用	Colasante 等（1996）
			β	83		
狮子鱼	*Pterois antennata*	PaTx	α			Kiriake 等（2013）
			β			
	Pterois volitans	PvTx	α			
			β			
鲉属	*Scorpaena plumieri*	Sp-CTx	2 个相同的亚基	65	强溶血活性、舒张血管和降低血压的作用	Kiriake 等（2011）
赤鲉	*Hypodytes rubripinnis*	karatoxin	单亚基	110	红细胞发生凝集	Shinohara 等（2010）
鲶鱼	*Plotosus lineatus*	pltx-Ⅰ	单亚基	35	致死、引发水肿和致疼痛作用	Andrich 等（2010）
		pltx-Ⅱ	单亚基	37		
江魟	*Potamotrygon orbignyi*	orpotrin	无亚基		收缩血管	Tamura 等（2011）
		porflan	无亚基	2		Conceição 等（2006）
鲈鱼	*Trachinus draco*	dracotoxin	单亚基	105	溶血作用	Conceição 等（2009）

5. 海蛇及其蛋白毒素

海蛇大约有 50 种，广泛分布在印度洋和太平洋的热带及亚热带海域。我国海蛇广泛分布于各沿海省区海域，已报道的海蛇有 9 属 15 种，如青环海蛇（*Hydrophis cyanocinceus*）、环纹海蛇（*Hydrophis fasciatus*）、平颏海蛇（*Lapemis hardwickii*）、小头海蛇、长吻海蛇（*Pelamis platurus*）、半环扁尾海蛇（*Laticauda semifasciata*）等。海蛇毒为多种蛋白质的混合物，含有多肽毒素、酶等。海蛇蛇毒分为三个类型：短链神经毒素（约 60 氨基酸）、长链神经毒素（约 70 个氨基酸）及细胞毒素，Tamiya 等（2011）和 Tan 等（2011）已分离鉴定了约 50 个海蛇及陆地蛇毒素（表 7-7）。多肽神经毒素主要作用于骨骼肌突触后膜上的烟碱型乙酰胆碱受体上，阻断突触后神经传递，毒性显著高于陆地蛇类。此外，蛋白溶解酶可引起组织严重坏死，含量丰富的磷脂酶 A2（PLA2）具有明显的肌毒性。

表 7-7　典型的海蛇毒素

海蛇	毒素	残基数或相对分子量	序列号
Laticauda semifasciata	Ec	62	Q7T2I5
	Eb	62	Q90VW1 3EBX
	Ea	62	1QKD
Laticauda laticaudata	La	62	Q9YGC4
	La’	62	P10459
Astrotia stokesii	toxin A	60	P68412
Hydrophis ornatus	toxin ‘73a	60	P68413
	toxin ‘75a	60	P01437
Aipysurus laevis	short neurotoxin A	60	P32879
	short neurotoxin C	60	P19958
	short neurotoxin B	60	P19959
Astrotia stokesii	toxin B	70	P01380
	toxin C	72	P01381
Hydrophis yanocinceus	5 种 PLA2 及 12 种三指毒素	6～15kDa	1KFH
Lapemis hardwickii	多个短链神经毒素及 PLA2	＞6kDa	

二、海洋蛋白毒素的毒理作用

海洋蛋白毒素的作用机理或作用靶位主要为离子通道、胆碱受体、心血管系统及细胞膜等。

1. 作用于离子通道

通过调节离子通道的关闭和开放，引起相应的生理效应。Frazão 等（2012）发现海葵毒素主要作用于 Na^+通道和 K^+离子通道，延长神经和肌肉的动作电位，抑制 Na^+通道失活，从而引起一系列相关的细胞调控活动。

2. 作用于胆碱受体

竞争胆碱受体结合部位，从而造成神经阻断。Tamiya 等（2011）发现蛇神经毒素能够与运动终板烟碱型乙酰胆碱受体结合，阻断神经传导，从而使动物产生弛缓性麻痹和呼吸衰竭，导致动物死亡。迄今，已经发现了多种海蛇突触后神经毒素，长链和短链的海蛇神经毒素都能有效地阻断神经肌肉接头的烟碱型乙酰胆碱受体。

3. 作用于心血管系统

造成冠状动脉、心脏收缩及引起心肌正性变力效应。如横沟海葵、黄海葵、水母等毒素，造成冠状动脉收缩、引起心肌正性变力效应及强烈的心脏收缩作用。如从等指海葵中分离出的毒素，有很强的溶血作用；李荣锋等（2012）发现一些沙蜇毒素具有很强的溶血活性，其溶血率具有明显的剂量依赖关系；从中国鲎中分离的鲎素（tachyplesin），具有凝血或抗凝血作用，与钙系统有关。

4. 作用于细胞膜

破坏或溶解细胞膜，抑制细胞大分子合成。如毒鲉产生的蛋白毒素或有毒酶类可引起毛细血管扩张、水肿、血压下降、心律失常、心脏停搏等心血管毒性，以及剧痛、肌肉无力、痉挛、呕吐、幻觉等神经毒性和溶血（细胞毒性）（张龙霄等，2013）。

三、海洋蛋白类毒素的检测方法

目前对海洋蛋白毒素的检测方法研究较少，主要为实验室活性鉴定、毒性蛋白、基因分析鉴定等，如色谱分析、质谱测定、生物活性测定（致死性、溶血活性、抗肿瘤、抗菌等药理活性测定）及作用靶点分析。检测范围与一些海洋小分子毒素的检测不同，因为蛋白类毒素口服活性差，易酶解，在海洋食用产品中一般不要求检验。目前还未有国家颁布的用于食品安全检查的海洋蛋白类毒素检验规程，国际上也研究很少。下面对海洋蛋白毒素检测方法进行简要介绍，并结合本实验室对石头鱼蛋白毒素的分离、鉴定及活性测定进行举例说明。

1. 生物测试法

生物测试法是利用动物对毒素的敏感性来测定毒素的活性。比较常用的是小鼠生物测试法和大鼠生物测试法。多数小鼠生物测试法是美国分析化学师协会（AOAC）指定的检测方法。也有一些替代试验，如体温降低、神经肌肉接头阻滞。也可用其他动物进行毒性试验，如 Adeyemo 等（1991）用金鱼进行了芋螺毒素的活性测定。目前已用该种方法测定了很多海洋蛋白毒素的毒液及纯毒素的活性。

检测步骤（以小鼠生物测试法为例）：

1）准备试验用昆明小鼠若干，均匀分配为实验组和对照组。

2）毒素准备，可将现场采集到的毒素进行浓缩等相应处理，将毒素稀释为不同浓度。

3）采用尾静脉注射或腹腔注射的方式将适量毒素样本注入小鼠体内，对照组以相同注射途径注射等体积的生理盐水。

4）观察不同浓度毒素对小鼠的行为变化、体温、血压、肤色、是否死亡等的影响。

5）根据实验结果初步判断毒素的种类及毒性强弱。

实例 1：石头鱼毒素对小鼠的毒性测定

用 0.01mol/L PBS 溶解石头鱼（*Synanceia verrucosa*）粗毒液及纯的石头鱼毒素（neoVTX）。昆明小鼠（18±2g）静脉注射粗毒液或 neoVTX 后，出现眼睛发黑、耳朵上的血色消失、呼吸困难、多涎、大小便失禁、体温降低、麻痹、抽搐、翻滚等诸多症状。

皮下给药后，又出现了疼痛和红肿的现象。

记录不同剂量粗毒液及纯的 NeoVTX 在 60min 内，对小鼠的致死数，通过对多组小鼠注射不同剂量的粗毒液并记录存活状况，得到石头鱼粗毒液及 neoVTX 致死率与给药剂量的关系表（表 7-8 和表 7-9）。测得石头鱼粗毒液对小鼠的 LD_{50} 为 106ng/g，neoVTX 的 LD_{50} 为 66ng/g。

表 7-8 石头鱼粗毒液致死率与给药剂量的关系

注射蛋白量/(μg/只)	60min 内死亡数	注射该剂量的小鼠总数	60min 内死亡率/%
0	0	6	0
1.3	0	6	0
1.5	1	6	16.7
1.8	2	6	33.3
1.9	3	6	50.0
2.0	6	9	66.7
2.3	6	6	100

表 7-9 石头鱼毒素 neoVTX 致死率与给药剂量的关系

注射蛋白量/(μg/只)	60min 内死亡数	注射该剂量的小鼠总数	60min 内死亡率/%
0.75	0	8	0
1.00	1	8	12.5
1.25	5	8	62.5
1.50	5	8	62.5
1.75	8	8	100

2. 免疫分析法

免疫分析法是基于抗原-抗体的高选择性反应而建立起来的一种生物化学分析方法，具有高选择性、检测下限较低、操作简单等特点，在各种动物抗原、抗体的检测方面有广泛应用。主要包括荧光免疫法（immunofluorescence）、放射免疫法（radioimmunoassay，RIA）及酶联免疫吸附法（ELISA）等三类。应用较多的是 ELISA 法，该方法在海洋小分子毒素检测方面已经取得了相当大的进展。在海洋蛋白毒素研究中，免疫分析法主要用来鉴定不同毒素间是否有交叉反应，确定抗体或抗毒素的适用性，如 Cristina 等（2004）在家兔上免疫海葵毒素（*Stichodactyla helianthus*）的溶血组分 Sticholysis Ⅱ，产生高滴度抗体，该抗体可与 sticholysis Ⅰ、Ⅱ产生交叉反应，并能中和 sticholysis Ⅱ 的溶血活性；1 单位的石头鱼抗体可中和 4μg 的条纹天竺鲷（soldierfish）的粗毒液；石头鱼抗体（*Synanceja trachynis* stonefish antivenom）可与鲉鱼 *Sorpaena plumier* 及 *Sorpaena plumieri* 毒素产生交叉反应，中和其毒性（Cristina et al.，2004；Gomes et al.，2011）。

检测步骤（以 ELISA 为例）（顾佳萍等，2010）：

1）选择针对某种毒素的单抗或抗血清（或待测样品），用包被缓冲液稀释至 1～

10μg/mL，100μL/孔包被聚苯乙烯板过夜，次日弃去孔内液体，洗涤缓冲液洗涤 3 次，每次 5min。

2）洗板后用封闭液封闭，37℃孵育 1h，洗涤缓冲液洗板 3 次。

3）洗板后加入待测样本（或某种毒素的单抗或抗血清），37℃孵育 1h，洗涤缓冲液洗涤 3 次。

4）洗板后加入针对该毒素的另一种单抗（若是抗原先包被，该步骤省去），37℃孵育 1h，洗涤缓冲液洗板 3 次。

5）洗板后加入酶标抗体，37℃孵育 1h，洗涤缓冲液洗板 3 次。

6）洗板后加底物液显色：于各反应孔中加入临时配制的 TMB 底物溶液 100μL，避光，室温反应 15min。

7）终止反应：加入 2mol/L 硫酸，50μL/孔。

8）结果判定：可于白色背景上，直接用肉眼观察结果。反应孔内颜色越深，阳性程度越强，阴性反应为无色或极浅。也可测 OD 值：在 ELISA 检测仪上，于 450nm 处，以空白对照孔调零后测各孔 OD 值，若大于规定的阴性对照 OD 值的 2.1 倍，即为阳性。

3. 免疫胶体金法（何小维等，2007）

免疫胶体金法是以胶体金作为示踪标志物应用于抗原抗体反应的免疫标记技术。胶体金是由氯金酸在还原剂作用下形成的细小颗粒，可与蛋白质形成牢固的结合。检测原理是将待检测物的抗体与胶体金结合，制作成胶体金带，利用待测物抗原或待测物二抗制作检测带，抗体作为质控带。当含有待测物的液体流经胶体金带时与胶体金+抗体结合，继续流经检测带时，则可与质控带的抗抗体结合显色而检测出待测液体是否含待测物。免疫胶体金法检测毒素的方法优点是成本低、速度快、操作简便以及稳定性好。因其批量生产，原料简单，因此成本低廉，适合大量样品的测试。免疫胶体金的检测一般可进行现场检测，只需数分钟到半小时左右，相比于实验室内检测方法，省时省力。其原理简单，操作简便，一般只需经过简单培训即可进行操作。免疫胶体金检测试纸稳定性较好，一般可保存数年。其缺点是只能进行定性检测或半定量检测，且待测物含量较低时不能进行检测。目前免疫胶体金法检测毒素技术已经十分成熟，在陆生动物毒素检测、医疗卫生（致病性毒素）、食品卫生方面都有很多应用。Hung 等（2014）发明了一种眼镜蛇毒素胶体金快速检测试纸，可对眼镜蛇咬伤的患者血清进行检测，检测时间为 20min，检测下限为 5ng/mL，且与其他蛇毒无交叉反应，对 88 例蛇咬伤患者进行检测，发现其灵敏度为 83.3%，特异性为 100%。该方法完全可应用到海洋蛋白毒素（如海蛇）检测。

检测步骤（适用于已有相应检测试纸的毒素）：

1）根据初步判断的毒素种类，选择对应的快速检测试纸。

2）将待检测的样本溶解或稀释，滴在快速检测试纸的加样区。

3）等待 15～30min，观察结果，判定毒素种类。

实例 2：胶体金技术筛查眼镜蛇致伤（Hung et al.，2014）

（1）仪器与测定条件

台湾眼镜蛇（*N.atra*）兔多抗及鸭多抗，抗毒素经 Protein A Sepharose 4B 纯化，浓度调为 1mg/mL。纯化的山羊抗兔免疫球蛋白抗体购自美国 Jackson Immunogobulin Laboratories

公司。各种蛇毒来自台湾 CDC。硝酸纤维素膜（AE90）、吸附垫购自英国 Whatman 公司。

（2）胶体金-抗体偶联制备

胶体金由氯金酸经柠檬酸三钠还原制得，直径约 30nm，胶体金溶液用碳酸钠调 pH 7.0，2μg 多抗与 1mL 胶体金混合，然后用含 1% BSA 的硼酸盐封闭，离心得到沉淀物，沉淀重新悬浮。

（3）免疫色卡制备

检测带用眼镜蛇鸭多抗，控制线用山羊抗兔免疫球蛋白抗体制备，其余制备可参考文献。

（4）检测步骤

先用毒液确定检测限，然后取 5mL 患者血液，收集血清，滴加被蛇咬伤患者血清，检测是否是眼镜蛇咬伤，检测限为 5ng/mL，检测时间为 20min。该方法对 88 个被蛇咬伤患者进行检测，发现 34 例为眼镜蛇咬伤，其余为非眼镜蛇咬伤，方法可靠。

4. 质谱技术

蛋白质质谱鉴定的基本原理是蛋白质经过胰蛋白酶消化后，形成肽段混合物，在质谱仪中肽段电离形成带电离子，质谱分析器的电场、磁场将具有特定质量与电荷比值（*m*/*z*）的肽段离子分离开来，经过检测器分析出每个肽段的 *m*/*z*，并输出蛋白质的一级质谱峰图。离子选择装置自动选取强度较大的肽段离子进行二级质谱分析，输出选取肽段的二级质谱峰图，通过和理论上蛋白质经过胰蛋白酶消化后产生的一级质谱峰图和二级质谱峰图进行比对鉴定蛋白质。目前该方法已广泛应用于海洋多肽及蛋白毒素的鉴定或定量分析。

实例 3：应用质谱方法鉴定石头鱼毒素蛋白

本实验室对石头鱼毒液进行电泳及质谱测序（图 7-1），获得有毒蛋白组分。分析取适量石头鱼（*Synanceia verrucosa*）粗毒，加入等量的上样缓冲液，进行还原或非还原的 SDS-PAGE 电泳，12%分离胶分离目标蛋白，并与上样蛋白预染 Marker 对照，初步确定蛋白的大小和存在形式。

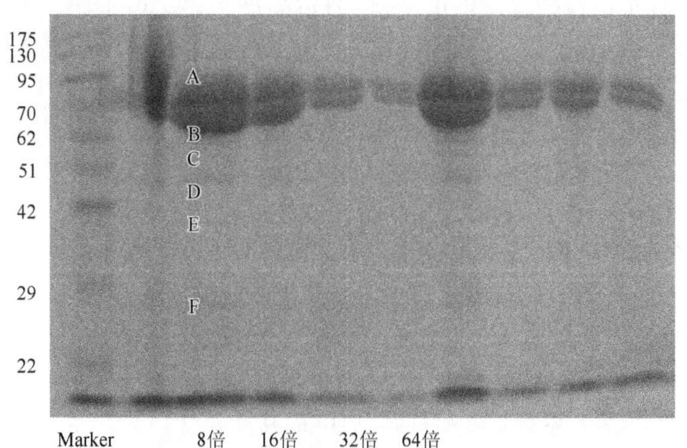

图 7-1 石头鱼粗毒的还原电泳图谱

将粗毒液做 8 倍、16 倍、32 倍和 64 倍稀释后，进行还原电泳，主要条带有 A、B、

C、D、E、F。其中，经过做LC-MS，得知A为neoVTX beta亚基，B为neoVTX alpha亚基。C、E为两个新的非毒素条带，D、F像是与neoVTX beta同源的相对分子质量较小的毒素或者neoVTX beta的降解片段。然后根据蛋白序列，我们进行基因克隆，获得了完整的毒素基因序列。

5. 蛋白质芯片及蛋白质组检测技术

蛋白质芯片技术是一种高通量的蛋白功能分析技术，可用于蛋白质表达谱分析，研究蛋白质与蛋白质的相互作用，甚至DNA-蛋白质、RNA-蛋白质的相互作用，筛选药物作用的蛋白靶点等。其原理是对固相载体进行活化，再将已知的蛋白质分子产物与其反应固定在其表面（如酶、抗原、抗体、受体、配体、细胞因子等）。根据这些生物分子的特性，捕获能与其特异性结合的待测蛋白（存在于血清、血浆、淋巴、间质液、尿液、渗出液、细胞溶解液、分泌液等），经洗涤、纯化，再进行确认和生化分析。目前用该技术检测海洋小分子毒素已有报道，如Campbell等（2007）为检测麻痹型贝类毒素（PSP，如石房蛤毒素STX），将与其作用的钠通道受体、石房蛤毒素的兔多抗等固定到表面等离子体共振的光学传感器上，检测石房蛤毒素的线性范围很宽，最低检测值低于国际标准。也可用蛋白芯片富集毒素，然后进行质谱检测，灵敏度增加（Gregson et al.，2006；Feroudj et al.，2014）。

蛋白质组技术已广泛用于陆地、海洋动物多肽及蛋白毒素组分析（Safavi-Hemami et al.，2014；Jin et al.，2013），一般采用色谱的方法对毒素进行初步分离，然后直接进行质谱测序或双向凝胶电泳后进行测序，结合已有数据库或基因序列进行蛋白序列分析，如Safavi-Hemami等（2013）及Weston等（2013）对芋螺毒素、水母毒素等一系列多肽及蛋白毒素进行了鉴定。

6. 基因分析及基因芯片检测技术

基因分析法对海洋毒素的检测，是通过检测样品中的核苷酸序列来分析其所含毒素的一种方法，此方法通过聚合酶链式反应（PCR），已广泛应用于传染性疾病、肿瘤、遗传病的诊断，在生物毒素检测中也已广泛应用。Baker等（2013）运用快速多路串联PCR法（rapid，multiplex-tandem PCR assay）对现场收集的蓝藻细菌样品和已知的阴性对照样品进行检测，特异性达100%，敏感性大于97.7%。应用芋螺毒素的信号肽进行PCR，已发现多种芋螺毒素基因，Qiuyun等（2011）应用该方法对十多种芋螺进行了基因克隆，获得数十种新基因。

基因芯片法也在海洋毒素的鉴定中得到应用，如分析中毒后动物的转录组水平，检查毒素污染来源，比较有毒与无毒海洋生物的基因差别等。Feroudj等（2014）利用基因芯片的方法查找河豚鱼河豚毒素累积相关基因：在芯片上布置含60bp长度的42 724个河豚毒素转录本基因，然后对来自两种野生有毒河豚鱼、一种野生无毒河豚鱼、两种养殖河豚鱼的肝脏总RNA进行DNA芯片分析，结果发现1108个有毒河豚鱼基因的mRNA水平高于无毒河豚鱼，一些基因增加了10倍。为检测海岸及贝类养殖场是否被有毒藻污染，也可用基因方法进行检测（Dittami et al.，2013；McCoy et al.，2013；Bovee，2011）。Bovee等（2011）研究了一种快速的广谱筛查海洋毒素的方法，将17种标志基因和2个对照基因，利用简明微点阵平台对这些海洋毒素进行检查，其中5个有肯定结果，这些数据有助于发明一种高通量的海产品的质量控制的方法。

四、海洋蛋白毒素中毒检测注意事项

海洋蛋白毒素中毒检测是该类检测主要应用方面，与直接检验动物样品相比，应注意如下几个方面。

1. 初步判断

当怀疑出现海洋蛋白毒素中毒或者投毒时，应根据患者的接触史、症状和体征来初步判断是否为海洋蛋白毒素致伤。在接触史方面，要根据患者发病前是否进行过海洋作业、海滨游泳，是否从事海产品捕捞、贩运及加工等工作，如有接触史应考虑存在海洋蛋白毒素中毒并进行进一步检定；在症状和体征方面，看有无海洋蛋白毒素中毒典型症状和体征，如水母中毒的皮肤会出现疼痛、瘙痒，出现典型线条状红斑、丘疹，类似鞭痕；石头鱼毒素中毒出现的剧痛、休克等症状。

2. 样品采集

当初步判断人员受到海洋蛋白毒素致伤时，应迅速采集样本（如血液、组织液），如发现受伤部位有残留有害组织，则应将这些残留物收集进行检测。而后将这些采集到的样本进行现场快速检测或送入实验室进行实验室内鉴定。

3. 检定方法

对于采集的标本，尤其是血液、组织液样本级动物残留组织，如已有此类毒素快速检测试纸，应迅速利用试纸进行现场快速检测，无论检测结果如何，应进一步进行实验室检查，如尚无此类毒素检测试纸，则应直接进行实验室内检查。实验室内检查主要为以上介绍的几种常用的检查方法，如免疫分析法、蛋白质芯片技术、基因分析法以及质谱法等。

（周志杰　戴秋云）

第四节　海洋胍胺类和聚醚类毒素快速侦检及检定规程

胍胺类毒素和聚醚类毒素都是重要的代表性海洋生物毒素。胍胺类毒素的代表为石房蛤毒素和河豚毒素，都属神经性毒素，是特异性的电压依赖性钠通道阻断剂，主要导致神经肌肉麻痹。聚醚类毒素按化学特征可归纳为 3 类：脂链聚醚毒素类，大环内酯聚醚毒素、梯形稠聚醚毒素，其中脂链聚醚毒素类的代表为西加毒素，大环内酯聚醚毒素的代表为岩沙海葵毒素，梯形稠聚醚毒素的代表为刺尾鱼毒素。聚醚类毒素化学结构独特、毒性强烈并具有广泛药理作用，对神经系统、消化系统、心血管系统等具有较高的选择作用。

一、胍胺类毒素

1. 化学结构

胍胺类的石房蛤毒素和膝沟藻毒素均属于麻痹性贝类毒素（paralytic shellfish poisoning toxin，PST）。PST 是系列衍生物的总称，其基本结构如图 7-2 所示，该类毒素为四氢嘌呤衍生物，根据 R_4 不同的衍生基团，可以分为氨基甲酸酯类毒素、*N*-磺基-氨甲酰基类毒素、去氨甲酰类毒素等不同种类。由于取代基的不同，PST 毒素毒性也不同。石房蛤毒素、膝沟藻毒素均属于氨基甲酸酯类毒素，毒性较高，对人类健康造成的危害也最大。

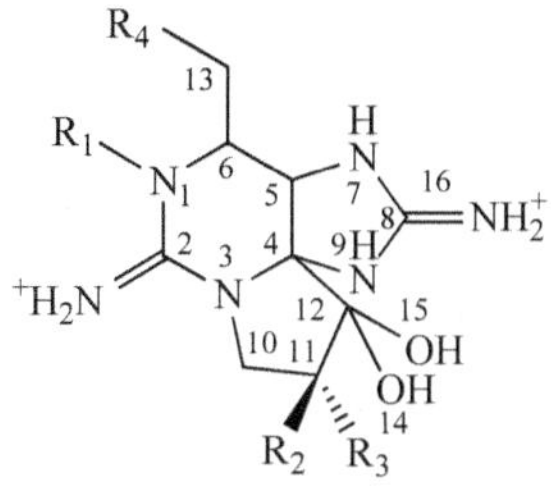

R_1=H, OH
R_2=H, OSO_3^-
R_3=OSO_3^-, H
R_4=$OCONH_2$, $OCONHSO_3^-$, OH and others

图 7-2 麻痹性贝类毒素（PST）结构

2. 实验室分析检测方法

PST 中毒历史久远，造成的危害普遍存在，因此各国对食品中 PST 含量的检定都颇为关注。联合国卫生组织规定，可食贝类中麻痹性贝类毒素的限量为 80μg STX eq/100g 贝肉，这一规定目前被大多数国家采用。PST 分析方法有多种，从技术上看大体可分为生物法和高效液相色谱法（HPLC），下面分别进行简单介绍。

（1）生物法

小鼠毒性生物分析法 小鼠毒性生物分析法是检测 PST 最经典的方法，最早由 Sommer 和 Meyer（1937）提出。虽然该方法不能够区分 PST 的种类，但是却可以真实反映 PST 总毒素的毒性，而且方法简单，所以一直被广泛采用。鉴于当时对 PST 认识的不足，Sommer 提出将所有 PST 均折合成每 100g 食品中含有 STX 的量来计，毒性用小鼠死亡时间来描述，并首次建立了小鼠腹腔注射毒素浓度与死亡时间之间的关系。因此，1959 年虽然 STX 的结构还在讨论中，但是美国分析化学家协会（Association of Official Analytical Chemists，AOAC）已经采用“STXeq/100g 贝肉”这一术语作为 PST 的定量单位，其意义为“每 100g 贝肉中含有的 PST 量相当于 STX 的量”。此后又经过不断的修订与完善，成为检测 PST 的标准生物检测方法，被许多国家接受和采用，成为国际通用方法。

实例 1：小鼠毒性法测定贝类中 PST 含量（江天久等，2000）

1）材料与方法

样品来自受 PSP 影响较大的广东大亚湾、大鹏湾内养殖的主要经济贝类翡翠贻贝、华贵栉孔扇贝。实验用小白鼠为昆明种系，雄性，每只重 18～21g，每组实验小白鼠一般为 3 只。对每只实验小鼠腹腔注射 1mL 提取液。记录注射完毕时间，仔细观察并用秒表记录小鼠停止呼吸时的死亡时间。

2）样品预处理

牡蛎、蛤及贻贝用清水彻底洗净贝类外壳，切断闭壳肌，开壳，用清水淋洗内部去除泥沙及其他外来杂质，仔细取出贝肉。收集贝肉沥水 5min，将贝肉均质。取 100g 贝肉于 800mL 烧杯中，加 100mL 0.1mol/L HCl 溶液。充分搅拌将混合物加热，并徐徐煮沸 5min，冷却至室温，调节 pH 至 2.0～4.0。将混合物稀释至 200mL，搅拌至均质状，使其沉降至上清液呈半透明状，必要时将混合物或上清液以 3000r/min 离心 5min，或用滤纸过滤。保留进行小鼠注射用的足量液体。

3）结果与讨论

结果表明，1999 年 1 月～1999 年 6 月大亚湾东山海域的扇贝消化腺毒素含量为 105～1263MU/g，剔除消化腺后的其他软组织毒素含量为 1.7～13.4MU/g，消化腺和其他软组织毒素含量的加权平均值为 7.7～117MU/g，高于联合国粮食及农业组织制定的贝类按期使用标准的限定值 4MU/g。总体上贝毒含量表现为由冬春季高峰逐月波动下降的趋势。大亚湾澳头海域的两种贝类毒素含量都不高，扇贝长期含有较低的毒素，贻贝在大部分时间内不含毒素。

神经细胞毒性生物分析法 为避免大量使用活体动物，并提高生物法的灵敏度，基于神经细胞毒性的生物分析法得到发展。Kogure 等（1989）首次报道了基于细胞的 PST 生物检测方法，随后该方法得到不断改进，将其发展为可以利用比色法进行检测的自动或半自动的定量分析方法。该方法将表达了钠离子通道的神经胚细胞瘤在 96 孔板上培养，用钠离子通道激活剂藜芦定和 Na^+/K^+-ATPase 抑制剂乌巴因同时处理。由于藜芦定激活了细胞钠离子通道，引起 Na^+内流，但乌巴因的存在抑制了 Na^+/K^+-ATPase，阻止了 Na^+外流，最终结果是使细胞死亡。如果有 PST 存在，阻断钠离子通道，从而起到对细胞的保护作用，细胞则不会死亡。用 MTT 方法检测存活细胞数量，达到对 PST 定量检测的目的。该方法的检测限可以达到 10ng STXeq/mL。

放射性标记生物分析法 生物法的另一个重要方法是放射性标记生物分析法。Vieytes 等（1993）首先报道了 PST 的放射性标记检测方法。该方法也是利用了 PST 与钠离子通道专一性结合特性，从大鼠脑中制备钠离子通道，吸附在微孔板底，定量加入 ^{3}H-STX，样品中的 PST 与 ^{3}H-STX 竞争性结合钠离子通道，洗去未结合部分后，利用闪烁计数仪检测被结合 ^{3}H-STX，从而间接对样品中的 PST 进行定量检测，IC_{50} 可以达到 1.7ng STX/mL。该方法后来经 Doucette 等（1997）发展为高通量检测方法，其最低检测限为 5ng STX/mL。PST 的放射性检测方法在不同实验室间都具有很好的精确度和重复性，是作为国际通用检测标准的一个理想方法。

蛋白结合生物分析方法 Saxiphilin 是一种转铁蛋白，与 STX 的结合常数 k_d 为 0.2nmol/L，但是与同是钠离子通道抑制剂的 TTX 之间没有结合作用。Saxiphilin 的这个特性可以用来很好地区分 STX 与 TTX，这是基于钠离子通道的生物分析法所不具备的能力。Llewellyn 等（1994，2001）利用该特性所建立的 STX 分析方法最低分析检测限达到 6.3μg STXeq/L 或 1.3μg STXeq/100g 贝肉，与 HPLC 和小鼠生物法有很好的相关性。Saxiphilin 结合方法很适合发展成为大分子传感器类型的分析方法。

（2）高效液相色谱方法

PST 种类多，高效液相色谱（HPLC）具有强大的分离能力，是同时分析检测多个 PST 的理想技术手段，具有灵敏、准确、可靠、能确定各种毒素成分、所需检测的样品量少等优点。虽然该方法也存在着缺少标准品、与毒性匹配不好等缺点，但随着仪器技术的发展和研究的深入，PST 的 HPLC 分析方法也发展到可以实际使用阶段。目前 PST 的 HPLC 分析方法主要分为柱后衍生 HPLC 荧光分析方法、柱前衍生 HPLC 荧光分析方法和 LC-MS 分析方法。

柱后衍生 HPLC 荧光分析方法 Oshima 等（1987）在总结前人工作的基础上，提出了详细的柱后衍生 HPLC 荧光分析方法，可以一次分析 13 个 PST。该方法基本原理为，样品中的 PST 在色谱条件下经色谱柱分离，分离后的各组分进行在线氧化反应，得到有荧光的物质，利用荧光检测器进行定量分析。虽然该方法分析过程冗长，但由于可以同时精确地对多个 PST 进行定量分析，所以一直被认为是比较满意的分析方法。随后，Oshima（1995）又结合分析方法提出了相应的样品前处理方法，由此形成了完整的柱后衍生 PST HPLC 荧光分析方法。

柱前衍生 HPLC 荧光分析方法 1991 年，Lawrence 等（1991）提出了柱前衍生 PST HPLC 荧光分析方法。该方法是将预处理后的样品首先用过氧化氢或高碘酸氧化，获得的荧光产物经 HPLC 分离后进行检测，以达到对 PST 定量分析的目的。该方法灵敏度比较高，neoSTX、STX、GTX1/4、GTX2/3 的最低检测限 LOD（S/N=3）可以分别达到 1.10ng/mL、0.32ng/mL、1.26ng/mL、0.041ng/mL。为了将该方法推广使用，Lawrence 等（2005）报道了来自 12 个国家的 16 个实验室的联合分析测试结果，结果表明柱前衍生 HPLC 荧光分析方法与小鼠生物法有很好的相关性，建议作为 AOAC 的官方分析方法，而 AOAC 也接受了该建议。

实例 2：柱前衍生 HPLC 荧光分析方法测定贝类 PST 含量（张晓玲等，2012）

1）仪器与测定条件

高效液相色谱仪：Waters Acquity 超高效液相色谱仪（UPLC），配置四元高压梯度泵，高速自动进样器，柱温箱设置为 30℃，六通道在线脱气机及荧光检测器。

色谱柱：Waters Acquity UPLC BEH C18（1.7μm，2.1mm×100mm）。

流动相梯度洗脱程序：乙腈/甲醇/水（V/V/V，85∶10∶5），等梯度洗脱；流速：0.8mL/min；荧光检测波长：激发/发射波长 488nm/583nm。使用 Waters Empower 2 色谱工作站进行仪器操作及数据分析。

2）样品预处理方法

贝类经清洗后开壳，取全部组织，匀浆后，准确称取 1.0g 全贝样品于 50mL 离心管中，加入 5mL 乙腈，常温离心 10min，弃乙腈，向样品中加入 3mL 1%三氯乙酸，35℃恒温水浴振荡 30min 后，4℃离心 15min。将上清液移入 10mL 玻璃离心管中，加入 3mL 正己烷，漩涡混合 2min，4000r/min 下离心 5min，弃去正己烷。去脂后提取液进行固相萃取。用空白洗脱液定容至 5mL。

3）柱前荧光衍生过程

准确移取 10μL 样品溶液和 450μL 硼酸盐缓冲液（20mmol/L，pH 9.2）到 1.5mL 离心管中，加入 30μL 30mmol/L KCN 溶液，室温放置 10min，加入 10μL 25mmol/L FQ 溶液[3-(2-呋喃甲酰基)-喹啉-2-羰醛]，混匀，在 50℃水浴中反应 15min，反应液经 0.22μm 滤膜过滤后直接进样分析。

4）结果与讨论

分析结果表明，在优化后的最佳实验条件下，3 种胍胺类毒素成分（NEO、STX 及 GTX1）线性方程的相关系数（r）均大于 0.998，保留时间（t_m）及峰面积（PA）的日内及日间精密度 RSD 值分别小于 3.1%和 5.6%，当信噪比（S/N）等于 3 时，检测限范围为 7～14μg/kg，样品加标回收率为 82%～92%，RSD 值小于 5.2%。该方法灵敏、稳定且可靠，可用于贝类中三种高毒性 PST 毒素成分的日常分析检测。

LC-MS 分析方法 PST 的 LC-MS 分析方法是近年来发展起来的方法。LC-MS 虽然仪器设备系统昂贵，维护费用高，对操作人员要求高，但是由于该方法具有很高的灵敏度、选择性，并且可以进行一定的定性分析，因此是许多海洋毒素分析的强大工具。PST 的 LC-MS 分析方法的难点是如何做到对各同系物的较好分离，同时色谱洗脱液还不影响质谱离子化。Dell'Aversano 等（2005）探索了 PST 的亲水液相色谱（hydrophilic interaction liquid chromatography，HILIC）分离，取得了较好的效果，可以同时分离 15 个 PST，在使用 SRM 模式下，LOD 达到亚 nmol/L 水平，同时还可以检测其他毒素（LOD 为 nmol/L）。与荧光检测方法相比，LC-MS 方法灵敏度相对较低，但是其选择性高，分析时间更短。

3. 快速侦检方法

PST 的快速侦检主要是基于 ELISA 和生物（化学）传感器技术。

PST 有多种 ELISA 商业试剂盒分析方法，但是由于 PST 同系物繁多，结构类似，因此存在较高的交叉反应。目前较为认可的两个 ELISA 商业试剂盒是 R-Biopharm 和 Abraxis，检测限分别为 50μg/L 和 0.02μg/L。适合野外快速检测的是 Jellett 快速检测试纸条，该试纸条最佳检测浓度被调整为 25μg STX eq/100g 贝肉，以适应欧盟对海产品中 PST 含量为 30～40μg STX eq/100g 的要求。

生物传感器是快速侦检常采用的检测技术。Fonfria 等（1995）尝试将生物大分子固定在传感芯片上，利用 PST 与生物大分子结合后芯片表面的拉曼波谱变化进行检测。目前所尝试的生物大分子传感膜主要有大鼠脑部钠离子通道、PST 抗体、saxiphilin。虽然研究处于起步阶段，但是该方法表现出较好的发展趋势，尤其是以 PST 抗体为生物膜的检测方法具有更好的发展优势。

针对 PST 化学传感器的研究较少，仅 Gawly 等（2007）连续报道了用冠醚作为传感膜对 STX 的检测方法。该方法在冠醚上连接了各种生色团，利用生色团结合 PST 前后的光谱行为变化来检测毒素。该小组还针对降低检测限、区分 STX 与 TTX 进行了研究。

4. 检定规程

PST 的检定规程多参照美国分析化学家协会推荐的分析方法来制定。

我国目前实行的推荐性国家标准为《GBT 5009.213—2008 贝类中麻痹性贝类毒素的测定》和《GBT 23215—2008 贝类中多种麻痹性贝类毒素含量的测定液相色谱——荧光检测法》，前者采用的是生物法——小鼠生物法，后者采用的是化学分析方法——高效液相色谱-荧光方法。

国内不同行业也有不同的行业标准。如国家质量监督检验检疫总局采用的强制性行业标准《SN 0352-1995 出口贝类麻痹性贝类毒素检验方法》采用的是小鼠生物法，但同时也发布了 2 种推荐性行业标准《SNT 1773—2006 进出口贝类中麻痹性贝类毒素检测方法酶联免疫吸附试验法》和《SNT 1735—2006 进出口贝类产品中麻痹性贝类毒素检验方法高效液相色谱法》，分别采用了酶联免疫吸附法和高效液相色谱法。农业部发布的水产行业标准《SCT 3023—2004 麻痹性贝类毒素的测定生物法》则采用了小鼠生物法。

二、聚醚类毒素

1. 毒素种类

根据对人的中毒症状和毒素的来源，可将常见的海洋聚醚类毒素分为四类：腹泻性贝毒

（diarrhetic shellfish poisoning，DSP），主要包括冈田酸（okadaicacid，OA）、鳍藻毒素（dinophysistoxins，DTX）、扇贝毒素（pectenotoxins，PTX）、虾夷扇贝毒素（yessotoxins，YTX）等；神经性贝毒（neurotoxic shellfish poisoning，NSP），主要为短裸甲藻毒素（brevetoxins，BTX），由于产毒藻短裸甲藻也曾称 ptychodiscusbreve，因此这些毒素也称为 ptychodiscusbrevetoxins（PbTx）；记忆缺失性贝毒（amnesic shellfish poisoning，ASP），主要是软骨藻酸（domoic acid，DA）；西加鱼毒素（ciguatera fish poisoning，CFP），包括西加毒素（ciguatoxins，CTX，也称雪卡毒素）、刺尾鱼毒素（maitotoxin，MTX）、鹦嘴鱼毒素（scaritxin，ScTX）等。

2. 检测方法

为了应对海洋毒素带来的威胁，降低海洋活动的风险，人们开发了多种检测聚醚类海洋毒素的方法，其中建立最早、使用最广泛的方法是小鼠生物检测法（mousebioassays，MBA）。近年来，随着现代仪器分析方法的发展，一系列针对海洋毒素检测的新方法相继被提出，其中一些方法已经取得了成功，具备良好的重复性和可操作性，已经或正在形成新的标准方法。目前研究比较多的检测方法主要有细胞毒性检测法（cytotoxicity assay）、免疫检测法（immunoassay）和高效液相色谱检测法（HPLC）等。

（1）小鼠生物检测法

小鼠生物检测法（mouse bioassay，MBA）是通过评估毒素对小鼠的毒性大小来检测毒素的一种技术，广泛应用于食品卫生和环境监测等行业中检测各种毒素。MBA 法建立于 1937 年，是最早的毒素检测方法之一，目前美国和欧盟指定的标准检测方法也采用该方法。MBA 法的原理是将待检样品的提取液直接注射到小鼠体内，通过比较小鼠的存活时间和中毒症状对毒素的毒性及含量进行评估。此方法能够直接体现生物对毒素反应，通常作为前期判断被检测物毒性大小的依据。

小鼠生物检测法一般用丙酮提取被检测物中的毒素，减压浓缩后通过乙醚/水体系萃取，将毒素转移至乙醚中，萃取物经减压浓缩至干后，残留物用生理盐水（1%吐温 60）溶解，注射小白鼠，观察其存活情况可计算其毒性大小，结果通常采用鼠单位（mouse unit，MU）来表示。目前，我国已经建立了采用小鼠生物法检测部分海洋聚醚类毒素的相关国家标准和行业标准，见表 7-10。

表 7-10 小鼠生物法检测毒素相关标准

毒素种类	标准名称	标准级别	标准编号
腹泻性贝毒 DSP	贝类中腹泻性贝类毒素的测定	国家标准	GB/T 5009.212—2008
	进出口贝类腹泻性贝类毒素检验方法第 2 部分：小鼠生物法	行业标准	SN/T 2131.2—2010
	腹泻性贝类毒素的测定生物法	行业标准	SC/T 3024—2004
神经性贝毒 NSP	贝类中神经性贝类毒素检验方法	行业标准	SN/T 1573—2005
西加毒素 CTX	出口海产品中西加毒素的检测小鼠生物法	行业标准	SN/T 3038—2011

小鼠生物检测法简单易行，对设备要求也不高，能够较全面地表征样品的实际毒性，

因此得到了广泛的应用。但是，这一方法存在明显缺陷，主要表现在：①只能测出被检测物的毒性大小，无法确定毒素的组成及含量；②所测得被检测物的毒性数据与小鼠的品系、状态、体重等有关，不确定因素多且复杂；③测定结果重复性较差；④标准方法采用有机溶剂提取毒素，极性大的毒素很难被提取出来，造成检测结果的系统误差；⑤检测实验中需要使用大量小鼠，容易受到动物保护人士的抨击；⑥检测所需时间长，对注射后小鼠的观察时间超过 15h。

（2）细胞毒性检测法

细胞毒性检测法（cytotoxicity assay）是利用毒素对细胞的毒性来检测毒素的一种技术，其原理是将被检测物加入细胞培养液中培养细胞，通过观察被检测物对细胞生长和增殖的影响，评价被检测物对细胞的潜在毒性作用，再与标准物对照分析，判断被检测物中所含毒素的种类和含量。细胞毒性检测法灵敏度高，已经成为非常有用的研究有毒贝类提取物成分的方法。

Manger 等（1995）利用细胞毒性检测法对西加毒素和短裸甲藻毒素等聚醚类毒素进行了检测。该方法可以检测出鱼类提取物中亚 pg 水平的西加毒素并提供了定性和定量评价。在对贝类提取物的检测中，检测结果可反映短裸甲藻毒素及其类似物的毒性和浓度。通过适当的实验设计，细胞毒性检测法还可以区分毒素激活（如短裸甲藻毒素、西加毒素）或阻塞（如河豚毒素、石房蛤毒素）几种电压门控钠通道。蔡朝民等（2009）采用细胞毒性检测和小鼠生物检测两种方法分别检测西加毒素，并对两种方法进行了比较，他们利用标准品（P-CTX-1）建立了检测标准曲线，并检测了 32 份鱼类提取物，认为两种方法的检测结果具有一定的相关性，但细胞毒性检测的灵敏度远高于小鼠生物检测法。Plakas 等（2008）利用这两种方法分别检测短裸甲藻毒素，样品是暴露在 *K. brevis* 水华中的东部牡蛎，结果表明两种方法的检测结果是弱相关的（相关度 48%）。Caillaud 等（2010）报道了通过对比 MTX 标准品和微藻提取物对细胞生存能力的影响的方法来检测微藻中的 MTX。

目前开发的细胞检测方法取得了一些进展，有些方法已经完成了实验室间的验证，具有代替动物实验的商业化应用前景，但细胞毒性检测法也存在一些缺点，主要表现在速度慢、特异性差、对设备和操作人员要求高等。

（3）免疫检测法

免疫检测法（immunoassay）的基础是毒素与抗体的特异性结合反应。制备好的毒素抗体可以通过多种手段实现检测，包括酶联免疫吸附试验（ELISA）、检测试纸条、横向流动免疫测定（LFIA）和基于表面等离子体共振的生物传感器（SPR）等。

免疫检测鱼肉毒最初采用多克隆抗体放射免疫分析部分纯化的西加毒素。但是，多克隆检测存在一些问题，其中包括与其他毒素（冈田酸、刺尾鱼毒素、短裸甲藻毒素等）的交叉反应，较高的假阳性和假阴性率。Bignami 等（1996）发展了利用刺尾鱼毒素特异性抗体检测毒素的免疫测定法。Oguri 等（2003）用合成的半抗原制备了西加毒素的单克隆抗体，检测限可达 ppb 级，与其他海洋毒素没有交叉反应。

美国 Abraxis 公司开发出一系列符合 AOAC、GB 等相应的标准的 ELISA 检测试剂盒，可用于贝类毒素的检测，适合检测贝类食品、海水、血清等样品中 DSP、ASP、NSP 等毒素的含量。加拿大 Jellett 公司生产的贝类毒素快速检测试纸条可以对 DSP、ASP 等毒素进行快速定性检测。美国 Cigua 公司生产了西加毒素快速检测试纸条。目前可购买的部分商用海洋毒素免疫检测试剂见表 7-11。

表 7-11 商用海洋毒素免疫检测试剂

检测试剂	ASP 试剂盒	DSP 试剂盒	NSP 试剂盒	CTX 检测试纸条	ASP 检测试纸条	DSP 检测试纸条
抗体	单克隆	单克隆	单克隆	单克隆	单克隆	单克隆
检测方法	ELISA	ELISA	ELISA	检测试纸条	检测试纸条	检测试纸条
孵育时间/min	60+15	60+30	60+30	无	无	无
检测时间/min	120	120	120	10	35	35
检测范围/ppb	0.16～10000	0.2～5	0.01～10	＞1	＞10	＞400
检测限/ppb	＜0.16	＜0.2	＜0.01	1	10	400
生产商	Abraxis	Abraxis	Abraxis	Cigua	Jellett	Jellett

目前，我国也已建立采用免疫检测法检测 DSP 和 ASP 的行业检验标准，见表 7-12。

表 7-12 免疫检测法检测毒素相关标准

毒素种类	标准名称	标准级别	标准编号
腹泻性贝毒 DSP	贝类中腹泻性贝类毒素检验方法酶联免疫吸附法	行业标准	SN/T 1996—2007
记忆缺失性贝毒 ASP	贝类中失忆性贝类毒素检验方法酶联免疫吸附法	行业标准	SN/T 2663—2010

实例 3：酶联免疫吸附法检测贝类中腹泻性贝类毒素（SN/T 1996—2007）

1）仪器与设备

酶标仪，均质器，离心机，微量加样器，微量多通道加样器。

2）试样的提取与净化

称取 10.0g 试样（精确至 0.1g），加入 5 倍 90%甲醇溶液，均质 1～2min，3000g 离心 10min，离心后取上清液，用重蒸馏水按 1∶1 稀释，取 50μL 进行酶联免疫测定。高浓度的样品如超出标准曲线范围，可进一步用 90%甲醇溶液稀释，直至测定值在标准曲线范围以内。

3）酶联免疫测定

将足够数量的微孔条插入微孔架（标准液和样液分别做复孔），分别加入 50μL 腹泻性贝类毒素标准液和样液到各自的微孔，加入 50μL 腹泻性贝类毒素酶标记物至每个微孔，迅速充分混合，22～25℃避光孵育 10min。每个微孔注入 250μL 洗液冲洗干净后拍干，再重复洗板操作 4 次。加入 50μL 发色剂至每个微孔中，22～25℃避光孵育 6min。向每个微孔中加入 50μL 反应终止液，以空气为空白调零，测量并记录每个微孔溶液 450nm 波长的吸光度值。

4）结果计算和表述

以百分比吸光度值（算术级）为纵坐标，以腹泻性贝类毒素浓度（μg/kg）为横坐标，绘制腹泻性贝类毒素标准液百分比吸光度值与腹泻性贝类毒素浓度的标准曲线。在绘制的标准曲线上，样液百分比吸光度值所对应的腹泻性贝类毒素浓度即为试样中腹泻性贝类毒素含量（μg/kg）。

（4）高效液相色谱检测法

高效液相色谱（HPLC）的原理是借溶质在固定相和流动相之间分配系数、亲和力、吸附力或分子大小不同而引起的排阻作用的差别，通过溶质在两相间进行连续多次的交换过程使不同溶质得以分离。HPLC 分辨率比较高，非常适用于从复杂的初提物中分离海洋毒素，同样，该方法也可以用于毒素的快速定性和定量检测。根据检测器的不同，高效液相色谱检测法又可分为高效液相色谱-质谱（HPLC-MS）法、高效液相色谱-荧光（HPLC-FLD）法、高效液相色谱-紫外（HPLC-UV）法等。目前，我国也已经建立采用高效液相色谱法检测部分 DSP 和 ASP 的相关国家标准和行业标准，见表 7-13。

表 7-13　高效液相色谱法检测毒素相关标准

毒素种类	标准名称	标准级别	标准编号
腹泻性贝毒 DSP	水产品中腹泻性贝类毒素残留量的测定液相色谱-串联质谱法	地方标准	DB33/T 743—2009
	食品液相色谱-质谱联用仪（LC-MS/MS）测定贝壳类动物和贝壳类动物产品内的亲脂藻毒素（冈田酸根毒素、虾夷扇贝毒素、贝类毒素、扇贝毒素）	行业标准	BS EN 16204—2012
记忆缺失性贝毒 ASP	贝类记忆丧失性贝类毒素软骨藻酸的测定	国家标准	GB/T 5009.198—2003
	进出口贝类中记忆丧失性贝类毒素检验方法	行业标准	SN/T 1070—2002

利用 LC-MS 方法在复杂混合物中可以定量鉴定单个毒素，但需要使用该毒素的标准品，目前一些毒素标准品已经可以通过商业途径获得。研究人员建立了许多用于检测短裸甲藻毒素及其代谢物的 HPLC-MS 方法，已被广泛地用于贝类、鱼类和藻类中 BTX 毒素的定性和定量分析。Suzuki 等（2000）报道了使用液相色谱-在线大气压电喷雾质谱在线检测冈田酸（OA）、鳍藻毒素-1（DTX-1）和扇贝毒素-6（PTX-6）等腹泻性贝毒的方法，OA、DTX-1 和 PTX-6 分别在 *m*/*z* 803、*m*/*z* 817 和 *m*/*z* 887 处表现出较强的分子离子峰。Quilliam（1995）研究了基于 LC-MS 和以 9-重氮蒽（ADAM）为衍生试剂的 LC-FL 检测 DSP 毒素的方法，并以此为基础建立了一个新的日常监测 DSP 毒素内部标准方法。该方法采用 80%甲醇/水溶液从贝类组织中定量提取 DSP，用己烷除去萃取物中的油脂，然后用氯仿分离毒素，分离后的毒素过氨基丙基硅胶柱后采用 LC-MS 和 LC-FLD 检测。由于 ADAM 不稳定，Lawrence 等（1996）采用以 9-氯甲基蒽柱前衍生法检测冈田酸和鳍藻毒素-1 等腹泻性贝毒，毒素在乙腈中与衍生试剂在氢氧化四甲基铵存在下 90℃反应 1h，衍生产物经固相萃取柱富集后采用 HPLC-FLD 分离检测，获得的结果与使用 ADAM 衍生冈田酸和 DTX-1 一致。

为了验证不同方法所获实验结果的相关度，Louppis 等（2010）对 ADAM 作为柱前衍生试剂的 HPLC-FLD 检测法、高效液相色谱-串联质谱（HPLC-MS/MS）检测法和小鼠生物检测法等三种方法所获实验结果的相关度进行了验证。他们分别利用这三种方法检测了 2006～2007 年年间采自希腊的不同贝类样品中海洋毒素冈田酸（OA）、鳍藻毒素-1（DTX-1）

及其衍生物。结果表明，HPLC-FLD 方法对 OA 的检出限和定量限分别为 0.015ppb 和 0.050ppb，HPLC-MS/MS 方法对 OA 的检出限和定量限分别为 0.045ppb 和 0.135ppb。三种方法检测结果表现出良好的相关度，其中 HPLC-FLD 和 LC-MS/MS 方法的检测结果完全一致（相关度 100%），而这两种方法的结果与小鼠生物测定的结果相关度达 97.1%。

质谱在从有毒鱼和有毒藻中鉴定痕量西加毒素及其类似物中起到了至关重要的作用。近年来质谱技术的进步极大地提高了分析能力，Lewis 等（1999）首先将串联质谱应用于西加毒素检测，他们使用高效液相色谱-串联质谱（HPLC-MS/MS）来检测鱼类粗提取物中的 P-CTX-1 和 C-CTX-1，检测限分别为 0.04ppb P-CTX-1 和 0.10ppb C-CTX-1，并使用 P-CTX-1 作为内标，分析来自加勒比海的鱼类提取物。随后，其他实验室开始将串联质谱技术应用于检测鱼中西加毒素的含量。

（曹 瑛 代先东 范崇旭）

第五节 有毒海洋生物致伤防护方法

一、常见有毒海洋生物致伤类型与发生原因

海洋环境特殊，海洋生物的生态特性及其种间联系远比陆生生物复杂而广泛，相当普遍地存在各种特异功能的生物活性物质。一些海洋生物含有毒素，人体接触或误食后会导致损伤、中毒，统称有毒海洋生物。一般认为，有毒海洋生物占整个海洋生物种类的 10% 左右，集中在底栖和浮游生物群落。我国已查明的有毒海洋生物有上千种，包括有毒藻类、有毒无脊椎动物以及有毒鱼类和爬行类等（张黎明等，2002）。

我国是一个海洋大国，提高海洋资源开发能力，维护国家海洋权益，建设海洋强国已成为新时期的基本国策。随着海洋经济的不断发展和海洋作业的日益频繁，人类遭遇有毒海洋生物伤害的情况越来越多见。常见海洋生物伤害既是潜水作业、海洋捕捞、海水养殖、滨海旅游以及沿海居民日常生活的主要危险因素之一，也是部队海训和守护岛礁面临的特殊医疗卫生保障课题。主要包括以下几个种类。

1. 海绵刺伤

（1）有毒海绵种类与分布

海绵是多孔动物门的主要代表，是多细胞动物中最原始的种类。据估计，全世界有 1 万种以上海绵，分为钙质海绵纲、六星海绵纲和寻常海绵纲 3 大类，遍布于全世界，据宋杰军等（1996）报道我国有 5000 种以上。一些种类海绵含有毒素成分，报道较多的有毒海绵包括：有鞘美丽海绵（*Callyspongia vaginalis*）、细芽海绵（*Microciona prolifera*）、倔海绵（*Dysidea etheria*）、绿蜂海绵（*Haliclona viridis*）、红网海绵（*Hemectyon ferox*）、小束羊海绵（*Ircinia fasciculata*）、寄居蟹皮海绵（*Suberites domunculus*）、居苔海绵（*Tedania ignis*）、毒苔海绵（*Tedania taxicalis*）、大田软海绵（*Halichondria okadai*）等。

（2）致伤原因

海绵的外表非常像植物，通常一端固着，另一端游离，千姿百态，五颜六色。多数具

有钙质、硅质或角质骨骼，海绵动物的骨骼分骨针（海绵针）、海绵丝（骨丝）和非骨针型的矿物质等三种。海绵分布广，种类多，但由于海绵不能食用，海绵刺伤中毒病例相对少见，通常是在海中不小心碰到海绵而刺伤皮肤（Ottuso，2013a）。

2. 水母蜇伤

（1）有毒水母种类与分布

高尚武等（2002）报道，我国近海分布多种有毒水母，包括水螅虫纲的僧帽水母（*Physalia physalis*）和钵水母纲的火水母（*Tamoya alata*）、沙海蜇（*Stomolophus meleagris*）、发形霞水母（*Cyanea capillata*）、夜光游水母（*Pelagia noctiluca*）、灯水母（*Carybdea rastonii*）、疣灯水母（*Carybdea sivickisi*）、金黄水母（*Chrysaora helvola*）等。其中僧帽水母属热带外海种类，分布范围广，多见于南海和东海。火水母主要分布于东海中部以南海区，属广温、广盐性近岸中大型剧毒种类，多见于浙江、福建、广东海域。沙海蜇主要分布于黄海至东海北部海域，属北方冷水性大型有毒种类。

（2）致伤原因

水母个体由伞部和口腕部两部分组成。伞部呈扁平圆盘形或球形。伞的腹面有口，口下悬垂口腕称口腕部。口腕上有许多小触手，长者达数十米，其上密布刺丝囊。刺丝囊是刺胞动物的防御与进攻武器，状如小囊，内有中空的刺丝（图 7-3）。当触手触及物体时，立即缩短卷绕受害者，发射刺丝穿入人体皮肤或小动物体内，同时释放出毒液（Morabito et al.，2012）。与活体水母直接接触可致蜇伤，拣拾海滩上尚未干燥的死亡水母也可能被蜇伤。由于触手有很大表面积和大量刺丝囊，可使患者造成严重中毒损伤。

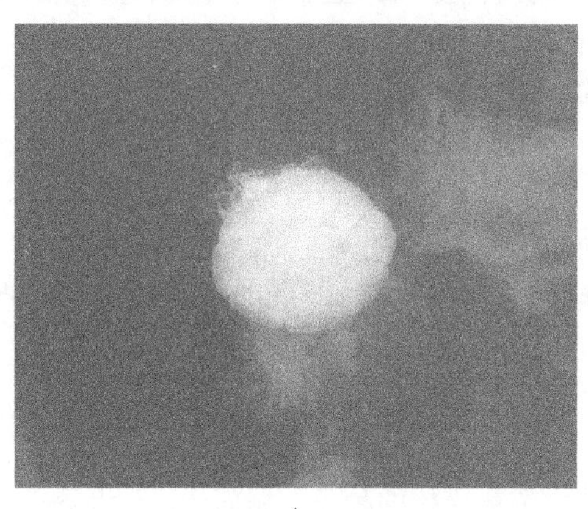
A

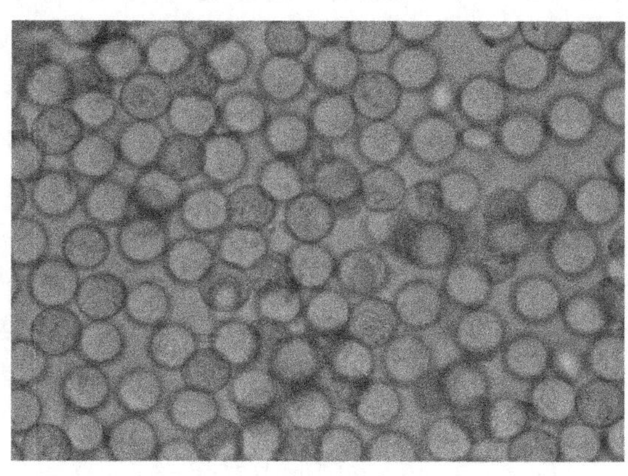
B

图 7-3 发形霞水母（A）与分离自发形霞水母触手的刺丝囊（B）

3. 软体动物致伤

（1）主要有毒软体动物种类与分布

我国沿海分布有毒软体动物 200 余种，致伤人类的主要涉及腹足纲的芋螺和头足纲的蓝斑环章鱼等。

芋螺类 属腹足纲，呈圆锥形或纺锤形，壳面光滑，色泽绚丽。生活于热带、亚热带海域潮间带与潮下带浅水区。我国发现有毒芋螺 70 余种，多分布于东海及南海诸岛。

章鱼类 属头足纲，有坚硬的几丁质喙状嘴，伤人的主要是蓝斑环章鱼，多见于印度洋和太平洋海域。外表有蓝色小环和深褐色条纹，受刺激时，体色变暗。

（2）致伤原因

芋螺毒器位于背部，由毒管、毒囊和齿舌组成。毒素由毒管和毒囊分泌，齿舌以毒箭方式伤人。蓝斑环章鱼中毒主要是咬伤所致，毒素由唾液腺分泌，成分复杂，含有河豚毒素。

4. 棘皮动物致伤中毒

（1）主要有毒棘皮动物种类与分布

海洋中生活着约 5900 种棘皮动物，致伤人类的主要涉及海胆纲、海星纲和海参纲。

海胆类 呈球形、心形或盘状，有石灰质壳，壳上多棘。我国常见有毒海胆包括刺冠海胆、白棘三列海胆等 8 种，南多北少，成群生活于岩礁下、石缝中和珊瑚礁内，有的潜伏在泥沙内。

海星类 呈五角形或扁平星状，分为腕和盘部，体外有疣和叉棘。已知有毒者我国约 10 种，以长棘海星、日本滑海盘车等较常见。多生活在沙底、岩礁、珊瑚礁内。

海参类 呈长圆筒状或蠕虫形，体表常有突出的棘，背部常有疣足和肉刺。我国沿海剧毒海参超过 18 种。以荡皮海参、辐肛参等较常见。多生活在热带、亚热带海域岩礁、沙泥和珊瑚礁底部。

（2）致伤原因

海胆致伤中毒可经由棘刺伤或摄食海胆的生殖腺引起。多数海胆在繁殖季节都是有毒的，海胆毒素包括生殖腺毒素与叉棘毒素（Sciani et al.，2012）。海星叉棘表皮中的腺细胞产生海星毒素，包括皂苷等多种成分，可刺伤人体造成中毒（Lee et al.，2013）。辐肛参等的毒素大部分集中在与泄殖腔相连的细管状居维叶器内；荡皮海参等的毒素主要浓集于体壁的表面腺中。当海参受到刺激时，居维叶器从肛门射出，喷出毒液，或表皮腺分泌出大量黏液状毒液，可引起接触性皮炎。摄食有毒海参可致食物中毒。

5. 海蛇咬伤

（1）种类与分布

全球已知海蛇超过 50 种，均为剧毒蛇，主要分布在非洲东北部、亚洲和中美洲的热带沿海水域。我国近海分布着扁尾海蛇亚科和海蛇亚科的 9 属 19 种海蛇，常见的有青环海蛇（*Hydrophis cyanocinctus*）、长吻海蛇（*Pelamis platurus*）、平颏海蛇（*Lapemis hardwickii*）、环纹海蛇（*Hydrophis fasciatus*）、黑头海蛇（*Hydrophis melanocephalus*）、淡灰海蛇（*Hydrophis ornatus*）、青灰海蛇（*Hydrophis caerulescens*）、半环扁尾海蛇（*Laticauda semifasciata*）、扁尾海蛇（*Laticauda laticaudata*）等。主要生活在海南、广西和福建等省海域，其中以北部湾和福建近海分布最多。

由于长期生活在水中，海蛇躯体后部和尾已演变成侧扁形，鼻孔开口于吻背，并有开闭瓣膜。海蛇皮肤较厚，在外环境渗透压不同时它能有效地保持体内水分不会丧失，离开海水能存活数十小时。与海中其他蛇形动物（如鳗鲡类）相比，海蛇遍身覆鳞片而无鳃裂，可以此相互鉴别。海蛇无鳃，靠肺呼吸，因此海蛇必须间隔一定时间到水面呼吸（Ottuso，2013b）。

（2）致伤原因

海蛇全部有固定牙齿，较短（2.5～4.5mm），为前沟牙类毒蛇（图 7-4）。除交配季节外，通常不主动攻击人。海蛇毒素与陆地蛇毒类似，也是多种蛋白质的混合物。其中主要成分是神经毒素和各种酶蛋白，从海蛇毒液中分离出来的神经毒素主要是作用于突触后的 *α*-神经毒素，结合在骨骼肌运动终板部位的烟碱型乙酰胆碱受体，阻断骨骼肌的神经肌肉接头传递，因此中毒的人和动物出现肌肉麻痹，多以呼吸肌麻痹导致窒息死亡（Lomonte et al.，2014）。海蛇毒不含心脏毒素，对心脏没有直接作用，也不影响血液凝固，咬伤患者无出血现象。但海蛇毒素能引起骨骼肌损伤，以出现肌红蛋白尿为临床表现，尸检可见中毒死亡者有广泛性肌肉坏死。

A

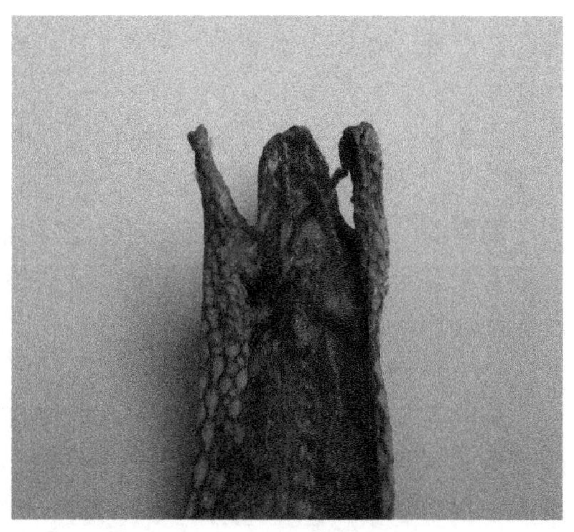

B

图 7-4　平颏海蛇（A）与平颏海蛇毒牙（B）

6. 软骨鱼纲刺毒鱼类致伤

（1）软骨鱼纲刺毒鱼种类与分布

鲨类　具有毒棘的鲨类主要是虎鲨和角鲨类，背鳍前方有锐利、坚硬毒棘，鳍棘后面有浅沟，沟内有毒腺组织。我国沿海最常见的有狭纹虎鲨、短吻角鲨等。

魟类　包括六鳃魟科、魟科、扁魟科、燕魟科、鲼科、蝠鲼科等，我国近海约 29 种。尾部有尾刺，尾刺腹面两侧有一对腹侧沟，沟内有毒腺组织。大部分种类在浅海、海湾、礁石间的沙地生活，底层栖息，常把身体埋于沙中，日伏夜出（Junior et al.，2013）。

银鲛类　包括银鲛科和长吻银鲛科，我国近海有黑线银鲛和太平洋吻银鲛等。背鳍有 1 根毒棘，毒棘后缘有许多锯齿状小棘，毒腺存在于棘后方浅沟内。

（2）致伤原因

软骨刺毒鱼类的毒器通常由毒腺、毒刺和沟管三部分组成（图 7-5）。当棘刺伤人体组织后，棘鞘被撕破，棘的齿状边缘即可通过沟管释放毒液，引起中毒。毒素可被加热或胃液迅速破坏，属胃肠外毒素，主要通过毒器致伤人体引起中毒。

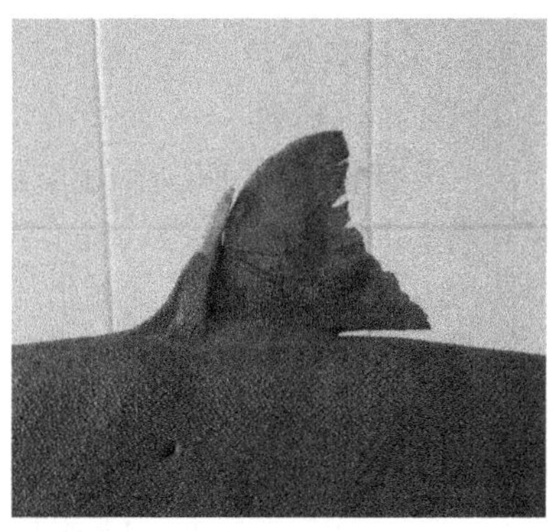

A　　B

图 7-5 狭纹虎鲨（A）与狭纹虎鲨背鳍刺（B）

7. 硬骨鱼纲刺毒鱼类致伤

（1）硬骨鱼纲刺毒鱼主要种类

鲇类 包括鳗鲇科和海鲇科，暖水性底层鱼类。我国产 3 种，见于东海和南海。

篮子鱼类 栖息于浅湾和珊瑚礁中，我国产 13 种，见于东海和南海。

刺尾鱼类 栖息于岩礁和珊瑚礁中，我国产 28 种，见于南海。

螣类 底层鱼类，常埋于泥沙中，仅露出口、眼。我国产 5 种，沿海均有分布。

蝴蝶鱼类 暖水性近岸中小型底层鱼类，栖息于珊瑚及岩礁海域，体色鲜艳，可供观赏。有毒的 5 种，见于南海。

鲉类 栖息于浅海珊瑚礁和海藻丛中，包括鲉科、疣鲉科和毒鲉科。鲉科中蓑鲉的鳍很大，但不善游泳。毒鲉类外形丑陋，眼与下颌突出，背鳍参差不齐，全身凹凸不平，静伏于海底，体色依周围环境而变化，不易被发现。鲉类是硬骨鱼纲刺毒鱼类的主要代表，我国产 55 种。

（2）致伤原因

与软骨刺毒鱼类似，通过毒棘刺伤人体，毒腺分泌的毒液通过沟管排入人体引起局部或全身中毒。硬骨刺毒鱼类的毒素也是胃肠外毒素。鲇鱼类的毒棘特别危险，其背棘和胸棘可牢牢地固定成硬直的伸展状态，且棘被包埋在含有毒腺的皮鞘内，鳍棘非常尖锐，有的种类还有倒齿，可使受伤者皮肤、肌肉撕裂。鲉类的毒器是背鳍棘、腹鳍棘及臀鳍棘。鲉类的毒腺组织在刺毒鱼类中最为发达，尤以毒鲉科为甚，膨胀呈大囊状（Prentice et al.，2008）。

二、有毒海洋生物致伤主要症状

1. 海绵刺伤

（1）局部症状

通常只出现局部皮肤症状，有瘙痒或针刺感，数小时后局部红肿、形成风团块，可持续 2～3 日。

（2）全身症状

个别严重病例在有毒海绵刺伤后可出现明显的全身中毒症状及迟发性过敏反应。

2. 水母蜇伤

（1）局部症状

立即有触电样刺痛感，逐渐出现线状排列的红斑、丘疹，斑痕多与触手接触方向一致，犹如鞭痕，瘙痒明显（Avelino-Silva et al.，2011）。

（2）全身症状

中、重度蜇伤后数分钟至数小时即可相继出现全身反应。①神经系统：不适、头痛、眩晕、运动失调、痉挛性麻痹等；②循环系统：溶血、心律失常、心率减慢、低血压、充血性心力衰竭；③运动系统：弥漫性肌痛、关节痛、肌肉痉挛等；④消化系统：恶心、呕吐、腹泻、咽下困难、唾液分泌等；⑤其他：肺水肿、过敏性休克、急性肺心病及肾衰竭等。

3. 软体动物致伤

芋螺蜇伤后伤口局部有麻木感，很快扩展至口、唇、舌及四肢末端，并有出血。全身症状表现为肌无力、痉挛，恶心、呕吐、流涎、下咽困难、失声、呼吸困难、复视或视力模糊，共济失调，全身肌肉麻痹，最后可因呼吸、循环衰竭而死亡。

蓝斑环章鱼咬伤后局部出现麻木，并有恶心、呕吐、视力模糊、吞咽困难、共济失调等症状，重者很快出现呼吸困难，因呼吸麻痹而死亡。

4. 棘皮动物致伤中毒

（1）海胆刺伤

局部剧痛，随之红肿，有烧灼感，伤口呈紫色，约 1h 后疼痛可减轻；重者伤口继发感染或溃烂，经久不愈。还可出现眩晕、心悸、呼吸急促等全身症状，重者手足抽搐、肌肉麻痹。

（2）海星刺伤

主要是局部剧痛、红肿麻木。继发感染时，形成难愈的溃疡。严重中毒时，肌肉抽搐，运动失调。长棘海星刺伤局部严重疼痛，并引起长时间呕吐。

（3）海参致伤中毒

接触海参毒素的局部皮肤、黏膜感觉烧灼样疼痛，红肿，呈炎性反应。如毒素溅入眼睛，可造成失明。毒素吸收进入体内后可引起全身乏力，并有消化系统障碍，较严重者出现四肢软瘫、尿潴留及肠麻痹，可能出现咯血，极严重者可致死。

5. 海蛇咬伤

（1）局部症状

无红肿、疼痛，偶有麻木感。

（2）全身症状

被海蛇咬伤 0.5～1h 后出现运动功能障碍，四肢沉重，全身无力，呼吸浅表短促，随后出现轻度呼吸困难，全身肌肉疼痛，四肢麻木，张口困难，嗜睡，眼睑下垂，复视，甚至有牙关紧闭、四肢瘫痪、发绀等症状。重度中毒者有进行性呼吸困难，通常在咬伤后 3～6h 出现呼吸肌麻痹，不能自主呼吸，多数因窒息死亡。有些患者在咬伤后 3～6h 出现肌红蛋白尿。

6. 软骨鱼纲刺毒鱼类致伤

有毒腺鲨鱼和银鲛主要通过背棘伤人，较少见。魟类则依靠尾刺伤人，造成局部较大创伤和毒液吸收中毒，多见。魟类、鲨类的锯齿状鳍棘可造成人体严重的撕裂伤，除了毒液中毒外，撕裂伤也可使周围组织发生严重创伤反应，如出血、肌肉和神经损伤、局部感染等。

（1）局部症状

有毒鲨鱼刺伤，局部剧痛，还可出现红斑和严重肿胀，伤口难愈合。魟类刺伤，伤口可达 10cm 左右，伴有痉挛性剧痛，并向外辐射波及整个肢体。银鲛致伤也可出现局部剧痛，但程度较魟类中毒要轻。

（2）全身症状

乏力、胸闷、心悸及全身肌肉酸痛，全身散在的皮肤出血及继发感染等。严重者恶心、呕吐、多汗、流涎、呼吸急促、少尿及血压下降、心律失常，最后出现运动失调、瞳孔散大、惊厥、昏迷，呼吸抑制而死亡。

7. 硬骨鱼纲刺毒鱼类致伤

难以忍受的剧痛、麻木、出血，局部肿胀且范围迅速扩大，出现发绀。剧烈疼痛放射至整个上肢或下肢，重者出现恶心、呕吐、休克和继发感染等。如刺伤足部和下肢，常因剧痛不能行动。尤以毒鲉致伤最为危险，可致死。

三、有毒海洋生物致伤防治方法

1. 海绵刺伤

（1）急救与治疗

刺伤处涂稀乙酸，缓解患处疼痛。可用医用胶布等黏性材料反复粘贴于刺伤处，移走残留颗粒物质。然后与临床上炎性皮炎相同处理。必要时口服抗组胺药或使用糖皮质激素。

（2）预防

避免直接接触，处理标本时戴手套以防刺伤。

2. 水母蜇伤

（1）急救与治疗

局部处理 立即上岸，用海水冲洗蜇伤处。可用热水（40℃）浸泡。尽快用 5%乙酸（或食醋）浸泡或湿敷蜇伤部位，持续至少 30min（Cegolon et al.，2013）。

全身治疗 低血压患者立即注射乳酸钠林格液。支气管痉挛和呼吸困难者，静注安定、给氧或人工呼吸以缓解症状。出现血红蛋白尿，可用呋塞米或甘露醇。少数急性进行性肾衰竭患者，需腹膜透析或血液透析。

其他对症治疗 预防和治疗感染，早期应用广谱抗生素。过敏性休克应及时控制肺水肿。也可适当应用升压药物，如阿拉明、多巴胺等。疼痛剧烈时，吗啡或哌替啶静注。

（2）预防

遵守安全告示，不用手直接抓或捞取水母。澳大利亚设计生产了一种水母防护服，穿着该服装后入水可有效预防水母蜇伤。特定海域可设置防水母网。近年以色列生产了一种皮肤防护霜，既有防晒功能，又能有效防止水母蜇伤。

3. 软体动物致伤

（1）治疗

芋螺蜇伤 ①局部立即用热水冲洗或浸泡，缓解疼痛，应用高压阻流技术阻止毒素吸收。②全身治疗：疼痛剧烈时注射吗啡或利多卡因（不加肾上腺素）。严重低血压及时应用盐酸纳洛酮。必要时，给氧，气管切开和人工呼吸。早期应用抗生素，防止感染。

蓝斑环章鱼咬伤 立即冲洗，不切开伤口的情况下局部吸引，应用高压阻流技术阻止毒素吸收。维持人工辅助呼吸 4～10h，可参照河豚中毒的治疗，试用新斯的明和 4-氨基吡啶缓解肌肉麻痹。

（2）预防

芋螺和章鱼都不主动袭击人类，在海滩漫步时应注意足部防护，不徒手捉拿芋螺和章鱼。

4. 棘皮动物致伤中毒

（1）治疗

海胆刺伤 立即将患处浸入 45℃以下热水中可止痛；用镊子除去伤口内叉棘，必要时可手术切开去除，然后彻底冲洗伤口；可用 5%高锰酸钾溶液湿敷，并用普鲁卡因局部封闭；肌肉痉挛时，可静注葡萄糖酸钙。

海星刺伤 局部冲洗去除毒液，可用酒精浸泡患处；必要时可用局麻药或吗啡等镇痛；注意防治感染。

海参致伤中毒 局部用清水或酒精涂擦，能减轻症状。眼睛内接触毒液后尽快用清水冲洗，并滴入可卡因眼药水或 0.2%～0.5%毒扁豆碱溶液。误食中毒者应尽快催吐或洗胃；静脉补液，维持水电解质及酸碱平衡；出现肌肉麻痹时，可试用新斯的明或毒扁豆碱注射。

（2）预防

避免直接接触，处理标本时戴手套以防刺伤。捕捞海参时，应戴手套和防护眼镜，避免直接接触海参体表黏液。

5. 海蛇咬伤

（1）急救与治疗

海蛇咬伤后切忌惊慌奔跑，以免加重毒素全身吸收。立即采取措施排出伤口内毒液、阻止毒液吸收入血、及时注射抗毒血清是最有效的急救措施。

抗毒治疗 尽早使用海蛇抗毒血清，但目前国内尚无海蛇抗毒血清面市。还可应用胰蛋白酶或 0.5%高锰酸钾在伤口周围局部注射，有一定疗效。

防治感染 海蛇口腔中含大量革兰氏阴性菌、破伤风杆菌等需氧及厌氧菌。可选用肝、肾毒性较小的青霉素 G、氨苄青霉素等，合用甲硝唑，并应用破伤风抗毒素。

对症治疗 海蛇咬伤中毒的死亡原因主要是呼吸衰竭和肾衰竭。出现呼吸功能障碍时，吸氧，同时肌注新斯的明，当自主呼吸停止时，及时行人工辅助呼吸。出现肾衰竭时，尽早采用血液透析。

（2）预防

海蛇常在海边浅水域活动，应提高警惕；捉取海蛇前须先用工具固定其头部；可能遭海蛇咬伤的场合要事先准备抗毒血清和蛇药。

6. 软骨鱼纲刺毒鱼类致伤

（1）治疗

救治原则 止痛、抗毒及防治继发感染。立即用止血带包扎伤口，减少毒液吸收。

抗毒处理 3%依米丁于刺伤处近心端皮下或肌肉注射，局部疼痛、出血很快缓解，1～3日内即可消肿痊愈。

（2）预防

刺伤多见于海洋作业时误触刺毒鱼所致，因而对相关作业人员要做好宣传。注意手、足防护，防止刺毒鱼挣扎跳跃造成刺伤事故，捕到刺毒鱼后即应除去毒刺以免误伤。避免逗引刺毒鱼。

7. 硬骨鱼纲刺毒鱼类致伤

（1）治疗

治疗原则是止痛、消除毒液和防止继发性感染。生理盐水冲洗伤口，包扎。䱀类刺伤应彻底清洗局部。受伤肢体可在热水或4%硫酸镁温水中浸泡止痛。毒䱀类的刺伤可用依米丁溶液直接注入伤口周围止痛。民间用海蟑螂体液涂抹创口止痛。

（2）预防

硬骨刺毒鱼致伤主要是用手抓取时发生机械性创伤，但也有部分鱼类具有主动攻击性，在攻击距离内可主动袭击使人致伤中毒。普通橡皮手套、鞋子易遭刺破，应加强手、足防护，捕捉时最好使用铁钩等工具。

（贺 茜 张黎明）

参考文献

邴晖，高炳淼，于海鹏，等. 2001. 海洋生物毒素研究新进展. 海南大学学报（自然科学版），29（1）：78-85.

蔡朝民，袁建辉，谢猛，等. 2009. 雪卡毒素两种检测方法的比较研究. 中国热带医学，9（8）：1448-1450.

陈冀胜. 2012. 海洋生物毒素与海洋药物. 科学，64（3）：17-20.

戴秋云，肖彩. 2006. Conantokin 的结构与功能研究. 中国生物化学与分子生物学学报，22（5）：360-364.

高尚武，洪惠馨，张士美. 2002. 中国动物志无脊椎动物第 27 卷刺胞动物门水螅虫纲管水母目钵水母纲. 北京：科学出版社：1-225.

顾佳萍，袁涛. 2010. 赤潮毒素软骨藻酸检测方法研究进展. 海洋通报，4：472-477.

何小维，赵喜红，刘晓云，等. 2007. 胶体金快速诊断技术的研究进展. 中国人兽共患病学报，23（1）：86-88.

江天久，尹伊伟，骆育敏，等. 2000. 大亚湾和大鹏湾麻痹性贝类毒素动态分析. 海洋环境科学，19（2）：1-5.

雷腊梅，韩博平，宋立荣. 2007. 时间分辨荧光免疫一步法检测微囊藻毒素的研究. 环境科学，28（4）：872-875.

李海芳，陈瑶，杨梦甦，等. 2008. 棘皮动物天然产物的研究进展. 中国海洋药物，27（4）：52-59.

李荣锋，于华华，邢荣娥，等. 2012. 沙蜇（*Stomolophus meleagris*）刺丝囊毒素生物活性的初步分析. 中国生物工程杂志，32（6）：43-47.

廖永岩，徐安龙，卫剑文，等. 2001. 中国蛋白、肽类毒素海洋动物名录及其分布. 中国海洋药物，5：47-57.

宋杰军，毛庆武. 1996. 海洋生物毒素学. 北京：北京科学技术出版社.

魏娟娟，戴秋云. 2006. A-芋螺毒素构效关系的研究进展. 军事医学科学院院刊，30（4）：389-393.

闫妍，张淑珍，唐吉军. 2006. 一种基于肽质量指纹谱技术鉴定蓖麻毒素的新方法. 分析化学，34（2）：187-190.

虞锐鹏，戴军，陈尚卫，等. 2005. 反相高效液相色谱法测定蓝藻中的微囊藻毒素. 分析科学学报，21（6）：613-615.

岳舜琳. 2008. 用发光细菌监测水质突发性污染. 水处理信息报导，（5）：46.

张敬平，肖付刚，赵晓联，等. 2010. 微囊藻毒素分析检测技术. 北京：化学工业出版社.

张黎明，陈志龙. 2002. 常见海洋生物伤防治指南. 上海：第二军医大学出版社：1-84.

张龙霄，刘珠果，戴秋云. 2013. 刺毒鱼毒素研究进展. 生命的化学，33（5）：571-575.

张晓玲，杨桥，惠芸华，等. 2012. 超高效液相色谱荧光法检测贝类中三种高毒性麻痹性贝毒. 海洋渔业，34（3）：337-341.

赵亮，Newcombe G，Britcher L. 2006. 微囊藻毒素-LR 的特征红外光谱. 光谱学与光谱分析，26（6）：1051-1053.

Adeyemo O M，Shapira S，Tombaccini D，et al. 1991. A goldfish model for evaluation of the neurotoxicity of omega-conotoxin GVIA and screening of monoclonal antibodies. Toxicol Appl Pharmacol，108：489-496.

Andrich F，Carnielli J B，Cassoli J S，et al. 2010. A potent vasoactive cytolysin isolated from Scorpaena plumieri scorpionfish venom. Toxicon，56：487-496.

Avelino-Silva V I，Avelino-Silva T. 2011. Evolution of a jellyfish sting. N Engl J Med，365：251.

Baker L，Sendall B C，Gasser R B，et al. 2013. Rapid，multiplex-tandem PCR assay for automated detection and differentiation of toxigenic cyanobacterial blooms. Mol and cell probes，27（5）：208-214.

Baxter E H，Marr A G. 1969. Sea wasp（*Chironex fleckeri*）venom：Lethal，haemolytic and dermonecrotic properties. Toxicon，7（3）：195-210.

Bignami G，Waller D，Yasumoto T. 1996. Antibodies to maitotoxin elicitedby immunization with toxin-fragment conjugates. Toxicon，34：1393-1397.

Blanco J，Mariño C，Martín H，et al. 2007. Anatomical distribution of diarrhetic shellfish poisoning（DSP）toxins in the mussel *Mytilus galloprovincialis*. Toxicon，50（8）：1011-1018.

Botana L M. 2007. Paralytic shellfish poisoning detection by surface plasmon resonance-based biosensors in shellfish matrixes. Anal Chem，79：6303-6311.

Bovee T F，Hendriksen P J，Portier L，et al. 2011. Tailored microarray platform for the detection of marine toxins. Environ Sci Technol，45（20）：8965-8973.

Brinkman D L，Konstantakopoulos N，McInerney B V，et al. 2014. *Chironex fleckeri*（Box Jellyfish）Venom proteins expansion of a cnidarian toxin family that elicts valubale cytolytic and cardiovascular effects. J Biol Chem，289（8）：4798-4812.

Caillaud A，Yasumoto T，Diogene J. 2010. Detection and quantification of maitotoxin-like compounds using a neuroblastoma（Neuro-2a）cell based assay. Application to the screening of maitotoxin-like compounds in Gambierdiscus spp. Toxicon，56（1）：36-44.

Calvete J J，Ghezellou P，Paiva O，et al. 2012. Snake venomics of two poorly known Hydrophiinae：Comparative proteomics of the venoms of terrestrial *Toxicocalamus longissimus* and marine *Hydrophis cyanocinctus*. J Proteomics，75（13）：4091-4101.

Campbell K，Stewart L D，Doucette G J，et al. 2007. Assessment of specific binding proteins suitable for the detection of paralytic shellfish poisons using optical biosensor technology. Anal Chem，79（15）：5906-5914.

Cariello L，Romano G，Spagnuolo A，et al. 1988. Isolation and partial characterization of Rhizolysin，a high molecular weight protein with hemolytic activity，from the jellyfish *Rhizostoma pulmo*. Toxicon，26（11）：1057-1065.

Catanante G，Espin L，Marty J L. 2015. Sensitive biosensor based on recombinant PP1α for microcystin detection. Biosens Bioelectron，67：700-707.

Cegolon L，Heymann W C，Lange J H，et al. 2013. Jellyfish stings and their management：A review. Mar Drugs，11：523-550.

Chu F S，Huang X，Wei R D，et al. 1989. Production and characterization of antibodies against microcystins. Appl Environ Microbiol. 55（8）：1928-1933.

Colasante C，Meunier F A，Kreger A S，et al. 1996. Selective depletion of clear synaptic vesicles and enhanced quantal transmitter release at frog motor nerve endings produced by trachynilysin，a protein toxin isolated from stonefish（*Synanceia trachynis*）venom. Eur J Neurosci，8：2149-2156.

Conceição K，Konno K，Melo R L，et al. 2006. Orpotrin：A novel vasoconstrictor peptide from the venom of the *Brazilian stingray* Potamotrygon gr. orbignyi. Peptides，27：3039-3046.

Conceição K，Santos J M，Bruni F M，et al. 2009. Characterization of a new bioactive peptide from Potamotrygon gr. orbignyi freshwater stingray venom. Peptides，30：2191-2199.

Cristina P M，Basulto A，del Monte A，et al. 2004. Cross-reactivity and inhibition of haemolysis by polyclonal antibodies raised against St II，a cytolysin from the sea anemone *Stichodactyla helianthus*. Toxicon，43（2）：167-171.

de Castro C S，Silvestre F G，Araújo S C，et al. 2004. Identification and molecular cloning of insecticidal toxins from the venom of the brown spider *Loxosceles intermedia*. Toxicon，44（3）：273-280.

Del Negro P，Kokelj F，Avian M，et al. 1991. Toxic property of the jellyfish *Chrysaora hysoscella*：Preliminary report. Rev Int Océanog Méd，101-104.

Dell'Aversano C，Hess P，Quilliam M A. 2005. Hydrophilic interaction liquid chromatography-mass spectrometry for the analysis of Paralytic Shellfish Poisoning（PSP）toxins. J Chromatogr，1081：190-201.

Diehnelt C W，Dugan N R，Peterman S M，et al. 2006. Identification of microcystin toxins from a strain of *Microcystis aeruginosa* by liquid chromatography introduction into a hybrid linear ion trap-Fourier transform ion cyclotron resonance mass spectrometer. Anal Chem. 78（2）：501-512.

Dittami S M，Pazos Y，Laspra M，et al. 2013. Microarray testing for the presence of toxic algae monitoring programme in Galicia（NW Spain）. Environ Sci Pollut Res Int，20（10）：6778-6793.

Doucette G J，Logan M M，Ramsdell J S，et al. 1997. Development and preliminary validation of a microtiter platebased receptor binding assay for paralytic shellfish poisoning toxins. Toxicon，35：625-636.

El Khalloufi F，El Ghazali I，Saqrane S，et al. 2012. Phytotoxic effects of a natural bloom extract containing microcystins on *Lycopersicon esculentum*. Ecotoxicol Environ Saf，79：199-205.

Elshafey R，Siaj M，Zourob M. 2014. *In vitro* selection，characterization，and biosensing application of high-affinity cylindrospermopsin-targeting aptamers. Anal Chem，86（18）：9196-9203.

Feng J，Yu H，Xing R，et al. 2010. Partial characterization of the hemolytic activity of the nematocyst venom from the jellyfish *Cyaneanozakii* Kishinouye. Toxicol In Vitro，24（6）：1750-1756.

Feroudj H，Matsumoto T，Kurosu Y，et al. 2014. DNA microarray analysis on gene candidates possibly related to tetrodotoxin accumulation in pufferfish. Toxicon，77：68-72.

Fleming W J，Howden M E. 1974. Partial purification and characterization of a lethal protein from Tripneustes gratilla. Toxicon，12（4）：447-448.

Fonfria E S，Vilarino N，Campbell K，et al. 1995. Detection of sodium channel effectors：Directed cytotoxicity assays of purified ciguatoxins，brevetoxins，saxitoxin and seafood extracts. J AOAC Int，78：521-527.

Fox J W，Elzinga M，Tu A T. 1977. Amino acid sequence of a snake neurotoxin from the venom of *Lapemis hardwickii* and the detection of a sulfhydryl group by laser Raman spectroscopy. FEBS Lett，80（1）：217-220.

Frazão B，Vasconcelos V，Antunes A. 2012. Sea anemone（*Cnidaria*，*Anthozoa*，*Actiniaria*）toxins：An overview. Mar Drugs，10（8）：1812-1851.

Gawley R E，Mao H，Haque M M，et al. 2007. Visible fluorescence chemosensor for saxitoxin. J Org Chem，72：2187-2191.

Gerssen A，Pol-Hofstad I E，Poelman M，et al. 2010. Marine toxins：Chemistry，toxicity，occurrence and detection，with special reference to the Dutch situation. Toxins，2：878-904.

Gomes H L，Menezes T N，Carnielli J B，et al. 2011. Stonefish antivenom neutralizes the inflammatory and cardiovascular effects induced by scorpionfish *Scorpaena plumieri* venom. Toxicon，57（7-8）：992-999.

Gregson B P，Millie D F，Cao C，et al. 2006. Simplifie denrichment and identification of environmental peptide toxins using antibody-capture surfaces with subsequent mass spectrometry detection. J Chromatogr A，1123（2）：233-238.

Gusmani L，Avian M，Galil B，et al. 1997. Biologically active polypeptides in the venom of the jellyfish *Rhopilema nomadica*. Toxicon，35（5）：637-648.

Halstead B W. 1988. Poisonous and venomous marine animals of the world（Second revised edition）. Priceton：Darwin Press Inc.

Harada K，Oshikata M，Shimada T，et al. 1997. High-performance liquid chromatographic separation of microcystins derivatized with a highly fluorescent dienophile. Nat Toxins，5（5）：201-207.

Helmholz H，Wiebring A，Lassen S，et al. 2011. Cnidom analysis combined with an in vitro evaluation of the lytic，cyto-and neurotoxic potential of *Cyaneacapillata*（Cnidaria：Scyphozoa）. Scientia Marina，76（2）：339-348.

Hung D Z，Lin J H，Mo J F，et al. 2014. Rapid diagnosis of *Naja atrasnakebites*. Clin Toxicol（Phila），52（3）：187-191.

Hungerford J，Gago-Martinez A. 2014. Marine toxins. J AOAC Int，97（2）：283-284.

Jin A H，Dutertre S，Kaas Q，et al. 2013. Transcriptomic messiness in the venom duct of *Conus miles* contributes to conotoxin diversity. Mol Cell Proteomics，12（12）：3824-3833.

Junior V H，Cardoso J L C，Neto D G. 2013. Injuries by marine and freshwater stingrays：History，clinical aspects of the envenomations and current status of a neglected problem in Brazil. J Venom Anim Toxins Incl Trop Dis，19：16.

Kang C，Munawir A，Cha M，et al. 2009. Cytotoxicity and hemolytic activity of jellyfish *Nemopilemanomurai*（*Scyphozoa*：*Rhizostomeae*）venom. Comp Biochem Physio Part C：Toxicol & Pharm，150（1）：85-90.

Kiriake A，Shiomi K. 2011. Some properties and cDNA cloning of proteinaceous toxins from two species of lionfish（*Pterois antennata* and *Pterois volitans*）. Toxicon，58：494-501.

Kiriake A，Shiomi K. 2013. Proteinaceous toxins from three species of scorpaeniform fish（lionfish Pterois lunulata，devil stinger Inimicus japonicus and waspfish *Hypodytes rubripinnis*）：Close similarity in properties and primary structures to stonefish toxins. Toxicon，70：184-193.

Kogure K，Tamplin M L，Simidu U，et al. 1989. Red tides：biology，environmental science and toxicology. New York：Elsevier：332.

Lahti K，Ahtiainen J，Rapala J，et al. 1995. Assessment of rapid bioassays for detecting cyanobacterial toxicity. Lett Appl Microbiol，21（2）：109-114.

Lawrence J F，Menard C. 1991. Liquid chromatographic determination of paralytic shellfish poisons in shellfish after prechromatographic oxidation. J AOAC Int，74：1006-1012.

Lawrence J F，Niedzwiadek B，Menard C. 2005. Quantitative determination of paralytic shellfish poisoning toxins in shellfish using prechromatographic oxidation and liquid chromatography with fluorescence detection：Collaborative study. J AOAC Int，88：1714-1732.

Lawrence J F，Roussel S，Mdnard C. 1996. Liquid chromatographic determination of okadaic acid anddinophysistoxin-1 in shellfish after derivatization with 9-chloromethylanthracene. J Chromatogr A，721：359-364.

Lee C C，Tsai W S，Hsieh H J，et al. 2013. Hemolytic activity of venom from crown-of -thorns starfish *Acanthaster planci* spines. J Venom Anim Toxins Incl Trop Dis，19：22-30.

Lewis R J，Dutertre S，Vetter I，et al. 2012. Conus venom peptide pharmacology. Pharmacol Rev，64（2）：259-298.

Lewis R J，Jones A，Vernoux J P. 1999. HPLC/tandem electrospray massspectrometry for the determination of sub-ppb levels of Pacific and Caribbean ciguatoxins in crude extracts of fish. Anal Chem，71：247-250.

Li R，Yu H，Xing R，et al. 2013. Isolation and *in vitro* partial characterization of hemolytic proteins from the nematocyst venom of the jellyfish *Stomolophus meleagris*. Toxicol In Vitro，27（6）：1620-1625.

Li W，Duan J，Niu C，et al. 2011. Determination of microcystin-LR in drinking water using UPLC tandem mass spectrometry-matrix effects and measurement. J Chromatogr Sci，49（9）：665-670.

Liew H C，Khoo H E，Moore P K，et al. 2007. Synergism between hydrogen sulfide（H_2S）and nitric oxide（NO）in vasorelaxation induced by stonustoxin（SNTX），a lethal and hypotensive protein factor isolated from stonefish *Synanceja horrida* venom. Life Sci，80：1664-1668.

Lin X Y，Ishida M，Nagashima Y，et al. 1996. A polypeptide toxin in the sea anemone *Actinia equina* homologous with other sea anemone sodium channel toxins：Isolation and amino acid sequence. Toxicon，34（1）：57-65.

Llewellyn L，Moczydlowski E. 1994. Characterization of saxitoxin binding to saxiphilin，a relative of the transferrin family that displays pH-dependent ligand binding. Biochemistry，33：12312-12322.

Llewellyn L E，Doyle J. 2001. Microtitre plate assay for paralytic shellfish toxins using saxiphilin：Gauging the effects of shellfish extract matrices，salts and pH upon assay performance. Toxicon，39（2-3）：217-224.

Lomonte B，Pla D，Sasa M，et al. 2014. Two color morphs of the pelagic yellow-bellied sea snake，*Pelamis platura*，from different locations of Costa Rica：Snake venomics，toxicity，and neutralization by antivenom. J Proteomics，103：137 - 152.

Long-Rowe K O，Burnett J W. 1994. Characteristics of hyaluronidase and hemolytic activity in fishing tentacle nematocyst venom of *Chrysaora quinquecirrha*. Toxicon，32（2）：165-174.

Louppis A P，Badeka A V，Katikou P，et al. 2010. Determination of okadaic acid，dinophysistoxin-1 and related esters in Greek mussels using HPLC with fluorometric detection，LC-MS/MS and mouse bioassay. Toxicon，55（4）：724-733.

Loyprasert S，Thavarungkul P，Asawatreratanakul P，et al. 2008. Label-free capacitive immunosensor for microcystin-LR using self-assembled thiourea monolayer incorporated with Ag nanoparticles on gold electrode. Biosens Bioelectron，24（1）：78-86.

Manger R L，Leja L S，Lee S Y，et al. 1995. Detection of sodium channel toxins：Directed cytotoxicity assays of purified ciguatoxins，brevetoxins，saxitoxins，and seafood extracts. J AOAC Int. 78（2）：521-527.

Marino A，Crupi R，Rizzo G，et al. 2007. The unusual toxicity and stability properties of crude venom from isolated nematocysts of *Pelagianoctiluca*（Cnidaria，Scyphozoa）. Cell Mol Biol，53：994-1002.

Mariottini G L. 2014. Hemolytic venoms from marine *cnidarian* jellyfish - an overview. J Venom Res，5：22-32.

Mariottini G L，Pane L. 2010. Mediterranean jellyfish venoms：A review on *scyphomedusae*. Mar Drugs，8（4）：1122-1152.

McCoy G R，Touzet N，Fleming G T，et al. 2013. An evaluation of the applicability of microarrays for monitoring toxic algae in Irish coastal waters. Environ Sci Pollut Res Int，20（10）：6751-6764.

Meisen I，Distler U，Müthing J，et al. 2009. Direct coupling of high-performance thin-layer chromatography with UV spectroscopy and IR-MALDI orthogonal TOF MS for the analysis of cyanobacterial toxins. Anal Chem，81（10）：3858-3866.

Merker M P，Levine L. 1986. A protein from the marine mollusk *Aplysia californica* that is hemolytic and stimulates arachidonic acid metabolism in cultured mammalian cells. Toxicon，24（5）：451-465.

Milutinović A，Zorc-Pleskovič R，Živin M，et al. 2013. Magnetic resonance imaging for rapid screening for the nephrotoxic and hepatotoxic effects of microcystins. Mar Drugs，11（8）：2785-2798.

Morabito R，Marino A，La Spada G. 2012. Nematocytes' activation in *Pelagia noctiluca*（Cnidaria，Scyphozoa）oral arms. J Comp Physiol A Neuroethol Sens Neural Behav Physiol，198：419-426.

Nagai H，Takuwa K，Nakao M，et al. 2000a. Isolation and Characterization of a Novel Protein Toxin from the Hawaiian Box Jellyfish（Sea Wasp）*Carybdea alata*. Biochem Biophy Res Comm，275（2）：589-594.

Nagai H，Takuwa K，Nakao M，et al. 2000b. Novel Proteinaceous Toxins from the Box Jellyfish（Sea Wasp）*Carybdea rastoni*. Biochem Biophy Res Comm，275（2）：582-588.

Nakagawa H，Tu A T，Kimura A. 1991. Purification and characterization of Contractin A from the pedicellarial venom of sea urchin，*Toxopneustes pileolus*. Arch Biochem Biophys，284（2）：279-284.

Oguri H，Hirama M，Tsumuraya T，et al. 2003. Synthesis-based approach toward direct sandwich immunoassay for ciguatoxin CTX3C. J Am Chem Soc，125：7608.

Ortea P M，Allis O，Healy B M，et al. 2004. Determination of toxic cyclic heptapeptides by liquid chromatography with detection using ultra-violet，protein phosphatase assay and tandem mass spectrometry. Chemosphere，55（10）：1395-1402.

Oshima Y. 1995. Postcolumn derivatization liquid chromatographic method for paralytic shellfish toxins. J AOAC Int，78：528-532.

Oshima Y，Hasegawa M，Yasumoto T，et al. 1987. Dinoflagellate *Gymnodinium catenatum* as the source of paralytic shellfish toxins in Tasmanian shellfish. Toxicon，25：1105-1111.

Ottuso P. 2013a. Aquatic dermatology：Encounters with the denizens of the deep（and not so deep）a review. Part I：the invertebrates. Int J Dermatol，52：136-152.

Ottuso P. 2013b. Aquatic dermatology：Encounters with the denizens of the deep（and not so deep）- a review. Part II：the vertebrates，single-celled organisms，and aquatic biotoxins. Int J Dermatol，52：268-278.

Plakas S M，Jester E L E，El Said K R，et al. 2008. Monitoring of brevetoxins in the Kareniabrevis bloom-exposed Eastern oyster（Crassostreavirginica）. Toxicon，52：32-38.

Preece E P，Moore B C，Swanson M E，et al. 2015. Identifying best methods for routine ELISA detection of microcystin in seafood.

Environ Monit Assess，187（2）：12.

Prentice O，Fernandez W G，Luyber T J，et al. 2008. Stonefish envenomation. Am J Emerg Med，26：972. e1-972. e2.

Qiuyun D，Mingxin D，Zhuguo L，et al. 2011. Ca^{2+}-induced self-assembly in the designed peptides with optimally spaced *gamma*-carboxyglutamic acid residues. J Inorg Biochem，105：52-57.

Quilliam M A. 1995. Analysis of diarrhetic shellfish poisoning toxins in shellfish tissue by liquid chromatography with fluorometric and mass spectrometric detection. J AOAC Int，78：555-570.

Radwan F F Y，Burnett J W. 2001a. Toxinological studies of the venom from *Cassiopea xamachana* nematocysts isolated by flow cytometry. Comp Biochem and Phys Part C：Toxicol & Pharm，128（1）：65-73.

Radwan F F Y，Burnett J W，Bloom D A，et al. 2001b. A comparison of the toxinological characteristics of two *Cassiopea* and *Aurelia* species. Toxicon，39（2）：245-257.

Radwan F F Y，Gershwin L A，Burnett J W. 2000. Toxinological studies on the nematocyst venom of *Chrysaora achlyos*. Toxicon，38（11）：1581-1591.

Rottini G，Gusmani L，Parovel E，et al. 1995. Purification and properties of a cytolytic toxin in venom of the jellyfish *Carybdea marsupialis*. Toxicon，33（3）：315-326.

Safavi-Hemami H，Hu H，Gorasia D G，et al. 2014. Combined proteomic and transcriptomic interrogation of the venom gland of *Conus geographus* uncovers novel components and functional compartmentalization. Mol Cell Proteomics，13（4）：938-953.

Safavi-Hemami H，Möller C，Marí F，et al. 2013. High molecular weight components of the injected venom of fish-hunting cone snails target the vascular system. J Proteomics，91：97-105.

Schmidt J R，Wilhelm S W，Boyer G L. 2014. The fate of microcystins in the environment and challenges for monitoring. Toxins（Basel），6（12）：3354-3387.

Schweitz H，Bruhn T，Guillemare E，et al. 1995. Kalicludines and kaliseptine：Two different classes of sea anemone toxins for voltage sensitive K^+ channels. J Biol Chem，270（42）：25121-25126.

Sciani J M，Antoniazzi M M，Jared C，et al. 2012. Cathepsin B/X is secreted by *Echinometra lucunter* sea urchin spines，a structure rich in granular cells and toxins. Toxicon，60：151-152.

Shamsollahi H R，Alimohammadi M，Nabizadeh R，et al. 2014. Measurement of microcystin-LR in water samples using improved HPLC method. Glob J Health Sci，7（2）：66-70.

Shi H C，Song B D，Long F，et al. 2013. Automated online optical biosensing system for continuous real-time determination of microcystin-LR with high sensitivity and specificity：Early warning for cyanotoxin risk in drinking water sources. Environ Sci Technol，47（9）：4434-4441.

Shinohara M，Nagasaka K，Nakagawa H，et al. 2010. A novel chemoattractant lectin，karatoxin，from the dorsal spines of the small scorpionfish Hypodytes rubripinnis. J Pharmacol Sci，113：414-417.

Shuo W，Dupeng T，Zhuguo L，et al. 2014. Characterization of a T-superfamily conotoxin TxVC from *Conus textile* that selectively targets neuronal nAChR subtypes. Biochem and Biophy Res Comm，454：151-156.

Sommer H，Meyer K F. 1937. Paralytic shellfish poisoning. Arch Path，24：560-598.

Songdahl J H，Shapiro B I. 1974. Purification and composition of a toxin from the posterior salivary gland of *Octopus dofleini*. Toxicon，12（2）：109-115.

Suchy P，Berry J. 2012. Detection of total microcystin in fish tissues based on lemieux oxidation，and recovery of 2-methyl-3-methoxy-4-phenylbutanoic acid（MMPB）by solid-phase microextraction gas chromatography-mass spectrometry（SPME-GC/MS）. Int J Environ Anal Chem，92（12）：1443-1456.

Suzuki T，Yasumoto T. 2000. Liquid chromatography electrospray ionization mass spectrometry of the diarrhetic shellfish-poisoning toxins okadaic acid，dinophysistoxin-1 and pectenotoxin-6 in bivalves. J Chromatogr A，874：199-206.

Tamiya N，Yagi T. 2011a. Studies on sea snake venom. Proc Jpn Acad Ser B Phys Biol Sci，87（3）：41-52.

Tamura S，Yamakawa M，Shiomi K. 2011b. Purification，characterization and cDNA cloning of two natterin-like toxins from the skin secretion of oriental catfish *Plotosus lineatus*. Toxicon，58：430-438.

Tan T，Xiang X，Qu H，et al. 2011. The study on venom proteins of *Lapemis hardwickii* by cDNA phage display. Toxicol Lett，206（3）：252-257.

Tsumuraya T，Ikuo F，Masayuki I，et al. 2006. Production of monoclonal antibodies for sandwich immunoassay detection of ciguatoxin 51-hydroxy CTX3C. Toxicon，48：287-294.

Tyler A N，Hunter P D，Carvalho L，et al. 2009. Strategies for monitoring and managing mass populations of toxic cyanobacteria in recreational waters：A multi-interdisciplinary approach. Environ Health，8（Suppl 1）：S11.

Ueda A，Suzuki M，Honma T，et al. 2006. Purification，properties and cDNA cloning of neoverrucotoxin（neoVTX），a hemolytic lethal factor from the stonefish *Synanceia verrucosa* venom. Biochim Biophys Acta，1760：1713-1722.

Vasas G，Szydlowska D，Gáspár A，et al. 2007. Determination of microcystins in environmental samples using capillary electrophoresis. J Biochem Biophys Methods. 69（3）：I-XI.

Vieytes M R，Cabado A G，Alfonso A，et al. 1993. Solid-phase radioreceptor assay for paralytic shellfish toxins. Anal Biochem，211：87-93.

Weston A J，Chung R，Dunlap W C，et al. 2013. Proteomic characterization of toxins isolated from nematocysts of the South Atlantic jellyfish *Olindias sambaquiensis*. Toxicon，71：11-17.

Yazawa K，Wang J W，Hao L Y，et al. 2007. Verrucotoxin，a stonefish venom，modulates calcium channel activity in guinea-pig ventricular myocytes. Br J Pharmacol，151：1198-1203.

Zhang Y A，Wada T，Iwasaki Y，et al. 1999. The inhibitory effect of the toxic fraction from sea urchin（*Toxopneustes pileolus*）venom on $45Ca^{2+}$ uptake in crude synaptosome fraction from chick brain. Biol Pharm Bull，22（12）：1279-1283.

Zheng Z，Humphrey C W，King R S，et al. 2005. Validation of an ELISA test kit for the detection of total aflatoxins in grain and grain products by comparison with HPLC. Mycopathologia，159：255-263.

Zhuguo L，Haiying L，Na L，et al. 2012. Diversity and evolution of conotoxins in *Conus virgo*，*Conus eburneus*，*Conus imperiali*s and *Conus marmoreus* from the South China Sea. Toxicon，60：982-989.

第八章

海洋中药研究开发

中药作为中国的传统药物，由于其独特的医药理论和医疗实践，在世界医药史上占据极其重要的地位，几千年来为中华民族乃至全人类的生命健康作出了卓越贡献。海洋中药作为中药的重要组成部分，在防病、治病中发挥了重要作用（管华诗等，2009；付先军等，2009）。近年来，海洋中药的研究开发受到医药界的广泛关注，迎来了深度研究开发的大好机遇。海洋中药的研究开发是国家创新药物的重大战略需求，具有良好的国际国内研发背景。从全球来看，大半个世纪以来，国际上从海洋生物中已发现近 3 万个海洋天然产物，20 世纪 60～70 年代开发出 3 个海洋药物，经过大半个世纪的积累，近十年以来又开发出 5 个海洋药物。反观中国现代海洋药物研发的现状，在国家各类科技计划支持下，取得了一定的成绩，但与国际海洋药物研发水平相比还有较大差距，与中国生物医药业的需求尚有很大的距离。中国拥有丰富的海洋生物资源，具有独特的中医药理论体系，海洋中药应该成为中国海洋药物研发的特色。鉴于此，发扬传统中医药理论，研究开发现代海洋中药，具有极其重要的科学价值和现实意义。

第一节　海洋中药发展与现状

一、海洋中药的历史发展

海洋中药是指在中医药学基本理论指导下用于防治疾病的来源于海洋的天然药物。中华民族运用海洋本草防病治病具有悠久的历史。在古代中国将海洋生物用作药物的历史可以追溯到 3600 年前。古代沿海居民最初认识了可供食用的海洋生物，并发现了其药用价值，开始了海洋药物的医疗实践。与陆地中药一样，先人经过长期的实践积累，以某些海洋生物及矿物直接用作药物。这些药用经验逐渐积淀在历代经典著作特别是医药典籍中（表 8-1）（王长云等，2009）。

纵观历代医药典籍，海洋药物从无到有，由少至多，呈现了逐渐丰富、不断发展的趋势（表 8-1，图 8-1）（王长云等 2009）。早在公元前 16 世纪的夏、商时期（公元前约 1600 年～1066 年），《山海经》记载了 20 种海洋生物，主要是海洋鱼类，其中记载有治疗疾病作用且现代能考证出其物种的海洋药物就有 8 种。此后的古典医籍《黄帝内经》、《神农本草经》、《伤寒杂病论》、《海药本草》、《唐本草》等均有关于海洋药物的记载。约在公元前三世纪左右，中国最早的医学经典《黄帝内经》中有以“乌贼骨做丸，饮以鲍鱼汁治血枯”

等记载。我国已知最早的药物学专著《神农本草经》(秦汉时期)记载海洋药物 13 种，包括属于上品的牡蛎，中品的海藻、乌贼鱼骨、海蛤和文蛤，下品的大盐、卤碱、青琅玕、马刀、蟹和贝子等，许多记述成为传世之宝，如“海藻疗瘿”是世界上最早的关于海藻疗效的医疗记载。两晋、南北朝时期（公元 265 年～581 年),《名医别录》和《本草经集注》收载海洋药物 23 种，比《神农本草经》新增收了 10 种。唐代（公元 618 年～907 年）盛世，出现官修本草，海洋药物因此也得以兴盛。《新修本草》收载海洋药物 29 种，比《名医别录》、《本草经集注》增收 6 种；特别是《本草拾遗》，收载的海洋药物达到 75 种，其中新增收海洋药物 49 种，对后世海洋药物的发展具有重大影响。宋代（公元 960 年～1279 年）是海洋药物另一个大发展时期。《本草图经》收载海洋药物 35 种，其中兼有图文 22 种，图 35 幅；《大观经史证类备急本草》收载海洋药物 103 种，加上部位药 13 种共 116 种，新增 14 种。在唐代、宋代发展基础上，海洋药物在明代（公元 1368 年～1644 年）有了进一步的发展。《御制本草品汇精要》收载海洋药物 89 种；集古代中华本草大成的《本草纲目》收载海洋药物 111 种，加上部位药 40 种共 151 种，新增 15 种；而《食物本草》收载海洋药物 100 种，加上部位药 56 种共 156 种，新增 18 种，是记载海洋药物数量最多的古代典籍。清代（公元 1616 年～1911 年）海洋药物又有新的发展，《本草纲目拾遗》收载海洋药物 33 种，新增 10 种，并新增部位或加工药 12 种。从秦汉到清代的 2000 年间，海洋药物从《神农本草经》最初收载的 13 种发展到清代的 110 余种，如按照不同物种及其药用部位不重复累计则达 207 种（图 8-1）（王长云等，2009）。追踪历史表明，海洋中药作为中国医药宝库的重要组成部分，为中华民族的繁衍生息作出了重大贡献。

表 8-1 历代主要医药典籍记载海洋药物情况

朝代	代表典籍	首次记载的药物	记载数	新增数
夏、商 （1600～1066 B.C.）	《山海经》	鲑鱼（河豚)、虎蛟（虎鲨)、文鳐鱼、鯊鱼（鲚鱼)、人鱼（儒艮)、鱵鱼、飞鱼（燕鳐鱼)、 䲢鱼（青䲢鱼）	8	8
春秋战国 （403～221 B.C.）	《五十二病方》	牡蛎、盐	2	2
秦、汉 （221 B.C.～222 A.D.）	《神农本草经》	海藻、龟甲、乌贼骨、海蛤、文蛤、蟹、贝子、马刀、朴硝、大盐、卤碱、青琅	13	12
两晋、南北朝 （265～581 A.D.）	《名医别录》,《本草经集注》	昆布、石帆、水松、干苔、紫菜、魁蛤、石决明、鳗鲡鱼、食盐、芒硝	23	10
	《雷公炮炙论》	腽肭脐（海狗肾)、珍珠	25	2
唐代 （618～907 A.D.）	《新修本草》	珊瑚、石燕、鲛鱼皮、紫贝、甲香、珂	29	6
	《食疗本草》	鹿角菜、紫菜、干苔、鲎、鲈鱼、蚶、蛏、淡菜、石首鱼、鲟鱼、鲥鱼、比目鱼、鲚鱼、鯸鮧鱼、车螯、海月、虾	26	17
	《本草拾遗》	石栏干、晕石、碧海水、盐胆水、越王馀筭、石莼、海根、马藻、海蕴、甲煎、海獭、瑇瑁、鱁鯷、文鳐鱼、牛鱼、海豚鱼、杜父鱼、海鹞鱼齿、鲻鱼、鱼鲊、鱼脂、鲙、昌侯鱼、鱼虎、䱍鱼、鳅鱼、鼠尾鱼、地青鱼、鯆魮鱼、邵阳鱼、水龟、蟛蜎、蟛蜞、拥剑、蝤蛑、海马（水马)、齐蛤、寄居虫、蛤蜊、蜮蜼、海螺、青蚨、蜡、蓼螺、蛇婆、朱鳖、担罗、大红虾鲊、蟕蠵	75	49

续表

朝代	代表典籍	首次记载的药物	记载数	新增数
宋代（960～1279 A.D.）	《开宝本草》	石蟹、鲻鱼	29	2
	《本草图经》		35	
	《经史证类备急本草》		116	
	《大观经史证类备急本草》	车渠、石蚕、浮石、元明粉、马牙硝、石燕、水花、郎君子、海蚕沙、蚌蛤、海带、鹊梅	116	14
	《本草衍义》	青琅玕、玳瑁、乌贼鱼、鲛鱼	22	4
明代（1368～1644 A.D.）	《御制本草品汇精要》		89	
	《本草纲目》	石鳖、海蚕、石花菜、龙须菜、舵菜、龙涎、勒鱼、鱵鱼、章鱼、鲙残鱼、盐蟹汁、石劫、海镜、海燕、猬	151	15
	《食物本草》	裙带菜、鰧鱼、银鱼、水晶鱼、鲚子鱼、鰕虎鱼、尤头鱼、瓌（瑰）鱼、君鱼、鹿子鱼、羊肝鱼、子鱼、柔鱼、鼊鼊、鼋、海蛳、吐铁、海参	156	18
清代（1616～1911 A.D.）	《本草纲目拾遗》	鹧鸪菜、麒麟菜、红海粉、西楞鱼、带鱼、海龙、海牛、西施舌、对虾、禾虫、海狗油、鲥鱼鳞、河豚目、鲨鱼翅、乌鱼蛋、白皮子（海蛇肉）、蛏壳、蚌泪、干虾、虾米、虾子、虾酱	33	22

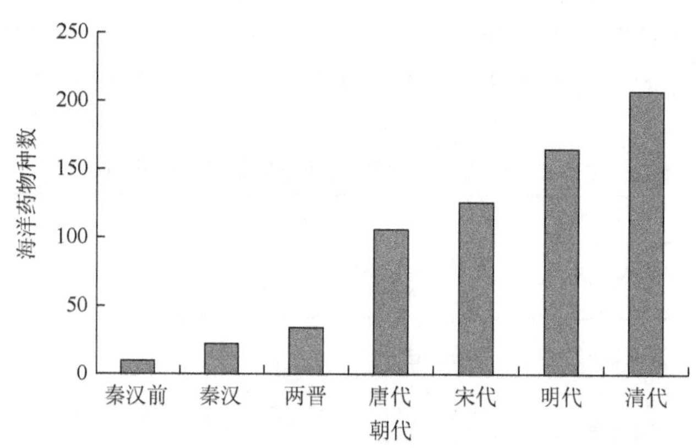

图 8-1　中国历代海洋药物主要发展趋势

海洋中药的研究开发具有得天独厚的中医药理论支持。中医药学是独具中国特色、科学与人文融合的整合医学，是中华民族优秀传统文化的结晶。与西方医学相比，中医药学具有整体观念、辩证论治、扶正祛邪、预防为主的理论优势。海洋中药的发展也是在中医药理论指导下逐步完善起来的。几千年来，历代医药典籍对海洋中药的大量记载，已成为中国医药宝库中不可分割的有机组成部分。特别是最近几十年来，海洋中药在中医药宝库中的地位和作用日显突出。海洋中药的原料为海洋天然动植物及矿物，资源极为丰富，通过数千年的临床医疗实践业已证明功能明确，疗效确切，使用安全。随着社会经济的发展，人类疾病谱发生了显著变化，特别是癌症、糖尿病、心脑血管病、免疫缺陷病、老年痴呆等复杂疾病，至今无特效药物。为有效防治严重威胁人类健康、影响人们生活质量的疑难杂症，亟需研制开发高效低毒的新型药物。而海洋中药来源于海洋特殊环境，具有独特的药性与功效，对这些疑难杂症显示了突出的作用，已成为研究开发防治复杂疾病药物的重要药源。

二、海洋中药资源状况

海洋药用生物是海洋中药研究开发的资源基础。海洋生物在海洋特殊的生存环境中，能够产生化学结构独特、生物活性多样的次级代谢产物，形成一个巨大的天然产物资源宝库。海洋生物的总量占地球总生物量的 87%，其种类多达 30 多门 100 余万种，仅低等海洋生物就约有 20 万种，而微生物种类至少在 100 万种以上。中国是一个海洋大国，有漫长的海岸线，横跨热带、亚热带和温带三个气候带，海洋生物资源丰富。中国海域特殊、复杂的地理环境赋予了海洋生物丰富的生物多样性和化学多样性，为海洋中药的应用、研究和开发提供了独特的资源。在几千年的临床实践基础上，特别是自 20 世纪后半叶以来，随着科学技术水平的提高，现代海洋药物及海洋中药研究的迅速发展，在深度和广度上推动了人们对海洋药源生物的认识，为海洋中药的研究开发提供了可行的技术条件。特别是近 30 年来发现了大量的海洋药源生物新资源，为海洋中药的研究和开发奠定了宝贵的资源基础。在这些资源中，大多为中国所特有，但大部分尚未被开发成临床应用的药物，这无疑将成为现代海洋中药研究开发的源泉。

资料显示，中国海区已经记录海洋生物 22 561 种，隶属于 5 个界，44 个门（黄宗国，2008），显示了丰富的物种多样性。在海洋药用生物资源中，大多种类及其分布为中国所特有，有些是世界珍稀物种，这为现代海洋中药和海洋药物研究提供了独特的资源基础。在几千年的临床实践基础上，自 20 世纪后半叶以来，随着中药及现代海洋药物研究的迅速发展，海洋药用生物资源及其活性物质的研究得以长足发展，被认识和收录的海洋药用生物种类明显增加，在中药资源中占据重要地位。除历代本草记载的药物外，现代药物研究又筛选发现了一批具有开发价值的药用生物资源。特别是自 20 世纪 70 年代以来，现代天然产物化学、药物化学和药理学的研究涉及许多古人未曾涉猎的资源领域。如《全国中草药汇编》（1975 年）收录中草药 4000 余种，其中海洋药物 166 种；《中草药大辞典》（1977 年）载药 5767 味，其中海洋药物 144 种（128 味）；《中华本草》（1999 年）收录海洋药物的物种数达 612 种。

近年来，中国在海洋中药资源方面做了大量基础性工作，在药源生物资源调查、药用价值评价、药用生物养殖、老药材新药用、有效成分和药理作用等方面都取得了一系列重要成果。例如，自 2005 年开始，历时 6 年，在“中国近海海洋综合调查与评价”重大专项（国家“908”专项）——“ST12 区块海洋药用生物资源调查与研究（908-01-ST12）”和“海洋药用生物资源评价和《中华海洋本草》编纂（908-02-05-04）”，以及国家基础性工作专项“中国近海重要药用生物和药用矿物资源调查（2007FY210500）”等项目资助下，首次对中国近海药用生物资源进行了大规模的系统调查、筛选与评价（王长云等，2009；邵长伦等，2009a，2009b）。针对具有代表性的珊瑚礁、红树林、河口区、海湾、海岛等生态环境，结合海洋环境科学、海洋生物学、海洋生态学等研究方法，对调查物种的栖息环境、物种组成、分布特征、资源状况、形态与生态特征等进行了较系统的野外调查；结合海洋药物化学和药理学的方法，对部分重要物种的化学组成及化学指纹图谱进行了分析；同时运用高通量筛选模型，对海洋生物提取物及单体化合物的药理活性进行了大规模筛选评价，明确了迄今中国海洋药用物种的数量，特别是阐明了药用物种的药用价值，发现新的具有潜在应用价值的药用生物物种，药用生物资源领域大大拓宽；以调查研究获得的大量标本、样品和数据，初步建立了海洋药用生物资源标本库、样品库和数据库，为海洋中药的大规模开发利用奠定了独特的资源基础。调查发现，中国已记录的海洋药物及已进行现代药理学、化学研究的潜在药物资源已达 684 味，其中植物药 205 味，动物药 468 味，矿物药 11 味。涉及海洋药用动植物 1667 种（植物 272 种，动物 1395 种），另有矿物 18 种。如此，药用动植物及矿物种数达到 1685 种（表 8-2）。需要说明的是，目前所知的海洋药用矿物较少，仅有食盐、咸秋石、石燕、石蟹、浮石、朴硝、芒硝、玄明粉等（王长云等，2009）。此外，海洋有毒生物也是重要的药用资源。中国已记录海洋有毒生物达 600 多种（多为有毒动物）（陈冀胜，1993），绝大多数尚未开发成为药物，但其具有的特异化学结构和独特的生物活性，显示了广阔的开发应用前景。

表 8-2　中国海洋药用生物资源现状

来源	门	中国海洋记录物种数	药用资源	
			药物数	药用物种数
海洋藻类植物	蓝藻门 Cyanophyta	131	6	14
	红藻门 Rhodophyta	576	48	99
	硅藻门 Bacillariophyta	1351	2	8
	褐藻门 Phaeophyta	260	23	45
	绿藻门 Chlorophyta	193	10	24
滨海湿地植物	蕨类植物门 Pteridophyta	11	1	1
	被子植物门 Angiospermae	400	115	81
海洋动物	海绵动物门 Porifera	106	1	9
	腔肠动物门 Coelenterata	1304	31	117
	环节动物门 Annelida	972	5	14
	软体动物门 Mollusca	2902	124	480
	节肢动物门 Arthropoda	3809	33	125
	棘皮动物门 Echinodermata	624	20	99
	尾索动物门 Urochordata	125	4	4
	脊索动物门 Chordata	3617	250	547
矿物	矿物 minerals		11	18
合计			684	1685

新近出版的《中华海洋本草》是一部结合野外调查数据和科学文献资料编纂而成的海洋药物领域首部大型志书。《中华海洋本草》记载海洋中药 613 味，药用动植物 1479 种（另有药用矿物 15 种），记载经典方、验方、偏方 3100 余方（管华诗等，2009）。该部著作既具有鲜明的传统中医药特色，又反映了国际海洋天然产物和海洋药物最新科学成就，为海洋中药的研究开发提供了具有启迪作用的基础性科学资料（Proksch，2014；Wang，2010）。

然而，相对于陆源传统中药，目前国家标准认可的海洋中药种类很少。新中国成立以来，历版《中华人民共和国药典》（以下简称《中国药典》）均收载海洋药物及有关方剂。2015 年版《中国药典》一部收载海洋中药材及饮片只有 13 种，其中植物药 3 种（北沙参、海藻、昆布），动物药9种（海马、海龙、珍珠、珍珠母、海螵蛸、牡蛎、蛤壳、石决明、瓦楞子），矿物药1种（玄明粉），涉及海洋中药材的成方制剂50余个。由于列入药典的品种十分有限，大量的海洋药用品种，包括历代本草典籍传承下来的100余种传统海洋中药都不能作为药材进行有效利用。这一状况与中国丰富的海洋生物资源和药用资源极不相称，且十分滞后于陆地中药的发展。事实上，在中国沿海民间，所应用的海洋药用动植物十分丰富，这些药用生物资源为现代海洋中药研究开发提供了宝贵的资源。鉴于此，随着现代药用海洋生物的深入研究，海洋中药具有广阔的开发应用前景。

三、海洋中药研究与开发

1. 海洋中药的性味归经

性味归经的确定对海洋中药的开发应用至关重要。性味归经是阐释中药作用机制、指导配伍用药的依据。归经理论是中药药性理论的重要组成部分，中药法典都将性味归经列为不可或缺的条目。归经理论是解释中药作用机制的依据之一，对指导临床用药有重要意义。临证组方用药，必须知晓药物的性味归经，才能有的放矢，提高方剂疗效。按经选药，可以提高海洋中药用药的准确性和针对性。一般来说，海洋中药来源于海洋这一特殊水体环境，其药性效用与陆地中药相比有所不同。在性味方面，海洋中药性多寒凉，少有温性药物；药味多为咸、甘；功效以清热、滋阴居多（翟华强等，2009）。有研究表明，海洋中药以咸寒（海藻、昆布等）、咸温（海龙、海马等）、味甘（海参、干贝等）等为主，咸味药占90%以上。在效用方面，以软坚散结（昆布、海藻、海蛤壳、牡蛎等）、清热凉血解毒化斑（紫菜、石花菜、龙须菜等）、补肾益精（海龙、海马、海狗肾等）、平肝潜阳（石决明、珍珠母等）为主（林海燕，2003）。这些对海洋中药药性的一般性认识，对海洋中药的研究和应用无疑具有指导作用。

然而，目前许多海洋中药，尤其是新的海洋中药资源种类，绝大多数没有或无法确定性味归经，已成为影响海洋中药研究开发和临床应用的制约因素之一。以《中华本草》为例，记载的海洋藻类植物药102种（50味），只有17味有归经记载（国家中医药管理局《中华本草》编委会，1999）；《中华海洋本草》（管华诗等，2009）记载的613味药，大多数也没有明确的性味归经论述。由于缺乏性味归经的研究，海洋中药的配伍与组方也缺乏理论依据，限制了海洋中药在临床中的应用。因此，性味归经理论的研究已成为本领域亟待解决的关键问题之一。

目前，对海洋中药性味归经理论的研究已引起中医药界的广泛关注，成为中医药理论研究的热点之一。最近有学者提出基于关联网络的非相关文献知识发现技术挖掘海洋中药用药经验模式（付先军等，2014）。提出在中药“性-效-物质”三元理论指导下，基于“经验挖掘-临床验证-作用机制（靶标筛选）-组分筛选-组分配伍”的原则，探讨海洋中药研究的新思路。通过挖掘海洋中药验方，筛选海洋中药有效组分，进而根据药性寒热配伍原则进行配比，开发疗效确切、组分清楚的新型海洋中药复方（付先军等，2013a）。可以预见，借鉴陆地中药研究发展规律，在中医药理论指导下，在继承前人用药经验和现代对海洋中药认识的基础上，运用多学科知识与现代科学技术，以大样本量的中药化学与生物药效信息为基础，解析海洋中药性味归经作用与方剂配伍规律，是值得深入探讨的课题。

2. 海洋中药的质量控制

质量控制是海洋中药研究开发的关键环节。当前海洋中药材存在着资源紧缺、品种混乱、质量下降等严重问题。作为中国保证药品质量的法典，2015年版《中国药典》一部收载药材和饮片、植物油脂和提取物、成方制剂和单味制剂等，品种共计2598种，与往年药典标准相比，2015年版《中国药典》中，采用高效液相色谱法测定指标成分含量作为含量测定项大大增加，同时制定了中药材及饮片中二氧化硫残留量限度标准，推进建立和完善重金属及有害元素、黄曲霉毒素、农药残留量等物质的检测限度标准，加强对重金属以及中药材的有毒有害物质的控制等，安全性控制大幅度提升。但是，与陆源中药相比，海洋中药缺乏系统深入的研究，在2015年版药典收载的13种海洋中药材及饮片中，其质量控制标准水平仍然低下，远远落后于陆源中药的质控水平，多数品种只有入药基源生物的外观性状描述，部分品种（6/13）有简单的理化鉴别，少量品种（5/13）有显微鉴别，极少量品种（2/13）有含量测定项，仅有一个品种有通识检查项，质量标准参差不齐。在药典标准增修订工作中，海洋中药质量标准作为重点内容，开展了较为系统的研究，使得长期停滞不前质量标准水平得到提高，在2015年版《中国药典》中，增加显微鉴别三项（蛤壳、牡蛎、海螵蛸），增加薄层鉴别两项（蛤壳、牡蛎），增加含量测定三项（海藻、昆布、海螵蛸），增加浸出物测定两项（海藻、昆布），增加检查项七项（海藻、昆布、珍珠、珍珠母、蛤壳、牡蛎、海螵蛸）。进一步开展海洋中药标准化研究，规范海洋中药质量标准，并以此引领海洋中药现代化研究方向，对大力开发中国海洋中药资源，推进海洋中药国际化、现代化具有重要意义。

近年来，随着中药现代化研究的逐步深入，国家分批陆续启动了一系列传统中药的标准化研究，海洋中药在国家“863”计划中也开始立项研究，并取得了一定的成绩。令人欣慰的是，国内在中药品种（包括少量海洋中药品种）的标准化质量控制水平方面有了大幅度的进展与突破。例如，中国科学院上海药物研究所作为国家发展和改革委员会首批批准的中药标准化技术国家工程实验室，在该研究领域的发展中起到了引领作用。已经建立了系统的中药系统评价方法、体系与技术标准平台，并建立了各相关技术方法，部分研究成果已达到了国际领先水平。目前，国内中药研究领域已广泛应用 HPLC、UHPLC、HPLC-MS 等现代先进色谱技术，通过建立中药指纹图谱或特征图谱，以及进行多组分成分含量测定，来全面控制中药品种的质量。由中药目前发展的水平可见，海洋中药标准化质控技术水平尚有很大的发展和提升的空间。

3. 海洋中药的药效物质基础

药效物质基础的研究是海洋中药研究开发的另一个关键环节。目前建立的现代海洋天然产物和海洋药物研究的基础和条件，特别是海洋活性天然产物的筛选、提取、分离、鉴定以及构效关系研究等现代研究技术体系，为海洋中药药效物质基础的研究提供了便利条件和技术支撑。在海洋中药研究和开发方面，运用现代科学理论和技术，对海洋中药从化学、药理、毒理、制剂、临床及药物资源等方面进行了较系统的研究，揭示了一些海洋中药特别是单味药的作用物质基础及其作用机制。从化学成分来看，大部分海洋中药与陆地中药都含有萜类、生物碱、甾体等成分，但海洋中药基本不含黄酮类化合物，而大环内酯类等化合物分布较广泛，这是两者在化学成分类别上的差别。这些工作成果和研究积累对海洋中药研究开发具有启示作用。目前，依据海洋药用生物药效物质基础研究为启示，成功开发了一系列组分药物。据不完全统计，以海洋生物制成的单方药物有22种，包括藻酸双酯钠、甘糖酯、烟酸甘露醇酯、河豚毒素、多烯康等。特别值得一提的是，中国在运用传统中药海藻等多糖活性成分研制有效药物方面获得了成功的经验，形成了自身特色和优势，如源于昆布（海带）多糖的藻酸双酯钠、甘糖酯等药物，在临床上已成功用于心脑血管疾病的防治。

4. 海洋中药的应用与开发

历代经典方、临床验方是开发海洋中药制剂的临床实践基础。根据中药的药性、归经、功效，依据方剂配伍规律进行配伍组方，才能将海洋中药真正应用于临床。历代医药典籍记载的数千个以海洋中药为主药的经典方、验方，为研究开发海洋中药新药提供了坚实的理论基础和临床基础。近二三十年来，国内相关海洋药物、中药研究机构，运用现代科学理论和技术，对海洋中药从药效、化学、药理、毒理、制剂、临床及药物资源等方面开展了一系列研究，揭示了一些海洋中药特别是单味药的作用物质基础及其作用机制，并成功研制了一些新的海洋中药或与其他中药配伍的中药复方。目前在中国获准上市的海洋药物中，制剂涉及传统剂型和新制剂的各种剂型。据悉，以海洋生物配伍其他药物制成的复方中成药有 152种，如降脾消渴散、海力特、降糖宁、双海止咳膏、复方褐藻酸胶囊、复方全牡蛎胶囊、珍珠精母口服液、海蛇祛风湿灵胶囊、海蛇海龙口服液等；另有一批与海洋中药相关的制剂在临床前和临床研究阶段。目前，海洋中药新药的研究受到业内高度重视，国家“863”计划海洋生物技术领域首次设立海洋中药主题项目，开展海洋传统药源生物资源挖掘整理、海洋生物来源中药材质量标准、基于海洋中药的中药新药等研究。在海洋中药新药研究中，按中药五类新药或六类新药的研发要求，开展5个海洋中药新药品种（海参三萜降尿酸片、抗肺癌海牡胶囊、复方海马胶囊、免疫调控剂牡蛎素和银桑降糖胶囊）的成药性评价所必需的药学研究、质量标准研究、药效学研究和安全性研究，有望在近年取得突破。

需要指出的是，《中华海洋本草》记载以海洋本草为主药的经典方、验方3100余方，但绝大多数未被开发利用。因此，在中医药理论指导下，对在古代中医药文献中记载可以药用且经长期临床实践证明确有疗效的海洋中药及其方剂为基础，开发现代海洋复方制剂或组方中药，具有现实意义。

5. 海洋中药的发展展望

从海洋中药发展历程来看，海洋中药的发展大致与陆地中药的发展是相似和平行的，但是其发展又与陆地中药发展显著不同。海洋中药来源于特殊的海洋水体环境，许多海洋药用生物的采集、养殖、运输、保藏、加工、炮制等所用的方法和技术不同于陆地药材。已有的研究证实，海洋药源生物因其生活的环境——海洋的特殊性，决定了其体内含有独特结构和特殊药理活性的天然产物，这也使得海洋中药在中医药宝库中的地位不可替代。然而，目前中药现代化研究大多聚焦于陆源中药材，开发“陆地中药”。而海洋中药的现代研究与开发相对滞后，由于海洋中药的特殊性，特别是受资源、采集、地域等诸多因素的限制，相关的研究方法、技术尚未形成规范化体系，重视支持力度不足，制约了海洋中药现代化的发展，中国海洋中药的整体发展水平亟待提高。目前已用作药物或进行过化学、药理学研究的海洋生物只有1400余种，只占已知海洋生物总数的0.7%；以海洋生物配伍其他药物制成的复方中成药近200种，80%来自沿海或近海，与古代中国本草记录相比，虽然有所发展，但与中国辽阔的海域所蕴藏的药物资源相比并不相称。由此可见，海洋药源生物的研究与开发具有巨大的潜力和发展空间，海洋中药研究开发的规模化、现代化、国际化为本领域所亟需。

鉴于海洋中药发展的历史和现状，在中医药理论指导下，运用现代科学技术手段来开发海洋中药这一特殊资源，既是维护人类生命健康的迫切需求，也是海洋中药自身发展的必然趋势。今后海洋中药领域的发展目标，应围绕海洋中药开发的瓶颈问题，进行海洋中药性味归经等基础理论研究；开展海洋中药材标准升级与资源研究，建立完善规范的海洋中药材质量标准；以传统中医药理论为指导，研究开发针对重大疑难复杂疾病的系列现代海洋中药新药；构建海洋生药鉴定、加工炮制、养殖/栽培等关键技术平台。通过研发和建设，拓展海洋中药研究方向，强化中国海洋药物研究特色，为海洋生物资源高值化、多元化开发利用提供新途径，为未来中国现代海洋中药的研究与开发搭建平台基础。

（王长云　邵长伦）

第二节　海洋中药药性与功效研究

一、海洋中药药性研究

药性即中药的性能，是中药基本性质和作用特征的高度概括，主要包括四气五味、升降浮沉、归经、功效和毒性等内容，是中药区别于其他药物的本质特征，是中医临床用药的核心依据（国家中医药管理局《中华本草》编委会，1999）。中医学理论认为，中药治病的基本作用是，由于各种药物具有的药性，即药物偏性，以药物的偏性纠正疾病所表现的阴阳偏盛偏衰，谓之以偏纠偏，达到帮助机体祛除病邪，调整阴阳平衡，恢复脏腑经络的正常生理功能（王振国等，2008）。

海洋中药是我国中药资源宝库的重要组成部分，人们对海洋中药的认识经历了几个阶段，首先是对单味中药简单治疗作用的认识，慢慢上升到药性理论指导下的应用，再到多个海洋药物的配伍组方，并且随着海洋中药种类数的增加，对海洋中药药性及功效特点和临床应用规律作进一步的总结归纳。海洋中药由于其生长环境的特殊性，其药性效用具有一定的特殊性（管华诗等，2009；林海燕，2003；付先军，2009；翟华强等，2009）。

我们以《中华本草》和《中华海洋本草》为参考（国家中医药管理局《中华本草》编委会，1999；管华诗等，2009），通过文献检索收集相关信息，构建数据库系统，对 613 味海洋中药相关信息进行信息标准化处理，通过数据信息的频数与频率分析，总结海洋中药四气、五味、升降浮沉、归经、功效和毒性等分布规律。

1. 海洋中药药性特征与分布规律研究

（1）四气

四气，又称四性，是指药物的寒、热、温、凉四种不同的药性。四气中温热与寒凉属于两类不同的性质，温与热、凉与寒程度上又具有差异。此外，还有平性药，作用平和，温热或寒凉之性不显著，故称为平性（王振国等，2008）。《神农本草经》提出“疗寒以热药，疗热以寒药”，指出了四气在中药临床应用中的重要指导意义。海洋中药的四气分布具有明显的规律性（表 8-3），文献中有四气记载的海洋中药 559 味，其中以寒凉药性为主，占 45.79%；平性中药占 38.10%；温热性中药最少，只占 16.10%，以海洋动物中药为主，如海马、海龙等，其中温性中药多见，热性中药非常罕见，只占了 0.52%。海洋动物中药与海洋植物中药、海洋矿物中药的药性比较具有较明显差异，海洋植物中药、海洋矿物中药多以寒凉药性为主，而海洋动物中药主要以平性中药为主，占 46.23%。

表 8-3　海洋中药四气分布规律

四气	海洋动物中药		海洋植物中药		海洋矿物中药		合计	
	频数	频率/%	频数	频率/%	频数	频率/%	频数	频率/%
寒	78	20.26	76	46.63	8	72.73	162	28.98
微寒	12	3.12	13	7.98	0	0.00	25	4.47
凉	38	9.87	30	18.40	1	9.09	69	12.34
平	178	46.23	35	21.47	0	0.00	213	38.10
微温	5	1.30	2	1.23	0	0.00	7	1.25
温	72	18.70	7	4.29	2	18.18	81	14.49
热	2	0.52	0	0.00	0	0.00	2	0.36
合计	385	100.00	163	100.00	11	100.00	559	100.00

（2）五味

五味，是指辛、甘、酸、苦、咸五种不同的药味。此外，还有淡味和涩味。由于长期以来将涩附于酸，淡附于甘以合五行配属关系，故习称五味（王振国等，2008）。《神农本草经》记载药有酸、咸、甘、苦、辛五味。通过文献检索，发现有药味记载的海洋中药共有 565 味（表 8-4），包括海洋动物中药 390 味，海洋矿物中药 12 味，海洋植物中药 163 味，大多海洋中药同时具有多种药味，其中咸味（包括微咸）中药最多，占 55.04%，尤其是海洋矿物中药，占到 83.33%。其次是甘味（包括微甘）中药，占 46.37%，主要为海洋动物中药（53.08%）。苦味中药在海洋矿物中药和海洋植物中药中所占比例较大，海洋动物中药中比较少见。此外，还有少量辛味、涩味、酸味中药。

表 8-4　海洋中药五味分布规律

五味	海洋动物中药		海洋植物中药		海洋矿物中药		合计	
	频数	频率/%	频数	频率/%	频数	频率/%	频数	频率/%
咸	221	56.67	64	39.26	10	83.33	295	52.21
微咸	11	2.82	5	3.07	0	0	16	2.83
甘	207	53.08	49	30.06	2	16.67	258	45.66
微甘	0	0.00	4	2.45	0	0	4	0.71
苦	28	7.18	45	27.61	4	33.33	77	13.63
微苦	0	0.00	12	7.36	0	0	12	2.12
辛	8	2.05	19	11.66	3	25	30	5.31

续表

五味	海洋动物中药		海洋植物中药		海洋矿物中药		合计	
	频数	频率/%	频数	频率/%	频数	频率/%	频数	频率/%
微辛	2	0.51	6	3.68	0	0	8	1.42
涩	9	2.31	14	8.59	0	0	23	4.07
微涩	0	0.00	4	2.45	0	0	4	0.71
淡	10	2.56	11	6.75	0	0	21	3.72
酸	6	1.54	4	2.45	0	0	10	1.77

（3）归经

归经，是药物作用的定位概念，即表示药物作用部位和趋向，其中归是指药物对作用部位的归属，经是脏腑经络的概称，归经理论是以脏腑经络理论为基础，以所治病证为依据而确定的（王振国等，2008）。海洋中药中有归经记载的共481味，其中只归一经的98味，归二经的最多，占49.27%（表8-5），海洋动物中药318味，海洋矿物中药10味，海洋植物中药153味。归肝经的海洋中药最多，占43.45%，其次分别是归肺、肾、脾经中药（表8-6）。海洋动物中药、海洋植物中药以及海洋矿物中药归经作用明显不同，海洋动物中药多归肝、脾、肾、胃、肺经；海洋植物中药多归肺、肝、大肠、胃、脾、肾经；而海洋矿物中药多归肺、肾、肝、胃经。

表8-5 海洋中药归经数分布规律

	归一经中药	归二经中药	归三经中药	归四经中药	合计
频数	98	237	124	22	481
频率/%	20.37	49.27	25.78	4.57	100.00

表8-6 海洋中药归经分布规律

归经	海洋动物中药		海洋植物中药		海洋矿物中药		合计	
	频数	频率/%	频数	频率/%	频数	频率/%	频数	频率/%
肝	149	46.86	58	37.91	4	40	209	43.45
肺	102	32.08	74	48.37	6	60	182	37.84
肾	120	37.74	34	22.22	6	60	161	33.47
脾	121	38.05	34	22.22	1	10	156	32.43
胃	108	33.96	42	27.45	4	40	155	32.22
大肠	15	4.72	48	31.37	2	20	65	13.51
心	32	10.06	23	15.03	3	30	58	12.06
膀胱	5	1.57	25	16.34	1	10	31	6.44
胆	7	2.20	4	2.61	1	10	12	2.49
小肠	1	0.31	0	0.00	1	10	2	0.42
心包	1	0.31	0	0.00	0	0	1	0.21

（4）升降浮沉

升降浮沉，是指药物在体内的作用趋向。升，是上升举陷，趋向于上；降，是下降平逆，趋向于下；浮，是发散向外，趋向于表；沉，是泄利向内，趋向于里（王振国等，2008）。药物的升降浮沉是基于气机升降浮沉理论总结形成的，与四气五味有一定的相关性。一般而言，药性温热、药味辛甘的药物大多主升浮；药性寒凉、药味酸苦咸涩者，大多主沉降。药物升降浮沉与药物质地也有一定的相关性，矿物、贝壳等质重者大多主沉降。海洋中药有明确升降浮沉文献记载的很少，根据海洋中药性味特点，多认为大多海洋中药味咸，具有寒凉药性，以沉以降为主，尤其是海洋矿物中药，质重而以沉降为主，如石燕、朴硝等；但也有个别海洋中药既能沉降还能升浮，如《本草求真》记载海浮石“既有升上之能，复有达下之力”。

（5）毒性

毒性，指药物对机体的伤害性能。西汉以前，将一切药物统称“毒药”，药与毒不分，如《周礼·天官》：“医师掌医之政令，聚毒药以供医事。”《素问·脏气法时论》：“毒药攻邪，五谷为养，五果为助。”东汉以后历代本草著作中，对有毒药物标记“有毒”字样，分为大毒、有毒和小毒三级（王振国等，2008）。海洋中药中有明确毒性记载项的66味中药，只占所有海洋中药的1%左右。其中无毒28种，有毒17味，小毒14味，大毒7味，而且有毒记载的中药以海洋动物中药为主（表8-7）。此外，虽然有些海洋中药没有明确记载毒性，但是《本经逢原》提到“凡海中菜皆损人，不独昆布、海藻为然。”有很多医家就此认为海洋中药均有损害人身健康之弊，然此处“损人”，并非都为毒性损害，中医中“损”字还有泻实之义，与补益相对，因此不能据此认为所有海洋中药均具有毒损作用。

表8-7 海洋中药毒性分布规律

毒性	海洋动物中药		海洋植物中药		海洋矿物中药		合计	
	频数	频率/%	频数	频率/%	频数	频率/%	频数	频率/%
无毒	8	25.00	12	52.17	8	72.73	28	42.42
有毒	12	37.50	3	13.04	2	18.18	17	25.76
有小毒	6	18.75	8	34.78		0.00	14	21.21
有大毒	6	18.75	0	0.00	1	9.09	7	10.61
合计	32	100.00	23	100.00	11	100.00	66	100.00

2. 海洋中药药性评价研究新技术新方法及应用

药性是中药区别于其他药物的本质特征，是中医临床用药的核心依据。从上述研究结果可以看出，很多海洋中药，尤其是新发现的海洋中药新资源，缺少药性属性的界定，影响了海洋中药的临床应用和进一步开发，药性的判别成为制约海洋中药新资源开发与临床应用的瓶颈之一。因此，基于中医原创思维和认知规律，从系统层次和多维视角，运用多学科技术方法，揭示传统药性理论的发生构建原理，系统建立寒热药性研究的技术体系，构建符合现代科学认知规律的中药药性表征与评价体系，对于保持中医特色、指导海洋中药临床用药具有重要意义。借鉴中药寒热药性表征及评价体系（王振国，2011，2009；王鹏等，2012；于华芸等，2012；付先军等，2013b；Wang et al.，2010），从中药“性-构关系”探索构建寒热药性成分要素表征体系，可以为海洋中药药性评价探索一条新的思路。有学者在中药“性-效-物质”三元理论指导下探索传统药性理论指导下的海洋中药复方研究，探讨了基于“经验挖掘—临床验证—作用机制（靶标筛选）—组分筛选—组分配伍”进行海洋中药研究的新思路，通过挖掘海洋中药验方，筛选海洋中药有效组分，根据药性寒热配伍原则进行配比，开发疗效确切、组分清楚的新型海洋中药复方（付先军等，2013a）。此外，还将归肺经中药在化学成分构成、临床功效及药理作用方面的分布规律应用于海洋植物中药归肺经作用的预测和评价（付先军等，2009a）。

二、功效特点

功效，又称功能，即药物对机体治疗、保健作用的概括。中药的功效是直接从临床实践中发现，并经归纳概括而成。中药功效是前人临床实践经验的积累和总结，但其功效的强弱与药物品种、产地、采集、炮制、制剂、配伍及用药剂量等因素有关（王振国等，2008）。从整体上看，海洋中药的功效多以清热、解毒、止痛、消肿、软坚、散结、补虚、化痰、止咳为主（表 8-8），与海洋中药性味多寒、咸、甘为主有关，《素问 • 脏气法时论》提出“辛散、酸收、甘缓、苦坚、咸软，毒药攻邪”，咸能软坚散结，寒能清热，而甘能补虚。其中海洋动物中药除了清热解毒，多具有止痛和补虚作用，补虚作用又包括补气、滋阴、补血以及补益脏腑；海洋植物中药除了清热解毒，多具有化痰利水的功效；而海洋矿物中药多具有软坚散结、杀虫作用。

表 8-8　海洋中药功效特点分布规律（频数前十）

序号	功效	海洋动物中药		功效	海洋植物中药		功效	海洋矿物中药		功效	合计	
		频数	频率/%		频数	频率/%		频数	频率/%		频数	频率/%
1	解毒	159	37.77	清热	96	53.33	软坚	6	50.00	解毒	248	40.46
2	清热	138	32.78	解毒	84	46.67	解毒	5	41.67	清热	235	38.34
3	止痛	97	23.04	消肿	39	21.67	散结	3	25.00	止痛	119	19.41
4	补虚	82	16.15	化痰	38	21.11	杀虫	3	25.00	消肿	110	17.94
5	消肿	68	15.20	止血	32	17.78	消肿	3	25.00	散结	97	15.82
6	散结	64	14.49	利水	30	16.67	化痰	2	16.67	软坚	95	15.50
7	软坚	61	14.01	散结	30	16.67	清肺	2	16.67	补虚	87	14.19
8	补气	59	19.48	软坚	28	15.56	润燥	2	16.67	化痰	86	14.03
9	滋阴	57	13.54	止咳	25	13.89	通便	2	16.67	止咳	74	12.07
10	化痰	56	13.30	利湿	22	12.22	退翳	2	16.67	活血	71	11.58

（付先军）

第三节　海洋中药鉴别与炮制

一、海洋中药的鉴别

海洋中药大多来源于动物，少数来自植物、矿物及加工品，品种多，来源复杂（管华诗等，2009）。中药炮制后的饮片往往失去了原药材的形状，以及各地使用习惯的不同等，给海洋中药的鉴别增加了难度。在购销经营及调剂过程中，常出现伪劣品、混淆品、掺伪品，轻者延误病情，重者危及患者生命。因此，海洋中药的鉴别非常重要。

海洋中药的鉴别方法可以分为经典方法和现代方法，主要包括性状鉴别、显微鉴别、理化鉴别及现代仪器分析等，对海洋中药的鉴别应将多种方法结合使用（李家实等，1996）。

1. 性状鉴别

性状鉴别是一种比较直观的经验鉴别方法。目前人们对海洋中药中化学成分研究较少的情况下，性状鉴别在海洋中药鉴别中有着重要地位。性状鉴别主要是采用眼看、手摸、鼻闻、口尝、水试、火试等比较简便的方法鉴别药材的真伪。

1）典型形状鉴别。药材的形状同药用部位有关，每种药材的形状比较固定。海洋中药多以动物和矿物类药物为主。其动物类药物多有特征的形状，如海马的“马头蛇尾瓦楞身”。矿物类药物多以贝壳类为主，有其特殊的形状、贝壳纹理和颜色，是鉴别的重要手段。

2）大小鉴别。药材的大小是指其粗细、长短、厚薄和一定重量下的个体数等。通过对大量药材的观察，可得出药材大小的正常范围。表示药材的大小一般有一定的幅度，超出规定的幅度则判定药材不合格。如海龙、海马、海参等大小是衡量其品质的重要指标。

3）颜色鉴别。各种药材的颜色不同。药材因加工或储藏不当，会改变其固有的色泽。药材的颜色是否符合要求，是衡量药材质量好坏的重要因素。

4）表面特征鉴别。指药材的表面是光滑还是粗糙，有无突起、斑点，细孔等。如刺海参表面有4～6排规则排列的圆锥状肉刺。昆布的表面附有白霜等。

5）质地鉴别。指药材的软硬、坚韧、疏松、致密、黏性或粉性等特征。有些药材因加工方法的不同，质地也不一样。如刁海龙骨质坚硬，而尖海龙骨质较脆弱，易撕裂。

6）折断面鉴别。指药材折断时的现象，如易折断或不易折断，有无粉尘散落等及折断时的断面特征。自然折断的断面应注意是否平坦，或显纤维化、颗粒状或裂片状，断面有无胶丝，是否可以层层剥离等。如文蛤的断面显层状，海蛤壳的断面层纹不明显，芒硝的断口显贝壳状等。对于不易折断或折断面不平坦的药材，可用刀切成横断面，以观察皮部与木部的比例、维管束的排列方式、射线的分布等。这在植物类的海洋中药鉴别中非常重要。

7）气味鉴别。有些药材有特殊的香气或臭气，这是由于药材中含有挥发性物质，可以利用这些药材的特殊气味作为药材的鉴别依据。

8）味道鉴别。海洋中药的味觉以腥、咸为主。药材的味道与其所含的化学成分及含量有关。若药材的味道改变，要考虑其品种和质量是否有问题。注意对有强烈刺激性和剧毒的药材，口尝时要特别小心，取样要少，尝后应立即吐出，漱口，洗手，以免中毒。

9）水试实验鉴别。有些药材遇水能产生特殊的现象，可作为鉴别特征。如将蒲黄放入清水中，正品蒲黄则会漂浮在水面上。但若将伪品放入清水中，其会沉入水中，而且上层水会被染成淡黄色，只有少量细小的黄色颗粒悬浮于水中。再将沉入水中的粉末沥干，颜色比未放入清水中的颜色更浅。这些现象常与药材中所含的化学成分或组织结构有关。

10）火试实验鉴别。有些药材用火烧，能产生特殊的气味、颜色、烟雾等。可作为鉴别特征。如龙涎香，燃烧时发出蓝色火焰，香气四溢，酷似麝香而幽雅，被其烟熏过之物，能保持持久的香气。伪品则完全不同，用火燃烧发生呛鼻烟气等。

以上所述是海洋中药性状鉴定的基本顺序和内容。性状鉴别只是经验的、直观的、感性的认识，在对药材，特别是海洋中药的饮片或粉末进行鉴别时，需要用到下述的显微鉴别和理化鉴别等方法。

2. 显微鉴别

显微鉴别是利用光学显微镜或电子显微镜来观察药材的组织构造、细胞形状及内含物的特征，用以鉴定药材的真伪。随着扫描电子显微镜的应用，显微鉴定的水平进一步提高，药材也不再需制作切片和染色即可直接进行表面或断面的观察，获得细微的三维结构特征。通常因材料的不同显微鉴别主要分为三类：

1）完整药材的显微鉴别：适用于对完整药材组织构造的观察。首先选择药材的适当部位制作不同的切片，如横切片、纵切片、表面片、解离组织片、粉制片、花粉粒与孢子制片等，并配合各种组织、细胞或后含物的透化剂、染色剂、显色剂，制作显微标本片。然后放到显微镜下观察，通常先在低倍镜下找到特征的组织器官，再在高倍镜下仔细观察其特征。

2）破碎药材的显微鉴别：大块片可制成组织片，方法同完整药材的显微鉴别。块片较小无法制成组织片时，可刮取粉末制片。

3）粉末药材的显微鉴别：制片的方法同完整药材的显微鉴别相似，制成粉末片，根据在显微镜下观察的组织器官和内含物的特征，包括细胞和后含物的直径、长短、排列方式等进行鉴别。海洋中药的复方粉末制剂也可用此方法进行鉴定。

显微鉴别在海洋贝壳类中药中应用较多。贝壳类药物除直接粉碎成细粉观察外，还可进行磨片观察。如对珍珠贝的鉴别：先磨片后，将磨出的碎片置于显微镜下，可见粗细两类同心环状层纹。粗层纹较明显，连续成环或断续成环形，层纹间距不等，在 60～500μm 之间。细层纹多数不很明显，间距小于 32μm，中心部大多实心，无特异结构。多数磨片在暗视野中可见珍珠特有彩光，具有红、橙、黄、绿、青、蓝、紫多种颜色形成彩虹般的光泽，将其定名为“珍珠虹光环”，以上两种环为珍珠特有特征，可与任何伪品相区别（易建文等，1999）。在对海螵蛸的粉末显微鉴别时发现其具有细斑马线状条纹，或出现网状或点状纹理。

显微鉴别也是区分不同鲍类来源石决明的较好方法。对石决明的磨片进行显微研究。将贝壳在与生长线相垂直的方向锯开磨制成纵断面，与生长线相平行的方向锯开磨制成横断面。在显微镜下可见分为三层：外层为角质层，中层为棱柱层，内层为珍珠层。①皱纹盘鲍：外层极薄，呈黑紫色，粗糙并呈角质状，易脱落。中层厚，呈白色，长条的棱柱垂直排列于内、外层间。珍珠层结构的文石小板紧密排列，柱纤结构呈不规则方圆形。粉末白色与落英粉色相间的多数微粒组成珊瑚状块粒，夹杂紫红色、黑紫色微粒。具上述珍珠磨片类似的五彩光泽。②杂色鲍：珍珠层结构的文石小板紧密排列，柱纤结构呈不规则方圆形。粉末可见雪白色与朱红色相间的多数微粒组成珊瑚状块粒，夹杂暗黄色、橘黄色、黑紫色微粒。③耳鲍：珍珠层结构的文石小板呈不规则的多边形和椭圆形，紧密平行排列，其外层显棱柱结构，横断面呈不规则的多边形，纵断面可见柱体较规则排列（卢慧卿，1985；黄慕灵等，1988）。

3. 理化鉴别

中药理化鉴别是利用药材中的化学成分特点，采用物理或化学的方法，对中药材进行定性、定量分析，以鉴定真伪、评价品质。对于化学成分不清楚，或因次要成分的干扰而无法进行主成分分析时，可选用一些特殊的色谱、波谱峰进行鉴定和识别。随着科技的发展，理化鉴别方法也越来越多地应用于海洋中药的鉴别中（Liu et al.，2014）。常用的理化鉴别方法主要有定性鉴别法、色谱法和波谱法。

1）定性鉴别法：药材中各类成分因结构或功能团的不同，在紫外灯下可呈特定颜色的荧光。与某些特定试剂发生反应，产生不同的颜色或沉淀。生物碱与碘化铋钾生成橙色沉淀，蒽醌类与碱液反应生成橙、红、蓝色，如黄酮类与盐酸镁粉的反应，香豆精和内酯类的异羟肟酸铁反应，皂苷类的 Liebermann-Burchard 反应，强心苷的 K-K 反应，酚类的三氯化铁反应，鞣质的明胶沉淀反应，氨基酸的茚三酮反应，糖类的苯酚-硫酸反应等。因而对不同的海洋中药，根据其所含的成分不同，可采用溶剂萃取法将其成分进行提取，制备成样品，进而利用特定的颜色反应进行鉴别。

如将石决明粉末置于 365nm 紫外光下，肉眼观察，杂色鲍显苔绿色荧光，耳鲍显橙皮黄色荧光，皱纹盘鲍显雪白色荧光。另石决明粉末 500mg，加蒸馏水 10mL，振匀后取出 1mL，加乙酸锌乙醇饱和液 2～3 滴，置于 365nm 紫外光下观察荧光。杂色鲍显草绿色荧光，耳鲍显浅黄绿色荧光，皱纹盘鲍显浅黄绿色荧光；生石决明显浅绿色荧光，煅石决明显浅黄绿色荧光。

2）色谱法：目前已成为药材和成药鉴定中不可缺少的常规而有效的方法，特别是对成分复杂的中药、天然药物有着分离、分析鉴定双重的优势。常用的色谱鉴定方法有薄层色谱法、气相色谱法、高效液相色谱法、纸色谱法、凝胶电泳、毛细管电泳等技术。①薄层色谱法：是中药鉴定中最常用且简便、直观、经济的一种色谱法，样品点样展开后，可通过斑点的荧光或显色反应直接鉴定比较，也可通过扫描定性、定量分析，几乎适用于所有的动植物类药材的鉴定。最常用的是硅胶薄层色谱法。②气相色谱法：适合于挥发性成分或通过衍生化后能够气化的成分的定性、定量分析，具有灵敏度高、分离效率高等优点，特别是气相色谱-质谱-计算机联用技术的发展，对于富含挥发油类药材的鉴别，气相色谱已成为一种首选的方法。不挥发的成分也可采用裂解气相色谱或闪蒸气相色谱进行鉴定。③高效液相色谱法：具有柱效高、分离度好、重现性好等特点，配以不同类型的检测器，可对多种海洋中药成分进行分析，尤其适合于具有紫外吸收的化合物的分析；一般常用于含量测定，但也可根据特征色谱峰和指纹图谱进行定性分析，特别是三维高效液相色谱（HPLC）的发展，使定性分析更方便。④纸色谱法：是一种分配色谱，可用于氨基酸、糖类等水溶性成分的分析。⑤凝胶电泳：适合于肽类、核酸、多糖等大分子化合物的分析鉴定。特别是分子生物学的发展，DNA 指纹图谱分析应用于动植物的鉴定，与次生代谢产物的分析相比，更能反映物种的内在遗传变异规律（史克莉等，2004）。⑥毛细管电泳：是近年发展起来的新的分析技术，它集 HPLC 与电泳技术的优点于一身，使中药成分的分析范围更广阔、更灵敏，因为它从根本上解决了 HPLC 分析中的柱效问题。

3）波谱法：根据中药成分结构的不同会产生特征的吸收峰。常见的有紫外-可见分光光度法、红外分光光度法、串联质谱、核磁共振、调线分析等。①紫外-可见分光光度法：一般用于总提取物或部分提取物中某类成分的含量分析，也可通过导数光谱法进行混合物中单一组分的测定，或通过指纹图谱进行定性分析。②红外分光光度法：主要用于指纹图谱的分析、鉴定。③串联质谱法（MS/MS）：可直接用于粉末药材（成药）的分析、鉴定，是一种新的质谱技术。④核磁共振波谱法（NMR）：可用于具有特定结构类型化合物的定性、定量分析（Kang et al.，2008），如药用植物中吡咯里西啶生物碱的 NMR 分析。⑤X 线分析法：主要适用于矿物类药材的分析、鉴定，也可应用于粉末药物的直接分析（周雨箐等，2009）。

4. 新技术的应用

近年来，许多新学科理论和试验技术不断渗透到中药鉴定领域。

（1）聚类分析法

聚类分析是按照对象的定性或定量特征进行分组归类的一种现代统计方法。选取不同的模糊相似系数或长短距离计算公式，将一批样品或变量进行数据处理，得到不同的动态聚类图，从图上即可分类、鉴定和评价药材质量。

（2）指纹图谱法

中药指纹图谱是指某中药材或中成药中所共有的，具有特征性的某类或某几种成分的色谱或光谱的图谱。即用一定的方法（如 UV、IR、HPLC、GC、TLC、HPLC-MS、GC-MS、FTIR、X-ray 等），对特定的对象（如中药材、提取物、饮片、注射液等）和其制备过程进行分析，得到具有特征性的并相对稳定的图谱。其最大的特点就是可以通过指纹图谱的特征性，有效鉴别样品的真伪。目前使用最多的中药指纹图谱采用 HPLC 法，可提供大量的信息，符合中药复杂体系研究的需要。

（3）免疫法

不同的动植物药材含有不同的特异蛋白，免疫鉴别即利用该蛋白制备的特异抗体与待检品中的特异抗原结合产生沉淀反应来鉴别药材的真伪。该技术适用于动物药材的鉴别，尤其是亲缘关系比较接近的动物药间的鉴别。采用免疫电泳法及琼脂免疫扩散法准确鉴定了虎、豹等多种动物的骨骼，还能将豹骨进一步鉴定为雪豹、石豹或金钱豹，说明免疫法是一种特异性很强的鉴别法。今后对于名贵海洋中药，如海龙、海马等的鉴别，免疫法具有潜在的发展空间。

（4）分子标记

分子标记技术也称 DNA 分子诊断技术，是基于研究 DNA 分子由于缺失、插入、易位、倒置、重排或由于存在长短与排列不一的重复序列等机制而产生的多态性的检测技术（曹晖等，2003）。现代分子生物学研究发现，中药材（不含矿物药）物种的多样性是由于其基因多态性的结果，而基因多态性可在分子水平上检测，它比在形态、组织和化学水平上检测更能代表其变异类型的遗传标记。由于分子标记直接分析的是生物的基因型而非表现型，鉴别结果不受环境因素、样品形态（原品、粉状或片状）和材料来源的影响，因此可为中药品种鉴别提供更加准确可靠的手段（张汉明等，2000）。

二、海洋中药的炮制

海洋中药炮制是按照中医药理论，根据药物自身性质以及调剂、制剂和临床应用的需要，所采取的一项制药技术（叶定江等，2011）。海洋原药材经净制、切制或炮炙等处理后，称为饮片；饮片是供中医临床调剂及中成药生产的配方原料（国家药典委员会，2010）。

1. 炮制的作用

海洋中药主要来源于海洋的植物、动物、矿物等。它们质地坚硬，或含有泥沙杂质，不能直接作为中药使用，都要经过适当的炮制，使之成为中药饮片后才能应用于临床。海洋中药成分复杂，疗效多样，因此炮制的作用也是多方面的。一般认为，海洋中药炮制的作用有以下几个方面：

1）降低或消除毒副作用，保证用药安全。有的海洋中药虽有较好的疗效，但毒性较大，临床应用不安全。通过炮制，可以降低或消除毒副作用，更好地发挥疗效，保证临床用药安全。

2）缓和或改变药性，增强临床疗效。中药的药性包括性味、升降浮沉、归经等，通过炮制可以缓和或改变药物的性能。性味偏盛的药物，往往具有一定的副作用，如太寒伤阳，太热伤阴，过辛耗气，过甘生湿，过酸损齿，过苦伤胃，过咸生痰等，因此需要通过炮制进行纠偏。中药经过炮制，也可以改变其作用趋向，如酒制升提、姜制发散等。采用辅料制可以引药归经，如醋制引药入肝、蜜制引药入脾、盐制引药入肾等，提高其作用的针对性，如盐牡蛎可引药入肾，增强收涩固精、止遗的作用。很多贝壳类海洋中药质地坚硬，通过炮制后质地酥脆，有利于成分的溶出，增强临床疗效（如石决明、蛤壳、瓦楞子等）。

3）便于调剂和制剂。海洋中药材混有泥沙杂质以及残留非药用部位和霉败品等，必须经过净制，使其达到所规定的洁净度，保证调剂时剂量的准确。贝壳类药材质地坚硬，难以粉碎，不便于调剂和制剂，采用适当的方法炮制，如煅、砂烫等使其质地变为酥脆，易于粉碎，便于调剂和制剂。

4）矫正不良气味，便于服用。海洋中药中的某些动物类药材，如海蛇、海狗肾、鱼鳔等，有特殊不良气味，往往为患者所厌恶，服后出现恶心、呕吐、心烦等不良反应。通过漂洗、酒制、蜜制、麸炒、炒黄等方法进行炮制，能起到矫臭、矫味的效果，有利于患者服用。

5）便于储藏保管。海洋类中药经过炮制得到干燥饮片后，可以减少发霉、腐烂等变质现象，保证储藏保管中饮片质量的稳定。

2. 常用的炮制方法

海洋中药炮制是在漫长的医疗实践中积累起来的，通过净制、切制、炮炙等操作过程，将原海洋药材制成一定规格的饮片供药用（郭雪申等，2003；肖林榕等，2003）。

（1）净制

净制即净选加工。可根据具体情况，分别使用挑选、筛选、风选、水选、剪、切、刮、削、剔除、酶法、剥离、挤压、燀、刷、擦、火燎、烫、撞、碾串等方法，除去药物中的杂质、霉变品、虫蛀品、灰屑以及非药用部位等，使药物洁净。

（2）切制

切制时，除鲜切、干切外，均须进行软化处理，其方法有喷淋、抢水洗、浸泡、润、漂、蒸、煮等。软化过程要坚持少泡多润的原则，防止有效成分损失。切制成一定规格的片、丝、段、块等，利于有效成分的煎出、进一步炮制、调配和制剂，如昆布切宽丝。

（3）炮炙

炒制：炒制分单炒（清炒）和加辅料炒。

单炒（清炒）取待炮炙品，置炒制容器内，用文火加热至规定程度时，取出，放凉。需炒焦者，一般用中火炒至表面焦褐色，断面焦黄色为度，取出，放凉；炒焦时易燃者，可喷淋清水少许，再炒干。

加辅料炒是将药物加入固体辅料同炒的方法，常用的有麸炒和河砂、蛤粉、滑石粉烫制等法。①麸炒：先将炒制容器加热，至撒入麸皮即刻烟起，随即投入待炮炙品，迅速翻动，炒至表面呈黄色或深黄色时，取出，筛去麸皮，放凉。每 100kg 待炮炙品，用麸皮10～15kg。②砂炒（烫）：取洁净河砂置炒制容器内，用武火加热至滑利状态时，投入待炮炙品，不断翻动，炒至表面鼓起、酥脆或至规定的程度时，取出，筛去河砂，放凉。河砂以掩埋待炮炙品为度。如需醋淬时，筛去辅料后，趁热投入醋液中淬酥。③蛤粉炒（烫）：取碾细过筛后的净蛤粉，置锅内，用中火加热至翻动较滑利时，投入待炮炙品，翻炒至鼓起或成珠、内部疏松、外表呈黄色时，迅速取出，筛去蛤粉，放凉。每 100kg 待炮炙品，用蛤粉 30kg～50kg。④滑石粉炒（烫）：取滑石粉置炒制容器内，用中火加热至灵活状态时，投入待炮炙品，翻炒至鼓起、酥脆、表面黄色或至规定程度时，迅速取出，筛去滑石粉，放凉。每 100kg 待炮炙品，用滑石粉 40kg～50kg。

煅制：煅制是将药物直接放于无烟炉火中或适当的耐火容器内煅烧的一种方法。分为明煅、闷煅。①明煅又称直火煅。取待炮炙品，砸成小块，置适宜的容器内，煅至酥脆或红透时，取出，放凉，碾碎。多用于矿物类和动物中贝壳类药物。②闷煅又称窑闭煅、暗煅。将净制或切制后的药物置于密闭的加热容器中，在高温缺氧的条件下煅烧成炭。

煅淬：将待炮炙品煅至红透时，立即投入规定的液体辅料中，淬酥（若不酥，可反复煅淬至酥），取出，干燥，打碎或研粉。

制炭：包括炒炭和煅炭。①炒炭：取待炮炙品，置热锅内，用武火炒至表面焦黑色、内部焦褐色或至规定程度时，喷淋清水少许，熄灭火星，取出，晾干。②煅炭：取待炮炙品，置煅锅内，密封，加热至所需程度，放凉，取出。又称密闭煅、扣锅煅，适用于炒炭易于灰化的药物。

炙制：是将待炮炙品与液体辅料共同拌润，并炒至一定程度的方法。①酒炙：加黄酒拌匀，闷透，置炒制容器内，用文火炒至规定的程度时，取出，放凉。除另有规定外，一般用黄酒。每 100kg 待炮炙品用黄酒 10～20kg。②醋炙：加醋拌匀，闷透，置炒制容器内，炒至规定的程度时，取出，放凉。除另有规定外，用米醋。每 100kg 待炮炙品，用米醋 20kg。如醋炙海螵蛸。③盐炙：加盐水拌匀，闷透，置炒制容器内，以文火加热，炒至规定的程度时，取出，放凉。每 100kg 待炮炙品用食盐 2kg。食盐应先加适量水溶解后，滤过，备用。④姜炙：加姜汁拌匀，置锅内，用文火炒至姜汁被吸尽或至规定的程度时，取出，晾干。每 100kg 待炮炙品用生姜 10kg。⑤蜜炙：先将炼蜜加适量沸水稀释后，加入待炮炙品中拌匀，闷透，置炒制容器内，用文火炒至规定程度时，取出，放凉。除另有规定外，每 100kg 待炮炙品用炼蜜 25kg。⑥油炙油炒：先将炼过的羊脂置锅内加热熔化，加入药物共同拌炒，文火炒至油被吸尽、药物表面呈油亮时取出，摊开晾凉。油脂涂酥烘烤：动物类药物切成块或锯成短节，放炉火上烤热，用油脂涂布，加热烘烤，待油脂渗入药内后，再涂再烤，反复操作，直至药物质地酥脆，晾凉或粉碎。

蒸制：取待炮炙品，大小分档，加清水或液体辅料拌匀、润透，置适宜的蒸制容器内，用蒸汽加热至规定程度，取出，稍晾，拌回蒸液，再晾至六成干，切片或段，干燥。

煮制：取待炮炙品大小分档，加清水或液体辅料共煮透，至切开内无白心时，取出，晾至六成干，切片，干燥。煮制常用到固体辅料豆腐。豆腐煮的方法是将整块豆腐置适宜容器内，另取药物均匀平铺在豆腐的表面或放入挖好的豆腐槽中，上用豆腐盖好，加水没过豆腐，煮至规定程度，取出放凉，除去豆腐。作过装饰品的珍珠（习称“花珠”）外有污垢、油腻，用豆腐煮制后，使药物洁净。

炖制：取待炮炙品按各品种炮制项下的规定，加入液体辅料，置适宜的容器内，密闭，隔水或用蒸汽加热炖透，或炖至辅料完全被吸尽时，放凉，取出，晾至六成干，切片，干燥。

燀制：取待炮炙品投入沸水中，翻动片刻，捞出，有的种子类药材燀至种皮由皱缩至舒展、易搓去时，捞出，放入冷水中，除去种皮，晒干。

煨制：取待炮炙品用面皮或湿纸包裹，或用吸油纸均匀地隔层分放，进行加热处理；或将其与麸皮同置炒制容器内，用文火炒至规定程度取出，放凉。每 100kg 待炮炙品，用麸皮 50kg。

去油制霜：取待炮制品碾碎如泥，经微热，压榨除去大部分油脂，含油量符合要求后，取残渣研制成符合规定的松散粉末。

水飞：取待炮制品，置容器内，加适量水共研成糊状，再加水，搅拌，倾出混悬液。残渣再照上法反复操作数次，合并混悬液，静置后分取沉淀，干燥，研散。如珊瑚，研细水飞取极细末，外用调敷或点眼。珍珠质地坚硬，不溶于水，因此要水飞成极细粉，方易被人体吸收。

发芽：取新鲜成熟的果实或种子，置容器内，加适量水浸泡后，取出，在适宜的湿度和温度下使其发芽至规定程度，晒干或低温干燥。一般芽长不超过 1cm。

发酵：取待炮制品加规定的辅料拌匀后，制成一定形状，置适宜的湿度和温度下，使微生物生长至其中酶含量达到规定程度，晒干或低温干燥。

3. 常用海洋中药的炮制方法

1）昆布：除去杂质及硬柄，漂净，晾至半干，切宽丝，干燥。

2）海藻：除去盐屑等杂质，清水洗至口尝微咸，取出，晾至半干，除去白色附着物，切段，干燥（林励等，1989）。

3）海胆：除去残肉、棘刺及杂质，洗净，干燥，用时捣碎。

4）海马：漂洗干净，干燥，用时捣碎或碾粉。酒海马：取净海马，用文火烘烤，不时翻动，烤热后，离火，喷白酒如此反复数次，至海马松脆呈深黄色，放凉。滑石粉炒海马：取滑石粉置锅内，用文火加热至灵活状态，加入净海马段，拌炒至表面呈微黄色，鼓起，取出，筛去滑石粉，放凉。

5）海龙：漂洗干净，干燥，用时捣碎或切段。酒海龙：取净海龙，用文火烘烤，不时翻动，干脆后放入酒中淬制，冷后取出，再烘再淬，如此反复数次，至海龙松脆呈焦黄色时为止，放凉（刘冬玲等，2005）。滑石粉炒海龙：取滑石粉置锅内，用文火加热至灵活状态，加入净海龙段，拌炒至表面呈焦黄色，取出，筛去滑石粉，放凉。

6）海狗肾：刷净，用文火烤软或蒸软，切厚片，干燥。酒海狗肾：取净海狗肾，用黄酒喷淋拌匀，待吸尽，再用文火炒至酥脆，取出，放凉。滑石粉炒海狗肾：取滑石粉置锅内，用文火加热至灵活状态，加入净海狗肾片，拌炒至表面呈焦黄色，微鼓起，取出，筛去滑石粉，放凉。

7）鱼鳔：除去杂质，微火烘软，切成小方块或丝。滑石粉炒鱼鳔：将滑石粉置热锅内，用中火加热炒至灵活状态时，投入净鱼鳔，不断翻动，至发泡、鼓起、颜色加深时，取出，筛去滑石粉，放凉。

8）珍珠：除去杂质，洗净，干燥。珍珠粉：取净碎珍珠置乳钵内，加适量水共研成糊状，再加多量水，搅拌，倾出混悬液。残渣再照上法反复操作数次，直至研尽，合并混悬液，静置后，分取沉淀，干燥，研散。豆腐煮珍珠：取原药材，洗净污垢（垢重者，可先用碱水洗涤，再用清水漂去碱性），用纱布包好，再用豆腐置锅内，一般300g珍珠用两块250g重的豆腐，下垫一块，上盖一块，加清水淹没豆腐寸许，煮制2h，至豆腐呈蜂窝状为止。取出，去豆腐，用清水洗净晒干，水飞成极细粉，干燥。煅珍珠：取净珍珠，置适宜容器内，用武火加热，煅至红透，取出，放凉，水飞或研成极细粉，干燥。

9）海螵蛸：取原药材，除去杂质，清水洗至口尝微咸，干燥，砸成小块。炒海螵蛸：将净海螵蛸，用文火加热，炒至表面呈微黄色，取出，晾凉。醋海螵蛸：将净海螵蛸加醋拌匀，置锅内，用文火加热，炒至微黄色，取出，晾凉。

10）石决明：除去杂质，漂洗干净，干燥，砸成碎块或碾成粉末。煅石决明：取净石决明，置耐火容器内，用武火加热，煅至灰白色或青灰色易碎时，取出，放凉，碾成粉末。盐石决明：取净石决明，置耐火容器内，用武火加热，煅至酥脆时，取出，喷淋盐水，干燥，碾成粉末。

11）牡蛎：漂洗干净，晒干，砸成碎块或碾成粉末。煅牡蛎：取净牡蛎，置耐火容器内，用武火加热至酥脆时取出，放凉，碾成粉末。醋牡蛎：取净牡蛎，置耐火容器内，武火加热，煅至红透时取出，喷洒醋，冷后碾成粉末。盐牡蛎：取净牡蛎，置耐火容器内，武火加热，煅至红透时取出，加入盐水拌匀，冷后碾成粉末。

12）紫贝齿：除去杂质，洗净，晒干，砸成小块。煅紫贝齿：取洗净的紫贝齿，置适宜容器中，用无烟炉火煅至酥脆，呈紫棕色或灰白色，无光泽，取出放凉，碾成粉末。盐紫贝齿：取净石决明，置耐火容器内，用武火加热至红透时，取出，用盐水拌匀，干燥，碾成粉末。

13）珍珠母：除去杂质及灰屑，漂洗干净，干燥，砸成碎块或碾成粉末。煅珍珠母：取净珍珠母块或粗粉，置耐火容器内，用武火加热，煅至酥脆，取出，放凉，碾成粉末。

14）蛤壳：漂洗干净，干燥，砸成碎块或碾成粉末。煅蛤壳：取净蛤壳块或粗粉，置耐火容器内，煅至酥脆，取出，放凉，碾成粉末。

15）瓦楞子：洗净，捞出，干燥，砸成碎块或碾成粉末。煅瓦楞子：取净瓦楞子，置耐火容器内，武火加热，煅至酥脆，取出，放凉，碾成粉末。醋瓦楞子：取净瓦楞子，置耐火容器内，武火加热，煅至酥脆，取出，投入醋中淬之，捞出，干燥，碾成粉末。盐瓦楞子：取净瓦楞子，置耐火容器内，武火加热，煅至酥脆，取出，投入盐水中淬之，捞出，干燥，碾成粉末。

16）玳瑁：刷净，用温水浸软或蒸软，切成细丝，干燥或研成细粉。滑石粉炒玳瑁：取滑石粉置锅内，用中火加热至灵活状态，加入净玳瑁丝，拌炒至表面呈微黄色，鼓起，取出，筛去滑石粉，放凉，研成细粉。

17）海浮石：除去杂质，洗净，干燥，用时捣碎。煅海浮石：取净海浮石，置适宜容器内，用武火加热，煅至红透，取出，放凉，碾成粉末。

18）鱼脑石：除去杂质，洗净，干燥。煅鱼脑石：取净鱼脑石，置适宜容器内，用武火加热，煅至红透，取出，放凉，碾成粉末。

（李医明 修彦凤）

第四节 海洋中药质量标准研究

中药质量标准用于中药质量控制和评价是中药现代化发展的关键科学问题，是中药的安全性、有效性和稳定性的重要保证，对促进中药的现代化、产业化、国际化具有重要意义（梁鑫淼等，2008）。《中国药典》自1963年以来，收载的海洋药物基本没有变化（表8-9），2015年版《中国药典》一部收载3个植物药海藻、昆布、北沙参，9个动物药海马、海龙、珍珠、珍珠母、蛤壳、牡蛎、瓦楞子、石决明、海螵蛸和1个矿物药玄明粉。半个世纪以来，其质量标准基本没有明显提升，海洋药物缺乏质量控制的系统研究，加上其生长环境的特殊性，与陆源中药相比，其多方面的研究受到限制，大量的海洋药用品种不能作为药材进行有效利用，这与中国丰富的海洋生物资源和药用资源极不相称。随着现代科学技术的迅猛发展，海上作业能力增强，同时许多先进的分离分析技术和质量表征方法应用于海洋中药的研究中，为质量标准的提升提供了重要的参考。

表8-9 历年《中国药典》一部收载海洋中药情况

药典版本	收载海洋药品种	主要质量标准
1963	海藻、昆布、北沙参、珍珠、蛤壳、牡蛎、瓦楞子、石决明、海螵蛸、海马、海龙、玳瑁、玄明粉	来源，性状
1977	海藻、昆布、北沙参、珍珠、珍珠母、蛤壳、牡蛎、瓦楞子、石决明、海螵蛸、海马、海龙、玳瑁、浮石、玄明粉	来源，性状，显微鉴别
1985	海藻、昆布、北沙参、珍珠、珍珠母、蛤壳、牡蛎、瓦楞子、石决明、海螵蛸、海马、海龙、玄明粉	来源，性状，显微鉴别
1990	海藻、昆布、北沙参、珍珠、珍珠母、蛤壳、牡蛎、瓦楞子、石决明、海螵蛸、海马、海龙、玄明粉	来源，性状，显微鉴别
1995	海藻、昆布、北沙参、珍珠、珍珠母、蛤壳、牡蛎、瓦楞子、石决明、海螵蛸、海马、海龙、玄明粉	来源，性状，显微鉴别

续表

药典版本	收载海洋药品种	主要质量标准
2000	海藻、昆布、北沙参、珍珠、珍珠母、蛤壳、牡蛎、瓦楞子、石决明、海螵蛸、海马、海龙、玄明粉	来源，性状，显微鉴别，部分有含量测定
2005	海藻、昆布、北沙参、珍珠、珍珠母、蛤壳、牡蛎、瓦楞子、石决明、海螵蛸、海马、玄明粉	来源，性状，显微鉴别，部分有含量测定
2010	海藻、昆布、北沙参、珍珠、珍珠母、蛤壳、牡蛎、瓦楞子、石决明、海螵蛸、海马、海龙、玄明粉	来源，性状，显微鉴别，部分有含量测定
2015	海藻、昆布、北沙参、珍珠、珍珠母、蛤壳、牡蛎、瓦楞子、石决明、海螵蛸、海马、海龙、玄明粉	来源，性状，显微鉴别，部分有薄层鉴别，部分有含量测定

一、海洋植物药质量标准研究

1. 海洋植物药与陆源植物药的差别

有记载的海洋中药的药用种数远不如陆生的多，且相比之下研究速度比较缓慢，其中一个原因是药材不易采集。由于生长环境与分布差异大，海洋植物药生长于高盐、高压、低温、低营养和无光照的环境中，长期以来形成的次生代谢产物不及陆源植物丰富。大部分海洋中药与陆地中药都含有萜类、生物碱、甾体等成分，但海洋中药基本不含黄酮类化合物，而大环内酯类等化合物分布较广泛，这是两者在化学成分类别上最大的差别。另外，虽然两种植物药都含有萜类成分，但结构上存在着较大的差异，海洋来源的植物药中主要是单萜、倍半萜、二萜、二倍半萜，三萜和四萜种类和数量很少。独特的化学结构使得海洋植物药具有特殊的药理活性，大量海洋活性天然产物的发现，为治疗癌症、心脑血管、糖尿病等重大疾病的药物研究提供了先导化合物。陆源植物药中活性成分研究相对成熟，如黄酮类成分在心血管方面具有扩冠作用、对缺血性脑损伤有保护作用等，另外还具有抗菌、抗病毒、抗氧化自由基等活性，为许多陆源植物药的活性成分在质量标准中作为指标成分进行质量控制和评价。而从目前研究来看，海洋植物药化学成分仍有待系统深入的研究，需要将活性成分与药材整体功效相关联，以活性产物作为指标成分进行质控，从而进行更深入、广泛的研究。

2. 海洋植物药质量标准现状

海洋植物药质量标准现状不容乐观，整体水平比较低。中药质量标准包括了国家法定标准和地方标准。《中国药典》自 1953 年第 1 版发行至今已经更新至第 10 版。迄今，《中国药典》2015 年版一部收载了国际上最完整的植物药标准，共收载品种 2598 种，包括药材和饮片 618 种（不含收载在品种下的饮片标准）、植物油脂和提取物 47 种，以及成方制剂和单味制剂 1493 种，质量标准的相关内容依次包括品名、来源、处方、制法、形状、鉴别、检查、浸出物、特征图谱或指纹图谱、含量测定、炮制、性味与归经、功能与主治、用法与用量、注意、规格、储藏、制剂、附注等项目，综合考虑多方面的信息来综合评价药材质量（吴婉莹等，2014）。

《中国药典》2015 年版一部收载 3 种海洋植物药，包括北沙参、海藻、昆布。其中北沙参标准中只有性状描述和显微鉴别。海藻包括性状描述，对大叶海藻和小叶海藻进行区分、理化鉴别；昆布包括对海带和昆布的性状描述、理化鉴别和对碘的含量测定。常见的药典非收载的品种没有质量标准，或者是简单的地方质量标准。性状鉴别对于原药材的真伪鉴别具有重要意义，但是为了便于运输、储存、销售等目的，药材市场上大部分药材已经经过加工炮制，很多药材已经失去原本的性状特征。显微鉴别具有准确、简便、快速等优点，是中药鉴别中非常重要的方法，已经被主要国家的药典所采纳，尤其适用于多来源药材的鉴别。理化鉴别针对药材中某类特征性的（或者一般性的）成分进行分析，往往缺乏专属性。总体来讲，目前海洋植物药的质量标准与传统陆源植物药相比，标准建立所采用的方法非常局限，技术水平偏低，质量标准亟需提升。

随着现代分离和分析技术的快速发展，海洋植物药的研究也日渐获得重视，化学成分和药理活性不断被报道，质量控制方法报道逐渐增多，将先进的仪器和数据分析技术应用到质量控制方法研究中，这为质量标准的建立提供了很多的参考。

3. 海洋植物药质量标准建立的难点

（1）来源复杂

我国海域辽阔，海洋植被分布广泛，品种丰富，但是生长环境的差异性，必然导致化学成分组成不同，即药效物质基础的差异性，如何选择合适的品种作为药用资源，一方面需要充分的化学研究基础，另外更需要长期的临床和实验结果，这是一个漫长而艰难的过程。而目前药用品种的使用主要根据历代文献记载，如马尾藻科植物海藻来源共有 15 种（变种）（管华诗等，2009），而《中国药典》仅收载了羊栖菜 *Sargassum fusiforme*（Harv.）Setch 和海蒿子 *Sargassum pallidum* C. Ag.的藻体，前者为小叶海藻，后者为大叶海藻。历代文献记载药材品种情况主要是根据当时样品的采集条件确定的，由于海上操作条件较差，工作环境主要在近海域，随着现代科学技术的发展，将会向远海域和深海域发展，发现更多的植物资源。除了植物本身来源品种多样之外，民间用药中还存在着同物异名、同名异物等现象，植物来源的复杂性给质量标准的建立带来了一定的困难。

（2）药效学研究薄弱

目前海洋中药药效学研究主要遵循了天然药物化学的研究方法，通过对药材的提取、分离、产物鉴定，采用现代药理学研究方法对得到的产物进行活性筛选，发现有价值的先导化合物，通过构效关系研究，寻找活性强、毒性低的化合物。按照这一研究思路，已经从海洋中药中分离出数以万计的天然产物，很多具有较好的药理活性，已经开发为新药并应用于临床，如源于昆布（海带）多糖的藻酸双酯钠、甘糖酯等药物，在临床上已成功用于心脑血管疾病的防治。

中药为一复杂的整体，在其方剂中发挥着一定的作用，在中医理论指导下针对传统功效进行研究的文献报道较少，中医理论讲整体观，辩证施治，采用目前现有的技术方法手段，许多药理模型难以建立，使得传统药效学的研究较为薄弱，这也是整个中药界的难点。

（3）有效成分不明确

探索建立基于有效性和安全性相关的中药质量标准，应以活性成分为指标，但是限于目前药效物质基础研究薄弱，很多海洋中药难以确定其活性成分，因此难以建立科学合理的质量标准。中药质量标准建立时，通常认为在有效成分不明确的情况下，可以选择合适的指标性成分建立质量标准，以保证药材的安全性和稳定性，关于指标成分的选择依据，Li 等总结了 European Mediciens Agency（2008）和 Srinivasan（2006）对天然药物化学指标成分的定义，并提出了新的分类（Li et al., 2008），包括：①治疗成分（therapeutic component），即该化学成分具有直接的治疗作用，如贝母的主要化学成分异甾生物碱类化合物包括贝母素甲、去氢贝母碱和西贝母碱，已经证实是镇咳的主要成分，因此质量标准中选为指标成分；②活性成分（active component），即药材中几类结构不同的成分共同表现出治疗效果，但是单一成分或某一类成分可能没有作用，如中药黄芪在免疫和循环系统方面的药理活性是异黄酮和皂苷的共同作用，因此质量控制同时选择了这两类成分作为指标，这也与中医理论相吻合；③协同成分（synergistic component），即化合物本身可能没有药理活性，但是可以协助有效成分发挥增效减毒的作用；④特征性成分（characteristic component），即药材中专属的或独特的成分，可能具有治疗作用，如缬草烯酸是缬草中的特征性成分，虽然该化合物的镇静作用尚未研究清楚，但是在评价缬草和相关制剂的质量时选为指标成分；⑤主要成分（main component），即药材中含量较大的化合物，可能不明确是否是专属成分或具有药理活性，如淫羊藿中黄酮类成分 epimedin A，B，C 和 icariin 含量大，具有防止绝经后女性骨质疏松的作用，其他方面的药理作用还没完全研究清楚，药典中以测定总黄酮和淫羊藿苷来控制药材质量；⑥相关成分（correlative component），即成分本身可能不具有药理活性，但是经体内代谢可成为有效成分；⑦毒性成分（toxic component），即药材中有毒的成分，如川木通、广防己中含有毒性成分马兜铃酸，具有严重的肾毒性，目前这些药材已经禁止使用，质量控制中以测定马兜铃酸作为指标，来控制药材或制剂的质量；⑧一般的成分（general component），即药材中一般的成分，是否具有活性可能不明确，通常用于指纹图谱分析来评价药材质量的稳定性。

目前，用上述分类后的名词去全面表述海洋植物药的物质基础还非常困难，各种成分的确定是在对该药材充分研究基础之上的，因此结合现代分离分析技术加快阐明海洋中药的化学物质基础，是进一步开展药效学、药理学等研究的前提，在选择合理的指标成分后选择合适的分离技术和表征方法来反映药材的内在质量，保证有效性、安全性和稳定性。另外，指标成分选择的同时还需要考虑化合物的含量，一般认为当含量低于 0.02%时对于质量控制来讲意义不大。

4. 中药质量标准研究新方法用于海洋植物药质量标准建立

（1）研究思路

关于中药质量标准建立的思路，笔者所在团队经过多年的实战经验，总结出“深入研究，浅出标准”，深入研究包括中药原植物基源的研究，基于中医理论指导下的全面药效物质基础研究，运用多学科技术方法开展作用机制研究。只有在扎实的基础研究工作和积累总结之上，才能建立起科学、实用、简便、严谨的质量标准。基于中医理论指导的药效物质基础研究是中药质量标准体系构建的基石。海洋中药是复杂体系，进行全面质量控制不宜做到，目前我们能做到的就是基于中医理论指导认识海洋中药的主要有效成分，基于中医理论指导对药效物质基础进行全面的研究。众所周知，中药质量标准体系的最初构建是以化学药物的质控方式为模板，孤立地构建某一个指标性成分的定性定量研究，从而对一个中药进行质量控制。但是海洋中药的复杂体系与化学药不同，构建这样的标准体系只能是中药质量标准构建进程中的过往与历史，拥有多成分与多靶点起效的海洋中药需要更加完善的质量标准体系。

（2）现代中药质量控制方法研究

鉴别：传统的中药鉴别方法主要是通过对药材的形、色、气、味等外在特征的分辨来实现，然而我国中药资源非常丰富，即便是同一种药用植物个体间也存在较大的差异，同种药物中也不断有变种出现，这就给传统的鉴别技术带来了极大的挑战。采用现代科学技术建立专属性强、简单易行的方法是中药鉴别的发展方向。薄层色谱法具有专属性强、速度快、灵敏度高、成本低、操作方便等优点，在中药鉴别分析中广泛应用，《中国药典》2015 年版中大部分中药材和制剂都建立了薄层鉴别方法，采用对照药材比对或结合特征性成分指认的方法进行鉴别。高效薄层色谱法采用高性能的固定相，大大提高了对复杂体系中化合物的分离度和灵敏度，对中药材的鉴别甚至能与高效液相色谱法相媲美。另外分子标记技术在物种鉴别方面也得到了广泛的应用。分子标记技术是建立在核酸水平上的一项新技术，用于药用植物种质资源鉴定、药用植物遗传多样性、药用植物亲缘关系分析等方面，其鉴定结果更加准确可靠。胡嵘等利用 COI 序列对海马、海龙及其常见混伪品进行 DNA 条形码鉴别，发现种间的遗传距离显著大于种内的遗传距离，这与形态学分类的结论相一致，由构建的系统聚类树可以看出，同属聚在一起，且各物种又形成相对独立的枝，海马、海龙 COI 序列可以明确地与混伪品 COI 序列区分开（胡嵘等，2012）。《中国药典》2015 年版一部中乌梢蛇、蕲蛇项下也运用了本方法。

多指标成分定量：中药作为一个复杂体系，需要整体质量控制，因此需要在质量标准中选择尽可能多的指标成分来全面评价该药材的真伪和优劣。但是由于中药对照品难以制备，数量有限，供应不足，方法难以建立。近年来，一测多评技术得到了广泛的应用，即采用一个对照品同时对多个成分进行测定的方法，《美国药典》在含量测定中主要提供使用的是一测多评方法，降低了对照品给标准执行带来的昂贵成本。《中国药典》2010 年版第二增补本中丹参中丹参酮类成分含量测定采用了一测多评法，即以价格低廉易得的对照品丹参酮 II_A 为对照，同时对隐丹参酮、丹参酮 I 和丹参酮 II_A 进行含量测定。另外，还有文献报道以对照提取物作为对照物质用于多组分的定量分析，与一测多评方法具有异曲同工之效，一方面降低了成本，另一方面简化了实验过程。例如，Li 等采用三七总皂苷对照提取物对三七中的五个皂苷类成分（三七皂苷 R1，人参皂苷 Rg1，Rb1，Re，Rd）同时进行了定量分析，并与采用单个标准品定量的方法进行了比较，结果显示两种方法的误差可以接受，小于样品批次间的偏差，可以应用到快速定量分析中（Li et al.，2013）。

指纹图谱：目前，中药质量控制技术研究主要集中于中药指纹图谱技术。中药指纹图谱是借助于色谱和波谱等技术获得的中药化学成分的色谱（或光谱）图，是一种综合的鉴别手段（易伦朝等，2008）。中药的化学物质基础极其复杂，中药指纹图谱能相对比较全面地反映中药中所含化学成分的种类与数量，尤其是在现阶段有效成分大部分没有明确的情况下，能较全面地反映中药内在质量。美国食品药品监督管理局（FDA）最近几年制定的植物草药指南中已经明确地把指纹图谱作为混合物的质量控制方法；《美国草药典》也已经开始针对美国市场上流通的热点植物药和中药进行全面整理，提出行业内可资借鉴的标准。指纹图谱技术在中药质量评价中的应用已经非常广泛，尤其是色谱指纹图谱，采用相似度评价或者与化学计量学相结合对图谱进行分析，阐明产地、种属、采收期、储存环境等因素对药材稳定性的影响，对于质量标准的建立和该药材的使用提供重要的参考。

中药安全性：中药安全性评价标准体现在标准的检查项中，我国中药安全性相关标准落后。主要有中药农药残留、重金属及有害元素、真菌毒素含量等检测方面的国家标准（季申等，2014），针对具体药材可能还需要对其特殊的毒性成分进行限量，例如《中国药典》2015 年版中采用高效液相色谱-质谱法对千里光中阿多尼弗林碱进行测定，并规定按干燥品计，不得过 0.004%。而目前质量标准的限量往往采用统一的国家标准，缺乏对不同药材的具体研究。部分海洋药物重金属及有害元素含量比陆生药用资源要高，甚至高于国家标准，将来在标准建立时其限量是否仍然执行国家标准，还是要通过多批次药材研究，根据具体结果来制定，是在标准建立时需要考虑的问题。

（3）质量标准建立的技术支持

分离和分析技术：现代分离和分析技术迅猛发展，包括高性能的化学填料，高效的分离仪器，高灵敏度、高选择性的检测技术（包括超高效液相色谱、超临界流体色谱、毛细管电泳、高分辨质谱等），以及化合物数据库的不断完善和数据处理方法的日新月异，使得复杂基质中化合物的鉴别速度越来越快，为全面阐明中药的化学物质基础或药效物质基础提供了强大的支持。Yang 等（2010b）采用液相色谱与三重四极杆-线性离子阱质谱联用技术，采用多离子监测-信息依赖-增强型子离子扫描（MIM-IDA-EPI）和母离子扫描-信息依赖-增强型子离子扫描（PREC-IDA-EPI）两种扫描模式相结合，从北沙参中鉴定出 41 个香豆素类成分，包括很多微量成分。另外该研究者（Yang et al.，2010a）还采用液质联用多重反应监测模式对其中的 15 个香豆素进行了含量测定，该方法具有较高的灵敏度和选择性，可实现对微量成分的准确定量，并对 20 批北沙参进行了比较，结果显示除了产地原因导致含量差异性外，其他因素包括采集时间、储藏方法等对其含量也有显著的影响，另外，研究还指出该类活性成分在不去皮的北沙参中含量高（约 6 倍），可见很多香豆素类活性成分存在于根皮中，因此，药典中采用沸水烫后去外皮的方法将会降低有效成分含量，作者建议该药材可以直接使用。这些研究成果对于北沙参药材质量标准的建立和该药材的合理应用提供了重要的参考。

化学计量学：化学计量学是将多变量分析方法引入化学研究中，与中药整体研究思路相一致，近年来，在中药质量评价中发挥了重要的作用。包括主成分分析（principle component analysis，PCA）、聚类分析（cluster analysis，CA）、正交偏最小方差判别分析法（orthogonal projection to latent structures discriminant analysis，OPLS-DA）、人工神经网络（artificial neural network，ANN）等（梁逸曾等，2008）。

另外，以基因组学、转录组学、蛋白组学和代谢组学为核心的系统生物学方法从整体的角度来研究有机体，为中药的研究开辟了新的思路和方法。其中特别是代谢组学和蛋白组学，它们从整体上展示生物体内在的蛋白质及代谢物的变化状态，能够获得生物体整体性和动态性的信息，从蛋白组学和代谢组学的角度来看待疾病过程，与中医的整体观和辩证论治思维方式不谋而合。期望将系统生物学与中药成分的整体性研究相结合，在中药药效物质组学研究的基础上，系统地研究其化学成分及其在体内的作用（或毒性）机制，建立指纹图谱与中药疗效之间的谱效学关系，实现对中药内在质量的综合评价和控制（李发美等，2009）。

二、海洋矿物药质量标准研究

海洋矿物药是整个中药研究体系中很有特色的组成部分，在中医药学的发展上有其独特的作用，虽然数量上常用的海洋矿物药只有10余种，包括食盐、咸秋石、紫硇砂、盐胆水、玄明粉、朴硝、芒硝、浮石、珊瑚鹅管石、石燕、石蟹和石脑油，不到常用中药总数的5%，然而资源蕴藏量十分可观，随着科技的发展和医疗水平的提高，海洋矿物中药的研究也逐渐深入广泛，但是，海洋矿物药现行质量标准不够完善，检测手段较少，药检及药工人员矿物学知识少、鉴别水平低，致使伪劣现象较严重。混用或误用造成中毒事故时有发生。因此，矿物药的用药安全已引起人们的高度重视，制定完善、严格的质量控制方法已迫在眉睫。

1. 质量控制研究现状

《中国药典》2015年版中玄明粉质量标准运用干燥恒重的方法以硫酸钠的含量计算，不得少于99%，重金属不得超过百万分之二十，砷盐不得超过百万分之二十，相关铁盐、镁盐、锌盐符合相关规定。紫硇砂、浮石、鹅卵石、石燕和石蟹的质量标准收载于地方标准，主要包括性状描述和理化鉴别。

临床和实验研究发现，机体内某些微量元素的过量和缺乏可能是导致一些原因不明疾病的重要因素，研究人员逐渐重视对于海洋矿物药中微量元素的研究，并作为评价其质量的指标性成分，如韩亚亮等（2010）等采用微波消解法对药材进行消解处理后，利用电感耦合等离子体-质谱法检测了海浮石和石花中14种无机元素含量，结果显示海浮石中Si、Al、Fe、Mn、Zn、Sn、Cu含量均高于石花，可将二者显著区分开。李沁等（2014）等采用ICP-MS测定了玄明粉中的无机元素，并建立了其微量元素的图谱，为玄明粉的质量标准制定提供了科学依据。余玖霞等（2012）以混酸（HNO_3-HCl-HF，5∶2∶2）进行微波消解制样，采用电感耦合等离子体原子发射光谱（ICP-AES）法进行测定，为紫硇砂和白硇砂的区分提供了依据。杨美华（1997）应用X射线衍射仪及高频电感耦合等离子体发射光谱仪分别测试了石燕中的组分及微量元素的含量，为其质量标准的建立提供了依据。

另外，碳酸钙及钙类成分作为海洋矿物药中含量较大的成分，通常对其含量进行限定，能够作为其质量控制的依据，因此常作为指标性成分，张绍琴等（1989）等采用EDTA容量法选用钙黄绿素指示剂测定中药鹅管石、鱼脑石炮制前后钙的含量，回收率接近100%，标准差在0.2%以内，可作为海洋矿物药含量测定及质量标准建立的依据。胡玉清等（1989）等采用络合滴定法测定了不同来源石燕中碳酸钙的含量，并对其成分进行了光谱半定量分析。

海洋矿物类中药通常具有特定的晶体结构，而不同的晶体结构通常有较大的药效差异，近几年的研究表明，海洋矿物药化学成分的分析大多采用了X射线衍射、原子吸收、电导滴定等化学方法。游宇等（2013b）采用AXIOS型X射线荧光光谱法对玄明粉和污水硫酸钠的结构进行比较，结果显示两种物质晶型有较大差异。该研究者（游宇等，

2013a）还对10批玄明粉样品进行分析，以相关系数法和夹角余弦法计算各样品共有峰的相似度，结果显示10批玄明粉X射线衍射指纹图谱相似度达到95%以上，说明其专属性较强，可为玄明粉的鉴定和质量评价提供依据。朱晓静等（2013）采用X射线粉末衍射法对市售芒硝和玄明粉样品进行测定，通过数据分析说明X射线粉末衍射法可以用于中药芒硝和玄明粉的鉴别。甘盛等（2013）用离子色谱法测定了玄明粉中硫酸钠的含量避免了药典中繁琐的操作步骤，为玄明粉的质量控制提供了另一种迅速实用的检测方法。栾成章等（1999）运用原子吸收分光光度法测定了玄明粉的含量，为玄明粉的质量评价提供了新的方法。

2. 现有质量控制方法中存在的问题

1）市售产品达不到标准规定要求。《中国药典》2015年版规定玄明粉和芒硝含Na_2SO_4不得少于99.0%，但近年的调查显示多数市售产品不符合规定，可能是因为加工方法不当或存在掺假现象。

2）成分相似而药理作用不同。海洋矿物药存在很多成分相近但药理作用差别较大的情况，同时也有海源矿物药与陆源矿物药的交叉，但由于相关鉴别方法及安全评价手段不够确切，经常出现混用情况，目前市售的朴硝，有时发现为芒硝，药品呈暗灰色，不透明粗粒状结晶，放大镜下可见有沙土掺杂。如不经处理直接冲服或兑入汤剂服之，易引起胃肠道不良反应。朴硝是取天然芒硝，用热水溶解、过滤，将滤液浓缩，放冷，析出结晶，阴干所得的粗制品。芒硝是将朴硝经再次重结晶，或用萝卜切片置锅内煮透，加入朴硝共煮至朴硝完全溶化后过滤，滤液浓缩后放冷，析出结晶，阴干为芒硝。因此二者成分相近，为Na_2SO_4或$Na_2SO_4 \cdot 10H_2O$，但功效不同，不能混用。同时玄明粉也与二者成分相近，且各种书籍描述不一，使用时也应注意。咸秋石与食盐的成分均为氯化钠，而咸秋石的加工方法为食盐中加入洁净泉水煎煮过滤，除去沉淀，滤液蒸发，干燥成霜（李芳等，1996），功效为滋阴降火，与食盐主要作用涌吐差别很大，应避免混用。

3）历史等其他原因造成的混用。海洋矿物药通常名称相似，别名繁多，各种书籍描述不一，在基层单位专业基础不够扎实，经常出现误用、混用，如浮石，别名白浮石、海石、大海浮石（管华诗等，2009），主要成分为二氧化硅，主治痰热壅肺、瘿瘤瘰疬；浮海石，别名海浮石、浮水石，主治肺热咳嗽，二者不可混用。又如珊瑚鹅管石及钟乳鹅管石，主成分为腔肠动物树珊瑚科栎珊瑚或笛珊瑚的石灰质骨骼，广西地区尚有用核珊瑚科核珊瑚 *Caryophyllia* sp.的石灰质骨骼作鹅管石使用，主要特征是单体，呈柱锥状，个体内部的隔壁三列以上，具瘤结状的轴部构造。吉林、辽宁、甘肃、山东、湖南、广西、云南等地有时把矿物钟乳石的细长尖端部分（滴乳石）作为鹅管石混用（陈世平等，2013）。

3. 海洋矿物药质量控制的发展

目前《中国药典》对于海洋矿物药的收载情况主要涉及理化鉴别、限度检查及含量测定，针对海洋矿物药的特殊性，结合文献报道，尝试将矿物药晶型加入质量标准中，并增加一些物理性质，如密度、折射率等。采用偏光显微镜做粉末油浸显微鉴别和薄片显微鉴别等显微鉴别方法加入标准中。考虑到矿物药特殊的结构及别名繁多，在检查项中可增加杂质检查，检查共生其他矿物及同族其他矿物等。另外，加强矿物药的药理和毒理学研究也是研究的重点内容，只有在深入和全面的研究基础上，才能找到合理的指标成分，采用合适的方法建立科学有效、简便易行的质量标准。

三、动物药质量标准研究

海洋动物药是传统海洋中药的重要组成部分，也是现代海洋中药研究中的研究对象之一。早在《黄帝内经》中就有以乌贼骨和鲍鱼汁治疗“血枯”的记载。《神农本草经》中收载的 9 种海洋药物中有 8 种是海洋动物。据统计，海洋来源的药用动物约 1500 种，大量的鱼类、贝类等动物都可作为药用。主要包括：软体动物，如牡蛎、珍珠（贝）、章鱼、鲍（石决明）、蛤蜊等；节肢动物，如龙虾、对虾、寄居蟹等；棘皮动物，如海参、海胆、海星、海燕等；腔肠动物，如珊瑚、海蜇、海浮石等；海绵动物如酥脆海绵、黄蜂海绵等；脊索动物，如海马、海龙、海鳗、带鱼、鲀鱼、鲨等。随着现代海洋药物研究的不断深入，原不为人所知的许多动物种类，已开始被发现有药用价值，特别是热带海洋生物，如海绵、软珊瑚、软体动物、棘皮动物等。

目前，《全国中草药汇编》收载海洋动物药 47 种；《中药大辞典》收载海洋动物药 97 种；《中药辞典》收载海洋动物药 164 味 178 种；《中国中药资源志要》收载药用动物 414 科 879 属 1590 种；《全国中草药名鉴》收录动物药 1630 余条（403 科）708 种；《中华本草》收载海洋药用动物 501 种，海洋动物药 209 种；《中国药用动物志》收载海洋药用动物 260 种；《动物本草》收载海洋药用动物物种 771 种，海洋动物药 317 种；《中国海洋药物词典》收入海洋动物药 1431 条；《中国海洋湖沼药物学》收载海洋药用动物物种 455 种，海洋动物药 175 种；《中华海洋本草》共收录海洋动物药 397 味（管华诗等，2009）。历年各版《中国药典》所收载的海洋动物药材共有 10 种，主要包括瓦楞子、石决明、牡蛎、玳瑁、珍珠、珍珠母、海马、海龙、海螵蛸以及蛤壳（国家药典委员会，2010；张辉等，2006）。

《中国药典》是我国法定药物记载的最高法典依据。从历年各版《中国药典》对动物药，尤其海洋动物药的收载情况来看，载入的质量标准项目少而简单。由于海洋动物药来源的限制，其质量标准的整体研究情况相比陆源中药差距较大，列入的大多数品种质量标准仅涉及性状外观鉴别，基本未涉及显微鉴别、薄层色谱法专属鉴别、含量测定项（壳类动物药除外）以及通识项、检查项。纵观各品种质量标准在药典中的变化情况能够发现，各版《中国药典》所收载的动物药及其制剂中，专属鉴别和含量测定项有所增加，但一些已获得的比较成熟、稳定的化学鉴别、含量测定方法成果尚未得到应用。表 8-10 为《中国药典》2015 年版收载海洋动物品种及录入的检测项目情况统计。

表 8-10 《中国药典》2015 年版收载海洋动物品种及录入项目

录入项	品种名称
来源	瓦楞子、石决明、牡蛎、珍珠、珍珠母、海马、海龙、海螵蛸、蛤壳
性状	瓦楞子、石决明、牡蛎、珍珠、珍珠母、海马、海龙、海螵蛸、蛤壳
鉴别	牡蛎、珍珠、珍珠母、海马、海螵蛸、蛤壳
含量测定	牡蛎、海螵蛸、蛤壳、石决明

各版《中国药典》收载的海洋动物药质量标准，基本反映了我国海洋动物药质量标准的内容变迁及研究进展。在各版《中国药典》中，仅1963年版将“性状”归结为“鉴别”项，1977年版之后对此做出修正。为更全面地反映海洋动物药质量标准的最新研究进展，以下简述海洋动物药质量标准相关研究情况。

1）瓦楞子。各版《中国药典》均有“基源”以及“性状”描述项。1963年版及1977年版《中国药典》中，“性状”部分未进行分类描述，1985年版后各版本采用了分类表述且表述一致，未有变化。在钙盐含量测定中，温从环（1996）采用EDTA滴定法，张绍琴等（1993）采用EDTA定影法，选用钙黄绿素指示剂或钙指示剂，测定瓦楞子炮制前后钙盐的含量，方法简便、快速，结果准确，重复性好。

2）石决明。各版《中国药典》均有“基源”以及“性状”描述，1963年版及1977年版未分类描述性状，1985年版之后各版本分类表述且表述一致。2010年版新增“含量测定”项，其他无变化。张绍琴等（1993）报道了石决明含有极为丰富的易被人体吸收的SiO_2，其含量在已知种类的矿物药材中居首位。庞秀生等（2009）对火硝制石决明的炮制品进行了质量标准研究。

3）牡蛎。各版《中国药典》均有“基源”以及“性状”描述，1963年版及1977年版《中国药典》未分类描述性状，1985年版之后各版本分类表述且表述一致。2010年版新增“含量测定”项，其他无变化。黎奔等（1995）用原子吸收分光光度法测定牡蛎中含钙量。张毅贞（1998）采用配位滴定法测定牡蛎中碳酸钙含量。吴谦等（1997）采用斑点酶联免疫分析技术对牡蛎制剂中的牡蛎精粉进行鉴别，结果表明，酶联免疫技术可以在10^{-8}以上的水平对牡蛎制剂进行专属鉴别与含量测定。

4）玳瑁。现今玳瑁被列入《华盛顿公约》CITES Ⅰ级保护动物，《世界自然保护联盟》（IUCN）2012年濒危物种红色名录ver 3.1-极危（CR），中国国家重点保护野生动物名录的等级：Ⅱ级。已归结为次常用中药，《中国药典》1963年版和1977年版记录收载，均有来源及性状描述。在1977年版中新增“鉴定”项，在1985年版和1990年版中作为成方制剂中药典未收载的药材及炮制品载入附录中，1995年后《中国药典》不再收载。孙学海等（1984）对玳瑁的显微结构有详细描述。

5）珍珠。各版《中国药典》均有“基源”、“性状”以及“鉴别”项描述。其中，“鉴定”项内容逐年变化较大。1963年版记录有一种鉴别方法，1977年版、1985年版、1990年版记录有两种鉴别方法，之后的各版本“鉴定”项内容已发展为三种鉴别方法。蔡军民等（1995）报道了利用L-胺四乙酸二钠为络合剂、抗坏血酸为抗氧剂、钙紫红素为指示剂、改进直接滴定法测定水溶性珍珠粉的钙含量。林锦明等（1994）应用差示扫描量热法（DSC），对不同来源的珍珠粉和珍珠层粉进行热谱扫描，从热焓的角度作为定性指标进行鉴别，取得了理想效果。同时对其混合物在其熔化峰融为一体的情况下进行定量分析，也取得满意效果。

6）珍珠母。珍珠母从1977年版《中国药典》开始收载，各版《中国药典》均有“基源”、“性状”以及“鉴别”项描述，1985年版之后性状表述无变化。“鉴别”项中，1977年版、1985年版、1990年版记录有一种鉴别方法，之后各版均记录有两种鉴别方法，其中，2010年版表述最为完整，2015年版未做修订。

7）海马。各版《中国药典》均有“基源”、“性状”描述，且描述无明显变化，10版新增“鉴别”项。宿洁等（2002）报道进口海马的质量标准研究，首次提出建立了海马药材的显微鉴别特征及通识项检查内容。康延国等（2006）对《中国药典》收载的五种海马的粉末显微特征进行了对比研究。结果表明，五种海马的皮肤碎片、横纹肌纤维及骨碎片的特征有较明显的区别，可用于粉末的鉴别。李蓉等（2009）首次建立了三斑海马的HPLC化学指纹图谱，提供了一种潜在的三斑海马真伪鉴别的现代技术方法。

8）海龙。各版《中国药典》均有“基源”、“性状”描述，且描述无明显变化。在海洋中药质量标准研究中，有关海龙的研究报道较多。海龙类药材价格昂贵，市场掺伪现象比较严重。在海龙药材的真伪鉴别方面，除传统的性状鉴别方法（张朝晖等，1997）外，近年来出现了很多新技术和新方法。吴艳等（2009）建立了一种随机引物扩增DNA技术，能较好地鉴别海龙及其伪品。王梦月等（2009）首次建立了6种海龙的指纹图谱用于海龙药材的真伪鉴别。吴伟建等（2013）建立了一种基于红外光谱的海龙真伪鉴别方法。丁泽明等（2008）首次建立了进口海龙的质量标准，检测内容除性状鉴别外，增加了溶液反应和检查项内容。同时，近年来也出现了旨在评价海龙生药质量优劣的一些指标成分含量测定方法学研究（赵恒强等，2013；崔小兵等，2006；王梦月等，2010）。

9）海螵蛸。各版《中国药典》均有“基源”、“性状”描述，且描述无明显变化。1977年版新增“鉴别”项，之后一直沿用。有关海螵蛸的质量标准研究文献较少。朱从法等（1995）曾报道海螵蛸及其伪品的性状鉴别研究。

10）蛤壳。各版《中国药典》均有“基源”、“性状”描述，且描述无明显变化。在蛤壳药材质量标准的文献研究中，张绍琴等（1993）报道采用EDTA定影法，选用钙黄绿素指示剂或钙指示剂，测定其炮制前后含钙盐含量的变化。梁艺英等（1995）采用硫酸-苯酚法测定了文蛤中的多糖含量。

海洋动物是海洋中药的主要来源生物，各版药典记载的内容及变迁基本反映了其质量标准研究情况。总体情况是，各动物药质量标准基本仅有性状描述部分，缺少鉴别项、检查项及含量测定（壳类动物药除外）等控制生药内在质量的相关内容。此外，尚有大量虽在临床（民间）使用但药典并未收载的海洋动物药，其质量标准的研究几近空白。因此，在今后相当长的时间里，对现版药典收载的海洋动物药进行质量标准提高的研究，以及对药典未收载但在临床（民间）广泛使用的海洋动物药进行规范的质量标准研究，应是海洋动物药质量标准研究主要内容。

（果德安　吴婉莹　李国强）

第五节　研 究 实 例

一、海马

1. 来源

海马为海龙科动物线纹海马 *Hippocampus kelloggi* Jordan et Snyder、刺海马 *Hippocampus histrix* Kaup、大海马 *Hippocampus kuda* Bleeker、三斑海马 *Hippocampus trimaculatus* Leach 或小海马（海蛆）*Hippocampus japonicus* Kaup 的干燥体（国家药典委员会，2010）。

2. 资源分布

海马为刺鱼目海龙科海马属鱼类的统称，在我国具有悠久的应用历史。海龙科动物在我国沿海有 12 属 23 种，其中 7 属 12 种可供药用。据调查，我国海马属药材主要有 6 种：线纹海马 *Hippocampus kelloggi* Jordan et Snyder、刺海马 *Hippocampus histrix* Kaup、大海马 *Hippocampus kuda* Bleeker、三斑海马 *Hippocampus trimaculatus* Leach、小海马 *Hippocampus japonicus* Kaup 和棘海马 *Hippocampus spinosissimus* Weber。主要分布于渤海、黄海、东海、南海以及台湾海峡等海域。以往的文献中棘海马常被误以为刺海马。

3. 质量控制

对中药海马进行质量控制以确保海马的真实性与品质。海马的真伪鉴定可以采用形态学与性状鉴定，对于破碎的药材或粉末可以采用显微鉴定或分子标记技术进行鉴定，也可采用 TLC 或 HPLC 特征图谱辅助进行真伪鉴定。与品质相关的质量控制，主要是针对海马含有的化学成分进行定量分析测定，如对总磷脂成分采用钼蓝比色法测定，对甾体类成分采用毛细管气相色谱法分析，对脂肪酸类成分采用 GC/MS 分析，对胆固醇、黄嘌呤及氨基酸类成分采用 HPLC 方法分析，利用原子吸收方法分析微量元素，紫外分光光度法分析吲哚类成分。

1）利用分子标记方法鉴定海马。取海马样品，剪取尾部，研碎，取 30mg，用振荡仪振荡 2min 后，利用动物 DNA 提取试剂盒（天根试剂盒 DP324-03 海洋动物组织基因组 DNA 提取试剂盒）提取总 DNA。取海马对照药材，同法制成对照药材 DNA 模板溶液。采用 COI 引物对 LCO1490（5′-GGTCAACAAATCATAAAGATATTGG-3′），HCO2198（5′-TAAACTTCAGGGTGACCAAAAAATCA-3′）；反应体系采用 DBI 公司的 PCR Master Mix，PCR 扩增。94℃预变性 5min、94℃变性 50s、52℃退火 40s、72℃延伸 1min，34 个循环，循环结束后 72℃延伸 6min。取 5μL 的产物在 1.4%的琼脂糖凝胶进行电泳检测，在凝胶显像仪上检视。在与对照药材凝胶电泳图谱相应的位置上，在 500～750bp 之间有单一 DNA 条带（图 8-2）。

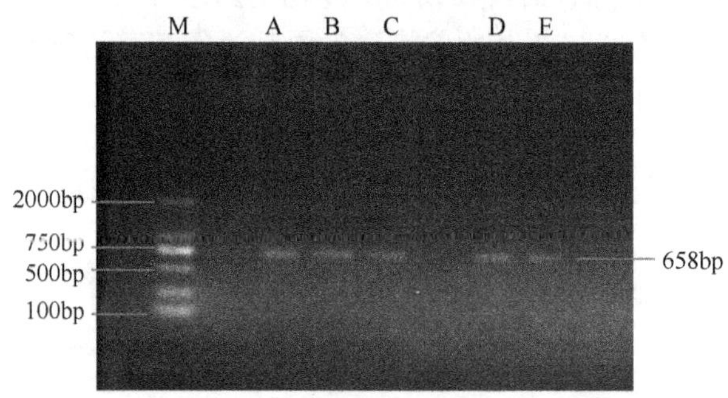

图 8-2 三斑海马药材 COI 基因 PCR 扩增产物电泳图：M. DNA Marker；A. 三斑海马对照药材；B～E. 不同产地三斑海马药材

取供试品海马 PCR 扩增产物 ABI 3730XL 测序仪双向测序（658bp），测序结果利用软件 CLUSTALX 比对，比对后在 DNASTAR 软件中对序列进行拼接矫正。在 MEGA5.0 中构建 NJ 树。通过 Blast 比对鉴定为三斑海马。

2）利用显微方法鉴别海马粉末。本品粉末呈黄白色或黄棕色。横纹肌纤维多碎断，有明暗相间细密横纹；横断面呈类长方形或长卵形，表面平滑，可见细点或裂缝状空隙。胶原纤维散离或相互缠绕成团。皮肤碎片表面细胞界限不清，可见棕色颗粒状色素物。骨碎片不规则，骨陷窝呈长条形或裂缝状。

3）利用薄层方法鉴别海马。取 1g 本品粉末，加 40mL 乙醇，超声处理 30min，滤过，滤液蒸干，残渣加 1mL 石油醚（60～90℃）使溶解，作为供试品溶液。另取 1g 海马对照药材，同法制成对照药材溶液。再取胆固醇对照品，加石油醚（60～90℃）制成每 1mL 含 1mg 的溶液，作为对照品溶液。照薄层色谱法试验，吸取上述三种溶液各 2μL，分别点于同一硅胶 G 薄层板上，以石油醚（60～90℃）-乙酸乙酯（4∶1）为展开剂，展开，取出，晾干，喷以 10%硫酸乙醇溶液，在 105℃加热至斑点显色清晰，置紫外灯（365nm）下检视。供试品色谱中，在与对照药材色谱和对照品色谱相应的位置上，显相同颜色的斑点。

海马药材的其他检查项包括：水分，不得超过 16.0%；总灰分，不得超过 23.0%；酸不溶性灰分，不得超过 2.0%；重金属及有害元素，照铅、镉、砷、汞、铜测定法测定，其中铅不得超过百万分之五，镉不得超过千万分之三，砷不得超过百万分之二，汞不得超过千万分之二，铜不得超过百万分之二十；浸出物，照醇溶性浸出物测定法的热浸法测定，用乙醇作溶剂，不得少于 5.0%。

4. 化学成分

海马的化学成分主要有甾体类化合物、脂肪酸及其酯类、蛋白质及氨基酸类、磷脂类、微量元素等。

1）甾体类化合物。主要有胆固醇、胆甾-5-烯-3β, 7α-二醇、胆甾-4-烯-3-酮、胆固醇硬脂酸酯等，具有广泛的生理活性，可能是该类药材的活性成分。GC-MS 分析表明，五种海马均含胆固醇（cholesterol）、胆甾-4-烯-3-酮（cholest-4-en-3-one）等甾体类化合物（图 8-3～图 8-7）。

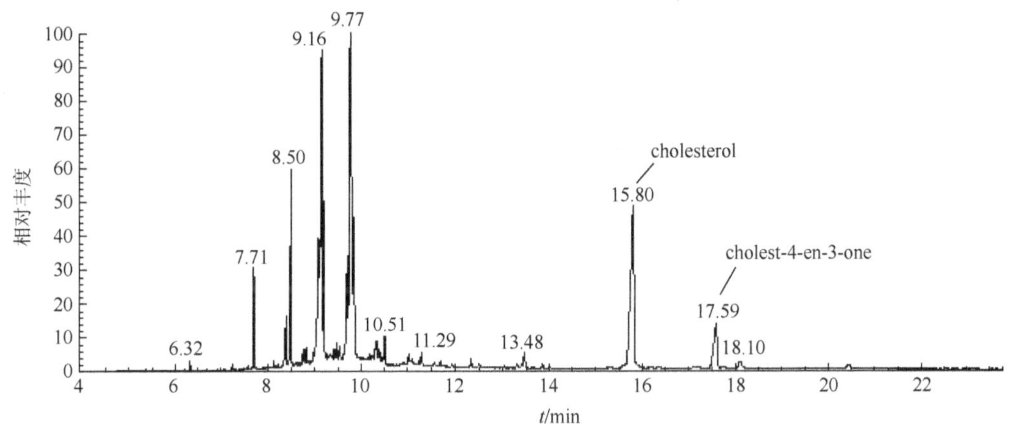

图 8-3　大海马 GC-MS 总离子流图

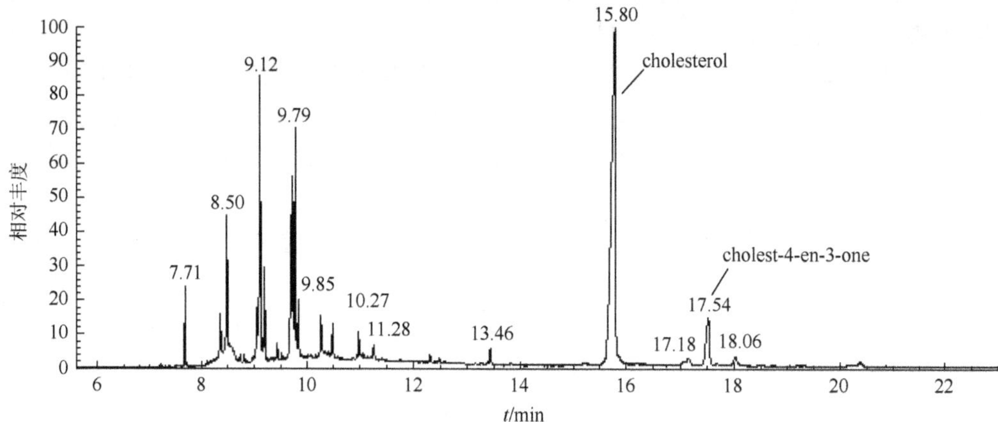

图 8-4 三斑海马 GC-MS 总离子流图

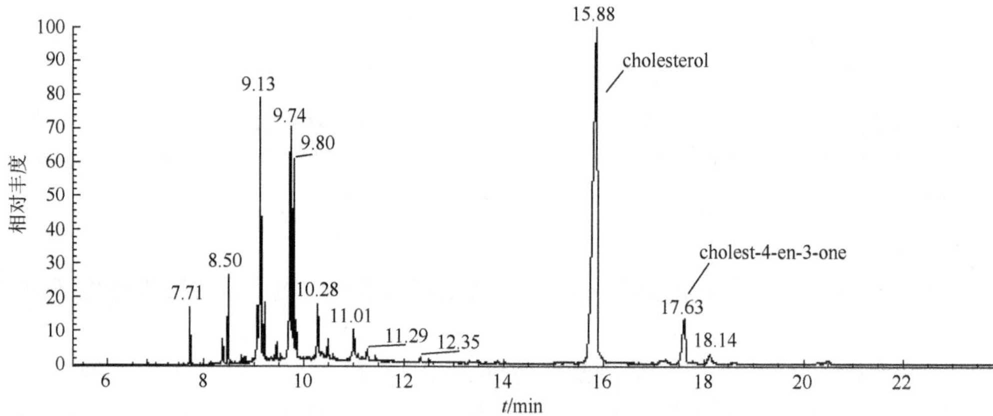

图 8-5 线纹海马 GC-MS 总离子流图

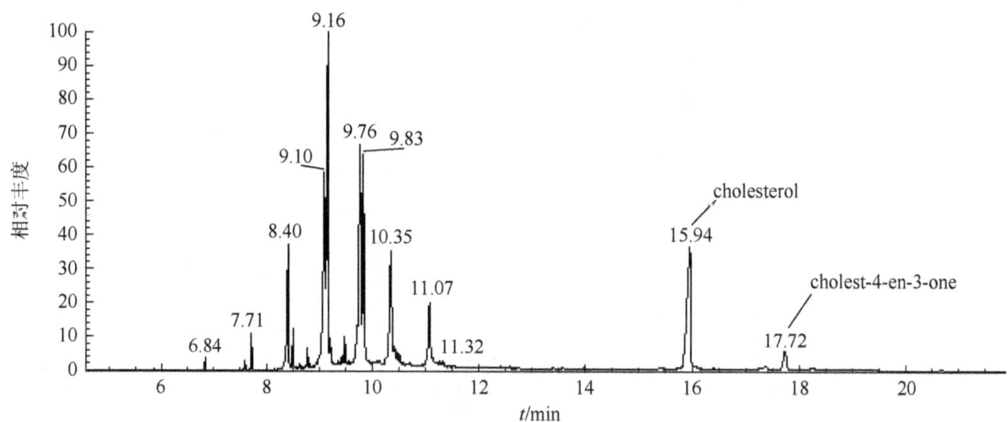

图 8-6 棘海马 GC-MS 总离子流图

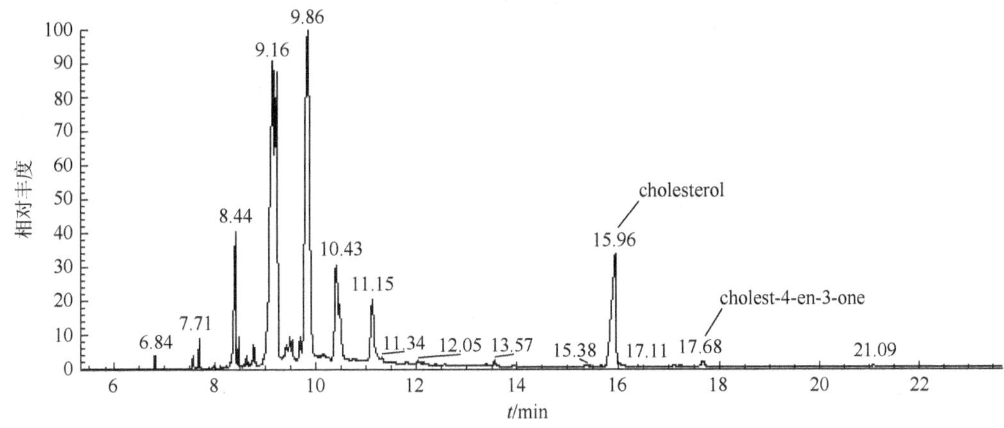

图 8-7 小海马 GC-MS 总离子流图

2）脂肪酸及其酯类。海马含有的脂肪酸及其酯类主要有十六酸、9-十八碳烯酸、8，11-十八碳二烯酸、二十二碳六烯酸（DHA）等（许益民等，1994）。

3）蛋白质、氨基酸类。海马含有丰富的蛋白质和氨基酸，所含的 17 种氨基酸中 7 种为人体必需氨基酸，占总氨基酸量的 30%左右。

4）微量元素。海马均含有较大量的微量元素 Zn、Mn、Cu，现代医学研究表明 Zn、Mn、Cu 等元素在增强人体免疫、抗衰老和滋肝补肾、补血生精等方面具有重要作用（岳雪莲等，1996）。

5）磷脂类。主要有磷脂酰胆碱、溶血磷脂酰胆碱、神经鞘磷脂等（徐益民等，1994）。

6）其他化学成分。从刺海马的脂溶性组分中分离得到 2-羟基-4 甲氧基-苯乙酮、胆甾-5-烯-3β,7α-二醇、胆甾醇和胆甾醇硬脂酸酯等化合物（王强等，1998）。

5. 药理作用

海马具有多种药理作用，如性激素样作用、抗疲劳、抗衰老、抗血栓、抗肿瘤、防止前列腺增生、抗骨质疏松、镇痛、镇静、抗癌、神经保护功能等。甾醇类成分可能是海马的主要活性成分。

1）性激素样作用。有研究报道海马的乙醇提取物可诱生和延长正常雌性小鼠的动情期，使子宫及卵巢重量增加，又能使雄鼠前列腺、精囊、肛提肌的重量明显增加，表现为雄激素作用，效果强于蛤蚧。含有海马的海马胶囊明显提高肾虚动物的雄性激素样功能，扶正固本、恢复体力和提高性功能，从而达到补肾壮阳的作用（许东辉等，2003）。

2）抗血栓。斑海马甲醇提取物能明显抑制大鼠实验性颈动脉血栓和大鼠脑动脉血栓的形成，其具有抑制血小板黏附、聚集的功能，具明显的抗血栓作用。其有效成分为 4 种长链不饱和脂肪酸，其中以 9, 12-十八碳二烯酸含量最高，为 18.5%，其作用机制是降低血液黏度，提高血流速度，并抑制血小板聚集（许东晖等，1995）。

3）抗衰老。大海马能增加小鼠的耐缺氧能力，降低单胺氧化酶的活性和过氧化脂质在体内的水平。海马还能抗应激、抗氧自由基，降血脂，增强学习记忆能力，调节免疫功能，增加小鼠血中的 SOD 含量，降低小鼠肝中的过氧化脂质的含量，抑制小鼠脑内单氨氧化酶 B 的活性，促进血液流变学改变和改善微循环等抗衰老活性（佘敏等，1988，1995）。

4）抗肿瘤。海马水提取物具有促进正常人体外周血淋巴细胞转化作用，可抑制人癌细胞株增殖。海马乙醇提取物能抑制乳腺癌和腹腔肿瘤。线纹海马对小鼠 S108 实体瘤有抑制作用，其抗肿瘤作用与促进免疫功能有关。海马水提取物的免疫增强作用强于乙醇提取物（李文琪等，1999）。

5）抗疲劳。三斑海马能够提高机体运动能力，延缓疲劳发生和加速疲劳恢复，其抗疲劳作用优于人参。海马乙醇提取物也能延长负重小鼠游泳时间（胡建英等，2000）。大海马酶解提取物（EEH）可降低小鼠的血清尿素氮含量、加快运动后血清尿素氮的清除，具有提高机体适应力、延缓和消除疲劳的作用。此外，EEH 能延长小鼠游泳时间、耐寒和耐缺氧时间，提高耐力和抗应激能力（彭汶铎等，2005）。复方海马药酒具有补肾壮阳、舒筋活络和益气养神等功效，能提高机体免疫力、兴奋性，有抗疲劳作用，可增强运动强度和耐力（黄炳权等，1997）。

6）镇痛。海马乙醇提取物对小鼠注射乙酸引起的疼痛扭体反应有明显的抑制作用，显示较好的镇痛作用（朱爱民，2005）。

7）防止前列腺增生。由大海马制成的海马胶囊可降低实验性前列腺增生模型大鼠的前列腺腹叶和精囊腺重量，降低血清酸性磷酸酶和血清的锌水平，升高前列腺组织 NO 水平。在小鼠实验性前列腺增生模型中，海马胶囊可降低前列腺腹叶和背叶的重量，降低血清酸性磷酸酶和血清的锌水平，有明显治疗实验性前列腺增生作用（孟学强等，2005）。

8）神经保护。海马对脑组织及神经具有保护作用。实验表明 5 种海马的提取物均有钙通道阻断剂作用，其中大海马作用最强，日本海马最弱。钙离子进入神经元在兴奋性氨基酸 L-谷氨酸引起神经元溃变和坏死过程中起重要作用，钙通道阻断剂能通过阻断钙内流，保护神经元的正常功能活动，并具有镇静作用（张朝晖等，1994）。运用大鼠大脑中动脉阻断致大鼠局灶性脑缺血/再灌注的模型，从神经行为学、脑梗死体积、脑含水量等方面评价海马提取物对大鼠局灶性脑缺血/再灌注损伤的保护作用，结果表明，海马提取物能显著促进大鼠脑缺血/再灌注后的神经功能恢复，改善大鼠脑梗死后的预后，显著缩小脑梗死体积，降低脑水肿反应，显示了对脑组织的保护作用。海马提取物在缺血后和再灌注后即刻给予干预，能够减弱损伤级联反应及再灌注损伤（冯星等，2005）。

9）抗骨质疏松作用。海马具有补肾壮阳的作用。海马乙醇提取液对大鼠新生鼠颅骨成骨细胞具有促进增殖作用，与海燕组成的复方可显著提高体外培养大鼠新生鼠颅骨成骨细胞碱性磷酸酶的活性，提高骨钙结节数目，并通过大鼠去卵巢整体动物模型验证了其抗骨质疏松作用。

6. 临床应用

海马具有温肾壮阳、散结消肿的功效，临床应用广泛，用于阳痿、遗尿、肾虚作喘、癥瘕积聚、跌打损伤的治疗；外治痈肿疔疮。常用于治疗男性不育症、类风湿关节炎和腰椎间盘突出等。此外，对虚烦不眠、哮喘、腰腿痛、跌打损伤、外伤出血、腹痛、痞块、难产、乳腺癌等也具有治疗效果，但孕妇及阴虚火旺者须慎用。海马一般用生品，多研末或泡酒服。常与其他中药配伍，如海马配枸杞子、鱼鳔胶、红枣水煎服，治肾阳衰弱致夜尿频。海马配当归水煎服，治疗老年性功能减弱症。海马、蛤蚧等制成的海马蛤蚧散用于治疗男性不育症。由海马、淡菜、鹿角菜、鲍鱼配其他中药制成的复肾散，用于治疗肾功能不全。也可外用，如配穿山甲、水银、朱砂、雄黄、轻粉、麝香制成的海马拔毒散，点药入疮，治恶疮及疔疮。由海马配麝香等中药制成的麝香丸，用于实痰淤阻经络导致气滞血瘀型类风湿性关节炎。临床应用的含有海马的中成药有安海马粉、深海龙丸、海马蛤蚧散、海马全蝎丸、海马拔毒生肌散、海马保肾丸、海马三肾丸、海马止血散等。

7. 产品开发

海马作为一种名贵中药材，具有明显的生理活性和保健作用，在保健食品中开发应用很广，以海马作主要原料的保健品及发明专利日益增多，研究与开发的潜力巨大。海马主要作为保健用途，开发的保健品有沁阳春海马酒、五同堂海马胶囊和海马养生液。在新药研究方面，复方海马胶囊来源于海马海燕经验方，原方主要用于治疗肾阳虚证。研究表明，其可增加老年肾阳虚患者的骨密度，减缓腰、背等部位的骨骼疼痛，显示出良好的抗骨质疏松作用。目前，通过对复方海马胶囊正进行较为系统的抗骨质疏松成药性研究，以进行抗骨质疏松海洋中药新药的研究开发。

二、海藻

1. 来源

本品为马尾藻科植物海蒿子 *Sargassum pallidum* Tseng and C. Chang（*Sargassum confusum* C. Agardh）或羊栖菜 *Sargassum fusiforme*（Harv.）Setchell [*Hizikia fusiforme*（Harvey）Okamura]的干燥藻体。前者习称“大叶海藻”，后者习称“小叶海藻”（图 8-8）。夏、秋两季采捞，除去杂质，洗净，晒干。

图 8-8 海蒿子（A）和羊栖菜（B）藻体外形图

此外，多种马尾藻属植物在一些地区也曾作海藻药材使用，如裂叶马尾藻 *S. siliquastrum*（Turn.）C. Ag.、海黍子 *S. muticum*（Yendo）Fensholt、半叶马尾藻中国变种 *S. hemiphyllum*（Turn.）var *chinense* J. Ag.、瓦氏马尾藻 *S. vachellianum* Grev.、匍枝马尾藻 *S. polycystum* C. Ag.、铜藻 *S. horneri*（Turn.）C. Ag.、鼠尾藻 *S. thunbergii*（Mert.）O'Kuntze、亨氏马尾藻 *S. henslowianum* C. Ag.等（崔征等，1995；管华诗等，2009）。

2. 资源分布

马尾藻属 *Sargassum* 隶属于褐藻门 Phaeophyta 墨角藻目 Fucales 马尾藻科 Sargassaceae。南中国海是马尾藻属的分布中心，中国是世界马尾藻主要产地之一（曾呈奎等，2000）。我国共有 127 个物种，7 个变种和 1 个变形，以西沙群岛、南沙群岛、海南岛、硇洲岛和涠洲岛的资源最为丰富。海蒿子是中国北部常见的物种，在渤海和黄海沿岸普遍生长。羊栖菜在中国海域分布很广，辽东半岛、庙岛群岛、山东半岛南岸、浙江、福建以至广东雷州半岛东岸的硇洲岛海域都有生长，目前在浙江温州近海已开展了大规模人工养殖（钱树本，2014）。

3. 性味与归经

苦、咸，寒。归肝、胃、肾经。

4. 功能与主治

消痰软坚散结，利水消肿。用于瘿瘤，瘰疬，睾丸肿痛，痰饮水肿。不宜与甘草同用。

5. 药效物质

多糖是海藻的主体成分，还含有植物甾醇、甘油糖脂、胡萝卜素、岩藻黄质、褐藻多酚等小分子化合物，具有抗肿瘤、抗氧化、降血脂、抗病毒等多种生物活性（陈震等，2012）。海蒿子多糖具有抗肿瘤、抗氧化、降血脂、抗菌、调节免疫等活性（许福泉等，2011）；对羊栖菜多糖研究较多，除以上功效外，还具有降血糖、抗凝血、促进内皮细胞增殖、促生长发育、抗病毒等活性（李杰女等，2009）。褐藻糖胶（fucoidan）是重要的多糖类药效物质成分。褐藻糖胶，也称褐藻多糖硫酸酯（sulfated fucan）、岩藻聚糖，广泛存在于褐藻的细胞壁基质中，主要由 L-岩藻糖和硫酸基组成，还含有少量的半乳糖、甘露糖、木糖、糖醛酸和蛋白质（图 8-9）。褐藻糖胶有抗凝血、抗肿瘤、抗氧化、抗病毒、免疫调节、抗炎等多种活性，对心脑血管、肝脏、肾脏、泌尿系统等有保护作用（付志飞等，2013）。

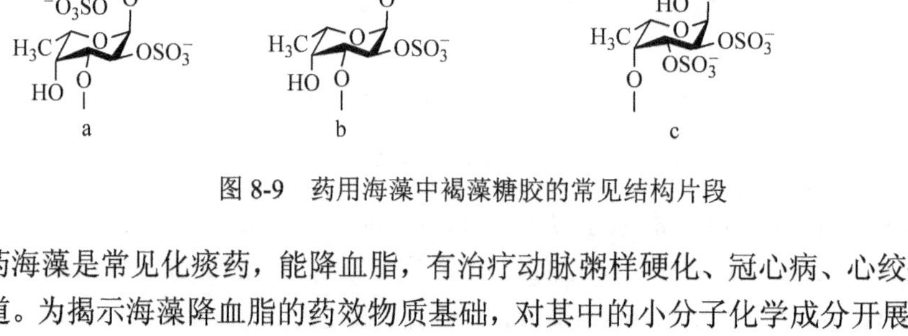

图 8-9　药用海藻中褐藻糖胶的常见结构片段

中药海藻是常见化痰药，能降血脂，有治疗动脉粥样硬化、冠心病、心绞痛等心血管病的报道。为揭示海藻降血脂的药效物质基础，对其中的小分子化学成分开展研究。通过分析《肘后》、《外台秘要》、《范汪》等，发现诸多治疗方使用“海藻酒浸”，故采用乙醇提取的方法获得粗提物，利用肝 X 受体（liver X receptor，LXR）双荧光素酶报告基因分析技术筛选有效部位。LXR 属于配体激活的核受体，是机体保持胆固醇相对稳定的关键感受器；其激动剂主要通过对关键靶基因的转录调节，调控胆固醇吸收、转运和分解，从而通过多种途径维持胆固醇的代谢稳定，延缓动脉粥样硬化的发生。结果表明，羊栖菜总植物甾醇能激活 LXR，且能显著降低高血脂大鼠的总胆固醇和甘油三酯水平。运用色谱和波谱技术，从羊栖菜总甾醇中分离鉴定了 7 个主要甾醇单体（图 8-10），发现岩藻甾醇（fucosterol，**1**），马尾藻甾醇（saringosterol，**2**），29-hydroperoxy-stigmasta-5,24(28)-dien-3β-ol(**4**)，24-keto-cholesterol(**6**)是 LXRs 激动剂；首次发现 24(*S*)-马尾藻甾醇（**2a**）是强的 LXRβ 选择性激动剂，并观察到该化合物在多种细胞中对 LXR 靶基因的上调作用（图 8-11）（陈震等，2014）。

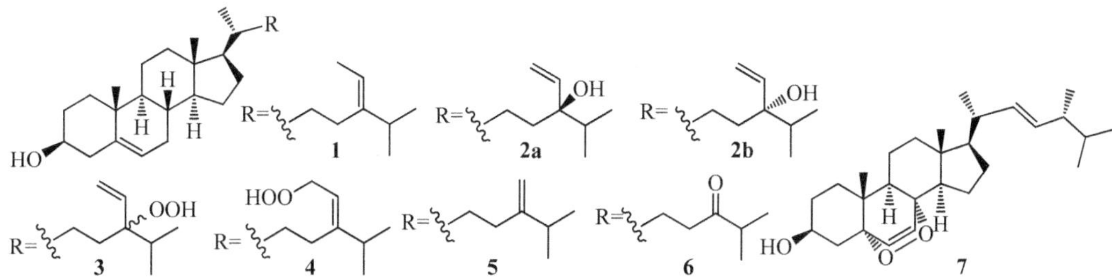

图 8-10 羊栖菜中的植物甾醇结构

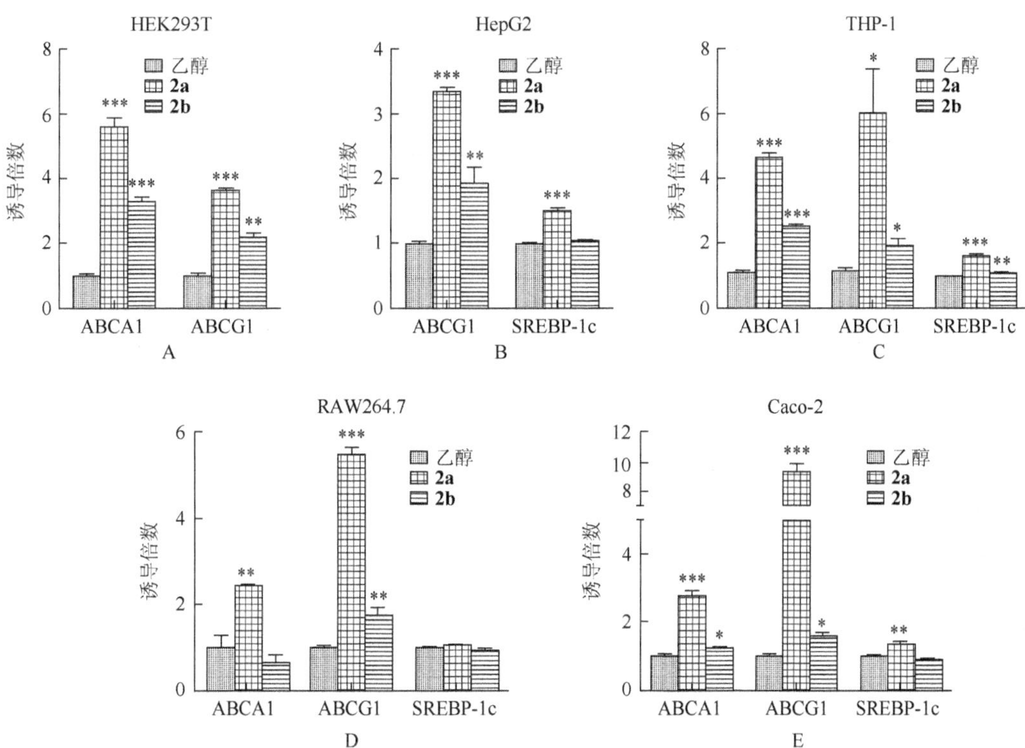

图 8-11 马尾藻甾醇在多种细胞中对 LXR 靶基因的调控作用

6. 质量控制

（1）PMP-HPLC 法测定岩藻聚糖含量

1-苯基-3-甲基-5-吡唑啉酮（1-phenyl-3-methyl-5-pyrazolone，PMP），能与还原糖在温和条件下反应，不需要酸催化，产物无立体异构体，且在 245nm 处有强吸收。采用 PMP 柱前衍生化 HPLC 分析，能同时检测中性糖、酸性糖和碱性糖，分离效果和灵敏度好，检测限可以达到 pmol。首先用 2mol/L 三氟乙酸将多糖水解成单糖，加入 0.3mol/L NaOH 水溶液和 0.5mol/L PMP 甲醇溶液，70℃衍生化反应 90min 后，加入 0.3mol/L 盐酸溶液中和，氯仿萃取除去过量 PMP，取水层进行 HPLC 分析（图 8-12）。

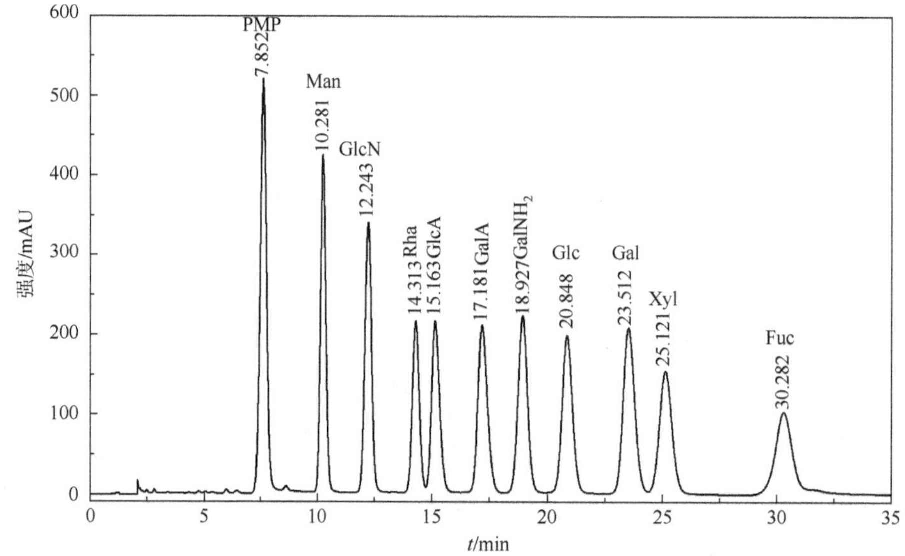

图 8-12　PMP-HPLC 法测定岩藻糖含量

（2）多糖硫酸根含量测定

硫酸根含量与多糖的生物活性密切相关。研究表明，随着褐藻糖胶硫酸根含量的降低，其抗凝血、抗增殖作用也随之下降（Haroun-Bouhedja et al.，2000）。褐藻糖胶对人组织细胞淋巴瘤细胞 U937 的增殖抑制活性随着硫酸根含量的升高而增强（Teruya，2007）。目前，测定硫酸根含量的方法主要有重量法、滴定法、分光光度法、硫酸钡比浊法、离子色谱法等。前四种方法因对仪器设备要求简单，比较常用，但操作复杂，误差较大。离子色谱法对仪器设备要求较高，但操作简单，且准确度高，重复性好。

7. 配伍禁忌

早在梁代陶弘景所著的《本草经集注》，就有海藻与甘草同用属“十八反”配伍禁忌记载。尽管如此，古代医籍中也不乏海藻与甘草同用的记载，代表性方剂如海藻玉壶汤，且沿用至今。对将甘草海藻同用的临床文献分析发现，主要用于治疗中医外科疾病，以乳癖记载最多；其次是中医内科疾病，主要治疗瘿病；再次是妇科疾病，主要治疗子宫肌瘤，其他各科记载较少。两者临床组合，多以未经炮制加工的生品以甘草海藻 1∶2 的比例配伍使用，多加工制成汤剂，口服使用。在提及不良事件的 149 篇文献中，有 83%的文献认为两者可同用，其中 27%的文献认为两者可同用且安全有效（刘佳等，2013）。

目前关于海藻-甘草不同比例配伍的毒性研究不多，但结果却存在较大差异。以小鼠急性死亡率为指标，通过海藻水煎剂经口给药考察其急性毒性，计算海藻小鼠半数致死量（LD_{50}）及 95%置信限。根据海藻 LD_{50} 值，固定海藻用量，结合《中国药典》海藻和甘草用量范围，设定海藻-甘草的 5 个比例，同时设甘草最大用量组和海藻单药对照组，观察动物的毒性反应症状和死亡情况。结果表明，甘草比例大于等于海藻时，两者同用表现出增毒效应（纪美琳等，2012）。给健康昆明种小鼠灌服不同比例配伍甘草-海藻水煎液，于用药第 22 天检测小鼠血清中丙氨酸氨基转移酶（ALT）、天冬氨酸氨基转移酶（AST）及乳酸脱氢酶（LDH）活性，并检测小鼠肝脏组织中丙二醛（MDA）含量及谷胱甘肽过氧化物酶（GSH-Px）活性，发现甘草海藻 1∶2 配伍与 1∶4 配伍应用会导致肝脏组织氧化-抗氧化平衡紊乱及肝脏组织的损伤，而甘草海藻 1∶1 配伍应用对肝脏氧化-抗氧化平衡的维持具有一定效应（王昕等，2012）。

8. 产品开发

（1）药物研发

抗肺癌海牡方，源于临床，全方由海藻、牡蛎、龙葵和北豆根组成，具有软坚散结、清热解毒、利水消肿等功效。药效学研究显示，海牡方能显著抑制动物移植性肿瘤的生长，增强荷瘤小鼠的免疫力，特别是无骨髓抑制的副作用，是非常值得深入研发的抗肿瘤中药新药候选药物。将昆布多糖、海带多糖、羊栖菜多糖、海蒿子多糖、辽东楤木多糖、刺五加多糖、人参多糖、黄芪多糖等 8 种多糖制成复方海藻抗癌合剂，腹腔或者皮下注射给药，结果表明该复方海藻多糖合剂对小鼠艾氏腹水癌、小鼠 S_{180} 肉瘤、小鼠网状组织细胞白血病 L_{615} 具有很好的抑制作用，能显著延长荷瘤小鼠的生存时间，对荷瘤小鼠的胸腺萎缩和肾上腺萎缩也具有显著的对抗作用（季宇彬等，1994）。以中药海藻、昆布、柴胡等配伍，水煎煮制成复方海藻口服液，具有舒肝解郁、理气化痰、软坚散结、益阴潜阳的功效，作为医院制剂用于治疗瘿瘤、瘰疬病疗效甚佳，临床治愈 86.6%，好转 13.4%，总有效率 100%（刘佃全等，1998）。

（2）药用辅料

从马尾藻中提取得到的海藻酸钠，具有良好的增稠性、成膜性、稳定性、絮凝性和螯合性，以及良好的生物降解性和生物相容性，可作为一种优良的缓控释药用辅料。其应用包括用作片剂、胶囊剂中的黏合剂，以及速释片的崩解剂；制作适用于肠道给药系统的微球和微囊的包裹骨架材料；制作适用于胃、小肠和结肠等不同部位定位给药体系的凝胶粒网状交联结构材料；用作烧、创伤创面的治疗膜剂载体等（张倩等，2008）。

（3）化妆品

含海藻的洁肤和护肤制品主要有洗手剂、浴剂、洗面奶、保湿露、霜剂及面膜等，能清除皮肤上的灰尘及过多的油脂，营养皮肤，使皮肤持久保持清爽、湿润、弹性及光泽（王凌云等，2003）。以褐藻胶为基质的海藻面膜，能提高皮肤羟脯氨酸的含量，具有延缓皮肤老化的功效；且对于由细菌感染引起的面部皮肤病如痤疮、毛囊炎等具有良好的效果。临床观察 120 例碍容性皮肤病患者，海藻面膜治疗总有效率 100%，对痤疮患者疗效尤佳，有效率达 89.4%（贺孟泉等，1997）。

三、牡蛎

1. 来源

本品为牡蛎科动物长巨牡蛎 *Crassostrea gigas* Thunberg 和近江巨牡蛎 *Crassostrea ariakensis* Wakiya 的贝壳。全年均可捕捞，去肉，洗净，晒干。牡蛎贝壳的外部形态常随其生活环境的不同而发生极大变化，可塑性强，单纯依靠贝壳形态很难鉴别牡蛎种类，同物异名和异物同名等现象十分严重。《中国药典》2010 年版一部收录中药牡蛎的来源为长牡蛎 *Ostrea gigas* Thunberg、大连湾牡蛎 *Ostrea talienwhanensis* Crosse 和近江牡蛎 *Ostrea rivularis* Gould 的贝壳。本节采纳长牡蛎、大连湾牡蛎是长巨牡蛎的同物异名，近江牡蛎为近江巨牡蛎的同物异名（Qi，2004；管华诗等，2009）。

2. 资源分布

1985 年，Harry 将全世界现生牡蛎归并为 36 种，隶属于动物界软体动物门双壳纲 Bivalvia 珍珠贝目 Pterioida 的曲蛎科 Gryphaeidae 和牡蛎科 Ostreidae 的 4 个亚科、24 属。李孝绪、齐钟彦认为中国牡蛎有 2 科、8 属、12 种，其中包括 1 新属、新种（管华诗等，2009）。长巨牡蛎分布于中国沿海潮间带及潮下带浅水区，也常见于西太平洋海域；近江巨牡蛎分布于中国沿海河口附近低潮线以下（Qi，2004）。两者均有人工养殖。

3. 饮片

生牡蛎：取原药材，除去杂质及附着物，洗净，干燥，碾碎。煅牡蛎：取净牡蛎，砸成小块，置无烟炉火上或适宜的容器内，煅至酥脆时取出，放凉，碾碎。醋牡蛎：取净牡蛎，置无烟的炉火或适宜的容器内，武火加热，煅至红透时取出，喷洒醋，冷后研碎。盐牡蛎：取净牡蛎，置适宜的容器内，武火加热，煅至红透时取出，加盐水拌匀，冷后研碎。

4. 性味与归经

咸，微寒。归肝、胆、肾经。

5. 功能与主治

重镇安神，潜阳补阴，软坚散结。用于惊悸失眠，眩晕耳鸣，瘰疬痰核，癥瘕痞块。煅牡蛎收敛固涩，制酸止痛。用于自汗盗汗，遗精滑精，崩漏带下，胃痛吞酸。

6. 药效物质

牡蛎是最常用的海洋贝壳类中药。贝壳作为软体动物的外骨骼，实际上是一种排列有序的天然有机-无机复合材料。无机成分主要为碳酸钙，并含磷酸盐、硫酸盐、硅酸盐，以及钾、镁、铝、锰、锌、锶等多种矿物质。有机成分由蛋白质、多糖或糖蛋白、磷蛋白、类胡萝卜素等组成，含量占壳干重的 0.3%～5%。贝壳类中药的 90%以上成分是以碳酸钙为主的无机盐，但它们的功效却不尽相同。如蛤壳为化痰止咳药，牡蛎、石决明和珍珠母同为平肝潜阳药。但后三者又有区别，牡蛎兼具软坚散结之功，石决明却能清肝明目，珍珠母则为定惊明目。鉴于此，对牡蛎等海洋贝壳类中药中的矿物质、有机质成分进行研究，探讨微量药效物质。

采用 ICP-MS 法分析矿物质，结果表明：中药牡蛎含有钙、钠、镁、钾等常量元素，钙含量最高，镁含量较高（每 100g 样品含镁量 250mg 左右）。镁是细胞第二信使 cAMP 生成过程的调节因子，在血压调节等方面起重要作用。牡蛎壳含有铁、铜、锌、铬、钼、钴、硒、锰等人体必需的微量元素，含有钒、镍等人体可能必需的微量元素。牡蛎的铁、硒、锰含量较高，可能是其微量元素类药效成分。铁与免疫的关系比较密切，可以提高机体的免疫力，增加中性粒细胞和吞噬细胞的吞噬功能，同时也可使机体的抗感染能力增强。硒作为谷胱甘肽过氧化物酶的重要组成成分，在人和动物体内起抗氧化作用。硒能保护心血管，并具有抗肿瘤、增强免疫的功能。锰可增强蛋白质代谢、脂肪酸代谢影响，参与黏多糖、胆固醇合成。锰还有延缓衰老的作用，有助于癌症、糖尿病的防治。

在牡蛎壳的有机质成分方面，收集 12 批次牡蛎饮片，分别制备甲醇提取物。基于中医的“软坚散结”功效与现代“抗肿瘤”功效有着密切的相关性，测试样品对人慢性髓原白血病细胞 K562、人早幼粒白血病细胞 HL-60、人宫颈癌细胞 Hela、人非小细胞肺腺癌 A549、人肝癌细胞 BEL-7402、人肝癌细胞 SMMC-7721、人肾癌细胞 OS-RC-2、人结直肠腺癌细胞 Caco-2、人胃癌细胞 MGC80-3 等 9 种肿瘤细胞株的增殖抑制作用，发现牡蛎甲醇提取物具有广谱的体外抗肿瘤活性，是牡蛎发挥“软坚散结”抗肿瘤作用不可忽视的药效物质基础。

此外，采用近红外光谱技术并结合主成分分析（PCA）法，以药典收载的五种海洋贝壳类中药饮片为研究对象，分析贝壳类药材的功效与其在近红外光谱 PCA 得分图中分布的相关性，发现两者较为一致（图 8-13）。蛤壳与瓦楞子均为化痰止咳药，在 PCA 得分图中位于相同区域；石决明、珍珠母和牡蛎同为平肝潜阳药，但石决明与珍珠母均能明目，在 PCA 得分图中相距较近；牡蛎具软坚散结的功效，在 PCA 得分图中与前两者有较大差距。以上结果提示，有机质是海洋贝壳类中药不可忽略的重要药效物质基础（杨文哲等，2014）。

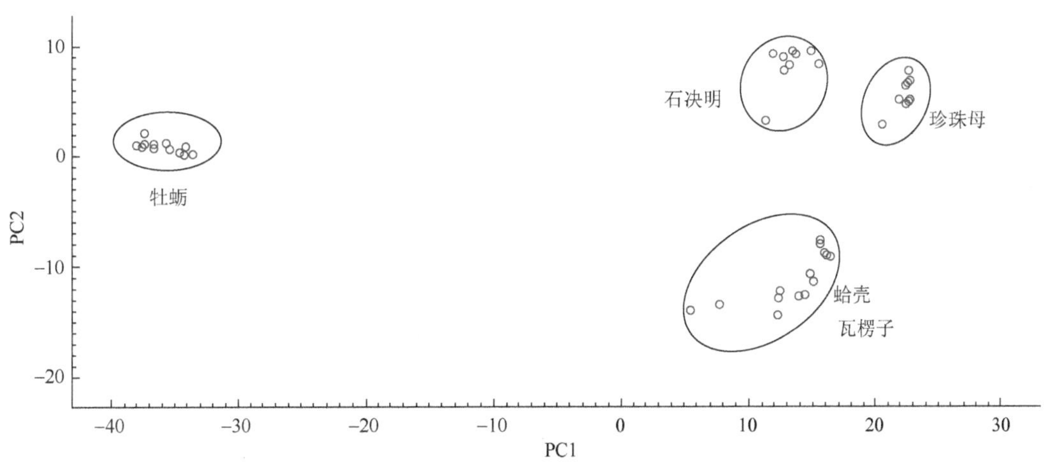

图 8-13 五种海洋贝类药材的 PCA 得分图

7. 质量控制

《中国国药典》2010 年版以碳酸钙含量为指标，进行贝壳类药材和饮片的质量控制。在实际生活中，市售贝壳类饮片多为粉末或细小薄片状，因此难以采用性状鉴别、测定碳酸钙含量等方法进行准确鉴定。针对中药牡蛎的微量药效成分进行有效的质量控制研究。

（1）近红外光谱法鉴别常见海洋贝壳类中药饮片

以药典收载的五种海洋贝壳类中药饮片为研究对象，采用近红外光谱技术（near infrared spectroscopy，NIRS），并结合主成分分析法，研究该类饮片的鉴别。结果表明，牡蛎与其他样品在第一主成分上有明显区别，其中 4236cm^{-1}、5263cm^{-1}、7142cm^{-1} 等处载荷系数较大（图 8-14），第一主成分可能与药材中碳酸钙、水分含量等有关；蛤壳及瓦楞子与其他样品在第二主成分上有较大差异，其中 5000～4430cm^{-1} 等处载荷对此贡献较大，第二主成分可能与药材中含 NH、CH 基团的蛋白质等有机物密切相关。采用近红外光谱技术结合主成分分析法能很好地区分牡蛎、石决明、珍珠母，其中牡蛎与其他贝类药材差异最大，但本实验条件下蛤壳与瓦楞子没有得到区分（杨文哲等，2014）。

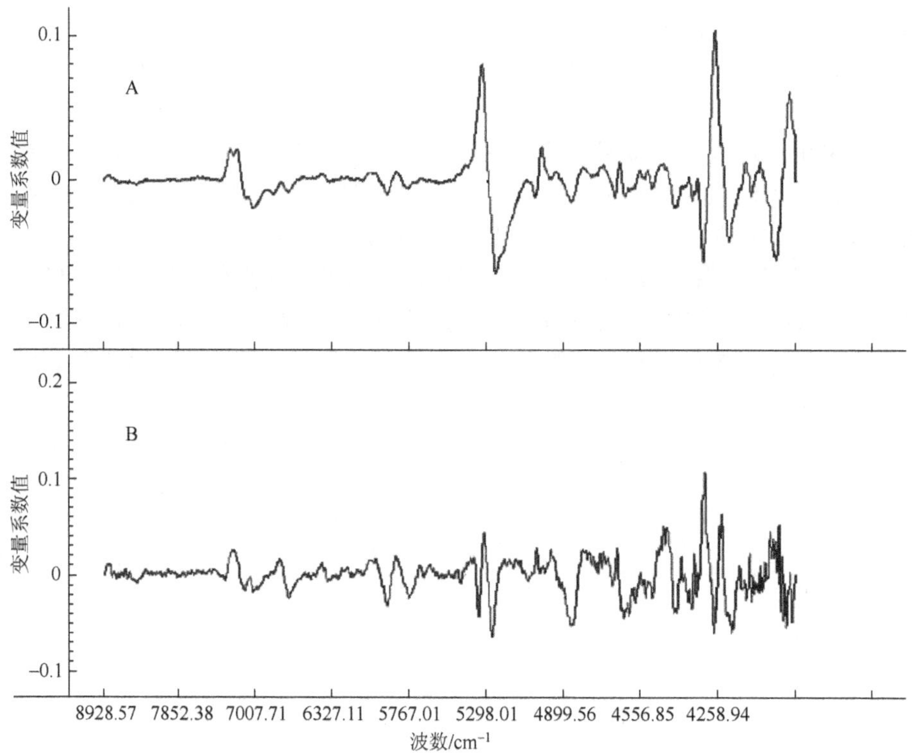

图 8-14 PC1（A）和 PC2（B）载荷图

（2）基于体外抗肿瘤活性的海洋中药牡蛎 HPLC 化学轮廓谱研究

收集 12 批次牡蛎饮片（S1～S12），分别制备甲醇提取物，利用 HPLC 分析，可见，不同批次的牡蛎饮片中甲醇提取物的化学组成差异较大（图 8-15）。综合样品的抗肿瘤活性数据分析，舍弃活性较差且化学成分与其他样品差异较大的样品（S1、S2、S12），运用中药色谱指纹图谱相似度评价系统获得牡蛎样品的化学轮廓谱（图 8-16），并标定出 10 个共有峰。采用双变量相关分析（bivariate correlation analysis）将药效学信息与HPLC 化学轮廓谱信息进行相关性研究，计算各牡蛎样品的 HPLC 色谱峰峰面积与其对应的抗肿瘤活性之间的 Pearson 相关系数。所得相关系数越大，则表明该色谱峰对活性的影响越大。结果表明，32 号、35 号、96 号峰与抗肿瘤活性之间存在明显的相关，这些色谱峰可能是牡蛎发挥抗肿瘤作用的药效物质基础，可以作为牡蛎质量控制的指标性成分。

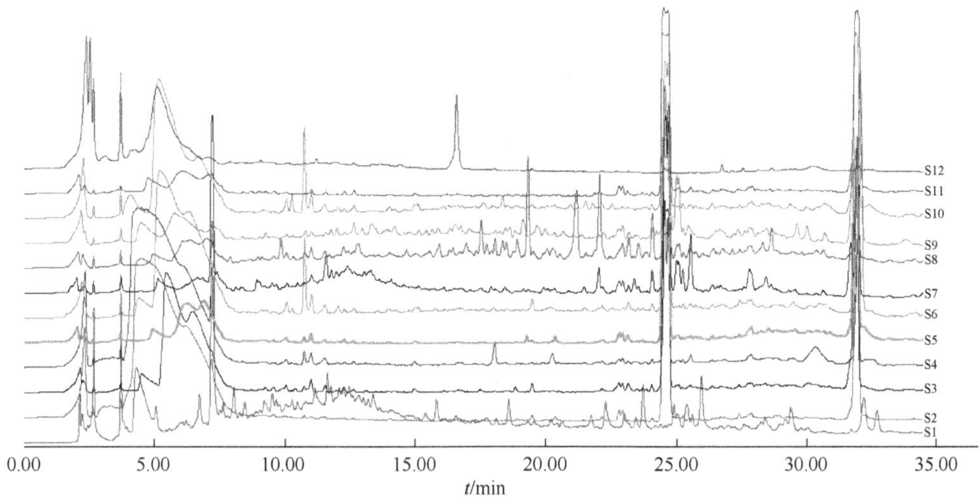

图 8-15　不同批次市售牡蛎饮片的 HPLC 谱（210nm）

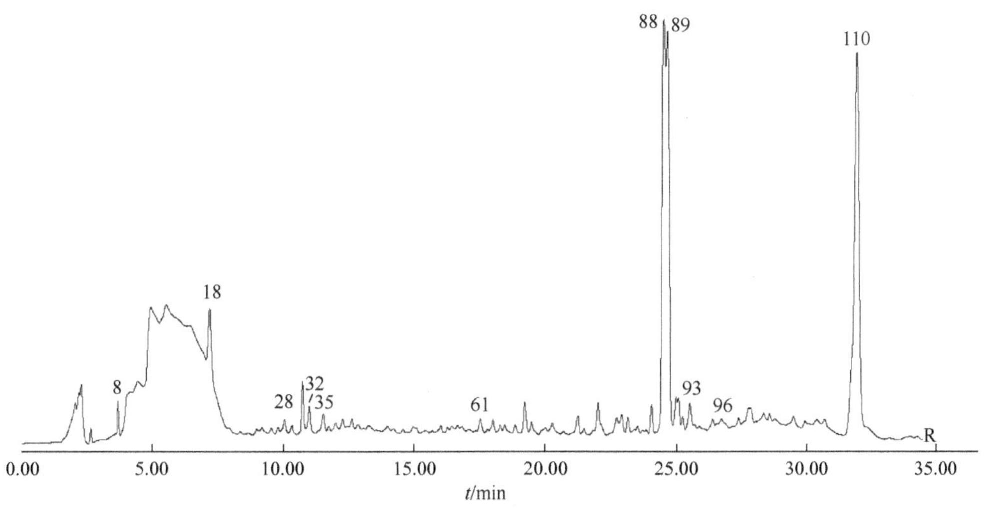

图 8-16　牡蛎饮片的 HPLC 化学轮廓谱（210nm）

（3）传统药用牡蛎和养殖牡蛎的小分子化学成分比较研究

采用 UPLC-HRMS 结合主成分分析法，比较研究传统药用牡蛎和养殖牡蛎（1～3 年）（图 8-17）的小分子化学成分（图 8-18）。分别采用主成分分析法（PCA）、正交偏最小二乘判别分析法（OPLS-DA）对牡蛎样本进行分析，发现在正离子模式下，药用组和养殖组可以得到较明显的区分。以上结果表明，传统药用牡蛎和养殖牡蛎的小分子化学成分存在较大差异，养殖1～3年牡蛎可能不宜入药。

图 8-17　传统药用牡蛎壳和养殖牡蛎壳对比

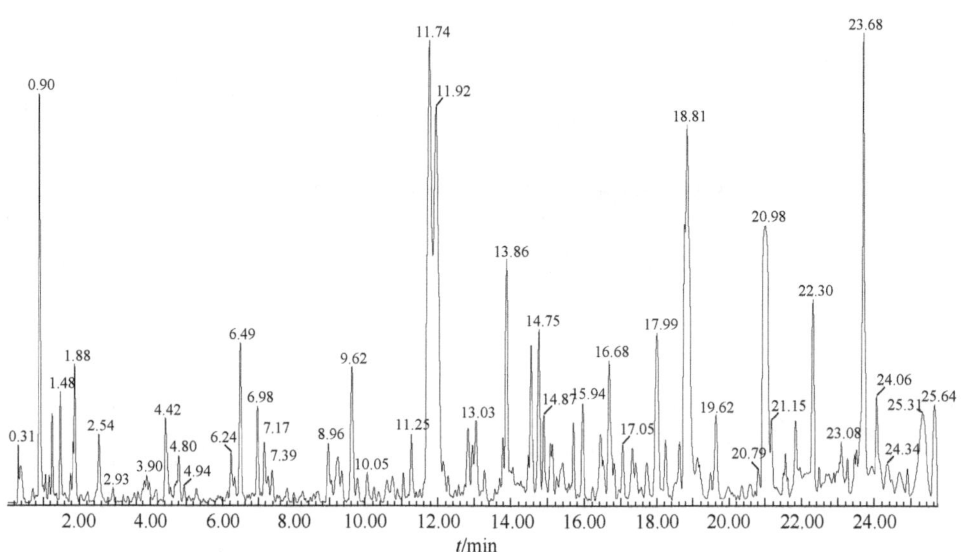

图 8-18　传统药用牡蛎 A11 的 BPI 图谱（ESI$^+$模式）

（秦路平　刘红兵　黄宝康）

参 考 文 献

蔡军民，高敏四. 1995. 用改进直接滴定法测定水溶性珍珠粉中含钙量. 中成药，17（8）：36.

曹晖，张英. 2003. DNA 分子标记技术在中药品质与标准化方面的研究概况. 世界科学技术-中医药现代化，5（1）：39-47.

陈冀胜. 1993. 海洋生物活性物质研究概况及展望. 中国海洋药物，1：18-26.

陈世平，陈倩，林静，等. 2013. 鹅管石药材的质量探讨. 中国实用医药，8：253.

陈震，刘红兵. 2012. 马尾藻的化学成分与生物活性研究进展. 中国海洋药物，31（5）：41-51.

崔小兵，李伟，张科卫，等. 2006. HPLC 测定海龙中次黄嘌呤及黄嘌呤含量. 中国海洋药物，25（2）：58-60.

崔征，李玉山，肇文荣，等. 1995. 中药海藻商品药材的调查及原植物鉴定. 中国药学杂志，30（8）：459-460.

丁泽明，杨晓云，吴爱英. 2008. 进口海龙质量标准研究. 中国海洋药物，27（4）：60-62.

冯星，巫志峰，杨柳，等. 2005. 中药海马提取物对实验性脑缺血再灌注损伤的药理作用. 湖南师范大学学报（医学版），2（1）：1-4.

付先军. 2009. 中药归经（肺经）理论和肺系方剂配伍规律的解析及在海洋中药研发中的应用. 青岛：中国海洋大学.

付先军，管华诗，吴强明，等. 2009. 海洋中药发展源流初探. 中华医史杂志，39（3）：168-172.

付先军，王振国. 2013a. 传统药性理论指导下的海洋中药复方研究思路探析. 世界科学技术-中医药现代化，15（3）：489-494.

付先军，王振国，李学博，等. 2014. 基于关联网络的非相关文献知识发现技术挖掘海洋中药用药经验模式. 世界科学技术-中医药现代化，16（7）：1465-1469.

付先军，王振国，曲毅，等. 2013b. Study on the networks of "nature-family-component" of Chinese medicinal herbs based on association rules mining. Chinese Journal of Integrative Medicine，9：663-667.

付志飞，刘红兵，管华诗. 2013. 褐藻糖胶的抗肿瘤作用及构效关系研究进展. 中国海洋药物，32（4）：76-82.

甘盛，韩婷，施晓光，等. 2013. 探索用离子色谱测法定玄明粉中硫酸钠的含量. 中国实验方剂学杂志，6：158-160.

龚千锋. 2003. 中药炮制学. 北京：中国中医药出版社：269.

管华诗，王曙光. 2009. 中华海洋本草. 上海：上海科学技术出版社.

郭雪申，李毅. 2003. 海洋中药. 北京：科学出版社.

国家药典委员会. 2010. 中华人民共和国药典. 北京：中国医药科技出版社.

国家中医药管理局《中华本草》编委会. 1999. 中华本草. 上海：上海科学技术出版社.

韩亚亮，刘萍，何新荣. 2010. 浮石，石花中 14 种无机元素含量测定分析. 中国药物应用与监测，6：347-349.

贺孟泉，王春波，徐建林，等. 1997. 一种新型面膜——海藻面膜. 中华医学美学美容杂志，3（1）：36-37.

胡建英，李八方，李志军，等. 2000. 八种海洋生物抗疲劳作用的初步研究. 中国海洋药物，74（2）：56-60.

胡嵘，杜鹤，崔丽娜，等. 2012. 海马、海龙基于 COI 条形码的 DNA 分子鉴定. 吉林中医药，32：272-276.

胡玉清，赵中杰，江佩芬. 1989. 中药石燕中碳酸钙和其他化学成分的测定. 中国药学杂志，7：421-422，446.

黄炳权，艾长荣，麦其福，等. 1997. 复方海马药酒的研制及其保健价值. 中国海洋药物，64（4）：44-49.

黄慕灵，仇良栋. 1988. 七种药用石决明形态比较鉴别. 中药材，11（8）：28-29.

黄宗国. 2008. 中国海洋生物种类与分布（增订版）. 北京：海洋出版社.

纪美琳，许瑞，王梦，等. 2012. 海藻、甘草单用及配伍不同比例对小鼠急性毒性的影响. 南京中医药大学学报，28（5）：452-456.

季申，王柯，胡青，等. 2014. 基于有效性和安全性相关的中药质量控制方法的建立. 世界科学技术-中医药现代化，16：502-505.

季宇彬，李文举，谷春山. 1994. 复方海藻多糖合剂抗癌作用的实验研究. 中国海洋药物，13（3）：20-24.

康延国，朱丽娃，苑冬敏，等. 2006. 海马类药材粉末的显微比较鉴别. 中药材，29（3）：224-228.

黎奔，何康伟，吴雪梅，等. 1995. 原子吸收分光光度法测定牡蛎及煅牡蛎中钙含量. 中国现代应用药学，30（增刊）：170.

李发美，熊志立，鹿秀梅，等. 2009. 中药质量控制和评价模式的发展及系统生物学对其的作用. 世界科学技术-中医药现代化，11：120-126.

李芳，刘葆琴，贺蕊. 1996. 浅谈朴硝与芒硝之别. 时珍国药研究，3：37-38.

李家实，贾敏如. 1996. 中药鉴定学. 上海：上海科学技术出版社.

李杰女，汲晨锋，季宇彬. 2009. 羊栖菜多糖药用活性的研究进展. 亚太传统医药，5（7）：148-150.

李沁，吴春敏，邹义栩. 2014. ICP-MS 法测定玄明粉中无机元素的含量. 海峡药学，2：52-54.

李蓉，唐旭利，李国强，等. 2009. 海洋药用生物系列 HPLC 化学指纹图谱研究 II：三斑海马 HPLC 化学指纹图谱研究. 中国海洋大学学报，39（4）：729-734.

李水福. 1992. 浅谈矿物药的质量现状与质量标准的完善. 中药材，9：37-38.

李文琪，倪庆桂，赵振全，等. 1999. 海马对小鼠 S180 实体肿瘤的抑制作用. 安徽医学，20（6）：6-7.

梁鑫淼，丰加涛，金郁，等. 2008. 中药质量控制技术发展展望. 色谱，26：130-135.

梁艺英，阮桂平. 1995. 文蛤提取物中多糖的含量测定. 中药材，18（5）：250.

梁逸曾，易伦朝，许青松. 2008. 中药现代化研究与化学计量学. 中国科学 B 辑：化学，38：278-287.

林海燕. 2003. 浅析海洋生物类药性能特点. 江西中医药，34（4）：42-43.

林锦明，张汉明，赵长文. 1994. 差示扫描量热法鉴别珍珠粉与珍珠层粉及其混合物含量的测定. 第二军医大学学报，15（3）：275-277.

林励. 1989. 海洋藻类中药炮制古今论. 中国中药杂志，14（7）：25-26.

林励，李万瑶. 1989. 试论海洋藻类中药的辩证施制. 中医药信息，1989（2）：13-15.

刘佃全，于东平，王有森，等. 1998. 复方海藻口服液的制备与应用. 中国药业，7（11）：54.

刘冬玲，卢振. 2005. 药用海洋动物海龙的研究概述. 时珍国医国药，16（9）：918-919.

刘佳，费宇彤，钟赣生，等. 2013. 十八反中甘草海藻反药组合临床同用文献的文献特征分析. 中华中医药杂志，28（5）：1449-1453.

卢慧卿. 1985. 白贝齿、石决明的纤维鉴别. 中药通报，10（7）：17-18.

栾成章，孙立华，王立，等. 1999. 原子吸收分光光度法测定中药玄明粉中硫酸钠的含量. 山东医药工业，2：8-9.

孟学强，许东辉，梅雪婷，等. 2005. 海马胶囊治疗实验性前列腺增生的研究. 中国药学杂志，40（3）：190-193.

聂淑琴，李铁林，江文君，等. 1994. 生牡蛎与煅牡蛎抗实验性胃溃疡作用的比较研究. 中国中药杂志，19（7）：405-407.

庞秀生，渠弼，郭艾. 2009. 火硝制石决明的质量标准研究. 中国民族医药杂志，1（1）：53-54.

彭汶铎，陈启亮. 2005. 海马酶法提取物的抗疲劳作用. 中国食品卫生杂志，17（5）：404-407.

钱树本. 2014. 海藻学. 青岛：中国海洋大学出版社：673.

邵长伦，傅秀梅，王长云，等. 2009a. 中国红树林资源状况及其药用研究调查Ⅲ. 民间药用与药物研究状况. 中国海洋大学学报（自然科学版），39（4）：712-718.

邵长伦，傅秀梅，王长云，等. 2009b. 中国珊瑚礁资源状况及其药用研究调查Ⅲ. 民间药用与药物研究状况. 中国海洋大学学报（自然科学版），39（4）：691-698.

佘敏，何耕兴，陈辉，等. 1995. 5 种海洋生物抗衰老相关活性的实验研究. 中国海洋药物，54（2）：30-34.

佘敏，吴兰如. 1988. 海洋生物的抗衰老作用简报. 现代应用药学，5（4）：9-10.

史克莉，陈振江. 2004. 几种动物类中药材 SDS-PAGE 的电泳鉴别. 中成药，26（5）：411-413.

宿洁，吴爱英，杨晓云，等. 2002. 进口海马的质量标准研究. 中国海洋药物，（5）：54-56.

孙学海，张德荣. 1984. 玳瑁甲片的显微观察. 中药材科技，18（3）：19.

铁步荣. 1993. 牡蛎炮制前后微量元素的对比. 中国中药杂志，18（6）：342-343.

王长云，邵长伦，傅秀梅，等. 2009. 中国海洋药物资源及其药用研究调查. 中国海洋大学学报（自然科学版），39（4）：669-675.

王凌云，岑颖洲，李药兰. 2003. 海藻的特殊功能及其在化妆品中的应用. 日用化学工业，33（4）：258-260.

王梦月，韦静斐，史海明，等. 2009. 海龙药材及其伪品的 HPLC 指纹图谱研究. 中国药学杂志，44（24）：1847-1851.

王梦月，韦静斐，史海明，等. 2010. HPLC 法测定海龙中胸腺嘧啶、次黄嘌呤、尿嘧啶的含量. 中国中药杂志，35（17）：2277-2280.

王鹏，王振国. 2012. 中药寒热药性的现代判别方法. 天津医药，10：1088.

王强，张朝晖，臧学新，等. 1998. 刺海马化学成分研究. 中国药科大学学报，29（1）：24-25.

王昕，姚凝，刘建鸿，等. 2012. 甘草与海藻配伍对小鼠肝脏的毒理作用及氧化-抗氧化平衡研究. 时珍国医国药，23（4）：879-880.

王振国. 2009. 中药药性理论研究的关键问题：从博物传统到数理传统. 中国科学技术协会学会学术部. 新观点新学说学术沙龙文集 36：中医药发展的若干关键问题与思考. 中国科学技术协会学会学术部.

王振国. 2011. 中药药性理论现代研究：问题、思路与方法. 山东中医药大学学报，3：195-198.

王振国，王鹏，李峰. 2008. 中药药性理论现代研究回顾与展望. 山东中医药大学学报，32（2）：94.

温从环. 1996. 生、煅瓦楞子碳酸钙含量测定. 现代应用药学，13（6）：28.

吴谦，何雅军，贺紫兰，等. 1997. 酶免疫技术在牡蛎制剂质量研究中的应用. 中药新药与临床药理，8（3）：159.

吴婉莹，果德安. 2014. 中药国际质量标准体系构建的几点思考. 世界科学技术-中医药现代化，16：496-501.

吴伟建，王燕，王斌，等. 2013. 基于聚类、主成分和判别分析的海龙红外指纹图谱研究. 中国药学杂志，48（18）：1540-1545.

吴艳，刘佳，王梦月，等. 2009. 海龙及其常见伪品的 RAPD 鉴别. 中国中药杂志，34（14）：1758-1760.

肖林榕，严婉筠，杨瑞英. 2003. 海洋本草. 北京：中国医药科技出版社.

许东辉，梅雪婷，李秉记，等. 2003. 海马胶囊提高大鼠性功能的药理作用. 中药材，26（11）：807-808.

许东晖，许实波. 1995. 斑海马提取物抗血栓药理研究. 中药材，18（11）：573-574.

许福泉，郭赣林，郭雷. 2011. 大叶海藻化学成分及药理活性研究进展. 淮海工学院学报（自然科学版），20（4）：90-92.

许益民，陈建伟. 1994. 郭戍海马和海龙中磷脂成分与脂肪酸的分析研究. 中国海洋药物，13（1）：14-18.

杨美华. 1997. 石燕的矿物组分及微量元素的分析. 江西中医学院学报，1：34.

杨文哲，宫会丽，秦玉华，等. 2014. 近红外光谱法鉴别常见海洋贝壳类中药饮片的研究. 中国中药杂志，39（17）：65-68.

叶定江，张世臣，吴皓. 2011. 中药炮制学. 北京：人民卫生出版社.

易建文，杨宇. 1999. 珍珠的鉴别及体会. 中药材，22（7）：339-340.

易伦朝，吴海，梁逸曾. 2008. 色谱指纹图谱与中药质量控制. 色谱，26：166-171.

游宇，傅超美，陈秋薇，等. 2013a. 建立玄明粉的 X-射线衍射指纹图谱. 中国实验方剂学杂志，16：145-146.

游宇，傅超美，陈秋薇，等. 2013b. 矿物药玄明粉与无水硫酸钠的构效对比研究. 中草药，8：982-984.

于华芸，王世军，滕佳林，等. 2012. Effects of radix aconiti lateralis preparata and rhizoma zingiberis on energy metabolism and expression of the genes related to metabolism in rats. Chinese Journal of Integrative Medicine，1：23-29.

余玖霞，陆兔林，毛春芹，等. 2012. 白硇砂和紫硇砂及其炮制品中微量元素的测定. 中草药，2：270-274.

袁铣帆，陈楚城，陈铭春，等. 1991. 不同炮制方法对牡蛎中微量元素煎出率的影响. 中国中药杂志，16（3）：150-151.

岳雪莲，杨天文，危北海. 1996. 海龙、海马中微量元素及氨基酸的比较. 时珍国药研究， 1：18-19.

曾呈奎，陆保仁. 2000. 中国海藻志. 第三卷 褐藻门. 第二册 墨角藻目. 北京：科学出版社：33-36.

翟华强，施沅坤，欧敏，等. 2009. 海洋中药的性味功效初步分析. 中国海洋药物，28（6）：45-47.

张辉，胡嵘，林嚣，等. 2006. 对 2005 年《中国药典》中动物药质量标准的商榷. 中国中药杂志，31（6）：526-528.

张倩，尹蓉莉，王金鹏，等. 2008. 药用缓控释辅料海藻酸钠的研究概况. 中国药房，19（13）：1016-1018.

张朝晖，徐国钧，徐珞珊，等. 1994. 五种海马提取物对 L-谷氨酸致大鼠神经元钙内流的拮抗作用. 中国海洋药物，4：6-9.

张朝晖，徐国钧，徐洛珊，等. 1997. 海龙类药材性状与商品鉴定. 中药材，20（2）：63-65.

张汉明，许铁峰，秦路平，等. 2000. 中药鉴别研究的发展和现代鉴别技术介绍. 中成药，21（1）：101-110.

张绍琴，贾慧明，李之旭. 1993. 瓦楞子、蛤壳炮制前后钙盐及微量元素的测定. 中药材，12（3）：10.

张绍琴，倪健，汪津生，等. 1989. 鹅管石、鱼脑石炮制前后钙的含量测定. 中药材，09：27-29.

张毅贞. 1998. 中药材牡蛎、海螵蛸中碳酸钙含量的测定. 基层中药，12（1）：28.

赵恒强，东莎莎，崔清华，等. 2013. HILIC-ESI-TOF/MS 测定海龙中的多种成分及其特征指纹图谱研究. 中草药，43（13）：1836-1841.

周雨菁，相秉仁. 2009. 中药鉴别方法研究进展. 海峡药学，21（4）：20-23.

朱爱民. 2005. 海马乙醇提取物药理作用的研究. 中国药事，l9（1）：23-24.

朱从法，叶秀琴，应土贵. 1995. 海螵蛸及其混淆品的鉴别. 中药材，18（8）：395.

朱晓静，李峰，王集会，等. 2013. 芒硝和玄明粉的 X 射线粉末衍射鉴别比较. 山东中医杂志，04：280.

Chen Z，Liu J，Fu Z F，et al. 2014. 24(*S*)-Saringosterol from marine edible seaweed sargassum fusiforme is a novel selective LXRβ agonist. J Agir Food Chem，62（26）：6130-6137.

European Medicines Agency. 2008. Reflection paper on markers used for quantitative and qualitative analysis of herbal medicinal products and traditional herbal medicinal products.

Haroun-Bouhedja F，Ellouali M，Sinquin C. 2000. Relationship between sulfate groups and biological activities of fucans. Thromb Res，100（5）：453.

Kang J，Choi M Y，Kang S，et al. 2008. Application of a 1H nuclear magnetic resonance（NMR）metabolomics approach combined with orthogonal projections to latent structure-discriminant analysis as an efficient tool for discriminating between Korean and Chinese herbal medicines. J Agric Food Chem，56：115，89-95.

Li S L，Han Q B，Qiao C F，et al. 2008. Chemical markers for the quality control of herbal medicines：An overview. Chinese Med，3：7-14.

Li S P，Qiao C F，Chen Y W，et al. 2013. A novel strategy with standardized reference extract qualification and single compound quantitative evaluation for quality control of Panax notoginseng used as a functional food. J Chromatography A，1313，302-307.

Liu T，Zhen J，Yu H，et al. 2014. Effective chemical constituent's identification of extracting solution from herbs - A Review. Afr J

Tradit Complement Altern Med，11（3）：53-69.

Proksch P. 2014. Book review：Chinese Marine Materia Medica. Mar Drugs，12：193-195.

Qi Z Y，2004. Seashells of China. Beijing：China Ocean Press：253-255.

Srinivasan. 2006. VS：Challenges and scientific issues in the standardization of botanicals and their preparations. United States Pharmacopeia's dietary supplement verification program-a public health program. Life Sci，78：2039-2043.

Teruya T，Konishi T，Uechi S，et al. 2007. Anti-proliferative activity of oversulfated fucoidan from commercially cultured Cladosiphon okamuranus TOKIDA in U937 cells. Int J Biol Macromol，41（3）：221-226.

Wang C Y. 2010. Chinese Marine Materia Medica：An Encyclopedia. Nature，463：428.

Wang Z G，Zhou Y，Zhang J，et al. 2010. Research on the representations of Chinese medicine property based on ontology. ICIC International，4（5）：1-6.

Yang W，Feng C，Kong D Z，et al. 2010a. Simultaneous determination of 15 components in Radix Glehniae by high performance liquid chromatography-electrospray ionization tandem mass spectrometry. Food Chem，120，886-894.

Yang W，Ye M，Liu M，et al. 2010b. A practical strategy for the characterization of coumarins in Radix Glehniae by liquid chromatography coupled with triple quadrupole-linear ion trap mass spectrometry. J Chromatography A，1217，4587-4600.

Yang X，Zhou S L，Ma A C，et al. 2012，Chemical profiles and identification of key compound caffeine in marine-derived traditional Chinese medicine Ostreae concha. Mar Drugs，10：1180-1191.

第九章

临床应用和临床研究中海洋药物介绍

第一节 海洋抗肿瘤药物

一、抗白血病药物

1. 阿糖胞苷

阿糖胞苷（Ara-C，cytarabine，Cytosar-U®），结构如图 9-1 所示。Ara-C 是第一个在临床上应用的海洋抗癌药物，由 FDA 于 1969 年 6 月批准上市，主要用于急性骨髓性白血病、急性淋巴性白血病、慢性粒细胞白血病、脑膜白血病及非霍奇金淋巴瘤（儿童）的治疗。

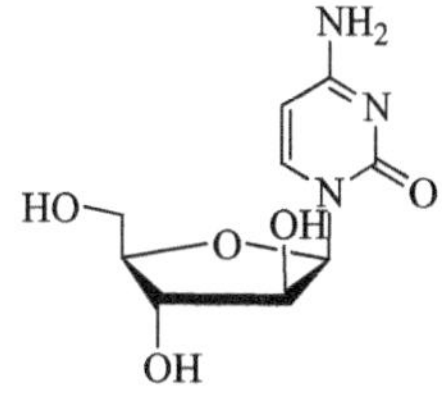

图 9-1 阿糖胞苷的结构

Ara-C 是以来源于海绵的一种特异海绵核苷类化合物为先导化合物，20 世纪 50 年代初，Bergmann 等先后从加勒比海海绵 *Cryptotethia crypta*（*Tethya crypta*）中发现了海绵尿苷（spongouridine，Ara-U）、海绵胸腺嘧啶脱氧核（spongothymidine，Ara-T）和海绵核苷（spongosine），均属于阿拉伯糖苷类，结构如图 9-2 所示，药理活性评价均显示出弱的抗肿瘤和抗病毒活性，进一步的实验研究表明，它们可被生物体识别当作单元结构用来构筑 DNA 链，导致生物系统自身不能纠正的错误，使 DNA 合成终止，发出细胞程序性死亡的信号，产生细胞凋亡。基于这些发现，人们合成了一个作用于 DNA 核苷类的抗肿瘤药物 Ara-C（Sneader，2005；王长云等，2011）。

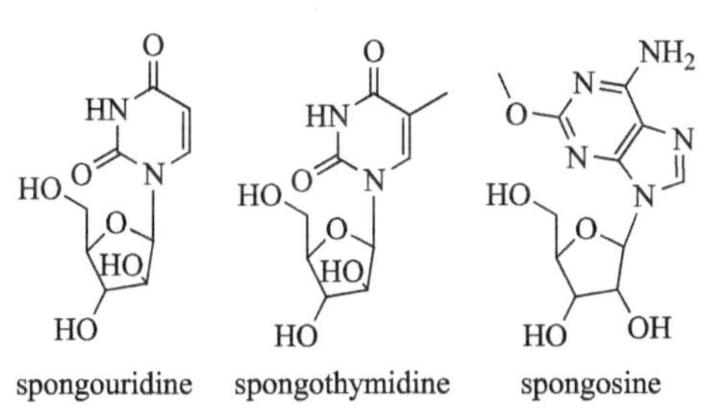

图 9-2 三种阿拉伯糖苷的结构

Ara-C 主要作用于细胞周期 S 期，阻止 G1 期向 S 期转变，其在体内由脱氧胞嘧啶核苷激酶转化为阿糖胞苷三磷酸（Ara-CTP），后者通过与脱氧胞苷三磷酸竞争抑制 DNA 聚合酶，从而阻止 DNA 的合成。

Ara-C 口服仅有少于 20%的药物被消化系统吸收，迅速被肝脏的胞嘧啶脱氨酶代谢为无活性的尿嘧啶阿拉伯糖苷，因此常作持续静脉注射使用。Ara-C 是强效的骨髓抑制剂，可引起贫血、白细胞减少、血小板减少、网状细胞减少、巨赤芽球症等毒副作用，症状的严重程度依赖于剂量和给药时间，恶心与呕吐反应在快速的静脉注射后显得尤为突出。此外，患者还会出现阿糖胞苷综合征，表现为发烧、肌痛、骨痛、间歇性的胸痛、斑状丘疹、结膜炎、精神萎靡等，通常发生在给药后 6～12h。临床表明，激素类药物对阿糖胞苷综合征有治疗和预防作用。

2. 脱氢膜海鞘素 B

脱氢膜海鞘素 B（aplidine，dehydrodidemnin B，plitidepsin，DDB），是膜海鞘素（didemnin）类化合物，结构如图 9-3 所示，具有抗癌、抗病毒、免疫抑制作用，对胰腺癌、胃癌、膀胱癌和前列腺癌有较明显的抑制作用（Adrio et al.，2007）。Aplidine 是一种极具潜力的可诱导白血病细胞快速凋亡的诱导剂，对癌细胞和激活的 T 细胞表现出选择性的诱导凋亡活性（Gajate et al.，2003），2003 年 7 月 EMA 批准 aplidine 用于治疗急性淋巴细胞白血病。

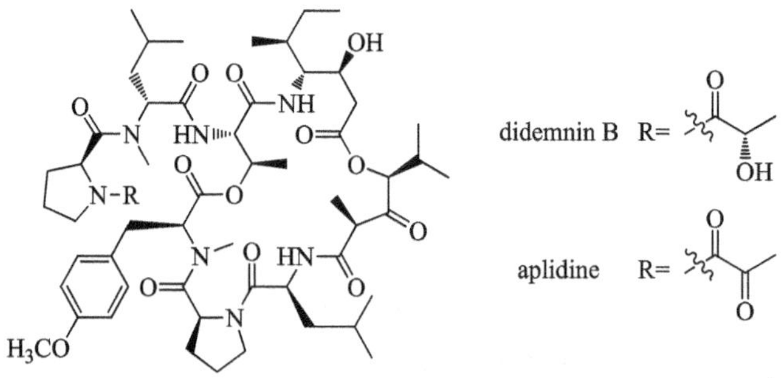

图 9-3 didemnin B 及 aplidine 的结构

至今已从海鞘中分离获得了 20 余种 didemnin 族化合物，其中从加勒比海被囊动物 *Trididemnum solidum* 中得到的 didemninB 有较强的抑制 DNA 和 RNA 病毒的活性，是第一个进入临床试验的直接来源于海洋的天然产物，但其临床Ⅱ期研究显示其毒性太大且抗癌活性不理想，于 1995 年被撤出临床研究。Aplidine 是从地中海的海鞘 *Aplidium albicans* 中分离得到的一类环肽类化合物，是 didemnin 类化合物中的一员，为 didemnin B 的脱氢结构（图 9-3），它的结构类似于 didemnin B，而抗癌活性是 didemnin B 的 10 倍，且心脏毒性低。1999 年开始临床研究（Rinehart et al.，1987）。

Aplidine 可作用于 DNA 和蛋白质引起细胞周期停滞，还能够抑制在肿瘤生长和血管生成中发挥巨大作用的鸟氨酸脱羧酶的活性。此外，不同于 didemnin 家族其他成员，aplidine 阻滞蛋白质的合成发生在肽链延伸阶段，并且可以持续活化蛋白激酶，*N*-末端激酶、p38 胁迫激活蛋白激酶、EGF 受体和表皮生长因子非受体蛋白酪氨酸激酶 SRC 等，最终启动人体癌细胞凋亡程序或导致程序性死亡过程的激活。

临床Ⅰ期数据显示其有良好的耐受性，主要剂量限制性毒性（dose limited toxicity，DLT）为肌痛；2007 年作为氧化胁迫诱导剂进入临床Ⅱ期试验，用于治疗各种实体瘤，效果良好（Nalda-Molina et al.，2009）；临床Ⅰ、Ⅱ期显示其对耐受性、复发性、多发性骨髓瘤有良好的抑制效果，目前临床Ⅲ期正在进行中。

二、抗软组织肉瘤药物

1. 曲贝替定

曲贝替定（ecteinascidin 743，ET-743，trabectedin，NSC 684766，Yondelis®）属于四

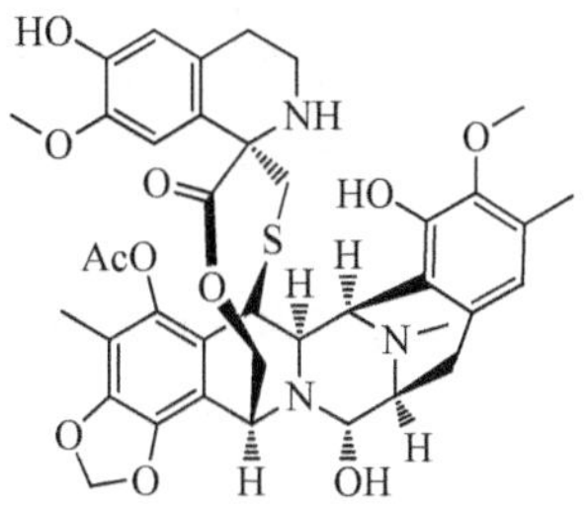

氢异喹啉类生物碱（图 9-4），是一种新型的能与 DNA 结合的抗癌药物，对多种癌细胞具有较好的疗效，2007 年由欧盟批准上市，用来治疗软组织肉瘤。2009 年，与阿霉素联用用于治疗复发性卵巢癌。然而由于缺少临床Ⅲ期试验 ET-743 在美国并未通过 FDA 的认证。目前该药处于临床Ⅲ期试验，主要用于治疗软组织肉瘤。

图 9-4　ET-743 的结构

早在 1969 年人们就发现了加勒比海被囊动物 *E.turbinate* 的粗提物具有较强的抗肿瘤活性，1972 年，Licher 报道了其提取物对鼠白血病细胞 P-388 具有强抗癌活性，直到 1986 年，Rinehart 等（1990a，1990b）和 Scott 等（2002）由采至西印度群岛珊瑚礁的海鞘中分离获得了系列四氢喹啉生物碱类化合物（ecteinascidin 729，743，745，759A，759B，770，722 和 736）。但是 ET-743 在海鞘 *E.turbinate* 中含量极低，不可能通过直接提取为临床应用提供所需样品量，故 ET-743 的化学合成成为合成热点，众多学者进行了 ET-743 的全合成和半合成的研究（Corey et al.，1996；Cuevas et al.，2000；Menchaca et al.，2003），并取得了重大突破，使得 ET-743 相关的药效学研究、体内代谢研究及药物安全性评价等一系列成药性研究得以顺利开展。

ET-743 的抗癌机制极为复杂，高浓度的 ET-743 可以与 DNA Top Ⅰ发生交联，干扰 DNA 与蛋白质的结合，并导致 DNA 构架的破坏（Takebayashi et al.，1999）；ET-743 可干扰肿瘤细胞微管网络，抑制微管蛋白聚合（García-Rocha et al.，1996）。此外，ET-743 还可以阻滞细胞周期 G1 到 G2 的生长，引起 G2/M 期的积累，抑制 DNA 的合成（Erba et al.，2001），因此，处于 G1 期的肿瘤细胞，特别是软组织肉瘤细胞对 ET-743 非常敏感。

基于体内和体外研究结果，ET-743 已发展成软组织肉瘤和卵巢癌的治疗药物。临床Ⅰ期试验表明，ET-743 的毒性是可逆的，停药后自动消失。这些试验为进一步研究 ET-743 对软组织肉瘤的治疗作用奠定了基础。在临床Ⅱ期试验中，治疗效果最显著的是软组织肉瘤、乳腺癌和卵巢癌，能被患者很好地耐受，剂量限制性毒性不累计、可逆和可控，不同于其他细胞毒药物的是其没有心脏和神经毒性，秃头症也很少。

2. PM01183

PM01183（lurbinectedin）是一类合成的四氢异喹啉生物碱，结构与 ET-743 相似（Rinehart et al.，1990b；Manzanares et al.，2001），区别在于 ET-743 结构中的四氢异喹啉结构被替换为 *β*-四氢咔啉（图 9-5）。体外测试显示 PM01183 对多种肿瘤细胞有增殖抑制作用。PM01183 目前处于临床Ⅰ期用于治疗晚期实体瘤。

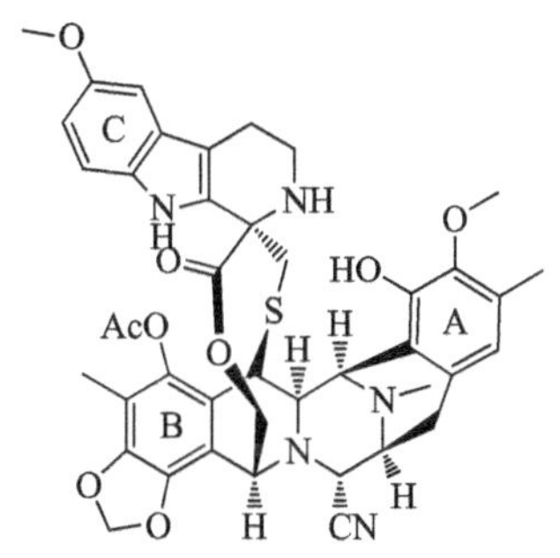

图 9-5　PM01183 的结构

研究表明，它与 ecteinascidin 类化合物一样可以共价结合于 DNA 小沟形成加合物，从而引发 DNA 双链的断裂，也可以从 mRNA 水平干扰正常蛋白质的合成，累积 DNA 的损伤，延迟 DNA 复制的 S/G_2 期，最终导致细胞凋亡。Leal 等（2010）研究发现，PM01183 在 nmol/L 级的浓度就可以选择性地结合于 DNA 上并诱导双链断裂导致细胞凋亡。

临床前的毒性研究表明，PM01183 主要毒性为骨髓抑制，包括贫血、骨髓减少、淋巴系统的衰退，其他毒性则是物种特异性的。

基于 PM01183 体内和体外较广的抗肿瘤活性作用以及前期毒性研究，临床 I 期研究的主要目的为通过对晚期实体瘤患者的静脉注射（q3wk）考察 DLT 以及最大耐受剂量（maximal tolerated dose，MTD）和临床Ⅱ期剂量推荐值，而相关的药代动力学性质、安全性、初步抗癌活性为次要研究目的（Ratain et al.，2010）。

三、抗乳腺癌药物

1. 甲磺酸艾日布林

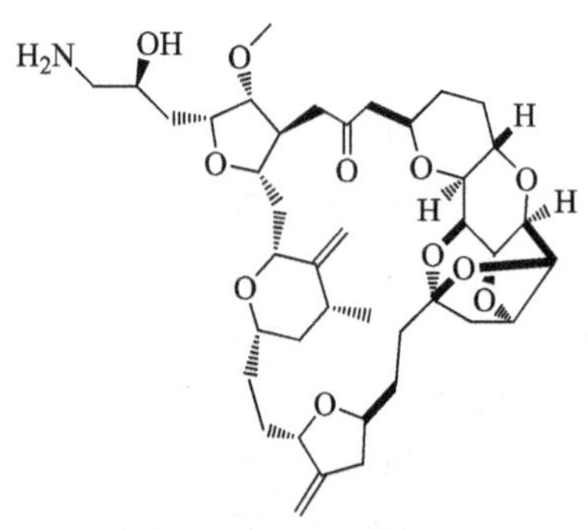

图 9-6 eribulin 的结构

甲磺酸艾日布林（eribulin，E7389，eribulin mesylate，ER-086526，NSC-707389，Halaven®）（图 9-6）是来源于日本海海绵 *Halichondria okadai* 的一类聚醚大环内酯类化合物 halichondrin B 的合成类似物。2010 年，eribulin 被 FDA 批准用于治疗转移性乳腺癌（Donoghue et al.，2012）。2011 年被加拿大卫生部批准治疗转移性乳腺癌。至今已经被 40 个国家批准上市出售。

Halichondrin 族抗肿瘤活性化合物于 1986 年首次被 Hirata 和 Uemura 报道发现，之后从多种海绵中也分离得到过，包括 *Lissodendoryx* sp.、*Phakellia carteri* 及 *Axinella* sp.（Swami et al.，2012）。由于该类化合物的结构新颖性和强抗肿瘤活性，其化学合成引起了高度关注。1992 年，halichondrin B 首次被 Kishi 等全合成。

Eribulin 是一类微管聚合抑制剂（Smith et al.，2010），并区别于长春碱和紫杉醇等微管非选择性的抑制剂（长春碱结合于所有微管末端包括 α 和 β，紫杉醇与埃博霉素结合于 β 末端和微管内部），eribulin 是在不影响微管收缩期的情况下抑制微管的伸长期，使微管蛋白发生非延生性聚集，并通过结合到微管内部 α、β 亚基之间或者单独结合于 β 亚基位点，抑制有丝分裂导致细胞停滞于 G2/M 期而发挥疗效。

在临床 I 期试验中，以晚期的实体瘤患者为研究对象，结果显示随剂量的递增，伴随中性粒细胞成比例减少（Tan et al.，2009）。在日本进行的临床Ⅱ期试验用于治疗转移性乳腺癌的前期治疗，其伴随的副作用主要有中性粒细胞减少症、发热性中性粒细胞减少症、血小板减少症以及贫血症。临床Ⅲ期研究表明 3 级和 4 级的外周神经病变以及感觉和运动神经的病变为主要毒副作用。

2. CDX-011

CDX-011（glembatumumab vedotin，CR011-vcMMAE）是一种新型的抗体药物偶联物（antibody-drug conjugate，ADC）（图 9-7），是由靶向作用糖蛋白非转移性黑色素瘤 B（GPNMB）的人体 IgG2 单克隆抗体（CR011）与强效的微管蛋白抑制剂 monomethyl auristatin E（MMAE）通过一个对蛋白酶敏感的缬氨酸-瓜氨酸（VC）链共价连接而成的偶联物。通过单抗靶向结合肿瘤细胞膜表面的 GPNMB，药物分子被肿瘤细胞内化，其中的 VC-linker 被细胞内的溶酶体释放的蛋白酶水解后，释放出药物分子 MMAE，通过 MMAE 对微管蛋白的抑制从而使肿瘤细胞凋亡。临床上用于治疗晚期乳腺癌尤其是 GPNMB 蛋白高度表达的乳腺癌患者，目前处于临床Ⅱ期试验中（Govindan et al.，2010）。

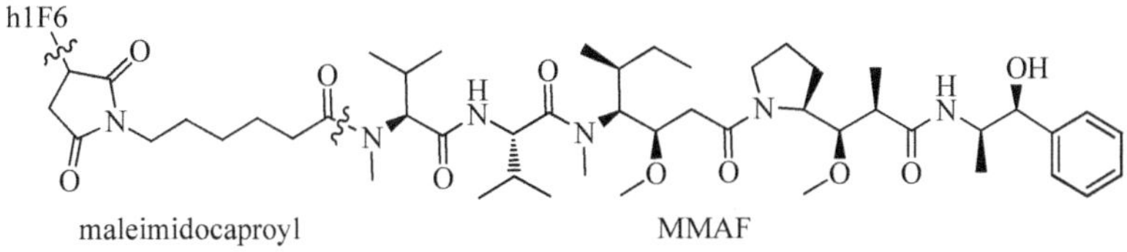

图 9-7 CDX-011 的结构

CDX-011 在临床前对乳腺癌的评估中表现出对 GPNMB 高度以及适中表达的乳腺癌细胞的较强抑制作用并呈现出剂量依赖性。在乳腺癌和黑色素瘤的 I 期试验中确定了 CDX-011 的 MTD。在对 42 例晚期及转移性乳腺癌（CR011-CLN-20）患者的Ⅱ期给药试验研究（Burris et al.，2009；Hwu et al.，2009）中，发现乳腺癌患者平均接受治疗 7 次，可以观察到 37%患者 12 周内无病情发展，达到预期的目标。CDX-011 常见的治疗相关的毒性副反应为皮肤毒性（瘙痒、出疹、秃头）、疲劳、中性粒细胞减少症、神经相关疾病、食欲下降、厌食、肠胃毒性（恶心、呕吐、腹泻或便秘）等（Saleh et al.，2010）。

3. ILX651

ILX651（tasidotin，synthadotin）是缩酚酞 dolastatin 15 的合成衍生物（图 9-8），具有抑制纺锤体微管组装和微管蛋白聚合的作用，被认为是通过化学修饰得到的一种具有治疗潜力的 dolastatin 类药物（Ray et al.，2007）；ILX651 对乳腺癌、黑色素瘤、非小细胞肺癌、前列腺癌、实体瘤癌、非何杰金氏淋巴癌等多种癌症均有抑制活性，目前处于Ⅱ期乳腺癌治疗临床研究阶段（Lian et al.，2009）。

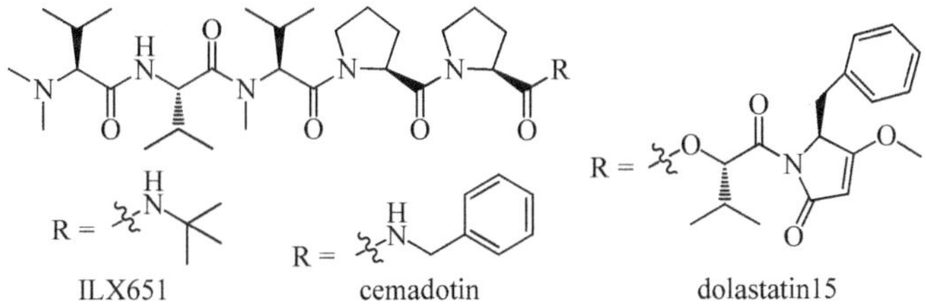

图 9-8 Dolastatin 15 及其衍生物的结构

ILX651 的先导结构 dolastatin 15 为一种蓝藻多肽，是 1976 年由 Pettit 等（1997）从海兔 *D. auricularia* 中发现的一系列环肽类化合物 dolastatin 家族中的一员，含量极微，它的来源是蓝藻次生代谢产物。研究人员以其为模板，合成了 dolastatin 15 的系列类似物 cemadotin（图 9-8），它能抑制微管蛋白多聚化并诱导细胞周期阻滞于 G2/M 期。临床Ⅱ期试验发现其对恶性黑色素瘤、转移乳腺癌及非小细胞肺癌均无明显作用（Kerbrat et al.，2003）。在以上基础上，又研制出第三代 dolastatin 15 衍生物 ILX651。

ILX651 主要作用机制是抑制微管蛋白聚合，与迄今所有其他微管蛋白抑制药物相比，

ILX651 并不抑制微管蛋白的增长率；除了稳定微管蛋白的正端，还能加强微管蛋白负端的动态不稳定性，增加了缩短的长度、异常频率以及减少纠正频率（Ray et al.，2007）。

ILX651 的临床 I 期药代及安全评价研究结果显示，中性粒细胞减少是最主要的剂量限制性毒性，同时还伴有 3 级肠梗阻以及天冬氨酸和丙氨酸转氨酶升高。除此之外，还有轻度或中度的转氨酶水平升高、脱发、疲劳和恶心等副作用。以上研究为该药物的临床 II 期研究奠定了基础（Mita et al.，2006）。

四、抗霍奇金淋巴瘤药物

1. SGN-35

Brentuximab vedotin（SGN-35，Adcetris®）也是一种新型的 ADC 药物（图 9-9），能靶向治疗霍奇金淋巴瘤（HL）。因其突出的疗效，2011 年 8 月获美国 FDA 批准用于治疗自体造血干细胞移植后复发或至少二线化疗后复发的 HL 和复发难治 ALCL，SGN-35 随即也成为 30 年来第 1 个获批准治疗 HL 的新药（Deng et al.，2013）。

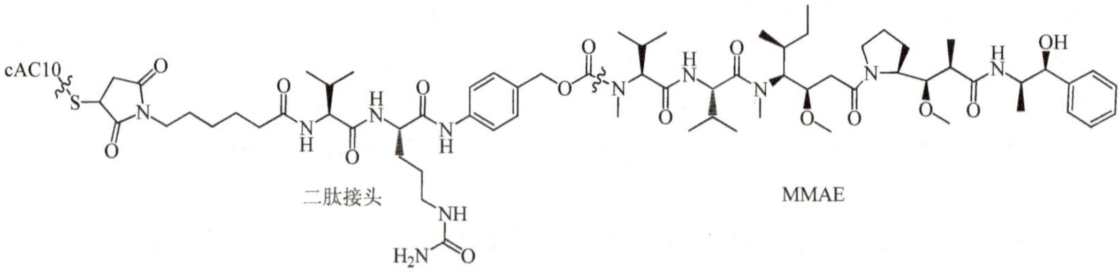

图 9-9　SGN-35 的结构

SGN-35 是将具有微管蛋白抑制作用的抗肿瘤药物 MMAE 通过二肽接头（缬氨酸-瓜氨酸）连接到抗 CD30 抗体 SGN30（cAC10）上所形成的，这三个组成部分均可影响抗体药物偶联物的靶向性、稳定性和活性（Younes et al.，2012）。

ADC 由于抗体分子质量较大，不能穿透细胞膜，故该类药物需先通过内化途径进入哺乳动物细胞内才能发挥药效作用。当 cAC10 与内陷小窝相关的 CD 30 抗原特异性结合后，SGN-35 被内吞，随后经过转运和内体小泡等阶段，最后被溶酶体溶解，释放出药物 MMAE，游离的 MMAE 进入细胞质，抑制微管蛋白的聚合作用，诱导细胞在 G2/M 期停止生长，并通过诱导凋亡杀死肿瘤细胞（Schrama et al.，2006）。

Francisco 等对 SGN-35 的抗肿瘤活性进行了临床前研究，结果显示，SGN-35 对试验过程中的 2 个肿瘤细胞系模型均有治疗效果（马春芳，2011）。在临床 I 期研究中，以 45 名患有 HL 和 sALCL 的患者为试验对象，结果显示，SGN-35 治疗 CD30 阳性的恶性造血系统肿瘤疗效佳且毒性可耐受，剂量限制毒性包括中性粒细胞减少和高血糖症。临床 II 期试验研究中，以 102 例自体干细胞移植的复发 HL 患者和 58 例复发性或难治性 sALCL 患者为研究对象，总反应率分别为 73%和 86%（Pro et al.，2012）。

2. SGN-75

SGN-75 是抗 CD-70 的单抗 h1F6 与单甲基 auristatin F（MMAF）偶联形成的 ADC 药物，用来治疗肾细胞癌（RCC）和非霍奇金淋巴瘤（NHL），目前已经进入临床 I 期阶段

（Oflazoglu et al.，2008）。

SGN-75 中的药物 MMAF 也属于 auristatin 家族，其作用机制与 auristatin 家族中的 MMAE 相似，也是通过抑制微管蛋白聚集进而抑制细胞有丝分裂。基于 SGN-35 的二肽接头，设计了连接抗 CD70 抗体和药物的接头马来酰亚胺己酰 maleimidocaproyl（图 9-10）。体内研究发现，这种抗体药物偶联的形式比游离的 MMAF 对血源性恶性肿瘤细胞株的活性高 2200 倍（Oflazoglu et al.，2008）。

h1F6
maleimidocaproyl
MMAF

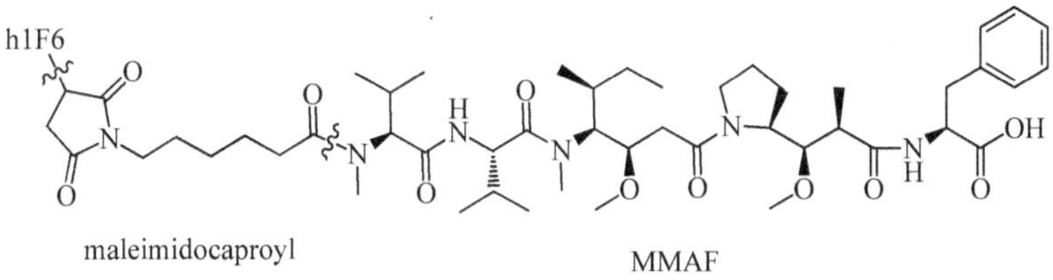

图 9-10　SGN-75 的结构

SGN-75 的作用机制与已上市的抗体偶联药物 SGN-35（Adcetris®）相似，抗体与 CD70 结合，SGN-75 通过内化作用进入细胞内并释放药物 cys-mcMMAF，与微管蛋白结合，并引起细胞在 G2/M 期停止生长，并通过诱导凋亡杀死细胞。

临床 I 期考察了 SGN-75 作为单药使用的安全性、耐受性、药效学以及对 RCC 和 NHL 的抗肿瘤活性，对 26 例患者（14 例 RCC 和 12 例 NHL）的试验结果表明：SGN-75 对 RCC 和 NHL 都有明显的抑制作用，出现的副反应主要有疲劳、恶心、血小板减少和外周性水肿等（丰雪等，2013）。为了考察加大 SGN-75 的给药量的安全性和抗肿瘤活性，选取 16 例患者（9 例 RCC 和 7 例 NHL）进行试验，结果仍未能确定 SGN-75 的最大耐受剂量，其给药剂量还在继续研究中（Peggy，2011）。

五、抗非小细胞肺癌药物

1. TZT-1027

TZT-1027（soblidotin，auristatin PE）是 dolastatin 10 的类似物（图 9-11），在细胞分裂期通过化学键连接到微管蛋白上，干扰微管聚合及稳定性，使细胞从 G2 期到 M 期的分化停滞，导致细胞凋亡。体内和体外研究表明，TZT-1027 对多种肿瘤细胞株表现出比 dolastatin 10 更强的活性，且毒副作用明显降低。目前，已作为抗非小细胞肺癌（NSCLC）药物进入临床 II 期研究（Kobayashi et al.，1997）。

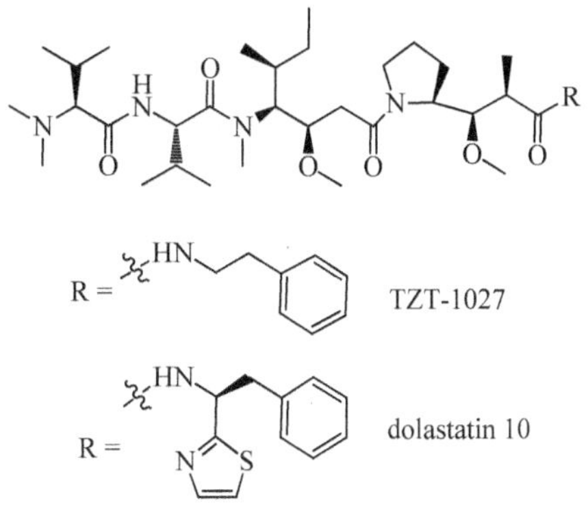

R = 　TZT-1027

R = 　dolastatin 10

图 9-11　TZT-1027 和 dolastatin 10 的结构

TZT-1027 的作用机制与 dolastatin 10 相似，是一种有效的抗有丝分裂药物，其抗肿瘤机制主要是通过与 β 微管蛋白的氨基酸残基结合，影响新的异二聚体的加入，抑制微管的形成和聚合，并促使其解聚，同时阻碍微管蛋白依赖的 GTP 水解，阻碍细胞的有丝分裂，使细胞停滞在细胞间期。体内静脉注射 TZT-1027 能显著抑制 P388 白血病的发展并减小结肠腺癌细胞、B16 黑色素瘤细胞及 M5076 肉瘤细胞的鼠移植瘤大小，效果与 dolastatin 10 相当，甚至优于 dolastatin 10（Hashiguchi et al.，2004）。

TZT-1027 的临床 I 期试验用于治疗非小细胞肺癌，其毒副作用主要为嗜中性白细胞减少和注射部位疼痛等（曹王丽等，2011）。其临床 II 期试验评价了 TZT-1027 对已接受过铂化疗的老年 NSCLC 的疗效，结果显示最常见的副反应为白细胞减少和嗜中性白细胞减少（郭雷等，2010）。因此，TZT-1027 的开发前景还需其他肿瘤治疗的临床试验数据才能确定（Riely et al.，2007）。

2. plinabulin

Plinabulin（KPU-2，NPI-2358）是 phenylahistin 的合成衍生物，是一种微管蛋白结合剂，可选择性地作用于内皮微管蛋白中秋水仙碱结合位点，抑制微管蛋白聚合，阻断微管装配，从而破坏内皮细胞骨架，抑制肿瘤血流，但不伤害正常血管系统。

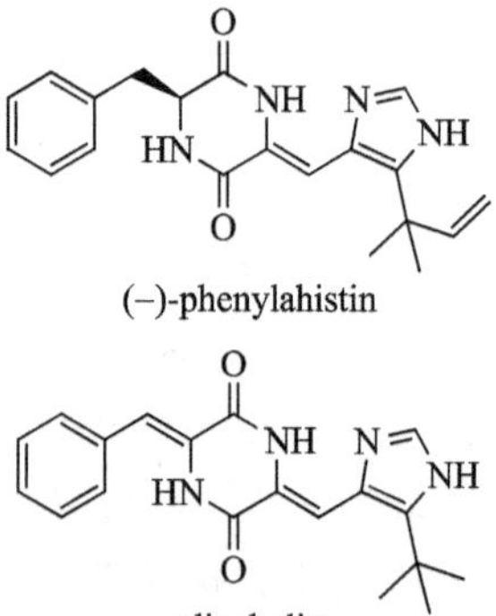

(−)-phenylahistin

plinabulin

图 9-12 (−)-phenylahistin 和 plinabulin 的结构

Phenylahistin 是源自海洋曲霉菌 *Aspergillus ustus* 的低分子环二肽（Kanoh et al.，1997）（图 9-12），体外研究发现，phenylahistin 能够抑制结肠癌细胞及卵巢癌细胞的生长，并能延长患有白血病的小鼠的寿命。Kanzaki 小组（2002）在研究 phenylahistin 的生物转化产物时发现，当苯环与二酮哌嗪环之间的连接键为不饱和键时，活性明显增加。因此，在此研究基础上，Yamazaki 等（2010）合成了 phenylahistin 的叔丁基衍生物 plinabulin（KPU-2/NPI-2358）。

体外实验显示，plinabulin 的活性高于其他微管蛋白解聚剂如秋水仙碱、长春新碱。Plinabulin 对多药耐药肿瘤细胞可维持不变的细胞毒活性，从而克服由 P 糖蛋白（Pgp）介导的耐药机制（Yamazaki et al.，2010，2011）。体内研究表明，plinabulin 与多西紫杉醇联用可显著减小肿瘤体积，总有效率达 75%，其中两例肿瘤完全消退。

以 10 名晚期 NSCLC 患者和 3 名其他恶性肿瘤患者为对象，一项临床 I 期试验考察了 plinabulin 与多西紫杉醇联用的疗效。结果显示，该疗法的不良反应主要为恶心、呕吐、脱水和中性粒细胞减少等。其临床 II 期试验已在美国、澳大利亚、印度和南非的若干临床中心开展，旨在进一步比较两药联用与多西紫杉醇单用治疗那些已对至少一种化疗方案无效的 NSCLC 患者。从 2015 年 7 月开始，在美国和中国进行了临床III期研究，将 plinabulin 与多西紫杉醇联合用药，作为至少有一个肺损伤的非小细胞肺瘤患者的二次化疗用药。

六、其他抗肿瘤药物

1. elisidepsin

Elisidepsin（Irvalec®，PM02734），是由 PharmaMar 公司开发合成的一类 kahalalide F（KF）类环缩酚肽（图 9-13），可引起典型的坏死性而非凋亡性细胞死亡，并导致癌细胞形态学发生极度改变。Elisidepsin 用于治疗食管癌和胃癌，目前正处于临床 I 期和 II

期研究（范鸣，2010）。

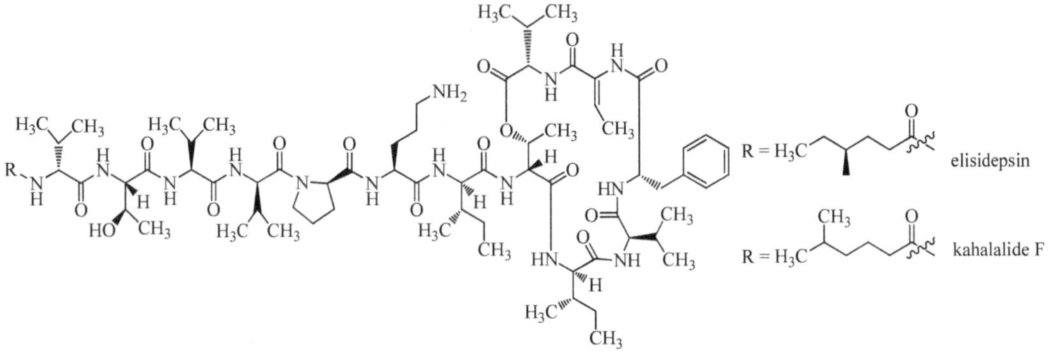

图 9-13 kahalalide F 和 elisidepsin 的结构

KF 是从食草的海洋软体动物 *Elysia rufescens* 中提取分离的环缩肽类化合物（Hamann et al.，1996）。2003 年，Suarez 等通过对 KF 在人前列腺以及乳腺癌细胞中的活性研究提出，KF 与其他抗癌药物不同，是通过非凋亡机制的细胞死亡程序诱导细胞死亡的。KF 在用于治疗恶性黑色素瘤的临床Ⅱ期研究中，由于效果不明显，已被终止。但 KF 对实体瘤细胞的抗肿瘤疗效以及给药研究中呈现高度的安全性，为此，Pharma Mar 公司合成了 KF 的类似物 elisidepsin（Coronado et al.，2010）。

已有多项临床Ⅰ期试验证实了 elisidepsin 作用于食管、胃及胃食管结合部位肿瘤的疗效，另有若干例实体瘤患者经本品治疗后，病情持续稳定达 3 个月以上。基于这些阳性结果，在先前已经一线治疗过的不宜手术、局部晚期转移性食管癌、胃癌或胃食管结合部位癌患者中进行的一项 elisidepsin Ib/临床Ⅱ期试验正在筹划中（Salazar et al.，2013）。此外，旨在评价 elisidepsin 用于经铂类药物一线治疗后恶化的 NSCLC 鳞癌患者的一项临床Ⅱ期试验和旨在考察 elisidepsin 与 NSCLC 常用药（如埃罗替尼、卡铂或吉西他滨等）联用的两项临床Ⅰ期试验也正在进行中（Goldwasser et al.，2014）。

2. PM00104

PM00104（zalypsis®）是合成的四氢异喹啉生物碱类化合物（图 9-14），表现出多种实体肿瘤及血液细胞株的抑制活性。目前，PM00104 处于临床Ⅱ期研究阶段，用于晚期或转移的子宫内膜癌、宫颈癌和尤文氏肉瘤的治疗（Martin et al.，2013）。

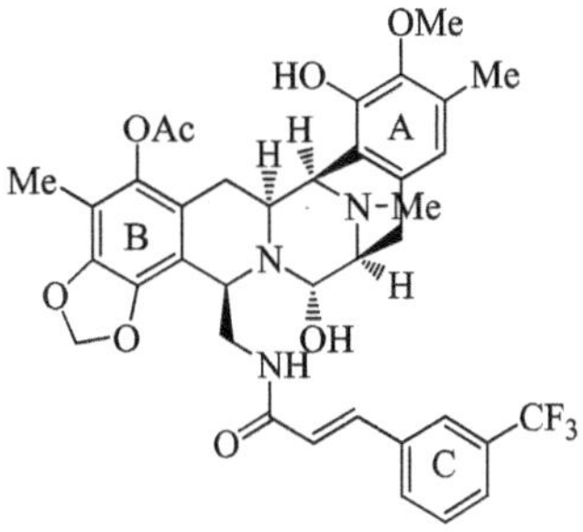

图 9-14 PM00104 的结构

PM00104 是合成的 ET-743 结构类似物，唯一的不同点在 C 环。在体外表现出明显的实体肿瘤及血液肿瘤的抗增殖作用，在体内一些小鼠异种移植模型中也表现出良好的抑制作用，如胃癌和多发性骨髓癌（Capdevila et al.，2013）。到目前为止，PM00104 是活性最好的抗骨髓癌的化合物，IC_{50} 最低可达皮摩尔级。

PM00104 发挥抗肿瘤作用的机制尚未被完全阐明，初步研究表明 PM00104 能与 DNA 小沟内的鸟嘌呤共价结合从而抑制 DNA 的复制与转录（Yap et al.，2012）。在高浓度（150nmol/L）

下，PM00104 能引导细胞缓慢凋亡；在低浓度（＜15nmol/L）下，能通过抑制细胞循环中的 S 期来导致细胞分裂停滞（Pérez-Ruixo et al.，2012）。

PM00104 的临床Ⅰ期研究用于晚期实体肿瘤和淋巴瘤的治疗，并确定了其最大耐受剂量和推荐剂量（Pérez-Ruixo et al.，2012）。在临床Ⅰ期研究中毒性表现为骨髓抑制的剂量限制毒性和嗜中性白细胞减少症（González-Sales et al.，2012）。临床Ⅱ期研究评价了 PM00104 对晚期或转移性子宫内膜癌、宫颈癌和晚期尤文氏肉瘤的疗效（Martin et al.，2013）。12 位患有预先处理的子宫内膜癌受试者和 5 位患有预先处理的宫颈癌受试者在为期两周的治疗中，出现了乏力、恶心、呕吐和腹泻等副作用，显示治疗效果不明显。17 位晚期尤文氏肉瘤患者受试，在四周的治疗周期内，4 位受试者实现了病情的稳定，显示了中等的活性，具有较好的耐受性，但仍然不能满足治疗的有效性。上述研究表明，PM00104 还需要进一步扩大评价范围，确定药物敏感瘤种。

3. NPI-0052

NPI-0052（salinosporamide A，Marizomib）是从海洋放线菌 *Salinispora tropica* 中得到的具有 γ-内酰胺-β-内酯的化合物（Feling et al.，2003）。NPI-0052，作为一个海洋天然产物，对多发性骨髓瘤（MM）、复发性及难治性骨髓瘤（relapsed/refractory MM）及其他多种实体瘤均具有较强的抑制活性。目前，已被美国食品药品监督管理局（FDA）和欧洲药品管理局（EMA）分别于 2013 年和 2014 年批准作为孤儿药（orphan drug）用于治疗多发性骨髓瘤。

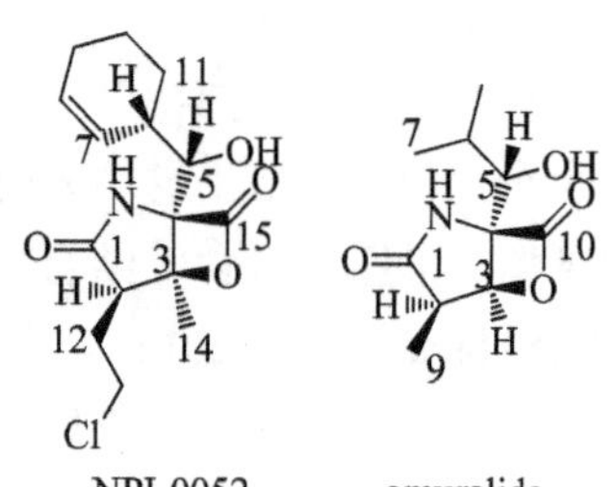

图 9-15 NPI-0052 和 omuralide 的结构

2003 年，Feling 等报道了从海洋放线菌 *Salinispora tropica* CNB-392 中发现的结构新颖、高活性的蛋白酶体抑制作用 NPI-0052。NPI-0052 与 omuralide（图 9-15）结构相似，但蛋白酶体抑制活性却比 omuralide 强 35 倍（Feling et al.，2003）。Corey 等（1999）及 Nures 公司对 omuralide 和 NPI-0052 的构效关系进行了详细的研究，结果表明 C-5 位异丙基基团为活性必需的，2 位碳链末端具有良好离去能力的基团时，能够不可逆地抑制鼠 20S 蛋白酶体的活性；其他的结构修饰如 C-5 位羟基的移除、氧化或差向异构化，C-2 位的差向异构化，C-3 位取代碳链的延长，均导致化合物活性显著下降（Macherla et al.，2005；王国如等，2011）。

NPI-0052 具有强大的蛋白酶体抑制作用，能够不可逆地抑制鼠 20S 蛋白酶体，而对其他蛋白酶（如糜蛋白酶、胰蛋白酶、组织蛋白酶 A 和 B）的抑制活性比蛋白激酶至少差 1000 倍（Macherla et al.，2005）。NPI-0052 可以使常规治疗和对硼替佐米（临床上用作顽固性或易复发的多发性骨髓瘤的治疗药物）产生抗药性的多发性骨髓瘤细胞凋亡（李宝军等，2012）。

NPI-0052 的非临床试验主要评价了包括活体模型下的多发性骨髓癌、结肠癌、非霍奇金淋巴瘤以及各种白血病。此外，NPI-0052 的联合用药试验表明低剂量 NPI-0052 与硼替佐米有协同细胞毒性的作用。多个研究中心研究证实该药单药治疗多发性骨髓癌具有较好效果，不良反应小，尤其是患者外周神经病变发生率较低，易于耐受，安全性高，临床可长期使用（屈元姣等，2013）。NPI-0052 在临床Ⅰ期研究中，主要针对多发性淋巴瘤和实体肿瘤进行了单独用药及联合伏立诺他的联合用药的评价。除此之外，NPI-0052 用于复发性或难治性多发性骨髓瘤的临床 I / II 期研究以及与泊马度胺（Pomalidomide）、地塞米松（Dexamethasone）的联合用药的 I 期研究仍在进行中（Ma et al.，2015）。

4. PM060184

PM060184 是一类新颖的聚酮化合物，来源于马达加斯加沿海海域的海绵 *Lithoplocamia lithistoides*（Martín et al.，2013），现通过全合成制备，正处于临床 I 期研究中，主要用于晚期恶性实体肿瘤的治疗。

2013 年，Martín 等首次报道了 PM060184 和其类似物 PM050489 的分离、结构解析、全合成和活性评价（图 9-16）（Martín et al.，2013）。

MeO 26 3 1 O O 5 7 9 27 28 12 O N H 31 30 32 29 15 O HN 18 O 33 NH2 O 21 25 X

PM050489 X=Cl
PM060184 X=H

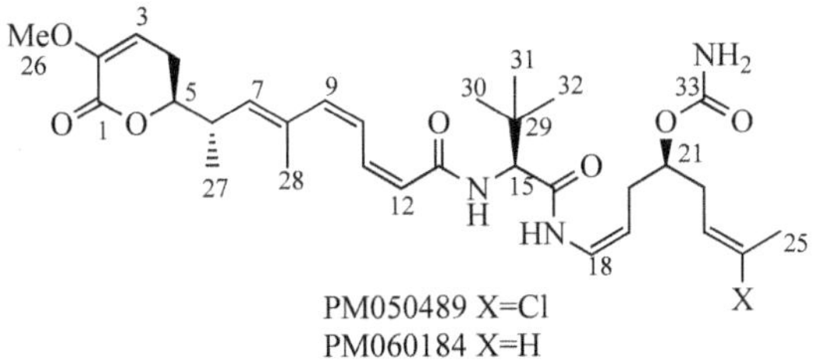

图 9-16 PM050489 和 PM060184 的结构

作用机制研究表明，PM060184 能够明显破坏细胞的微管蛋白和有丝分裂并抑制肿瘤细胞株的增殖（Pera et al.，2013），能以独特的高亲和力与 α, β-微管二聚体结合，抑制微管的聚合反应；除此之外，PM060184 还可以克服 P-糖蛋白引起的的体内耐药性。通过研究分子与细胞间的关系发现 PM060184 作为一种微管聚合抑制剂能降低细胞内 59%的微管动态性，有趣的是该药物能在相似的程度上抑制微管的变短和增长，这种行为可以影响细胞的分裂间期和有丝分裂。这些作用与经典的细胞凋亡途径不同，与细胞分裂前中期的抑制、半胱天冬酶依赖的细胞凋亡或者细胞多核的分裂间期状态有关。因此，PM060184 代表一类新型的微管结合剂，有望成为一种抗癌药物（Martínez-Díez et al.，2014）。

PM060184 在体内和体外都表现出很强的抗肿瘤活性，并在临床前的毒理学研究中显示良好的安全性。2011 年，PharmaMar SA 公司宣布开始进行 PM060184 的临床 I 期研究，研究对象主要为晚期的实体瘤患者，首先要进行的是安全评价和药物代谢及在患者体内的抗肿瘤活性。

5. ASG-5ME

ASG-5ME 是一种靶向 SLC44A4 的抗体-药物偶联剂（ADC），包含一个 IgG_2 kappa 抗体，通过一个缬氨酸-瓜氨酸的二肽接头与 monomethyl auristatin E（MMAE）连接，对于胰腺癌患者，是一种有效的靶向性杀伤癌细胞的药物（Arnett et al.，2011）。ASG-5ME 目前处于临床 I 期研究阶段，主要评价了在晚期的胰腺癌患者中的应用。

作为一种抗体-药物偶联剂，其中药效分子 MMAE 是由合成而来的 dolastatin10 的类似物（图 9-17）（Doronina et al.，2003）。MMAE 与 dolastatin10 类似，都能抑制细胞分裂，但由于毒性较高而不能被直接用作药物，因此做成了抗体-药物偶联剂 ASG-5ME。靶标 SLC44A4 是人类胆碱转运体的类似物，在多种实体肿瘤中过表达，如前列腺癌和胰腺癌。

当 ASG-5ME 通过靶向 SLC44A4 连接到癌细胞上，通过内吞作用进入细胞，酶催化导致连接体断裂使得 MMAE 被释放到细胞，最后药物连接到微管上引起细胞循环阻滞在 G2/M 期引起细胞凋亡（Arnett et al.，2011；Sun et al.，2009）。

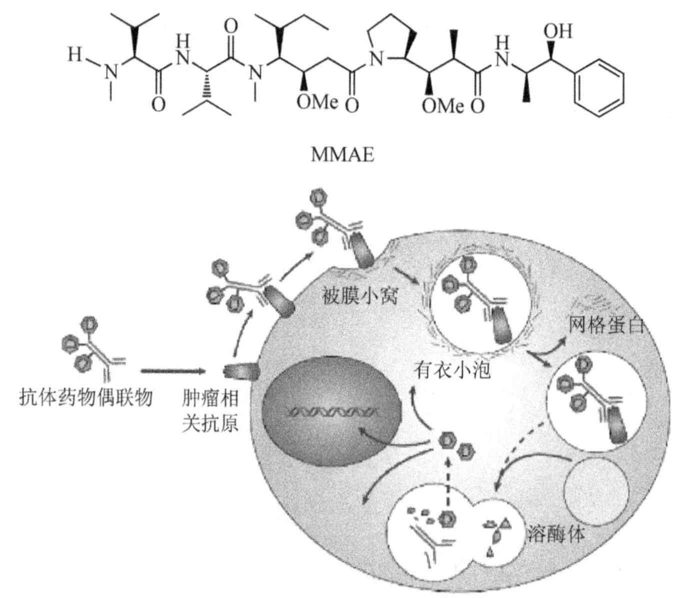

图 9-17 MMAE 的结构及其抗癌作用机制

胰腺癌是一种生长快速且难治疗的癌症，在美国是第四位的癌症死亡病因。ASG-5ME 使用了单克隆抗体能够对抗 90%的胰腺癌患者中存在的靶标 SLC44A4，选择性杀伤胰腺癌细胞。目前评价了药物的安全性、耐受性和毒性，表现为疲劳、腹痛、呕吐和嗜中性白细胞减少症（Dimou et al.，2013）。

6. E7974

E7974 是一种分离自南非海域海绵 *Hemiasterella minor* 的 hemiasterlin 的合成类似物，为微管抑制剂，体内和体外均表现出非常强的抗肿瘤活性（Kuznetsov et al.，2009），现处于临床 I 期研究阶段，主要评价了在顽固的实体肿瘤中的应用。

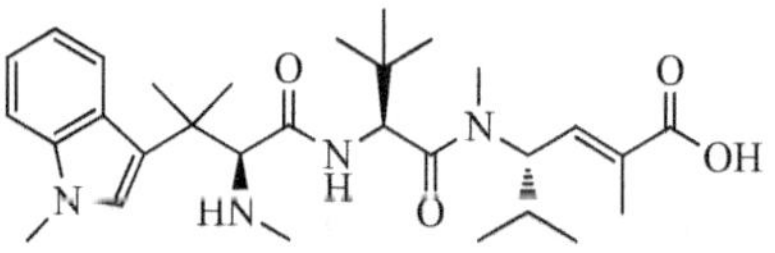

E7974 是对 hemiasterlin 分子氮端进行了修饰的合成类似物（图 9-18）。Hemiasterlin 具有很强的细胞毒活性，但其体内抗癌治疗效果与毒性并存，以其为结构模板，合成了大量的类似物进行结构优化，其中氮端氨基酸的改变得到了一些具有高活性，难于被 P-糖蛋白药物外排泵排出，且具有良好药品性质的化合物，最终发现含 *N*-异丙基-D-哌啶酸的派生物 E7974，它在体内和体外均表现出非常强的对多种人类肿瘤的抑制活性（Kuznetsov et al.，2009）。

hemiasterlin

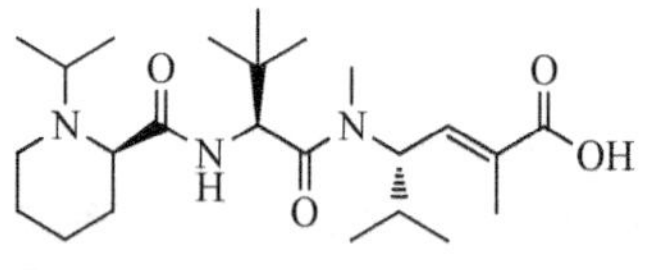

E7974

图 9-18 hemiasterlin 和 E7974 的结构

E7974 为三肽类微管抑制剂，研究发现（Kuznetsov

et al.，2009），E7974 能够干扰正常有丝分裂中纺锤体的形成，阻断 G2/M 期从而引起细胞凋亡。

在临床 I 期研究方面（Rocha-Lima et al.，2012），E7974 最常见的严重不良反应为血液学毒性，同时伴随有嗜中性白细胞减少、贫血和白细胞减少、1 级或 2 级的周围神经病变等。与紫杉烷相比，用 E7974 治疗的患者未出现 3 级或 4 级的腹泻，外周性水肿，或周围神经病变，3 级或 4 级的嗜中性白细胞减少症和嗜中性白细胞减少引起的发热的发生率比较少。

7. bryostatin 1

Bryostatin 1（苔藓虫素 1）是由 Pettit 研究小组从墨西哥海湾草苔虫 *Bugula neritina* Linnaeus 中首次分离得到的大环内酯类化合物。通过美国国立癌症研究院（NCI）生物鉴定，bryostatin 1 现已投入抗肿瘤方面的临床 II 期研究，成为用于治疗黑素瘤、non-Hodgkin 氏淋巴癌、肾癌等癌症的临床候选药物（Faulkner，2000）；此外，bryostatin 1 还能增强动物认知和记忆能力，在治疗阿尔茨海默病（AD）方面显示了应用前景（Etcheberrigaray et al.，2004）。

1982 年，Pettit 小组从采自加利福尼亚太平洋蒙特内海湾的草苔虫的提取物中，成功追踪获得第一个对 P388 白血病细胞有较强抑制活性的抗癌单体化合物，命名为 bryostatin 1（图 9-19）（林厚文等，1997）。

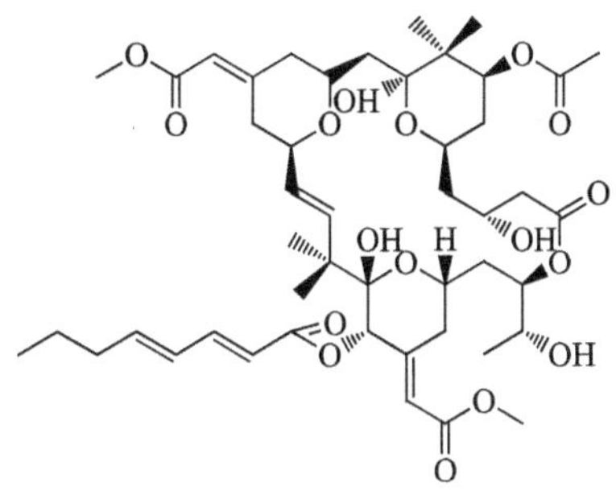

图 9-19　bryostatin 1 的结构

Bryostation 1 可选择性地抑制人癌细胞，也能显著增强动物的认知和记忆能力（Etcheberrigaray et al.，2004）。Bryostatin 1 主要的作用机制是竞争性抑制佛波醇酯与蛋白激酶 C（proteinkinase-C，PKC）结合，进一步调节细胞内信号转导途径以及作用于细胞核中的转录因子参与基因表达的调控，实现对肿瘤细胞的生长、分化、侵袭、转移、凋亡的调节；bryostatin 1 在治疗 AD 方面的作用机制主要通过减少脑内 Aβ 毒性，从而改善认知行为（阮志等，2012）。目前对于 bryostatin 1 复杂的抗癌作用机制以及对 AD 作用机制还在进一步研究中。

Bryostatin 1 的临床 I 期数据表明其对恶性黑色素瘤、淋巴瘤和卵巢癌显示了活性，DLT 主要是肌肉痛、恶心和呕吐（Plimack et al.，2014）。临床 II 期试验中，单独用药治疗恶性黑色素瘤、结肠癌、非霍奇金淋巴癌、复发性多态骨髓瘤和复发性上皮卵巢癌均不能产生抗癌应答，治疗肾癌能产生小部分的应答。其与紫杉醇联合用药的临床 II 期试验报告数据表明，29%产生部分抗癌应答，但 53%的患者有肌痛反应（Ajani et al.，2006），且 bryostatin 1 与紫杉醇的协同作用具有顺序依赖性，即紫杉醇的用药必须在 bryostatin 1 之前（Ku et al.，2008）；bryostatin 1 与顺铂联合治疗老年或复发性子宫颈癌、与 IL-2 联合治疗肾癌均不能产生好的抗癌应答，与顺铂联合治疗复发性卵巢癌的临床试验还在研究中（Morgan et al.，2012）。

（乔　梁　朱美林　于桂洪　顾谦群）

第二节 海洋抗感染药物

一、抗病毒药物

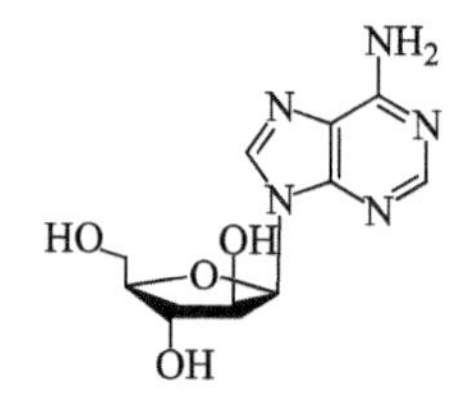

图 9-20 阿糖腺苷的结构

阿糖腺苷（adenosine arabinoside，Ara-A）为嘌呤核苷同系物（图 9-20），是以隐南瓜海绵 *Tethya crypta* 中胸腺嘧啶核 spongothymi- dine（尿嘧啶核苷）为先导进行结构优化合成得到的，作为抗病毒药物，早在1976年就被FDA批准进入市场（Mayer et al.，2010）。

阿糖腺苷是一种广谱的 DNA 病毒抑制剂，在体内通过迅速转换为三磷酸阿糖腺苷竞争性抑制病毒的 DNA 多聚酶，并结合进病毒的 DNA 链，从而抑制病毒 DNA 的合成。

阿糖腺苷可治疗多种病毒性疾病，尤其对单纯疱疹病毒 I 和 II 型、带状疱疹病毒的作用明显，对腺病毒、EB 病毒、牛痘病毒、巨细胞病毒、乙型肝炎病毒（HBV）及核糖核酸（RNA）病毒等也有抑制作用（李锡岩，1990）。在临床上已用于治疗单纯疱疹病毒性脑炎，也用于治疗免疫抑制患者的带状疱疹和水痘感染。此外，阿糖腺苷的单磷酸化合物 Ara-AMP 有抑制乙型肝炎病毒（HBV）复制的作用，在临床上用于治疗慢性乙型肝炎（仉洪田等，1999）。

临床应用中 Ara-A 的副作用主要表现为长疗程或大剂量使用时患者常出现乏力、食欲下降、恶心、倦怠、呕吐、腹泻、可逆性骨髓抑制、神经肌肉毒性等，剂量超过 10mg/（kg·d）时，可发生头痛、嗜睡、木僵及震颤，可持续数周并同时伴有脑电图改变（仉洪田等，1999）。

二、抗菌药物

头孢菌素类抗生素（cephalosporin）是分子中含有 7-氨基头孢烯酸（7-amino cephalosporanic acid，7-ACA）的半合成抗生素，属于 β-内酰胺类抗生素。7-ACA 是从顶头孢霉菌（*Cephalosporium acremonium*）中分离得到的头孢菌素 C（cephalothin C）衍生出来的。以 7-ACA 为先导化合物进行结构优化得到的头孢噻吩是第一个用于临床治疗的头孢菌素类抗生素，它由礼来公司于 1964 年上市销售。

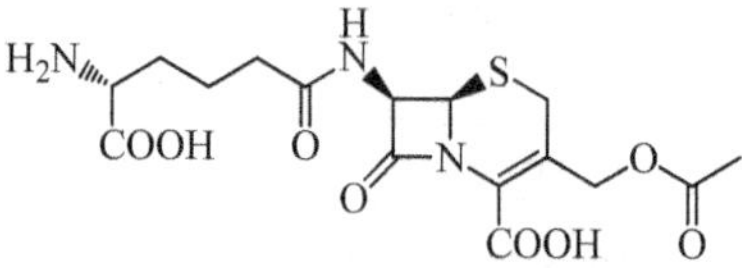

头孢菌素类化合物最早是由意大利科学家 Brotzu 从萨丁岛海岸阴沟出口处的顶头孢霉菌中分离得到的，并发现这些物质可以有效抵抗伤寒杆菌；1956 年，Newton 和 Abraham 成功地从顶头孢霉菌的培养液中分离出头孢菌素 C 并于 1961 年确定了头孢菌素 C 的结构（图 9-21）。1962 年，礼来公司以 7-ACA 作为合成头孢菌素类药物的起始原料，以其为先导化合物进行了结构改造的研究，并获得了一系列头孢类药物。头孢菌素类抗生素属于 β-内酰胺类抗生素，其作用机制与青霉素一样可以通过抑制 D-丙氨酰-D-丙氨酸转肽酶来抑制细菌细胞壁中粘肽的合成，阻碍细菌细胞壁的形成，使细胞不能定型和承受细胞内的高渗透压，从而引起溶菌，导致细菌死亡。由于哺乳动物细胞无细胞壁，革

图 9-21 头孢菌素 C 的结构

兰氏阳性菌细胞壁粘肽含量比阴性菌高，故此类抗生素的抗菌作用具有较高的选择性（于海军，2009）。因为头孢菌素类抗生素具有抗菌谱广、抗菌活性强、疗效高等特点，其研究开发极为迅速，到目前为止已开发了 50 多个品种，根据开发年代、抗菌活性谱、对 β-内酰胺酶的稳定性以及肾毒性的不同，通常将头孢菌素类药物分为四代，分别以 20 世纪 60 年代开始的头孢噻吩、头孢咪唑，20 世纪 70 年代的头孢呋辛钠、头孢孟多、头孢尼西等，20 世纪 80 年代的头孢哌酮、头孢曲松等，20 世纪 90 年代的头孢吡肟、头孢匹罗等为代表（孟现民等，2011）。

头孢菌素类抗生素由于其良好的抗菌作用，在临床上应用非常广泛，主要用于：呼吸道感染，中耳炎、鼻窦炎、扁桃体炎、咽炎、急慢性支气管炎等；泌尿道感染，皮肤及软组织感染，创伤感染，骨及关节感染，胃肠、胆道及腹部感染、生殖系统感染等；还可以用于术前、术中防止感染及术后引起的感染（李鑫昶等，2002）。

头孢菌素类抗生素较为安全，毒副反应小，但也可发生致命性的不良反应，如过敏性休克，肌注部位疼痛，胃肠道反应如恶心、呕吐、肝、肾功能轻度减退，丙氨酸氨基转移酶升高等，故临床医生在应用此类药物时应熟悉可能出现的各种不良反应，注意预防或及时给予对症处理头孢菌素类不良反应（戴德银等，2007）。

三、抗结核药物

利福平（rifampicin，RFP）是由利福霉素 B 衍生得到的一种半合成抗生素。于 1965 年批准上市，用于肺结核（TB）的治疗（Aristoff et al.，2010；王欣瑜等，2008），结构如图 9-22 所示。

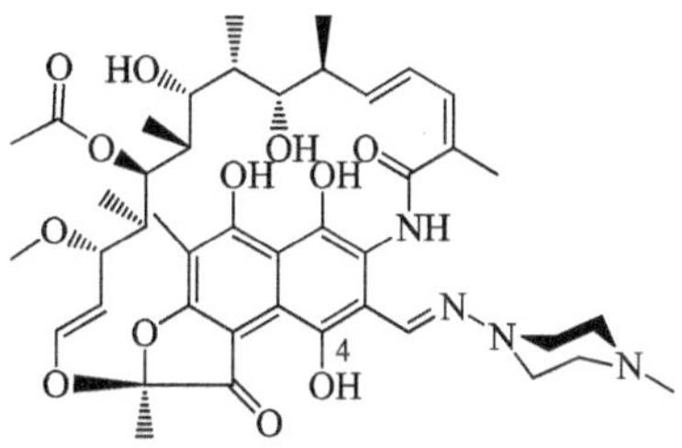

1957 年，Sensi 等从地中海链霉菌 *Streptomyces mediterranoi* 中分离得到 A，B，C，D，E 等利福霉素类化合物。其中利福霉素 B 活性较强，性质较稳定，但临床药效不够理想。以利福霉素 B 为先导化合物，得到一系列药效更强的半合成利福霉素类抗生素。其中利福平是药效最好、目前应用最多的一种，对结核杆菌、麻风杆菌、链球菌、肺炎球菌，特别是耐药性金黄色葡萄球菌等革兰氏阳性菌及某些革兰氏阴性菌均有效。

图 9-22 利福平的结构

利福霉素的作用机制是通过与细菌的 DNA 依赖性 RNA 聚合酶（DDRP）的 β-亚单位结合，抑制细菌 RNA 的合成从而阻止细菌 DNA 和蛋白质的合成。利福平是目前临床上应用最多的一种利福霉素类抗生素，不仅抗菌谱广，而且与其他药物之间无交叉抗药性。在临床上主要应用于肺结核和其他结核病，也可用于麻风和对红霉素耐药的军团菌肺炎，还可与耐酶青霉素或万古霉素联合治疗表皮链球菌或金黄色葡萄球菌引起的骨髓炎和心内膜炎，用于消除脑膜炎球菌或肺炎嗜血杆菌引起的咽部带菌症。也可用于厌氧菌感染。此外，在临床上与异烟肼、链霉素、乙胺丁醇、乙硫异烟胺等联合应用后有协同作用（谢惠民等，1990）。

利福平主要引起肝损害，还伴有食欲减退、恶心、呕吐、腹胀、腹泻等消化道反应和皮肤潮红、皮疹、瘀痒、哮喘等过敏反应，偶有白细胞减少、凝血酶原时间缩短、头痛等（张文三，1994）。

（谭洪升　顾谦群）

第三节　抗心脑血管疾病药物

一、降血脂药物

1. 拉伐佐

拉伐佐，商品名为 Lovaza，又称 ω-3-脂肪酸乙酯（图 9-23），是 2004 年 11 月 10 日由 FDA 批准上市的降血脂药物，主要用于高甘油三酯血症的治疗。该药在欧洲也以 Omacor 的商标名上市。除用于高甘油三酯血症的治疗外，也用于预防心肌梗死。拉伐佐由葛兰素史克（GlaxoSmithKline）公司开发上市，是以鱼油中 ω-3-脂肪酸为原料进行乙酯化后得到的，它除了含 47%二十碳五烯酸乙酯和 38%二十二碳六烯酸乙酯外，还含有少量其他脂肪酸乙酯（Koski，2008）。

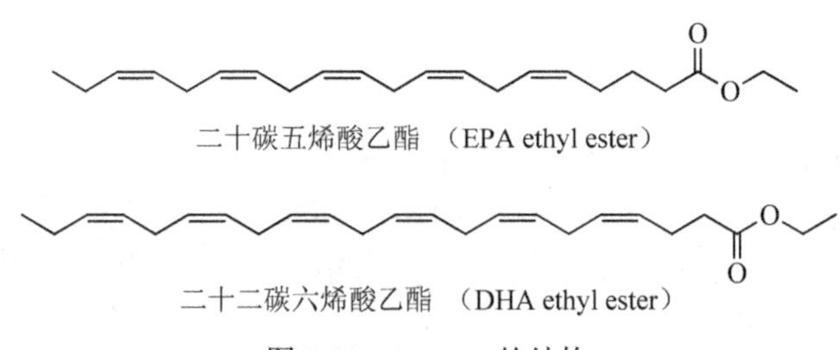

图 9-23　Lovaza 的结构

拉伐佐的作用机制包括抑制乙酰辅酶 A（acyl-CoA）和二乙酰甘油酰基转移酶（DGAT），增强肝脏中线粒体和过氧化物酶的 β-氧化，减少肝脏中脂肪的生成，增强血浆中脂蛋白脂酶的活性。此外，拉伐佐还可降低肝脏中甘油三酯的合成（Bays，2008）。

临床研究（FDA，2004）表明，拉伐佐无明显的毒副作用，仅有 3%左右的患者表现出打嗝、消化不良和味觉异常症状。由于拉伐佐的主要成分来自鱼油制品，对鱼类有过敏史的患者需要慎用。通过对 84 名严重高甘油三酯血症患者进行 16 周的随机双盲平行试验发现，与安慰剂组对比，拉伐佐给药组甘油三酯和极低密度脂蛋白胆固醇的水平明显降低（表 9-1）。

表 9-1　拉伐佐临床试验数据

参数/（mg/dL）	拉伐佐 N=42		安慰剂 N=42		区别
	基线	变化/%	基线	变化/%	
甘油三酯	816	−44.9	788	+6.7	−51.6
非高密度脂蛋白胆固醇	271	−13.8	292	−3.6	−10.2
胆固醇	296	−9.7	314	−1.7	−8.0

续表

参数/（mg/dL）	拉伐佐 $N=42$		安慰剂 $N=42$		区别
	基线	变化/%	基线	变化/%	
极低密度脂蛋白胆固醇	175	−41.7	175	−0.9	−40.8
高密度脂蛋白胆固醇	22	+9.1	24	0.0	+9.1
低密度脂蛋白胆固醇	89	+44.5	108	−4.8	+49.3

2. 伐赛帕

伐赛帕（vascepa，又称 epadel 或 EPAX）是由阿玛林（Amarin）公司开发，于 2012 年 7 月 26 日经 FDA 批准上市，主要用作高甘油三酯血症的治疗。伐赛帕的主要成分是 EPA 乙酯（FDA，2012）（图 9-24），不含 DHA 乙酯，成分较拉伐佐单一。

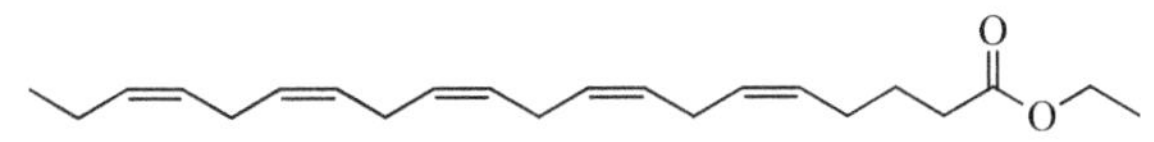

二十碳五烯酸乙酯 （EPA ethyl ester）

图 9-24　伐赛帕的结构

在降低血液甘油三酯方面，伐赛帕与拉伐佐具有相同的作用机制。通过抑制 β-氧化、乙酰辅酶 A（acyl-CoA）和二乙酰甘油酰基转移酶（DGAT）的活性，减少肝脏脂肪生成，能增强血浆脂蛋白脂肪酶活性，减少肝脏中极低密度脂蛋白-甘油三酯复合物（VLDL-TG）的合成与分泌，增强极低密度脂蛋白微粒循环中甘油三酯的清除率。

临床研究显示（表 9-2），每天服用 4g 伐赛帕，与安慰剂组对照，受试者体内甘油三酯、极低密度脂蛋白胆固醇和载体蛋白 B 的水平均明显下降。与拉伐佐相比，虽伐赛帕的副作用更少，但约有 2.3%的患者会产生关节痛的症状。

表 9-2　伐赛帕临床药效实验数据

参数/（mg/dL）	伐赛帕 4g/天 $N=76$		安慰剂 $N=75$		区别
	基线	变化/%	基线	变化/%	
甘油三酯	680	−27	708	+10	−33*（−47，−22）
非高密度脂蛋白胆固醇	225	−8	229	+8	−18（−25，−11）
胆固醇	254	−7	256	+8	−16（−22，−11）
极低密度脂蛋白胆固醇	123	−20	124	+14	−29**（−43，−14）
高密度脂蛋白胆固醇	27	−4	27	0	−4（−9，+2）
低密度脂蛋白胆固醇	91	−5	86	−3	−2（−13，+8）
载脂蛋白 B	121	−4	118	+4	−9**（−14，−3）

* $p<0.05$；** $p<0.01$。

在药物相互作用方面，伐赛帕可以延长凝血时间，虽然这种抗凝作用较轻且不会引起临床症状，但如果和其他抗凝药物联合使用，仍需要进行定期检测。

此外，FDA 于 2014 年 5 月 5 日正式批准阿斯利康公司的 ω-3-羧酸（epanova）作为高甘油三酯血症治疗药物上市，用于与饮食配合治疗严重的成人高甘油三酯血症。Epanova 与拉伐佐和伐赛帕同属 ω-3-脂肪酸类药物，但 epanova 的主要成分为 EPA 和 DHA，以游离羧基的形式存在。与前两种药物相比，epanova 拥有更好的生物利用度，更容易在肠道内被吸收利用。

3. 甘露醇烟酸酯

甘露醇烟酸酯（mannitol nicotinate），又称甘露六烟酯，化学名为（2*R*, 3*R*, 4*R*, 5*R*）-六吡啶-3-羧酸己六醇酯，分子式为 $C_{42}H_{32}N_6O_{12}$，相对分子质量为 812.75Da。为白色粉末，无臭，无味，在水、乙醇或乙醚中不溶，熔点为 236.5～240.5℃。甘露醇烟酸酯于 1985 年由山东省卫生厅批准，由青岛制药厂以“甘露六烟酯片”的商品名称作为降血脂药物生产上市。除降血脂作用外，甘露醇烟酸酯还可通过扩张血管起到预防和治疗高血压的作用。因其副作用小，甘露醇烟酸酯对高血脂、高血压、冠心病、脑血栓、动脉硬化等具有较好的疗效（李延，1986）。

甘露醇烟酸酯是以海带中提取的甘露醇为原料，通过与烟酰氯进行酯化反应得到。具体合成路线如下（图 9-25）：首先在 *N*, *N*-二甲基吡啶的催化下，以二氯亚砜为溶剂，将烟酸转化为烟酰氯。之后以吡啶为溶剂，利用烟酰氯对甘露醇进行全烟酰化，得到甘露醇烟酸酯（波影，1987）。

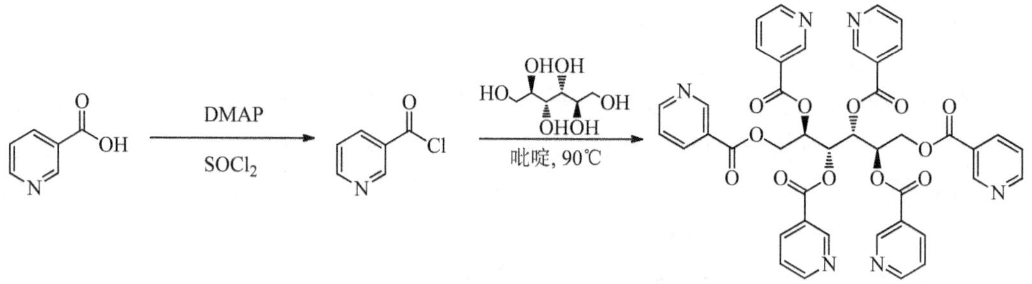

图 9-25　甘露醇烟酸酯的合成路线

该药于 1984 年经山东省卫生厅批准在青岛医学院、解放军 401 医院等 9 所医院对 364 名临床患者进行了临床试验。试验结果显示，甘露醇烟酸酯对 194 例高胆固醇症、99 例高 β-脂蛋白症和 174 例高甘油三酯血症患者有效率分别达到 64.9%、77.7%和 75.3%；对 20 例高血压患者治疗显示，对收缩压和舒张压有效降低率分别是 92.1%和 93%，同时证明本品具有改善微循环的作用，是一种安全、有效的心血管病的新药（赵源浩等，1999）。

目前对于甘露醇烟酸酯副作用的报道很少，临床上只有少量轻微恶心等胃肠道反应，通常要求患有严重胃溃疡的患者慎用，对孕妇及哺乳期妇女的影响尚未有明确报道。

4. 岩藻聚糖硫酸酯（海昆肾喜胶囊）

海昆肾喜胶囊，是由中国科学院海洋研究所研制开发的国家海洋中药，其有效成分是从海带（*Laminaria japonica*）中提取分离的岩藻糖聚糖硫酸酯（fucoidan polysaccharide, FPS），目前由吉林省辉南长龙生化药业股份有限公司生产（批准文号 Z20030052），临床上用于慢性肾衰竭及代偿期、失代偿期和尿毒症早期治疗（路文静等，2014）。

海带来源的 FPS 结构中除了主要含有 $\alpha(1\rightarrow3)$-L-岩藻糖硫酸酯外，还有少量 $\alpha(1\rightarrow2)$-

L-岩藻糖硫酸酯及半乳糖和甘露糖等。从不同褐藻中提取分离的岩藻糖硫酸酯结构与活性均不同（Jiao et al.，2011）。

研究发现，FPS 可以抑制肾小球性肾炎中 P-选择素的表达，减少炎性细胞浸润和血小板在肾组织的聚集，FPS 在肾脏疾病中表现出的作用可能与 P-选择素有一定关系（Baehelet et al.，2009）。

研究发现，FPS 可以降低高草酸尿症老鼠的体内自由基和增加其抗氧化酶的活性，降低脂质过氧化水平，从而减轻对肾脏的损伤。在慢性肾衰早中期，FPS 可以抑制 TGF-β1 和 MCP-1 两种细胞因子的表达，从而延缓肾间质纤维化进展。FPS 还可以抑制大鼠肾脏中 TGF-β1 和 PAI-1 mRNA 表达，减少细胞外基质中Ⅳ型胶原蛋白和纤维连接蛋白的合成，具有延缓肾小球硬化作用（王兆华等，2006）。

海昆肾喜胶囊临床用于治疗慢性肾功能不全代偿期和失代偿期患者，且无明显不良反应，患者对其依从性良好（周伟等，2012）。

5. 几丁糖酯

几丁糖酯（sulfated carboxymethylchitosan，916）是中国海洋大学医药学院研究开发的一种低分子质量海洋硫酸多糖药物。是以海洋动物蟹类外壳中所含的甲壳质为基础原料，经过脱乙酰化，羧甲基化和硫酸酯化后制得的一种类低分子肝素化合物。化学名称为 3-*O*-硫酸基-6-*O*-硫酸基/羧甲基-*β*-(1,4)-D-2-氨基-2-脱氧-葡聚糖钠盐［*β*-(1,4)-polyglycosamine-3-*O*-sulfate-6-*O*-sulfate-6′-*O*-carboxylmethyl ether sodium］，分子式为$(C_6H_9NO_4R_1R_2)_n$，其中 n=6～30，R_1=—SO_3Na，—H；R_2=—SO_3Na，—CH_2COONa。化学结构式如图 9-26 所示，制备化学反应式如图 9-27 所示（徐家敏等 2000）。

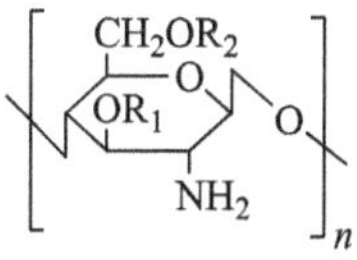

R_1=—SO_3Na,—H
R_2=—SO_3Na,—CH_2COONa
n=6~30

图 9-26 几丁糖酯的结构

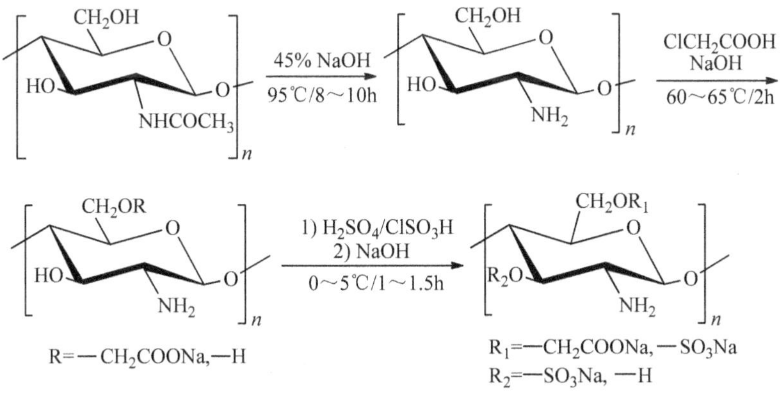

45% NaOH 95℃/8～10h；$ClCH_2COOH$, NaOH 60～65℃/2h；R=—CH_2COONa,—H；1) $H_2SO_4/ClSO_3H$ 2) NaOH 0～5℃/1～1.5h；R_1=—CH_2COONa,—SO_3Na；R_2=—SO_3Na,—H

图 9-27 几丁糖酯制备的合成路线

该药于 2001 年被国家药品监督管理局批准获得临床研究批件。目前，已经完成了临床Ⅱ期研究，正在进行临床Ⅲ期研究（曾洋洋等，2013）。系统的生物学研究表明，几丁糖酯具有明显的调血脂、抗氧化及防止动物实验性动脉粥样硬化形成的作用，且毒副作用低。

一般药理学研究表明，几丁糖酯在治疗剂量下对动物的神经系统、心血管系统和呼吸系统及一般行为无明显影响。急性毒性研究表明，几丁糖酯对小鼠口服的最大耐受量为10g/kg，对小鼠静注的 LD_{50} 为2648.75mg/kg。长期毒性研究表明，几丁糖酯60mg/(kg·d)和600mg/(kg·d)，连续3个月给予家犬，未见明显中毒症状；以900mg/kg（为人临床拟用量的90倍）长期服用，对大鼠肾脏有一定损伤，可造成尿中蛋白质含量增加，肾近曲小管出现轻度病理性改变。停药2周后，此毒性反应可基本消失；164mg/kg、30mg/kg剂量则无此毒性反应。各组大鼠其他各项检验指标均未见明显异常，表明几丁糖酯在临床拟用药剂量范围内是安全的。特殊毒性研究发现，几丁糖酯无明显的致畸胎和致突变的毒副作用。

初步作用机理研究表明，几丁糖酯对自由基、IL-1β、TNF-α所致的静脉内皮细胞损伤具有明显的保护作用，且能增加损伤内皮细胞NO的释放；对bFGF及IL-1诱导的大鼠主动脉VSMC增殖具有明显抑制作用。几丁糖酯可明显增加TNF-α、IL1β诱导的ECV304细胞NO的产生，降低 H_2O_2 诱导ECV304细胞产生的NO，对细胞表现出明显的保护作用。几丁糖酯在0.1～10mg/mL浓度范围内可明显抑制*N*-甲酰甲硫亮氨酰苯丙氨酸（fM-HUVEC）黏附分子的表达，并呈剂量依赖性，其作用机制与抑制内皮细胞附分子ICAM1和VCAM1的表达有关（Ren et al.，2002）。

（侯英伟　刘潇潇　于广利）

二、抗脑缺血药物

1. 藻酸双酯钠

藻酸双酯钠（propylene glycol alginate sulfate sodium salt，PSS），是1985年由中国海洋大学管华诗院士课题组研制开发的世界上第一个海洋类肝素糖类药物，是以褐藻酸为原料，经分子修饰而得到的一种海洋低分子硫酸多糖化合物，临床主要用于缺血性心脑血管疾病和高脂血症的防治，其化学名称为褐藻酸丙二醇酯硫酸酯钠盐，化学结构如图9-28所示。PSS自1986年投产面世以来，目前国内已批准生产批准文号294个，其中片剂241个、注射液53个，涉及生产企业200余家，是我国上市海洋药物生产规模最大的品种。

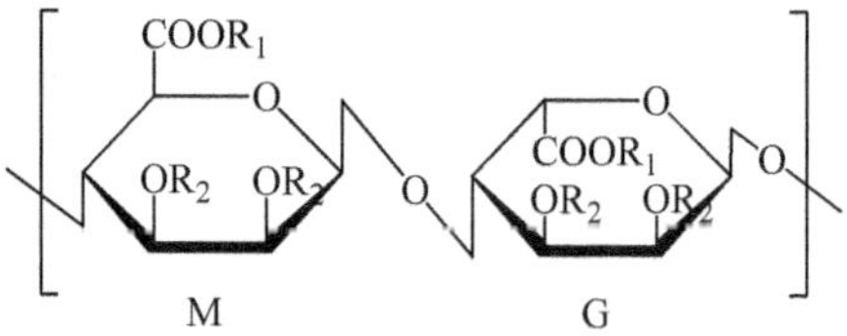

COOR1 O OR2 OR2 O O COOR1 O OR2 OR2 M G

R_1=—H,—$CH_2CH(OH)CH_3$, R_2=—H, —SO_3Na

图9-28　藻酸双酯钠的结构

PSS因具有较强的聚阴离子性质，在其电斥力的作用下，能使富含负电荷的细胞表面增强相互间的排斥力，阻抗红细胞之间和红细胞与血管壁之间的黏附，改善血液的流变学性质。PSS注射具有抗凝血、降低血黏度、缓解微动静脉解痉、促进红细胞及血小板解聚等前列腺环素样作用。能降低血脂，抑制动脉粥样硬化病变的发生和发展，对外周血管有明显的扩张作用，能有效改善微循环，增加脑血流量，降低脑血管阻力，能有效控制短暂性脑缺血复发，预防脑血栓形成。PSS 不仅通过抗凝血、抗血小板聚集等原因对短暂脑缺血发作起治疗作用，同时还通过降血脂，控制动脉硬化对短暂脑缺血发作起预防作用。PSS 能通过改善脑组织单胺类递质代谢紊乱抗脑缺血，抑制胞内钙离子浓度升高发挥抗神经细胞凋亡效应，从而起到神经保护作用，最终改善神经功能障碍，减轻脑缺血再灌注脑损伤大鼠脑组织神经元损伤。

临床应用中，PSS 对缺血性脑血管疾病的总有效率达 80%～95%，脑血流图和脑 CT 扫描依次有 70%和 64%的改善率。此外，临床上还报道 PSS 具有治疗突发性耳聋、银屑病、辅助治疗乙型肝炎和治疗糖尿病性周围神经病变的作用。

PSS 临床应用中也出现了少量不良反应，主要有低血压、心悸乏力、心肌梗死、过敏性哮喘、阴茎异常勃起等，临床表现复杂多样，涉及机体多个器官系统。PSS 副作用的产生，除对个别患者体质引起的不良反应外，多与临床医护人员对患者应用 PSS 静脉注射剂量过大或滴注速度过快有关，另外也与制备工艺和质量控制标准不严格有关。目前，国家 CFDA 正在制定新的 PSS 质量标准，以加强 PSS 原料药、片剂和注射剂制备工艺中相关物质的控制和检测。

2. 甘糖酯

甘糖酯（propylene glycol mannuronate sulfate，PGMS）也是中国海洋大学管华诗课题组研制开发的另一种低分子海洋类肝素药物，主要用于高血脂症和缺血性心脑血管疾病的防治。PGMS 是在 PSS 的基础上，对褐藻酸的降解产物进一步分级和纯化得到其中的多聚甘露糖醛酸（PM），然后以 PM 为原料，采用类似 PSS 的分子修饰方法得到的低分子硫酸多糖化合物，其化学名称为聚甘露糖醛酸丙二醇酯硫酸酯钠盐，结构如图 9-29 所示。

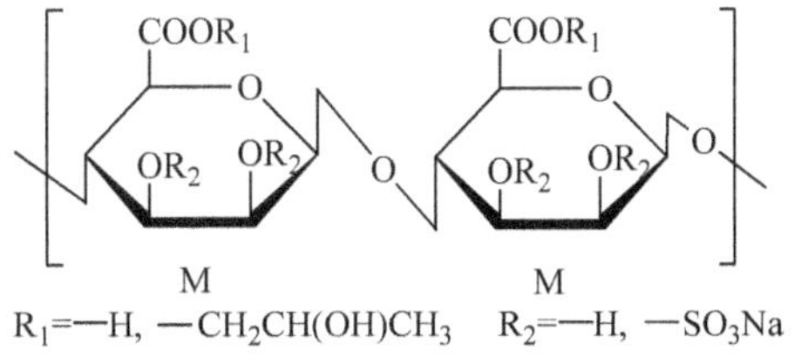

图 9-29 甘糖酯的结构

PGMS 通过提高脑组织超氧化物歧化酶（SOD）、过氧化氢酶（CAT）及谷胱甘肽过氧化物酶（GSH-Px）的活性及抗氧化能力，降低 MDA 的含量，清除过多的自由基，进而改善大鼠脑缺血再灌注损伤时突触间隙中谷氨酸的异常积聚，以及由此引起的 Na^+、Cl^- 和水分进入神经细胞或出现钙超载而诱发脑神经细胞的各种损伤性变化，从而发挥对脑组织的保护作用。其作用机制可能是 PGMS 与红细胞膜中脂质双分子层极性头部相结合，使膜脂质的相态和流动性发生改变，降低红细胞膜胆固醇（RBCM-CH）/红细胞膜磷脂（RBCM-PL）比值，从而改善缺血性脑血管病患者红细胞变形能力（RCD），恢复甲襞微循环（NM）异常，继而降低血液黏度，改善微循环。

临床试验发现，高脂血症服用甘糖酯 15～28 天能有效降低血清总胆固醇（TC）和甘油三酯（TG）的含量，升高高密度脂蛋白胆固醇（HDL-ch），随着时间的延长，疗效更加明显，总有效率可达 90%（显效 58.9%，有效 31.1%），降血脂效果明显，副作用小，在防治心脑血管疾病上具有重要意义。在治疗急性脑梗死患者的临床试验中发现 PMGS 的有效率高达 85%～95%，显效率大于 70%，其作用机制可能与 PGMS 可以减少内皮细胞与人中性粒细胞（PMN）黏附，改善急性脑梗死患者的白细胞变形能力（LD），有利于变形能力差的白细胞通过毛细血管，从而改善微循环，增加缺血组织的血液供应，防止白细胞激活产生过多的氧自由基，减轻脑组织进一步损伤，缩小梗死面积等有关。

甘糖酯在使用过程中也出现了少量的不良反应为，个别患者出现过敏反应、出血倾向和肝功能改变。过敏反应多为皮疹、瘙痒、红斑等。同时临床中也发现过敏引起下肢可凹性水肿现象，需要引起临床注意。

3. D-聚甘酯

D-聚甘酯（D-polymannuronate sulfate，DPS）是褐藻酸经降解、分级、纯化、化学修饰而制得的一种低分子质量的硫酸多糖类化合物，化学名称为 D-聚甘露糖醛酸-6-丙二酯-2，3-硫酸酯钠盐。是由中国海洋大学医药学院研制的国家 I 类海洋候选药物，主要用于治疗缺血性急性脑梗死。目前正在进行临床 II 期研究。

DPS 对大鼠脑缺血具有明显的保护作用，其作用机制可能与抑制血小板聚集、降低缺血脑组织中钙离子浓度、降低 MDA 含量、升高 SOD 和 GSH-Px 活性、增加 PGI2/TXA2 的比例及降低 ICAM-1 有关。DPS 能明显缩小脑梗死 24h 的梗死范围，减少脑含水量，改善行为障碍，使脑组织缺血病变减轻，对大鼠局灶性脑缺血和全脑缺血均有明显的治疗作用，其作用机制与抑制神经细胞内[Ca^{2+}]的增加及脑缺血再灌注后脑组织中 TXB2 及 6-keto-PGF1α 的产生、增加 PGI2/TXA2 的比例和降低脑缺血再灌注所致的 ICAM-1 mRNA 表达的增加有关。静脉注射和口服均可抑制胶原和花生四烯酸诱导的大鼠血小板聚集，抑制血小板黏附，延长出血时间；并能延迟激光致小鼠肠系膜微血栓出现时间及降低花生四烯酸致小鼠肺梗死的死亡率。DPS 静脉注射和口服对大鼠静脉血栓及家兔体外血栓的形成均有明显的抑制作用。DPS 对小鼠一般生殖毒性、致畸胎试验和围产期三段生殖毒性的试验结果发现口服 DPS 小鼠受孕能力、子代的发育、胚胎毒、致畸胎性和对子代出生后生长发育均无不良影响。

临床研究中，通过连续多次静脉滴注 DPS 注射液耐受性试验表明该药比较安全，单次口服 DPS 片最大剂量 500～800mg 仍比较安全，耐受性较好。受试者连续静脉滴注后血药浓度-时间曲线符合二房室模型，剂量在 400～600mg 范围内，其人体内过程大致符合线性动力学特征，首次给药与第 7 日末次给药的主要药代动力学参数均无显著性差异，体内无蓄积。DPS 临床不良反应表现在一过性轻度肝功能天冬氨酸转氨酶（AST）、丙氨酸转氨酶（ALT）异常升高，肌酸磷酸肌酶升高和齿龈出血等，均于停药后 1 周内可自行恢复。

4. 络通（玉足海参多糖）

玉足海参多糖（*Holothuria Leucospilota* Polysaccharides，HL-P）是从玉足海参体壁中提取的一种含岩藻糖的酸性黏多糖，主要含有岩藻糖、氨基半乳糖、葡萄糖醛酸等，并含有大约 30%的硫酸基，属于主链是不同类型的硫酸软骨素重复单元，分支为寡聚岩藻糖硫酸酯。

HL-P 具有减少脑缺血、改善软脑膜微循环、防治血小板聚集及血栓形成和明显的抗凝作用，可用于防治缺血性脑中风及血液栓塞性疾病。在 $FeCl_3$ 引起的大鼠脑缺血的模型上灌服 HL-P 能明显改善动物行为障碍，缩小脑梗死范围，降低脑水肿，增加脑部血流量，延长凝血时间，大鼠静脉注射 HL-P 能明显抑制血流停滞引起的深静脉血栓形成。

HL-P 通过下调内皮细胞组织因子（TF）表达，促进凝血酶调节蛋白（TM）表达，降低内皮细胞纤溶酶原激活物抑制剂-1（PAI-1）合成、分泌，促进血管内皮细胞组织因子途径抑制物（TFP1）的合成、表达和分泌，抑制 PAI-1 mRNA 转录，抑制纤溶抑制物（TAF1）功能，进而发挥抗血栓及促进血栓溶解的作用。

家兔静脉注射或体外实验均证明 HL-P 抗凝血作用显著，HL-P 在体外明显延长凝血酶时间（TT）、白陶土部分凝血活酶时间（KPTT）和凝血活酶时间（PT）的最低浓度分别为 28μg/mL、12μg/mL、210μg/mL，延长 KPTT 的效价与肝素相同。

急性毒性实验表明，HL-P 基本无毒，小鼠的最大耐受量为 109.2g/kg 体重，相当于 70kg 体重成人日用量的 471 倍，而长期毒性实验显示，实验动物的脏器系数和对照组无明显改变，系统尸检结果表明，全部实验动物均无异常，表明 HL-P 安全可靠。目前仍处于临床III期研究。

（赵小亮　于广利）

第四节　抗阿尔茨海默病药物

DMXBA 即 3-(2, 4-二甲氧基苯亚甲氧基)-新烟碱二盐酸盐；代号名称为 GTS-21，是由美国佛罗里达大学和日本得岛 Taiho 药物公司的科学家以来源于海洋纽虫的一种新烟碱 anabaseine 与 2, 4-二甲氧苯甲醛缩合而成的衍生物。该药物于 2003 年开始临床 I 期试验，明显提高了健康青年男性以及精神分裂症患者的认知水平；并于 2006 年底进入临床II期试验，对精神病患者的认知功能有一定改善。目前，DMXBA 已经获得 Comentis Inc 批准，在抗阿尔茨海默病（Alzheimer's disease，AD）的研究中显示了诱人的应用前景（Mayer et al.，2010）。

20 世纪 70 年代，Kem 从海洋纽虫动物 *Amphiporus angulatus* 中提取并成功纯化得到 anabaseine。Anabaseine 是有效的非选择性神经元乙酰胆碱受体混合激动剂和拮抗剂，能够刺激多种脊椎动物神经肌肉烟碱受体，具有细胞保护和增强记忆的功能。而 DMXBA（结构如图 9-30 所示）是 anabaseine 与 2, 4-二甲氧苯甲醛缩合获得的合成衍生物，它可以选择性地刺激中枢系统中 α7 型乙酰胆碱受体，是第一个进入临床研究的 α7 型乙酰胆碱受体（Kem et al.，2006）。研究发现，DMXBA 是 α7-nAChR 激动剂，可使 AD 患者胆碱能功能维持正常水平，同时拮抗 Aβ 的毒性，从而增强认知行为，显示其抗 AD 的前景（Cannon et al.，2013）。

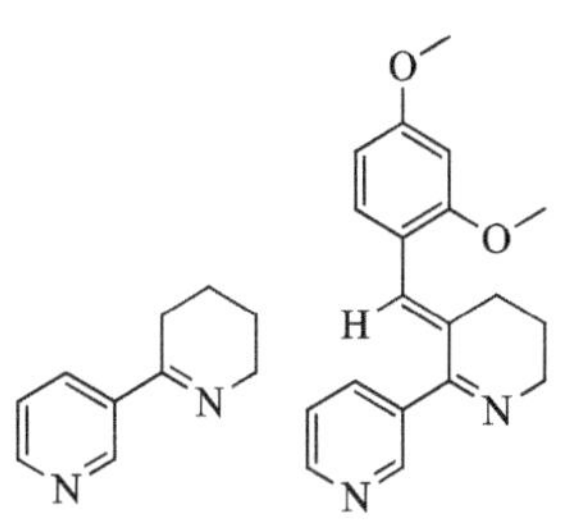

anabaseine　　DMXBA

图 9-30　anabaseine 及其衍生物 DMXBA 的结构

临床前毒理学研究表明，DMXBA 对心血管和胃肠道几乎没有作用（Olincy et al.，2007）。临床Ⅰ期试验评价了 DMXBA 的每日最大耐受剂量，没有出现明显的安全问题（徐冰心等，2005）。其临床Ⅱ期试验显示，与安慰剂相比，DMXBA 能显著提高注意力、工作记忆力以及事件记忆 3 个认知功能的检测指标，显示了其作为抗阿尔茨海默病药物的开发前景（Suzuki et al.，2013）。

第五节 镇痛和创伤修复药物

一、镇痛药物 prialt

Prialt（齐考诺肽，iconotide），是美国犹他州大学生物系 Olivera 研究组从一种食肉芋螺 *Conus magus* 中发现的肽类毒素 ω-conotoxin MVIIA 的合成等价物。2004 年，FDA 批准上市治疗恶性疼痛，次年在欧洲上市。本品适用于鞘内注射并且对其他治疗（如全身镇痛药、辅助治疗或鞘内注射吗啡）不能耐受或无效的严重慢性疼痛患者。2007 年，联合镇痛会议专门小组推荐 prialt 作为一线鞘内镇痛药。

20 世纪 80 年代，McIntosh 从芋螺毒液中发现了颤抖活性肽 ω-conotoxin MVIIA，其他研究者相继确定了其氨基酸序列和分子结构（图 9-31），之后并成功合成（Olivera，2000）。Prialt 是由 25 个氨基酸组成的聚阳离子多肽，分子质量为 2639Da，分子中含有 6 个半胱氨酸残基组成的 3 个二硫键，形成桥连结构，使整个分子具有稳定的三维构象。

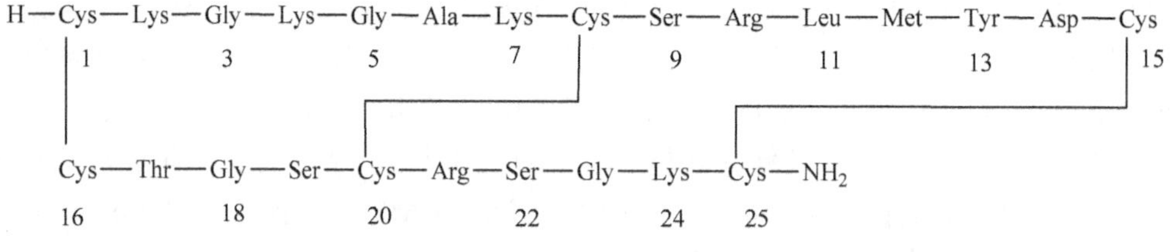

图 9-31 prialt 的结构

Prialt 作为一种强镇痛药物发挥作用，是因 3 个二硫键形成了 1 个结构稳定且不均匀的环，其得以特异性地、选择性地、可逆地抑制脊髓背角浅层的初级伤害性传入神经上的 N-型钙通道（N-VSCC），阻止神经元上的 Ca^{2+}涌入，抑制神经递质的释放，从而阻止或降低疼痛信号的传导（Ghafoor et al.，2007；Wallace，2006），发挥镇痛作用。

临床Ⅰ、Ⅱ期研究初步证明了 prialt 的安全性、无耐受性并具有镇痛的潜力，研究包括因癌症、脊柱损伤、丘脑疼痛等引起的严重慢性疼痛的患者。临床Ⅲ期研究中，以美国 39 个中心的 220 例耐阿片类镇痛药且严重慢性神经疼痛患者为研究对象，安慰剂作对照，所有患者采用鞘内输注：随机接受 prialt（112 例）或安慰剂（108 例）结果显示用药组较安慰剂组在不同时段均具有统计意义上的改善。最普遍的副作用是眼球震颤、恶心、眩晕、头痛等（Wallace et al.，2006）。作为研究最早的具有神经活性的多肽类物质，prialt 为其他神经活性多肽作为治疗药物的研究指明了道路。

二、创伤修复药物 pseudopterosin A

Pseudopterosin 是从柳珊瑚 *Pseudopterogorgia elisabethae* 中分离出来的安菲拉烷二萜苷类化合物，包括 pseudopterosin A～V。Pseudopterosin A～D 已经授权给骨关节炎科技公司，作为抗炎修复药物，其中 pseudopterosin A（PsA）正处在临床Ⅱ期的研究中（Gross et al.，2006）。

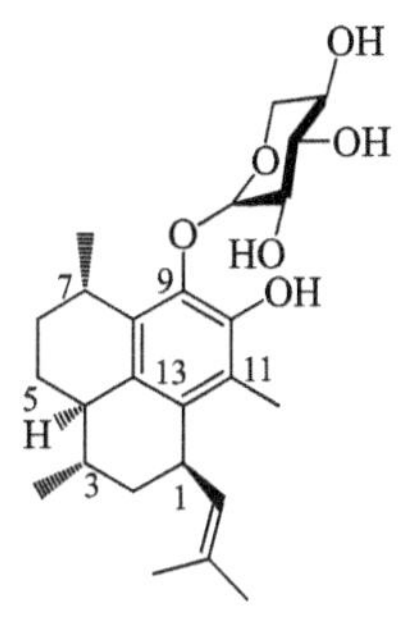

图 9-32 PsA 的结构

继美国 Fenical 研究组于 1986 年首次从巴哈马群岛附近海域的柳珊瑚 *Pseudopterogorgia elisabethae* 中分离得到 pseudopterosin A～L 后，Ata 及哥伦比亚学者陆续又发现了 pseudopterosin M～V（Ata et al.，2003；Duque et al.，2004）。它们均包含 4 个立体中心的三元环，不同点是 C-9 位的糖基取代基不同，其中 PsA 的结构如图 9-32 所示。目前，PsA 一直被深入研究，它具有抗炎和创伤修复的功效。主要作用机制是通过抑制十四烷酸乙酸大戟二萜醇酯，减少小鼠局部炎症反应，稳定细胞膜，阻止酵母聚糖诱导的小鼠巨噬细胞中前列腺素和白三烯素的释放，抑制人类多形核白细胞的降解以及四膜虫细胞中吞噬体的形成，从而达到抗炎修复的作用。

大量临床前试验研究表明，PsA 可以加速其创伤修复、部分表皮再植以及全厚度创伤修复，在其临床Ⅱ期试验中，双盲法研究表明 PsA 有增强表皮再植以及加速早期创伤修复的效果（Mayer et al.，2010）。

（李　慧　顾谦群）

参 考 文 献

波影. 1987. 高效降压降血脂新药——甘露醇烟酸酯的合成. 药学情报通讯，12（3）：84.

曹王丽，宋佳希. 2011.海洋生物抗肿瘤多肽海兔毒素 10 及其衍生物的研究进展. 医学研究生学报，24（11）：1208-1211.

戴德银，卢海波，赵俊，等. 2007. 头孢菌素的分类、药效及临床应用. 现代临床医学，33（1）：81-84.

范鸣. 2010. 抗癌药 Elisidepsin. Prog Pharm Sci. 药学进展，34（10）：472-473.

丰雪，龙亚一，廖翰，等. 2013. 抗肿瘤抗体-药物偶联物的临床研究进展. 现代生物医学进展，13（16）：3164-3168.

郭雷，宋晓凯，王淑军，等. 2010.海洋抗肿瘤药物的临床研究进展.海洋科学，3：82-87.

李宝军，高绍华. 2012. 多发性骨髓瘤分子靶向治疗的研究进展. 医学综述，18（6）：864-867.

李春霞，孙杨，管华诗. 2012.海洋药物藻酸双酯钠研究进展及启示. 生命科学，24（9）：1019-1025.

李锡岩. 1990. 阿糖腺苷的临床应用与治疗进展. 山东医药工业，9（3）：31-33.

李鑫昶，贺敏，江波，等. 2002. 头孢菌素类药物的临床应用. 黑龙江医药，15（4）：302-303.

李延. 1986. 新降血脂药——甘露醇烟酸酯的烟酯.海洋科学，10（2）：82.

林厚文，易杨华，姚新生. 1997. 总合草苔虫抗癌活性成分 bryostatins 的研究概况.中国海洋药物，63（3）：26-31.

路文静，武士锋，杨洪涛. 2014.海昆肾喜胶囊对肾脏保护机制的研究进展. 北京中医药，33（2）：151-153.

马春芳. 2011. 霍奇金淋巴瘤的靶向治疗药物 SGN-35. 医学研究生学报，24（8）：862-865.

孟现民，董平，姜昱，等. 2011. 头孢菌素类抗菌药物的开发历程与研究近况. 上海医药，32（5）：218-221.

屈元姣，刘陶文. 2013. 多发性骨髓瘤的治疗进展. 实用肿瘤杂志，28（4）：351-355.

阮志，章海燕. 2012. 阿尔采末病治疗药物的研究展望.中国新药与临床杂志，31（4）：175-187.

沈广文. 1992. 藻酸双酯钠治疗缺血性脑血管疾病 100 例. 新药与临床，11（4）：219-221.

沈卫章，周荣富，王学峰，等. 2006. 玉足海参糖胺聚糖抗血栓形成的研究.中华血液学杂志，27（9）：579-583.

谭兰，欧江荣，陈炜，等. 2008. 连续多次静脉滴注 D-聚甘酯注射液的 I 期临床安全性、耐受性研究.中国新药与临床杂志，27（10）：754-758.

滕继军. 2003. 甘糖酯对急性脑梗死病人中性粒细胞与内皮细胞黏附的影响. 青岛大学医学院学报，39（2）：159-160.

王长云，邵长伦. 2011.海洋药物学. 北京：科学出版社：225-228.

王国如，江程，任晓东，等. 2011. 共价型蛋白酶体抑制剂的研究进展.中国新药杂志，23（45）：1871-1879.

王淑民，赵秀丽，李健，等. 2013. D-聚甘酯的分子量与抗 FXa /抗 FIIa 活性比值的相关性研究.中国临床药理学杂志，29（9）：695-697.

王欣瑜，张静霞，曹胜华，等. 2008. 利福霉素类衍生物的研究进展. 国外医药抗生素分册，29（6）：255-261.

王学锋，李志广，储海燕，等. 2002.海参糖胺聚糖抗血栓形成机制的研究.中国新药与临床杂志，21（12）：718-721.

王兆华，胡昭，甄军晖，等. 2006. 褐藻多糖硫酸酯对阿霉素肾病肾硬化大鼠肾脏的保护作用.中国中西医结合肾病杂志，7（8）：421-423.

肖努干，孙洪涛. 2012. 低分子多糖化合物 D-聚甘酯抗凝作用机制研究. 内蒙古民族大学学报（自然科学版），27（6）：706-709.

谢惠民，李素霞. 1990. 利福平的临床应用现状及其进展.中国药事，4（4）：246-247.

徐冰心，康健磊. 2005. DMXBA 抗老年性痴呆研究进展.中国老年学杂志，25（2）：228-230.

徐家敏，李英霞，吕志华，等. 2000. 一种几丁糖脂及其制备方法和应用.中国发明专利，ZL00129362.1.

佚名. 2011. 微管蛋白聚合抑制剂类抗肿瘤药 Plinabulin. 药学进展，35（4）：185-186.

于广利，赵峡. 2012. 糖药物学. 青岛：中国海洋大学出版社：245-247.

于海军. 2009. β-内酰胺类抗生素作用机制及头孢菌素发展. 石家庄职业技术学院学报，2（21）：12-16.

曾洋洋，韩章润，杨玫婷，等. 2013.海洋糖类药物研究进展.中国海洋药物，32（2）：67-75.

张佩文，骆苏芳，钟春宁，等. 1988. 玉足海参酸性粘多糖的抗凝血作用.中国药理学与毒理学杂志，2（2）：98-101.

张文三. 1994. 利福霉素的临床应用. 临床荟萃，（10）：471-472.

仉洪田，斯崇文，田庚善. 1999. 单磷酸阿糖腺苷治疗慢性乙型肝炎研究进展.中华传染病杂志，17（3）：213-214.

赵源浩，贾霜，宋琳琳，等. 1999. 甘露醇临床新应用. 山东医药工业，18（6）：20-21.

周伟，张五星，张志强，等. 2012. 海昆肾喜胶囊治疗慢性肾功能不全临床研究. 四川医学，33（3）：404-405.

Adrio J，Cuevas C，Manzanares I，et al. 2007. Total synthesis and biological evaluation of tamandarin B analogues. J Org Chem，72（14）：5129-5138.

Ajani J A，Jiang Y，Faust J，et al. 2006. A multi-center phase II study of sequential paclitaxel and bryostatin-1（NSC 339555）in patients with untreated，advanced gastric or gastroesophageal junction adenocarcinoma. Invest New Drug，24（4）：353-357.

Aristoff P A，Garcia G A，Kirchhoff P D，et al. 2010. Rifamycinsobstacles and opportunities. Tuberculosis，90（2）：94-118.

Arnett S O，Teillaud J L，Wurch T，et al. 2011. IBC's 21st Annual Antibody Engineering and 8th Annual Antibody Therapeutics International Conferences and 2010 Annual Meeting of The Antibody Society. Landes Bioscience，3（2）：133-152.

Ata A，Kerr R G，Moya C E，et al. 2003. Identification of anti-inflammatory diterpenes from the marine gorgonian *Pseudopterogorgia elisabethae*. Tetrahedron，59（23）：4215-4222.

Bachelet L，Bertholon I，Lavigne D，et al. 2009. Affinity of low molecular weight fucoidan for P-selectin triggers its binding to activated human platelets. Biochim Biophys Acta，1790（2）：141-146.

Bays H E. 2008. Prescription omega-3 fatty acids and their lipid effects：Physiologic mechanisms of action and clinical implications. Expert Review Cardiovascular Therapy，6（3）：391-409.

Burris H，Saleh M，Bendell J，et al. 2009. A Phase I/II study of CR011-vcMMAE（CDX-011），an antibody-drug conjugate，in patients with locally advanced or metastatic breast cancer [abstract 6096]. San Antonio Breast Cancer Symposium（SABCS）.

Cannon C E，Puri V，Vivian J A，et al. 2013. The nicotinic α7 receptor agonist GTS-21 improves cognitive performance in ketamine impaired rhesus monkeys. Neuropharmacology，64：191-196.

Capdevila J，Clive S，Casado E，et al. 2013. A phase I pharmacokinetic study of PM00104（Zalypsis）administered as a 24-h intravenous infusion every 3 weeks in patients with advanced solid tumors. Cancer Chemother Pharmacol，71：1247-1254.

Corey E J，Gin D Y，Kania R S. 1996. Enantioselective total synthesis of ecteinascidin 743. J Am Chem Soc，118（38）：9202-9203.

Corey E J，Li W D Z，Nagamitsu T，et al. 1999. The structural requirements for inhibition of proteasome function by the lactacystin-derived β-lactone and synthetic analogs. Tetrahedron 55，3305-3316.

Coronado C，Galmarini C M，Alfaro V，et al. 2010. Elisidepsin：Antineoplastic agent. Drug Future，35（4）：287-296.

Cuevas C，Pérez M，Martín M J，et al. 2000. Synthesis of ecteinascidin ET-743 and phthalascidin Pt-650 from cyanosafracin B. Org Lett，2（16）：2545-2548.

Deng C C，Pan B Q，O'Connor O A. 2013. Brentuximab Vedotin. Clin Cancer Res，19（1）：22-27.

Dimou A，Syrigos K N，Saif M W，2013. Novel agents in the treatment of pancreatic adenoca- rcinoma. JOP，14（2）：138-140.

Doggrell S A. 2004. Intrathecal ziconotide for refractory pain. Expert Opin Inv Drug，13（7）：875-877.

Donoghue M，Lemery S J，Yuan W，et al. 2012. Eribulin mesylate for the treatment of patients with refractory metastatic breast cancer：Use of a "physician's choice" control arm in a randomized approval trial. Clin Cancer Res，18：1496-1505.

Doronina S O，Toki B E，Torgov M Y，et al. 2003. Development of potent monoclonal antibody auristatin conjugates for cancer therapy. Nat Biotechnol，21（7）：778-784.

Duque C，Puyana M，Narváez G，et al. 2004. Pseudopterosins P-V，new compounds from the gorgonian octocoral *Pseudopterogorgia elisabethae* from Providencia island，Colombian Caribbean. Tetrahedron，60（47）：10627-10635.

Erba E，Bergamaschi D，Bassano L，et al. 2001. Ecteinascidin-743（ET-743），a natural marine compound，with a unique mechanism of action. Eur J Cancer，37（1）：97-105.

Etcheberrigaray R，Tan M，Dewachter I，et al. 2004. Therapeutic effects of PKC activators in Alzheimer's disease transgenic mice. P Natl Acad Sci Usa，101（30）：11141-11146.

Faulkner D J. 2000. Marine pharmacology. Antonie van Leeuwenhoek，77（2）：135-145.

Feling R H，Buchanan G O，Mincer T J，et al. 2003. Salinosporamide A：A highly cytotoxic proteasome inhibitor from a novel microbial source，a marine bacterium of the new genus salinospora. Chem Int Ed，42（3）：355-357.

Fenicala W，Jensena P R，Palladino M A，et al. 2009. Discovery and development of the anticancer agent salinosporamide A（NPI-0052）. Bioorg Med Chem，17：2175-2180.

Gajate C，An F，Mollinedo F. 2003. Rapid and selective apoptosis in human leukemic cells induced by Aplidine through a Fas/CD95- and mitochondrial-mediated mechanism. Clin Cancer Res，9（4）：1535-1545.

García-Rocha M，García-Gravalos M D，Avila J. 1996. Characterisation of antimitotic products from marine organisms that disorganise the microtubule network：Ecteinascidin 743，isohomohalichondrin-B and LL-15. Br J Cancer，73（8）：875-883.

Gaya A M，Rustin G J S. 2005. Vascular disrupting agents：A new class of drug in cancer therapy. Clin Oncol，17，277-290.

Ghafoor V L，Epshteyn M，Carlson G H，et al. 2007. Intrathecal drug therapy for long-term pain management. Am J Health-Syst Ph，64（23）：2447-2461.

Goldwasser F，Faivre S，Alexandre J，et al. 2014. Phase I study of elisidepsin（Irvalec®）in combi- nationwith carboplatin or gemcitabine in patients with advanced malignancies. Invest New Drug，32（3）：500-509.

González-Sales M，Valenzuela B，Pérez-Ruixo C，et al. 2012. Population pharmacokinetic-pharm-acodynamic analysis of neutropenia in cancer patients receiving PM00104（Zalypsis®）. Clin Pharmacokinet，51：751-764.

Govindan S，Goldenberg D. 2010. New antibody conjugates in cancer therapy. Sci World J，10：2070-2089.

Gross H，König G M. 2006. Terpenoids from marine organisms：unique structures and their pharmacological potential. Phytochem Rev，5（1）：115-141.

Hamann，M T，Otto C S，Scheuer P J，et al. 1996. Kahalalides：bioactive peptides from a marine mollusk Elysia rufescens and its algal diet bryopsis sp. J Org Chem，61（19）：6594-6600.

Hashiguchi N，Kubota T，Koh J，et al. 2004. TZT-1027 elucidates anti-tumor activity through direct cytotoxicity and selective blockade of blood supply. Anticancer Res，24（4）：201-208.

Hwu P，Sznol M，Pavlick A，et al. 2009. A phase I/II study of CR011-vcMMAE，an antibody drug conjugate（ADC）targeting glycoprotein NMB（GPNMB）in patients with advanced melanoma. J Clin Oncol，27（15）：9032.

Jiao G，Yu G，Zhang J，et al. 2011. Chemical structures and bioactivities of sulfated polysaccharides from ma algae. Mar Drugs，9（2）：196-223.

Kanzaki H，Yanagisawa S，Kanoh K，et al. 2002. A novel potent cell cycle inhibitor dehydro- phenylahistin：Enzymatic synthesisand inhibitory activity toward sea urchin embryo. J Antibiot，55，1042-1047.

Kem W，Soti F，Wildeboer K，et al. 2006. The nemertine toxin anabaseine and its derivative DMXBA（GTS-21）：Chemical and pharmacological properties. Mar Drugs，4（3）：255-273.

Kerbrat P，Dieras V，Pavlidis N，et al. 2003. Phase II study of LU 103793（dolastatin analogue）in patients with metastatic breast cancer. Eur J Cancer，39：317-320.

Kobayashi M，Natsume T，Tamaoki S，et al. 1997. Antitumor activity of TZT-1027，a novel dolastatin 10 derivative. Jpn J Cancer Res，88（3）：316-327.

Koski R R. 2008. Omega-3-acid ethyl esters（Lovaza）for severe hypertriglyceridemia. Drug Forecast，33（5）：271-303.

Ku G Y，Ilson D H，Schwartz L H，et al. 2008. Phase II trial of sequential paclitaxel and 1 h infusion of bryostatin-1 in patients with advanced esophageal cancer. Cancer Chemother Pharm，62（5）：875-880.

Kuznetsov G，TenDyke K，Towle M J，et al. 2009. Tubulin-based antimitotic mechanism of E7974，a novel analogue of the marine sponge natural product hemiasterlin. Mol Cancer Ther，8（10）：2852-2860.

Leal J F，Martínez-Díez M，García-Hernández V，et al. 2010. PM01183，a new DNA minor groove covalent binder with potent *in vitro* and *in vivo* anti-tumour activity. Br J Pharmacol，161（5）：1099-1110.

Lian W，Ye B P. 2009. The status of clinical study on anti-cancer compounds from marine ecosystem. Prog Pharm Sci，33：204-211.

Ma L，Diao A. 2015. Marizomib，a potent second generation proteasome inhibitor from natural origin. Anti-Cancer Agents in Medicinal Chemistry，15：298-306.

Macherla V R，Mitchell S S，Manam R R，et al. 2005. Structure-activity relationship studies of salinosporamide A（NPI-0052），a novel marine derived proteasome inhibitor. J Med Chem. 48：3684-3687.

Manzanares I，Cuevas C，Garcia-Nieto R，et al. 2001. Advances in the chemistry and pharmac- ology of ecteinascidins，a promising new class of anti-cancer agents. Curr Med Chem Anticancer Agents，1：257-276.

Martin L P，Krasner C，Rutledge T，et al. 2013. Phase II study of weekly PM00104（Zalypsis®）in patients with pretreated advanced/metastatic endometrial or cervicalm cancer. Med Oncol，30：627.

Martín M J，Coello L，Fernández R，et al. 2013. Isolation and first total synthesis of PM050489 and PM060184，two new marine anticancer compounds. J Am Chem Soc，135：10164-10171.

Martínez-Díez M，Guillén-Navarro M J，Pera B，et al. 2014. PM060184，a new tubulin binding agent with potent antitumor activity including P-glycoprotein over-expressing tumors. Biochem Pharmacol，88：291-302.

Mayer A M S，Glaser K B，Cuevas C，et al. 2010. The odyssey of marine pharmaceuticals：A current pipeline perspective. Trends Pharmacol Sci，31（6）：255-265.

Menchaca R，Martínez V，Rodríguez A，et al. 2003. Synthesis of natural ecteinascidins（ET-729，ET-745，ET-759B，ET-736，ET-637，ET-594）from cyanosafracin B. J Org Chem，68（23）：8859-8866.

Mita A C，Hammond L A，Bonate P L，et al. 2006. Phase I and pharmacokinetic study of tasidotin hydrochloride（ILX651），a third-generation dolastatin 15 analogue，administered weekly for 3 weeks every 28 days in patients with advanced solidtumors. Clin Cancer Res，12：5207-5215.

Morgan Jr R J，Leong L，Chow W，et al. 2012. Phase II trial of bryostatin-1 in combination with cisplatin in patients with recurrent or persistent epithelial ovarian cancer：a California cancer consortium study. Invest New Drug，30（2）：723-728.

Nalda-Molina R，Valenzuela B，Ramon-Lopez A，et al. 2009. Population pharmacokinetics meta-analysis of plitidepsin（Aplidin）in cancer subjects. Cancer Chemother Pharmacol，64（1）：97-108.

Oflazoglu E，Stone I J，Gordon K，et al. 2008. Potent anticarcinoma activity of the humanized anti-CD70 antibody h1F6 conjugated to the tubulin inhibitor auristatin viaan uncleavable linker. Clin Cancer Res，14（19）：6171-6180.

Olincy A，Stevens K E. 2007. Treating schizophrenia symptoms with an α7 nicotinic agonist，from mice to men. Biochem Pharmacol，74（8）：1192-1201.

Olivera B M. 2000. ω-Conotoxin MVIIA：from marine snail venom to analgesic drug//Fusetani N. Drugs from the Sea. Basel：Karger. 74-85.

Peggy. 2011. Seattle genetics presents SGN-75 clinical data at ASCO annual meeting. ASCO Annual Meeting.

Pera B，Barasoain I，Pantazopoulou A，et al. 2013. New interfacial microtubule inhibitors of marine origin，PM050489/PM060184，with potent antitumor activity and a distinct mechanism. ACS Chem Biol，8：2084-2094.

Pérez-Ruixo C，Valenzuela B，Fernández Teruel C，et al. 2012. Population pharmacokinetics of PM00104（Zalypsis®）in cancer patients. Cancer Chemother Pharmacol，69：15-24.

Pettit G R. 1997. The dolastatins. Prog Chem Org Nat Prod，70：1-79.

Plimack E R，Tan T，Wong Y，et al. 2014. A phase I study of temsirolimus and bryostatin-1 in patients with metastatic renal cell carcinoma and soft tissue sarcoma. Oncologist，19（4）：354-355.

Pro B，Advani R，Brice P，et al. 2012. Brentuximab vedotin（SGN-35）in patients with relapsed or refractory systemic anaplastic large-cell lymphoma：Results of a phase II study. J Clin Oncol，30（18）：2190-2196.

Ratain M J，Elez M E，Szyldergemajn S，et al. 2010. First-in-man phase I study of PM01183 using an accelerated titration design [abstract 434]. Eur J Cancer Suppl，8：137-138.

Ray A，O kouneva T，Manna T，et al. 2007. Mechanism of action of the microtubule-targeted antimitotic depsipeptide Tasidotin（Formerly ILX651）and its major metabolite Tasidotin C-2 carboxylate. Cancer Res，67（8）：3767-3776.

Ren D，Geng M，Du G，et al. 2002. Polysaccharide sulfate 916 inhibits neutrophil-endothelial adhesion. Chinese Med J，115（12）：1855-1858.

Riely G J，Gadgeel S，Rothman I，et al. 2007. A phase II study of TZT-1027，administered weekly to patients with advanced non-small cell lung cancer following treatment with platinum-based chemotherapy. Lung Cancer，55（2）：181-185.

Rinehart K L，Gloer J，Cook J，et al. 1987. Structures of the didemnins，antiviral and cytotoxic depsipeptides from a Caribbean tunicate. J Am Chem Soc，103：1857-1859.

Rinehart K L，Holt T G，Fregeau N L，et al. 1990a. Bioactive compounds from aquatic and terrestrial sources. J Nat Prod，53：771-792.

Rinehart K L，Holt T G，Fregeau N L，et al. 1990b. Ecteinascidins 729，743，745，759A，759B，and 770：Potent antitumor agents from the Caribbean tunicate *Ecteinascidia turbinata*. J Org Chem，55：4512-4515.

Rocha-Lima C M，Bayraktar S，MacIntyre J，et al. 2012. A phase I trial of E7974 administered on day 1 of a 21-day cycle in patients with advanced solid tumors. Cancer，118（17）：4262-4270.

Salazar R，Metges J P，Anthoney D A，et al. 2013. IMAGE，a randomized phase Ib/II study of elisidepsin（E）as a single agent in pretreated advanced gastroesophageal（GE）cancer. 2013 Gastrointestinal Cancers Symposium，Jan 24-26.

Saleh M，Bendell J，Rose R，et al. 2010. Correlation of GPNMB expression with outcome in breast cancer（BC）patients treated with antibody-drug conjugate（ADC），CDX-011（CR011-vMMAE）. J Clin Oncol，28（15）：1095.

Schrama D，Reisfeld R A，Becker J C. 2006. Antibody targeted drugs as cancer therapeutics. Nat Rev Drug Discov，5（2）：147-159.

Scott J D，Williams R M. 2002. Chemistry and biology of the tetrahydroisoquinoline antitumor antibiotics. Chem Rev，102（5）：1669-1730.

Smith J A，Wilson L，Azarenko O，et al. 2010. Eribulin binds at microtubule ends to a single site on tubulin to suppress dynamic instability. Biochemistry，49（6）：1331-1337.

Sneader W. 2005. Drug Discovery：A History. New York：Wiley：258.

Sun Y，Yu F，Sun B W，2009. Antibody-drug conjugates as targeted cancer therapeutics. Acta Pharmaceutica Sinica，44（9）：943-952.

Suzuki S，Kawamata J，Matsushita T，et al. 2013. 3-[(2, 4-dimethoxy）benzylidene]-anabaseine dihydrochloride protects against 6-hydroxydopamine-induced parkinsonian neurodegeneration through α7 nicotinic acetylcholine receptor stimulation in rats. J Neurosci Res，91（3）：462-471.

Swami U，Chaudhary I，Ghalib M H，et al. 2012. Eribulin-a review of preclinical and clinical studies. Crit Rev Oncol Hemat，

81：163-184.

Takebayashi Y，Pourquier P，Yoshida A，et al. 1999. Poisoning of human DNA topoisomerase I by ecteinascidin 743，an anticancer drug that selectively alkylates DNA in the minor groove. Proc Natl Acad Sci USA，96（13）：7196-7201.

Tan A R，Rubin E H，Walton D C，et al. 2009. Phase 1 study of eribulin mesylate administered once every 21 days in patients with advanced solid tumours. Clin Cancer Res，15：4213-4219.

Wallace M S. 2006. Ziconotide：A new nonopioid intrathecal analgesic for the treatment of chronic pain. Expert Review of Neurotherapeutics，10（6）：1423-1428.

Wallace M S，Charapata S G，Fisher R，et al. 2006. Intrathecal ziconotide in the treatment of chronic nonmalignant pain：A randomized，double-blind，placebo-controlled clinical trial. Neuromodulation：Technology at the Neural Interface，9（2）：75-76.

Yamazaki Y，Kido Y，Hidaka K，et al. 2011. Tubulin photo affinity labeling study with a plinabulin chemical probe possessing a biotin tag at the oxazole. Bioorg Med Chem，19（1）：595-602.

Yamazaki Y，Sumikura M，Hidaka K，et al. 2010. Anti-microtubule 'plinabulin' chemical probe KPU-244-B3 labeled both α-and β-tubulin. Bioorg Med Chem，18（9）：3169-3174.

Yap T A，Cortes-Funes H，Shaw H，et al. 2012. First-in-man phase I trial of two schedules of the novel synthetic tetrahydroisoquinoline alkaloid PM00104（Zalypsis）in patients with advanced solid tumours. Brit J Cancer，106（8）：1379-1385.

Younes A，Gopal A K，Smith S E，et al. 2012. Results of a pivotal phase II study of brentuximab vedotin for patients with relapsed or refractory Hodgkin's lymphoma. J Clin Oncol，30（18）：2183-2189.